中国国家标准汇编

2006年修订-5

中国标准出版社　编

中国标准出版社
北京

图书在版编目（CIP）数据

中国国家标准汇编：2006 年修订. 5/中国标准出版社编 .—北京：中国标准出版社，2007

ISBN 978-7-5066-4613-0

Ⅰ.中…　Ⅱ.中…　Ⅲ.国家标准-汇编-中国-2006　Ⅳ.T-652.1

中国版本图书馆 CIP 数据核字（2007）第 102632 号

中国标准出版社出版发行
北京复兴门外三里河北街 16 号
邮政编码:100045
网址 www.spc.net.cn
电话:68523946　68517548
中国标准出版社秦皇岛印刷厂印刷
各地新华书店经销

*

开本 880×1230　1/16　印张 41　字数 1 208 千字
2007 年 8 月第一版　2007 年 8 月第一次印刷

*

定价 180.00 元

ISBN 978-7-5066-4613-0

9 787506 646130 >

出 版 说 明

1.《中国国家标准汇编》是一部大型综合性国家标准全集，自1983年起，按国家标准顺序号以精装本、平装本两种装帧形式陆续分册汇编出版。《汇编》在一定程度上反映了我国建国以来标准化事业发展的基本情况和主要成就，是各级标准化管理机构，工矿企事业单位，农林牧副渔系统，科研、设计、教学等部门必不可少的工具书。

2. 由于标准的动态性，每年有相当数量的国家标准被修订，这些国家标准的修订信息无法在已出版的《汇编》中得到反映。为此，自1995年起，新增出版在上一年度被修订的国家标准的汇编本。

3. 修订的国家标准汇编本的正书名、版本形式、装帧形式与《中国国家标准汇编》相同，视篇幅分设若干册，但不占总的分册号，仅在封面和书脊上注明"2006年修订-1,-2,-3,……"等字样，作为对《中国国家标准汇编》的补充。读者配套购买则可收齐前一年新制定和修订的全部国家标准。

4. 修订的国家标准汇编本的各分册中的标准，仍按顺序号由小到大排列(不连续)；如有遗漏的，均在当年最后一分册中补齐。

5. 2006年度发布的修订国家标准分27册出版。本分册为"2006年修订-5"，收入新修订的国家标准64项。

中国标准出版社

2007年6月

目　录

ICS 25.120.30
J 46

GB

中华人民共和国国家标准

GB/T 4169.1—2006
代替 GB/T 4169.1—1984

塑料注射模零件
第1部分:推杆

Components of injection moulds for plastics—
Part 1: Ejector pin

2006-12-08 发布　　　　2007-04-01 实施

中华人民共和国国家质量监督检验检疫总局
中国国家标准化管理委员会　发布

前　言

GB/T 4169《塑料注射模零件》分为 23 部分：

——第 1 部分：塑料注射模零件　推杆；

——第 2 部分：塑料注射模零件　直导套；

——第 3 部分：塑料注射模零件　带头导套；

——第 4 部分：塑料注射模零件　带头导柱；

——第 5 部分：塑料注射模零件　带肩导柱；

——第 6 部分：塑料注射模零件　垫块；

——第 7 部分：塑料注射模零件　推板；

——第 8 部分：塑料注射模零件　模板；

——第 9 部分：塑料注射模零件　限位钉；

——第 10 部分：塑料注射模零件　支承柱；

——第 11 部分：塑料注射模零件　圆形定位元件；

——第 12 部分：塑料注射模零件　推板导套；

——第 13 部分：塑料注射模零件　复位杆；

——第 14 部分：塑料注射模零件　推板导柱；

——第 15 部分：塑料注射模零件　扁推杆；

——第 16 部分：塑料注射模零件　带肩推杆；

——第 17 部分：塑料注射模零件　推管；

——第 18 部分：塑料注射模零件　定位圈；

——第 19 部分：塑料注射模零件　浇口套；

——第 20 部分：塑料注射模零件　拉杆导柱；

——第 21 部分：塑料注射模零件　矩形定位元件；

——第 22 部分：塑料注射模零件　圆形拉模扣；

——第 23 部分：塑料注射模零件　矩形拉模扣。

本部分为 GB/T 4169 的第 1 部分。

本部分代替 GB/T 4169.1—1984《塑料注射模具零件　推杆》。

本部分与 GB/T 4169.1—1984 相比主要变化如下：

——在标准的编排上作了较大修改，增加了“前言”、“范围”和“规范性引用文件”；

——修改了零件的尺寸规格系列；

——零件材料改为推荐选用；

——表面粗糙度代替原标准中的光洁度。

本部分由中国电器工业协会提出。

本部分由全国模具标准化技术委员会(SAC/TC 33)归口。

本部分起草单位：桂林电器科学研究所、龙记集团、浙江亚轮塑料模架有限公司、昆山市中大模架有限公司。

本部分主要起草人：翁史振、蔡逢敬、廖宏谊、胡建林、王建军、李捷、黄新标。

塑料注射模零件 第1部分:推杆

1 范围

本部分规定了塑料注射模用推杆的尺寸规格和公差。

本部分适用于塑料注射模所用的推杆。

本部分还给出了材料指南和硬度要求,并规定了推杆的标记。

2 规范性引用文件

下列文件中的条款通过本部分的引用而成为本部分的条款。凡是注日期的引用文件,其随后所有的修改单(不包括勘误的内容)或修订版均不适用于本部分,然而,鼓励根据本部分达成协议的各方研究是否可使用这些文件的最新版本。凡是不注日期的引用文件,其最新版本适用于本部分。

GB/T 4170—2006 塑料注射模零件技术条件

3 尺寸规格

尺寸规格见图1、表1。

表面粗糙度以微米为单位

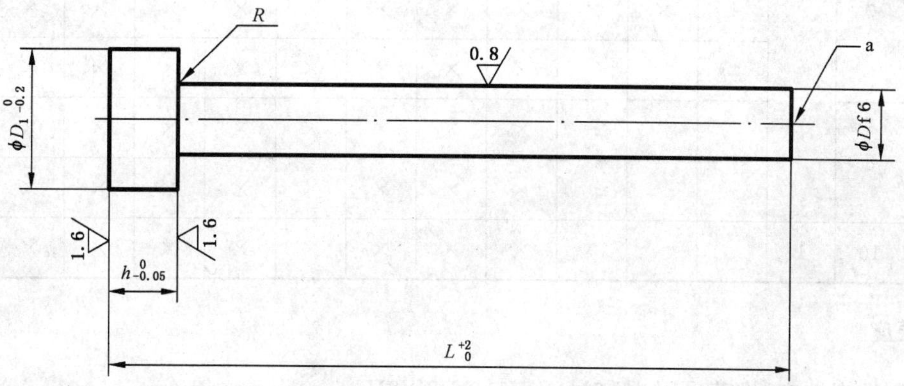

未注表面粗糙度 $Ra=6.3\ \mu m$。

[a] 端面不允许留有中心孔,棱边不允许倒钝。

图1 推杆

表 1 推杆尺寸

单位为毫米

D	D_1	h	R	L												
				80	100	125	150	200	250	300	350	400	500	600	700	800
1	4	2	0.3	×	×	×	×	×								
1.2				×	×	×	×	×								
1.5				×	×	×	×	×								
2				×	×	×	×	×	×	×	×					
2.5	5			×	×	×	×	×	×	×	×	×				
3	6	3	0.5	×	×	×	×	×	×	×	×	×	×			
4	8			×	×	×	×	×	×	×	×	×	×	×		
5	10			×	×	×	×	×	×	×	×	×	×	×		
6	12	5	0.8		×	×	×	×	×	×	×	×	×	×		
7	12				×	×	×	×	×	×	×	×	×	×		
8	14				×	×	×	×	×	×	×	×	×	×	×	
10	16				×	×	×	×	×	×	×	×	×	×	×	
12	18	7			×	×	×	×	×	×	×	×	×	×	×	×
14					×	×	×	×	×	×	×	×	×	×	×	×
16	22						×	×	×	×	×	×	×	×	×	×
18	24	8					×	×	×	×	×	×	×	×	×	×
20	26						×	×	×	×	×	×	×	×	×	×
25	32	10	1				×	×	×	×	×	×	×	×	×	×

4 材料和硬度

材料由制造者选定，推荐采用 4Cr5MoSiV1、3Cr2W8V。

硬度 50 HRC～55 HRC，其中固定端 30 mm 长度范围内硬度 35 HRC～45 HRC。

淬火后表面可进行渗氮处理，渗氮层深度为 0.08 mm～0.15 mm，心部硬度 40 HRC～44 HRC，表面硬度≥900 HV。

5 要求

应符合 GB/T 4170—2006 的规定。

6 标记

按本部分的推杆应有下列标记：

a） 推杆；

b) 推杆直径 D,以毫米为单位;

c) 推杆长度 L,以毫米为单位;

d) 本部分代号,即 GB/T 4169.1—2006。

示例:

D=1 mm、L=80 mm 的推杆标记如下:

推杆 1×80 GB/T 4169.1—2006

ICS 25.120.30
J 46

中华人民共和国国家标准

GB/T 4169.2—2006
代替 GB/T 4169.2—1984,GB/T 12555.11—1990

塑料注射模零件 第2部分:直导套

Components of injection moulds for plastics—Part 2: Straight guide bush

2006-12-08 发布　　2007-04-01 实施

中华人民共和国国家质量监督检验检疫总局
中国国家标准化管理委员会 发布

前　言

GB/T 4169《塑料注射模零件》分为23部分：

——第1部分：塑料注射模零件　推杆；

——第2部分：塑料注射模零件　直导套；

——第3部分：塑料注射模零件　带头导套；

——第4部分：塑料注射模零件　带头导柱；

——第5部分：塑料注射模零件　带肩导柱；

——第6部分：塑料注射模零件　垫块；

——第7部分：塑料注射模零件　推板；

——第8部分：塑料注射模零件　模板；

——第9部分：塑料注射模零件　限位钉；

——第10部分：塑料注射模零件　支承柱；

——第11部分：塑料注射模零件　圆形定位元件；

——第12部分：塑料注射模零件　推板导套；

——第13部分：塑料注射模零件　复位杆；

——第14部分：塑料注射模零件　推板导柱；

——第15部分：塑料注射模零件　扁推杆；

——第16部分：塑料注射模零件　带肩推杆；

——第17部分：塑料注射模零件　推管；

——第18部分：塑料注射模零件　定位圈；

——第19部分：塑料注射模零件　浇口套；

——第20部分：塑料注射模零件　拉杆导柱；

——第21部分：塑料注射模零件　矩形定位元件；

——第22部分：塑料注射模零件　圆形拉模扣；

——第23部分：塑料注射模零件　矩形拉模扣。

本部分为GB/T 4169的第2部分。

本部分代替GB/T 4169.2—1984《塑料注射模具零件　直导套》和GB/T 12555.11—1990《塑料注射模大型模架　直导套》。

本部分与GB/T 4169.2—1984和GB/T 12555.11—1990相比主要变化如下：

——在标准的编排上作了较大修改，增加了“前言”、“范围”和“规范性引用文件”；

——合并大型模架相应零件；

——修改了零件的尺寸规格系列；

——零件材料改为推荐选用；

——表面粗糙度代替原标准中的光洁度。

本部分由中国电器工业协会提出。

本部分由全国模具标准化技术委员会(SAC/TC 33)归口。

本部分起草单位：桂林电器科学研究所、龙记集团、浙江亚轮塑料模架有限公司、昆山市中大模架有限公司。

本部分主要起草人：翁史振、蔡逢敬、廖宏谊、胡建林、王建军、李捷、黄新标。

塑料注射模零件
第2部分:直导套

1 范围

本部分规定了塑料注射模用直导套的尺寸规格和公差。

本部分适用于塑料注射模所用的直导套。

本部分还给出了材料指南和硬度要求,并规定了直导套的标记。

2 规范性引用文件

下列文件中的条款通过本部分的引用而成为本部分的条款。凡是注日期的引用文件,其随后所有的修改单(不包括勘误的内容)或修订版均不适用于本部分,然而,鼓励根据本部分达成协议的各方研究是否可使用这些文件的最新版本。凡是不注日期的引用文件,其最新版本适用于本部分。

GB/T 1184—1996 形状和位置公差 未注公差值

GB/T 4170—2006 塑料注射模零件技术条件

3 尺寸规格

尺寸规格见图1、表1。

表面粗糙度以微米为单位

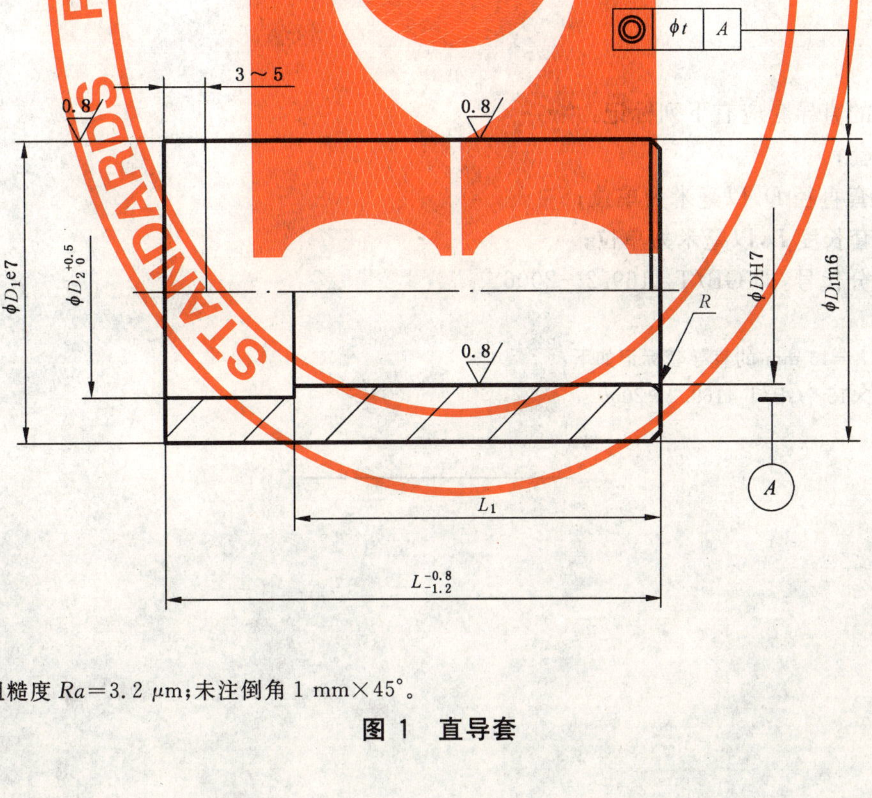

未注表面粗糙度 $Ra=3.2\ \mu m$;未注倒角 1 mm×45°。

图1 直导套

表 1 直导套尺寸

单位为毫米

D	12	16	20	25	30	35	40	50	60	70	80	90	100
D_1	18	25	30	35	42	48	55	70	80	90	105	115	125
D_2	13	17	21	26	31	36	41	51	61	71	81	91	101
R	1.5～2	3～4				5～6				7～8			
L_1[a]	24	32	40	50	60	70	80	100	120	140	160	180	200
L	15	20	20	25	30	35	40	40	50	60	70	80	80
	20	25	25	30	35	40	50	50	60	70	80	100	100
	25	30	30	40	40	50	60	60	80	80	100	120	150
	30	40	40	50	50	60	80	80	100	100	120	150	200
	35	50	50	60	60	80	100	100	120	120	150	200	
	40	60	60	80	80	100	120	120	150	150	200		

[a] 当 $L_1>L$ 时，取 $L_1=L$。

4 材料和硬度

材料由制造者选定，推荐采用 T10 A、GCr15、20 Cr。

硬度 52 HRC～56 HRC。20 Cr 渗碳 0.5 mm～0.8 mm，硬度 56 HRC～60 HRC。

5 要求

5.1 图 1 标注的形位公差应符合 GB/T 1184—1996 的规定，t 为 6 级精度。

5.2 其余应符合 GB/T 4170—2006 的规定。

6 标记

按本部分的直导套应有下列标记：

a) 直导套；

b) 直导套直径 D，以毫米为单位；

c) 直导套长度 L，以毫米为单位；

d) 本部分代号，即 GB/T 4169.2—2006。

示例：

D=12 mm、L=15 mm 的直导套标记如下：

直导套 12×15 GB/T 4169.2—2006

ICS 25.120.30
J 46

中华人民共和国国家标准

GB/T 4169.3—2006
代替 GB/T 4169.3—1984

塑料注射模零件
第3部分:带头导套

Components of injection moulds for plastics—
Part 3: Headed guide bush

2006-12-08 发布　　2007-04-01 实施

中华人民共和国国家质量监督检验检疫总局
中国国家标准化管理委员会　发布

前　言

GB/T 4169《塑料注射模零件》分为 23 部分：

——第 1 部分：塑料注射模零件　推杆；
——第 2 部分：塑料注射模零件　直导套；
——第 3 部分：塑料注射模零件　带头导套；
——第 4 部分：塑料注射模零件　带头导柱；
——第 5 部分：塑料注射模零件　带肩导柱；
——第 6 部分：塑料注射模零件　垫块；
——第 7 部分：塑料注射模零件　推板；
——第 8 部分：塑料注射模零件　模板；
——第 9 部分：塑料注射模零件　限位钉；
——第 10 部分：塑料注射模零件　支承柱；
——第 11 部分：塑料注射模零件　圆形定位元件；
——第 12 部分：塑料注射模零件　推板导套；
——第 13 部分：塑料注射模零件　复位杆；
——第 14 部分：塑料注射模零件　推板导柱；
——第 15 部分：塑料注射模零件　扁推杆；
——第 16 部分：塑料注射模零件　带肩推杆；
——第 17 部分：塑料注射模零件　推管；
——第 18 部分：塑料注射模零件　定位圈；
——第 19 部分：塑料注射模零件　浇口套；
——第 20 部分：塑料注射模零件　拉杆导柱；
——第 21 部分：塑料注射模零件　矩形定位元件；
——第 22 部分：塑料注射模零件　圆形拉模扣；
——第 23 部分：塑料注射模零件　矩形拉模扣。

本部分为 GB/T 4169 的第 3 部分。

本部分代替 GB/T 4169.3—1984《塑料注射模具零件　带头导套》。

本部分与 GB/T 4169.3—1984 相比主要变化如下：

——在标准的编排上作了较大修改，增加了“前言”、“范围”和“规范性引用文件”；
——修改了零件的尺寸规格系列；
——零件材料改为推荐选用；
——表面粗糙度代替原标准中的光洁度。

本部分由中国电器工业协会提出。

本部分由全国模具标准化技术委员会(SAC/TC 33)归口。

本部分起草单位：桂林电器科学研究所、龙记集团、浙江亚轮塑料模架有限公司、昆山市中大模架有限公司。

本部分主要起草人：翁史振、蔡逢敬、廖宏谊、胡建林、王建军、李捷、黄新标。

塑料注射模零件
第3部分:带头导套

1 范围

本部分规定了塑料注射模用带头导套的尺寸规格和公差。

本部分适用于塑料注射模所用的带头导套。

本部分还给出了材料指南和硬度要求,并规定了带头导套的标记。

2 规范性引用文件

下列文件中的条款通过本部分的引用而成为本部分的条款。凡是注日期的引用文件,其随后所有的修改单(不包括勘误的内容)或修订版均不适用于本部分,然而,鼓励根据本部分达成协议的各方研究是否可使用这些文件的最新版本。凡是不注日期的引用文件,其最新版本适用于本部分。

GB/T 1184—1996 形状和位置公差 未注公差值

GB/T 4170—2006 塑料注射模零件技术条件

3 尺寸规格

尺寸规格见图1、表1。

表面粗糙度以微米为单位

未注表面粗糙度 $Ra=6.3\ \mu m$;未注倒角 1 mm×45°。

[a] 可选砂轮越程槽或 $R0.5$ mm～$R1$ mm 圆角。

图1 带头导套

表 1 带头导套尺寸

单位为毫米

D		12	16	20	25	30	35	40	50	60	70	80	90	100
D_1		18	25	30	35	42	48	55	70	80	90	105	115	125
D_2		22	30	35	40	47	54	61	76	86	96	111	121	131
D3		13	17	21	26	31	36	41	51	61	71	81	91	101
h		5	6	8		10			12	15			20	
R		1.5～2		3～4		5～6				7～8				
L_1[a]		24	32	40	50	60	70	80	100	120	140	160	180	200
L	20	×	×	×										
	25	×	×	×	×									
	30	×	×	×	×	×								
	35	×	×	×	×	×	×							
	40	×	×	×	×	×	×	×						
	45	×	×	×	×	×	×	×						
	50	×	×	×	×	×	×	×	×					
	60		×	×	×	×	×	×	×	×				
	70			×	×	×	×	×	×	×	×			
	80			×	×	×	×	×	×	×	×	×		
	90				×	×	×	×	×	×	×	×	×	
	100				×	×	×	×	×	×	×	×	×	×
	110					×	×	×	×	×	×	×	×	×
	120					×	×	×	×	×	×	×	×	×
	130						×	×	×	×	×	×	×	×
	140						×	×	×	×	×	×	×	×
	150							×	×	×	×	×	×	×
	160							×	×	×	×	×	×	×
	180								×	×	×	×	×	×
	200								×	×	×	×	×	×

[a] 当 $L_1>L$ 时，取 $L_1=L$。

4 材料和硬度

材料由制造者选定，推荐采用 T10 A、GCr15、20 Cr。

硬度 52 HRC～56 HRC。20Cr 渗碳 0.5 mm～0.8 mm，硬度 56 HRC～60 HRC。

5 要求

5.1 图 1 标注的形位公差应符合 GB/T 1184—1996 的规定，t 为 6 级精度。

5.2 其余应符合 GB/T 4170—2006 的规定。

6 标记

按本部分的带头导套应有下列标记：

a) 带头导套；

b) 带头导套直径 D，以毫米为单位；

c) 带头导套长度 L，以毫米为单位；

d) 本部分代号，即 GB/T 4169.3—2006。

示例：

D=12 mm、L=20 mm 的带头导套标记如下：

带头导套 12×20 GB/T 4169.3—2006

ICS 25.120.30
J 46

中华人民共和国国家标准

GB/T 4169.4—2006
代替 GB/T 4169.4—1984,GB/T 12555.8—1990

塑料注射模零件
第4部分:带头导柱

Components of injection moulds for plastics—
Part 4: Headed guide pillar

2006-12-08 发布 2007-04-01 实施

中华人民共和国国家质量监督检验检疫总局
中国国家标准化管理委员会 发布

前　言

GB/T 4169《塑料注射模零件》分为23部分：
——第1部分：塑料注射模零件　推杆；
——第2部分：塑料注射模零件　直导套；
——第3部分：塑料注射模零件　带头导套；
——第4部分：塑料注射模零件　带头导柱；
——第5部分：塑料注射模零件　带肩导柱；
——第6部分：塑料注射模零件　垫块；
——第7部分：塑料注射模零件　推板；
——第8部分：塑料注射模零件　模板；
——第9部分：塑料注射模零件　限位钉；
——第10部分：塑料注射模零件　支承柱；
——第11部分：塑料注射模零件　圆形定位元件；
——第12部分：塑料注射模零件　推板导套；
——第13部分：塑料注射模零件　复位杆；
——第14部分：塑料注射模零件　推板导柱；
——第15部分：塑料注射模零件　扁推杆；
——第16部分：塑料注射模零件　带肩推杆；
——第17部分：塑料注射模零件　推管；
——第18部分：塑料注射模零件　定位圈；
——第19部分：塑料注射模零件　浇口套；
——第20部分：塑料注射模零件　拉杆导柱；
——第21部分：塑料注射模零件　矩形定位元件；
——第22部分：塑料注射模零件　圆形拉模扣；
——第23部分：塑料注射模零件　矩形拉模扣。

本部分为GB/T 4169的第4部分。

本部分代替GB/T 4169.4—1984《塑料注射模具零件　带头导柱》和GB/T 12555.8—1990《塑料注射模大型模架　带头导柱》。

本部分与GB/T 4169.4—1984和GB/T 12555.8—1990相比主要变化如下：
——在标准的编排上作了较大修改，增加了"前言"、"范围"和"规范性引用文件"；
——合并大型模架相应零件；
——修改了零件的尺寸规格系列；
——零件材料改为推荐选用；
——表面粗糙度代替原标准中的光洁度。

本部分由中国电器工业协会提出。

本部分由全国模具标准化技术委员会(SAC/TC 33)归口。

本部分起草单位：桂林电器科学研究所、龙记集团、浙江亚轮塑料模架有限公司、昆山市中大模架有限公司。

本部分主要起草人：翁史振、蔡逢敬、廖宏谊、胡建林、王建军、李红英、黄新标。

塑料注射模零件
第 4 部分:带头导柱

1 范围

本部分规定了塑料注射模用带头导柱的尺寸规格和公差。

本部分适用于塑料注射模所用的带头导柱,可兼作推板导柱。

本部分还给出了材料指南和硬度要求,并规定了带头导柱的标记。

2 规范性引用文件

下列文件中的条款通过本部分的引用而成为本部分的条款。凡是注日期的引用文件,其随后所有的修改单(不包括勘误的内容)或修订版均不适用于本部分,然而,鼓励根据本部分达成协议的各方研究是否可使用这些文件的最新版本。凡是不注日期的引用文件,其最新版本适用于本部分。

GB/T 1184—1996 形状和位置公差 未注公差值

GB/T 4170—2006 塑料注射模零件技术条件

3 尺寸规格

尺寸规格见图 1、表 1。

表面粗糙度以微米为单位

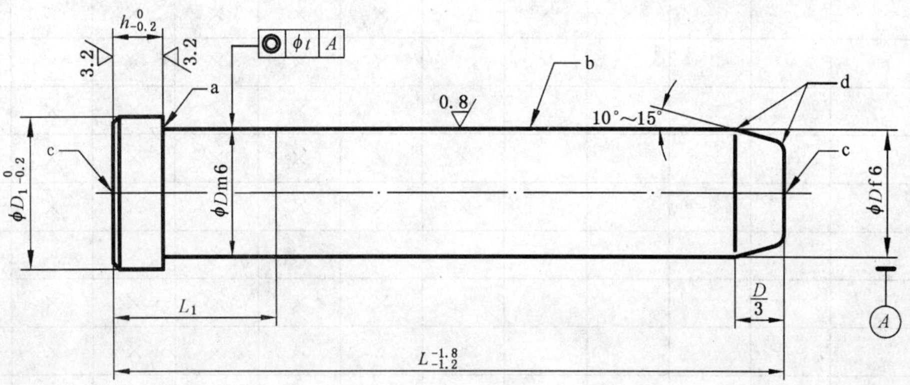

未注表面粗糙度 Ra=6.3 μm;未注倒角 1 mm×45°。

a 可选砂轮越程槽或 R0.5 mm~R1 mm 圆角。

b 允许开油槽。

c 允许保留两端的中心孔。

d 圆弧连接,R2 mm~R5 mm。

图 1 带头导柱

表 1　带头导柱尺寸

单位为毫米

D		12	16	20	25	30	35	40	50	60	70	80	90	100
D_1		17	21	25	30	35	40	45	56	66	76	86	96	106
h		5	6			8		10	12		15		20	
L	50	×	×	×	×	×								
	60	×	×	×	×	×								
	70	×	×	×	×	×	×	×						
	80	×	×	×	×	×	×	×						
	90	×	×	×	×	×	×	×						
	100	×	×	×	×	×	×	×	×	×				
	110	×	×	×	×	×	×	×	×	×				
	120	×	×	×	×	×	×	×	×	×				
	130	×	×	×	×	×	×	×	×	×				
	140	×	×	×	×	×	×	×	×	×				
	150		×	×	×	×	×	×	×	×	×	×		
	160		×	×	×	×	×	×	×	×	×	×		
	180			×	×	×	×	×	×	×	×	×		
	200			×	×	×	×	×	×	×	×	×		
	220				×	×	×	×	×	×	×	×	×	×
	250				×	×	×	×	×	×	×	×	×	×
	280					×	×	×	×	×	×	×	×	×
	300					×	×	×	×	×	×	×	×	×
	320						×	×	×	×	×	×	×	×
	350						×	×	×	×	×	×	×	×
	380							×	×	×	×	×	×	×
	400							×	×	×	×	×	×	×
	450								×	×	×	×	×	×
	500								×	×	×	×	×	×
	550									×	×	×	×	×
	600									×	×	×	×	×
	650										×	×	×	×
	700										×	×	×	×
	750											×	×	×
	800											×	×	×
L_1		20,25,30,35,40,45,50,60,70,80,100,110,120,130,140,150,160,180,200												

4 材料和硬度

材料由制造者选定，推荐采用 T10 A、GCr15、20Cr。

硬度 56 HRC～60 HRC。20Cr 渗碳 0.5 mm～0.8 mm，硬度 56 HRC～60 HRC。

5 要求

5.1 图 1 标注的形位公差应符合 GB/T 1184—1996 的规定，t 为 6 级精度。

5.2 其余应符合 GB/T 4170—2006 的规定。

6 标记

按本部分的带头导柱应有下列标记：

a) 带头导柱；

b) 带头导柱直径 D，以毫米为单位；

c) 带头导柱长度 L，以毫米为单位；

d) 带头导柱与模板配合长度 L_1，以毫米为单位；

e) 本部分代号，即 GB/T 4169.4—2006。

示例：

D=12 mm、L=50 mm、L_1=20 mm 的带头导柱标记如下：

带头导柱 12×50×20 GB/T 4169.4—2006

ICS 25.120.30
J 46

中华人民共和国国家标准

GB/T 4169.5—2006
代替 GB/T 4169.5—1984,GB/T 12555.9—1990

塑料注射模零件 第5部分:带肩导柱

Components of injection moulds for plastics—
Part 5: Shoulded guide pillar

2006-12-08 发布　　2007-04-01 实施

中华人民共和国国家质量监督检验检疫总局
中国国家标准化管理委员会　发布

前　言

GB/T 4169《塑料注射模零件》分为23部分：

——第1部分：塑料注射模零件　推杆；

——第2部分：塑料注射模零件　直导套；

——第3部分：塑料注射模零件　带头导套；

——第4部分：塑料注射模零件　带头导柱；

——第5部分：塑料注射模零件　带肩导柱；

——第6部分：塑料注射模零件　垫块；

——第7部分：塑料注射模零件　推板；

——第8部分：塑料注射模零件　模板；

——第9部分：塑料注射模零件　限位钉；

——第10部分：塑料注射模零件　支承柱；

——第11部分：塑料注射模零件　圆形定位元件；

——第12部分：塑料注射模零件　推板导套；

——第13部分：塑料注射模零件　复位杆；

——第14部分：塑料注射模零件　推板导柱；

——第15部分：塑料注射模零件　扁推杆；

——第16部分：塑料注射模零件　带肩推杆；

——第17部分：塑料注射模零件　推管；

——第18部分：塑料注射模零件　定位圈；

——第19部分：塑料注射模零件　浇口套；

——第20部分：塑料注射模零件　拉杆导柱；

——第21部分：塑料注射模零件　矩形定位元件；

——第22部分：塑料注射模零件　圆形拉模扣；

——第23部分：塑料注射模零件　矩形拉模扣。

本部分为GB/T 4169的第5部分。

本部分代替GB/T 4169.5—1984《塑料注射模具零件　带肩导柱》和GB/T 12555.9—1990《塑料注射模大型模架　带肩导柱》。

本部分与GB/T 4169.5—1984和GB/T 12555.9—1990相比主要变化如下：

——在标准的编排上作了较大修改，增加了“前言”、“范围”和“规范性引用文件”；

——合并大型模架相应零件；

——修改了零件的尺寸规格系列；

——零件材料改为推荐选用；

——表面粗糙度代替原标准中的光洁度。

本部分由中国电器工业协会提出。

本部分由全国模具标准化技术委员会(SAC/TC 33)归口。

本部分起草单位：桂林电器科学研究所、龙记集团、浙江亚轮塑料模架有限公司、昆山市中大模架有限公司。

本部分主要起草人：翁史振、蔡逢敬、廖宏谊、胡建林、王建军、李捷、黄新标。

塑料注射模零件
第5部分：带肩导柱

1 范围

本部分规定了塑料注射模用带肩导柱的尺寸规格和公差。

本部分适用于塑料注射模所用的带肩导柱。

本部分还给出了材料指南和硬度要求，并规定了带肩导柱的标记。

2 规范性引用文件

下列文件中的条款通过本部分的引用而成为本部分的条款。凡是注日期的引用文件，其随后所有的修改单(不包括勘误的内容)或修订版均不适用于本部分，然而，鼓励根据本部分达成协议的各方研究是否可使用这些文件的最新版本。凡是不注日期的引用文件，其最新版本适用于本部分。

GB/T 1184—1996 形状和位置公差 未注公差值

GB/T 4170—2006 塑料注射模零件技术条件

3 尺寸规格

尺寸规格见图1、表1。

表面粗糙度以微米为单位

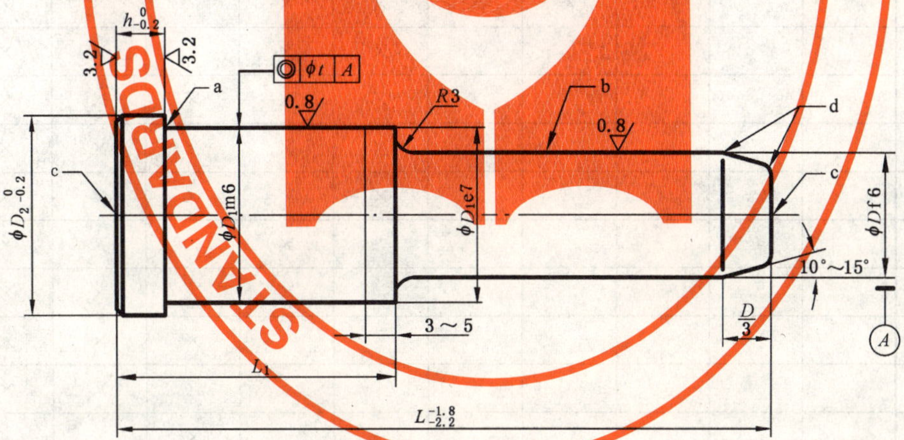

未注表面粗糙度 $Ra=6.3\ \mu m$；未注倒角 1 mm×45°。

[a] 可选砂轮越程槽或 $R0.5$ mm～$R1$ mm 圆角。

[b] 允许开油槽。

[c] 允许保留两端的中心孔。

[d] 圆弧连接，$R2$ mm～$R5$ mm。

图1 带肩导柱

表 1 带肩导柱尺寸

单位为毫米

D		12	16	20	25	30	35	40	50	60	70	80
D_1		18	25	30	35	42	48	55	70	80	90	105
D_2		22	30	35	40	47	54	61	76	86	96	111
h		5	6	8			10		12		15	
L	50	×	×	×	×	×						
	60	×	×	×	×	×						
	70	×	×	×	×	×	×	×				
	80	×	×	×	×	×	×	×				
	90	×	×	×	×	×	×	×				
	100	×	×	×	×	×	×	×	×	×		
	110	×	×	×	×	×	×	×	×	×		
	120	×	×	×	×	×	×	×	×	×		
	130	×	×	×	×	×	×	×	×	×		
	140	×	×	×	×	×	×	×	×	×		
	150		×	×	×	×	×	×	×	×	×	×
	160		×	×	×	×	×	×	×	×	×	×
	180			×	×	×	×	×	×	×	×	×
	200			×	×	×	×	×	×	×	×	×
	220				×	×	×	×	×	×	×	×
	250				×	×	×	×	×	×	×	×
	280					×	×	×	×	×	×	×
	300					×	×	×	×	×	×	×
	320						×	×	×	×	×	×
	350						×	×	×	×	×	×
	380							×	×	×	×	×
	400							×	×	×	×	×
	450								×	×	×	×
	500								×	×	×	×
	550								×	×	×	×
	600								×	×	×	×
	650								×	×	×	×
	700									×	×	×
L_1		20,25,30,35,40,45,50,60,70,80,100,110,120,130,140,150,160,180,200										

4 材料和硬度

材料由制造者选定，推荐采用 T10 A、GCr15、20Cr。

硬度 56 HRC～60 HRC。20Cr 渗碳 0.5 mm～0.8 mm，硬度 56 HRC～60 HRC。

5 要求

5.1 图 1 标注的形位公差应符合 GB/T 1184—1996 的规定，t 为 6 级精度。

5.2 其余应符合 GB/T 4170—2006 的规定。

6 标记

按本部分的带肩导柱应有下列标记：

a) 带肩导柱；

b) 带肩导柱直径 D，以毫米为单位；

c) 带肩导柱长度 L，以毫米为单位；

d) 带肩导柱与模板配合长度 L_1，以毫米为单位；

e) 本部分代号，即 GB/T 4169.5—2006。

示例：

D=16 mm、L=50 mm、L_1=20 mm 的带肩导柱标记如下：

带肩导柱 16×50×20 GB/T 4169.5—2006

ICS 25.120.30
J 46

中华人民共和国国家标准

GB/T 4169.6—2006
代替 GB/T 4169.6—1984,GB/T 12555.7—1990

塑料注射模零件 第6部分:垫块

Components of injection moulds for plastics—
Part 6: Spacer block

2006-12-08 发布　　2007-04-01 实施

中华人民共和国国家质量监督检验检疫总局
中国国家标准化管理委员会　发布

前　言

GB/T 4169《塑料注射模零件》分为23部分：
——第1部分：塑料注射模零件　推杆；
——第2部分：塑料注射模零件　直导套；
——第3部分：塑料注射模零件　带头导套；
——第4部分：塑料注射模零件　带头导柱；
——第5部分：塑料注射模零件　带肩导柱；
——第6部分：塑料注射模零件　垫块；
——第7部分：塑料注射模零件　推板；
——第8部分：塑料注射模零件　模板；
——第9部分：塑料注射模零件　限位钉；
——第10部分：塑料注射模零件　支承柱；
——第11部分：塑料注射模零件　圆形定位元件；
——第12部分：塑料注射模零件　推板导套；
——第13部分：塑料注射模零件　复位杆；
——第14部分：塑料注射模零件　推板导柱；
——第15部分：塑料注射模零件　扁推杆；
——第16部分：塑料注射模零件　带肩推杆；
——第17部分：塑料注射模零件　推管；
——第18部分：塑料注射模零件　定位圈；
——第19部分：塑料注射模零件　浇口套；
——第20部分：塑料注射模零件　拉杆导柱；
——第21部分：塑料注射模零件　矩形定位元件；
——第22部分：塑料注射模零件　圆形拉模扣；
——第23部分：塑料注射模零件　矩形拉模扣。

本部分为GB/T 4169的第6部分。

本部分代替GB/T 4169.6—1984《塑料注射模具零件　垫块》和GB/T 12555.7—1990《塑料注射模大型模架　垫块》。

本部分与GB/T 4169.6—1984和GB/T 12555.7—1990相比主要变化如下：
——在标准的编排上作了较大修改，增加了"前言"、"范围"和"规范性引用文件"；
——合并大型模架相应零件；
——修改了零件的尺寸规格系列；
——零件材料改为推荐选用；
——表面粗糙度代替原标准中的光洁度。

本部分由中国电器工业协会提出。

本部分由全国模具标准化技术委员会(SAC/TC 33)归口。

本部分起草单位：桂林电器科学研究所、龙记集团、浙江亚轮塑料模架有限公司、昆山市中大模架有限公司。

本部分主要起草人：翁史振、蔡逢敬、廖宏谊、胡建林、王建军、李捷、黄新标。

塑料注射模零件
第6部分:垫块

1 范围

本部分规定了塑料注射模用垫块的尺寸规格和公差。

本部分适用于塑料注射模所用的垫块。

本部分还给出了材料指南,并规定了垫块的标记。

2 规范性引用文件

下列文件中的条款通过本部分的引用而成为本部分的条款。凡是注日期的引用文件,其随后所有的修改单(不包括勘误的内容)或修订版均不适用于本部分,然而,鼓励根据本部分达成协议的各方研究是否可使用这些文件的最新版本。凡是不注日期的引用文件,其最新版本适用于本部分。

GB/T 1184—1996　形状和位置公差　未注公差值

GB/T 4170—2006　塑料注射模零件技术条件

3 尺寸规格

尺寸规格见图1、表1。

表面粗糙度以微米为单位

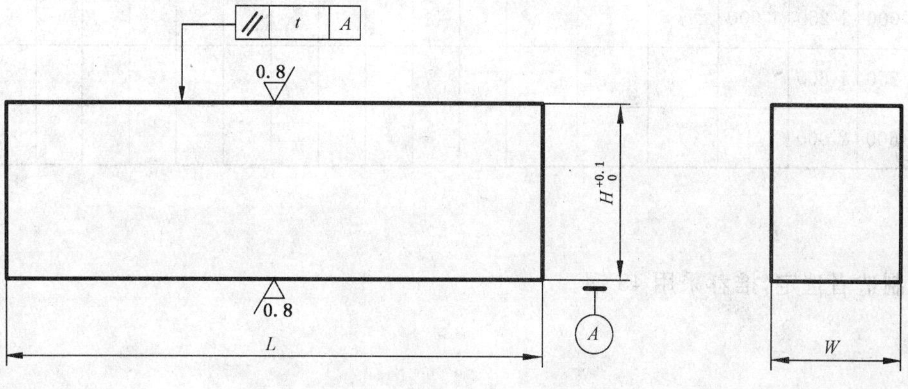

未注表面粗糙度 Ra=6.3 μm;全部棱边倒角 2 mm×45°。

图1　垫块

表 1 垫块尺寸

单位为毫米

W	L							H													
								50	60	70	80	90	100	110	120	130	150	180	200	250	300
28	150	180	200	230	250			×	×	×											
33	180	200	230	250	300	350			×	×	×										
38	200	230	250	300	350	400			×	×	×										
43	230	250	270	300	350	400				×	×	×									
48	250	270	300	350	400	450	500			×	×	×									
53	270	300	350	400	450	500				×	×	×									
58	300	350	400	450	500	550	600				×	×	×								
63	350	400	450	500	550	600						×	×	×							
68	400	450	500	550	600	700							×	×	×	×					
78	450	500	550	600	700								×	×	×	×					
88	500	550	600	700	800								×	×	×	×					
100	550	600	700	800	900	1 000								×	×	×	×	×			
120	650	700	800	900	1 000	1 250									×	×	×	×	×	×	
140	800	900	1 000	1 250													×	×	×	×	
160	900	1 000	1 250	1 600														×	×	×	×
180	1 000	1 250	1 600															×	×	×	×
220	1 250	1 600	2 000															×	×	×	×

4 材料

材料由制造者选定，推荐采用 45 钢。

5 要求

5.1 图 1 中标注的形位公差应符合 GB/T 1184—1996 的规定，*t* 为 5 级精度。

5.2 其余应符合 GB/T 4170—2006 的规定。

6 标记

按本部分的垫块应有下列标记：

a) 垫块；

b) 垫块宽度 *W*，以毫米为单位；

c) 垫块长度 *L*，以毫米为单位；

d) 垫块厚度 *H*，以毫米为单位；

e） 本部分代号，即 GB/T 4169.6—2006。

示例：

W=28 mm、L=150 mm、H=50 mm 的垫块标记如下：

垫块 28×150×50 GB/T 4169.6—2006

ICS 25.120.30
J 46

GB

中华人民共和国国家标准

GB/T 4169.7—2006
代替 GB/T 4169.7—1984,GB/T 12555.6—1990

塑料注射模零件
第 7 部分:推板

Components of injection moulds for plastics—
Part 7: Ejector plate

2006-12-08 发布　　2007-04-01 实施

中华人民共和国国家质量监督检验检疫总局
中国国家标准化管理委员会　发布

前 言

GB/T 4169《塑料注射模零件》分为23部分：

——第1部分：塑料注射模零件　推杆；
——第2部分：塑料注射模零件　直导套；
——第3部分：塑料注射模零件　带头导套；
——第4部分：塑料注射模零件　带头导柱；
——第5部分：塑料注射模零件　带肩导柱；
——第6部分：塑料注射模零件　垫块；
——第7部分：塑料注射模零件　推板；
——第8部分：塑料注射模零件　模板；
——第9部分：塑料注射模零件　限位钉；
——第10部分：塑料注射模零件　支承柱；
——第11部分：塑料注射模零件　圆形定位元件；
——第12部分：塑料注射模零件　推板导套；
——第13部分：塑料注射模零件　复位杆；
——第14部分：塑料注射模零件　推板导柱；
——第15部分：塑料注射模零件　扁推杆；
——第16部分：塑料注射模零件　带肩推杆；
——第17部分：塑料注射模零件　推管；
——第18部分：塑料注射模零件　定位圈；
——第19部分：塑料注射模零件　浇口套；
——第20部分：塑料注射模零件　拉杆导柱；
——第21部分：塑料注射模零件　矩形定位元件；
——第22部分：塑料注射模零件　圆形拉模扣；
——第23部分：塑料注射模零件　矩形拉模扣。

本部分为GB/T 4169的第7部分。

本部分代替GB/T 4169.7—1984《塑料注射模具零件　推板》和GB/T 12555.6—1990《塑料注射模大型模架　推板》。

本部分与GB/T 4169.7—1984和GB/T 12555.6—1990相比主要变化如下：

——在标准的编排上作了较大修改，增加了“前言”、“范围”和“规范性引用文件”；
——合并大型模架相应零件；
——修改了零件的尺寸规格系列；
——零件材料改为推荐选用；
——表面粗糙度代替原标准中的光洁度。

本部分由中国电器工业协会提出。

本部分由全国模具标准化技术委员会(SAC/TC 33)归口。

本部分起草单位：桂林电器科学研究所、龙记集团、浙江亚轮塑料模架有限公司、昆山市中大模架有限公司。

本部分主要起草人：翁史振、蔡逢敬、廖宏谊、胡建林、王建军、李捷、黄新标。

塑料注射模零件
第7部分：推板

1 范围

本部分规定了塑料注射模用推板的尺寸规格和公差。

本部分适用于塑料注射模所用的推板和推杆固定板。

本部分还给出了材料指南和硬度要求，并规定了推板的标记。

2 规范性引用文件

下列文件中的条款通过本部分的引用而成为本部分的条款。凡是注日期的引用文件，其随后所有的修改单(不包括勘误的内容)或修订版均不适用于本部分，然而，鼓励根据本部分达成协议的各方研究是否可使用这些文件的最新版本。凡是不注日期的引用文件，其最新版本适用于本部分。

GB/T 1184—1996　形状和位置公差　未注公差值

GB/T 4170—2006　塑料注射模零件技术条件

3 尺寸规格

尺寸规格见图1、表1。

表面粗糙度以微米为单位

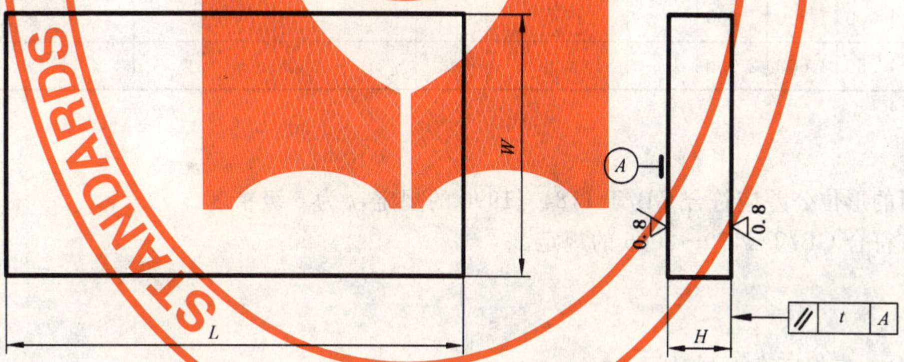

未注表面粗糙度 $Ra=6.3\ \mu m$；全部棱边倒角 2 mm×45°。

图1　推板

4 材料和硬度

材料由制造者选定，推荐采用45钢。

硬度28 HRC～32 HRC。

表 1　推板尺寸

单位为毫米

W	*L*							*H*							
								13	15	20	25	30	40	50	60
90	150	180	200	230	250			×	×						
110	180	200	230	250	300	350			×	×					
120	200	230	250	300	350	400			×	×	×				
140	230	250	270	300	350	400			×	×	×				
150	250	270	300	350	400	450	500		×	×	×				
160	270	300	350	400	450	500			×	×	×				
180	300	350	400	450	500	550	600			×	×	×			
220	350	400	450	500	550	600				×	×	×			
260	400	450	500	550	600	700					×	×	×		
290	450	500	550	600	700						×	×	×		
320	500	550	600	700	800						×	×	×	×	
340	550	600	700	800	900						×	×	×	×	
390	600	700	800	900	1 000						×	×	×	×	
400	650	700	800	900	1 000						×	×	×	×	
450	700	800	900	1 000	1 250						×	×	×	×	
510	800	900	1 000	1 250								×	×	×	×
560	900	1 000	1 250	1 600								×	×	×	×
620	1 000	1 250	1 600									×	×	×	×
790	1 250	1 600	2 000									×	×	×	×

5　要求

5.1　基准面的形位公差应符合 GB/T 1184—1996 的规定，*t* 为 6 级精度。

5.2　其余应符合 GB/T 4170—2006 的规定。

6　标记

按本部分的推板应有下列标记：

a）　推板；

b）　推板宽度 *W*，以毫米为单位；

c）　推板长度 *L*，以毫米为单位；

d）　推板厚度 *H*，以毫米为单位；

e）　本部分代号，即 GB/T 4169.7—2006。

示例：

W=90 mm、*L*=150 mm、*H*=13 mm 的推板标记如下：

推板　90×150×13　GB/T 4169.7—2006

ICS 25.120.30
J 46

中华人民共和国国家标准

GB/T 4169.8—2006
代替 GB/T 4169.8—1984,GB/T 12555.3—1990,
GB/T 12555.4—1990,GB/T 12555.5—1990

塑料注射模零件
第8部分:模板

Components of injection moulds for plastics—
Part 8: Mould plate

2006-12-08 发布　　2007-04-01 实施

中华人民共和国国家质量监督检验检疫总局
中国国家标准化管理委员会　发布

前　言

GB/T 4169《塑料注射模零件》分为 23 部分：

——第 1 部分:塑料注射模零件　推杆；

——第 2 部分:塑料注射模零件　直导套；

——第 3 部分:塑料注射模零件　带头导套；

——第 4 部分:塑料注射模零件　带头导柱；

——第 5 部分:塑料注射模零件　带肩导柱；

——第 6 部分:塑料注射模零件　垫块；

——第 7 部分:塑料注射模零件　推板；

——第 8 部分:塑料注射模零件　模板；

——第 9 部分:塑料注射模零件　限位钉；

——第 10 部分:塑料注射模零件　支承柱；

——第 11 部分:塑料注射模零件　圆形定位元件；

——第 12 部分:塑料注射模零件　推板导套；

——第 13 部分:塑料注射模零件　复位杆；

——第 14 部分:塑料注射模零件　推板导柱；

——第 15 部分:塑料注射模零件　扁推杆；

——第 16 部分:塑料注射模零件　带肩推杆；

——第 17 部分:塑料注射模零件　推管；

——第 18 部分:塑料注射模零件　定位圈；

——第 19 部分:塑料注射模零件　浇口套；

——第 20 部分:塑料注射模零件　拉杆导柱；

——第 21 部分:塑料注射模零件　矩形定位元件；

——第 22 部分:塑料注射模零件　圆形拉模扣；

——第 23 部分:塑料注射模零件　矩形拉模扣。

本部分为 GB/T 4169 的第 8 部分。

本部分代替 GB/T 4169.8—1984《塑料注射模具零件　模板》和 GB/T 12555.3—1990《塑料注射模大型模架　座板》、GB/T 12555.4—1990《塑料注射模大型模架　模板》、GB/T 12555.5—1990《塑料注射模大型模架　支承板》。

本部分与 GB/T 4169.8—1984 和 GB/T 12555.3—1990、GB/T 12555.4—1990、GB/T 12555.5—1990 相比主要变化如下：

——在标准的编排上作了较大修改，增加了“前言”、“范围”和“规范性引用文件”；

——合并大型模架相应零件；

——修改了零件的尺寸规格系列；

——零件材料改为推荐选用；

——表面粗糙度代替原标准中的光洁度。

本部分由中国电器工业协会提出。

本部分由全国模具标准化技术委员会(SAC/TC 33)归口。

本部分起草单位:桂林电器科学研究所、龙记集团、浙江亚轮塑料模架有限公司、昆山市中大模架有限公司。

本部分主要起草人:翁史振、蔡逢敬、廖宏谊、胡建林、王建军、李捷、黄新标。

塑料注射模零件
第8部分:模板

1 范围

本部分规定了塑料注射模用模板的尺寸规格和公差。

本部分适用于塑料注射模所用的定模板、动模板、推件板、推料板、支承板和定模座板与动模座板。

本部分还给出了材料指南和硬度要求,并规定了模板的标记。

2 规范性引用文件

下列文件中的条款通过本部分的引用而成为本部分的条款。凡是注日期的引用文件,其随后所有的修改单(不包括勘误的内容)或修订版均不适用于本部分,然而,鼓励根据本部分达成协议的各方研究是否可使用这些文件的最新版本。凡是不注日期的引用文件,其最新版本适用于本部分。

GB/T 1184—1996 形状和位置公差 未注公差值

GB/T 1801—1999 极限与配合 公差带和配合的选择

GB/T 4170—2006 塑料注射模零件技术条件

3 尺寸规格

3.1 A型模板(用于定模板、动模板、推件板、推料板、支承板)尺寸规格见图1、表1。

3.2 B型模板(用于定模座板、动模座板)尺寸规格见图2、表2。

表面粗糙度以微米为单位

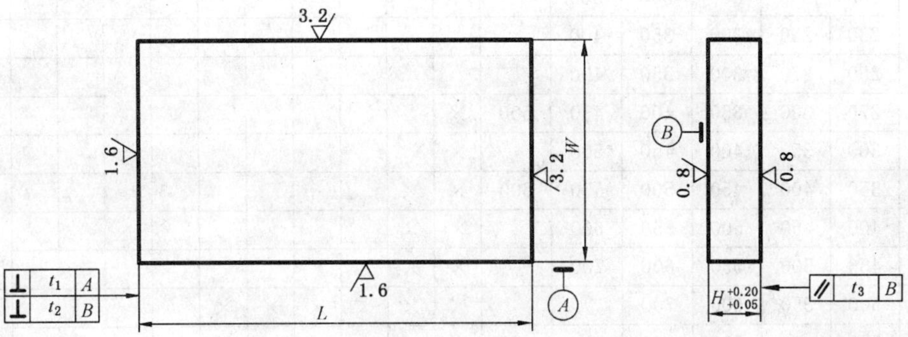

全部棱边倒角 2 mm×45°。

图1 A型模板

表 1　A 型模板尺寸

单位为毫米

W	L							H												
								20	25	30	35	40	45	50	60	70	80	90	100	110
150	150	180	200	230	250			×	×	×	×	×	×	×	×	×	×			
180	180	200	230	250	300	350		×	×	×	×	×	×	×	×	×	×			
200	200	230	250	300	350	400		×	×	×	×	×	×	×	×	×	×	×	×	
230	230	250	270	300	350	400		×	×	×	×	×	×	×	×	×	×	×	×	
250	250	270	300	350	400	450	500		×	×	×	×	×	×	×	×	×	×	×	×
270	270	300	350	400	450	500			×	×	×	×	×	×	×	×	×	×	×	×
300	300	350	400	450	500	550	600			×	×	×	×	×	×	×	×	×	×	×
350	350	400	450	500	550	600					×	×	×	×	×	×	×	×	×	×
400	400	450	500	550	600	700					×	×	×	×	×	×	×	×	×	×
450	450	500	550	600	700							×	×	×	×	×	×	×	×	×
500	500	550	600	700	800							×	×	×	×	×	×	×	×	×
550	550	600	700	800	900							×	×	×	×	×	×	×	×	×
600	600	700	800	900	1 000									×	×	×	×	×	×	×
650	650	700	800	900	1 000										×	×	×	×	×	×
700	700	800	900	1 000	1 250										×	×	×	×	×	×
800	800	900	1 000	1 250												×	×	×	×	×
900	900	1000	1 250	1 600												×	×	×	×	×
1 000	1 000	1 250	1 600														×	×	×	×
1 250	1 250	1 600	2 000														×	×	×	×

W	L							H												
								120	130	140	150	160	180	200	220	250	280	300	350	400
150	150	180	200	230	250															
180	180	200	230	250	300	350														
200	200	230	250	300	350	400														
230	230	250	270	300	350	400														
250	250	270	300	350	400	450	500	×												
270	270	300	350	400	450	500		×												
300	300	350	400	450	500	550	600	×	×											
350	350	400	450	500	550	600		×	×											
400	400	450	500	550	600	700		×	×	×	×									
450	450	500	550	600	700			×	×	×	×	×	×							
500	500	550	600	700	800			×	×	×	×	×	×							
550	550	600	700	800	900			×	×	×	×	×	×	×						
600	600	700	800	900	1 000			×	×	×	×	×	×	×						
650	650	700	800	900	1 000			×	×	×	×	×	×	×	×					
700	700	800	900	1 000	1 250			×	×	×	×	×	×	×	×	×				
800	800	900	1 000	1 250				×	×	×	×	×	×	×	×	×	×	×		
900	900	1 000	1 250	1 600				×	×	×	×	×	×	×	×	×	×	×	×	
1 000	1 000	1 250	1 600					×	×	×	×	×	×	×	×	×	×	×	×	×
1 250	1 250	1 600	2 000					×	×	×	×	×	×	×	×	×	×	×	×	×

表面粗糙度以微米为单位

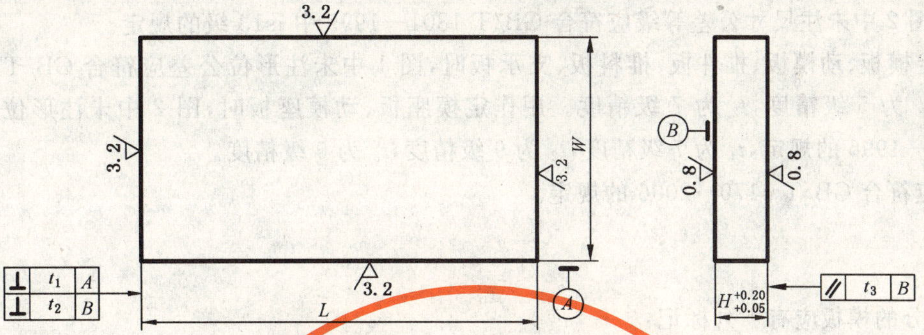

全部棱边倒角 2 mm×45°。

图 2　B 型模板

表 2　B 型模板尺寸

单位为毫米

W	L							H												
								20	25	30	35	40	45	50	60	70	80	90	100	120
200	150	180	200	230	250			×	×											
230	180	200	230	250	300	350		×	×	×										
250	200	230	250	300	350	400		×	×	×										
280	230	250	270	300	350	400			×	×										
300	250	270	300	350	400	450	500		×	×	×									
320	270	300	350	400	450	500			×	×	×	×								
350	300	350	400	450	500	550	600		×	×	×	×	×							
400	350	400	450	500	550	600				×	×	×	×	×						
450	400	450	500	550	600	700				×	×	×	×	×						
550	450	500	550	600	700						×	×	×	×	×					
600	500	550	600	700	800						×	×	×	×	×					
650	550	600	700	800	900						×	×	×	×	×	×				
700	600	700	800	900	1 000						×	×	×	×	×	×				
750	650	700	800	900	1 000						×	×	×	×	×	×	×			
800	700	800	900	1 000	1 250							×	×	×	×	×	×	×		
900	800	900	1000	1 250								×	×	×	×	×	×	×	×	
1 000	900	1 000	1 250	1 600										×	×	×	×	×	×	
1 200	1 000	1 250	1 600												×	×	×	×	×	×
1 500	1 250	1 600	2 000													×	×	×	×	×

4　材料和硬度

材料由制造者选定，推荐采用 45 钢。

硬度 28 HRC～32 HRC。

5 要求

5.1 图 1、图 2 中未注尺寸公差等级应符合 GB/T 1801—1999 中 js13 级的规定。

5.2 用作定模板、动模板、推件板、推料板、支承板时，图 1 中未注形位公差应符合 GB/T 1184—1996 的规定，t_1、t_3 为 5 级精度，t_2 为 7 级精度。用作定模座板、动模座板时，图 2 中未注形位公差应符合 GB/T 1184—1996 的规定，t_1 为 7 级精度，t_2 为 9 级精度，t_3 为 5 级精度。

5.3 其余应符合 GB/T 4170—2006 的规定。

6 标记

按本部分的模板应有下列标记：

a） 模板；

b） 模板类型 A、B；

c） 模板宽度 W，以毫米为单位；

d） 模板长度 L，以毫米为单位；

e） 模板厚度 H，以毫米为单位；

f） 本部分代号，即 GB/T 4169.8—2006。

示例 1：

W＝150 mm、L＝150 mm、H＝20 mm 的模板标记如下：

模板 A 150×150×20 GB/T 4169.8—2006

示例 2：

W＝200 mm、L＝150 mm、H＝20 mm 的模板标记如下：

模板 B 200×150×20 GB/T 4169.8—2006

ICS 25.120.30
J 46

中华人民共和国国家标准

GB/T 4169.9—2006
代替 GB/T 4169.9—1984

塑料注射模零件 第9部分:限位钉

Components of injection moulds for plastics—
Part 9: Stop pin

2006-12-08 发布 2007-04-01 实施

中华人民共和国国家质量监督检验检疫总局
中国国家标准化管理委员会 发布

前　言

GB/T 4169《塑料注射模零件》分为23部分：
——第1部分：塑料注射模零件　推杆；
——第2部分：塑料注射模零件　直导套；
——第3部分：塑料注射模零件　带头导套；
——第4部分：塑料注射模零件　带头导柱；
——第5部分：塑料注射模零件　带肩导柱；
——第6部分：塑料注射模零件　垫块；
——第7部分：塑料注射模零件　推板；
——第8部分：塑料注射模零件　模板；
——第9部分：塑料注射模零件　限位钉；
——第10部分：塑料注射模零件　支承柱；
——第11部分：塑料注射模零件　圆形定位元件；
——第12部分：塑料注射模零件　推板导套；
——第13部分：塑料注射模零件　复位杆；
——第14部分：塑料注射模零件　推板导柱；
——第15部分：塑料注射模零件　扁推杆；
——第16部分：塑料注射模零件　带肩推杆；
——第17部分：塑料注射模零件　推管；
——第18部分：塑料注射模零件　定位圈；
——第19部分：塑料注射模零件　浇口套；
——第20部分：塑料注射模零件　拉杆导柱；
——第21部分：塑料注射模零件　矩形定位元件；
——第22部分：塑料注射模零件　圆形拉模扣；
——第23部分：塑料注射模零件　矩形拉模扣。

本部分为GB/T 4169的第9部分。

本部分代替GB/T 4169.9—1984《塑料注射模具零件　限位钉》。

本部分与GB/T 4169.9—1984相比主要变化如下：
——在标准的编排上作了较大修改，增加了“前言”、“范围”和“规范性引用文件”；
——修改了零件的尺寸规格系列；
——零件材料改为推荐选用；
——表面粗糙度代替原标准中的光洁度。

本部分由中国电器工业协会提出。

本部分由全国模具标准化技术委员会(SAC/TC 33)归口。

本部分起草单位：桂林电器科学研究所、浙江亚轮塑料模架有限公司、昆山市中大模架有限公司、龙记集团。

本部分主要起草人：翁史振、蔡逢敬、廖宏谊、胡建林、王建军、李捷、黄新标。

塑料注射模零件
第9部分:限位钉

1 范围

本部分规定了塑料注射模用限位钉的尺寸规格和公差。

本部分适用于塑料注射模所用的限位钉。

本部分还给出了材料指南和硬度要求,并规定了限位钉的标记。

2 规范性引用文件

下列文件中的条款通过本部分的引用而成为本部分的条款。凡是注日期的引用文件,其随后所有的修改单(不包括勘误的内容)或修订版均不适用于本部分,然而,鼓励根据本部分达成协议的各方研究是否可使用这些文件的最新版本。凡是不注日期的引用文件,其最新版本适用于本部分。

GB/T 4170—2006 塑料注射模零件技术条件

3 尺寸规格

尺寸规格见图1、表1。

表面粗糙度以微米为单位

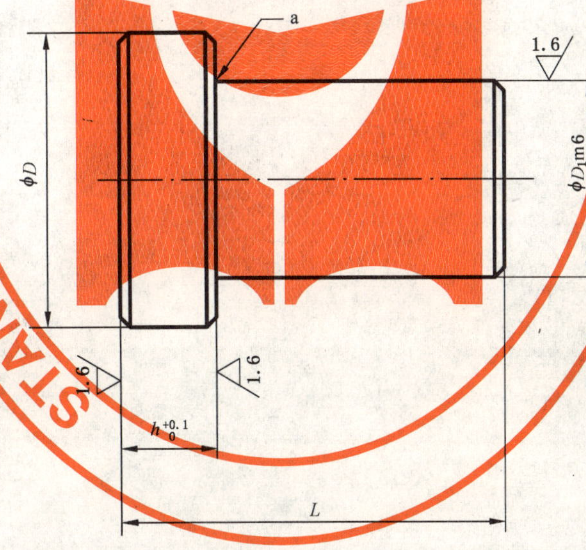

未注表面粗糙度 $Ra=6.3\ \mu m$;未注倒角 1mm×45°。

a 可选砂轮越程槽或 $R0.5$ mm～$R1$ mm 圆角。

图1 限位钉

表1 限位钉尺寸

单位为毫米

D	D_1	h	L
16	8	5	16
25	16	10	25

4 材料和硬度

材料由制造者选定，推荐采用 45 钢。

硬度 40 HRC～45 HRC。

5 要求

应符合 GB/T 46170—2006 的规定。

6 标记

按本部分的限位钉应有下列标记：

a） 限位钉；

b） 限位钉直径 *D*，以毫米为单位；

c） 本部分代号，即 GB/T 4169.9—2006。

示例：

D=16 mm 的限位钉标记如下：

限位钉 16 GB/T 4169.9—2006

ICS 25.120.30
J 46

中华人民共和国国家标准

GB/T 4169.10—2006
代替 GB/T 4169.10—1984

塑料注射模零件 第10部分:支承柱

Components of injection moulds for plastics—
Part 10: Support pillar

2006-12-08 发布 2007-04-01 实施

中华人民共和国国家质量监督检验检疫总局
中国国家标准化管理委员会 发布

前　言

GB/T 4169《塑料注射模零件》分为23部分：

——第1部分：塑料注射模零件　推杆；

——第2部分：塑料注射模零件　直导套；

——第3部分：塑料注射模零件　带头导套；

——第4部分：塑料注射模零件　带头导柱；

——第5部分：塑料注射模零件　带肩导柱；

——第6部分：塑料注射模零件　垫块；

——第7部分：塑料注射模零件　推板；

——第8部分：塑料注射模零件　模板；

——第9部分：塑料注射模零件　限位钉；

——第10部分：塑料注射模零件　支承柱；

——第11部分：塑料注射模零件　圆形定位元件；

——第12部分：塑料注射模零件　推板导套；

——第13部分：塑料注射模零件　复位杆；

——第14部分：塑料注射模零件　推板导柱；

——第15部分：塑料注射模零件　扁推杆；

——第16部分：塑料注射模零件　带肩推杆；

——第17部分：塑料注射模零件　推管；

——第18部分：塑料注射模零件　定位圈；

——第19部分：塑料注射模零件　浇口套；

——第20部分：塑料注射模零件　拉杆导柱；

——第21部分：塑料注射模零件　矩形定位元件；

——第22部分：塑料注射模零件　圆形拉模扣；

——第23部分：塑料注射模零件　矩形拉模扣。

本部分为GB/T 4169的第10部分。

本部分代替GB/T 4169.10—1984《塑料注射模具零件　支承柱》。

本部分与GB/T 4169.10—1984相比主要变化如下：

——在标准的编排上作了较大修改，增加了“前言”、“范围”和“规范性引用文件”；

——增加了一种支承柱结构形式；

——修改了零件的尺寸规格系列；

——零件材料改为推荐选用；

——表面粗糙度代替原标准中的光洁度。

本部分由中国电器工业协会提出。

本部分由全国模具标准化技术委员会(SAC/TC 33)归口。

本部分起草单位：桂林电器科学研究所、龙记集团、浙江亚轮塑料模架有限公司、昆山市中大模架有限公司。

本部分主要起草人：翁史振、蔡逢敬、廖宏谊、胡建林、王建军、李捷、黄新标。

塑料注射模零件
第10部分：支承柱

1 范围

本部分规定了塑料注射模用支承柱的尺寸规格和公差。

本部分适用于塑料注射模所用的支承柱。

本部分还给出了材料指南和硬度要求，并规定了支承柱的标记。

2 规范性引用文件

下列文件中的条款通过本部分的引用而成为本部分的条款。凡是注日期的引用文件，其随后所有的修改单(不包括勘误的内容)或修订版均不适用于本部分，然而，鼓励根据本部分达成协议的各方研究是否可使用这些文件的最新版本。凡是不注日期的引用文件，其最新版本适用于本部分。

GB/T 1184—1996　形状和位置公差　未注公差值

GB/T 4170—2006　塑料注射模零件技术条件

3 尺寸规格

3.1 A型支承柱

A型支承柱尺寸规格见图1、表1。

表面粗糙度以微米为单位

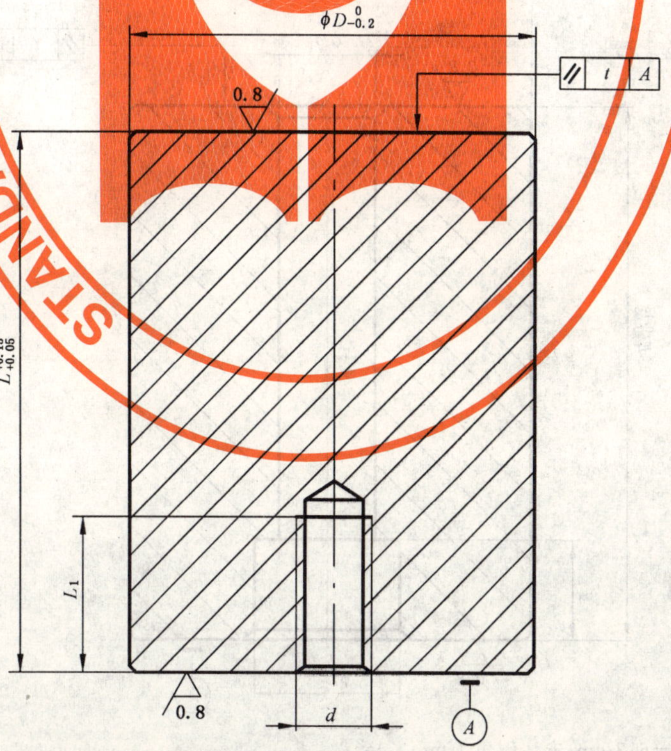

未注表面粗糙度 $Ra=6.3\ \mu m$；未注倒角 1 mm×45°。

图1　A型支承柱

表 1　A 型支承柱尺寸

单位为毫米

<table>
<tr><th rowspan="2">D</th><th colspan="11">L</th><th rowspan="2">d</th><th rowspan="2">L₁</th></tr>
<tr><th>80</th><th>90</th><th>100</th><th>110</th><th>120</th><th>130</th><th>150</th><th>180</th><th>200</th><th>250</th><th>300</th></tr>
<tr><td>25</td><td>×</td><td>×</td><td>×</td><td>×</td><td>×</td><td></td><td></td><td></td><td></td><td></td><td></td><td rowspan="3">M8</td><td rowspan="3">15</td></tr>
<tr><td>30</td><td>×</td><td>×</td><td>×</td><td>×</td><td>×</td><td></td><td></td><td></td><td></td><td></td><td></td></tr>
<tr><td>35</td><td>×</td><td>×</td><td>×</td><td>×</td><td>×</td><td>×</td><td></td><td></td><td></td><td></td><td></td></tr>
<tr><td>40</td><td>×</td><td>×</td><td>×</td><td>×</td><td>×</td><td>×</td><td>×</td><td></td><td></td><td></td><td></td><td rowspan="2">M10</td><td rowspan="2">18</td></tr>
<tr><td>50</td><td>×</td><td>×</td><td>×</td><td>×</td><td>×</td><td>×</td><td>×</td><td>×</td><td>×</td><td>×</td><td></td></tr>
<tr><td>60</td><td>×</td><td>×</td><td>×</td><td>×</td><td>×</td><td>×</td><td>×</td><td>×</td><td>×</td><td>×</td><td></td><td>M12</td><td>20</td></tr>
<tr><td>80</td><td>×</td><td>×</td><td>×</td><td>×</td><td>×</td><td>×</td><td>×</td><td>×</td><td>×</td><td>×</td><td></td><td rowspan="2">M16</td><td rowspan="2">30</td></tr>
<tr><td>100</td><td>×</td><td>×</td><td>×</td><td>×</td><td>×</td><td>×</td><td>×</td><td>×</td><td>×</td><td>×</td><td>×</td></tr>
</table>

3.2　B 型支承柱

B 型支承柱尺寸规格见图 2、表 2。

表面粗糙度以微米为单位

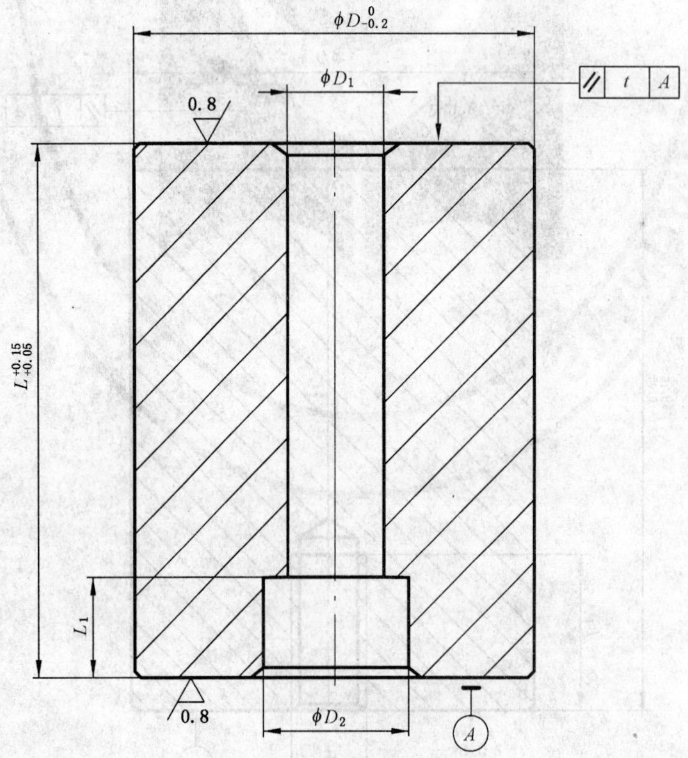

未注表面粗糙度 $Ra=6.3$ μm；未注倒角 1 mm×45°。

图 2　B 型支承柱

表 2　B 型支承柱尺寸

单位为毫米

D	L											D_1	D_2	L_1
	80	90	100	110	120	130	150	180	200	250	300			
25	×	×	×	×	×							9	15	9
30	×	×	×	×	×									
35	×	×	×	×	×	×								
40	×	×	×	×	×	×	×					11	18	11
50	×	×	×	×	×	×	×	×	×	×				
60	×	×	×	×	×	×	×	×	×	×	×	13	20	13
80	×	×	×	×	×	×	×	×	×	×	×	17	26	17
100	×	×	×	×	×	×	×	×	×	×	×			

4　材料和硬度

材料由制造者选定，推荐采用 45 钢；

硬度 28 HRC～32 HRC。

5　要求

5.1　图 1、图 2 标注的形位公差应符合 GB/T 1184—1996 的规定，t 为 6 级精度。

5.2　应符合 GB/T 4170—2006 的规定。

6　标记

按本部分的支承柱应有下列标记：

a)　支承柱；

b)　支承柱类型 A、B；

c)　支承柱直径 D，以毫米为单位；

d)　支承柱长度 L，以毫米为单位；

e)　本部分代号，即 GB/T 4169.10—2006。

示例 1：

D=25 mm、L=80 mm 的 A 型支承柱标记如下：

支承柱 A　25×80　GB/T 4169.10—2006

示例 2：

D=25 mm、L=80 mm 的 B 型支承柱标记如下：

支承柱 B　25×80　GB/T 4169.10—2006

ICS 25.120.30
J 46

GB

中华人民共和国国家标准

GB/T 4169.11—2006
代替 GB/T 4169.11—1984

塑料注射模零件 第11部分：圆形定位元件

Components of injection moulds for plastics—
Part 11: Round locating element

2006-12-08 发布　　2007-04-01 实施

中华人民共和国国家质量监督检验检疫总局
中国国家标准化管理委员会　发布

前言

GB/T 4169《塑料注射模零件》分为23部分：

——第1部分：塑料注射模零件　推杆；
——第2部分：塑料注射模零件　直导套；
——第3部分：塑料注射模零件　带头导套；
——第4部分：塑料注射模零件　带头导柱；
——第5部分：塑料注射模零件　带肩导柱；
——第6部分：塑料注射模零件　垫块；
——第7部分：塑料注射模零件　推板；
——第8部分：塑料注射模零件　模板；
——第9部分：塑料注射模零件　限位钉；
——第10部分：塑料注射模零件　支承柱；
——第11部分：塑料注射模零件　圆形定位元件；
——第12部分：塑料注射模零件　推板导套；
——第13部分：塑料注射模零件　复位杆；
——第14部分：塑料注射模零件　推板导柱；
——第15部分：塑料注射模零件　扁推杆；
——第16部分：塑料注射模零件　带肩推杆；
——第17部分：塑料注射模零件　推管；
——第18部分：塑料注射模零件　定位圈；
——第19部分：塑料注射模零件　浇口套；
——第20部分：塑料注射模零件　拉杆导柱；
——第21部分：塑料注射模零件　矩形定位元件；
——第22部分：塑料注射模零件　圆形拉模扣；
——第23部分：塑料注射模零件　矩形拉模扣。

本部分为GB/T 4169的第11部分。

本部分代替GB/T 4169.11—1984《塑料注射模具零件　圆锥定位件》。

本部分与GB/T 4169.11—1984相比主要变化如下：

——在标准的编排上作了较大修改，增加了"前言"、"范围"和"规范性引用文件"；
——修改了零件的尺寸规格系列；
——零件材料改为推荐选用；
——表面粗糙度代替原标准中的光洁度；
——取消了原标准中的附录。

本部分由中国电器工业协会提出。

本部分由全国注射模具标准化技术委员会(SAC/TC 33)归口。

本部分起草单位：桂林电器科学研究所、龙记集团、浙江亚轮塑料模架有限公司、昆山市中大模架有限公司。

本部分主要起草人：翁史振、蔡逢敬、廖宏谊、胡建林、王建军、李捷、黄新标。

塑料注射模零件
第 11 部分：圆形定位元件

1 范围

本部分规定了塑料注射模用圆形定位元件的尺寸规格和公差。

本部分适用于塑料注射模所用的圆形定位元件。

本部分还给出了材料指南和硬度要求，并规定了圆形定位元件的标记。

2 规范性引用文件

下列文件中的条款通过本部分的引用而成为本部分的条款。凡是注日期的引用文件，其随后所有的修改单(不包括勘误的内容)或修订版均不适用于本部分，然而，鼓励根据本部分达成协议的各方研究是否可使用这些文件的最新版本。凡是不注日期的引用文件，其最新版本适用于本部分。

GB/T 4170—2006　塑料注射模零件技术条件

3 尺寸规格

尺寸规格见图 1、表 1。

表面粗糙度以微米为单位

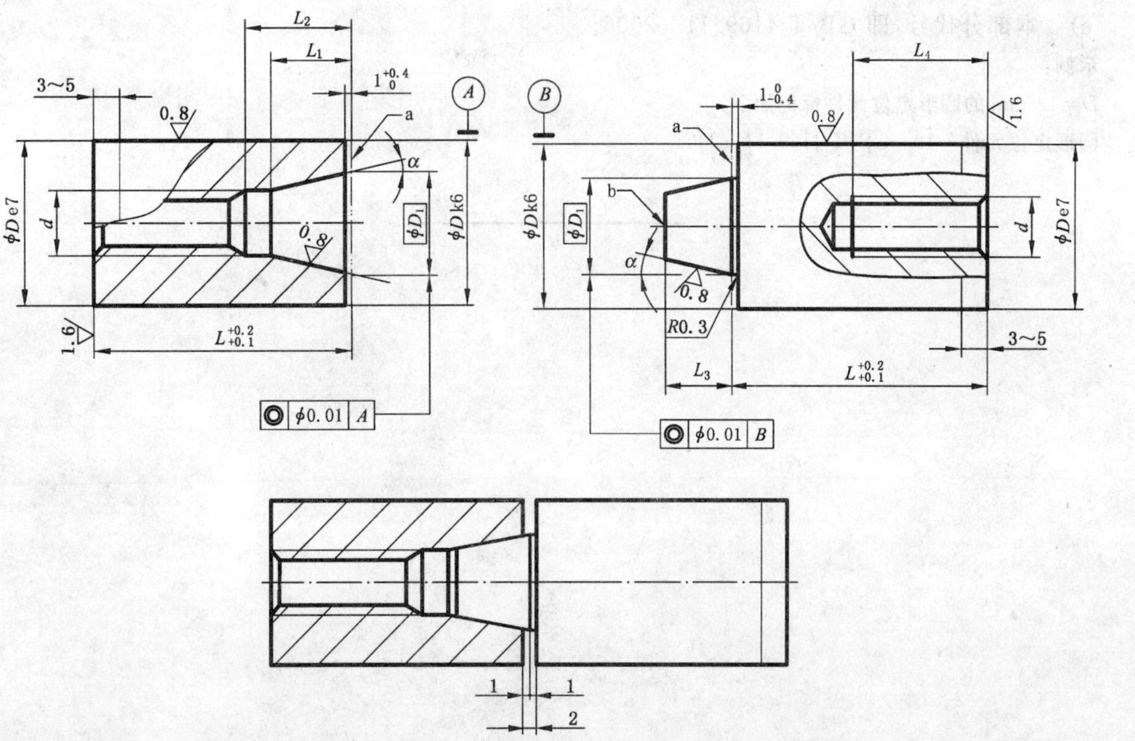

未注表面粗糙度 $Ra=6.3\ \mu m$；未注倒角 1 mm×45°。

[a] 基准面。

[b] 允许保留中心孔。

图 1　圆形定位元件

表 1　圆形定位元件尺寸

单位为毫米

D	D_1	d	L	L_1	L_2	L_3	L_4	α
12	6	M4	20	7	9	5	11	5°
16	10	M5	25	8	10	6	11	5°,10°
20	13	M6	30	11	13	9	13	
25	16	M8	30	12	14	10	15	
30	20	M10	40	16	18	14	18	
35	24	M12	50	22	24	20	24	

4　材料和硬度

材料由制造者选定，推荐采用 T10A、GCr15。

硬度 58 HRC～62 HRC。

5　要求

应符合 GB/T 4170—2006 的规定。

6　标记

按本部分的圆形定位元件应有下列标记：

a)　圆形定位元件；

b)　圆形定位元件的直径 D，以毫米为单位；

c)　本部分代号，即 GB/T 4169.11—2006。

示例：

D=12 mm 的圆形定位元件标记如下：

圆形定位元件　12　GB/T 4169.11—2006

ICS 25.120.30
J 46

中华人民共和国国家标准

GB/T 4169.12—2006
代替 GB/T 12555.12—1990

塑料注射模零件 第 12 部分:推板导套

Components of injection moulds for plastics—
Part 12:Ejector guide bush

2006-12-08 发布 2007-04-01 实施

中华人民共和国国家质量监督检验检疫总局
中国国家标准化管理委员会 发布

前　言

GB/T 4169《塑料注射模零件》分为23部分：

——第1部分：塑料注射模零件　推杆；
——第2部分：塑料注射模零件　直导套；
——第3部分：塑料注射模零件　带头导套；
——第4部分：塑料注射模零件　带头导柱；
——第5部分：塑料注射模零件　带肩导柱；
——第6部分：塑料注射模零件　垫块；
——第7部分：塑料注射模零件　推板；
——第8部分：塑料注射模零件　模板；
——第9部分：塑料注射模零件　限位钉；
——第10部分：塑料注射模零件　支承柱；
——第11部分：塑料注射模零件　圆形定位元件；
——第12部分：塑料注射模零件　推板导套；
——第13部分：塑料注射模零件　复位杆；
——第14部分：塑料注射模零件　推板导柱；
——第15部分：塑料注射模零件　扁推杆；
——第16部分：塑料注射模零件　带肩推杆；
——第17部分：塑料注射模零件　推管；
——第18部分：塑料注射模零件　定位圈；
——第19部分：塑料注射模零件　浇口套；
——第20部分：塑料注射模零件　拉杆导柱；
——第21部分：塑料注射模零件　矩形定位元件；
——第22部分：塑料注射模零件　圆形拉模扣；
——第23部分：塑料注射模零件　矩形拉模扣。

本部分为GB/T 4169的第12部分。

本部分代替GB/T 12555.12—1990《塑料注射模大型模架　推板导套》。

本部分与GB/T 12555.12—1990相比主要变化如下：

——在标准的编排上作了较大修改，增加了“前言”、“范围”和“规范性引用文件”；
——修改了零件的尺寸规格系列；
——零件材料改为推荐选用；
——表面粗糙度代替原标准中的光洁度。

本部分由中国电器工业协会提出。

本部分由全国模具标准化技术委员会(SAC/TC 33)归口。

本部分起草单位：桂林电器科学研究所、龙记集团、浙江亚轮塑料模架有限公司、昆山市中大模架有限公司。

本部分主要起草人：翁史振、蔡逢敬、廖宏谊、胡建林、王建军、李捷、黄新标。

塑料注射模零件
第12部分：推板导套

1 范围

本部分规定了塑料注射模用推板导套的尺寸规格和公差。

本部分适用于塑料注射模所用的推板导套。

本部分还给出了材料指南和硬度要求，并规定了推板导套的标记。

2 规范性引用文件

下列文件中的条款通过本部分的引用而成为本部分的条款。凡是注日期的引用文件，其随后所有的修改单(不包括勘误的内容)或修订版均不适用于本部分，然而，鼓励根据本部分达成协议的各方研究是否可使用这些文件的最新版本。凡是不注日期的引用文件，其最新版本适用于本部分。

GB/T 4170—2006　塑料注射模零件技术条件

3 尺寸规格

尺寸规格见图1、表1。

表面粗糙度以微米为单位

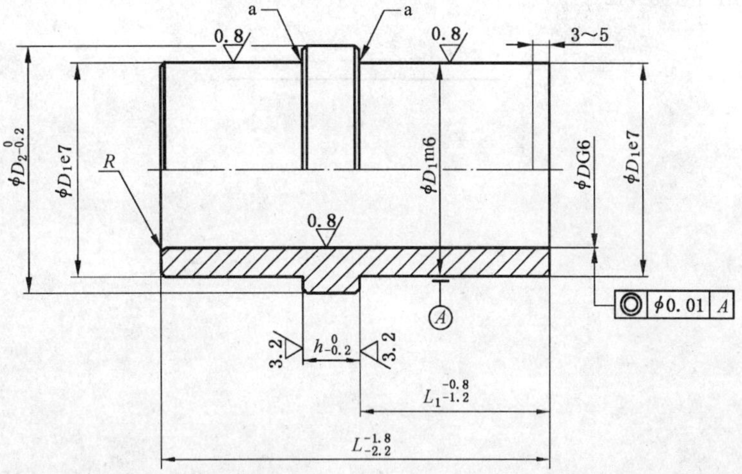

未注表面粗糙度 Ra=6.3 μm；未注倒角 1 mm×45°。

[a] 可选砂轮越程槽或 R0.5 mm～R1 mm 圆角。

图1　推板导套

表 1　推板导套尺寸　　单位为毫米

<table>
<tr><td>D</td><td>12</td><td>16</td><td>20</td><td>25</td><td>30</td><td>35</td><td>40</td><td colspan="2">50</td></tr>
<tr><td>D_1</td><td>18</td><td>25</td><td>30</td><td>35</td><td>42</td><td>48</td><td>55</td><td colspan="2">70</td></tr>
<tr><td>D_2</td><td>22</td><td>30</td><td>35</td><td>40</td><td>47</td><td>54</td><td>61</td><td colspan="2">76</td></tr>
<tr><td>h</td><td colspan="5">4</td><td colspan="4">6</td></tr>
<tr><td>R</td><td colspan="5">3～4</td><td colspan="4">5～6</td></tr>
<tr><td>L</td><td colspan="2">28</td><td colspan="2">35</td><td>45</td><td>55</td><td colspan="2">70</td><td>90</td></tr>
<tr><td>L_1</td><td colspan="2">13</td><td colspan="2">15</td><td>20</td><td>25</td><td colspan="2">30</td><td>40</td></tr>
</table>

4　材料和硬度

材料由制造者选定，推荐采用 T10A、GCr15、20Cr。

硬度 52 HRC～56 HRC。20Cr 渗碳 0.5 mm～0.8 mm，硬度 56 HRC～60 HRC。

5　要求

应符合 GB/T 4170—2006 的规定。

6　标记

按本部分的推板导套应有下列标记：

a)　推板导套；

b)　推板导套的直径 D，以毫米为单位；

c)　本部分代号，即 GB/T 4169.12—2006。

示例：

D=20 mm 的推板导套标记如下：

推板导套　20　GB/T 4169.12—2006

ICS 25.120.30
J 46

中华人民共和国国家标准

GB/T 4169.13—2006
代替 GB/T 12555.13—1990

塑料注射模零件 第13部分：复位杆

Components of injection moulds for plastics—
Part 13：Return pin

2006-12-08 发布 2007-04-01 实施

中华人民共和国国家质量监督检验检疫总局
中国国家标准化管理委员会 发布

前 言

GB/T 4169《塑料注射模零件》分为 23 部分：

——第 1 部分：塑料注射模零件 推杆；
——第 2 部分：塑料注射模零件 直导套；
——第 3 部分：塑料注射模零件 带头导套；
——第 4 部分：塑料注射模零件 带头导柱；
——第 5 部分：塑料注射模零件 带肩导柱；
——第 6 部分：塑料注射模零件 垫块；
——第 7 部分：塑料注射模零件 推板；
——第 8 部分：塑料注射模零件 模板；
——第 9 部分：塑料注射模零件 限位钉；
——第 10 部分：塑料注射模零件 支承柱；
——第 11 部分：塑料注射模零件 圆形定位元件；
——第 12 部分：塑料注射模零件 推板导套；
——第 13 部分：塑料注射模零件 复位杆；
——第 14 部分：塑料注射模零件 推板导柱；
——第 15 部分：塑料注射模零件 扁推杆；
——第 16 部分：塑料注射模零件 带肩推杆；
——第 17 部分：塑料注射模零件 推管；
——第 18 部分：塑料注射模零件 定位圈；
——第 19 部分：塑料注射模零件 浇口套；
——第 20 部分：塑料注射模零件 拉杆导柱；
——第 21 部分：塑料注射模零件 矩形定位元件；
——第 22 部分：塑料注射模零件 圆形拉模扣；
——第 23 部分：塑料注射模零件 矩形拉模扣。

本部分为 GB/T 4169 的第 13 部分。

本部分代替 GB/T 12555.13—1990《塑料注射模大型模架 复位杆》。

本部分与 GB/T 12555.13—1990 相比主要变化如下：

——在标准的编排上作了较大修改，增加了“前言”、“范围”和“规范性引用文件”；
——修改了零件的尺寸规格系列；
——零件材料改为推荐选用；
——表面粗糙度代替原标准中的光洁度。

本部分由中国电器工业协会提出

本部分由全国模具标准化技术委员会(SAC/TC 33)归口。

本部分起草单位：桂林电器科学研究所、龙记集团、浙江亚轮塑料模架有限公司、昆山市中大模架有限公司。

本部分主要起草人：翁史振、蔡逢敬、廖宏谊、胡建林、王建军、李捷、黄新标。

塑料注射模零件
第 13 部分:复位杆

1 范围

本部分规定了塑料注射模用复位杆的尺寸规格和公差。

本部分适用于塑料注射模所用的复位杆。

本部分还给出了材料指南和硬度要求,并规定了复位杆的标记。

2 规范性引用文件

下列文件中的条款通过本部分的引用而成为本部分的条款。凡是注日期的引用文件,其随后所有的修改单(不包括勘误的内容)或修订版均不适用于本部分,然而,鼓励根据本部分达成协议的各方研究是否可使用这些文件的最新版本。凡是不注日期的引用文件,其最新版本适用于本部分。

GB/T 4170—2006 塑料注射模零件技术条件

3 尺寸规格

尺寸规格见图 1、表 1。

表面粗糙度以微米为单位

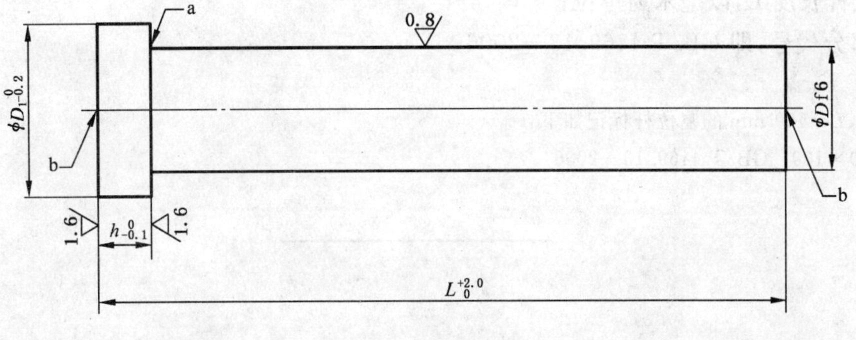

未注表面粗糙度 Ra=6.3 μm。

[a] 可选砂轮越程槽或 R0.5 mm~R1 mm 圆角。

[b] 端面允许留有中心孔。

图 1 复位杆

表 1　复位杆尺寸

单位为毫米

D	D_1	h	L									
			100	125	150	200	250	300	350	400	500	600
10	15	4	×	×	×	×						
12	17		×	×	×	×	×					
15	20		×	×	×	×	×	×				
20	25	8		×	×	×	×	×	×	×		
25	30				×	×	×	×	×	×	×	
30	35				×	×	×	×	×	×	×	×
35	40					×	×	×	×	×	×	×
40	45	10					×	×	×	×	×	×
50	55						×	×	×	×	×	×

4　材料和硬度

材料由制造者选定，推荐采用 T10A、GCr15。

硬度 56 HRC～60 HRC。

5　要求

应符合 GB/T 4170—2006 的规定。

6　标记

按本部分的复位杆应有下列标记：

a）　复位杆；

b）　复位杆直径 D，以毫米为单位；

c）　复位杆长度 L，以毫米为单位；

d）　本部分代号，即 GB/T 4169.13—2006。

示例：

D＝10 mm、L＝100 mm 的复位杆标记如下：

复位杆　10×100　GB/T 4169.13—2006

ICS 25.120.30
J 46

中华人民共和国国家标准

GB/T 4169.14—2006
代替 GB/T 12555.10—1990

塑料注射模零件 第14部分：推板导柱

Components of injection moulds for plastics—Part 14：Ejector guide pillar

2006-12-08 发布 2007-04-01 实施

中华人民共和国国家质量监督检验检疫总局
中国国家标准化管理委员会 发布

前　言

GB/T 4169《塑料注射模零件》分为23部分：
——第1部分：塑料注射模零件　推杆；
——第2部分：塑料注射模零件　直导套；
——第3部分：塑料注射模零件　带头导套；
——第4部分：塑料注射模零件　带头导柱；
——第5部分：塑料注射模零件　带肩导柱；
——第6部分：塑料注射模零件　垫块；
——第7部分：塑料注射模零件　推板；
——第8部分：塑料注射模零件　模板；
——第9部分：塑料注射模零件　限位钉；
——第10部分：塑料注射模零件　支承柱；
——第11部分：塑料注射模零件　圆形定位元件；
——第12部分：塑料注射模零件　推板导套；
——第13部分：塑料注射模零件　复位杆；
——第14部分：塑料注射模零件　推板导柱；
——第15部分：塑料注射模零件　扁推杆；
——第16部分：塑料注射模零件　带肩推杆；
——第17部分：塑料注射模零件　推管；
——第18部分：塑料注射模零件　定位圈；
——第19部分：塑料注射模零件　浇口套；
——第20部分：塑料注射模零件　拉杆导柱；
——第21部分：塑料注射模零件　矩形定位元件；
——第22部分：塑料注射模零件　圆形拉模扣；
——第23部分：塑料注射模零件　矩形拉模扣。

本部分为GB/T 4169的第14部分。

本部分代替GB/T 12555.10—1990《塑料注射模大型模架　推板导柱》。

本部分与GB/T 12555.10—1990相比主要变化如下：
——在标准的编排上作了较大修改，增加了“前言”、“范围”和“规范性引用文件”；
——修改了零件的尺寸规格系列；
——零件材料改为推荐选用；
——表面粗糙度代替原标准中的光洁度。

本部分由中国电器工业协会提出。

本部分由全国模具标准化技术委员会(SAC/TC 33)归口。

本部分起草单位：桂林电器科学研究所、龙记集团、浙江亚轮塑料模架有限公司、昆山市中大模架有限公司。

本部分主要起草人：翁史振、蔡逢敬、廖宏谊、胡建林、王建军、李捷、黄新标。

塑料注射模零件
第14部分：推板导柱

1 范围

本部分规定了塑料注射模用推板导柱的尺寸规格和公差。

本部分适用于塑料注射模所用的推板导柱。

本部分还给出了材料指南和硬度要求，并规定了推板导柱的标记。

2 规范性引用文件

下列文件中的条款通过本部分的引用而成为本部分的条款。凡是注日期的引用文件，其随后所有的修改单(不包括勘误的内容)或修订版均不适用于本部分，然而，鼓励根据本部分达成协议的各方研究是否可使用这些文件的最新版本。凡是不注日期的引用文件，其最新版本适用于本部分。

GB/T 1184—1996　形状和位置公差　未注公差值

GB/T 4170—2006　塑料注射模零件技术条件

3 尺寸规格

3.1 推板导柱

尺寸规格见图1、表1。

表面粗糙度以微米为单位

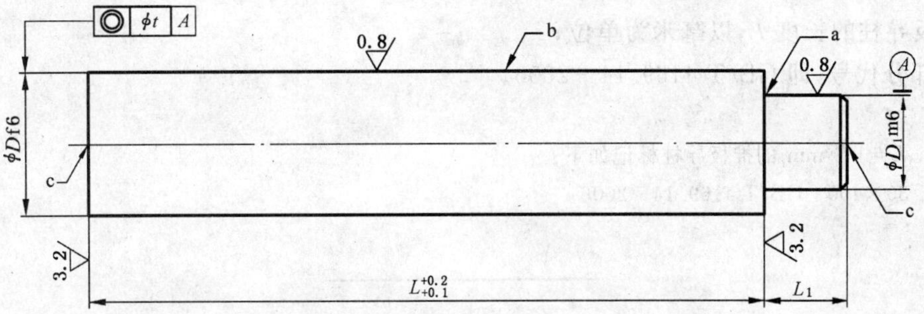

未注表面粗糙度 $Ra=6.3\ \mu m$；未注倒角 1 mm×45°。

a　可选砂轮越程槽或 R0.5 mm～R1 mm 圆角。

b　允许开油槽。

c　允许保留两端的中心孔。

图1　推板导柱

表 1 推板导柱尺寸

单位为毫米

D		30	35	40	50
D_1		25	30	35	40
L_1		20	25	30	35
L	100	×			
	110	×	×		
	120	×	×		
	130	×	×		
	150	×	×	×	
	180		×	×	×
	200			×	×
	250			×	×
	300				×

4 材料和硬度

材料由制造者选定，推荐采用 T10A、GCr15、20Cr。

硬度 56 HRC～60 HRC。20Cr 渗碳 0.5 mm～0.8 mm，硬度 56 HRC～60 HRC。

5 要求

5.1 图 1 标注的形位公差应符合 GB/T 1184—1996 的规定，t 为 6 级精度。

5.2 其余应符合 GB/T 4170—2006 的规定。

6 标记

按本部分的推板导柱应有下列标记：

a) 推板导柱；

b) 推板导柱的直径 D，以毫米为单位；

c) 推板导柱的长度 L，以毫米为单位；

d) 本部分代号，即 GB/T 4169.14—2006。

示例：

D=30 mm、L=100 mm 的推板导柱标记如下：

推板导柱 30×100 GB/T 4169.14—2006

ICS 25.120.30
J 46

GB

中华人民共和国国家标准

GB/T 4169.15—2006

塑料注射模零件 第15部分:扁推杆

Components of injection moulds for plastics— Part 15: Flat ejector pin

2006-12-08 发布　　2007-04-01 实施

中华人民共和国国家质量监督检验检疫总局
中国国家标准化管理委员会　发布

前　言

GB/T 4169《塑料注射模零件》分为23部分：

——第1部分：塑料注射模零件　推杆；
——第2部分：塑料注射模零件　直导套；
——第3部分：塑料注射模零件　带头导套；
——第4部分：塑料注射模零件　带头导柱；
——第5部分：塑料注射模零件　带肩导柱；
——第6部分：塑料注射模零件　垫块；
——第7部分：塑料注射模零件　推板；
——第8部分：塑料注射模零件　模板；
——第9部分：塑料注射模零件　限位钉；
——第10部分：塑料注射模零件　支承柱；
——第11部分：塑料注射模零件　圆形定位元件；
——第12部分：塑料注射模零件　推板导套；
——第13部分：塑料注射模零件　复位杆；
——第14部分：塑料注射模零件　推板导柱；
——第15部分：塑料注射模零件　扁推杆；
——第16部分：塑料注射模零件　带肩推杆；
——第17部分：塑料注射模零件　推管；
——第18部分：塑料注射模零件　定位圈；
——第19部分：塑料注射模零件　浇口套；
——第20部分：塑料注射模零件　拉杆导柱；
——第21部分：塑料注射模零件　矩形定位元件；
——第22部分：塑料注射模零件　圆形拉模扣；
——第23部分：塑料注射模零件　矩形拉模扣。

本部分为GB/T 4169的第15部分。

本部分由中国电器工业协会提出。

本部分由全国模具标准化技术委员会(SAC/TC 33)归口。

本部分起草单位：桂林电器科学研究所、龙记集团、浙江亚轮塑料模架有限公司、昆山市中大模架有限公司。

本部分主要起草人：翁史振、蔡逢敬、廖宏谊、胡建林、王建军、李捷、黄新标。

本部分为首次发布。

塑料注射模零件
第15部分:扁推杆

1 范围

本部分规定了塑料注射模用扁推杆的尺寸规格和公差。

本部分适用于塑料注射模所用的扁推杆。

本部分还给出了材料指南和硬度要求,并规定了扁推杆的标记。

2 规范性引用文件

下列文件中的条款通过本部分的引用而成为本部分的条款。凡是注日期的引用文件,其随后所有的修改单(不包括勘误的内容)或修订版均不适用于本部分,然而,鼓励根据本部分达成协议的各方研究是否可使用这些文件的最新版本。凡是不注日期的引用文件,其最新版本适用于本部分。

GB/T 4170—2006 塑料注射模零件技术条件

3 尺寸规格

尺寸规格见图1、表1。

表面粗糙度以微米为单位

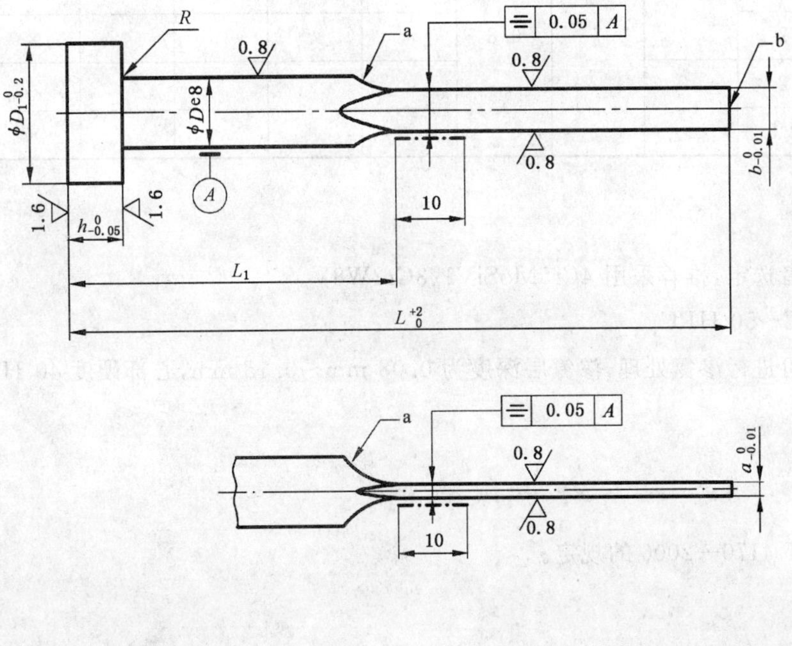

未注表面粗糙度 $Ra=6.3\ \mu m$。

[a] 圆弧半径小于10 mm。

[b] 端面不允许留有中心孔,棱边不允许倒钝。

图1 扁推杆

表 1 扁推杆尺寸

单位为毫米

D	D_1	a	b	h	R	L: 80	100	125	160	200	250	300
						L_1: 40	50	63	80	100	125	150
4	8	1	3	3	0.3	×	×	×	×	×		
		1.2				×	×	×	×	×		
5	10	1	4			×	×	×	×	×		
		1.2				×	×	×	×	×		
6	12	1.2	5	5	0.5		×	×	×	×	×	
		1.5					×	×	×	×	×	
		1.8					×	×	×	×	×	
8	14	1.5	6					×	×	×	×	
		1.8						×	×	×	×	
		2						×	×	×	×	
10	16	1.5	8						×	×	×	×
		1.8							×	×	×	×
		2							×	×	×	×
12	18	1.5	10	7	0.8					×	×	×
		1.8								×	×	×
		2								×	×	×
16	22	2	14							×	×	×
		2.5								×	×	×

4 材料和硬度

材料由制造者选定，推荐采用 4Cr5MoSiV1、3Cr2W8V。

硬度 45 HRC～50 HRC。

淬火后表面可进行渗氮处理，渗氮层深度为 0.08 mm～0.15 mm，心部硬度 40 HRC～44 HRC，表面硬度≥900 HV。

5 要求

应符合 GB/T 4170—2006 的规定。

6 标记

按本部分的扁推杆应有下列标记：

a） 扁推杆；

b） 扁推杆的厚度 a、宽度 b，以毫米为单位；

c） 扁推杆的长度 L，以毫米为单位；

d) 本部分代号，即 GB/T 4169.15—2006。

示例：

a=1 mm、b=4 mm、L=80 mm 的扁推杆标记如下：

扁推杆 1×4×80 GB/T 4169.15—2006

STANDARDS PRESS OF CHINA

ICS 25.120.30
J 46

中华人民共和国国家标准

GB/T 4169.16—2006

塑料注射模零件 第16部分:带肩推杆

Components of injection moulds for plastics—Part 16:Shouldered ejector pin

2006-12-08 发布

2007-04-01 实施

中华人民共和国国家质量监督检验检疫总局
中国国家标准化管理委员会 发布

前言

GB/T 4169《塑料注射模零件》分为23部分：

——第1部分：塑料注射模零件　推杆；
——第2部分：塑料注射模零件　直导套；
——第3部分：塑料注射模零件　带头导套；
——第4部分：塑料注射模零件　带头导柱；
——第5部分：塑料注射模零件　带肩导柱；
——第6部分：塑料注射模零件　垫块；
——第7部分：塑料注射模零件　推板；
——第8部分：塑料注射模零件　模板；
——第9部分：塑料注射模零件　限位钉；
——第10部分：塑料注射模零件　支承柱；
——第11部分：塑料注射模零件　圆形定位元件；
——第12部分：塑料注射模零件　推板导套；
——第13部分：塑料注射模零件　复位杆；
——第14部分：塑料注射模零件　推板导柱；
——第15部分：塑料注射模零件　扁推杆；
——第16部分：塑料注射模零件　带肩推杆；
——第17部分：塑料注射模零件　推管；
——第18部分：塑料注射模零件　定位圈；
——第19部分：塑料注射模零件　浇口套；
——第20部分：塑料注射模零件　拉杆导柱；
——第21部分：塑料注射模零件　矩形定位元件；
——第22部分：塑料注射模零件　圆形拉模扣；
——第23部分：塑料注射模零件　矩形拉模扣。

本部分为GB/T 4169的第16部分。

本部分由中国电器工业协会提出。

本部分由全国模具标准化技术委员会(SAC/TC 33)归口。

本部分起草单位：桂林电器科学研究所、龙记集团、浙江亚轮塑料模架有限公司、昆山市中大模架有限公司。

本部分主要起草人：翁史振、蔡逢敬、廖宏谊、胡建林、王建军、李捷、黄新标。

本部分为首次发布。

塑料注射模零件 第16部分:带肩推杆

1 范围

本部分规定了塑料注射模用带肩推杆的尺寸规格和公差。

本部分适用于塑料注射模所用的带肩推杆。

本部分还给出了材料指南和硬度要求,并规定了带肩推杆的标记。

2 规范性引用文件

下列文件中的条款通过本部分的引用而成为本部分的条款。凡是注日期的引用文件,其随后所有的修改单(不包括勘误的内容)或修订版均不适用于本部分,然而,鼓励根据本部分达成协议的各方研究是否可使用这些文件的最新版本。凡是不注日期的引用文件,其最新版本适用于本部分。

GB/T 4170—2006 塑料注射模零件技术条件

3 尺寸规格

尺寸规格见图1、表1。

表面粗糙度以微米为单位

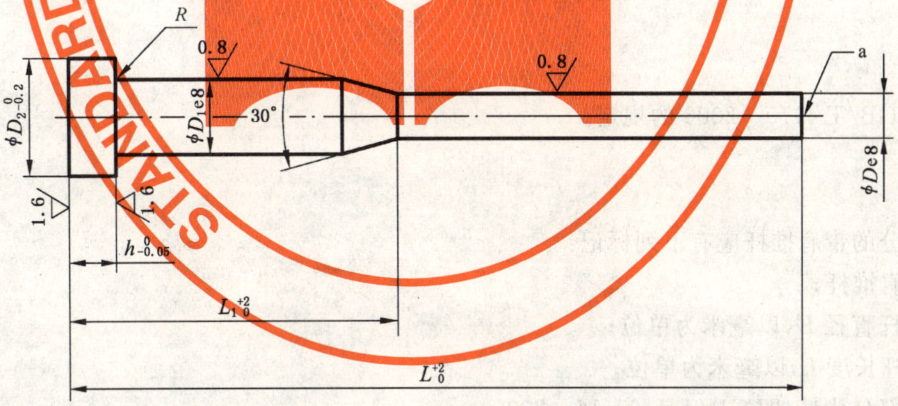

未注表面粗糙度 $Ra=6.3\ \mu m$。

a 端面不允许留有中心孔,棱边不允许倒钝。

图1 带肩推杆

表 1　带肩推杆尺寸

单位为毫米

D	D_1	D_2	h	R	L 80 / L_1 40	L 100 / L_1 50	L 125 / L_1 63	L 150 / L_1 75	L 200 / L_1 100	L 250 / L_1 125	L 300 / L_1 150	L 350 / L_1 175	L 400 / L_1 200
1	2	4	2	0.3	×	×	×	×	×				
1.5	3	6	3		×	×	×	×	×				
2					×	×	×	×	×				
2.5					×	×	×	×	×				
3	4	8				×	×	×	×	×			
3.5	8	14	5	0.5		×	×	×	×	×			
4						×	×	×	×	×	×		
4.5	10	16				×	×	×	×	×	×		
5						×	×	×	×	×	×		
6	12	18	7	0.8			×	×	×	×	×	×	
8									×	×	×	×	
10	16	22								×	×	×	×

4　材料和硬度

材料由制造者选定，推荐采用 4Cr5MoSiV1、3Cr2W8V。

硬度 45 HRC～50 HRC。

淬火后表面可进行渗氮处理，渗氮层深度为 0.08 mm～0.15 mm，心部硬度 40 HRC～44 HRC，表面硬度≥900 HV。

5　要求

应符合 GB/T 4170—2006 的规定。

6　标记

按本部分的带肩推杆应有下列标记：

a)　带肩推杆；

b)　推杆直径 D，以毫米为单位；

c)　推杆长度 L，以毫米为单位；

d)　本部分代号，即 GB/T 4169.16—2006。

示例：

D＝1 mm、L＝80 mm 的带肩推杆标记如下：

带肩推杆　1×80　GB/T 4169.16—2006

ICS 25.120.30
J 46

中华人民共和国国家标准

GB/T 4169.17—2006

塑料注射模零件 第17部分:推管

Components of injection moulds for plastics—Part 17:Ejector sleeve

2006-12-08 发布　　2007-04-01 实施

中华人民共和国国家质量监督检验检疫总局
中国国家标准化管理委员会　发布

前　言

GB/T 4169《塑料注射模零件》分为23部分：
——第1部分：塑料注射模零件　推杆；
——第2部分：塑料注射模零件　直导套；
——第3部分：塑料注射模零件　带头导套；
——第4部分：塑料注射模零件　带头导柱；
——第5部分：塑料注射模零件　带肩导柱；
——第6部分：塑料注射模零件　垫块；
——第7部分：塑料注射模零件　推板；
——第8部分：塑料注射模零件　模板；
——第9部分：塑料注射模零件　限位钉；
——第10部分：塑料注射模零件　支承柱；
——第11部分：塑料注射模零件　圆形定位元件；
——第12部分：塑料注射模零件　推板导套；
——第13部分：塑料注射模零件　复位杆；
——第14部分：塑料注射模零件　推板导柱；
——第15部分：塑料注射模零件　扁推杆；
——第16部分：塑料注射模零件　带肩推杆；
——第17部分：塑料注射模零件　推管；
——第18部分：塑料注射模零件　定位圈；
——第19部分：塑料注射模零件　浇口套；
——第20部分：塑料注射模零件　拉杆导柱；
——第21部分：塑料注射模零件　矩形定位元件；
——第22部分：塑料注射模零件　圆形拉模扣；
——第23部分：塑料注射模零件　矩形拉模扣。

本部分为GB/T 4169的第17部分。

本部分由中国电器工业协会提出。

本部分由全国模具标准化技术委员会(SAC/TC 33)归口。

本部分起草单位：桂林电器科学研究所、龙记集团、浙江亚轮塑料模架有限公司、昆山市中大模架有限公司。

本部分主要起草人：翁史振、蔡逢敬、廖宏谊、胡建林、王建军、李捷、黄新标。

本部分为首次发布。

塑料注射模零件
第 17 部分:推管

1 范围

本部分规定了塑料注射模用推管的尺寸规格和公差。

本部分适用于塑料注射模所用的推管。

本部分还给出了材料指南和硬度要求,并规定了推管的标记。

2 规范性引用文件

下列文件中的条款通过本部分的引用而成为本部分的条款。凡是注日期的引用文件,其随后所有的修改单(不包括勘误的内容)或修订版均不适用于本部分,然而,鼓励根据本部分达成协议的各方研究是否可使用这些文件的最新版本。凡是不注日期的引用文件,其最新版本适用于本部分。

GB/T 4170—2006 塑料注射模零件技术条件

3 尺寸规格

尺寸规格见图 1、表 1。

表面粗糙度以微米为单位

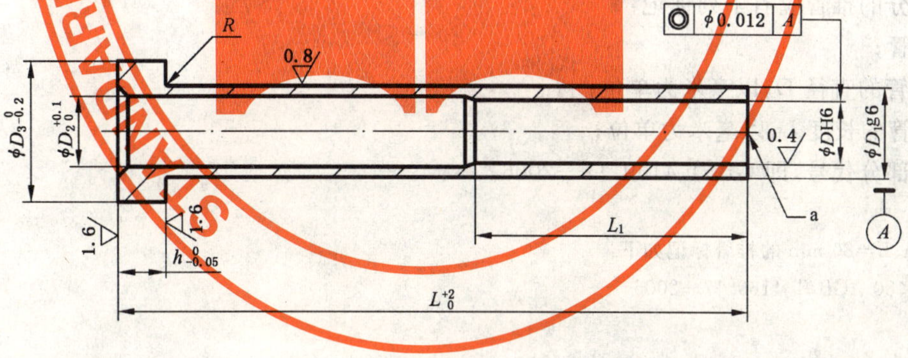

未注表面粗糙度 $Ra=6.3$ μm;未注倒角 1 mm×45°。

a 端面棱边不允许倒钝。

图 1 推管

表 1　推管尺寸

单位为毫米

D	D_1	D_2	D_3	h	R	L_1	L						
							80	100	125	150	175	200	250
2	4	2.5	8	3	0.3	35	×	×	×				
2.5	5	3	10				×	×	×				
3	5	3.5				45	×	×	×	×			
4	6	4.5	12	5	0.5		×	×	×	×	×	×	
5	8	5.5	14				×	×	×	×	×	×	
6	10	6.5	16					×	×	×	×	×	×
8	12	8.5	20	7	0.8			×	×	×	×	×	×
10	14	10.5	22					×	×	×	×	×	×
12	16	12.5	22						×	×	×	×	×

4　材料和硬度

材料由制造者选定，推荐采用 4Cr5MoSiV1、3Cr2W8V。

硬度 45 HRC～50 HRC。

淬火后表面可进行渗氮处理，渗氮层深度为 0.08 mm～0.15 mm，心部硬度 40 HRC～44 HRC，表面硬度≥900 HV。

5　要求

应符合 GB/T 4170—2006 的规定。

6　标记

按本部分的推管应有下列标记：

a）　推管；

b）　推管的直径 D，以毫米为单位；

c）　推管的长度 L，以毫米为单位；

d）　本部分代号，即 GB/T 4169.17—2006。

示例：

D=2 mm、L=80 mm 的推管标记如下：

推管　2×80　GB/T 4169.17—2006

ICS 25.120.30
J 46

中华人民共和国国家标准

GB/T 4169.18—2006

塑料注射模零件 第18部分：定位圈

Components of injection moulds for plastics—Part 18: Locating ring

2006-12-08 发布　　　　2007-04-01 实施

中华人民共和国国家质量监督检验检疫总局
中国国家标准化管理委员会　发布

前　言

GB/T 4169《塑料注射模零件》分为23部分：

——第1部分：塑料注射模零件　推杆；
——第2部分：塑料注射模零件　直导套；
——第3部分：塑料注射模零件　带头导套；
——第4部分：塑料注射模零件　带头导柱；
——第5部分：塑料注射模零件　带肩导柱；
——第6部分：塑料注射模零件　垫块；
——第7部分：塑料注射模零件　推板；
——第8部分：塑料注射模零件　模板；
——第9部分：塑料注射模零件　限位钉；
——第10部分：塑料注射模零件　支承柱；
——第11部分：塑料注射模零件　圆形定位元件；
——第12部分：塑料注射模零件　推板导套；
——第13部分：塑料注射模零件　复位杆；
——第14部分：塑料注射模零件　推板导柱；
——第15部分：塑料注射模零件　扁推杆；
——第16部分：塑料注射模零件　带肩推杆；
——第17部分：塑料注射模零件　推管；
——第18部分：塑料注射模零件　定位圈；
——第19部分：塑料注射模零件　浇口套；
——第20部分：塑料注射模零件　拉杆导柱；
——第21部分：塑料注射模零件　矩形定位元件；
——第22部分：塑料注射模零件　圆形拉模扣；
——第23部分：塑料注射模零件　矩形拉模扣。

本部分为GB/T 4169的第18部分。

本部分由中国电器工业协会提出。

本部分由全国模具标准化技术委员会(SAC/TC 33)归口。

本部分起草单位：桂林电器科学研究所、龙记集团、浙江亚轮塑料模架有限公司、昆山市中大模架有限公司。

本部分主要起草人：翁史振、蔡逢敬、廖宏谊、胡建林、王建军、李捷、黄新标。

本部分为首次发布。

塑料注射模零件
第18部分:定位圈

1 范围

本部分规定了塑料注射模用定位圈的尺寸规格和公差。

本部分适用于塑料注射模所用的定位圈。

本部分还给出了材料指南和硬度要求,并规定了定位圈的标记。

2 规范性引用文件

下列文件中的条款通过本部分的引用而成为本部分的条款。凡是注日期的引用文件,其随后所有的修改单(不包括勘误的内容)或修订版均不适用于本部分,然而,鼓励根据本部分达成协议的各方研究是否可使用这些文件的最新版本。凡是不注日期的引用文件,其最新版本适用于本部分。

GB/T 4170—2006 塑料注射模零件技术条件

3 尺寸规格

尺寸规格见图1、表1。

表面粗糙度以微米为单位

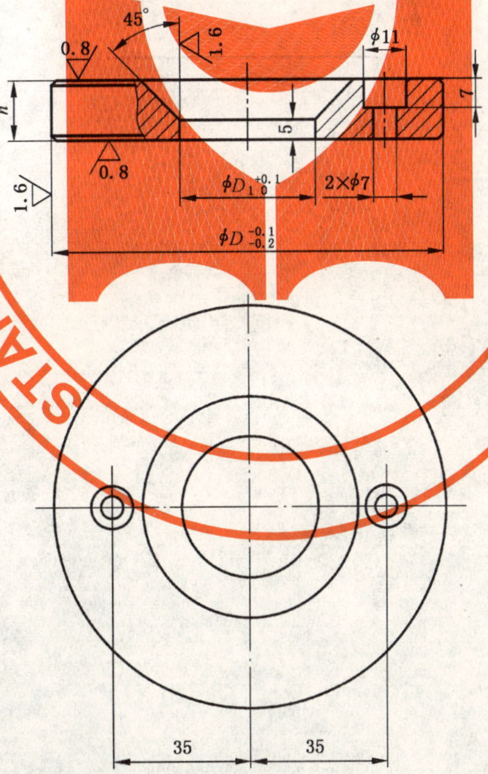

未注表面粗糙度 $Ra=6.3$ μm;未注倒角 1 mm×45°。

图1 定位圈

表 1　定位圈尺寸

单位为毫米

D	D_1	h
100	35	15
120		
150		

4　材料和硬度

材料由制造者选定，推荐采用 45 钢。

硬度 28 HRC～32 HRC。

5　要求

应符合 GB/T 4170—2006 的规定。

6　标记

按本部分的定位圈应有下列标记：

a)　定位圈；

b)　定位圈的直径 D，以毫米为单位；

c)　本部分代号，即 GB/T 4169.18—2006。

示例：

D=100 mm 的定位圈标记如下：

定位圈　100　GB/T 4169.18—2006

ICS 25.120.30
J 46

中华人民共和国国家标准

GB/T 4169.19—2006

塑料注射模零件
第19部分:浇口套

Components of injection moulds for plastics—
Part 19:Sprue bush

2006-04-01 发布　　2007-04-01 实施

中华人民共和国国家质量监督检验检疫总局
中国国家标准化管理委员会　发布

前　言

GB/T 4169《塑料注射模零件》分为23部分：

——第1部分：塑料注射模零件　推杆；
——第2部分：塑料注射模零件　直导套；
——第3部分：塑料注射模零件　带头导套；
——第4部分：塑料注射模零件　带头导柱；
——第5部分：塑料注射模零件　带肩导柱；
——第6部分：塑料注射模零件　垫块；
——第7部分：塑料注射模零件　推板；
——第8部分：塑料注射模零件　模板；
——第9部分：塑料注射模零件　限位钉；
——第10部分：塑料注射模零件　支承柱；
——第11部分：塑料注射模零件　圆形定位元件；
——第12部分：塑料注射模零件　推板导套；
——第13部分：塑料注射模零件　复位杆；
——第14部分：塑料注射模零件　推板导柱；
——第15部分：塑料注射模零件　扁推杆；
——第16部分：塑料注射模零件　带肩推杆；
——第17部分：塑料注射模零件　推管；
——第18部分：塑料注射模零件　定位圈；
——第19部分：塑料注射模零件　浇口套；
——第20部分：塑料注射模零件　拉杆导柱；
——第21部分：塑料注射模零件　矩形定位元件；
——第22部分：塑料注射模零件　圆形拉模扣；
——第23部分：塑料注射模零件　矩形拉模扣。

本部分为GB/T 4169的第19部分。

本部分由中国电器工业协会提出。

本部分由全国模具标准化技术委员会(SAC/TC 33)归口。

本部分起草单位：桂林电器科学研究所、龙记集团、浙江亚轮塑料模架有限公司、昆山市中大模架有限公司。

本部分主要起草人：翁史振、蔡逢敬、廖宏谊、胡建林、王建军、李捷、黄新标。

本部分为首次发布。

塑料注射模零件
第19部分:浇口套

1 范围

本部分规定了塑料注射模用浇口套的尺寸规格和公差。

本部分适用于塑料注射模所用的浇口套。

本部分还给出了材料指南和硬度要求,并规定了浇口套的标记。

2 规范性引用文件

下列文件中的条款通过本部分的引用而成为本部分的条款。凡是注日期的引用文件,其随后所有的修改单(不包括勘误的内容)或修订版均不适用于本部分,然而,鼓励根据本部分达成协议的各方研究是否可使用这些文件的最新版本。凡是不注日期的引用文件,其最新版本适用于本部分。

GB/T 4170—2006 塑料注射模零件技术条件

3 尺寸规格

尺寸规格见图1、表1。

表面粗糙度以微米为单位

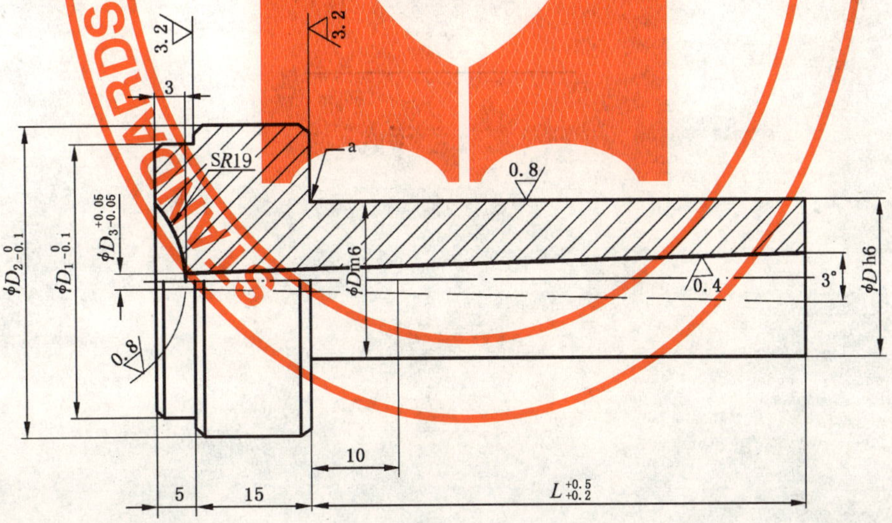

未注表面粗糙度 $Ra=6.3\ \mu m$;未注倒角 1 mm×45°。

[a] 可选砂轮越程槽或 $R0.5$ mm~$R1$ mm 圆角。

图1 浇口套

表 1 浇口套尺寸

单位为毫米

D	D_1	D_2	D_3	L		
				50	80	100
12	35	40	2.8	×		
16			2.8	×	×	
20			3.2	×	×	×
25			4.2	×	×	×

4 材料和硬度

材料由制造者选定，推荐采用 45 钢。

局部热处理，*SR*19 mm 球面硬度 38 HRC～45 HRC。

5 要求

应符合 GB/T 4170—2006 的规定。

6 标记

按本部分的浇口套应有下列标记：

a) 浇口套；

b) 浇口套的直径 D，以毫米为单位；

c) 浇口套的长度 L，以毫米为单位；

d) 本部分代号，即 GB/T 4169.19—2006。

示例：

D=12 mm、L=50 mm 的浇口套标记如下：

浇口套 12×50 GB/T 4169.19—2006

ICS 25.120.30
J 46

中华人民共和国国家标准

GB/T 4169.20—2006

塑料注射模零件 第20部分:拉杆导柱

Components of injection moulds for plastics—
Part 20:Limit pin

2006-12-08 发布

2007-04-01 实施

中华人民共和国国家质量监督检验检疫总局
中国国家标准化管理委员会 发布

前　言

GB/T 4169《塑料注射模零件》分为 23 部分：
——第 1 部分：塑料注射模零件　推杆；
——第 2 部分：塑料注射模零件　直导套；
——第 3 部分：塑料注射模零件　带头导套；
——第 4 部分：塑料注射模零件　带头导柱；
——第 5 部分：塑料注射模零件　带肩导柱；
——第 6 部分：塑料注射模零件　垫块；
——第 7 部分：塑料注射模零件　推板；
——第 8 部分：塑料注射模零件　模板；
——第 9 部分：塑料注射模零件　限位钉；
——第 10 部分：塑料注射模零件　支承柱；
——第 11 部分：塑料注射模零件　圆形定位元件；
——第 12 部分：塑料注射模零件　推板导套；
——第 13 部分：塑料注射模零件　复位杆；
——第 14 部分：塑料注射模零件　推板导柱；
——第 15 部分：塑料注射模零件　扁推杆；
——第 16 部分：塑料注射模零件　带肩推杆；
——第 17 部分：塑料注射模零件　推管；
——第 18 部分：塑料注射模零件　定位圈；
——第 19 部分：塑料注射模零件　浇口套；
——第 20 部分：塑料注射模零件　拉杆导柱；
——第 21 部分：塑料注射模零件　矩形定位元件；
——第 22 部分：塑料注射模零件　圆形拉模扣；
——第 23 部分：塑料注射模零件　矩形拉模扣。

本部分为 GB/T 4169 的第 20 部分。

本部分由中国电器工业协会提出。

本部分由全国模具标准化技术委员会(SAC/TC 33)归口。

本部分起草单位：桂林电器科学研究所、龙记集团、浙江亚轮塑料模架有限公司、昆山市中大模架有限公司。

本部分主要起草人：翁史振、蔡逢敬、廖宏谊、胡建林、王建军、李捷、黄新标。

本部分为首次发布。

塑料注射模零件
第20部分：拉杆导柱

1 范围

本部分规定了塑料注射模用拉杆导柱的尺寸规格和公差。

本部分适用于塑料注射模所用的拉杆导柱。

本部分还给出了材料指南和硬度要求，并规定了拉杆导柱的标记。

2 规范性引用文件

下列文件中的条款通过本部分的引用而成为本部分的条款。凡是注日期的引用文件，其随后所有的修改单(不包括勘误的内容)或修订版均不适用于本部分，然而，鼓励根据本部分达成协议的各方研究是否可使用这些文件的最新版本。凡是不注日期的引用文件，其最新版本适用于本部分。

GB/T 4170—2006 塑料注射模零件技术条件

3 尺寸规格

尺寸规格见图1、表1。

表面粗糙度以微米为单位

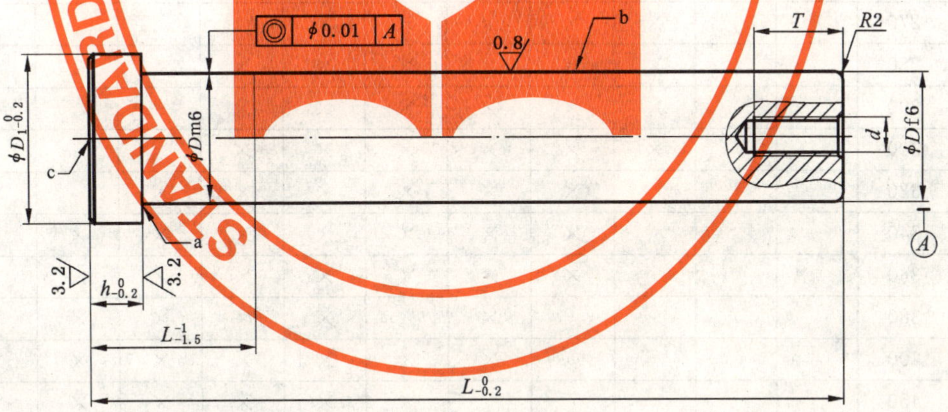

未注表面粗糙度 $Ra=6.3\ \mu m$；未注倒角 1 mm×45°。

a 可选砂轮越程槽或 R0.5 mm～R1 mm 圆角。

b 允许开油槽。

c 允许保留中心孔。

图1 拉杆导柱

表 1 拉杆导柱尺寸

单位为毫米

D		16	20	25	30	35	40	50	60	70	80	90	100
D_1		21	25	30	35	40	45	55	66	76	86	96	106
h		8	10	12	14	16	18	20	25				
d		M10	M12	M14	M16				M20		M24		
T		25	30	35	40				50		60		
L_1		25	30	35	45	50	60	70 80	90	100	120	140	150
L	100	×	×	×									
	110	×	×	×									
	120	×	×	×									
	130	×	×	×	×								
	140	×	×	×	×								
	150	×	×	×	×								
	160	×	×	×	×	×							
	170	×	×	×	×	×							
	180	×	×	×	×	×							
	190	×	×	×	×	×							
	200	×	×	×	×	×	×						
	210		×	×	×	×	×						
	220		×	×	×	×	×						
	230		×	×	×	×	×						
	240		×	×	×	×	×						
	250		×	×	×	×	×	×					
	260			×	×	×	×	×					
	270			×	×	×	×	×					
	280			×	×	×	×	×	×				
	290			×	×	×	×	×	×				
	300			×	×	×	×	×	×	×			
	320				×	×	×	×	×	×			
	340				×	×	×	×	×	×	×		
	360				×	×	×	×	×	×	×		
	380					×	×	×	×	×	×		
	400					×	×	×	×	×	×	×	×
	450						×	×	×	×	×	×	×
	500						×	×	×	×	×	×	×
	550							×	×	×	×	×	×
	600							×	×	×	×	×	×
	650									×	×	×	×
	700									×	×	×	×
	750									×	×	×	×
	800									×	×	×	×

4 材料和硬度

材料由制造者选定，推荐采用 T10A、GCr15、20Cr。

硬度 56 HRC～60 HRC。20Cr 渗碳 0.5 mm～0.8 mm，硬度 56 HRC～60 HRC。

5 要求

应符合 GB/T 4170—2006 的规定。

6 标记

按本部分的拉杆导柱应有下列标记：

a) 拉杆导柱；

b) 拉杆导柱直径 D，以毫米为单位；

c) 拉杆导柱长度 L，以毫米为单位；

d) 本部分代号，即 GB/T 4169.20—2006。

示例：

D=16 mm、L=100 mm 的拉杆导柱标记如下：

拉杆导柱 16×100 GB/T 4169.20—2006

ICS 25.120.30
J 46

中华人民共和国国家标准

GB/T 4169.21—2006

塑料注射模零件
第21部分：矩形定位元件

Components of injection moulds for plastics—
Part 21：Rectangular locating element

2006-12-08 发布　　　　2007-04-01 实施

中华人民共和国国家质量监督检验检疫总局
中国国家标准化管理委员会　发布

前　言

GB/T 4169《塑料注射模零件》分为23部分：
——第1部分：塑料注射模零件　推杆；
——第2部分：塑料注射模零件　直导套；
——第3部分：塑料注射模零件　带头导套；
——第4部分：塑料注射模零件　带头导柱；
——第5部分：塑料注射模零件　带肩导柱；
——第6部分：塑料注射模零件　垫块；
——第7部分：塑料注射模零件　推板；
——第8部分：塑料注射模零件　模板；
——第9部分：塑料注射模零件　限位钉；
——第10部分：塑料注射模零件　支承柱；
——第11部分：塑料注射模零件　圆形定位元件；
——第12部分：塑料注射模零件　推板导套；
——第13部分：塑料注射模零件　复位杆；
——第14部分：塑料注射模零件　推板导柱；
——第15部分：塑料注射模零件　扁推杆；
——第16部分：塑料注射模零件　带肩推杆；
——第17部分：塑料注射模零件　推管；
——第18部分：塑料注射模零件　定位圈；
——第19部分：塑料注射模零件　浇口套；
——第20部分：塑料注射模零件　拉杆导柱；
——第21部分：塑料注射模零件　矩形定位元件；
——第22部分：塑料注射模零件　圆形拉模扣；
——第23部分：塑料注射模零件　矩形拉模扣。

本部分为GB/T 4169的第21部分。

本部分由中国电器工业协会提出。

本部分由全国模具标准化技术委员会(SAC/TC 33)归口。

本部分起草单位：桂林电器科学研究所、龙记集团、浙江亚轮塑料模架有限公司、昆山市中大模架有限公司。

本部分主要起草人：翁史振、蔡逢敬、廖宏谊、胡建林、王建军、李捷、黄新标。

本部分为首次发布。

塑料注射模零件
第21部分:矩形定位元件

1 范围

本部分规定了塑料注射模用矩形定位元件的尺寸规格和公差。

本部分适用于塑料注射模所用的矩形定位元件。

本部分还给出了材料指南和硬度要求,并规定了矩形定位元件的标记。

2 规范性引用文件

下列文件中的条款通过本部分的引用而成为本部分的条款。凡是注日期的引用文件,其随后所有的修改单(不包括勘误的内容)或修订版均不适用于本部分,然而,鼓励根据本部分达成协议的各方研究是否可使用这些文件的最新版本。凡是不注日期的引用文件,其最新版本适用于本部分。

GB/T 4170—2006　塑料注射模零件技术条件

3 尺寸规格

尺寸规格见图1、表1。

表面粗糙度以微米为单位

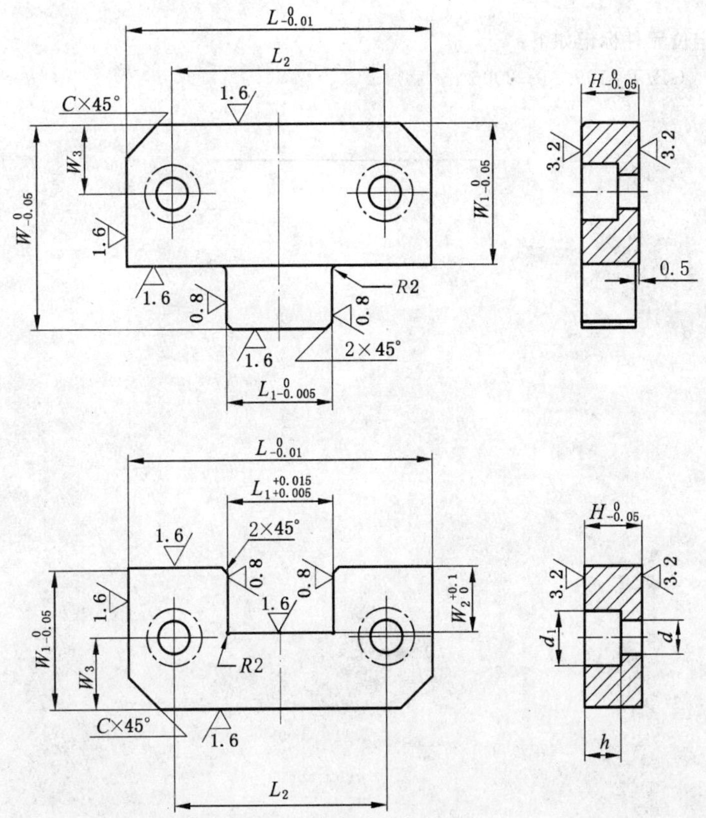

未注表面粗糙度 $Ra=6.3\ \mu m$;未注倒角 $1\ mm\times45°$。

图1　矩形定位元件

表 1 矩形定位元件尺寸

单位为毫米

L	L_1	L_2	W	W_1	W_2	W_3	C	d	d_1	H	h
50	17	34	30	21.5	8.5	11	5	7	11	16	8
75	25	50	50	36	15	18	8	11	17.5	19	12
100	35	70	65	45	21	22	10	11	17.5	19	12
125	45	84	65	45	21	22	10	11	17.5	25	12

4 材料和硬度

材料由制造者选定，推荐采用 GCr15、9CrWMn。

凸件硬度 50 HRC～54 HRC，凹件硬度 56 HRC～60 HRC。

5 技术要求

应符合 GB/T 4170—2006 的规定。

6 标记

按本部分的矩形定位元件应有下列标记：

a) 矩形定位元件；

b) 矩形定位元件的长度 L，以毫米为单位；

c) 本部分代号，即 GB/T 4169.21—2006。

示例：

L=50 mm 的矩形定位元件标记如下：

矩形定位元件 50 GB/T 4169.21—2006

ICS 25.120.30
J 46

中华人民共和国国家标准

GB/T 4169.22—2006

塑料注射模零件　第22部分：圆形拉模扣

Components of injection moulds for plastics—
Part 22：Round mould opening delayer

2006-12-08 发布　　2007-04-01 实施

中华人民共和国国家质量监督检验检疫总局
中国国家标准化管理委员会　发布

前　言

GB/T 4169《塑料注射模零件》分为23部分：
——第1部分：塑料注射模零件　推杆；
——第2部分：塑料注射模零件　直导套；
——第3部分：塑料注射模零件　带头导套；
——第4部分：塑料注射模零件　带头导柱；
——第5部分：塑料注射模零件　带肩导柱；
——第6部分：塑料注射模零件　垫块；
——第7部分：塑料注射模零件　推板；
——第8部分：塑料注射模零件　模板；
——第9部分：塑料注射模零件　限位钉；
——第10部分：塑料注射模零件　支承柱；
——第11部分：塑料注射模零件　圆形定位元件；
——第12部分：塑料注射模零件　推板导套；
——第13部分：塑料注射模零件　复位杆；
——第14部分：塑料注射模零件　推板导柱；
——第15部分：塑料注射模零件　扁推杆；
——第16部分：塑料注射模零件　带肩推杆；
——第17部分：塑料注射模零件　推管；
——第18部分：塑料注射模零件　定位圈；
——第19部分：塑料注射模零件　浇口套；
——第20部分：塑料注射模零件　拉杆导柱；
——第21部分：塑料注射模零件　矩形定位元件；
——第22部分：塑料注射模零件　圆形拉模扣；
——第23部分：塑料注射模零件　矩形拉模扣。

本部分为GB/T 4169的第22部分。

本部分由中国电器工业协会提出。

本部分由全国模具标准化技术委员会(SAC/TC 33)归口。

本部分起草单位：桂林电器科学研究所、龙记集团、浙江亚轮塑料模架有限公司、昆山市中大模架有限公司。

本部分主要起草人：翁史振、蔡逢敬、廖宏谊、胡建林、王建军、李　捷、黄新标。

本部分为首次发布。

塑料注射模零件　第 22 部分：圆形拉模扣

1　范围

本部分规定了塑料注射模用圆形拉模扣的尺寸规格和公差。

本部分适用于塑料注射模所用的圆形拉模扣。

本部分还给出了材料指南和硬度要求，并规定了圆形拉模扣的标记。

2　规范性引用文件

下列文件中的条款通过本部分的引用而成为本部分的条款。凡是注日期的引用文件，其随后所有的修改单(不包括勘误的内容)或修订版均不适用于本部分，然而，鼓励根据本部分达成协议的各方研究是否可使用这些文件的最新版本。凡是不注日期的引用文件，其最新版本适用于本部分。

GB/T 4170—2006　塑料注射模零件技术条件

3　尺寸规格

尺寸规格见图 1、表 1。

圆形拉模扣装配示意见图 2。

表面粗糙度以微米为单位

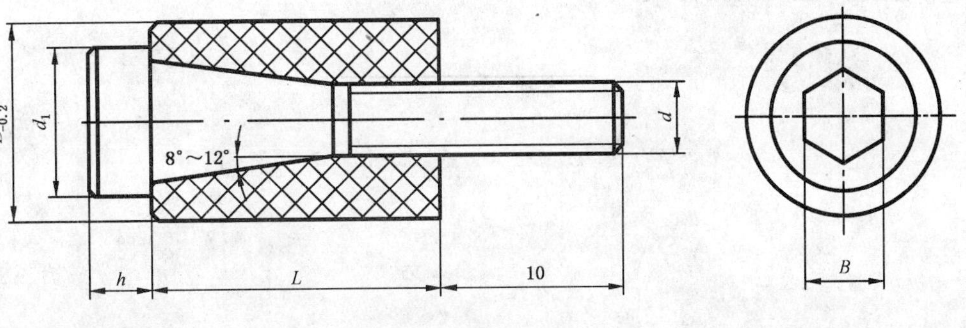

未注倒角 1 mm×45°。

图 1　圆形拉模扣

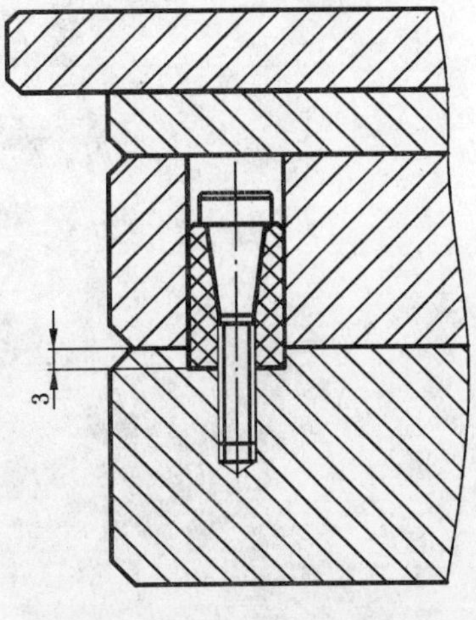

图 2　圆形拉模扣装配示意

表 1　圆形拉模扣尺寸　　单位为毫米

D	L	d	d_1	h	B
12	20	M6	10	4	5
16	25	M8	14	5	6
20	30	M10	18	5	8

4　材料和硬度

材料由制造者选定，推荐采用尼龙 66；螺钉推荐采用 45 钢，硬度 28 HRC～32 HRC。

5　要求

应符合 GB/T 4170—2006 的规定。

6　标记

按本部分的圆形拉模扣应有下列标记：

a）　圆形拉模扣；

b）　圆形拉模扣直径 D，以毫米为单位；

c）　本部分代号，即 GB/T 4169.22—2006。

示例：

D=12 mm 的圆形拉模扣标记如下：

圆形拉模扣　12　GB/T 4169.22—2006

ICS 25.120.30
J 46

中华人民共和国国家标准

GB/T 4169.23—2006

塑料注射模零件
第23部分：矩形拉模扣

Components of injection moulds for plastics—
Part 23: Rectangular mould opening delayer

2006-12-08 发布　　2007-04-01 实施

中华人民共和国国家质量监督检验检疫总局
中国国家标准化管理委员会　发布

前　言

GB/T 4169《塑料注射模零件》分为23部分：
——第1部分：塑料注射模零件　推杆；
——第2部分：塑料注射模零件　直导套；
——第3部分：塑料注射模零件　带头导套；
——第4部分：塑料注射模零件　带头导柱；
——第5部分：塑料注射模零件　带肩导柱；
——第6部分：塑料注射模零件　垫块；
——第7部分：塑料注射模零件　推板；
——第8部分：塑料注射模零件　模板；
——第9部分：塑料注射模零件　限位钉；
——第10部分：塑料注射模零件　支承柱；
——第11部分：塑料注射模零件　圆形定位元件；
——第12部分：塑料注射模零件　推板导套；
——第13部分：塑料注射模零件　复位杆；
——第14部分：塑料注射模零件　推板导柱；
——第15部分：塑料注射模零件　扁推杆；
——第16部分：塑料注射模零件　带肩推杆；
——第17部分：塑料注射模零件　推管；
——第18部分：塑料注射模零件　定位圈；
——第19部分：塑料注射模零件　浇口套；
——第20部分：塑料注射模零件　拉杆导柱；
——第21部分：塑料注射模零件　矩形定位元件；
——第22部分：塑料注射模零件　圆形拉模扣；
——第23部分：塑料注射模零件　矩形拉模扣。

本部分为GB/T 4169的第23部分。

本部分由中国电器工业协会提出。

本部分由全国模具标准化技术委员会(SAC/TC 33)归口。

本部分起草单位：桂林电器科学研究所、龙记集团、浙江亚轮塑料模架有限公司、昆山市中大模架有限公司。

本部分主要起草人：翁史振、蔡逢敬、廖宏谊、胡建林、王建军、李　捷、黄新标。

本部分为首次发布。

塑料注射模零件
第23部分:矩形拉模扣

1 范围

本部分规定了塑料注射模用矩形拉模扣的尺寸规格和公差。

本部分适用于塑料注射模所用的矩形拉模扣。

本部分还给出了材料指南和硬度要求,并规定了矩形拉模扣的标记。

2 规范性引用文件

下列文件中的条款通过本部分的引用而成为本部分的条款。凡是注日期的引用文件,其随后所有的修改单(不包括勘误的内容)或修订版均不适用于本部分,然而,鼓励根据本部分达成协议的各方研究是否可使用这些文件的最新版本。凡是不注日期的引用文件,其最新版本适用于本部分。

GB/T 4170—2006 塑料注射模零件技术条件

3 尺寸规格

尺寸规格见图1、表1。

表面粗糙度以微米为单位

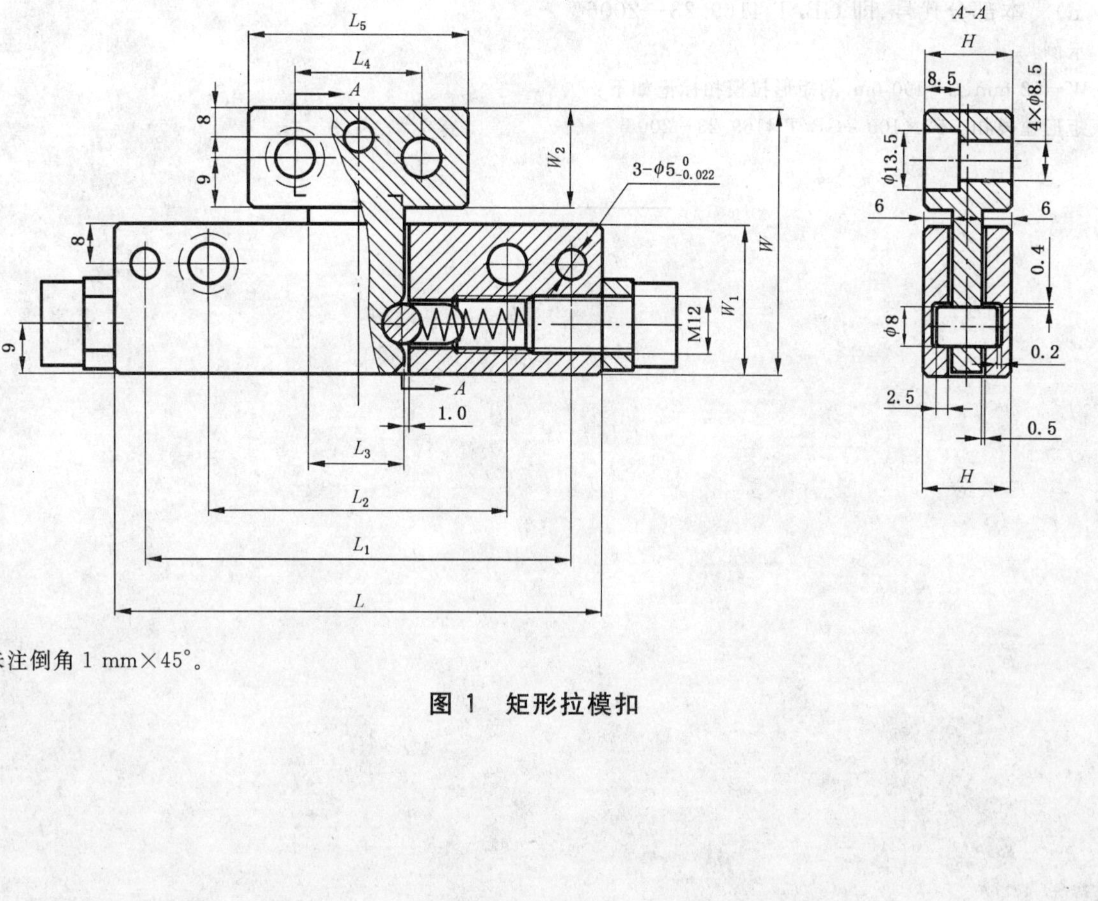

未注倒角 1 mm×45°。

图1 矩形拉模扣

表 1 矩形拉模扣尺寸

单位为毫米

W	W_1	W_2	L	L_1	L_2	L_3	L_4	L_5	H
52	30	20	100	85	60	20	25	45	22
80									
66	36	28	120	100	70	24	35	60	28
110									

4 材料和硬度

材料由制造者选定，本体与插件推荐采用 45，顶销推荐采用 GCr15。

插件硬度 40 HRC ～45 HRC，顶销硬度 58 HRC ～62 HRC。

5 要求

5.1 最大使用负荷应达到：L=100 mm 为 10 kN，L=120 mm 为 12 kN。

5.2 其余应符合 GB/T 4170—2006 的规定。

6 标记

按本部分的矩形拉模扣应有下列标记：

a) 矩形拉模扣；

b) 矩形拉模扣宽度 W，以毫米为单位；

c) 矩形拉模扣长度 L，以毫米为单位；

d) 本部分代号，即 GB/T 4169.23—2006。

示例：

W=52 mm、L=100 mm 的矩形拉模扣标记如下：

矩形拉模扣 52×100 GB/T 4169.23—2006

ICS 25.120.30
J 46

中华人民共和国国家标准

GB/T 4170—2006
代替 GB/T 4170—1984

塑料注射模零件技术条件

Specification of components of injection moulds for plastics

2006-12-08 发布 2007-04-01 实施

中华人民共和国国家质量监督检验检疫总局
中国国家标准化管理委员会 发布

前　言

本标准代替 GB/T 4170—1984《塑料注射模零件技术条件》。

本标准与 GB/T 4170—1984 相比主要变化如下：

——增加了“规范性引用文件”，并且区分注日期和不注日期的引用文件；

——修改 GB/T 4170—1984 中未注公差尺寸对 js14 的选用，更改为线性尺寸的一般公差按 GB/T 1804—2000 中 m 的规定；

——修改未注形状和位置公差的规定；

——修改 GB/T 4170—1984 中螺纹偏差等级应为 6 级；

——修改砂轮越程槽的尺寸应用最新版本标准；

——增加图样未注公差角度的极限偏差要求；

——增加图样中未注尺寸加工工艺需要的中心孔按 GB/T 145 规定。

本标准由中国电器工业协会提出。

本标准由全国模具标准化技术委员会(SAC/TC 33)归口。

本标准起草单位：昆山市中大模架有限公司、桂林电器科学研究所、浙江亚轮塑料模架有限公司、龙记集团。

本标准主要起草人：王建军、翁史振、廖宏谊、胡建林、蔡逢敬、李红英、黄新标。

塑料注射模零件技术条件

1 范围

本标准规定了塑料注射模零件的要求、检验、标志、包装、运输和贮存。

本标准适用于GB/T 4169.1～4169.23—2006规定的塑料注射模零件。

2 规范性引用文件

下列文件中的条款通过本标准的引用而成为本标准的条款。凡是注日期的引用文件，其随后所有的修改单(不包括勘误的内容)或修订版均不适用于本标准，然而，鼓励根据本标准达成协议的各方研究是否可使用这些文件的最新版本。凡是不注日期的引用文件，其最新版本适用于本标准。

GB/T 145 中心孔

GB/T 196 普通螺纹 基本尺寸

GB/T 197 普通螺纹 公差与配合

GB/T 1184—1996 形状和位置公差 未注公差值

GB/T 1804—2000 一般公差 未注公差的线性尺寸和角度尺寸的公差

GB/T 4169.1～4169.23—2006 塑料注射模零件

GB/T 6403.5 砂轮越程槽

3 要求

3.1 图样中线性尺寸的一般公差应符合GB/T 1804—2000中m的规定。

3.2 图样中未注形状和位置公差应符合GB/T 1184—1996中H的规定。

3.3 零件均应去毛刺。

3.4 图样中螺纹的基本尺寸应符合GB/T 196的规定，其偏差应符合GB/T 197中6级的规定。

3.5 图样中砂轮越程槽的尺寸应符合GB/T 6403.5的规定。

3.6 模具零件所选用材料应符合相应牌号的技术标准。

3.7 零件经热处理后硬度应均匀，不允许有裂纹、脱碳、氧化斑点等缺陷。

3.8 重量超过25 kg的板类零件应设置吊装用螺孔。

3.9 图样上未注公差角度的极限偏差应符合GB/T 1804—2000中c的规定。

3.10 图样中未注尺寸的中心孔应符合GB/T 145的规定。

3.11 模板的侧向基准面上应作明显的基准标记。

4 检验

4.1 零件应按GB/T 4169.1～4169.23—2006和本标准3.1～3.11的规定进行检验。

4.2 检验合格后应做出检验合格标志，标志应包含以下内容：检验部门、检验员、检验日期。

5 标志、包装、运输、贮存

5.1 在零件的非工作表面应做出零件的规格和材质标志。

5.2 检验合格的零件应清理干净，经防锈处理后入库贮存。

5.3 零件应根据运输要求进行包装，应防潮、防止磕碰，保证在正常运输中完好无损。

ICS 21.120.40
N 73

GB

中华人民共和国国家标准

GB/T 4201—2006/ISO 2953:1999
代替 GB/T 4201—1984, GB/T 7662—1987

平衡机的描述检验与评定

Description, verification and evaluation of balancing machines

(ISO 2953:1999, Mechanical vibration—
Balancing machines—Description and evaluation, IDT)

2006-12-13 发布　　　　2007-07-01 实施

中华人民共和国国家质量监督检验检疫总局
中国国家标准化管理委员会　发布

前 言

请注意本标准的某些内容有可能涉及专利。本标准的发布机构不应承担识别这些专利的责任。

本标准等同采用国际标准 ISO 2953:1999《机械振动　平衡机　描述与评定》(英文第三版)。

本标准等同翻译 ISO 2953:1999,在技术内容上与其完全一致。为便于使用,本标准对 ISO 2953:1999 做了如下编辑性修改:

——按中国习惯修改了标准名称;

——重新编写了前言,代替 ISO 2953:1999 的前言;

——将“本国际标准”一词改为“本标准”;

——对第 2 章中所引用的国际标准,本标准直接引用了与之相对应的我国国家标准;

——对附录 F“参考文献”中所列出的标准资料,本标准直接引用了与之相对应的我国国家标准;

——用小数点符号“.”代替英文中作为小数点的逗号“,”。

本标准代替 GB/T 4201—1984《通用卧式平衡机校验法》和 GB/T 7662—1987《立式平衡机校验法》。本次修订依据 ISO 2953:1999 的结构和内容将 GB/T 7662—1987《立式平衡机校验法》的有关内容纳入到本标准。

本标准自实施之日起,GB/T 7662—1987 自行废止。

本标准与 GB/T 4201—1984 相比主要变化如下:

——修改了名称;

——合并了 GB/T 4201—1984 和 GB/T 7662—1987 相同的技术内容;

——按 ISO 2953:1999 对标准的结构和内容进行了调整;

——增加了前言;

——增加了第 1 章“范围”、第 2 章“规范性引用文件”、第 3 章“术语和定义”、第 4 章“平衡机的容量和性能数据”(见本版的第 1 章、第 2 章、第 3 章、第 4 章);

——新定义了校验转子的型式,增加了 C 型外质心校验转子(本版的 10.2.1);

——修改了校验转子试验平面的结构和尺寸,每面上的螺纹孔数从 8 个增加到 12 个(1984 年版的第 2 章;本版的 10.2);

——修改了试验质量的要求和试验质量所产生的不平衡量值(1984 年版的第 3 章;本版的 10.3);

——修改了最小可达剩余不平衡量(U_{mar})的检测方法(1984 年版的第 5 章;本版的 11.6);

——修改了不平衡量减少率(URR)的检测方法(1984 年版的第 6 章;本版的 11.7);

——修改了 U_{mar} 检测和 URR 检测用的记录表(1984 年版的表 2～表 4;本版的表 8～表 11);

——增加了 U_{mar} 检测和 URR 检测评定图(本版的图 7～图 9);

——增加了附录 A、附录 B、附录 C、附录 D、附录 E 和参考文献。

本标准的附录 A 为规范性附录,附录 B、附录 C、附录 D、附录 E 为资料性附录。

本标准由中国机械工业联合会提出。

本标准由全国试验机标准化技术委员会(SAC/TC 122)归口。

本标准负责起草单位:长春试验机研究所。

本标准参加起草单位:北京青云航空仪表有限公司、孝感松林国际计测器有限公司、上海申克机械有限公司、中国船舶工业集团公司第 6354 研究所、长春中联试验仪器有限公司、郑州机械研究所。

本标准主要起草人:王学智、倪英杰、袁国平、孙华刚、李星、邵春平、黄润华。

本标准所代替标准的历次版本发布情况为:

——GB/T 4201—1984;

——GB/T 7662—1987。

平衡机的描述检验与评定

1 范围

本标准规定了平衡旋转零部件用的平衡机性能和特性的评定要求。本标准重点说明了宜由制造者给出的平衡机特性的格式,并概述了平衡机的评定准则和试验方法。推荐采用4.1和4.2规定的格式,以便于用户对不同制造者的产品进行比较。附录B给出了指导用户表述其要求的指南。

本标准详述了确保与平衡机规定的不平衡量指示能力相一致的所用的校验转子、试验质量和性能检测方法。本标准未规定对平衡机其他能力和性能参数的检测。

附录E描述了对原国家标准GB/T 4201—1984和GB/T 7662—1987规定的老式校验转子推荐的改制方案。

本标准未规定平衡准则,该准则在GB/T 9239.1—2006中予以规定。

本标准适用于支承并使工件旋转在平衡转速下呈恒态(刚性)的平衡机,该平衡机在一个或多个平面上能指示出需要不平衡校正的量值和所在相角。本标准包括在软支承上和硬支承上测量不平衡效应的两类平衡机。

本标准还包括对上述平衡机的技术要求,但不包括诸如与自动校正有关的那些特殊性能。

2 规范性引用文件

下列文件中的条款通过本标准的引用而成为本标准的条款。凡是注日期的引用文件,其随后所有的修改单(不包括勘误的内容)或修订版均不适用于本标准,然而,鼓励根据本标准达成协议的各方研究是否可使用这些文件的最新版本。凡是不注日期的引用文件,其最新版本适用于本标准。

GB/T 6444　机械振动　平衡术语(GB/T 6444—1995,eqv ISO 1925:1990)

3 术语和定义

GB/T 6444确立的术语和定义适用于本标准。为方便使用,附录A列出了GB/T 6444中与平衡机相关的一些术语和定义。

4 平衡机的容量和性能数据

制造者应以4.1或4.2规定的相似格式,分别给出适合于卧式平衡机或立式平衡机的数据。

4.1 卧式平衡机数据

4.1.1 转子质量和不平衡量限值

4.1.1.1 应标明平衡机在整个平衡转速范围内能够平衡的转子的最大质量。

应给出对应平衡转速(n_1、n_2……)范围在规定加速时间内平衡机能够完成加速的转子,其相对于轴线的最大转动惯量(质量与回转半径平方的乘积),并一同给出相应的周期率(见表1)。

表 1 卧式平衡机数据

制造者:…………………………………………	型号:…………………………………………					
平衡转速或转速范围(见 4.1.3.1)		n_1	n_2	n_3	n_4	n_5
转子质量 kg (见注 1)	最大					
	最小					
每个支承架偶然过载力 N (见注 1)						
每个支承架的最大支承反力 N (见注 1)						
最大转子对轴线的转动惯量 kg·m² (见注 2)						
周期率(见注 2)						
最大不平衡度(或量) g·mm/kg 或 g·mm (见注 3 和注 4)	测量值					
	允许值					
a) 内质心转子 最小可达剩余不平衡度,e_{mar} g·mm/kg (见注 4 和第 6 章)	最大质量					
	0.2×最大质量					
	最小质量					
模拟式不平衡量指示器的相应偏转量,mm 或数字式指示装置显示的字数 (见注 4)	最大质量					
	0.2×最大质量					
	最小质量					
b) 外质心转子 最小可达剩余不平衡度,e_{mar} g·mm/kg (见注 4 和第 6 章)	最大质量					
	0.2×最大质量					
	最小质量					
模拟式不平衡量指示器的相应偏转量,mm 或数字式指示装置显示的字数 (见注 4)	最大质量					
	0.2×最大质量					
	最小质量					

4.1.1.2 关于生产效率(见第 7 章)应标明下列内容。

4.1.1.2.1 每次测量操作的时间:

a) 机械调整时间,s;

b) 指示系统设定时间,s;

c) 转子的准备时间,s;

d) 平均加速时间,s;

e) 读数时间(包括数值稳定时间),s;

f) 平均减速时间,s;

g) 将读数与转子关联的时间,s;

h) 其他必要的时间,s;

i) 每次测量操作〔上述 a)~h)〕的总时间,s。

4.1.1.2.2 内质心转子不平衡量减少率,%。

4.1.1.2.3 外质心转子不平衡量减少率,%。

4.1.2 转子尺寸

4.1.2.1 应提供机架和诸如圈带驱动装置、护罩安装底座、止推臂、连接杆等其他妨碍物件的足够详细的外形尺寸图，以供使用者确定能够调节最大转子的空间及所需要的工装和(或)连接器。

大直径的轴颈和高平衡转速的组合可以导致过高的轴颈圆周线速度，故应标明最高的轴颈圆周线速度。

当采用圈带驱动时，对应圈带能够驱动的最大和最小直径或其他合适的直径应标明平衡转速。

如果驱动装置的轴向位置能够调节，制造者应予以说明。

4.1.2.2 应标明转子外形的极限尺寸，见图1。

1——转子轴颈；

2——转子；

3——支承架；

4——机座。

注1：如果左侧支承架与右侧支承架不是镜像对称的，应分别示出其尺寸。

注2：如果采用圈带驱动，应示出圈带驱动装置的轮廓图。

图1 标明转子极限尺寸的平衡机支承架外形图示例

4.1.2.3 转子直径：

a) 机座上可放置的最大直径，mm；

b) 可用圈带驱动的最大直径，mm；

c) 可用圈带驱动的最小直径，mm。

4.1.2.4 轴颈中心线间的距离：

a) 最大距离，mm；

b) 最小距离，mm；

c) 从连接法兰到最远端支承中心线的最大距离，mm；

d) 从连接法兰到最近端支承中心线的最小距离，mm。

4.1.2.5 轴颈直径和速度：

a) 最大直径，mm；

b) 最小直径，mm；

c) 最大允许轴颈圆周速度，m/s。

4.1.2.6 对校正平面的限定(依据5.4)应予以说明。

4.1.2.7 应标明校正平面干扰比(依据5.4和所基于的校验转子)。

4.1.3 驱动

4.1.3.1

	平衡转速 r/min	施加到工件上的额定扭矩 N·m
n_1	…………	…………
n_2	…………	…………
n_3	…………	…………
n_4	…………	…………
n_5	…………	…………
n_6	…………	…………
n_7	…………	…………
n_8	…………	…………
	或无级变速	或无级变化
	从…………	从…………
	到…………	到…………

4.1.3.2 施加到工件上的扭矩(见注5)

a) 零转速扭矩:额定扭矩的…………%

b) 启动扭矩可调:从额定扭矩的…………%到…………%

c) 峰值扭矩:额定扭矩的…………%

4.1.3.3 驱动工件的型式(见注6):…………

4.1.3.4 主动力源(电动机的类型):…………

a) 额定功率:…………kW

b) 电动机转速:…………r/min

c) 电源(电压/频率/相数):…………/…………/…………

4.1.3.5 制动装置

a) 制动方式:…………

b) 制动扭矩可调:从额定扭矩的…………%到…………%

c) 制动装置能否用作夹持装置?能/否

4.1.3.6 电动机和控制系统符合下述标准:…………

4.1.3.7 达到的转速调整水平:

准确到或稳定在…………r/min的…………%或…………r/min以内。

4.1.4 偶不平衡干扰比

偶不平衡干扰比($g\cdot mm/g\cdot mm^2$)…………%(见注7)。

4.1.5 压缩空气要求

气压…………Pa;流量…………m^3/s。

注1:偶然过载力仅需对应最低平衡转速标出。该力是在不直接损坏平衡机的情况下每个支承架能够承受的最大作用力。

支承反力是由质心位于轴承支架以外的工件所产生的方向向上的静态力。

注2:对于某一给定平衡转速的周期率是指在不损坏平衡机的情况下平衡最大转动惯量的转子时,平衡机每小时能进行启动和停机的次数。

注3:对于具有两个校正平面的恒态(刚性)转子,通常是将该给定值的一半分配给每个平面;对于盘类转子,则该给定值的全部属于一个平面。

注4:软支承平衡机的限值通常以克毫米每千克(不平衡度)表示,该值代表转子位移,亦即平衡机支承移动的量度。对于硬支承平衡机,该值通常以克毫米表示,因为此类平衡机通常就以这样的单位对指示的不平衡量进行出

厂标定的(见第 6 章)。对于双面平衡机,该值是最小可达剩余不平衡量分配到两个平面上所得到的结果。

注 5:在大多数情况下,加速工件时需要的扭矩最大,但在工件风阻和(或)摩擦损耗较大的情况下,在平衡转速下可能需要的扭矩最大。当存在轴向推力时,需要考虑对其采取防护措施。

注 6:驱动工件的方式举例如下:

——采用万向联轴节的轴端驱动;

——采用皮带的轴端驱动;

——圈带驱动;

——磁场驱动;

——支承滚轮驱动;

——压缩空气驱动等。

注 7:此值仅适用于单面平衡机。它描述了转子的偶不平衡对静不平衡指示的影响。

4.2 立式平衡机数据

4.2.1 转子质量和不平衡量限值

4.2.1.1 应标明平衡机在整个平衡转速内能够平衡的转子的最大质量。

应给出对应平衡转速(n_1、n_2……)范围在规定加速时间内平衡机能够完成加速的转子,其相对于轴线的最大转动惯量(质量与回转半径平方的乘积),并一同给出相应的周期率(见表 2)。

表 2 立式平衡机数据

制造者:…………………………………………… 型号:………………………………						
平衡转速或转速范围(也见 4.2.3.1)		n_1	n_2	n_3	n_4	n_5
转子质量 kg (见注 1)	最大					
	最小					
偶然过载力可达 N (见注 1)						
最大转子对轴线的转动惯量 kg·m^2 (见注 2)						
周期率(见注 2)						
最大不平衡度(或量) g·mm/kg 或 g·mm (见注 3 和注 4)	测量值					
	允许值					
最小可达剩余不平衡度,e_{mar} g·mm/kg (见注 4 和第 6 章)	最大质量					
	0.2×最大质量					
	最小质量					
模拟式不平衡量指示器的相应偏转量,mm 或数字式指示装置显示的字数 (见注 4)	最大质量					
	0.2×最大质量					
	最小质量					

4.2.1.2 关于生产效率(见第 7 章)应标明下列内容。

每次测量操作的时间:

a) 机械调整时间,s;

b) 指示系统设定时间,s;

c) 转子的准备时间,s;

d) 平均加速时间,s;

e) 读数时间(包括数值稳定时间),s;

f) 平均减速时间,s;

g) 将读数与转子关联的时间，s；

h) 其他必要的时间，s；

i) 每次测量操作〔上述 a)～h)〕的总时间，s。

4.2.1.3 不平衡量减少率，%。

4.2.2 转子尺寸

4.2.2.1 如果平衡机具有两种或多种转速，对应每种转速应给出此参数。如果平衡机的平衡转速可无级变速，则此参数应以表格、公式或图表的格式给出。

应提供主轴承载面或安装平面和诸如校正装置、电控箱等障碍物件及其安装平面的足够详细的外形尺寸图，以供使用者确定能够调节最大转子的空间及所需要的工装和(或)连接器。

4.2.2.2 最大直径，mm。

4.2.2.3 转子高度：

a) 最大总高度，mm。

b) 最大重心高度，mm

——100%最大质量时的高度，mm；

——50%最大质量时的高度，mm；

——25%最大质量时的高度，mm。

4.2.2.4 应标明转子外形的极限尺寸，包括平衡机轴端或安装平面的连接尺寸(见图 2)。

4.2.2.5 对校正平面的限定(依据 5.4)应予以说明。

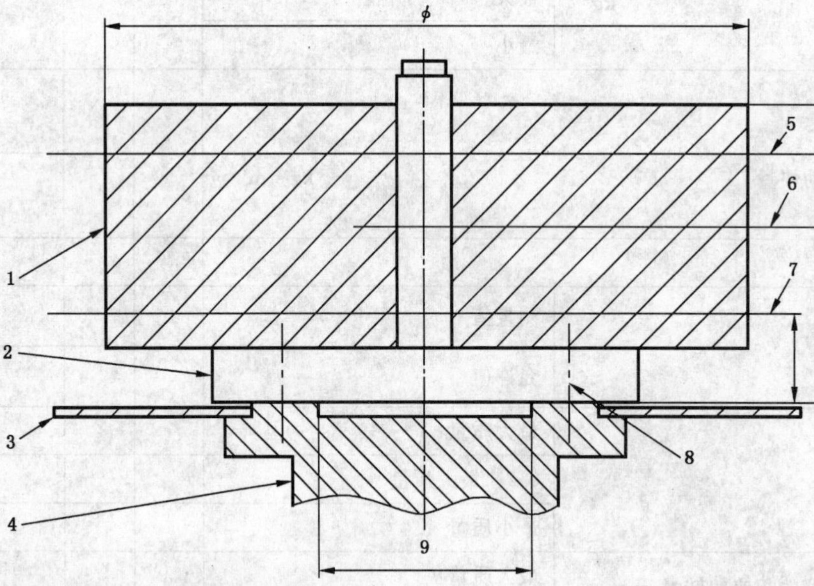

1——转子；

2——连接器；

3——角度盘；

4——主轴头；

5——上校正平面；

6——质心平面；

7——下校正平面；

8——连接器安装孔；

9——定位圆 Φ。

图 2 标明转子外形极限尺寸和与立式平衡机安装连接关系的示例

4.2.3 驱动

4.2.3.1

	平衡转速 r/min	施加到工件上的额定扭矩 N·m
n_1	…………	…………
n_2	…………	…………
n_3	…………	…………
n_4	…………	…………
n_5	…………	…………
n_6	…………	…………
n_7	…………	…………
n_8	…………	…………
	或无级变速	或无级变化
	从…………	从…………
	到…………	到…………

4.2.3.2 施加到工件上的扭矩(见注5)：

a) 零转速扭矩：额定扭矩的…………%

b) 启动扭矩可调：从额定扭矩的…………%到…………%

c) 峰值扭矩：额定扭矩的…………%

4.2.3.3 主动力源(电动机的类型)：…………

a) 额定功率：…………kW

b) 电动机转速：…………r/min

c) 电源(电压/频率/相数)：…………/…………/…………

4.2.3.4 制动装置：

a) 制动方式：…………

b) 制动扭矩可调：从额定扭矩的…………%到…………%

c) 制动装置能否用作夹持装置？能/否

4.2.3.5 电动机和控制系统符合下述标准：…………

4.2.3.6 达到的转速调整水平：

准确到或稳定在…………r/min 的…………%或…………r/min 以内。

4.2.4 偶不平衡干扰比

偶不平衡干扰比($g \cdot mm/g \cdot mm^2$)…………%(见注6)。

4.2.5 压缩空气要求

气压…………Pa；流量…………m^3/s。

注1：偶然过载力仅需对应最低平衡转速标出。该力是在不直接损坏平衡机的情况下机器能够承受的最大作用力。

注2：对于某一给定平衡转速的周期率是指在不损坏平衡机的情况下平衡最大转动惯量的转子时，平衡机每小时能进行启动和停机的次数。

注3：对于具有两个校正平面的恒态(刚性)转子，通常是将该给定值的一半分配给每个平面；对于盘类转子，则该给定值的全部属于一个平面。

注4：软支承平衡机的限值通常以克毫米每千克(不平衡度)表示，该值代表转子位移，亦即平衡机支承移动的量度。对于硬支承平衡机，该值通常以克毫米表示，因为此类平衡机通常就以这样的单位对指示的不平衡量进行出厂标定的(见第6章)。对于双面平衡机，该值是最小可达剩余不平衡量分配到两个平面上所得到的结果。

注5：在大多数情况下，加速工件时需要的扭矩最大，但在工件风阻和(或)摩擦损耗较大的情况下，在平衡转速下可能需要的扭矩最大。

注6：此值仅适用于单面平衡机。它描述了转子的偶不平衡对静不平衡指示的影响。

5 平衡机性能

5.1 工作原理

应给出诸如位移测量、力测量、共振、补偿等平衡机工作原理的详细说明。

5.2 平衡机的结构

5.2.1 制造者应说明平衡机的一般结构型式和主要技术性能，例如：

——卧式或立式平衡机；

——软支承系统或硬支承系统；

——带机械补偿器的谐振式平衡机。

5.2.2 制造者应尽可能提供下列结构的详情。

5.2.2.1 为支承转子而设计的部件，如：

——V形块；

——开式滚轮；

——半开滑动轴承；

——闭式滚珠、滚柱或滑动轴承；

——转子的调心轴承；

——调整整个总成的装置。

注：需要时，应给出支承润滑要求的细节。

5.2.2.2 承受转子轴向推力装置的机械调整和功能（仅对卧式平衡机而言）。

5.2.2.3 用于检测不平衡效应的传感器的型式。

5.2.2.4 驱动及其控制。

5.3 指示系统

5.3.1 一般要求

平衡机应具有测定不平衡量值和其相角位置的装置，对该装置应予以描述，示例如下：

——光点矢量瓦特计指示系统；

——带有相敏检波器的电压表指示系统（包括频率转换系统）；

——带有频闪仪和滤波器的电压表指示系统；

——转子本身带有相角位置标志的电压表指示系统；

——带有机械和电气指示的补偿器。

5.3.2 量值指示器

制造者应对平衡机上的量值指示装置予以说明，示例如下：

——光点矢量瓦特计和电压分量指示器；

——光点矢量瓦特计和电压量值指示器；

——光点矢量瓦特计和电压矢量指示器；

——机械式或光学式指示器；

——模拟式或数字式指示装置。

5.3.3 相角指示器

制造者应对平衡机上的相角指示装置予以说明，示例如下：

——光点矢量瓦特计和电压分量指示器；

——光点矢量瓦特计和电压矢量指示器；

——在以度为单位标度的仪表上直接指示相角；

——示波器、频闪指示器；

——机械式或光学式指示器；

——模拟式或数字式指示装置。

5.3.4 指示系统的操作

制造者应描述获取读数的步骤，至少要考虑以下几点：

a) 需要多少次测量操作可获取：

——单面平衡过程中的两个读数；

——双面平衡过程中的四个读数。

b) 说明是否为每个平面的读数提供了指示器，或对于每一次读数是否需要切换。

c) 说明测量操作结束后能否保留读数。

d) 说明是否为每个平面提供一个独立的可指示轻位或重位的加—减开关。

5.4 平面分离系统

5.4.1 本条不适用于单面平衡机，见5.4.2。

制造者应说明平衡机是否具有平面分离功能，如果有此功能，至少应给出下列细节：

a) 对于以前未曾平衡的某类型的单个转子如何操作。

b) 对成批的具有相同尺寸和质量的单个转子如何操作。

c) 能有效进行平面分离的工件几何尺寸的限值应根据校正平面干扰比表明的有效性而确定，并做下列说明：

——能有效进行平面分离的支承间距与平面间距之比；

——一个或两个校正平面能否位于支承之内或之外；

——质心能否位于两个选定的校正平面和(或)支承之内或之外。

d) 指示系统能否也可用于直接测量静不平衡和偶不平衡。

5.4.2 对单面卧式或立式平衡机，制造者应说明平衡机能抑制偶不平衡影响的能力(见11.8)。

5.5 指示的设定与标定

5.5.1 一般要求

制造者应描述设定和标定的方法并提供对其进行检查的方法。

制造者应说明指示是否能以所需的单位设定，是否能表示为实际的校正单位和(或)标准重量(采用国家法定计量单位)或不平衡量单位。

制造者应说明：

——单面平衡时，标定平衡机所需的操作次数；

——双面平衡时，标定平衡机所需的操作次数。

制造者应说明在标定和操作过程中转速重复性的最大允许变化量，以百分数表示。

5.5.2 软支承平衡机

制造者应说明第一个具有特定质量和结构的转子如何完成标定，例如：转子是否要用试凑法平衡或是否提供了补偿器以及是否需要标定质量等等，并应说明当改变平衡转速时是否需要全部或部分进行重新标定。

如果配置了补偿装置，对应转子的几何形状和平衡转速应说明可进行有效补偿的初始不平衡量的限值。

5.5.3 硬支承平衡机

制造者应说明平衡机是否已永久地标定，是否能按工件设定或应由使用者根据平衡转速、转子质量和(或)尺寸进行标定。

5.6 其他装置

应详细描述对平衡机功效有影响的专用装置，例如：

——任选坐标系的分量指示装置；

——在两个以上的校正平面把不平衡量分解成一些限定象限上的分量的指示装置；

——校正装置；

——使测得的不平衡量相角和(或)量值与转子相关的装置；
——适合于连接打印机或其他外部设备的输出装置。

6 最小可达剩余不平衡量

平衡机的最小可达剩余不平衡量规定应以单位为克毫米每千克的不平衡度(见附录 A 的定义)连同不平衡量值指示器相应的偏转量一起来表示。

需要标明的该最小可达剩余不平衡度应是对应着工件质量和平衡机的各平衡转速全范围的指标。

对于标明的可达到的剩余不平衡量，制造者应考虑下列各项的准确度是否满足实用的要求：

——量值指示；
——相角指示；
——平面分离；
——倍率转换器；
——驱动、轴承等。

注意：所标明的最小可达剩余不平衡量的值适用于交货时的平衡机，如果使用者使用了不圆的轴颈，过重或过松的连接器或其他工装，则最小可达剩余不平衡量均可受到影响。

7 生产效率

7.1 概述

生产效率是平衡机帮助操作者在可能的最短时间内将转子平衡到给定的剩余不平衡量的能力。生产效率应使用校验转子或由使用者指定的试验转子进行评定。

为了找出某一给定转子的生产率(每单位时间平衡的工件数或从安装到平衡完成卸下工件整个工序时间的倒数)，每次的测量操作时间、所需的操作次数、安装工件时间、不平衡校正和卸下工件时间均应考虑在内。所需的测量操作次数取决于平均的初始不平衡量、平衡允差和不平衡量减少率(*URR*)。

7.2 每次测量操作时间

对于校验转子或使用者指定的转子，制造者应详细描述操作步骤并应说明下列从 a)～h)每一次操作的平均时间：

a) 平衡机的机械调整，包括驱动装置、工装和(或)连接器；
b) 指示系统的设定；
c) 为测量操作而进行的转子的准备；
d) 平均加速时间；
e) 读数时间，即正常的加速操作结束到减速操作开始所需的总时间；
f) 平均减速时间；
g) 将获取的读数与实际被平衡转子关联所需的任何操作时间；
h) 所有要求的其他操作需要的时间，如安全措施。

注 1：对于单个转子的平衡 a)和 b)项是主要的步骤。

注 2：第一次测量操作的时间是从 a)～h)项所需的总时间，但对于同一转子接下来的测量操作仅需从 d)～h)项的步骤。在批量平衡转子的情况下仅需从 c)～h)项的步骤。

若需要专用工具调整转子，而这些工具又不作为设备的标准配件而提供，这种情况应予以说明，如：轴承衬垫、传动轴的连接器、护罩等。

7.3 不平衡量减少率

制造者应标明不平衡量减少率(定义见附录 A)。此不平衡量减少率应在假定增加和去除质量无误差，操作平衡机人员具有正常技能并细心的情况下给出。

在采用诸如频闪仪、机械式指示器等在平衡过程中需依靠操作者参与判断的指示系统时，应给出与被平衡转子有关的经验值。

8 性能限定条件

制造者应说明下列条件的范围，在规定的范围内平衡机能够达到所保证的性能。如：

——温度；

——湿度；

——平衡转速变化；

——电源电压和频率波动。

制造者还应说明在转子轴颈上使用滚珠轴承是否会引起平衡机性能的明显改变。

此外，制造者应说明若转子轴承的止推面不垂直于轴线，转子的不平衡示值是否会受到较大的影响。

9 安装要求

9.1 总则

在考虑平衡机的安装位置时，制造者应说明在下列环境条件下应采用什么样的防护措施以使平衡机获得令人满意的性能。

——外界振动；

——电磁辐射；

——冷凝、霉菌及其他因素，如第8章提到的那些条件。

9.2 电源和动力要求

平衡机应提供标准的连接件，其上要清晰的标明所要求的电源电压和频率、空气压力、液压压力等。

9.3 基础

制造者应说明平衡机的外形尺寸和质量，以及保证平衡机规定性能所要求的基础的类型和尺寸，如：混凝土构件、工作台等。

10 校验转子和试验质量

10.1 概述

本章规定了检测平衡机使用的各类校验转子的技术要求：规定了转子质量、材料、尺寸、限值、螺孔尺寸、转子平衡要求和试验质量的细节。试验的范围和费用以及转子大小也可由制造者和使用者协商确定。

10.2 校验转子

10.2.1 定义了三种型式的校验转子，称为A型、B型和C型(见图3)。旨在用这些校验转子来代表各种典型的工件，其特征如下：

——A型：无轴颈转子，它们要在一个或两个校正平面上用立式平衡机[1]进行平衡。

工作支承平面可以位于任意位置，即在整个转子主体的每一端上一个，或两个平面均位于转子主体的一端上。试验时假设转子的每一端上各有一个支承平面。

——B型：带轴颈的内质心转子，它们大多数要在支承之间的两个校正平面上用卧式平衡机进行平衡。

工作支承分别位于转子的两侧。

---

1) 它们也可以在带有整体主轴头的卧式平衡机上平衡。

——C 型：带轴颈的外质心转子，在两个外悬校正平面上用卧式平衡机进行平衡。

工作支承位置与校验转子的位置相同。

注 1：C 型校验转子是由一根支承轴和一个 A 型校验转子组合而成。

注 2：C 型校验转子要依据支承轴和 A 型校验转子的总质量计算 U_{mar}。

每一型式的校验转子有三个用于连接试验质量的平面。

相同的校验转子和试验质量将被用于在一个或两个平面上进行试验。

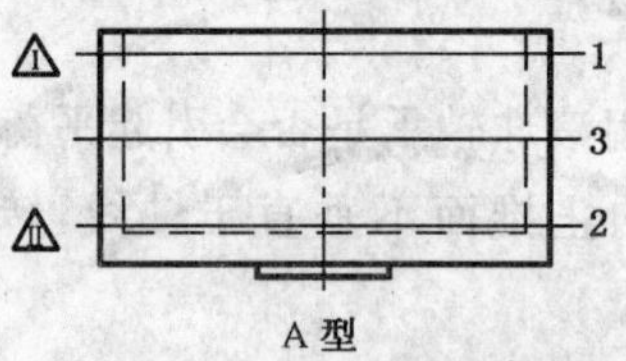

a）立式平衡机

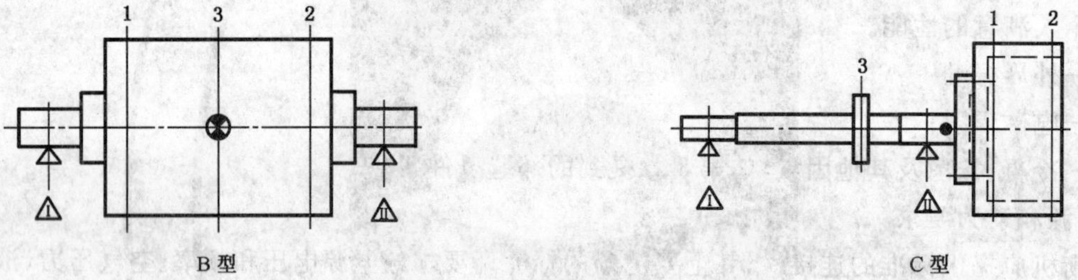

b）卧式平衡机

注：A 型和 B 型转子质心位于支承内，而 C 型转子（支承轴与 A 型转子组成）质心位于支承外。

图 3　带有 1、2、3 试验平面和假设的Ⅰ、Ⅱ支承平面的 A、B、C 型校验转子

10.2.2　制造者应说明是否随平衡机提供校验转子。

10.2.3　校验转子应是钢制的，并且，对于立式平衡机其校验转子应相似于图 4 和表 3 规定的那些转子；对于卧式平衡机其内质心转子应相似于图 5 和表 4 规定的那些转子，其外质心转子（见 10.2.5）应相似于图 6 和表 5 规定的那些转子。

10.2.4　对于本标准所述及的平衡机，制造者应备有一些符合要求的校验转子用以在出厂前确认每一台平衡机的性能。

10.2.5　若要用卧式平衡机平衡外质心转子（或在一侧带有外悬校正平面的内质心转子），则应商定进行附加试验（见 11.1）。附加试验需要 C 型校验转子。

注 1：每平面仅带有八孔的老式转子可按本标准进行改制（见附录 E）。

注 2：提供给使用者的校验转子应经单独协商处理。

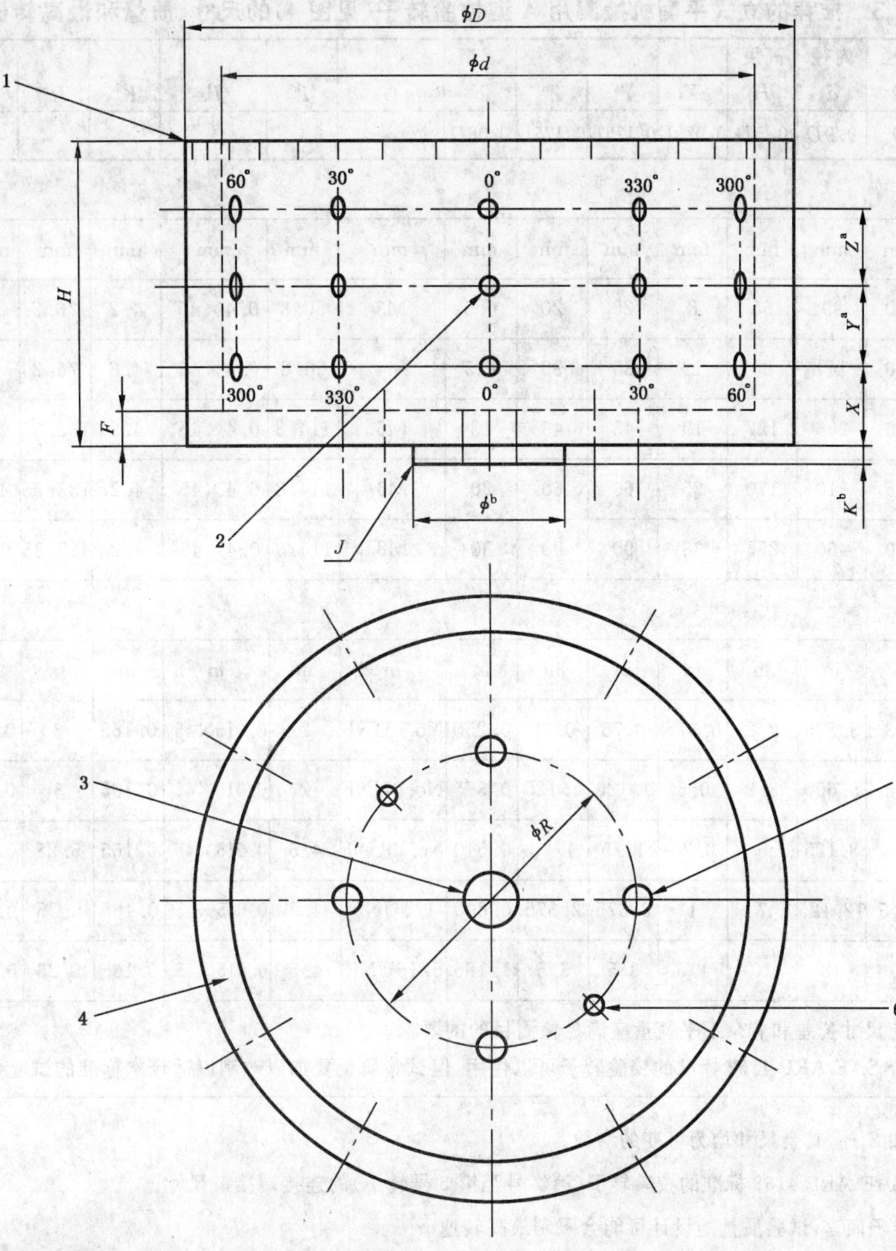

1——每隔 10°进行等间隔分度刻出 36 条刻线,顺时针或逆时针每隔 30°用数字标上度数值;

2——在三个试验平面的每一平面上均布的 12 个螺孔 G;

3——吊装用螺孔;

4——为平衡转子可在此面钻校正孔(任选);

5——四个均布的通孔 O;

6——两个螺孔 G。

注 1:所有的尺寸公差和剩余不平衡量应满足检测目的的要求。

注 2:符合 SAE ARP 4162 标准的校验转子可以代用,但试验质量要加以改制以适合本标准的试验要求。

注 3:图中所有尺寸见表 3。

[a] 除 Y 和 Z 外,其余尺寸均为可变的参数。

[b] 符合 SAE ARP 4162 现有的校验转子的连接端接口尺寸。

图 4 用于立式平衡机检测的 A 型校验转子(尺寸见表 3)

表 3　推荐的立式平衡机检测用 A 型校验转子(见图 4)的尺寸、质量和最高转速

转子序号	转子质量 M	外径 D D	内径 d $0.9D$	高度 H $0.5D$	X $0.075D$	Y[a] $0.175D$	Z[a] $0.175D$	F $0.06D$	G	I[b]	J[b]	K[b]	R[b]	O	最高试验转速[c]
公制值															
	kg	mm	mm	mm	mm	mm	mm	mm	mm	mm	mm	mm	mm	mm	r/min
1	1.1	110	99	55	8	20	20	6.5	M3	50.8	0.4×45°	4.2	76.2	6.6	20 000
2	3.5	160	144	80	12	30	30	9.5	M4	50.8	0.4×45°	4.2	76.2	6.6	14 000
3	11	230	206	127	19	45	45	13	M5	114.3	0.4×45°	4.2	133.35	10.3	10 000
4	35	345	310	170	25	60	60	20	M6	114.3	0.4×45°	4.2	133.35	10.3	6 000
5	110	510	460	255	38	90	90	30	M8	114.3	0.4×45°	4.2	133.35	10.3	4 000
英制值															
	lb	in	in	in	in	in	in	in	in	in	in	in	in	in	r/min
1	2.5	4.3	3.875	2.2	0.375	0.75	0.75	0.250	No.5UNF	2	0.015×45°	0.165	3	0.266	20 000
2	8	6.3	5.650	3.2	0.5	1.125	1.125	0.375	No.8UNF	2	0.015×45°	0.165	3	0.266	14 000
3	25	9	8.125	5	0.75	1.75	1.75	0.510	No.10UNF	4.5	0.015×45°	0.165	5.25	0.406	10 000
4	80	13.5	12.125	7	1	2.375	2.375	0.800	1/4UNF	4.5	0.015×45°	0.165	5.25	0.406	6 000
5	250	20	18	10	1.5	3.5	3.5	1.186	5/16UNC	4.5	0.015×45°	0.165	5.25	0.406	4 000

注 1：所有尺寸公差和剩余不平衡量应满足检测目的的要求。

注 2：符合 SAE ARP 4162 标准的校验转子可以代用，但试验质量要加以改制以适合本标准的试验要求。

a　除 Y 和 Z 外，其余尺寸均为可变的参数。

b　符合 SAE ARP 4162 标准的校验转子(第 2 号至第 5 号转子)的连接端接口尺寸。

c　对于转子而言，试验质量的设计可能会限制最高转速。

10.2.6　在每个校验转子上每隔 10°应清晰地刻出永久性的角度刻线，并且每隔 30°应刻有角度的数字标度。可以按顺时针和逆时针计数顺序刻出两组这样的角度标尺。

为了检测闪光式平衡机，校验转子应配备随机提供的刻有数字标度的基带，基带上第一个数字的中心点应与一组螺孔对准。试验过程中角度值应从数字带上读取并在 360°圆周内换算。

10.2.7　对于通用平衡机，应选用一个质量在平衡机质量容量范围下 1/3 以内的本标准规定的校验转子。

10.2.8　对于打算在接近机器质量容量范围下限值使用的平衡机，建议选用一个其质量接近机器质量容量下限值的校验转子进行附加试验。

10.2.9　对于专用平衡机，经制造者和用户双方协商可以使用用户自己的转子，而由此类转子引入的平衡误差可忽略不计。

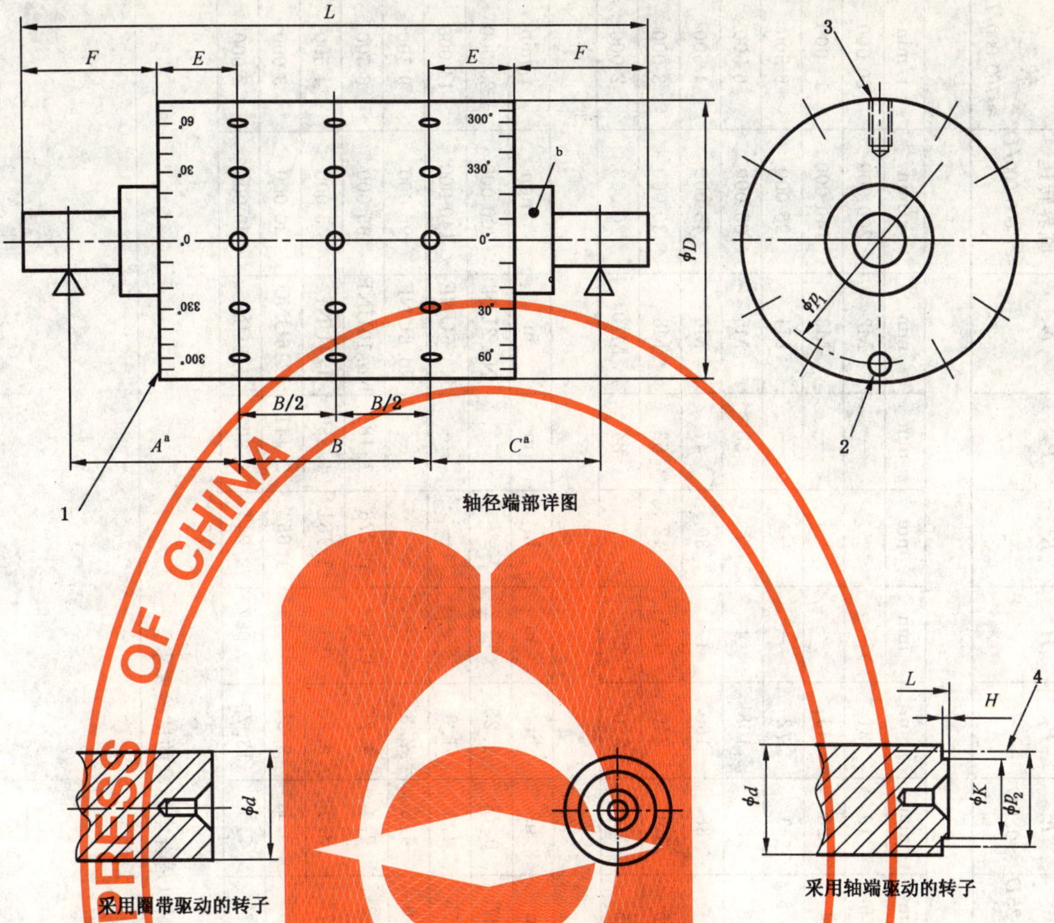

1——每隔 10°进行等间隔分度刻出 36 条刻线，顺时针或逆时针每隔 30°用数字标上度数值；

2——用于调整平衡的在两端的每一端面上均布的 12 个螺孔 N；

3——在三个试验平面的每个平面上均布的 12 个螺孔 N；

4——螺孔的数量和大小视需要而定。

注 1：轴端驱动接口尺寸应适合于常规的驱动轴。

注 2：所有尺寸公差和剩余不平衡量应满足检测目的的要求。

注 3：符合 SAE ARP 4162 标准的校验转子可以代用，但试验质量要加以改制以适合本标准的试验要求。

注 4：每个平面仅有 8 孔的老式转子可改制成符合本标准要求的转子(见附录 E)。

注 5：图中所有尺寸见表 4。

a 在满足 $A \approx B/2$，$C \approx B/2$ 的条件下，尺寸 A、B 和 C 是可以改变的。

b 若轴颈安装滚珠轴承，宜制备轴肩以使轴承垂直于主轴轴线并使其中心处在规定的轴线位置上。

图 5 用于卧式平衡机检测的 B 型校验转子(尺寸见表 4)

表 4 推荐的卧式平衡机检测用 B 型内质心校验转子(见图 5)的尺寸、质量和最高转速

转子序号	转子质量 M	大直径 D	总长度 $L\approx2.5D$	轴颈直径 $d\approx0.3D$[b]	支承间距 $A+B+C\approx2D$	A[a],C[a] $\approx0.5D$	B[a] $\approx1D$	E $\approx0.25D$	F $\approx0.5D$	P_1	H[b]	K[b]	P_2[b]	N	临界转速[c] $\approx7\,600\,000/D$	最高试验转速[d] $\approx760\,000/D$
公制值																
	kg	mm	mm	mm	mm	mm	mm	mm	mm	mm	mm	mm	mm	mm	r/min	r/min
1	0.5	38	95	11	76	19	38	9.5	19	31	—	—	—	M2	200 000	20 000
2	1.6	56	140	17	112	28	56	14	28	46	—	—	—	M3	140 000	14 000
3	5	82	205	25	164	41	82	20.5	41	72	—	—	—	M4	95 000	9 500
4	16	120	300	36	240	60	120	30	60	108	4	7	30	M5	65 000	6 500
5	50	176	440	58	352	88	176	44	88	160	1.4	30	47	M6	45 000	4 500
6	160	260	650	78	520	130	260	65	130	240	1.8	42	62	M8	30 000	3 000
7	500	380	950	114	760	190	380	95	190	350	2.2	57	84	M10	20 000	2 000
英制值																
	1b	in	in	in	in	in	in	in	in	in	in	in	in	in	r/min	r/min
1	1.1	1.5	3.75	0.433	3	0.75	1.5	0.375	0.75	1.25	—	—	—	No. 2UN	200 000	20 000
2	3.5	2.2	5.5	0.669	4.4	1.1	2.2	0.55	1.1	1.8	—	—	—	No. 5UNF	140 000	14 000
3	11	3.2	8	0.984	6.4	1.6	3.2	0.8	1.6	2.8	—	—	—	No. 8UNF	95 000	9 500
4	35	4.8	12	1.417	9.6	2.4	4.8	1.2	2.4	4.25	0.157	0.276	1.181	No. 10UNF	65 000	6 500
5	110	7	17.5	2.283	14	3.5	7	1.75	3.5	6.25	0.05	1.181	1.850	1/4UNF	45 000	4 500
6	350	10.2	25.5	3.071	20.4	5.1	10.2	2.55	5.1	9.25	0.071	1.654	2.441	5/16UNC	30 000	3 000
7	1 100	15	37.5	4.488	30	7.5	15	3.75	7.5	13.75	0.087	2.244	3.307	3/8UNC	20 000	2 000

注 1:所有尺寸公差和剩余不平衡量应满足检测目的的要求。

注 2:符合 SAE ARP 4162 标准的校验转子可以代用,但试验质量要加以改制以适合本标准的试验要求。

a 在满足 $A\approx B/2$,$C\approx B/2$ 的条件下,尺寸 A、B 和 C 是可以改变的。

b 轴端驱动接口尺寸应适合于常规的驱动轴。

c 临界转速是基于转子在刚性支承上运转的条件下计算出来的。

d 对于转子而言,试验质量的设计可能会限制最高转速。

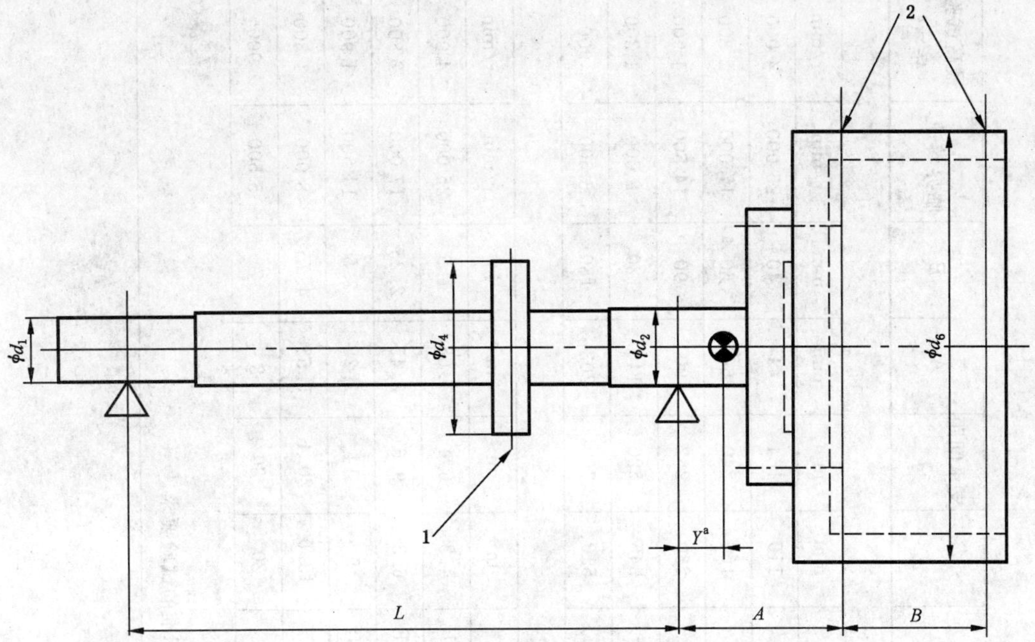

1——均布的 12 个螺孔 N；
2——均布的 12 个螺孔 N。

注 1：附录 D 给出了用于安装 A 型校验转子的支承轴的详细尺寸(轴端驱动)图例。

注 2：C 型校验转子是由支承轴(见图 D.1 与表 D.1)和 A 型校验转子组成。

注 3：连接端接口尺寸与 A 型校验转子一致。

注 4：第 3 号至第 5 号校验转子轴端驱动的接口尺寸与第 4 号至第 6 号 B 型校验转子的尺寸一致。

注 5：所有尺寸公差和剩余不平衡量应满足检测目的的要求。

注 6：符合 SAE ARP 4162 标准的校验转子可以代替 A 型校验转子，但试验质量要加以改制以适合本标准的试验要求。

a 可以改变该尺寸，以使外悬转子的质心在外悬端的同侧且 N 孔的位置保持在两支承之间。

图 6 用于卧式平衡机检测的 C 型外质心校验转子(尺寸见表 5)

表 5　推荐的卧式平衡机检测用 C 型外质心校验转子(见图 6)的尺寸、质量和最高转速

支承轴序号	A 型校验转子	转子组件													
	序号	序号	质量 M	支承对转子的作用力 A	支承对转子的作用力 B	Y[a]	d_1[b]	d_2	d_4	N[a]	外径 d_6	支承间距 L	A	B	临界转速[c]	最高试验转速[d]
公制值															
			kg	N	N	mm	mm	mm	mm		mm	mm	mm	mm	r/min	r/min
1	1	1	2.2	−3	24	20	17	21	50	M3	110	164	41	40	25 000	4 000
2	2	2	6.2	−8	70	30	25	30	72	M4	160	240	60	60	17 000	2 800
3	3	3	19.5	−25	220	45	36	45	106	M5	230	252	90	90	14 500	1 900
4	4	4	60	−75	700	65	58	65	156	M6	345	520	140	120	8 000	1 300
5	5	5	190	−230	2 100	95	78	95	230	M8	510	760	203	180	5 500	900
英制值															
			lb	lbf	lbf	in	in	in	in		in	in	in	in	r/min	r/min
1	1	1	5	−0.6	5.6	0.8	0.67	0.83	2	No. 5UNF	4.3	6.4	1.68	1.5	25 000	4 000
2	2	2	14	−1.8	16	1.2	0.98	1.2	2.8	No. 8UNF	6.3	9.6	2.45	2.25	17 000	2 800
3	3	3	45	−6	51	1.75	1.42	1.8	4.2	No. 10UNF	9	14	3.25	3.5	14 500	1 900
4	4	4	135	−17	150	2.55	2.28	2.55	6.2	1/4UNC	13.5	20.4	5.55	4.75	8 000	1 300
5	5	5	430	−54	480	3.75	3.07	3.7	9	5/16UNC	20	30	8	7	5 500	900

注 1：所有尺寸公差和剩余不平衡量应满足检测目的的要求。

注 2：符合 SAE ARP 4162 标准的校验转子可以代替 A 型校验转子，但试验质量要加以改制以适合本标准的试验要求。

[a] 当质心处于同一外悬端的支承之外且 N 孔的位置保持在两支承之间，该尺寸可以改变。

[b] 第 3 号至第 5 号校验转子轴端驱动的接口尺寸与第 4 号至第 6 号 B 型校验转子的尺寸一致。

[c] 临界转速是基于转子在刚性支承上运转的条件下计算出来的。

[d] 对于转子而言，试验质量的设计可能会限制最高转速。

10.3 试验质量

10.3.1 一般要求

试验质量用于在校验转子的试验平面上产生规定的不平衡量。

由于试验位置上具有螺孔，所以试验质量可以是螺栓、螺钉等形式。推荐采用下述连接方法：把双头螺栓一端永久固定在所有试验位置内并突出转子表面一定高度，在其上用螺纹连接试验质量。这种情况下，试验质量是环状的并且能够容易地找到它们质心(半径)的精确位置。

试验质量的不平衡量值总是以 U_{mar} 的单位表示，即最小可达剩余不平衡量的倍数。

如果规定了每个平面标称的最小可达剩余不平衡量，U_{mar} 按式(1)计算：

$$U_{mar}=2U_{mar\ per\ plane} \quad\cdots\cdots(1)$$

如果标明了标称的最小可达剩余不平衡度 e_{mar}，则 U_{mar} 可通过 e_{mar} 乘以校验转子的总质量 m 求得，见式(2)：

$$U_{mar}=e_{mar}m \quad\cdots\cdots(2)$$

注：附加在校验转子上某一特定试验质量所需要的质量值可从所要求的不平衡量除以其质心所在的半径导出。

10.3.2 U_{mar} 检测用试验质量

10.3.2.1 用于 U_{mar} 检测(见 11.6)，在 3 平面(见表 7)上需要一个产生 $10U_{mar}$ 的试验质量。

注：对于 A 型或 B 型校验转子，能用 2 个 $5U_{mar}$ 的试验质量(1 平面和 2 平面上各一个)来代替。对于 C 型校验转子建议不做这样的替换。

10.3.2.2 用于 A 型和 B 型校验转子上对平衡机做 U_{mar} 检测：

——在立式平衡机上用于 A 型转子，也可在带有成一体主轴头的卧式平衡机上用于 A 型转子；

——在卧式平衡机上用于内质心转子(B 型)。

示例：卧式平衡机，B 型校验转子，表 4 中第 5 号，50 kg。

表 1 中标明：$e_{mar}=0.000\,5$ mm 或 0.5 g·mm/kg。

计算：$U_{mar}=50\times0.5=25$ g·mm。

U_{mar} 试验质量产生的不平衡量值：$10\times U_{mar}=250$ g·mm。

10.3.2.3 用于 C 型校验转子对卧式平衡机进行外质心检测：

计算(方法)同 10.3.2.2 中的示例。

注：由此导出的质量将不同于内质心检测的质量，原因是：

——C 型转子的质量不同于 B 型的；

——表 1 中标明的内质心转子 e_{mar} 的值可以不同于外质心转子的值；

——质量被附加到不同的转子直径上，因此具有不同的有效半径。

示例：卧式平衡机，C 型外质心校验转子，表 5 中第 3 号转子，质量 19.5 kg。

表 1 中标明：$e_{mar}=0.002$ mm 或 2 g·mm/kg。

计算：$U_{mar}=19.5\times2=39$ g·mm。

U_{mar} 试验质量产生的不平衡量值：$10\times U_{mar}=390$ g·mm。

10.3.3 *URR* 检测用试验质量(见 11.7)

10.3.3.1 用于 A 型和 B 型校验转子

——一个固定试验质量(用于单面检测)或两个固定试验质量(用于双面检测)，每个固定质量产生 $20U_{mar}\sim60U_{mar}$ 不平衡量：

$U_{station}=(20\sim60)\times U_{mar}$；

——一个移动试验质量(用于单面检测)或两个移动试验质量(用于双面检测)，每个移动质量产生 5 倍的固定质量的不平衡量：

$U_{travel}=5\times U_{station}$。

示例：使用 10.3.2.2[2)] 中所述的同一校验转子和标明的 e_{mar} 值，并使固定质量和移动质量分别产生 30 倍和 150 倍的最小可达剩余不平衡量值，求得：

---

2) ISO 2953:1999 原文条号为 10.3.2.1，有误。本标准予以改正。

URR 固定试验质量：

$U_{station}=30\times U_{mar}=30\times 25$ g·mm=750 g·mm；

URR 移动试验质量：

$U_{travel}=5\times U_{station}=3$ 750 g·mm。

10.3.3.2 用于C型校验转子

计算(方法)同10.3.3.1中的示例，但是，为使用同一的 *URR* 评定图，取：

$U_{station}=(60\sim100)\times U_{mar}$。

注：这些试验质量不同于A型校验转子使用的那些试验质量。

关于C型外质心校验转子，作为一种替换的方法，可能会使用合成不平衡和(或)偶不平衡试验质量进行 *URR* 检测。根据GB/T 9239.1—2006表述的原理和规则，建议如下：

对于合成不平衡：

——一个固定试验质量，可产生的不平衡量：$U_{res\ station}=(20\sim60)\times U_{mar}$；

——一个移动试验质量，可产生的不平衡量：$U_{res\ travel}=5\times U_{res\ station}$。

对于偶不平衡：

——两个固定试验质量，每个可产生的不平衡量：$U_{c\ station}=4\times U_{res\ station}$；

——两个移动试验质量，每个可产生的不平衡量：$U_{c\ travel}=5\times U_{c\ station}$。

10.3.4 试验质量的允许误差

10.3.4.1 质量

试验质量的允许误差直接与检测要求有关，其对试验结果的影响不宜超过10%。

a) 对于 U_{mar} 检测，质量允许误差为±1%；

b) 对于 *URR* 检测，其质量允许误差(以百分数表示)直接与标称的不平衡量减少率 *URR* 有关，其百分比误差由式(3)计算：

$$\pm 0.1\times(100\%-URR_{claim}) \quad \cdots\cdots (3)$$

示例：

当 URR_{claim} 为95%进行 *URR* 检测时，其质量允许误差为：

±0.1×(100−95)%=±0.5%

10.3.4.2 位置

在每个平面上每隔30°应为试验质量的安装位置。

注：每个平面仅带有八孔的老式转子可以改制成本标准的校验转子(见附录E)。

每个试验平面上的零位标记应位于通过旋转轴的同一平面上角度相同的位置。

试验质量的安装位置相对其正确位置在下述三个方向的每个方向上的位置允许误差如下：

a) 轴向位置：取与10.3.4.1所确定的 *URR* 检测用质量允差相同的百分比(例如：±0.5%)，与校正平面的间距之积；

b) 径向位置：取与a)项相同的百分比(例如：±0.5%)与半径之积；

c) 角度位置：取与a)项相同的百分比与一个弧度所代表的角度(1 rad=57.3°)之积，例如：当百分比取0.5%时其允差为±0.3°。

为了便于用B型和C型校验转子进行检测，建议将轴端传动的基线标志对准校验转子的"0°"位置。

10.3.5 材料

对于中、小型校验转子，一些试验质量由于它们的几何尺寸小，因此设计与制备可能比较困难且不便于装取，在这种情况下，最好是用轻质材料(铝或塑料)来制作试验质量。

11 检验方法

11.1 性能和参数检验的要求

为检验平衡机的标称性能，通常需要进行下述两项至四项独立的检测：

——U_{mar} 检测(对最小可达剩余不平衡量的检测)；

——*URR* 检测(对不平衡量减少率的检测);

——ISC 检测(偶不平衡对静不平衡指示干扰的检测),仅要求单面平衡机进行此项检测;

——补偿器的检测,适用于转位平衡。

11.6～11.9 描述了这些检测的方法,制造者应在其工厂或现场将平衡机安装后进行上述检测;检测地点由制造者和用户协商确定。

A 型和 B 型校验转子根据平衡机的类型选用(见 10.2)。C 型校验转子只有在卧式平衡机上欲平衡外质心转子时才应使用,并且要依据制造者和用户事先的协议。

注:表 7[3] 对使用 A、B 和 C 型校验转子的 U_{mar} 检测和 *URR* 检测进行了综述。

这些检测提供了用来证实下列要求基本符合的最简化的试验程序:

——最小可达剩余不平衡量(U_{mar});

——不平衡量指示、相角指示和平面分离的综合准确度(*URR*);

——偶不平衡的抑制(ISC);

——补偿器的准确度。

这些试验程序不能证明符合整个可变范围的所有要求,也不能确定平衡机不符合时的确切原因。

此外,还应检验机器的参数,此检验包括对各个几何尺寸、性能、仪器仪表、工装和附件的实际检查。

11.2 制造者和用户的责任

11.2.1 检查员

对于上述的这些检测,用户应派出对平衡机的使用受过培训的检查员。制造者应指导检查员使用平衡机。检查员可亲自操作平衡机或使自己确信能够获得与操作者相同的测试结果。制造者应保证检查员按其编写的说明书进行操作。

11.2.2 读数

检查员应从平衡机的测试装置中打印或读取不平衡量示值,记录数值,并将数值换算成 U_{mar} 的单位,然后将它们绘制成图。制造者应有权对检查员工作的准确性进行检查。

11.2.3 校验转子的工况和试验质量

制造者应对校验转子的工况、试验质量的正确性和试验质量的安装负责。检查员应有权对此进行检验。

注:每个平面仅有八孔的老式转子可改制成符合本标准要求的转子(见附录 E)。

11.3 称量天平的要求

称量天平应具有满足 10.3.4.1 要求的足够的准确度。

11.4 检测与重新检查

如果平衡机不能通过某一项检测时,制造者可以对平衡机进行调整或修改,之后应完整地重做一遍该项试验,试验后平衡机应符合该项检测的要求以证明其质量合格。

11.5 试验转速

对应校验转子合适的试验转速可按下述方法通过制造者和用户双方商定:

a) 根据制造者提供的技术规格数据,选用待检平衡机常用的平衡转速;

b) 根据制造者提供的技术规格数据,选用校验转子许用的最高试验转速的 1/10～1/5 的转速;

c) 用户使用平衡转子的常用转速;

d) 在用户自备校验转子(见 10.2.7)的情况下,选用该转子预定的平衡转速。

11.6 最小可达剩余不平衡量检测(U_{mar}检测)

11.6.1 概述

此项检测旨在检查平衡机将转子平衡到标称的最小可达剩余不平衡量(U_{mar})的能力。

本条详述了双面试验,对于单面试验只描述了与双面试验的不同之处。

---

3) ISO 2953:1999 原文为图 7,有误。本标准予以改正。

11.6.2 试验准备

11.6.2.1 平衡平面的设定

对于特定的转子，要考虑对平衡机进行机械调整，还要对平衡平面(非试验平面)进行标定和(或)设定，见表6和表7。

11.6.2.2 初始不平衡

确保将校验转子每一平面的剩余不平衡量平衡到小于5倍标称的最小可达剩余不平衡量(对于单面平衡试验小于10倍)。根据需要可对这些不平衡量进行校正，使用的校正位置不要妨碍其后的试验步骤。

示例：对于B型校验转子的校正平面可在转子的两个端面。

11.6.3 施加不平衡量

在校验转子上加上两个不平衡量(如平衡用的橡皮泥)，每个不平衡量应相当于(5～10)×U_{mar}，这两个不平衡质量不应：

a) 在同一径向平面上；

b) 在一个校正平面上；

c) 在一个试验平面上；

d) 在同一相角位置；

e) 在相位上相差180°。

示例：若在B型校验转子的两个平面上施加这些不平衡量，要将其加在接近试验平面的转子体的表面上。

注：对于单面试验，要使用一个(10～20)×U_{mar}的不平衡质量。

11.6.4 读数

初始不平衡量的读数和每次校正后的读数(见11.6.5)要记录在表8中。

11.6.5 校正

按常规操作平衡机，对转子进行不超过4次的启动平衡，并在校正平面上进行校正，读取读数将其记录在表8中。

示例：对于B型校验转子，其校正平面为转子的两个端面。

注：如果双面试验时在每个平面上的剩余不平衡量不明显小于0.5 U_{mar}，或单面试验时不明显小于1 U_{mar}，该平衡机可能不会通过检测。

11.6.6 改变基准

对于卧式平衡机，当进行11.6.2～11.6.5所述的操作后，将平衡机的相角基准改变60°：

——对于轴端驱动的平衡机，将驱动轴相对转子转动规定角度；

——对于圈带驱动的平衡机，按规定角度改变相角基准。

注1：若改变60°不可能实现，则可改变90°。

注2：若在相角基准改变以后，下一次(第6次)读数超差(见11.6.5的注)，在继续试验以前宜设法解决存在的问题。

11.6.7 U_{mar}检测的平面设定

根据表6和表7设置仪器在测量平面上读数。

11.6.8 检测操作

在3试验平面上加上可产生10×U_{mar}不平衡量的试验质量(见10.3.2)。运行转子，测量1和2试验平面上的不平衡量并把不平衡量读数(仅是量值)记录在表9中。

按任意顺序将该试验质量依次加在3平面上的所有螺孔中。

运行转子，测量试验质量在每个位置上对应的两个测量平面的读数并记录在表9中。

表 6　试验平面

平衡机轴线	质心位置	校验转子（见 10.1）	试验平面数
铅垂	—	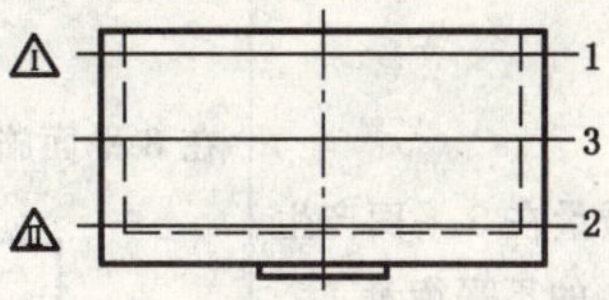 A 型	单面
			双面
水平	内质心	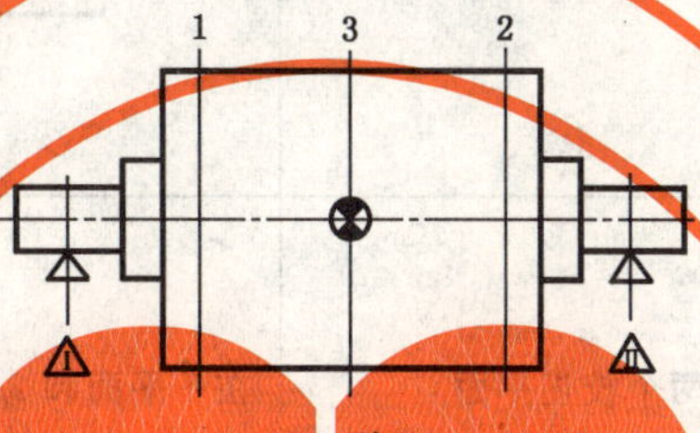 B 型	单面
			双面
	外质心	 C 型	单面
			双面
注：1、2、3——试验平面； △、⚠——U_{mar} 的测量平面。			

表 7　U_{mar} 和 *URR* 检测的图示综述

U_{mar} 检测（见 11.6）	*URR* 检测（见 11.7）
平衡时的平面设定：静平衡 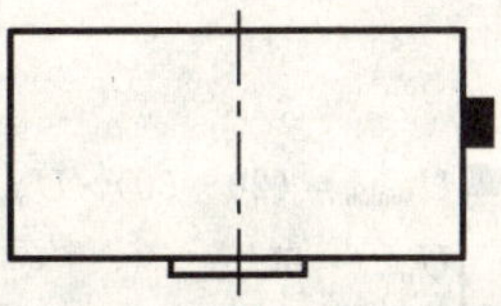 试验质量在 3 平面产生 10 U_{mar} 的不平衡量 测量：静不平衡量	在 3 平面施加试验质量  $U_{station}$ =（20～60）×U_{mar} U_{travel} = 5$U_{station}$ 测量：静不平衡量
平衡时的平面设定：接近 1、2 平面的两个校正平面 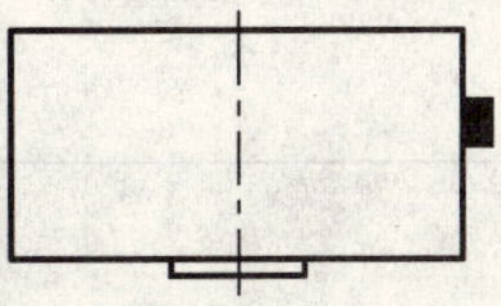 试验质量在 3 平面产生 10U_{mar} 的不平衡量 测量：△、⚠平面的不平衡量	在 1 平面和 2 平面施加试验质量 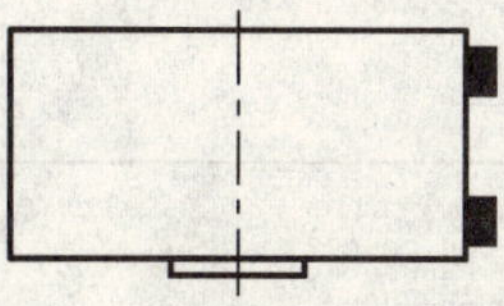 $U_{station}$ =（20～60）×U_{mar} U_{travel} = 5$U_{station}$ 测量：1、2 平面的不平衡量

表 7（续）

U_{mar} 检测 （见 11.6）	URR 检测 （见 11.7）
平衡时的平面设定：静平衡 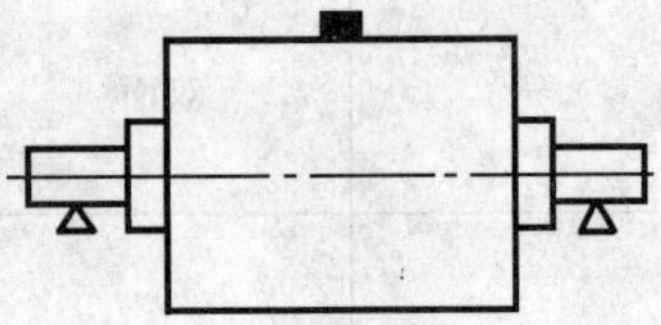 试验质量在 3 平面产生 10 U_{mar} 的不平衡量 测量：静不平衡量	在 3 平面施加试验质量 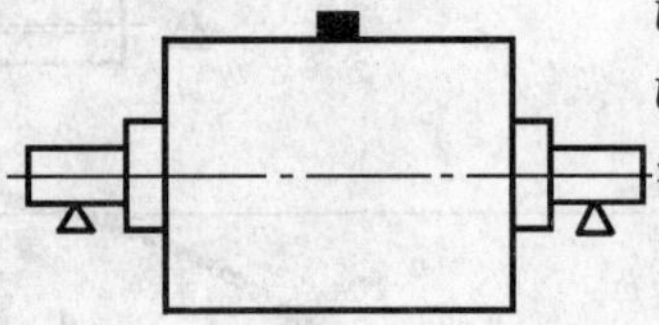 $U_{station}=(20\sim60)\times U_{mar}$ $U_{travel}=5U_{station}$ 测量：静不平衡量
平衡时的平面设定：接近 1、2 平面的两个校正平面 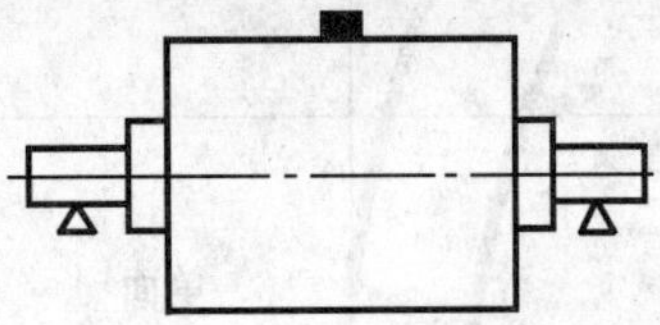 试验质量在 3 平面产生 10 U_{mar} 的不平衡量 测量：△1、△2平面的不平衡量	在 1 平面和 2 平面施加试验质量 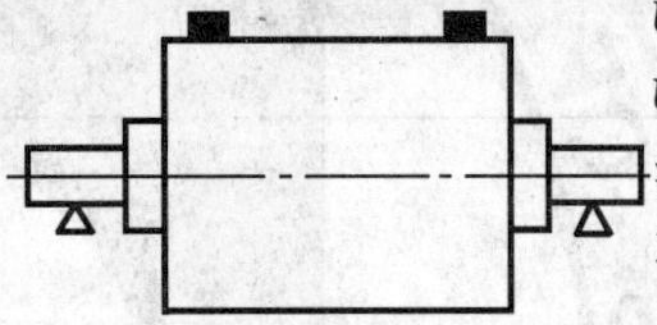 $U_{station}=(20\sim60)\times U_{mar}$ $U_{travel}=5U_{station}$ 测量：1、2 平面的不平衡量
平衡时的平面设定：静平衡 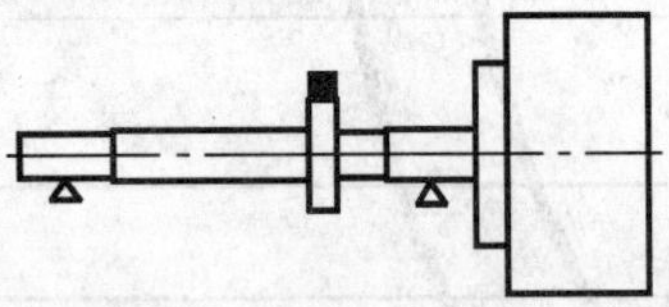 试验质量在 3 平面产生 10 U_{mar} 的不平衡量 测量：静不平衡量	在 1 平面施加试验质量 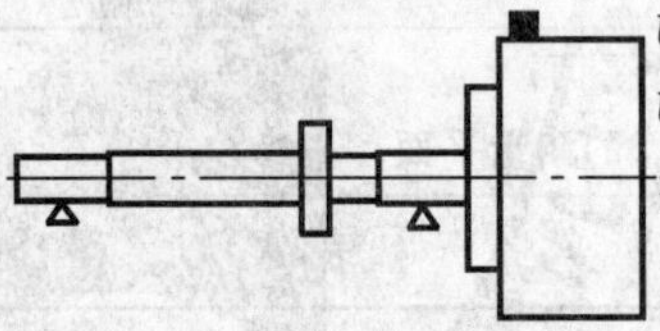 $U_{station}=(20\sim60)\times U_{mar}$ $U_{travel}=5U_{station}$ 测量：静不平衡量
平衡时的平面设定：接近 1、2 平面的两个校正平面 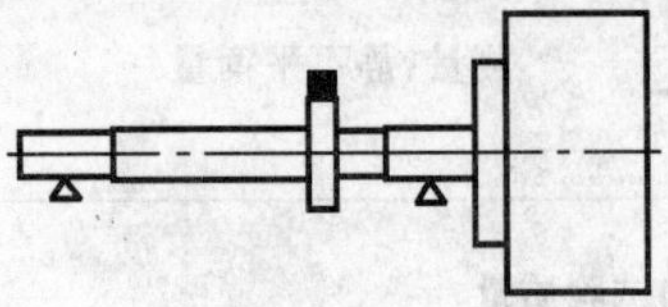 试验质量在 3 平面产生 10 U_{mar} 的不平衡量 测量：△1、△2平面的不平衡量	在 1 平面和 2 平面施加试验质量 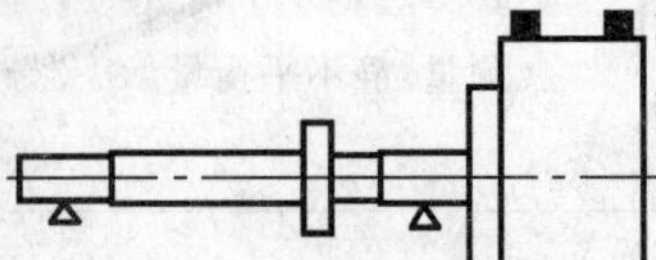 $U_{station}=(20\sim60)\times U_{mar}$ $U_{travel}=5U_{station}$ 测量：1、2 平面的不平衡量
注：1、2、3——试验平面； △1、△2——U_{mar} 的测量平面。	

表 8　校验转子的平衡记录表

<table>
<tr><td colspan="6">试验日期：
试验地点：
操 作 员：
监读员和记录员：</td></tr>
<tr><td colspan="6">制造者：
平衡机型号：　　　编号：</td></tr>
<tr><td colspan="6">校验转子型式：
序号：　　　质量：　　　kg
U_{mar} =　　　g·mm；10 U_{mar} =　　　g·mm
试验质量：　　　g；　有效半径：　　　mm
平衡转速：　　　r/min</td></tr>
<tr><td rowspan="2">平面的读数装置</td><td colspan="2">1</td><td colspan="2">2</td><td rowspan="2">校正次数</td></tr>
<tr><td>量值 U_{mar}</td><td>相角/(°)</td><td>量值 U_{mar}</td><td>相角/(°)</td></tr>
<tr><td>第 1 次操作
初始不平衡量</td><td></td><td></td><td></td><td></td><td>1</td></tr>
<tr><td>第 2 次操作</td><td></td><td></td><td></td><td></td><td>2</td></tr>
<tr><td>第 3 次操作</td><td></td><td></td><td></td><td></td><td>3</td></tr>
<tr><td>第 4 次操作</td><td></td><td></td><td></td><td></td><td>4</td></tr>
<tr><td>第 5 次操作
剩余不平衡量</td><td></td><td></td><td></td><td></td><td>不允许校正</td></tr>
<tr><td>第 6 次操作
参考相位改变 60°后</td><td></td><td></td><td></td><td></td><td>不允许校正</td></tr>
</table>

表 9　U_{mar} 检测记录表

<table>
<tr><td rowspan="2">试验质量位置</td><td>不平衡量值</td><td>不平衡量值</td><td>平均值的倍数</td><td>平均值的倍数</td></tr>
<tr><td>1 平面</td><td>2 平面</td><td>1 平面</td><td>2 平面</td></tr>
<tr><td>0°</td><td></td><td></td><td></td><td></td></tr>
<tr><td>30°</td><td></td><td></td><td></td><td></td></tr>
<tr><td>60°</td><td></td><td></td><td></td><td></td></tr>
<tr><td>90°</td><td></td><td></td><td></td><td></td></tr>
<tr><td>120°</td><td></td><td></td><td></td><td></td></tr>
<tr><td>150°</td><td></td><td></td><td></td><td></td></tr>
<tr><td>180°</td><td></td><td></td><td></td><td></td></tr>
<tr><td>210°</td><td></td><td></td><td></td><td></td></tr>
<tr><td>240°</td><td></td><td></td><td></td><td></td></tr>
<tr><td>270°</td><td></td><td></td><td></td><td></td></tr>
<tr><td>300°</td><td></td><td></td><td></td><td></td></tr>
<tr><td>330°</td><td></td><td></td><td></td><td></td></tr>
<tr><td>总和</td><td></td><td></td><td colspan="2" rowspan="2"></td></tr>
<tr><td>平均值</td><td></td><td></td></tr>
<tr><td colspan="5">注：对于单面平衡机，使用 1 平面的栏目记录合成不平衡量的读数。</td></tr>
</table>

11.6.9 U_{mar}的评定(见表 9)

11.6.9.1 计算

将每个平面所有读数值相加并把其和除以 12 计算出每个平面的算术平均值。将该平均值记录在表 9 的“平均值”的栏目中。

将每个读数除以其所对应平面的“平均值”并将其结果记录在表 9 的“平均值倍数”的栏目中。

11.6.9.2 绘制曲线图

将计算出的值(平均值的倍数)在图 7 中绘制成曲线图。

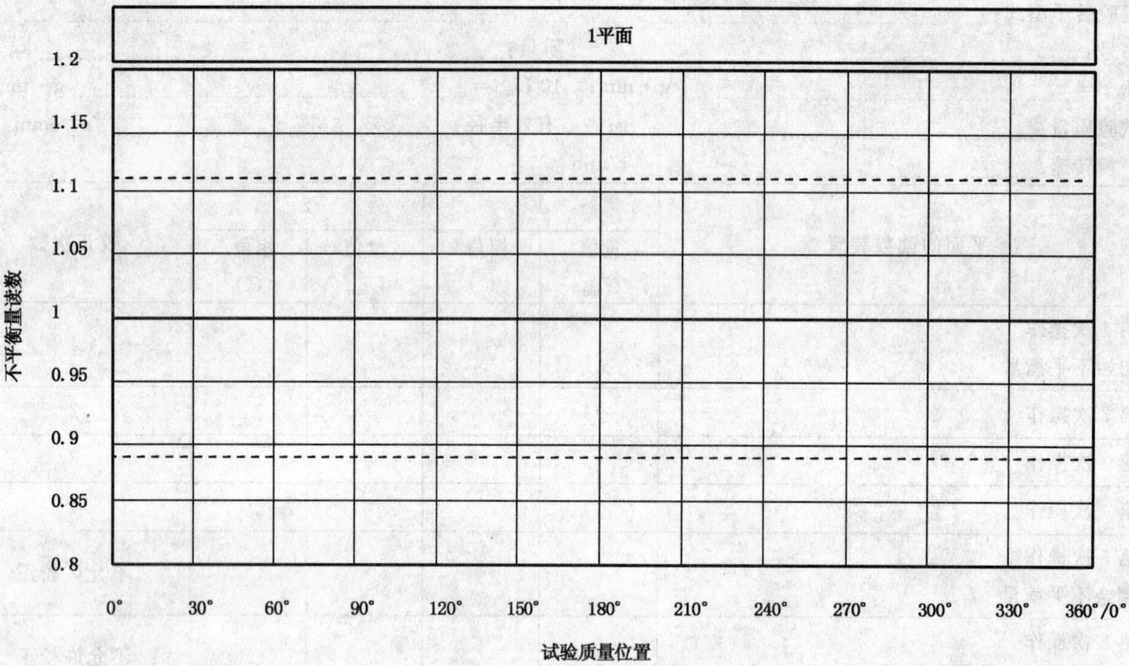

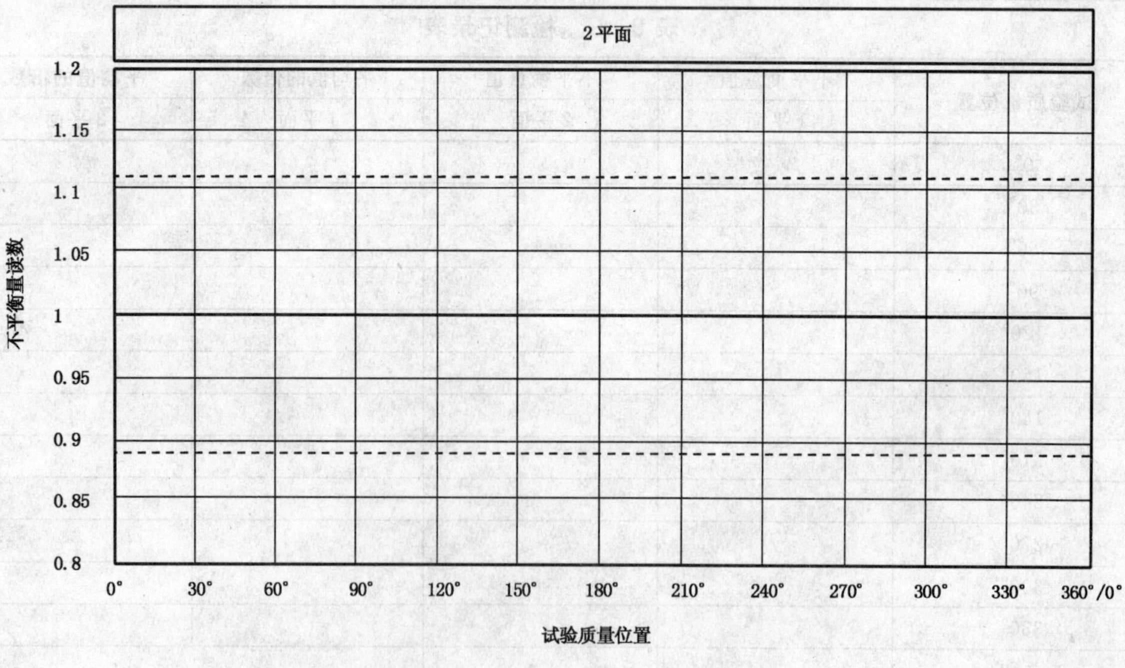

注：不平衡量读数以算术平均值的倍数表示。

图 7 U_{mar}检测的评定图

11.6.9.3 **界线**

图 7 中的水平中位线表征每个平面读数的算术平均值;两条虚线(0.88 和 1.12)表征每个平面算术平均值的±12%的限值界线,它是由 1 倍的标称 U_{mar} 加上 20%(考虑到试验质量位置变化和试验数据离散的影响)确定的。

11.6.9.4 **评定**

如果平衡机在试验后满足了以下条件:所有的标绘点均在两条虚线(0.88 和 1.12)给定的范围之内,允许有一点超出,则可认为该平衡机已经通过了 U_{mar} 检测,即已经达到了标称的最小可达剩余不平衡量。

11.7 不平衡量减少率检测(*URR* 检测)

11.7.1 单面平衡机的 *URR* 检测

对于仅用来测量静不平衡的单面卧式和单面立式平衡机,不平衡量减少率检测旨在检查不平衡量指示和相角指示的综合准确度。

对应的试验平面和读数平面见表 6 和表 7。

11.7.2 双面平衡机的 *URR* 检测

对于用来测量动不平衡的双面卧式和双面立式平衡机,不平衡量减少率检测旨在检查不平衡量指示、相角指示和平面分离的综合准确度。

对应的试验平面和读数平面见表 6 和表 7。

注:关于 C 型外质心校验转子,作为一种替换的方法,可能会使用合成不平衡和(或)偶不平衡试验质量进行 *URR* 检测。

11.7.3 概述

设计的检测和记录平衡机示值的方法能防止平衡机操作者预知是什么读数,以此避免试验结果受人为影响。

检测由一组 11 次测量操作组成。在每个试验平面上要使用一个固定试验质量和一个移动试验质量(见 10.3.3)进行试验。

各次不平衡量读数要记录在检测记录表中,然后标绘在评定图中并进行评定。

URR 检测记录表有两种,双面试验记录表见表 10,单面试验记录表见表 11。在进行每一次实际试验操作以前要准备好检测记录表,以便能将试验数据按正确的次序填写在表中。

11.7.4 检测记录表的制备

11.7.4.1 **双面试验用表**

制备检测记录表(表 10)需要以下步骤:

a) 在记录表的上部填写所要求的数据以便长期保存试验条件的记录;
b) 在 1 平面的 12 个能安装试验质量的位置中任选一个位置作为固定试验质量的位置,将其所在相位的角度值记录在记录表的“第 1 次”那一行对应的“1 平面,固定”的栏目中;
c) 在 2 平面上也选择一个固定试验质量的位置。该位置与 1 平面上固定试验质量的位置不许同相或反相,将其所在相位的角度值记录在记录表的“第 1 次”那一行对应的“2 平面,固定”的栏目中;
d) 在 1 平面其余的 11 个位置中任选一个位置作为移动试验质量的起始位置,将其所在相位的角度值记录在记录表的“第 1 次”那一行对应的“1 平面,移动”的栏目中;
e) 在 2 平面其余的 11 个位置中任选一个位置作为移动试验质量的起始位置,将其所在相位的角度值记录在记录表的“第 1 次”那一行对应的“2 平面,移动”[4] 的栏目中;

4) ISO 2953:1999 原文引号中为“2 平面,固定”有误,本标准予以改正。

f) 在记录表中按操作次序依次记录两个移动试验质量所在的位置对应的角度值，分别使：

——1 平面上的移动质量每次增加 30°间隔；

——2 平面上的移动质量每次减少 30°间隔。

碰到固定试验质量的位置跳过，因为两个试验质量不能安装在同一位置。

对于合成不平衡和(或)偶不平衡试验使用表 10，同时要做以下修改：

——指定 1 平面作为左边的偶平面。它代表在 1 平面上偶不平衡试验质量的位置和读数(在 2 平面上的偶不平衡试验质量总是与 1 平面上的相差 180°)；

——指定 2 平面作为中间平面(在 1 平面和 2 平面之间)。它代表合成不平衡矢量试验质量的位置和读数。

表 10 双面试验用 *URR* 检测记录表

公　　司：..

试验地点：..

平衡机型号：.. 编号：....................

操　作　员：..

监读员和记录员：.. 试验日期：....................

校验转子型式：.................... 序号：.................... 质量：.................... kg

标称 e_{mar} = ... g·mm/kg

标称 U_{mar} = ... g·mm

$U_{station}$ = ... $\times U_{mar}$ = ... g·mm

　　有效半径：.................... mm；固定试验质量：.................... g

$U_{travel} = 5 \times U_{station}$ = ... g·mm

　　有效半径：.................... mm；移动试验质量：.................... g

操作次序	试验质量位置(相角)				不平衡量读数 1 平面		1 平面读数除以 $U_{station}$ 得到的量值 $U_{station}$ 的倍数	不平衡量读数 2 平面		2 平面读数除以 $U_{station}$ 得到的量值 $U_{station}$ 的倍数
	1 平面		2 平面							
	固定	移动	固定	移动	量值/g·mm	相角/(°)		量值/g·mm	相角/(°)	
1										
2	″		″							
3	″		″							
4	″		″							
5	″		″							
6	″		″							
7	″		″							
8	″		″							
9	″		″							
10	″		″							
11	″		″							

11.7.4.2 单面试验用表

表 11 仅用于单面试验。选择固定和移动试验质量位置的原则与双面试验中的 1 平面完全一样。

表 11 单面试验用 *URR* 检测记录表

公　司：……

试验地点：……

平衡机型号：…… 编　号：……

操　作　员：……

监读员和记录员：…… 试验日期：……

校验转子型式：…… 序号：…… 质量：…… kg

标称 e_{mar} = …… g·mm/kg

标称 U_{mar} = …… g·mm

$U_{station}$ = …… $\times U_{mar}$ = …… g·mm

有效半径：…… mm；固定试验质量：…… g

$U_{travel} = 5 \times U_{station}$ = …… g·mm

有效半径：…… mm；移动试验质量：…… g

操作次序	试验质量位置(相角) 3 平面		不平衡量读数 3 平面		3 平面读数除以 $U_{station}$ 得到的量值 $U_{station}$ 的倍数
	固定	移动	量值/g·mm	相角/(°)	
1					
2	″				
3	″				
4	″				
5	″				
6	″				
7	″				
8	″				
9	″				
10	″				
11	″				

11.7.5 平面设定

设定平衡机在试验平面(见表 6 和表 7)读数。

对于使用 C 型校验转子进行的合成不平衡和(或)偶不平衡试验，设定平衡机在 1 平面和 2 平面读取偶不平衡量，在中间平面(位于 1 平面和 2 平面之间)读取合成不平衡矢量。

11.7.6 *URR* 检测操作

11.7.6.1 试验准备

除非 U_{mar} 检测完成后接着就进行 *URR* 检测，否则要进行 11.6.2～11.6.6 所述的操作步骤。

11.7.6.2 试验平面

试验平面要与表 6 和表 7 对应。

对于合成不平衡和(或)偶不平衡试验，1 平面和 2 平面要用于施加偶不平衡试验质量，中间平面

(在1平面和2平面之间)要用于施加合成不平衡试验质量。

11.7.6.3 **程序**

按记录表的次序,在起始位置(对应表10或表11中"第1次操作"那一行)将固定和移动试验质量加在校验转子的两个试验平面上。

进行一次平衡操作,测量不平衡量并将各平面的不平衡量值和相角读数记录在表10(或表11)中。

按记录表的次序分别将两个移动试验质量加到下一个位置,进行一次平衡操作,测量不平衡量并将各平面的不平衡量值和相角读数记录在表10(或表11)中,如此依次进行11次平衡操作。

将量值的各个读数除以固定试验质量的不平衡量值(二者均以不平衡量为单位),求出以固定不平衡量的倍数表示的值。将那些倍数值记录到表10(或表11)相应的表格中。

11.7.7 **标绘 *URR* 检测数据**

11.7.7.1 **评定图**

双面试验用评定图见图8,单面试验用评定图见图9,每一个评定图由11组同心的 *URR* 极限圆组成。从里向外,各层同心圆表征 *URR* 的限值分别为95%、90%、85%和80%。

附录C给出了绘制这些图的详细说明。

11.7.7.2 **双面试验**

a) 将1平面固定试验质量的相角位置填写在图8 *URR* 评定图箭头上方的短线上。在围绕图8周边的所有短线上,对间隔20°的射线,按顺时针方向以20°的增量标记上角度值。

b) 由于2平面的固定试验质量具有不同的相角位置,要在图8上对应2平面填写上第2个角度参考系。为避免与1平面的角度标记混淆,要将2平面的角度值标记填写在1平面两角度值标记中间的椭圆内。

c) 根据表10记录的量值(U_{mar}的倍数)和相角值,利用附近的垂直箭头所示的量值标尺,以试验点(画十字)的形式标绘1平面的各个读数。

d) 再标绘2平面的各个读数,为避免1平面的试验点与2平面的试验点混淆,对2平面的所有试验点都采用画圆圈的小圆点来标绘。

对于合成不平衡和(或)偶不平衡试验,1平面表征偶不平衡量,2平面表征合成不平衡矢量(见11.7.4.1)。

11.7.7.3 **单面试验**

在图9中仅填写一个角度参考系。

11.7.8 **评定**

如果一个试验点落在了最里面的极限圆之内(或压线),表明该读数达到了95%*URR*;若一个试验点落在95%的极限圆和90%的极限圆之间(或压线),表明该读数达到了90%*URR*,以此类推。

注:若给定的 *URR* 值不是95%、90%、85%或80%,可以插入一个合适直径的中间值的极限圆(见附录C)。

标绘在图8(或图9)*URR* 评定图上的所有试验点均应落在对应着标称的 *URR* 限值的极限圆内,允许每个校正平面有一点超出,则 *URR* 检测合格,否则平衡机不能通过此项检测,在这种情况下按11.4的规定执行。

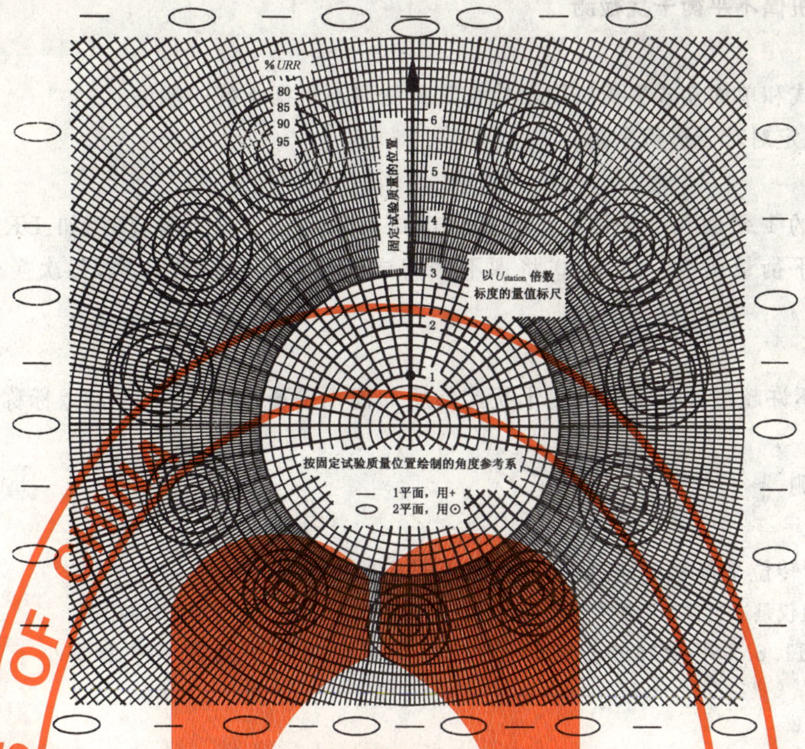

达到的 *URR*：……………………………………

标　绘　员：……………………………………

图 8　双面试验用 *URR* 评定图

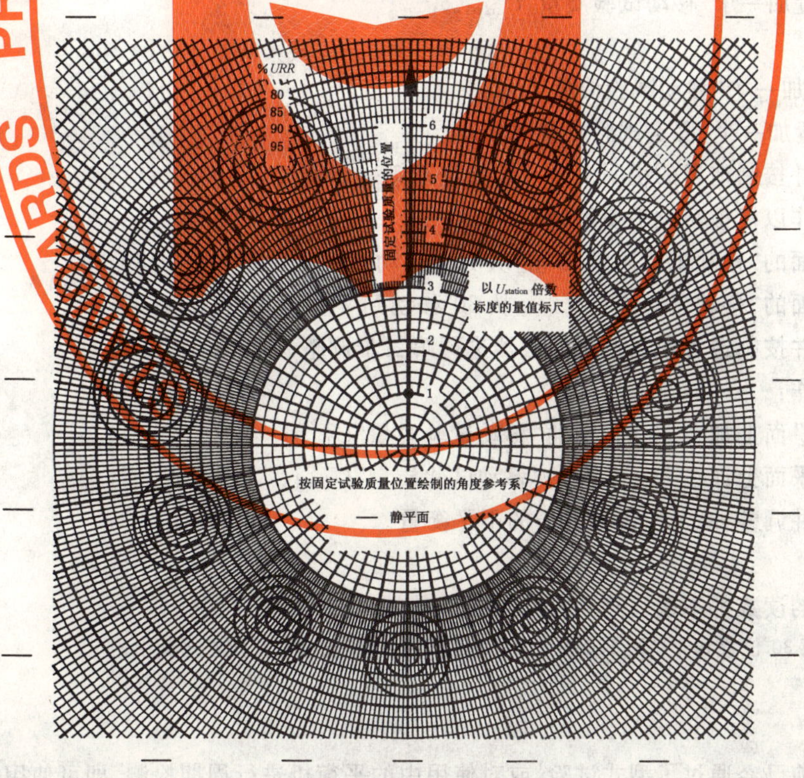

达到的 *URR*：……………………………………

标　绘　员：……………………………………

图 9　单面试验用 *URR* 评定图

11.8 单面平衡机偶不平衡干扰检测

11.8.1 目的

对于单面卧式和单面立式平衡机用于检查其抑制偶不平衡干扰的能力。

按 11.6.5 规定对转子进行平衡。

11.8.2 程序

在校验转子的 1 平面和 2 平面上正好相隔 180°各加上一个试验质量(例如:*URR* 试验的移动质量),并读取静不平衡量读数。间隔 90°将偶不平衡试验质量连续换位 3 次,每次换位读取一个新的读数。

11.8.3 评定

4 个读数均不许超过标称偶不平衡干扰比与所加偶不平衡量的乘积,再加上标称最小可达剩余不平衡量得到的值。

11.9 补偿器检测

11.9.1 目的

补偿器(用于转位平衡程序)在试验程序结束时应给出一致的读数。

注:该检测试验仅是通过移动试验质量来模拟转子的转位以达到检查补偿器的目的。

试验使用按 11.6.5 平衡好的校验转子,或使用保证每个平面的不平衡量小于 $5U_{mar}$ 的转子(见 11.6.3)。

11.9.2 程序

在 1 平面:

——30°位置加一个"固定试验质量"$U_{station}$;

——150°位置加一个"移动试验质量"U_{travel}。

在 2 平面:

——30°位置加一个"移动试验质量"U_{travel};

——150°位置加一个"固定试验质量"$U_{station}$。

运行平衡机并按制造者的说明书对补偿器进行第一步调整。

进行下述操作以模拟转位平衡程序:

——将 1 平面的"移动试验质量"U_{travel}从 150°移动到 330°位置(移位 180°);

——将 2 平面的"移动试验质量"U_{travel}从 30°移动到 210°位置(移位 180°)。

运行平衡机并按制造者说明书对补偿器进行第二步调整。

进行下述操作:

——取下 1 平面上加在 330°位置的"移动试验质量"U_{travel};

——取下 2 平面上加在 210°位置的"移动试验质量"U_{travel}。

运行平衡机并调整补偿器,读取转子的不平衡量。

11.9.3 评定

若两个平面的读数都不超过 $0.02U_{station}$,则补偿器通过了此项检测。

注:加在 1 平面 30°位置和 2 平面 150°位置的"固定试验质量"均始终固定在平面上。

11.10 简化检测

11.10.1 概述

若平衡机以前已经通过了型式试验,或对使用中的平衡机进行周期检测,即可使用简化检测程序。

U_{mar}和 *URR* 检测程序均可通过减少试验操作次数进行简化。

11.10.2 简化的 U_{mar} 检测

a) 按 11.6.2～11.6.7 程序操作;

b) 执行 11.6.8 程序时，每到第二个角度位置跳过，这样就把操作次数减少到 6 次；

注：留用的角度位置 0°、60°、120°、180°、240°、300°是沿转子均布的。

c) 按 11.6.9.1～11.6.9.3 计算每个平面算术平均值时切记要把所求的和除以 6；

d) 若所有标绘的点均在图 7 两条虚线(0.88 和 1.12)给定的范围内，则可以认为平衡机通过了检测。

不允许有任一点超出。

11.10.3 简化的 *URR* 检测

a) 按 11.7.4～11.7.8 程序操作，但要跳过与每个平面固定试验质量相隔 60°或其倍数的所有位置。这样就把操作次数减到 6 次；

b) 在表 10(或表 11)中以每次增加和(或)减少 60°的间隔依次填入两个移动试验质量要施加的相角位置〔见 11.7.4.1f)〕；

c) 按 11.7.6.3 依次进行 6 次操作；

d) 在检测记录表 10(或表 11)上的所有试验点均应落在与图 8(或图 9)上标称的 *URR* 值对应的 *URR* 极限圆内(或压线)。

不允许有任一点超出。

附 录 A
（规范性附录）
定 义

A.1

质心 centre of mass

物体上的一个点，其具有的性质是：假设某一给定物质系的质量均集中在该点且此点对任一平面的一次矩等于相应物质系的一次矩。

A.2

转子 rotor

可旋转的物体。

A.3

轴颈 journal

转子上由轴承径向支承和（或）引导着在其中旋转的部分。

A.4

（转子）轴线 shaft (rotor) axis

连接轴颈中心的直线。

A.5

内质心转子 inboard rotor

质心在两轴颈之间的双轴颈转子。

A.6

外质心转子 outboard rotor

质心不在支承之间的双轴颈转子。

A.7

不平衡矢量 unbalance vector

大小为不平衡量值，方向为不平衡相角的矢量。

A.8

不平衡量 amount of unbalance

不平衡质量与其质心至轴线距离（半径）的乘积。

A.9

不平衡相角 angle of unbalance

在一给定的垂直于转子轴线的平面内并随转子一起旋转的极坐标系中，不平衡质量位于该参考坐标系中的极角。

A.10

不平衡质量 unbalance mass

其中心偏离转子轴线一定距离的质量。

A.11

剩余（最终）不平衡量 residual (final) unbalance

平衡后转子上仍存在的任何形式的不平衡量。

A.12

初始不平衡量 initial unbalance

平衡前转子上存在的任何形式的不平衡量。

A.13

合成不平衡(矢)量　resultant unbalance

V_r

沿转子分布的所有不平衡矢量的矢量和。

A.14

不平衡度　specific unbalance

e

转子静不平衡量 U 除以其质量 m 的商。

A.15

校正(平衡)平面　correction (balancing) plane

垂直于转子轴线,在其上校正不平衡的平面。

A.16

测量平面　measuring plane

垂直于转子轴线,在其上测量不平衡矢量的平面。

A.17

试验平面　test plane

垂直于转子轴线,在其上可施加试验质量的平面。

A.18

试验质量　test mass

配合校验转子用于检测平衡机而精确确定的质量。

注1:不赞成使用术语"试重",国际上习惯使用术语"试验质量"。

注2:试验质量的规范宜包括其质量和质心位置,由这些值的误差所产生的综合效应不宜对试验结果有明显影响。

A.19

单面(静)平衡机　single plane (static) balancing machine

为完成单面平衡提供数据的重力式或离心力式平衡机。

A.20

动(双面)平衡机　dynamic (two-plane) balancing machine

为完成双面平衡提供数据的离心力式平衡机。

A.21

平衡机准确度　balancing machine accuracy

平衡机在规定条件下对给定的不平衡量值和相角能够测定的极限值。

A.22

偶不平衡干扰比　couple unbalance interference ratio

偶不平衡干扰比 I_{sc} 由以下关系式确定:

$$I_{sc}=U_s/U_c$$

式中:

U_s——当给定的偶不平衡量 U_c 引入转子时,平衡机静不平衡量指示值的改变量。

注:该比率通常用在单面平衡机的检测中,可以用校验转子上试验平面间最大距离与其乘积表示。

A.23

平面分离　plane separation

平衡机能够使校正平面干扰比达到最小值的能力。

注:该术语还可用于有关的工序。

A.24

不平衡量减少率　unbalance reduction ratio

URR

经过一次平衡校正减少的不平衡量与初始不平衡量的比值。

以下式表示：

$$URR = \frac{U_1 - U_2}{U_1} = 1 - \frac{U_2}{U_1}$$

式中：

U_1——初始不平衡量；

U_2——一次平衡校正后剩余的不平衡量。

注1：不平衡量减少率是不平衡校正总效率的量度。

注2：该比率通常以百分数表示。

A.25

最小可达剩余不平衡量　minimum achievable residual unbalance

平衡机能使转子达到的剩余不平衡量的最小值。

A.26

标称的最小可达剩余不平衡量　claimed minimum achievable residual unbalance

由制造者标明的按本标准规定程序测定的平衡机剩余不平衡量的最小值。

A.27

校验(检测)转子　proving (test) rotor

为检测平衡机而设计的适当质量的刚性转子，该转子已平衡到足以能用附加质量方法引入准确的不平衡量，其量值和相角位置具有很高的复现性。

附　录　B
（资料性附录）
用户向平衡机制造者提供的相关资料

B.1　概述

本附录指明了用户宜向平衡机的制造者提供的资料种类，以使其能够满足用户的要求。建议采用以下格式以易于制造者评估使用者的需求。

B.2　待平衡的转子

B.2.1　转子的主要数据

给出参数的极限指标，如：质量、尺寸和允差等。

如果要用平衡机成批地平衡有限数目的特殊转子，宜提供包括转子制造图纸在内的详细资料以代替表B.1。如果要用平衡机平衡多种型式的转子，要对应每一型式按表B.1完整地提供资料。宜说明需要平衡机平衡的转子的极限尺寸。

B.2.2　转子的其他要求

B.2.2.1　提供详图。如可能用户宜提供待平衡典型工件的图样。这对异形转子尤为重要。

B.2.2.2　如果校正平面不在两轴颈之间，要说明其位置。

B.2.2.3　对于用来平衡外质心转子的平衡机，给出支承B的力和支承A的支承反力（见图B.1）。

B.2.2.4　如果存在轴向力时，应给出平衡操作过程中预计的力值和方向（仅适用于卧式平衡机）。

B.2.2.5　用户是否要求制造者提供必要的夹具和附件，例如：驱动连接器、皮带轮、安装接头、心轴等。

B.2.2.6　指明轴颈的粗糙度、圆度和硬度。

B.2.2.7　如果转子是在其自身的轴承中平衡应详细说明轴承的型号、轴承的最大外径等。

B.2.2.8　如果要求某一规定的平衡转速应予以说明。

B.2.2.9　如果用户希望制造者提供校正用的工具（钻头、铣刀等）应予以说明。

B.2.2.10　对是否具有某种特殊工件的性能，如旋转磁场、空气动力效应等应予以说明。

表 B.1　转子数据

欲平衡的典型的刚性工件						单位[a]
质量						kg
型式[b]						
数量[c]						
要求的生产率[d]						件数/h或件数/d
尺寸[e]						
最大直径 D						mm
圈带驱动直径 Q[f,g]						mm
最大长度 L						mm
轴颈直径 d[f]						mm
轴颈中心间距 W[f]						mm

表 B.1（续）

欲平衡的典型的刚性工件						单位[a]
校正平面位置 A						mm
B						mm
C						mm
驱动端至机座尾端的距离 p[f]						mm
工作转速						r/min
临界转速[h]						r/min
转动惯量[i]						$kg \cdot m^2$
空气阻力[j]						
功率和转速						kW;r/min
最大初始不平衡量[k]						g·mm
不平衡量允差[l]						g·mm
校正平面数目[m]						
驱动型式[f,n]						
校正方式[o]						

a 列出了所使用的单位。

b 转子的型式和用途：例如：四冲程曲轴、飞轮、排气扇、电动转子、风扇。

c 在更换另一型式转子之前，连续平衡相同型式转子的大概数量。

d 如可能，说明在 100% 的效率下，以每小时件数或每天件数表示的理想的生产率。

e 见图 B.2 和图 B.3。

f 通常仅适用于卧式平衡机。

g 如可能，说明圈带应驱动的直径范围。

h 对于多支承转子，如：曲轴，说明转子的两端轴颈在刚性轴承中简单支承的情况下，转子第一挠曲临界转速的近似频率值。

i 整个物体的转动惯量等于$\int r^2 \mathrm{d}m$，式中 $\mathrm{d}m$ 为质量的增量，r 为至转子轴线的距离。

j 在平衡操作过程中，如果被平衡的工件将产生相当大的空气阻力时，则要给出所需要的理想功率和与之相关的转速。

k 对应每一选定的校正平面，说明其最大的初始不平衡量（g·mm）。

l 规定每一选定的校正平面的不平衡量允差。

m 指定要用作校正的平面数目，如果要求在两个以上平面进行校正，要分别说明。

n 明确驱动的转子方式：圈带驱动、轴端驱动、圈带或轴端驱动、压缩空气驱动、滚轮驱动、自驱动和射流驱动等。

o 指定校正的方法，如：钻孔、铣削或附加校正质量等。

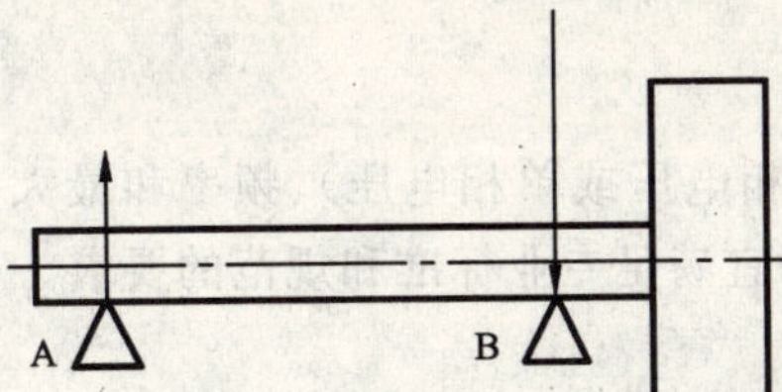

图 B.1 支承力

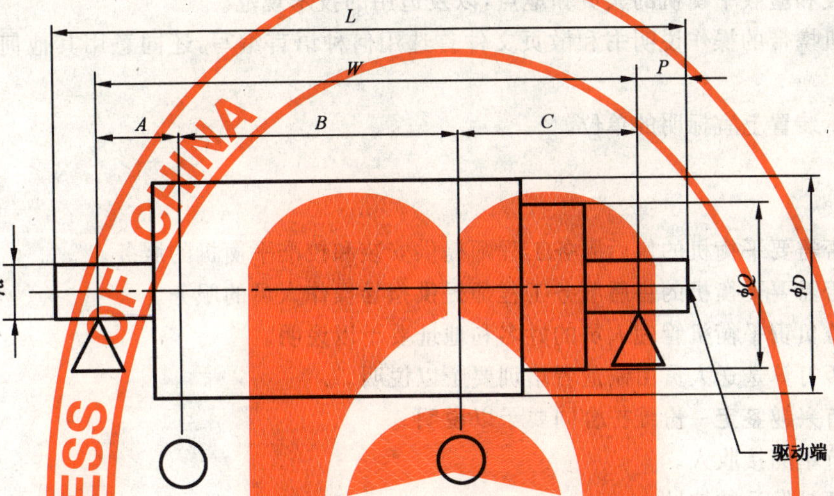

○——校正平面；

△——支承平面；

Q——圈带驱动直径。

图 B.2 用卧式平衡机平衡的转子图例

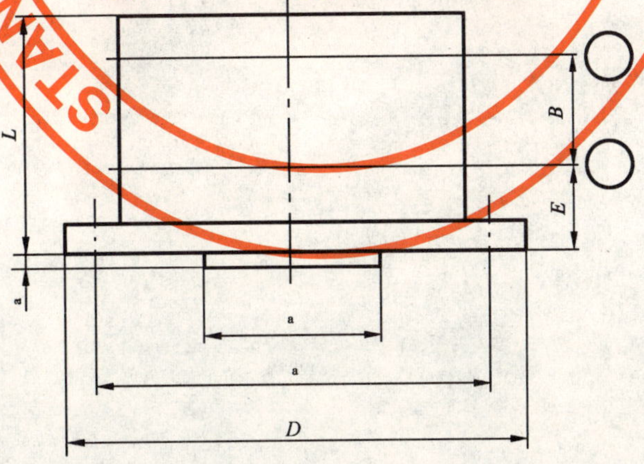

a 宜说明安装尺寸、包括螺栓孔的数量和直径，以及在组装时用于安装转子的中心孔或定心孔的锥度。

图 B.3 用立式平衡机平衡的转子图例

B.3 其他要求

B.3.1 说明主电源的电压相数(三相电压或单相电压)、频率和最大允许波动度(%)。若电压为三相制,说明是否有可用中线。电器设备宜满足专业标准和规范的要求。

B.3.2 说明是否要求绝热。

B.3.3 说明是否要提供压缩空气。说明所需的工作压力和其最大允许偏差。

B.3.4 说明安放平衡机的地面,即相当于在压实的土地上浇筑的混凝土地面是否为刚性的。说明混凝土层的厚度。

B.3.5 说明附近可能存在的振源:诸如锻锤、重型车辆等。说明它们平均的发生率。

B.3.6 说明检查和验收平衡机的人员和地点,以及适用的技术规范。

B.3.7 随平衡机携带的操作说明书和散页文件首选用何种语言编写,还同意用其他何种语言编写均予以说明。

B.3.8 说明指示装置上宜标明的单位。

B.4 管理要求

B.4.1 说明是否需要平衡机的售后服务工程师提供安装和校准平衡机的服务。

B.4.2 说明是否需要平衡机的售后服务工程师提供指导操作人员的服务。

B.4.3 用户单位负责平衡机管理人员的姓名和地址要予以说明。

B.4.4 用户是否打算选送人员由制造者培训要予以说明。

B.4.5 若用户有兴趣签定一份维护合同要予以说明。

B.4.6 写明报价单的接收人。

B.4.7 写明平衡机发运的地址。

B.4.8 给出装箱标志。

B.4.9 提供保险指南。

B.4.10 需要时标明:离岸价 FOB(有协议的装运港口),船边交货价 FAS(有协议的装运港口),到岸价 CIF(有协议的指定港口)等。

B.4.11 要求的交货日期。

附 录 C
（资料性附录）
URR 极限图

C.1 基本数据

作为 *URR* 极限图的基本数据示于图 8 和图 9 并列于表 C.1 和表 C.2 中。虽然这些数据是根据 $U_{station}=30\times U_{mar}$ 计算出来的，但在 $U_{station}=(20\sim60)\times U_{mar}$ 范围内使用它们可具有足够的准确度。

C.2 *URR* 极限圆绘图方法

按下列步骤绘图（见图 C.1）：

a) 使用市售的或自制的极坐标图纸；

b) 选择合适的标尺以便使所有的极限圆均能绘制在极坐标图纸以内；

c) 确定 *URR* 极限圆坐标原点，即在绘图纸坐标系原点上方垂直距离为 1($1\times U_{station}$)的那一点；

d) 从 *URR* 极限圆原点向外以 30°的相等间隔绘制 12 条均布的射线；

e) 确定每一 *URR* 极限圆的圆心，省略垂直方向（对着页面上边）的那个，各圆心均位于每条射线上且相距 *URR* 极限圆原点距离为 5($5\times U_{station}$)；

f) 绕每一 *URR* 极限圆圆心画一组同心圆，各同心圆的半径 r（以 $U_{station}$ 为单位）分别列于表 C.1 或表 C.2 中对应所选定 *URR* 值的纵向栏目里；

g) 在绘图原点沿垂直方向画一个箭头以标明固定试验质量的位置；

h) 沿该箭头方向以 $U_{station}$ 为单位做不平衡量标尺的标度标记并相应地标上数值 1～6 的数字标记，至此，该图即可用于评定记录的 *URR* 试验数据。

表 C.1 双面试验用 *URR* 极限图数据

URR 极限圆坐标原点			*URR* 极限圆半径 r^c			
α^a/(°)	γ^b/(°)	$R^c/U_{station}$	80%	85%	90%	95%
30	25.1	5.89	1.19	0.900	0.605	0.311
60	51.1	5.57	1.13	0.852	0.573	0.295
90	78.7	5.10	1.04	0.782	0.527	0.272
120	109.1	4.58	0.93	0.704	0.475	0.246
150	143.1	4.16	0.85	0.641	0.433	0.225
180	180.0	4.00	0.82	0.617	0.417	0.217

a α——固定质量和移动质量间的夹角。

b γ——合成矢量 R 的角度。

c R 和 r——以 $U_{station}$ 的倍数表示。

表 C.2 单面试验用 *URR* 极限图数据

URR 极限圆坐标原点			*URR* 极限圆半径 r^c			
α^a/(°)	γ^b/(°)	$R^c/U_{station}$	80%	85%	90%	95%
30	25.1	5.89	1.21	0.916	0.622	0.328
60	51.1	5.57	1.15	0.868	0.590	0.312
90	78.7	5.10	1.05	0.798	0.543	0.288
120	109.1	4.58	0.95	0.721	0.492	0.262
150	143.1	4.16	0.87	0.658	0.450	0.242
180	180.0	4.00	0.83	0.633	0.433	0.233
注：各脚注见表 C.1。						

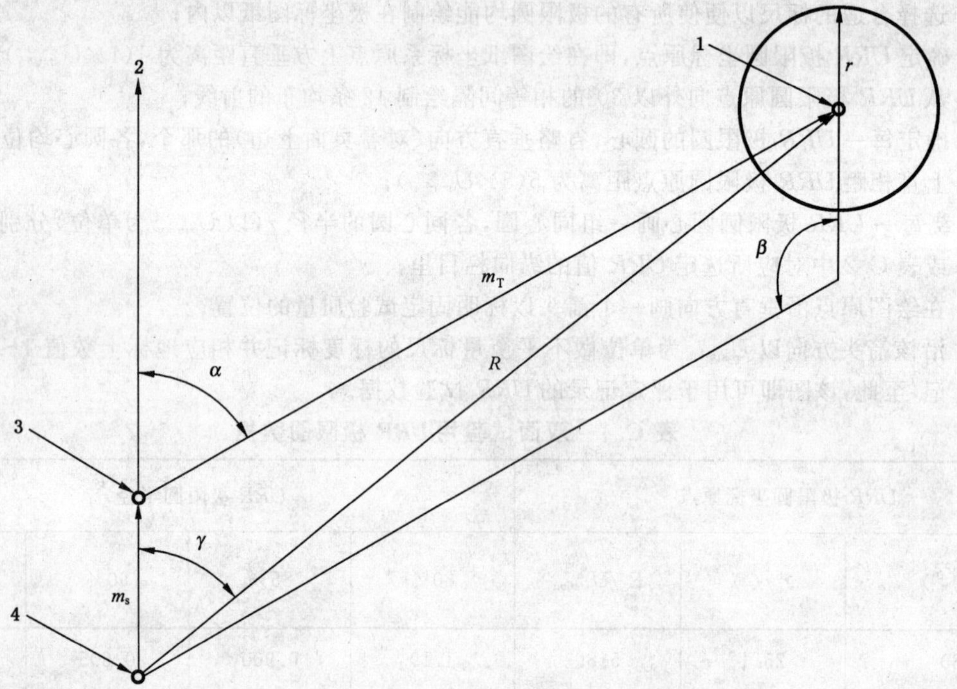

1——*URR* 极限圆原点；
2——0°轴线；
3——移动质量原点；
4——绘图原点(固定质量原点)。

图 C.1 根据 m_s、m_T 和 α 用图解法确定的 R 和 γ

C.3 其他的 *URR* 限值

如果图 8 和图 9 所给的 *URR* 极限图不够用,即要检测的平衡机具有其他的不平衡量减少率,可借助 C.4 所述的方法绘制出与之相适应的 *URR* 极限图。

C.4 *URR* 极限圆计算方法

C.4.1 对于常用的不平衡量减少率 *URR* 极限圆的半径和位置可直接从表 C.1 和表 C.2 中选取。下面给出的公式主要是用于求证表 C.1 和表 C.2 的数据,但是若所使用的 *URR* 值或试验质量的夹角不同,该公式亦可用于计算 R、r 和 γ 值。

C.4.2 绘图原点到 URR 极限圆圆心的距离按式(C.1)确定:

$$R=\sqrt{m_s^2+m_T^2+2(m_s m_T\cos\alpha)} \quad \cdots\cdots(C.1)$$

式中:

m_s——固定试验质量($1\times U_{station}$);

m_T——移动试验质量($5\times U_{station}$);

R——m_s 和 m_T 的合成矢量值(不平衡量示值)或从绘图原点到 URR 极限圆中心的距离;

α——固定试验质量和移动试验质量间的夹角;

γ——m_s 与 R 之间的夹角;

r——URR 极限圆的半径;

URR——不平衡量减少率。

C.4.3 固定试验质量 m_s 与合成矢量 R 之间的夹角 γ 按式(C.2)确定:

$$\cos\gamma=\frac{m_s^2+R^2+m_T^2}{2m_s R} \quad \cdots\cdots(C.2)$$

C.4.4 当 m_s、m_T、R 和 r 的大小以 $U_{station}$ 的倍数表示且 $m_T=5\times m_s$ 时,R 和 γ 按式(C.3)和式(C.4)计算:

$$R=\sqrt{26+10\cos\alpha} \quad \cdots\cdots(C.3)$$

$$\cos\gamma=\frac{R^2-24}{2R} \quad \cdots\cdots(C.4)$$

C.4.5 URR 极限圆半径 r 按式(C.5)或式(C.6)确定:

a) 双面

$$r=R(1-URR)+\frac{U_{mar}}{2U_{station}} \quad \cdots\cdots(C.5)$$

b) 单面

$$r=R(1-URR)+\frac{U_{mar}}{U_{station}} \quad \cdots\cdots(C.6)$$

附 录 D
（资料性附录）
组成 C 型外质心校验转子的支承轴

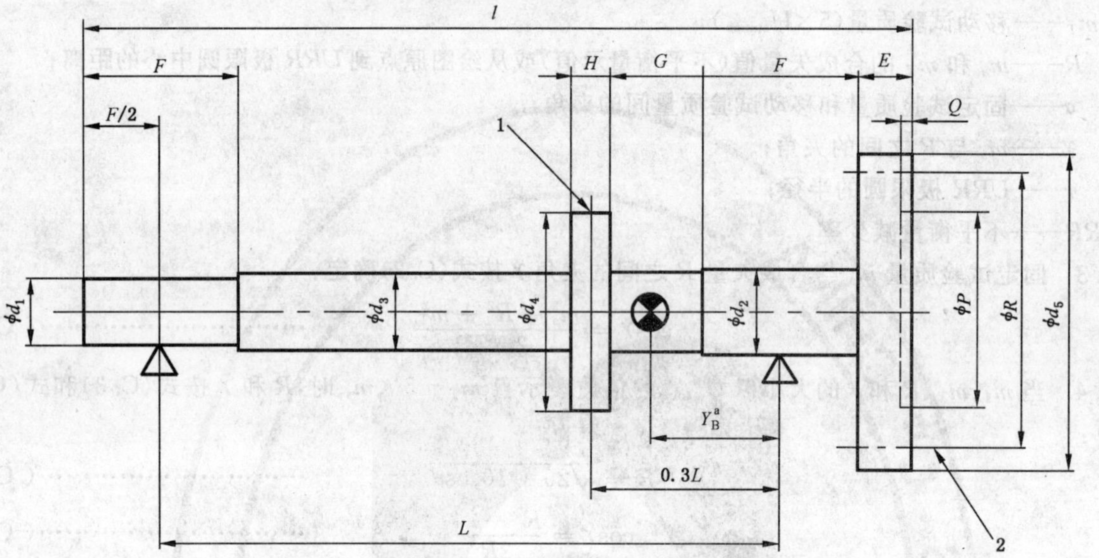

1——均布的 12 个螺孔 N；
2——均布的 4 个螺孔 O。

注 1：支承轴的各尺寸见表 D.1。

注 2：各尺寸可以改变（如增加皮带轮），以使质量、质心位置和 N 孔的位置均保持在两支承之间。

注 3：接口尺寸（连接盘）要符合 A 型校验转子。

注 4：第 3 号至第 5 号转子轴端驱动的接口尺寸应与第 4 号至第 6 号 B 型校验转子一致。

注 5：所有尺寸公差和剩余不平衡量应满足检测目的的要求。

[a] 质心至右侧支承平面的距离。

图 D.1 卧式平衡机外质心检测用 C 型校验转子的支承轴

表 D.1 卧式平衡机外质心检测用 C 型校验转子的支承轴推荐的尺寸和质量(见图 D.1)

支承轴序号	质量 M_s	支承间距 L	总长度 l	轴颈 d_1[c] ≈0.1l	轴颈 d_2 ≈0.125l	d_3	d_4 ≈0.3l	外径 d_5	E	轴颈长度 F ≈0.25l	G	H	N	法兰[b] P	法兰[b] Q	法兰[b] R	法兰[b] O	Y_B[a,d,5)]
公制值																		
	kg	mm	mm	mm	mm	mm	mm	mm	mm	mm	mm	mm		mm	mm	mm		mm
1	1.1	164	217	17	21	20	50	85	12	41	24	11	M3	50.8	5	76.2	M6	30
2	2.7	240	320	25	30	28	72	85	20	60	34	16	M4	50.8	5	76.2	M6	60
3	8.5	352	460	36	45	42	106	156	30	88	50	24	M5	114.3	6	133.35	M10	90
4	25	520	700	58	65	62	156	156	50	130	74	34	M6	114.3	6	133.35	M10	135
5	80	760	1 020	78	95	91	230	230	70	190	108	50	M8	114.3	6	133.35	M10	200
英制值																		
	lb	in	in	in	in	in	in	in	in	in	in	in		in	in	in		in
1	2.5	6.4	8.5	0.67	0.83	0.8	2	3.4	0.5	1.6	1	0.4	No. 5UNF	2	0.2	3	1/4UNF	1.2
2	6	9.6	12.75	0.98	1.2	1.1	2.8	3.4	0.75	2.4	1.3	0.6	No. 8UNF	2	0.2	3	1/4UNF	2.4
3	20	14	18.25	1.42	1.8	1.65	4.2	6.2	1.18	3.5	2	0.9	No. 10UNF	4.5	0.25	5.25	3/8UNC	3.5
4	55	20.4	27.5	2.28	2.55	2.4	6.2	6.2	2	5.1	3	1.3	1/4UNC	4.5	0.25	5.25	3/8UNC	5.3
5	180	30	40.25	3.07	3.7	3.5	9	9	2.75	7.5	4.25	2	5/16UNC	4.5	0.25	5.25	3/8UNC	8

注:所有尺寸公差和剩余不平衡量应满足检测目的的要求。

a 只要保持质量和质心位置不变,其他各尺寸可以改变。

b 接口尺寸(连接盘)要符合 A 型校验转子。

c 第 3 号至第 5 号转子轴端驱动的接口尺寸要与第 4 号至第 6 号 B 型校验转子一致。

d 质心至右侧支承平面的距离。

5) ISO 2953:1999 原文为"Y_S"有误,本标准予以改正。

附 录 E
（资料性附录）
按本标准改制原 GB/T 4201—1984 和 GB/T 7662—1987 规定的老式校验转子

E.1 A 型校验转子

主要的差异是螺纹的尺寸和试验质量。

按本标准改制最容易的方法是：使用带阶梯螺纹的螺栓，一头用于堵校验转子的螺孔，另一头用于施加带有本标准推荐螺纹的试验质量（环形）。

E.2 B 型校验转子

主要的差异是螺纹、中间平面（3 平面）、螺孔数目、试验质量、轴直径和与万向轴连接的接口尺寸。建议如下：

a) 试验平面

建议采用一次装夹就加工出三个平面上所有的孔。新的（1 和 2）试验平面最好靠近并在旧平面（旧的螺孔可用螺丝堵死）的内侧设置。增加中间平面（3）。

b) 轴端驱动的接口

采用一个连接件可以使接口尺寸符合本标准要求，该连接件要与校验转子成为一体（因为在万向轴这边存在太大的质量可能危及到 U_{mar} 检测）。

E.3 C 型校验转子

主要的差异是特定的支承轴和有关对 A 型校验转子的改造。支承轴是一个新零件，关于对 A 型校验转子的改造见 E.1。

参 考 文 献

[1] GB/T 9239.1—2006 机械振动 恒态(刚性)转子平衡品质要求 第1部分:规范与平衡允差的检验(ISO 1940-1:2003,IDT)

[2] GB/T 9239.2—2006 机械振动 恒态(刚性)转子平衡品质要求 第2部分:平衡误差(ISO 1940-2:1997,Mechanical vibration — Balance quality requirements of rigid rotors—Patr 2:Balance errors, IDT)

[3] ISO 7475:2002 机械振动 平衡机 防护罩和测量工位的其他防护措施

[4] SAE ARP 4162 平衡机校验转子

ICS 77.140.60
H 44

中华人民共和国国家标准

GB/T 4241—2006
代替 GB/T 4241—1984

焊接用不锈钢盘条

Stainless steel wire rods for welding

2006-03-02 发布　　2006-09-01 实施

中华人民共和国国家质量监督检验检疫总局
中国国家标准化管理委员会　发布

前言

本标准代替 GB/T 4241—1984《焊接用不锈钢盘条》。

本标准与 GB/T 4241—1984 相比主要变化如下：

——增加了适用范围；

——增加了“规范性引用文件”；

——增加了订货内容；

——盘条的直径范围由 5.5 mm～12 mm 修改为 5 mm～20 mm；

——盘条的尺寸及外形修改为执行 GB/T 14981—2004 的规定；

——增加了 H05Cr22Ni11Mn6Mo3VN 等 42 个牌号；

——化学成分范围变化；

——表面质量要求加严；

——增加资料性附录 A。

本标准的附录 A 是资料性附录。

本标准由中国钢铁工业协会提出。

本标准由全国钢标准化技术委员会归口。

本标准起草单位：东北特钢集团有限责任公司、冶金工业信息标准研究院。

本标准主要起草人：真娟、徐效谦、李瑛、周民俊。

本标准所代替标准的历次版本发布情况为：

GB 1300—77，GB/T 4241—1984。

焊接用不锈钢盘条

1 范围

本标准规定了焊接用不锈钢盘条的分类、订货内容、尺寸、外形、技术要求、试验方法、检验规则、包装、标志及质量证明书等。

本标准适用于制作电焊条焊芯、气体保护焊丝、埋弧焊丝、电渣焊丝等焊接用不锈钢盘条。

2 规范性引用文件

下列文件中的条款通过本标准的引用而成为本标准的条款。凡是注日期的引用文件，其随后所有的修改单(不包括勘误的内容)或修订版均不适用于本标准，然而，鼓励根据本标准达成协议的各方研究是否可使用这些文件的最新版本。凡是不注日期的引用文件，其最新版本适用于本标准。

GB/T 222 钢的成品化学成分允许偏差

GB/T 223.3 钢铁及合金化学分析方法 二安替吡林甲烷磷钼酸重量法测定磷量

GB/T 223.4 钢铁及合金化学分析方法 硝酸铵氧化容量法测定锰量

GB/T 223.11 钢铁及合金化学分析方法 过硫酸铵氧化容量法测定铬量

GB/T 223.13 钢铁及合金化学分析方法 硫酸亚铁铵容量法测定钒量

GB/T 223.17 钢铁及合金化学分析方法 二安替比林甲烷光度法测定钛量

GB/T 223.18 钢铁及合金化学分析方法 硫代硫酸钠分离-碘量法测定铜量

GB/T 223.19 钢铁及合金化学分析方法 新亚铜灵-三氯甲烷萃取光度法测定铜量

GB/T 223.23 钢铁及合金化学分析方法 丁二铜肟分光光度法测定镍量

GB/T 223.25 钢铁及合金化学分析方法 丁二铜肟重量法测定镍量

GB/T 223.26 钢铁及合金化学分析方法 硫氰酸盐直接光度法测定钼量

GB/T 223.27 钢铁及合金化学分析方法 硫氰酸盐-乙酸丁酯萃取分光光度法测定钼量

GB/T 223.28 钢铁及合金化学分析方法 α-安息香肟重量法测定钼量

GB/T 223.36 钢铁及合金化学分析方法 蒸馏分离-中和滴定法测定氮量

GB/T 223.40 钢铁及合金化学分析方法 离子交换分离-氯磺粉 S 光度法测定铌量

GB/T 223.58 钢铁及合金化学分析方法 亚砷酸钠-亚硝酸钠滴定法测定锰量

GB/T 223.59 钢铁及合金化学分析方法 锑磷钼蓝光度法测定磷量

GB/T 223.60 钢铁及合金化学分析方法 高氯酸脱水重量法测定硅含量

GB/T 223.62 钢铁及合金化学分析方法 乙酸丁酯萃取光度法测定磷量

GB/T 223.63 钢铁及合金化学分析方法 高碘酸钾光度法测定锰量

GB/T 223.67 钢铁及合金化学分析方法 还原蒸馏一次甲基蓝光度法测定硫量

GB/T 223.68 钢铁及合金化学分析方法 管式炉内燃烧后碘酸钾滴定法测定硫量

GB/T 223.69 钢铁及合金化学分析方法 管式炉内燃烧后气体容量法测定碳含量

GB/T 223.71 钢铁及合金化学分析方法 管式炉内燃烧后重量法测定碳含量

GB/T 223.72 钢铁及合金化学分析方法 氧化铝色层分离-硫酸钡重量法测定硫量

GB/T 226 钢的低倍组织及缺陷酸蚀检验法

GB/T 1979 结构钢低倍组织缺陷评级图

GB/T 2101 型钢验收、包装、标志及质量证明书的一般规定

GB/T 11170 不锈钢光电发射光谱分析方法

GB/T 14981—2004 热轧盘条尺寸、外形、重量及允许偏差(ISO /DIS 16124 Steel wire rod-dimensions and tolerances,MOD)

GB/T 17505 钢及钢产品交货一般技术要求(GB/T 17505—1998,ISO 404:1992(E),eqv)

GB/T 20066 钢和铁化学成分测定用试样的取样和制样方法

3 分类、牌号

盘条用钢按组织状态分为奥氏体型、奥氏体+铁素体(双相)型、马氏体型、铁素体型和沉淀硬化型,牌号见表1。

4 订货内容

按本标准订货的合同应包含以下内容:

a) 本标准号;

b) 牌号;

c) 尺寸;

d) 重量;

e) 精度级别;

f) 交货状态;

g) 冶炼方法;

h) 其他特殊要求(必要时)。

5 尺寸、外形

5.1 盘条的公称直径范围为5 mm~20 mm。

5.2 盘条的直径允许偏差和不圆度应符合GB/T 14981—2004的规定,具体要求的精度级别应在合同中注明,未注明时应符合B级精度的规定。

5.3 每盘盘条由一根组成,不得有焊接头,盘重应不小于500 kg。

6 技术要求

6.1 牌号及化学成分

6.1.1 盘条用钢的牌号及化学成分(熔炼分析)应符合表1的规定。

6.1.2 盘条成品化学成分允许偏差应符合GB/T 222的规定。

6.2 冶炼方法

钢应采用电炉或转炉加炉外精炼,电渣重熔等方法冶炼,具体要求应在合同注明,未注明时由供方选择。

6.3 交货状态

马氏体钢盘条应以退火酸洗状态交货,其他类型钢盘条以热轧酸洗状态交货。经供需双方协商,并在合同中注明,盘条也可以其他状态交货。

6.4 低倍组织

钢坯或盘条的横截面酸浸低倍试片上不得有目视可见的裂纹、缩孔、气泡及夹杂。

6.5 表面质量

盘条表面不得有裂纹、折叠、结疤等有害缺陷。如有上述缺陷必须清除。清除深度不得超过直径公差。但允许有深度或高度不超过表2规定的个别划伤、麻点、凹坑和凸起。

表 1 钢的牌号及化学成分(熔炼分析)

类型	序号	牌号	化学成分(质量分数)/%[a]										
			C	Si	Mn	P	S	Cr	Ni	Mo	Cu	N	其他
奥氏体	1	H05Cr22Ni11Mn6Mo3VN	≤0.05	≤0.90	4.00～7.00	≤0.030	≤0.030	20.50～24.00	9.50～12.00	1.50～3.00	≤0.75	0.10～0.30	V:0.10～0.30
	2	H10Cr17Ni8Mn8Si4N	≤0.10	3.40～4.50	7.00～9.00	≤0.030	≤0.030	16.00～18.00	8.00～9.00	≤0.75	≤0.75	0.08～0.18	
	3	H05Cr20Ni6Mn9N	≤0.05	≤1.00	8.00～10.00	≤0.030	≤0.030	19.00～21.50	5.50～7.00	≤0.75	≤0.75	0.10～0.30	
	4	H05Cr18Ni5Mn12N	≤0.05	≤1.00	10.50～13.50	≤0.030	≤0.030	17.00～19.00	4.00～6.00	≤0.75	≤0.75	0.10～0.30	
	5	H10Cr21Ni10Mn6	≤0.10	0.20～0.60	5.00～7.00	≤0.030	≤0.020	20.00～22.00	9.00～11.00	≤0.75	≤0.75		
	6	H09Cr21Ni9Mn4Mo	0.04～0.14	0.30～0.65	3.30～4.75	≤0.030	≤0.030	19.50～22.00	8.00～10.70	0.50～1.50	≤0.75		
	7	H08Cr21Ni10Si	≤0.08	0.30～0.65	1.00～2.50	≤0.030	≤0.030	19.50～22.00	9.00～11.00	≤0.75	≤0.75		
	8	H08Cr21Ni10	≤0.08	≤0.35	1.00～2.50	≤0.030	≤0.030	19.50～22.00	9.00～11.00	≤0.75	≤0.75		
	9	H06Cr21Ni10	0.04～0.08	0.30～0.65	1.00～2.50	≤0.030	≤0.030	19.50～22.00	9.00～11.00	≤0.50	≤0.75		
	10	H03Cr21Ni10Si	≤0.030	0.30～0.65	1.00～2.50	≤0.030	≤0.030	19.50～22.00	9.00～11.00	≤0.75	≤0.75		
	11	H03Cr21Ni10	≤0.030	≤0.35	1.00～2.50	≤0.030	≤0.030	19.50～22.00	9.00～11.00	≤0.75	≤0.75		
	12	H08Cr20Ni11Mo2	≤0.08	0.30～0.65	1.00～2.50	≤0.030	≤0.030	18.00～21.00	9.00～12.00	2.00～3.00	≤0.75		
	13	H04Cr20Ni11Mo2	≤0.04	0.30～0.65	1.00～2.50	≤0.030	≤0.030	18.00～21.00	9.00～12.00	2.00～3.00	≤0.75		
	14	H08Cr21Ni10Si1	≤0.08	0.65～1.00	1.00～2.50	≤0.030	≤0.030	19.50～22.00	9.00～11.00	≤0.75	≤0.75		
	15	H03Cr21Ni10Si1	≤0.030	0.65～1.00	1.00～2.50	≤0.030	≤0.030	19.50～22.00	9.00～11.00	≤0.75	≤0.75		
	16	H12Cr24Ni13Si	≤0.12	0.30～0.65	1.00～2.50	≤0.030	≤0.030	23.00～25.00	12.00～14.00	≤0.75	≤0.75		
	17	H12Cr24Ni13	≤0.12	≤0.35	1.00～2.50	≤0.030	≤0.030	23.00～25.00	12.00～14.00	≤0.75	≤0.75		
	18	H 03Cr24Ni13Si	≤0.030	0.30～0.65	1.00～2.50	≤0.030	≤0.030	23.00～25.00	12.00～14.00	≤0.75	≤0.75		
	19	H03Cr24Ni13	≤0.030	≤0.35	1.00～2.50	≤0.030	≤0.030	23.00～25.00	12.00～14.00	≤0.75	≤0.75		
	20	H12Cr24Ni13Mo2	≤0.12	0.30～0.65	1.00～2.50	≤0.030	≤0.030	23.00～25.00	12.00～14.00	2.00～3.00	≤0.75		
	21	H03Cr24Ni13Mo2	≤0.030	0.30～0.65	1.00～2.50	≤0.030	≤0.030	23.00～25.00	12.00～14.00	2.00～3.00	≤0.75		

表 1(续)

类型	序号	牌号	化学成分(质量分数)/%[a] C	Si	Mn	P	S	Cr	Ni	Mo	Cu	N	其他
奥氏体	22	H12Cr24Ni13Si1	≤0.12	0.65～1.00	1.00～2.50	≤0.030	≤0.030	23.00～25.00	12.00～14.00	≤0.75	≤0.75		
	23	H03Cr24Ni13Si1	≤0.030	0.65～1.00	1.00～2.50	≤0.030	≤0.030	23.00～25.00	12.00～14.00	≤0.75	≤0.75		
	24	H12Cr26Ni21Si	0.08～0.15	0.30～0.65	1.00～2.50	≤0.030	≤0.030	25.00～28.00	20.00～22.50	≤0.75	≤0.75		
	25	H12Cr26Ni21	0.08～0.15	≤0.35	1.00～2.50	≤0.030	≤0.030	25.00～28.00	20.00～22.50	≤0.75	≤0.75		
	26	H08Cr26Ni21	≤0.08	≤0.65	1.00～2.50	≤0.030	≤0.030	25.00～28.00	20.00～22.50	≤0.75	≤0.75		
	27	H08Cr19Ni12Mo2Si	≤0.08	0.30～0.65	1.00～2.50	≤0.030	≤0.030	18.00～20.00	11.00～14.00	2.00～3.00	≤0.75		
	28	H08Cr19Ni12Mo2	≤0.08	≤0.35	1.00～2.50	≤0.030	≤0.030	18.00～20.00	11.00～14.00	2.00～3.00	≤0.75		
	29	H06Cr19Ni12Mo2	0.04～0.08	0.30～0.65	1.00～2.50	≤0.030	≤0.030	18.00～20.00	11.00～14.00	2.00～3.00	≤0.75		
	30	H03Cr19Ni12Mo2Si	≤0.030	0.30～0.65	1.00～2.50	≤0.030	≤0.030	18.00～20.00	11.00～14.00	2.00～3.00	≤0.75		
	31	H03Cr19Ni12Mo2	≤0.030	≤0.35	1.00～2.50	≤0.030	≤0.030	18.00～20.00	11.00～14.00	2.00～3.00	≤0.75		
	32	H08Cr19Ni12Mo2Si1	≤0.08	0.65～1.00	1.00～2.50	≤0.030	≤0.030	18.00～20.00	11.00～14.00	2.00～3.00	≤0.75		
	33	H03Cr19Ni12Mo2Si1	≤0.030	0.65～1.00	1.00～2.50	≤0.030	≤0.030	18.00～20.00	11.00～14.00	2.00～3.00	≤0.75		
	34	H03Cr19Ni12Mo2Cu2	≤0.030	≤0.65	1.00～2.50	≤0.030	≤0.030	18.00～20.00	11.00～14.00	2.00～3.00	1.00～2.50		
	35	H08Cr19Ni14Mo3	≤0.08	0.30～0.65	1.00～2.50	≤0.030	≤0.030	18.50～20.50	13.00～15.00	3.00～4.00	≤0.75		
	36	H03Cr19Ni14Mo3	≤0.030	0.30～0.65	1.00～2.50	≤0.030	≤0.030	18.50～20.50	13.00～15.00	3.00～4.00	≤0.75		
	37	H08Cr19Ni12Mo2Nb	≤0.08	0.30～0.65	1.00～2.50	≤0.030	≤0.030	18.00～20.00	11.00～14.00	2.00～3.00	≤0.75		Nb[b]:8×C～1.00
	38	H07Cr20Ni34Mo2Cu3Nb	≤0.07	≤0.60	≤2.50	≤0.030	≤0.030	19.00～21.00	32.00～36.00	2.00～3.00	3.00～4.00		Nb[b]:8×C～1.00
	39	H02Cr20Ni34Mo2Cu3Nb	≤0.025	≤0.15	1.50～2.00	≤0.015	≤0.020	19.00～21.00	32.00～36.00	2.00～3.00	3.00～4.00		Nb[b]:8×C～0.40
	40	H08Cr19Ni10Ti	≤0.08	0.30～0.65	1.00～2.50	≤0.030	≤0.030	18.50～20.50	9.00～10.50	≤0.75	≤0.75		Ti:9×C～1.00
	41	H21Cr16Ni35	0.18～0.25	0.30～0.65	1.00～2.50	≤0.030	≤0.030	15.00～17.00	34.00～37.00	≤0.75	≤0.75		
	42	H08Cr20Ni10Nb	≤0.08	0.30～0.65	1.00～2.50	≤0.030	≤0.030	19.00～21.50	9.00～11.00	≤0.75	≤0.75		Nb[b]:10×C～1.00
	43	H08Cr20Ni10SiNb	≤0.08	0.65～1.00	1.00～2.50	≤0.030	≤0.030	19.00～21.50	9.00～11.00	≤0.75	≤0.75		Nb[b]:10×C～1.00
	44	H02Cr27Ni32Mo3Cu	≤0.025	≤0.50	1.00～2.50	≤0.020	≤0.030	26.50～28.50	30.00～33.00	3.20～4.20	0.70～1.50		
	45	H02Cr20Ni25Mo4Cu	≤0.025	≤0.50	1.00～2.50	≤0.020	≤0.030	19.50～21.50	24.00～26.00	4.20～5.20	1.20～2.00		

表 1(续)

类型	序号	牌号	化学成分(质量分数)/%[a] C	Si	Mn	P	S	Cr	Ni	Mo	Cu	N	其他
奥氏体	46	H06Cr19Ni10TiNb	0.04~0.08	0.30~0.65	1.00~2.00	≤0.030	≤0.030	18.50~20.00	9.00~11.00	≤0.25	≤0.75		Ti:≤0.05 Nb[b]:≤0.05
	47	H10Cr16Ni8Mo2	≤0.10	0.30~0.65	1.00~2.00	≤0.030	≤0.030	14.50~16.50	7.50~9.50	1.00~2.00	≤0.75		
奥氏体加铁素体	48	H03Cr22Ni8Mo3N	≤0.030	≤0.90	0.50~2.00	≤0.030	≤0.030	21.50~23.50	7.50~9.50	2.50~3.50	≤0.75	0.08~0.20	
	49	H04Cr25Ni5Mo3Cu2N	≤0.04	≤1.00	≤1.50	≤0.040	≤0.030	24.00~27.00	4.50~6.50	2.90~3.90	1.50~2.50	0.10~0.25	
	50	H15Cr30Ni9	≤0.15	0.30~0.65	1.00~2.50	≤0.030	≤0.030	28.00~32.00	8.00~10.50	≤0.75	≤0.75		
马氏体	51	H12Cr13	≤0.12	≤0.50	≤0.60	≤0.030	≤0.030	11.50~13.50	≤0.60	≤0.75	≤0.75		
	52	H06Cr12Ni4Mo	≤0.06	≤0.50	≤0.60	≤0.030	≤0.030	11.00~12.50	4.00~5.00	0.40~0.70	≤0.75		
	53	H31Cr13	0.25~0.40	≤0.50	≤0.60	≤0.030	≤0.030	12.00~14.00	≤0.60	≤0.75	≤0.75		
铁素体	54	H06Cr14	≤0.06	0.30~0.70	0.30~0.70	≤0.030	≤0.030	13.00~15.00	≤0.60	≤0.75	≤0.75		
	55	H10Cr17	≤0.10	≤0.50	≤0.60	≤0.030	≤0.030	15.50~17.00	≤0.60	≤0.75	≤0.75		
	56	H01Cr26Mo	≤0.015	≤0.40	≤0.40	≤0.020	≤0.020	25.00~27.50	Ni+Cu≤0.50	0.75~1.50	Ni+Cu≤0.50	≤0.015	
	57	H08Cr11Ti	≤0.08	≤0.80	≤0.80	≤0.030	≤0.030	10.50~13.50	≤0.60	≤0.50	≤0.75		Ti:10×C~1.50
	58	H08Cr11Nb	≤0.08	≤1.00	≤0.80	≤0.040	≤0.030	10.50~13.50	≤0.60	≤0.50	≤0.75		Nb[b]:10×C~0.75
沉淀硬化	59	H05Cr17Ni4Cu4Nb	≤0.05	≤0.75	0.25~0.75	≤0.030	≤0.030	16.00~16.75	4.50~5.00	≤0.75	3.25~4.00		Nb[b]:0.15~0.30

a 在对表中给出元素进行分析时,如果发现有其他元素存在,其总量(除铁外)不应超过 0.50%。

b Nb 可报告为 Nb+Ta。

表 2　盘条表面允许缺陷深度

单位为毫米

盘条公称直径	允许缺陷深度
5～9.5	≤0.10
10～20	≤0.15

7　试验方法

盘条用钢的化学成分分析可采用 GB/T 11170 规定的方法或其他常用方法，仲裁分析时应采用 GB/T 223 规定的方法，其他项目的试验方法按表 3 的规定执行。

表 3　检验项目、取样数量、取样部位及试验方法

序号	检验项目	取样数量	取样部位	试验方法
1	化学成分	1	GB/T 20066	GB/T 223，GB/T 11170
2	低倍组织	2	电炉钢相当于钢锭头部的不同支钢坯或盘条；电渣钢相当于钢锭头尾的钢坯或盘条	GB/T 226，GB/T 1979
3	尺寸	逐根	整根盘条	卡尺、千分尺等精度适宜的量具
4	表面	逐根	整根盘条	目视

8　检验规则

8.1　检查和验收

8.1.1　盘条出厂前的检查和验收由供方质量监督部门进行。

8.1.2　供方必须保证交货的盘条符合本标准或合同的规定，必要时，需方有权对本标准或合同所规定的任一检验项目进行检查和验收。

8.2　组批规则

盘条按批进行检查和验收，每批应由同一牌号、同一炉号、同一尺寸、同一交货状态的盘条组成。采用电渣重熔冶炼的钢，在工艺稳定且能保证本标准各项要求的条件下，允许以自耗电极的熔炼母炉号组批交货。

8.3　取样数量及取样部位

每批盘条的取样数量及取样部位应符合表 3 的规定。电渣钢按熔炼母炉组批时，取样按表 3 规定的电炉钢取样，但化学成分仍每个电渣炉号取 1 个；电渣钢按子炉组批时，取样按表 3 电渣钢的规定。

8.4　复验和判定规则

8.4.1　盘条的复验与判定规则按 GB/T 17505 规定进行。

8.4.2　供方若能保证盘条合格时，对同一炉号的盘条的低倍组织允许以坯代材、以大代小。

9　包装、标志及质量证明书

盘条的包装、标志和质量证明书应符合 GB/T 2101 的规定。

附 录 A
（资料性附录）
本标准牌号与部分国外牌号对照

序号	本标准	AWS A5.9—93	JIS	序号	本标准	AWS A5.9—93	JIS
1	H05Cr22Ni11Mn6Mo3VN	ER209		31	H03Cr19Ni12Mo2		SUSY316L
2	H10Cr17Ni8Mn8Si4N	ER218		32	H08Cr19Ni12Mo2Si1	ER316Si	
3	H05Cr20Ni6Mn9N	ER219		33	H03Cr19Ni12Mo2Si1	ER316LSi	
4	H05Cr18Ni5Mn12N	ER240		34	H03Cr19Ni12Mo2Cu2		SUSY316J1L
5	H10Cr21Ni10Mn6			35	H08Cr19Ni14Mo3	ER317	SUSY317
6	H09Cr21Ni9Mn4Mo	ER307		36	H03Cr19Ni14Mo3	ER317L	SUSY317L
7	H08Cr21Ni 10Si	ER308	SUSY308	37	H08Cr19Ni12Mo2Nb	ER318	
8	H08Cr21Ni10		SUSY308	38	H07Cr20Ni34Mo2Cu3Nb	ER320	
9	H06Cr21Ni10	ER308H		39	H02Cr20Ni34Mo2Cu3Nb	ER320LR	
10	H03Cr21Ni10Si	ER308L	SUSY308L	40	H08Cr19Ni10Ti	ER321	SUSY321
11	H03Cr21Ni10		SUSY308L	41	H21Cr16Ni35	ER330	
12	H08Cr20Ni11Mo2	ER308Mo		42	H08Cr20Ni10Nb	ER347	SUSY347
13	H04Cr20Ni 11Mo2	ER308LMo		43	H08Cr20Ni 10SiNb	ER347Si	
14	H08Cr21Ni10Si1	ER308Si		44	H02Cr27Ni32Mo3Cu	ER383	
15	H03Cr21Ni10Si1	ER308LSi		45	H02Cr20Ni25Mo4Cu	ER385	
16	H12Cr24Ni13Si	ER309	SUSY309	46	H06Cr19Ni10TiNb	ER19-10H	
17	H12Cr24Ni13		SUSY309	47	H10Cr 16Ni8Mo2	ER16-8-2	
18	H03Cr24Ni13Si	ER309L	SUSY309L	48	H03Cr22Ni8Mo3N	ER2209	
19	H03Cr24Ni13		SUSY309L	49	H04Cr25Ni5Mo3Cu2N	ER2553	
20	H12Cr24Ni13Mo2	ER309Mo	SUSY309Mo	50	H15Cr30Ni9	ER312	
21	H03Cr24Ni13Mo2	ER309LMo		51	H12Cr13	ER410	SUSY410
22	H12Cr24Ni13Si1	ER309Si		52	H06Cr12Ni4Mo	ER410NiMo	
23	H03Cr24Ni13Si1	ER309LSi		53	H31Cr13	ER420	
24	H12Cr26Ni21Si	ER310	SUSY310	54	H06Cr14		
25	H12Cr26Ni21		SUSY310	55	H10Cr17	ER430	SUSY430
26	H08Cr26Ni21		SUSY310S	56	H01Cr26Mo	ER446LMo	
27	H08Cr19Ni12Mo2Si	ER316	SUSY316	57	H08Cr11Ti	ER409	
28	H08Cr19Ni12Mo2		SUSY316	58	H08Cr11Nb	ER409Cb	
29	H06Cr19Ni12Mo2	ER316H		59	H05Cr17Ni4Cu4Nb	ER630	
30	H03Cr19Ni12Mo2Si	FR316L	SUSY316L				

ICS 65.060.80
B 90

GB

中华人民共和国国家标准

GB/T 4269.4—2006/ISO 3767-4:1993

林业机械　操作者控制符号和其他标记

Forestry machinery—Symbols for operator controls and other displays

(ISO 3767-4:1993, Tractors, machinery for agriculture and forestry, powered lawn and garden equipment—Symbols for operator controls and other displays—Part 4: Symbols for forestry machinery, IDT)

2006-07-12 发布　　2006-12-01 实施

中华人民共和国国家质量监督检验检疫总局
中国国家标准化管理委员会　发布

前 言

GB/T 4269《农林拖拉机和机械、草坪园艺动力机械　操作者操纵机构和其他显示装置用符号》分为五部分：

——第 1 部分：通用符号；

——第 2 部分：农用拖拉机和机械用符号；

——第 3 部分：草坪和园艺动力机械用符号；

——第 4 部分：林业机械　操作者控制符号和其他标记；

——第 5 部分：便携式林业机械　操作者控制符号和其他标记。

本部分为 GB/T 4269 的第 4 部分。

本部分等同采用国际标准 ISO 3767-4:1993《拖拉机和农林机械、动力草坪和园艺机械——操作者控制符号和其他标记——第 4 部分：林业机械符号》。

本部分的名称按汉语的语言习惯做了修改，与 ISO 3767-4:1993 的名称有所不同，但与 GB/T 4269.5—2003 协调一致。

本部分由国家林业局提出。

本部分由全国林业机械标准化技术委员会提出并归口。

本部分起草单位：国家林业局哈尔滨林业机械研究所。

本部分主要起草人：樊冬温、杨雪峰。

林业机械　操作者控制符号和其他标记

1　范围

GB/T 4269 的本部分规定了 GB/T 19365 所界定的林业机械的操作者控制符号和其他标记。

本部分给出的符号和其他标记适用于伐木归堆机、抓钩式集材机和木材装载机，也适用于专用链锯、平衡支撑装置和绞盘机。

2　规范性引用文件

下列文件中的条款通过 GB/T 4269 的本部分的引用而成为本部分的条款。凡是注日期的引用文件，其随后所有的修改单(不包括勘误的内容)或修订版均不适用于本部分，然而，鼓励根据本部分达成协议的各方研究是否可使用这些文件的最新版本。凡是不注日期的引用文件，其最新版本适用于本部分。

GB/T 1252　图形符号　箭头及其应用(GB/T 1252—1989,neq ISO 4196:1984)

GB/T 4269.1　农林拖拉机和机械、草坪园艺动力机械　操作者操纵机构和其他显示装置用符号　第1部分:通用符号(GB/T 4269.1—2000,idt ISO 3767-1:1991)

GB/T 19365　自行式林业机械　术语、定义和分类(GB/T 19365—2003,ISO 6814:2000,IDT)

ISO 3461-1:1988　制定图形符号的一般原则——第1部分:设备用图形符号

ISO 7000:1989　设备用图形符号——索引和一览表

IEC 417:1973　设备用图形符号——单个图表的索引、介绍、编辑及其增补

3　术语和定义

GB/T 4269.1 给出的符号的定义适用于本部分。

4　通则

4.1　各符号见各表。除各表所列的符号和所选择的组合符号中一些个别符号外，其他符号可以按实际用途着色，目的是提高复制的清晰度和操作者的视觉效果。

4.2　受翻印和复制技术的限制，允许加深符号的线条或对符号做轻微的修改，但是要保持符号的基本图形要素不变，并使操作者易于识别。

4.3　为了提高符号的外观和视觉效果或为了与机器的设计相协调，允许改变符号线条色度深浅或把符号角修圆。各符号在保持其基本要素和特点不变的情况下，可有一定的变化，见 ISO 3461-1:1988 的 10.2。

4.4　为了实际应用，所有符号都应复制放大以便操作者识别，见 ISO 3461-1 中关于符号适宜尺寸的指南。除非个别符号另有说明，否则所有的符号都应按本部分所示的方向放置。

4.5　一般情况下符号由标准的符号要素构成，也就是用合理方法组合各种不同的符号和符号要素以创建一个新符号。

4.6　如果符号采用机器或机器零件的侧视图表示，应假定机器是自右向左移动；如果符号采用机器或机器零件的俯视图表示，应假定机器是自下向上移动。

4.7　当一个符号画面有反差时(例如在白色背景下绘黑色符号，反之亦然)，它才能成为一个完整的符号。控制符号和其他标记应与背景颜色对比鲜明。对于大多数控制符号，推荐在深色背景下绘浅色的符号，标记也应是在深色背景下绘浅色符号或在浅色背景下绘深色符号，以达到最佳视觉效果。

4.8　符号应位于所标示的控制装置上或附近。当一个控制装置需要多于一个符号表示时，各符号所放置的位置应便于操作者看清该符号所标示的装置的功能。

4.9　按 GB/T 1252 绘制符号的箭头。创建这些符号的规则见 GB/T 4269.1。

4.10　各表中列出了各符号相应的 ISO/IEC 的登记号。登记号小于 5000 的见 ISO 7000:1989，登记号大于 5000 的见 IEC 417:1973。

4.11　各表中符号的大小是原尺寸的 32%，符号设置在有角标“∟”的 75 mm 的方形框格内，角标不是符号的组成部分，而是符号统一的范围框格。

4.12　各表中符号的缩微图片均可从 ISO/TC 145 秘书处获得。

5　颜色

当下列颜色用于说明符号和标记时，其含义为：

红色：失效或严重故障，要求立即引起注意；

黄色或浅黄色：在正规操作限定条件之外；

绿色：正规操作条件下操作。

6　联合伐木机/伐木归堆机符号

序号	符　号	符号的说明/用途	ISO/IEC 登记号
6.1		主臂/副臂运动——基本符号	1709
6.2		主臂——举起	2050
6.3		主臂——回降	2049
6.4		副臂——举起	1710

序号	符　　号	符号的说明/用途	ISO/IEC 登记号
6.5		副臂——回降	1711
6.6		转臂——基本符号	1712
6.7		转臂——向左旋转	1713
6.8		转臂——向右旋转	1714

7　打枝机符号

序号	符　　号	符号的说明/用途	ISO/IEC 登记号
7.1	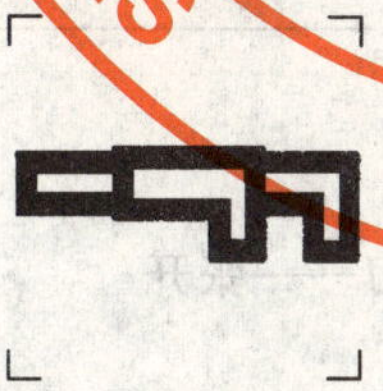	滑动伸缩臂——基本符号	2051
7.2		滑动伸缩臂——伸展	2052

序号	符　　号	符号的说明/用途	ISO/IEC 登记号
7.3		滑动伸缩臂——收缩	2054
7.4		对接板——基本符号	2053
7.5		对接板——向上	2055
7.6		对接板——向下	2056
7.7	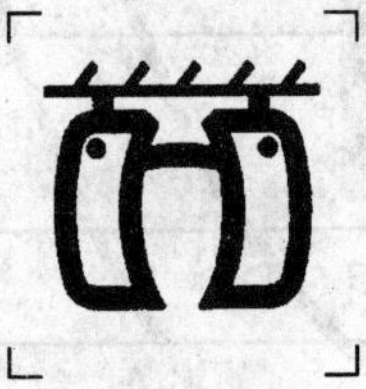	固定式打枝刀——基本符号	2057
7.8		固定式打枝刀——张开	2058
7.9		固定式打枝刀——闭合	2059

序号	符　　号	符号的说明/用途	ISO/IEC 登记号
7.10		移动式打枝刀——基本符号	2060
7.11		移动式打枝刀——张开	2061
7.12		移动式打枝刀——闭合	2062

8　伐木设备符号

序号	符　　号	符号的说明/用途	ISO/IEC 登记号
8.1		伐木头——基本符号	1717
8.2		伐木头——向上倾斜	1718
8.3		伐木头——向下倾斜	1719

序号	符　　号	符号的说明/用途	ISO/IEC 登记号
8.4		悬臂固定式伐木头——向左旋转	1715
8.5		悬臂固定式伐木头——向右旋转	1716
8.6	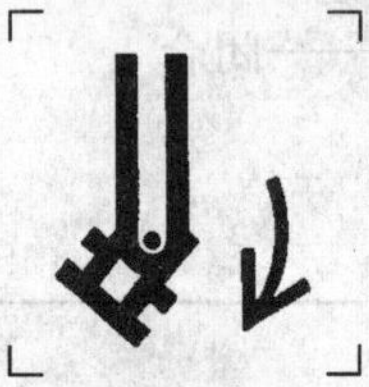	伐木头——侧向倾斜——向左倾斜/顺时针	1720
8.7	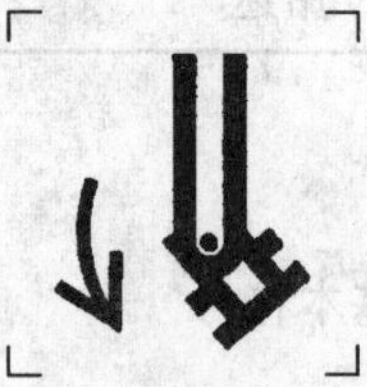	伐木头——侧向倾斜——向右倾斜/逆时针	1721
8.8		伐木剪——基本符号	1722
8.9	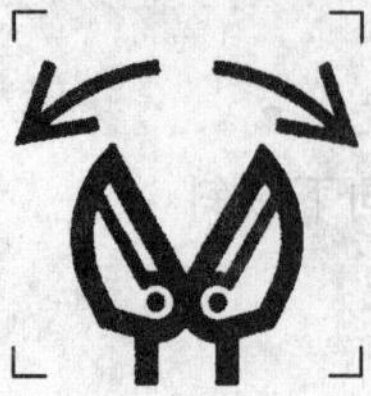	伐木剪——张开	1723

9 夹爪/抓臂符号

序号	符　　号	符号的说明/用途	ISO/IEC 登记号
9.1		夹爪/抓钩——基本符号	1725
9.2		夹爪/抓钩——张开	1726
9.3		夹爪/抓钩——闭合	1727
9.4		左夹爪/抓钩——向外张开	1728
9.5		左夹爪/抓钩——向内闭合	1729
9.6		右夹爪/抓钩——向外张开	1730
9.7		右夹爪/抓钩——向内闭合	1731

序号	符　号	符号的说明/用途	ISO/IEC 登记号
9.8		绳索——拉紧	1732
9.9		绳索——放松	1733

10　原木抓夹设备符号

序号	符　号	符号的说明/用途	ISO/IEC 登记号
10.1		原木收集装置——基本符号	1734
10.2		原木收集装置——张开	1735
10.3		原木收集装置——闭合	1736
10.4		原木进料辊——基本符号	1737

序号	符　　号	符号的说明/用途	ISO/IEC 登记号
10.5		原木进料辊——张开	1738
10.6		原木进料辊——闭合	1739
10.7		原木进料辊——进料	1740
10.8		原木进料辊——出料	1741
10.9		原木夹紧装置——基本符号	1743
10.10		原木夹紧装置——张开	1744
10.11		原木夹紧装置——闭合	1745

序号	符　　号	符号的说明/用途	ISO/IEC登记号
10.12	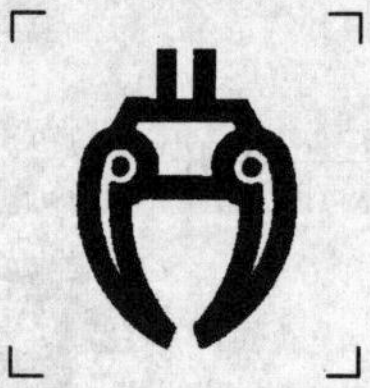	原木抓钩——基本符号	1747
10.13		原木抓钩——张开	1748
10.14		原木抓钩——闭合	1749
10.15		原木抓钩——旋转	1750
10.16		原木抓钩——顺时针旋转	1751
10.17		原木抓钩——逆时针旋转	1752

11 去冠刀符号

序号	符　　号	符号的说明/用途	ISO/IEC 登记号
11.1		去冠刀——基本符号	1753
11.2		去冠刀——张开 （适于机器操纵的符号）	1754
11.3		去冠刀——闭合	1755

12 锯符号

序号	符　　号	符号的说明/用途	ISO/IEC 登记号
12.1		圆锯——基本符号1)	1756
12.2		圆锯——向外伸出1)	1757
12.3		圆锯——向内收回1)	1758

序号	符号	符号的说明/用途	ISO/IEC 登记号
12.4		链锯——基本符号1)	1759
12.5		链锯——摆出1)	1760
12.6		链锯——摆入1)	1761
1) 该符号可以旋转方向来表示其机器适当的位置。			

13 抓钩式集材机符号

序号	符号	符号的说明/用途	ISO/IEC 登记号
13.1		单臂——基本符号	1762
13.2		单臂——提升/抓钩提起	1763
13.3		单臂——下降/抓钩放下	1764

序号	符　　号	符号的说明/用途	ISO/IEC 登记号
13.4		双臂——基本符号	1765
13.5		双臂——伸出	1766
13.6		双臂——收起	1767
13.7		双臂——提起	1768
13.8		双臂——放下	1769

14　木材装卸机符号

序号	符　　号	符号的说明/用途	ISO/IEC 登记号
14.1		原木装卸器——基本符号	1782

序号	符　　号	符号的说明/用途	ISO/IEC 登记号
14.2		中心立柱——抬起	1770
14.3		中心立柱——放下	1771
14.4		中心立柱——顺时针旋转	1772
14.5		中心立柱——逆时针旋转	1773
14.6		副臂——抬起	1774
14.7		副臂——放下	1775
14.8		副臂——伸长	1776

序号	符　　号	符号的说明/用途	ISO/IEC 登记号
14.9		副臂——缩回	1777
14.10		夹具——抬起	1780
14.11		夹具——放下	1779
14.12	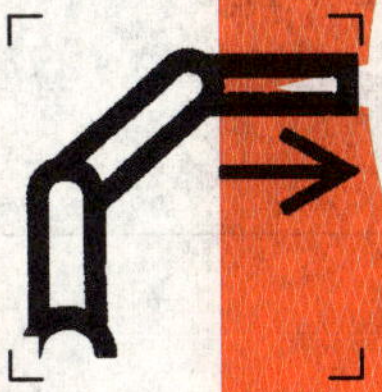	夹具——伸出	1778
14.13		夹具——缩回	1781

15　原木护栏符号

序号	符　　号	符号的说明/用途	ISO/IEC 登记号
15.1		护栏——基本符号	1783

序号	符　　号	符号的说明/用途	ISO/IEC 登记号
15.2		护栏——上升	1785
15.3		护栏——下降	1784

16　绞盘机符号

序号	符　　号	符号的说明/用途	ISO/IEC 登记号
16.1		绞盘机——基本符号	1176 第二版
16.2	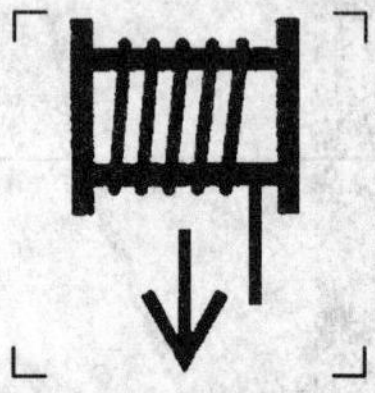	绞盘机——卷筒松绳	1539 第二版
16.3		绞盘机——卷筒绞集	1538 第二版
16.4		绞盘机——卷筒自由状态	1540 第二版

序号	符　　号	符号的说明/用途	ISO/IEC 登记号
16.5		绞盘机——锁定	2070
16.6		绞盘机——制动	2071

17　平衡支撑符号

序号	符　　号	符号的说明/用途	ISO/IEC 登记号
17.1		平衡支撑——基本符号	2072
17.2	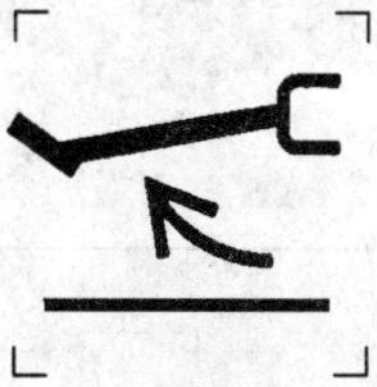	左平衡支撑——提起	2073
17.3		左平衡支撑——放下	2074
17.4		右平衡支撑——提起	1292 第二版

序号	符　　号	符号的说明/用途	ISO/IEC 登记号
17.5		右平衡支撑——放下	1291 第二版
17.6		左平衡支撑——伸出	2075
17.7		左平衡支撑——缩回	2076
17.8		右平衡支撑——伸出	1536 第二版
17.9		右平衡支撑——缩回	1537 第二版

18　悬臂支梁符号

序号	符　　号	符号的说明/用途	ISO/IEC 登记号
18.1	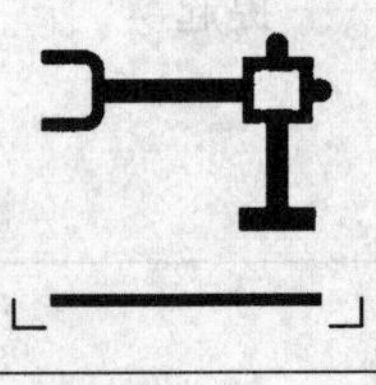	悬臂支梁——基本符号	2077

序号	符　　号	符号的说明/用途	ISO/IEC 登记号
18.2	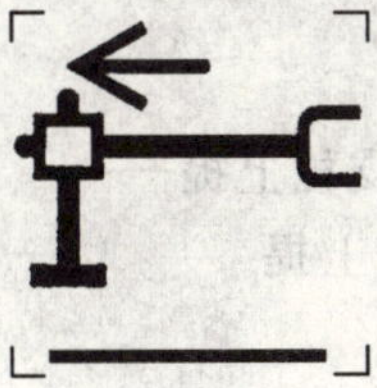	悬臂支梁——左梁伸出——仅能水平伸出	2078
18.3		悬臂支梁——左梁缩回——仅能水平缩回	2079
18.4		悬臂支梁——右梁伸出——仅能水平伸出	0746 第二版
18.5		悬臂支梁——右梁缩回——仅能水平缩回	0747 第二版
18.6		悬臂支梁——左支柱下落——仅能垂直下落	2080
18.7		悬臂支梁——左支柱上提——仅能垂直上提	2081
18.8	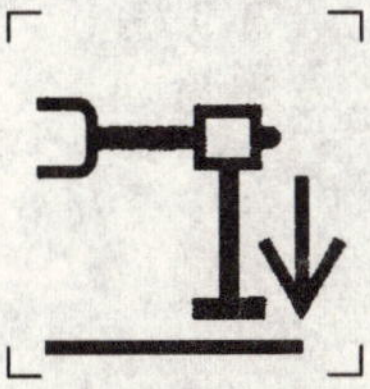	悬臂支梁——右支柱下落——仅能垂直下落	0750 第二版

序号	符　号	符号的说明/用途	ISO/IEC 登记号
18.9	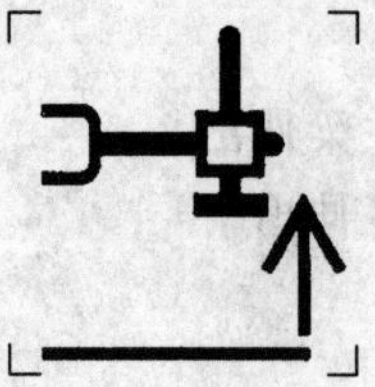	悬臂支梁——右支柱上提——仅能垂直上提	0751 第二版

ICS 77.040.01
H 17

中华人民共和国国家标准

GB/T 4326—2006
代替 GB/T 4326—1984

非本征半导体单晶霍尔迁移率和霍尔系数测量方法

Extrinsic semiconductor single crystals measurement of Hall mobility and Hall coefficient

2006-07-18 发布 2006-11-01 实施

中华人民共和国国家质量监督检验检疫总局
中国国家标准化管理委员会 发布

前　言

本标准是对 GB/T 4326—1984《非本征半导体单晶霍尔迁移率和霍尔系数测量方法》的修订。本标准是在原标准基础上，参考 ASTM F76 标准编制的。

本标准与原标准相比主要变动如下：

——在测量范围条款列举的材料中增加了磷化镓单晶材料，扩大了本标准的适用范围；

——增加了附录 A，在附录 A 中列出 f 因子数值表，用于电阻率计算；

——增加了原理条款，简述了测量原理；

——在样品制备条款中规定样品切片必须经过研磨，以消除机械损伤。取消了原标准中用洗涤剂或有机溶剂清洗样品的规定；

——改变了用于砷化镓样品的腐蚀液；

——增加了规定磷化镓样品腐蚀方法的条款；

——规定了配制腐蚀液的化学试剂的纯度等级；

——修改了砷化镓样品的电极制备方法，取消了腐蚀过程，改变了烧结条件；

——增加了规定磷化镓样品电极制备方法的条款；

——修改了对薄片试样接触尺寸线的要求，由线度不大于 $0.01L_p$ 改位不大于 $0.02L_p$；

——在电极制备设备条款中提出对烧结炉的要求；

——取消了原标准中电子设备条款下规定转换开关装置和晶体管图示仪的子条目；

——取消了原标准中的环境控制装置条款，保留了其中关于试样架的部分内容，改写为 5.6 条；

——取消了原标准中定位装置条款；

——改写了原标准测量程序条款中表述测量步骤的部分，修正了原标准中的文法错误和表述不确切的地方；

——改写了原标准规定测试报告的条款。

本标准的附录 A 为资料性附录。

本标准自实施之日起代替 GB/T 4326—1984 。

本标准由中国有色金属工业协会提出。

本标准由全国有色金属标准化技术委员会(SAC/TC)归口。

本标准由北京有色金属研究总院负责起草。

本标准主要起草人：王彤涵。

本标准由全国有色金属标准化技术委员会负责解释。

本标准所代替标准的历次版本发布情况为：

——GB/T 4326—1984 。

非本征半导体单晶霍尔迁移率和霍尔系数测量方法

1 范围

本标准规定的测量方法适用于测量非本征半导体单晶材料的霍尔系数、载流子霍尔迁移率、电阻率和载流子浓度。

本标准规定的测量方法仅在有限的范围内对锗、硅、砷化镓和磷化镓单晶材料进行了实验室测量，但该方法也可适用于其他半导体单晶材料，一般情况下，适用于室温电阻率高达 10^4 Ω·cm 半导体单晶材料的测试。

2 术语和定义

以下术语和定义适用于本标准。

2.1

电阻率 resistivity

电阻率是材料中平行于电流的电位梯度与电流密度之比。电阻率应在零磁通下测量。电阻率是材料参数中可直接测量的量。在具有单一类型载流子的非本征半导体材料中，电阻率与材料基本参数的关系如下：

$$\rho = (ne\mu)^{-1} \quad \cdots\cdots(1)$$

式中：

ρ——电阻率，Ω·cm；

n——载流子浓度，cm^{-3}；

e——电子电荷值，C(库仑)；

μ——载流子迁移率，$cm^2/(V\cdot s)$。

必须指出，对于本征半导体和某些 p 型半导体如 p-Ge(存在两种空穴)，式(1)显然不适用，而必须采用如下关系式：

$$\rho = \sum_i (n_i e \mu_i)^{-1} \quad \cdots\cdots(2)$$

式中：

n_i、μ_i——表示第 i 种载流子相关的量。

2.2

霍尔系数 hall coefficient

在半导体单晶材料试样上同时加上互相垂直的电场和磁场，则试样中的载流子将在第 3 个互相垂直的方向上偏转，在试样两侧建立横向电场，称之为霍尔电场，见图 1。霍尔系数是霍尔电场对电流密度和磁通密度之积的比。

$$R_H = \frac{E_r}{J_X \times B_Z} \quad \cdots\cdots(3)$$

式中：

R_H——霍尔系数，cm^3/C；

E_r——横向电场，V/cm；

J_X——电流密度，$A\cdot cm^2$；

B_Z——磁通密度,Gs。

对于主要是电子传导的 n 型非本征半导体,霍尔系数是负的;而对于主要是空穴传导的 p 型非本征半导体,霍尔系数是正的。

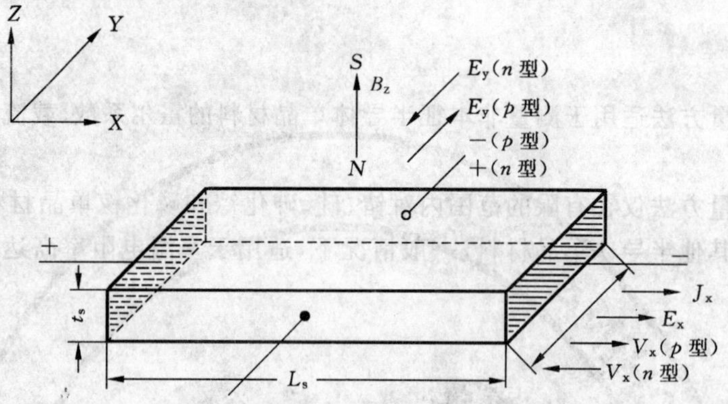

图 1 霍尔效应符号规定

2.3

霍尔迁移率 hall mobility

霍尔迁移率是霍尔系数的绝对值与电阻率之比。

$$\mu_H = \frac{|R_H|}{\rho} \quad \cdots\cdots(4)$$

式中:

μ_H——霍尔迁移率,$cm^2 \cdot V^{-1} \cdot s^{-1}$;

R_H——霍尔系数,cm^3/C;

ρ——电阻率,$\Omega \cdot cm$ 。

3 方法原理

3.1 在具有单一型号载流子的非本征半导体中,霍尔系数与材料基本参数的关系如下:

$$R_H = \frac{r}{n \times q} \quad \cdots\cdots(5)$$

式中:

R_H——霍尔系数,cm^3/C;

r——霍尔因子;

n——载流子浓度,cm^3;

q——载流子电量,C 。

霍尔因子 r 是依赖于能带结构,散射机构,试样温度,磁通密度和试样晶向的比例因子,它的值通常接近于 1 。在特定的情况下,为了精确地由所测量之霍尔系数确定载流子浓度,要求详细的 r 值的资料,但在许多情况下,这些资料是不知道的,只能估计 r 值。在进行比较测量时,测量者应取一致的 r 值。在缺乏其他资料时,r 通常可以取 1 。

3.2 仅在一种载流子的情况下,霍尔迁移率才具有实际的物理意义。在这样的系统中,霍尔迁移率 μ_H 与电导迁移率之间存在如下的关系:

$$\mu_H = r\mu \quad \cdots\cdots(6)$$

式中：

μ——电导迁移率，$cm^2 \cdot V^{-1} \cdot s^{-1}$。

电阻率和霍尔系数是材料中可直接测量的量。只有当已知 r 值的情况下，根据霍尔系数和电阻率的测量值能够得到载流子迁移率的精确值。

为了将习惯上使用的不同单位制的量协调一致，必须以 $V \cdot s \cdot cm^2$ 表示磁通密度，即：

$$1\ V \cdot s \cdot cm^2 = 10^8\ Gs$$

4 样品

4.1 取样和研磨

试样自单晶锭切下，应注意试样必须是完全的单晶。切好的试样，必须用氧化铝或碳化硅沙料水浆研磨，消除机械损伤，并使试样具有均匀、平整光洁的表面，然后用清水冲洗干净。

4.2 试样的形状

4.2.1 试样可用机械加工方法加工成所需的形状，如平行六面体、桥形或薄片等。

4.2.2 平行六面体试样的图形示于图 2。试样的总长一般在 1.0 cm～1.5 cm 之间，长宽比应大于 5，至少不要小于 4。

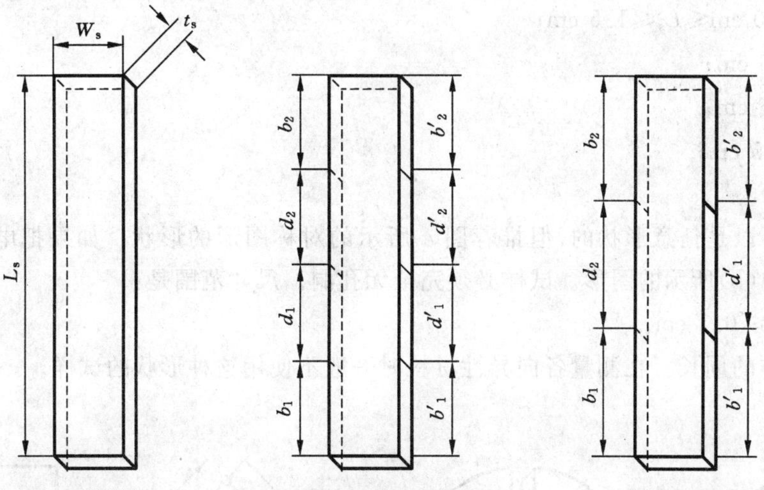

图 2 典型的平行六面体试样

4.2.3 桥形试样的图形示于图 3。

4.2.4 八接触试样对几何尺寸作如下要求，见图 3 中(a)和(c)：

$L_s \geqslant 4W_s$；$W_s \geqslant 3a$；b_1、$b_2 \geqslant W_s$；

$t_s \leqslant 0.1$ cm；$C \geqslant 0.1$ cm；1.0 cm $\leqslant L_s \leqslant$ 1.5 cm；

$b_1 = b_1' \pm 0.005$ cm；$b_2 = b_2' \pm 0.005$ cm；

$d_1 = d_1' \pm 0.005$ cm；$d_2 = d_2' \pm 0.005$ cm；

$b_1 + d_1 = L_s/2 \pm 0.005$ cm；

$b_1' + d_1' = L_s/2 \pm 0.005$ cm；

$b_1 \approx b_2$；$d_1 \approx d_2$。

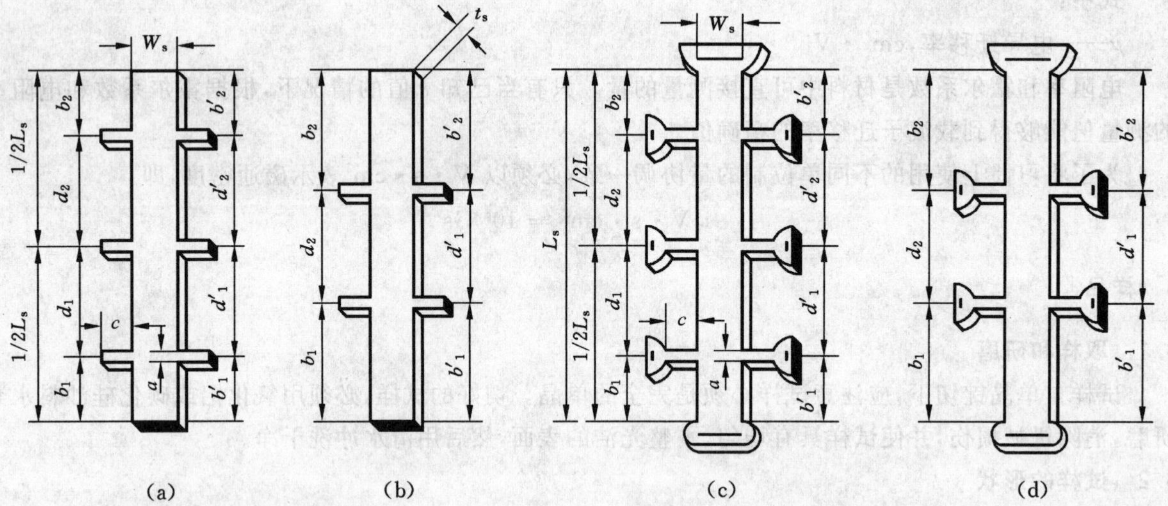

图 3　典型的桥形试样

4.2.5　六接触试样对几何尺寸作如下要求，见图 3 中(b)和(d)

$L_s \geqslant 5W_s$；$W_s \geqslant 3a$；b_1、$b_2 \geqslant 2W_s$；

$t_s \leqslant 0.1$ cm；$1.0\ \text{cm} \leqslant L_s \leqslant 1.5$ cm；

$b_1 = b_1' \pm 0.005$ cm；

$b_2 = b_2' \pm 0.005$ cm；

$d_2 = d_1' \pm 0.005$ cm；

$b_1 \approx b_2$。

4.2.6　薄片试样可以是任意形状的，但推荐图 4 所示的对称图形的形状。如果把电极制备在同一面内，必须使用图 4 中(b)所示的图形。试样必须完全无孔洞。尺寸范围是：

$L_p \geqslant 1.5$ cm；$t_s \leqslant 0.1$ cm。

其中 L_p 是试样的周长。在测量各向异性材料时一般不使用这种形状的试样。

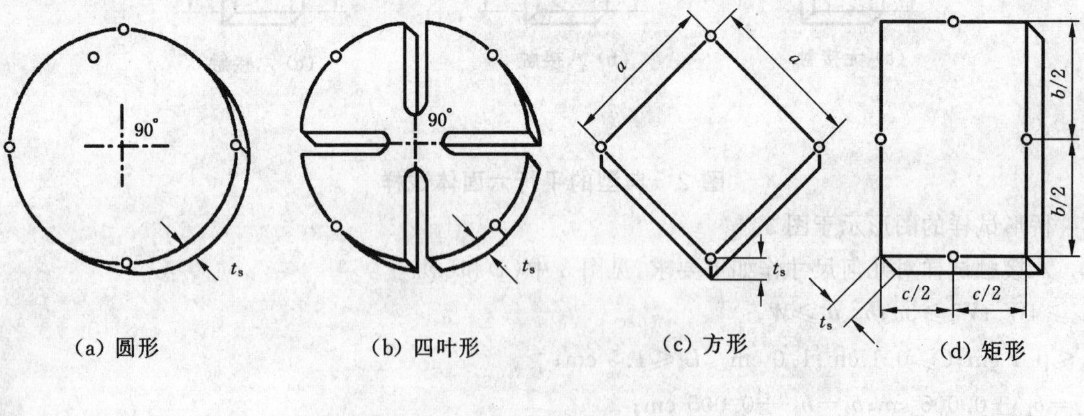

图 4　典型的对称薄片试样

4.3　腐蚀

成形的试样洗净后需经过腐蚀。

4.3.1　对锗材料试样，推荐使用将过氧化氢、氢氟酸和纯水按体积比 1∶1∶4 混合成的腐蚀液，在

25℃±5℃下腐蚀 3 min ～ 5 min 。

4.3.2　对硅材料试样，推荐使用的腐蚀液是氢氧化钾溶液，在 90℃下腐蚀 3 min～5 min。

4.3.3　对砷化镓材料试样，推荐使用将硫酸、过氧化氢和纯水按体积比 3∶1∶1 混合而成的腐蚀液，在室温下腐蚀约 30 s～50 s。

4.3.4　对磷化镓材料试样，推荐使用将铁氰化镓溶液、氢溴酸和冰醋酸按体积比 1∶1∶1 混合成的腐蚀溶液，在 40℃～60℃度水浴中腐蚀 9 min～11 min。

4.3.5　推荐的过氧化氢浓度为 30%，氢氧化钾的浓度为 82%，氢氟酸的浓度为 40%，纯度等级为分析纯。经腐蚀后的试样必须用纯水冲洗干净。

4.4　电极的制备

用下述方法制备电极。

4.4.1　对锗材料试样，用氯化锌焊剂敷锡-铟或铟焊料。

4.4.2　对硅材料试样，仅在接触的区域内用 HNO_3 和 HF 按体积比 10∶1 混和成的腐蚀液，腐蚀不超过 1 min，再用去离子水清洗。用镀、溅射或蒸发技术涂敷金属接触。对 *p* 型硅用金或铝，对 *n* 型硅用镍等。必要时可用低功率特斯拉线圈通过接触放电以制备更好的欧姆接触。

4.4.3　对砷化镓材料试样，用电烙铁涂铟，在氮或氢气氛中及 350℃～500℃下烧结 5 min～10 min。或用电镀、溅射或蒸发技术涂敷金属如金和铑，然后涂铟。

4.4.4　对磷化镓材料试样，用电烙铁涂锡，在氮或氢气氛中及 450℃～550℃下烧结 5 s～10 s。

4.4.5　对平行六面体试样，电流接触电极应完全覆盖试样两端。其他电位电极的宽度应小于0.2 mm。不论是何形状，电极位置应尽可能精确。

4.4.6　对薄片试样，接触尺寸要尽可能的小。通常电极应置于试样边缘，其线度不要大于 $0.02L_p$。如果电极必须放置在同一个平面上，应尽量靠近边缘位置。对有限尺寸的修正因子，采用范德堡方法(Van der Pauw)得出。

5　设备

5.1　使试样成形的设备

推荐使用内圆切片机或高精度的外圆切片机和超声加工机床等切割设备。使用的冲模应保持试样尺寸偏差在±1%的范围内。研磨设备适用于制备平整的金相试样。

5.2　几何尺寸测量设备

推荐使用千分尺、外径千分尺、千分表或带有读数刻度的显微镜测量样品的厚度、宽度和长度。要求试样尺寸的测量误差小于±1%。

5.3　电极制备设备

普通电烙铁或超声烙铁；适用于金、铝、镍等的电镀、溅射或蒸发设备；低功率特斯拉线圈等。可充氮或氢保护气体、达到所需温度(见 4.43 和 4.44)的烧结炉。

5.4　磁体

磁体可以是电磁体、永久磁体。磁通密度的精确度要求达到 ±1% 。要求磁体能对放置其中的试样提供 ±1% 均匀度的磁场。在使用电磁体时，应保证在测量时其磁通稳定度达到 ±1%。

5.5　电子设备

5.5.1　可调电流源。电流稳定性不低于±0.5%。测量时要求电流在试样上建立的电场小于 1 V/cm。

5.5.2　标准电阻器。如使用标准电阻测量电流，标准电阻的误差小于±0.1%。

5.5.3　电流表。如使用电流表测量通过样品的电流，电流表的误差小于±0.5% 。

5.5.4　电压表。电压测量推荐使用数字电压表。电压测量误差小于±1% 。电压表的输入阻抗应是被测试样总阻的 1 000 倍以上。也可以使用符合这种要求的电位差计、伏特计和静电计。

5.6 试样架

试样架应置于磁场的中心，使试样平面与磁通方向垂直。试样架必须由非磁性材料构成，不会对磁场造成影响，在试样位置上磁通密度值的变化应不大于 ±1%。

需要在低温下测量时，试样架可置于杜瓦瓶之中，或将试样直接安装在低温制冷机冷头上。低温容器也必须由非磁性材料制成。

6 测量过程

6.1 电阻率测量

电阻率测量应在零磁场条件下测量。

6.1.1 平行六面体和桥形试样按图 5 连接试样。将接触选择开关先后置于 1、2 和 4 位置，测量电压 $V_1(+I)$、$V_2(+I)$ 和 $V_4(+I)$。改变电流方向，重复上述过程，测量电压 $V_1(-I)$、$V_2(-I)$和 $V_4(-I)$。

6.1.2 薄片试样按图 6 连接。首先测量标准电阻上的电压降 $V_s(+I)$，而后接触选择开关置于 1、2、3 和 4，测量电压 $V_1(+I)$、$V_2(+I)$、$V_3(+I)$和 $V_4(+I)$。电流换向，重复上述过程，测量电压 $V_1(-I)$、$V_2(-I)$、$V_3(-I)$和 $V_4(-I)$。

6.2 霍尔测量

6.2.1 平行六面体或桥形试样按图 5 连接。接通磁场并调节到所要求的正磁通密度值。在正向电流下，接触选择开关先后接通位置 1、3 和 5(对六接触试样)，测量电压 $V_1(+I,+B)$，$V_3(+I,+B)$ 和 $V_5(+I,+B)$（对六接触试样）。电流反向，测量电压 $V_1(-I,+B)$、$V_3(-I,+B)$ 和 $V_5(-I,+B)$（对六接触试样）。磁通方向反向，并保持同一磁通密度(±1%)，测量电压 $V_1(-I,-B)$、$V_3(-I,-B)$ 和 $V_5(-I,-B)$（对六接触试样）。电流再次反向，测量电压 $V_1(+I,-B)$、$V_3(+I,-B)$ 和 $V_5(+I,-B)$（对六接触试样）。

6.2.2 薄片试样按图 6 连接。接通磁场并调节到要求的正磁通密度值。在正向电流下，首先测量电压 $V_s(+I,+B)$，然后接触选择开关先后接通位置 5 和 6，测量试样上的电压降 $V_5(+I,+B)$和 $V_6(+I,+B)$。电流反向，测量电压 $V_s(-I,+B)$、$V_5(-I,+B)$ 和 $V_6(-I,+B)$。磁通方向反向，并保持同一磁通密度(±1%)，测量电压 $V_s(-I,-B)$、$V_5(-I,-B)$ 和 $V_6(-I,-B)$。电流再次反向，测量电压 $V_s(+I,-B)$、$V_5(+I,-B)$和 $V_6(+I,-B)$。

6.3 上述各个测量步骤中，在每次电流反向时应检验电流的稳定性，要求变化小于±0.5%。在每次磁场反向时应检验磁通密度的稳定性，要求变化小于±1%。

如果使用永久磁体，则不需要检验磁通密度的稳定性。如果使用无剩磁的电磁体时，可通过检验电磁铁电流的稳定性来确定磁通密度的稳定性。要求电磁铁电流的变化小于±1%。

如在低温下测量，还应测量样品的温度和检验样品的温度稳定性。

如果电流、磁通密度或温度的变化超出规定的范围，应在稳定后重新进行测量。

6.4 如使用电流表测量通过样品的电流，则将图 5 和图 6 中的标准电阻换为电流表。

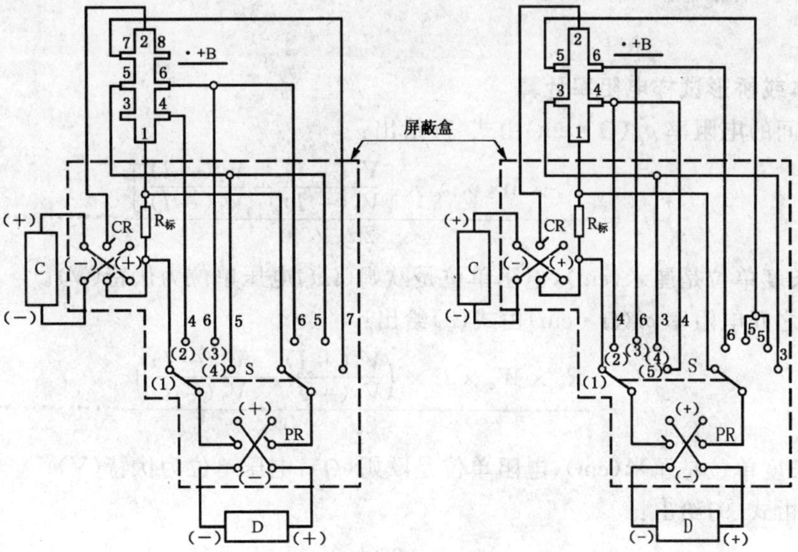

C——电流源；
R标——标准电阻；
D——电压表；
CR——电流换向开关；
PR——测量换向开关；
S——电位选择开关。

图 5 测量桥型和平行六面体试样的电路

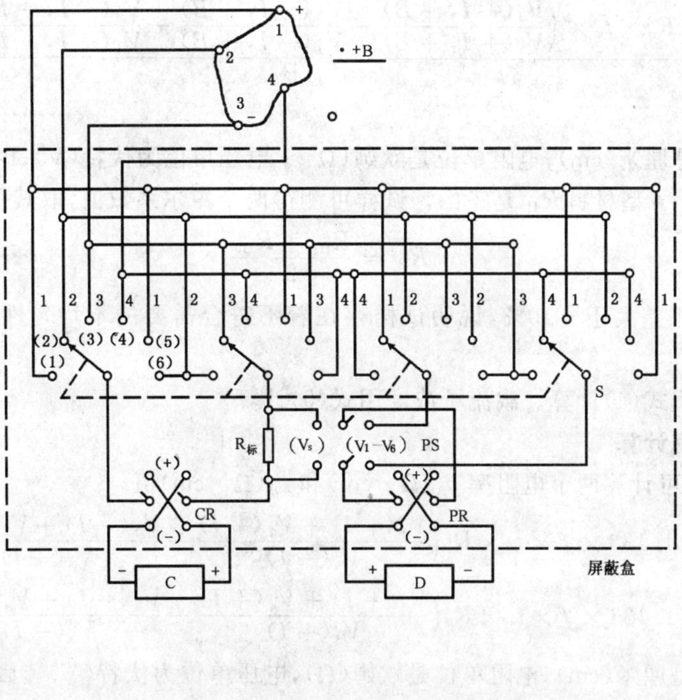

C——电流源；
R标——标准电阻；
D——电压表；
CR——电流换向开关；
PR——测量换向开关；
PS——测量选择开关；
S——电位选择开关。

图 6 测量薄片试样的电路

7 计算

7.1 平行六面体或桥形试样电阻率计算

某一对电极间的电阻率 ρ_A(Ω·cm)由式(7)给出：

$$\rho_A = \frac{R_s \times W_s \times t_s \times \left[\frac{V_2(+I)}{V_1(+I)} + \frac{V_2(-I)}{V_1(-I)}\right]}{2d_1} \quad \cdots\cdots(7)$$

以上式中，长度单位是厘米(cm)，电阻单位是欧姆(Ω)，电压单位为伏特(V)。

另一对电极之间电阻率 ρ_B(Ω·cm)由式(8)给出：

$$\rho_B = \frac{R_s \times W_s \times t_s \times \left(\frac{V_4(+I)}{V_1(+I)} + \frac{V_4(-I)}{V_1(-I)}\right)}{2d_2} \quad \cdots\cdots(8)$$

以上式中，长度单位是厘米(cm)，电阻单位是欧姆(Ω)，电压单位为伏特(V)。

平均电阻率由式(9)给出：

$$\rho = \frac{\rho_A + \rho_B}{2} \quad \cdots\cdots(9)$$

以上式中，长度单位是厘米(cm)，电阻单位是欧姆(Ω)，电压单位为伏特(V)。

如果 ρ_A 和 ρ_B 相差大于±10%，说明试样存在着不符合需要的不均匀性，这样的试样原则上应该舍弃。

7.2 平行六面体或桥形试样霍尔系数计算

7.2.1 霍尔系数(R_H)(cm^3/C)按式(10)计算：

$$R_H = \frac{2.5 \times 10^7 \times R_s \times t_s \times \left(\frac{V_3(+I,+B)}{V_1(+I,+B)} + \frac{V_3(-I,+B)}{V_1(-I,+B)} - \frac{V_3(-I,-B)}{V_1(-I,-B)} - \frac{V_3(+I,-B)}{V_1(+I,-B)}\right)}{B} \quad \cdots\cdots(10)$$

式中：长度单位是厘米(cm)；电阻单位是欧姆(Ω)；电压单位为伏特(V)；B 的单位是特(T)。对 n 型材料 R_H 是负的，对 p 型材料 R_H 是正的。试样可测得两个霍尔系数值，取其平均：

$$R_H = \frac{R_{H3} + R_{H5}}{2} \quad \cdots\cdots(11)$$

如果 R_{H3} 和 R_{H5} 相差大于±10%，说明试样存在着不符合需要的不均匀性，这样的试样原则上应舍弃。

7.2.2 霍尔迁移率用式(4)计算。载流子浓度用式(5)计算。

7.3 薄片试样电阻率计算

测量得到的数据可计算两个电阻率 ρ_A(Ω·cm)和 ρ_B(Ω·cm)值。

$$\rho_A = 1.133 \times f \times t_s \times R_s \left(\frac{V_1(+I) + V_2(+I)}{V_s(+I)} + \frac{V_1(-I) + V_2(-I)}{V_s(-I)}\right) \quad \cdots\cdots(12)$$

$$\rho_B = 1.133 \times f \times t_s \times R_s \left(\frac{V_3(+I) + V_4(+I)}{V_s(+I)} + \frac{V_3(-I) + V_4(-I)}{V_s(-I)}\right) \quad \cdots\cdots(13)$$

式中：长度单位是厘米(cm)，电阻单位是欧姆(Ω)，电压单位为伏特(V)。因子 f 是 Q_A 或 Q_B 的相关函数。

$$Q_A = \frac{\frac{V_1(+I)}{V_s(+I)} + \frac{V_1(-I)}{V_s(-I)}}{\frac{V_2(+I)}{V_s(+I)} + \frac{V_2(-I)}{V_s(-I)}} \quad \cdots\cdots(14)$$

$$Q_B = \frac{\frac{V_3(+I)}{V_s(+I)} + \frac{V_3(-I)}{V_s(-I)}}{\frac{V_4(+I)}{V_s(+I)} + \frac{V_4(-I)}{V_s(-I)}} \quad \cdots\cdots (15)$$

因子 f 在图(7)中表示为 Q 的函数，如果 Q 小于 1，则取它的倒数。f 的数值表见附录 A。

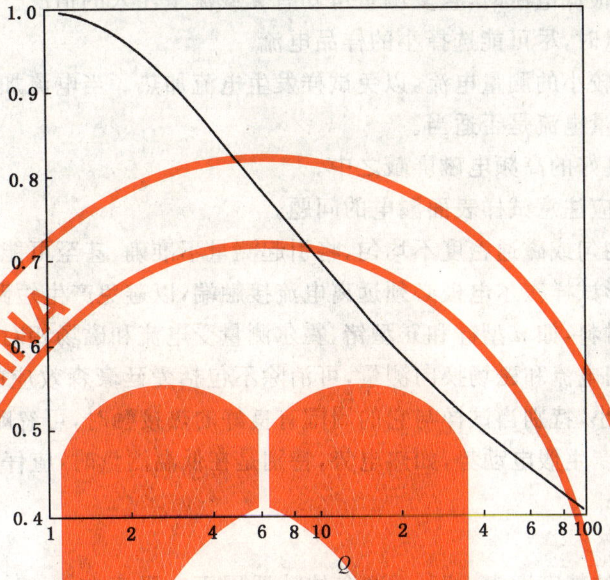

图 7　f 因子与 Q 的函数关系

如果 ρ_A 和 ρ_B 相差大于±10%，说明试样存在着不符合需要的不均匀性，这样的试样原则上应该舍弃。

平均电阻率由下式给出：

$$\rho = \frac{\rho_A + \rho_B}{2} \quad \cdots\cdots (16)$$

7.4　薄片试样霍尔系数计算

7.4.1　霍尔系数(R_{HC}，R_{HD})(cm^3/C) 按式(17)、(18)计算。

$$R_{HC} = \frac{2.5 \times 10^7 \times R_s \times t_s \times \left[\frac{V_5(+I,+B)}{V_s(+I,+B)} + \frac{V_5(-I,+B)}{V_s(-I,+B)} - \frac{V_5(-I,-B)}{V_s(-I,-B)} - \frac{V_5(+I,-B)}{V_s(+I,-B)}\right]}{B} \quad \cdots\cdots (17)$$

$$R_{HD} = \frac{2.5 \times 10^7 \times R_s \times t_s \times \left[\frac{V_6(+I,+B)}{V_s(+I,+B)} + \frac{V_6(-I,+B)}{V_s(-I,+B)} - \frac{V_6(-I,-B)}{V_s(-I,-B)} - \frac{V_6(+I,-B)}{V_s(+I,-B)}\right]}{B} \quad \cdots\cdots (18)$$

式中：长度单位是厘米；电阻单位是欧姆(Ω)；电压单位为伏特(V)；B 的单位是特(T)。如果 R_{HC} 和 R_{HD} 相差大于±10%，说明试样存在着不符合要求的不均匀性，这样的试样原则上应该舍弃。

7.4.2　霍尔迁移率用式(4)计算。载流子浓度用式(5)计算。

7.5　如果使用电流表测量通过样品的电流，上述各计算式要做相应的改变。取消式中的 R_S，并用电流值代换标准电阻上的电压值。电压单位用伏特，电流单位用安培。

8　注意事项

8.1　高的接触电阻或有整流特性的电极接触可导致虚假的结果，因此样品电极的欧姆接触特性对测量是至关重要的。如果电流反向后，电流值有明显变化则可能需要重新制作样品电极。

8.2　光电导和光生伏特效应能影响电阻率，特别是对于接近本征的材料。所以被测试样应置于蔽光的样品架中。

8.3　在测量过程中要保证材料电阻率不随电场变化。通常选择小于 1 V/cm 的电场。由于试样中电场的作用，可出现少数载流子的注入，对于高寿命和高阻材料，这种注入导致在沿棒几厘米的距离内电阻率降低。在对试样加很低电压时，重复测量可知有无载流子注入的情况。在没有注入时，不会发现电阻率变化。因此，在测量时，尽可能选择小的样品电流。

8.4　在测量时，应使用较小的测量电流，以免试样发生电流加热。当电流加到试样后，可用电阻率读数随时间的变化来判定测量电流是否适当。

8.5　测量装置应置于良好的高频电磁屏蔽之中。

8.6　测量高阻试样时，应注意试样表面漏电的问题。

8.7　试样杂质浓度不均匀或磁通密度不均匀，将引起测量不准确，甚至可能造成很大的误差。

8.8　平行六面体和桥形试样霍尔电极必须远离电流接触端，以避免产生短路效应。

8.9　对于各向异性的材料，如 n 型硅和 n 型锗，霍尔测量受电流和磁场相对于晶轴方向的影响。

8.10　测量过程中，采用电流和磁场换向测量，可消除不包括爱廷豪森效应的其他效应的影响，但爱廷豪森效应引起的误差很小，特别当试样与它的周围有良好的热接触时，可忽略不计。

8.11　测量电路中可能产生假电动势，如热电势，特别是在低温测量时，应仔细检查并予以消除。

9　精密度

本测量方法可预期的精密度为±7％，这个估计适用于电阻率在 0.01 Ω·cm～10 Ω·cm 的锗、硅、砷化镓和磷化镓等材料。

10　报告

测试报告一般包括下列内容：

a)　样品的编号、形状和相应的尺寸；

b)　磁通密度，测量电流，样品温度；

c)　测量数据；

d)　计算得到的电阻率和霍尔迁移率。

附 录 A
（资料性附录）
f 因子数值表

表 A.1 为 *f* 因子数值表，以下 1、3、5、7、9 列为 *Q* 值，2、4、6、8、10 列为对应的 *f* 值。

表 A.1

Q	*f*	*Q*	*f*	*Q*	*f*	*Q*	*f*	*Q*	*f*
1.02	1.000	1.04	1.000	1.06	1.000	1.08	1.000	1.10	1.000
1.12	1.000	1.14	1.000	1.16	0.998	1.18	0.998	1.20	0.997
1.22	0.997	1.24	0.996	1.26	0.995	1.28	0.995	1.30	0.994
1.32	0.993	1.34	0.993	1.36	0.992	1.38	0.991	1.40	0.990
1.42	0.989	1.44	0.989	1.46	0.988	1.48	0.987	1.50	0.986
1.52	0.985	1.54	0.984	1.56	0.983	1.58	0.982	1.60	0.981
1.62	0.980	1.64	0.979	1.66	0.978	1.68	0.977	1.70	0.976
1.72	0.975	1.74	0.974	1.76	0.973	1.78	0.972	1.80	0.971
1.82	0.970	1.84	0.969	1.86	0.968	1.88	0.967	1.90	0.966
1.92	0.965	1.94	0.964	1.96	0.962	1.98	0.961	2.00	0.960
2.02	0.959	2.04	0.958	2.06	0.957	2.08	0.956	2.10	0.955
2.12	0.954	2.14	0.953	2.16	0.951	2.18	0.950	2.20	0.949
2.22	0.948	2.24	0.947	2.26	0.946	2.28	0.945	2.30	0.944
2.32	0.943	2.34	0.942	2.36	0.940	2.38	0.939	2.40	0.938
2.42	0.937	2.44	0.936	2.46	0.935	2.48	0.934	2.50	0.933
2.52	0.932	2.54	0.931	2.56	0.930	2.58	0.929	2.60	0.928
2.62	0.926	2.64	0.925	2.66	0.924	2.68	0.923	2.70	0.922
2.72	0.921	2.74	0.920	2.76	0.919	2.78	0.918	2.80	0.917
2.82	0.916	2.84	0.915	2.86	0.914	2.88	0.913	2.90	0.912
2.92	0.911	2.94	0.910	2.96	0.909	2.98	0.908	3.00	0.907
3.02	0.906	3.04	0.905	3.06	0.904	3.08	0.903	3.10	0.902
3.12	0.901	3.14	0.900	3.16	0.899	3.18	0.898	3.20	0.897
3.22	0.896	3.24	0.895	3.26	0.894	3.28	0.893	3.30	0.892
3.32	0.891	3.34	0.890	3.36	0.889	3.38	0.888	3.40	0.887
3.42	0.886	3.44	0.885	3.46	0.884	3.48	0.883	3.50	0.882
3.52	0.882	3.54	0.881	3.56	0.880	3.58	0.879	3.60	0.878
3.62	0.877	3.64	0.876	3.66	0.875	3.68	0.874	3.70	0.873
3.72	0.872	3.74	0.872	3.76	0.871	8.78	0.870	3.80	0.869
3.82	0.868	3.84	0.867	3.86	0.866	3.88	0.865	3.90	0.865
3.92	0.864	3.94	0.863	3.96	0.862	3.98	0.861	4.00	0.860
4.02	0.859	4.04	0.859	4.06	0.858	4.08	0.857	4.10	0.856
4.12	0.855	4.14	0.854	4.16	0.854	4.18	0.853	4.20	0.852
4.22	0.851	4.24	0.850	4.26	0.850	4.28	0.849	4.30	0.848
4.32	0.847	4.34	0.846	4.36	0.846	4.38	0.845	4.40	0.844

表 A.1（续）

Q	f	Q	f	Q	f	Q	f	Q	f
4.42	0.843	4.44	0.842	4.46	0.842	4.48	0.841	4.50	0.840
4.52	0.839	4.54	0.839	4.56	0.838	4.58	0.837	4.60	0.836
4.62	0.836	4.64	0.835	4.66	0.834	4.68	0.833	4.70	0.833
4.72	0.832	4.74	0.831	4.76	0.830	4.78	0.830	4.80	0.829
4.82	0.828	4.84	0.827	4.86	0.827	4.88	0.826	4.90	0.825
4.92	0.824	4.94	0.824	4.96	0.823	4.98	0.822	5.00	0.822
5.02	0.821	5.04	0.820	5.06	0.820	5.08	0.819	5.10	0.818
5.12	0.817	5.14	0.817	5.16	0.816	5.18	0.815	5.20	0.815
5.22	0.814	5.24	0.813	5.26	0.813	5.28	0.812	5.30	0.811
5.32	0.811	5.34	0.810	5.36	0.809	5.38	0.809	5.40	0.808
5.42	0.807	5.44	0.807	5.46	0.806	5.48	0.805	5.50	0.805
5.52	0.804	5.54	0.803	5.56	0.803	5.58	0.802	5.60	0.802
5.62	0.801	5.64	0.800	5.66	0.800	5.68	0.799	5.70	0.798
5.72	0.798	5.74	0.797	5.76	0.797	5.78	0.796	5.80	0.795
5.82	0.795	5.84	0.794	5.86	0.793	5.88	0.793	5.90	0.792
5.92	0.792	5.94	0.791	5.96	0.790	5.98	0.790	6.00	0.789
6.02	0.789	6.04	0.788	6.06	0.788	6.08	0.787	6.10	0.786
6.12	0.786	6.14	0.785	6.16	0.785	6.18	0.784	6.20	0.783
6.22	0.783	6.24	0.782	6.26	0.782	6.28	0.781	6.30	0.781
6.32	0.780	6.34	0.779	6.36	0.779	6.38	0.778	6.40	0.778
6.42	0.777	6.44	0.777	6.46	0.776	6.48	0.776	6.50	0.775
6.52	0.774	6.54	0.774	6.56	0.773	6.58	0.773	6.60	0.772
6.62	0.772	6.64	0.771	6.66	0.771	6.68	0.770	6.70	0.770
6.72	0.769	6.74	0.769	6.76	0.768	6.78	0.767	6.80	0.767
6.82	0.766	6.84	0.766	6.86	0.765	6.88	0.765	6.90	0.764
6.92	0.764	6.94	0.763	6.96	0.763	6.98	0.762	7.00	0.762
7.02	0.761	7.04	0.761	7.06	0.760	7.08	0.760	7.10	0.759
7.12	0.759	7.14	0.758	7.16	0.758	7.18	0.757	7.20	0.757
7.22	0.756	7.24	0.765	7.26	0.755	7.28	0.755	7.30	0.754
7.32	0.754	7.34	0.753	7.36	0.753	7.38	0.752	7.40	0.752
7.42	0.751	7.44	0.751	7.46	0.750	7.48	0.750	7.50	0.750
7.52	0.749	7.54	0.749	7.56	0.748	7.58	0.748	7.60	0.747
7.62	0.747	7.64	0.746	7.66	0.746	7.68	0.745	7.70	0.745
7.72	0.744	7.74	0.744	7.76	0.743	7.78	0.743	7.80	0.743
7.82	0.742	7.84	0.742	7.86	0.741	7.88	0.741	7.90	0.740
7.92	0.740	7.94	0.739	7.96	0.739	7.98	0.839	8.00	0.738
8.02	0.738	8.04	0.737	8.06	0.737	8.08	0.736	8.10	0.736
8.12	0.735	8.14	0.735	8.16	0.735	8.18	0.734	8.20	0.734
8.22	0.733	8.24	0.733	8.26	0.732	8.28	0.732	8.30	0.732
8.32	0.731	8.34	0.731	8.36	0.730	8.38	0.730	8.40	0.730

表 A.1（续）

Q	f	Q	f	Q	f	Q	f	Q	f
8.42	0.729	8.44	0.729	8.46	0.728	8.48	0.728	8.50	0.727
8.52	0.727	8.54	0.727	8.56	0.726	8.58	0.726	8.60	0.725
8.62	0.725	8.64	0.725	8.66	0.724	8.68	0.724	8.70	0.723
8.72	0.723	8.74	0.723	8.76	0.722	8.78	0.722	8.80	0.721
8.82	0.721	8.84	0.721	8.86	0.720	8.88	0.720	8.90	0.719
8.92	0.719	8.94	0.719	8.96	0.718	8.98	0.718	9.00	0.717
9.02	0.717	9.04	0.717	9.06	0.716	9.08	0.716	9.10	0.716
9.12	0.715	9.14	0.715	9.16	0.714	9.18	0.714	9.20	0.714
9.22	0.713	9.24	0.713	9.26	0.713	9.28	0.712	9.30	0.712
9.32	0.711	9.34	0.711	9.36	0.711	9.38	0.710	9.40	0.710
9.42	0.710	9.44	0.709	9.46	0.709	9.48	0.708	9.50	0.708
9.52	0.708	9.54	0.707	9.56	0.707	9.58	0.707	9.60	0.706
9.62	0.706	9.64	0.706	9.66	0.705	9.68	0.705	9.70	0.704
9.72	0.704	9.74	0.704	9.76	0.703	9.78	0.703	9.80	0.703
9.82	0.702	9.84	0.702	9.86	0.702	9.88	0.701	9.90	0.701
9.92	0.701	9.94	0.700	9.96	0.700	9.98	0.700	10.0	0.699
12	0.668	14	0.643	16	0.622	18	0.604	20	0.589
22	0.575	24	0.563	26	0.552	28	0.542	30	0.533
32	0.524	34	0.517	36	0.510	38	0.503	40	0.497
42	0.491	44	0.486	46	0.481	48	0.476	50	0.472
52	0.467	54	0.463	56	0.459	58	0.456	60	0.452
62	0.449	64	0.446	66	0.443	68	0.440	70	0.437
72	0.434	74	0.431	76	0.429	78	0.426	80	0.424
82	0.422	84	0.419	86	0.417	88	0.415	90	0.413
92	0.411	94	0.409	96	0.407	98	0.406	100	0.404

ICS 77.040.10
H 22

中华人民共和国国家标准

GB/T 4338—2006
代替 GB/T 4338—1995

金属材料　高温拉伸试验方法

Metallic materials—Tensile testing at elevated temperature

（ISO 783:1999,MOD）

2006-08-18 发布　　2007-01-01 实施

中华人民共和国国家质量监督检验检疫总局
中国国家标准化管理委员会　发布

前　言

本标准修改采用 ISO 783:1999《金属材料高温拉伸试验》(英文版)。

本标准根据 ISO 783:1999 重新起草,为了方便比较在附录 J 中列出了本国家标准条款和国际标准条款的对照一览表。

根据我国的实际情况,本标准在采用国际标准时进行了修改。这些技术性差异用垂直单线标识在它们所涉及的条款的页边空白处。在附录 K 中给出了技术性差异及其原因的一览表以供参考。

对于 ISO 783:1999 引用的其他国际标准中有被修改采用为我国标准的,本标准用引用我国的这些国家标准或行业标准代替对应的国际标准,并增加了相关的引用标准。(见本标准第 2 章)。

为便于使用,本标准还做了下列编辑性修改:

——“本国际标准”一词改为“本标准”;

——用小数点“.”代替作为小数点的“,”;

——删除 ISO 783:1999 的前言。

本标准代替 GB/T 4338—1995《金属材料　高温拉伸试验方法》。

本标准在修订 GB/T 4338—1995 的基础上,对以下技术内容作了修改和补充:

——引用标准;

——术语和符号;

——试样;

——试验温度;

——试验设备;

——性能测定结果数值修约;

——性能测定方法。

本标准的附录 A、附录 B、附录 C、附录 D、附录 E 为规范性附录,附录 F、附录 G、附录 H、附录 I、附录 J和附录 K 为资料性附录。

本标准由中国钢铁工业协会提出。

本标准由全国钢标准化技术委员会归口。

本标准起草单位:钢铁研究总院,冶金工业信息标准研究院,北京有色金属研究总院。

本标准起草人:赵俊平、李久林、祝铁柱、董莉、王福生。

本标准所代替标准的历次版本发布情况:GB/T 4338—1984 、GB/T 4338—1995。

金属材料　高温拉伸试验方法

1　范围

本标准规定了温度在大于35℃条件下金属材料拉伸试验方法的术语及定义、符号及名称、试验原理、试验设备、试样、试验方法、结果处理和试验报告。

本标准适用于温度在大于35℃条件下金属材料的拉伸试验。

2　规范性引用文件

下列文件中的条款通过本标准的引用而成为本标准的条款。凡是注日期的引用文件，其随后所有的修改单(不包括勘误的内容)或修订版均不适用于本标准，然而，鼓励根据本标准达成协议的各方研究是否可使用这些文件的最新版本。凡是不注日期的引用文件，其最新版本适用于本标准。

GB/T 228　金属材料　室温拉伸试验方法(GB/T 228—2002，eqv ISO 6892:1998)

GB/T 2975　钢及钢产品　力学性能试验取样位置及试样制备(GB/T 2975—1998，eqv ISO 377：1997)

GB/T 8170　数值修约规则

GB/T 12160　单轴试验用引伸计的标定(GB/T 12160—2002，ISO 9513:1999，IDT)

GB/T 16825.1　静力单轴试验机的检验　第1部分：拉力和(或)压力机测力系统的检验与校准(GB/T 16825.1—2002，ISO 7500-1:1999，IDT)

GB/T 17600.1　钢的伸长率换算　第1部分：碳素钢和低合金钢(GB/T 17600.1—1998，eqv ISO 2566-1:1984)

GB/T 17600.2　钢的伸长率换算　第2部分：奥氏体钢(GB/T 17600.2—1998，eqv ISO 2566-2：1984)

JJG 141　工作用贵金属热电偶

JJG 351　工作用廉金属热电偶

3　术语和定义

本标准采用下列术语和定义。

3.1

标距　gauge length

试验中任一时刻测量试样伸长所用平行部分的长度。

注：注意区分3.1.1和3.1.2定义的标距。

3.1.1

原始标距　original gauge length

L_0

施力前在室温下的试样标距。

3.1.2

断后标距　final gauge length

L_u

试样断裂后在室温下的标距。

3.2

平行长度 parallel length

L_c

试样两头部或两夹持部分(不带头试样)之间平行部分的长度。

3.3

引伸计标距 extensometer gauge length

L_e

用引伸计测量试样延伸时所使用试样平行部分的长度。

引伸计标距可以与 L_0 不同,应大于 b、d 或 D(见表1),但小于 L_c。

3.4

延伸 extension

试验期间任一给定时刻引伸计标距(L_e)的增量。

3.5

伸长 elongation

试验期间任一时刻原始标距(L_0)的增量。

3.6

伸长率 percentage elongation

原始标距伸长与原始标距(L_0)之比的百分率。

3.6.1

残余延伸率 percentage permanent extension

对试样施加并卸除规定应力后,引伸计标距的延伸与引伸计标距(L_e)之比的百分率。

3.6.2

断后伸长率 percentage elongation after fracture

A

断后标距的残余伸长(L_u-L_0)与原始标距(L_0)之比的百分率(见图1)。

3.6.3

断裂总伸长率 percentage total elongation at fracture

A_t

断裂时刻原始标距的总伸长(弹性伸长加塑性伸长)与原始标距(L_0)之比的百分率(见图1)。

3.7

断面收缩率 percentage reduction of area

Z

断裂后试样横截面积的最大缩减量(S_0-S_u)与原始横截面积(S_0)之比的百分率。

3.8

最大力 maximum force

F_m

试验期间试样所能抵抗的最大力(见图5)。

对于特殊性能的材料,见附录F。

3.9

应力 stress

试验期间任一时刻的力除以试样原始横截面积(S_0)之商。

3.9.1

抗拉强度 tensile strength

R_m

相应最大力(F_m)的应力(见图 1)。

3.9.2

屈服强度　yield strength

当金属材料呈现屈服现象时,在试验期间达到塑性变形发生而力不增加的应力点。

3.9.2.1

上屈服强度　upper yield strength

R_{eH}

试样发生屈服而力首次下降前的最高应力(见图 2)。

3.9.2.2

下屈服强度　lower yield strength

R_{eL}

屈服期间不计初始瞬时效应的最低应力(见图 2)。

3.9.3

规定非比例延伸强度　proof strength, non-proportional extension

R_p

非比例延伸率等于规定的引伸计标距(L_e)百分率时的应力(见图 3)。

所使用的符号应附以下脚标说明所规定的百分率,例如:$R_{p0.2}$表示规定非比例延伸率为 0.2%时的应力。

4　符号及名称

本标准所使用的符号及名称列于表 1。

表 1　符号及名称

符号	单位	名　　称
		温　　度
θ	℃	规定温度
θ_i	℃	指示温度
		试　　样
a	mm	矩形横截面试样厚度或管壁厚度
b	mm	矩形横截面试样平行长度内的宽度或管纵向剖条宽度或扁丝的宽度
d	mm	圆形横截面试样平行长度内的直径、圆丝直径或管内径
D	mm	管外径
L_0	mm	原始标距
L_c	mm	平行长度
L_e	mm	引伸计标距
L_t	mm	试样总长度
L_u	mm	断后标距
S_0	mm^2	原始横截面积
S_u	mm^2	断后最小横截面积
k	—	比例系数

表 1(续)

符号	单位	名　　称
ρ	g/cm³	密度
Z	%	断面收缩率
		伸　长
—	mm	断后伸长(L_u-L_c)
A[a]	%	断后伸长率
A_t	%	断裂总伸长率
—	%	规定残余延伸率
—	%	规定非比例延伸率
		力
F_m	N	最大力
		屈服强度-规定强度-抗拉强度
R_{eH}	N/mm²	上屈服强度
R_{eL}	N/mm²	下屈服强度
R_m	N/mm²	抗拉强度
R_p	N/mm²	规定非比例延伸强度

a　如为比例试样,标距不为 $5.65\sqrt{S_0}$,$5.65\sqrt{S_0}=5\sqrt{\frac{4S_0}{\pi}}$(式中 S_0 为平行长度原始横截面积),符号 A 应用脚标说明所使用的比例系数,例如:$A_{11.3}$=试样原始标距为 $11.3\sqrt{S_0}$ 的断后伸长率。

如为非比例试样,符号 A 应用脚标说明所使用的标距,以 mm 表示,例如:$A_{80\ mm}$=试样原始标距为 80 mm 的断后伸长率。

注:1 MPa=1 N/mm²。

5　试验原理

在规定温度下,对试样施加拉力,一般拉伸至断裂,测定第 3 章中定义的一项或几项拉伸力学性能。

6　试验设备

6.1　试验机

试验机的准确度级别应符合 GB/T 16825.1 的要求,并应为 1 级或优于 1 级,除非产品标准另作规定。

6.2　引伸计

引伸计的准确度级别应符合 GB/T 12160 的要求。当使用引伸计测量伸长时,对于上、下屈服强度及规定非比例延伸强度,应使用不劣于 1 级准确度的引伸计;当测量试样有较大延伸率性能时,可使用不劣于 2 级准确度的引伸计。

引伸计标距应不小于 10 mm,并置于试样平行长度的中间部位,建议优先采用能测量试样两个侧面伸长的双面引伸计。

引伸计伸出加热装置外部分的设计应能防止气流的干扰,以使环境温度的变化对引伸计的影响减至最小。最好保持试验机周围的温度和空气流动速度适当稳定。

6.3 加热装置

6.3.1 温度的允许偏差

加热装置应能使试样加热到规定温度 θ。温度的允许偏差和温度梯度见表 2。

注：温度梯度是指由加热装置等产生的沿试样轴向方向存在的固定的温度差值。

表 2 温度的允许偏差和温度梯度表

单位为摄氏度

规定温度 θ	θ_i 与 θ 的允许偏差	温度梯度
$\theta \leqslant 600$	± 3	3
$600 < \theta \leqslant 800$	± 4	4
$800 < \theta \leqslant 1\,000$	± 5	5

加热装置均热区应不小于试样标距长度的两倍。

对于高于 1 000℃的试验，温度允许偏差应由有关双方协商确定。

指示温度 θ_i 是指在试样平行长度表面上所测量的温度。测定各项性能时，均应使温度保持在表 2 规定的范围内。

6.3.2 温度测量装置

温度测量装置的最低分辨力为 1℃，允许误差应在 $\pm 0.004\theta$℃或 ± 2℃之内，取其大值。

热电偶应符合 JJG 141、JJG 351 的要求，应不低于 2 级。

6.3.3 温度测量系统的检验

温度测量系统应在试验温度范围内检验，检验周期不超过 3 个月。如果温度测量系统能每天自动标定，或过去的连续检验已经表明无需调节测量装置均能符合本标准的规定要求，校验的周期可以延长，但不得超过 12 个月。检验报告中应记录误差。应采用相应检定规程进行检验。

7 试样

7.1 形状与尺寸

7.1.1 一般要求

试样的形状与尺寸取决于金属产品的形状和尺寸。通常从产品、压制坯或铸锭上切取样坯，机加工成试样。但具有等横截面积的产品（型材、棒材、线材等）和铸造试样（铸铁和铸造非铁合金）可以不经机加工而进行试验。试样横截面可以为圆形、方形、矩形、圆环形，在特殊情况下可以为其他形状。

注：可以使用平行长度上带小圆台或凸台的试样。凸台形状可按引伸计需要设计。上、下两凸耳宽度中心线间的距离为原始标距。

试样原始标距与原始横截面积为 $L_0 = k\sqrt{S_0}$ 关系时称为比例试样。通常所使用的比例系数 k 的值为 5.65。原始标距不小于 15 mm。当原始横截面积太小，以至采用比例系数为 5.65 时的值不能符合这一最小要求时，可以使用较高的值（优先用 11.3）或采用非比例试样。非比例试样的原始标距与原始横截面积（S_0）无固定关系。试样的尺寸公差应符合相应的附录要求。

7.1.2 机加工试样

如试样夹持端与平行长度尺寸不同，在它们之间应有过渡圆弧。过渡半径的尺寸很重要，如相应的附录中对过渡半径未作规定时，建议在产品标准中规定。试样夹持端的形状应适合于试验机夹头。试样轴线应与力的作用中心线重合。对于无过渡圆弧试样，夹头间的距离均应大于原始标距（L_0）。

7.1.3 不经机加工的试样

如试样为未经机加工的产品或试棒的一段长度，两夹头间的长度应足够，以使标记与夹头有合理的距离（见相应的附录）。

7.2 试样类型

附录 A～附录 D 中按产品的形状规定了试样的主要类型，见表 3。产品标准中可以规定其他试样类型。

表 3　试样的主要类型

单位为毫米

产　品　类　型		相应的附录
薄板-板材 	线材-棒材-型材 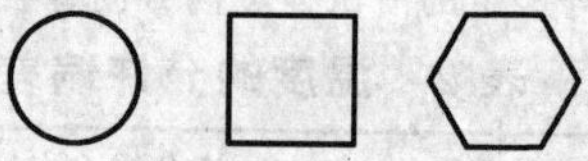	
0.1≤厚度<3	—	附录 A
—	材料直径或边长<4	附录 B
厚度≥3	材料直径或边长≥4	附录 C
管　材		附录 D

7.3　试样的制备

按相关产品标准或 GB/T 2975 的要求切取样坯和制备试样。

8　试验方法

8.1　原始横截面积(S_0)的测定

原始横截面积的测量准确度取决于试样的尺寸和类型。附录 A 至附录 D 规定了各种类型试样原始横截面积的允许误差。

测量时建议按表 4 选用量具或测量装置,应根据测量试样的原始尺寸计算原始横截面积,并至少保留 4 位有效数字。

表 4　量具或测量装置的分辨力

单位为毫米

试样横截面特征尺寸	分辨力,不大于
0.1~0.5	0.001
>0.5~2.0	0.005
>2.0~10.0	0.01
>10.0	0.05

8.2　原始标距(L_0)的测定及标记

使用小标记或细划线标记原始标距,但不应使用可能引起过早断裂的刻痕作标记。

注:无缺口敏感性的材料允许用小刻痕作标记。

对于比例试样,应将原始标距的计算值修约至最接近 5 mm 倍数,中间数值向较大一方修约。原始标距的标记应准确到±1%。

如平行长度(L_c)比原始标距长许多,例如非机加工试样,可以标记一系列套叠的原始标距,一部分可以延伸到夹头,但标距的标记必须在加热区以内。

可以在试样表面划一根平行于试样纵轴的线,并在此线上作出原始标距。

对于自动化操作的试验机,用引伸计两刀刃间距作为原始标距。

8.3　温度的测量

热电偶测温端应与试样表面有良好的热接触,并避免加热体对热电偶的直接热辐射。当试样标距小于 50 mm 时,应在试样平行长度内两端各固定一支热电偶;标距等于或大于 50 mm,应在平行长度的两端及中间各固定一支热电偶。如果从经验中已知加热炉与试样的相对位置保证试样温度的变化不超过表 2 规定时,热电偶的数目可以减少。

注:热电偶测温端直接固定于加热装置内时,必须经校验以保证指示温度与试样表面温度的一致性。当其温度一致时再计保温时间。

8.4 试样的加热

将试样逐渐加热至规定温度，加热过程中，试样的温度不应超过规定温度偏差上限，达到规定温度后至少保持 10 min，然后调整引伸计零点。

8.5 施加试验力

应对试样无冲击地施加力，力的作用应使试样连续产生变形。试验力轴线应与试样轴线一致，以使试样标距内的弯曲或扭转减至最小。

8.6 试验速率

8.6.1 屈服强度

在测定上屈服强度、下屈服强度和规定非比例延伸强度时，试验速率规定如下：

试验开始至达到屈服强度期间，试样的应变速率应在 0.001/min～0.005/min 之间尽可能保持恒定，仲裁试验采用中间应变速率。

当试验系统不能控制应变速率时，应调节应力速率，使在整个弹性范围内试样应变速率保持 0.003/min以内，任何情况下，弹性范围内的应力速率不应超过$(300\ N/mm^2)/min$。

8.6.2 抗拉强度

如仅测定抗拉强度，试样的应变速率应在 0.02/min～0.20/min 之间尽量保持恒定，仲裁试验采用中间应变速率。

如同一试验中也测定屈服强度，从 8.6.1 中要求的应力速率到上述规定速率的改变应均匀连续。

8.7 断后伸长率（*A*）的测定

应按 3.6.2 条定义测定断后伸长率。

为了测定断后伸长率，应将试样断裂部分紧密对接在一起，使其轴线处于同一直线上。应使用分辨力足够的装置测量断后伸长，准确至 0.25 mm。

测定小于 5%的断后伸长率时，应使用引伸计。也可采用附录 G 的方法。

如断裂处与邻近的原始标距距离大于$\frac{1}{3}L_0$，测量数据有效。如小于$\frac{1}{3}L_0$，应按附录 E 的方法测定。但断后伸长率大于或等于规定值，不管断裂位置处于何处，测量均为有效。

经协商，可以在一固定标距上测定断后伸长率，然后使用换算公式或换算表将其转换成其他标距的断后伸长率（例如可以使用 GB/T 17600.1 和 GB/T 17600.2 的换算方法）。

当使用引伸计测量断后伸长和断裂的总伸长时，引伸计标距（L_e）应等于试样的原始标距（L_0）。

如果数据采集系统能够自动测量伸长，无需作标距标记。在此情况下，所测量的伸长是总伸长，因而应扣除弹性伸长部分，以便得到断后伸长率。

注：仅当试样标距或引伸计标距、试样形状、试样原始横截面积相同，或当比例系数（k）相同时，断后伸长率才有可比性。

8.8 规定非比例延伸强度（R_p）的测定

根据力-延伸曲线图测定规定非比例延伸强度，在曲线图上划一条与曲线的弹性直线段平行、且在横坐标轴上与此直线段的距离等于规定非比例延伸率，例如 0.2%的平行线，此平行线与曲线的交点给出相应于规定非比例延伸强度的力。用此力除以试样原始横截面积（S_0）得到规定非比例延伸强度（见图 3）。

绘制力-延伸曲线的准确度很重要。曲线可以用自动记录或人工方法绘制。

当力-延伸曲线的直线部分不明确时，推荐采用下列方法：当已超过预期的规定非比例延伸强度时，将力降至约为已达到力的 10%，然后再施加力，直至超过原来达到的力。过滞后环画一直线，然后经过横轴上与曲线原点的距离等于所规定非比例延伸率的点，作此直线的平行线。平行线与曲线的交点给出相应于规定非比例延伸强度的力。此力除以试样原始横截面积（S_0）即为规定非比例延伸强度（见图 4）。

附录 H(资料性附录)提供了逐步逼近方法,可以采用。

用自动装置(例如微处理机等)可以得到这一性能而无需绘出力-延伸曲线图。

日常一般试验允许采用绘制力-夹头位移曲线的方法测量非比例延伸率等于或大于 0.2%的规定非比例延伸强度。仲裁试验不采用此方法。

引伸计标距 L_e 不等于原始标距 L_0 时,测量的伸长应表示为引伸计标距的 L_e 的百分比。

8.9 上屈服强度 R_{eH} 和下屈服强度 R_{eL} 的测定

8.9.1 呈现明显屈服(不连续屈服)现象的金属材料,相关产品标准应规定测定上屈服强度或下屈服强度或两者。如未具体规定,应测定上屈服强度和下屈服强度,或下屈服强度(图 2)。按照 3.9.2.1 和 3.9.2.2的定义及采用下列方法测定上屈服强度和下屈服强度。

8.9.1.1 图解法:试验时记录力-延伸曲线或力-位移曲线。从曲线图读取力首次下降前的最大力和不计初始瞬时效应时屈服阶段中的最小力或屈服平台的恒定力。将其分别除以试样原始横截面积(S_0)得到上屈服强度和下屈服强度(见图 2)。仲裁试验采用图解法。

8.9.1.2 指针法:试验时,读取测力度盘指针首次回转前指示的最大力和不计初始瞬时效应时屈服阶段中指示的最小力或首次停止转动指示的力。将其分别除以试样原始横截面积(S_0)得到上屈服强度和下屈服强度。

8.9.1.3 使用自动装置(例如微处理机等)或自动测试系统测定上屈服强度和下屈服强度,可以不绘制拉伸曲线图。

8.10 规定残余延伸率(A_r)的验证

试样达到规定温度并保温后,施加至规定力,如产品标准无规定,通常保持试验力 10s～12s,然后卸除力,验证其残余延伸是否超过规定的残余延伸率。

8.11 抗拉强度(R_m)的测定

按照 3.9.1 的定义和采用图解法或指针法测定抗拉强度。

试样拉伸至断裂,从记录的拉伸曲线图上确定试验过程中达到的最大力(见图 5),或从测力度盘上读取最大力。用最大力除以试样原始横截面积得到抗拉强度。

可以使用自动装置(例如微处理机等)或自动测试系统测定抗拉强度,可以不绘制拉伸曲线图。

当材料显示特殊屈服现象时,可参照附录 F 测定其抗拉强度。

8.12 断面收缩率(Z)的测定

应按 3.7 条定义测定断面收缩率。

在室温下将拉断的圆形横截面试样在断裂处紧密对接在一起,使其轴线处于同一直线上,在其直径最小处的两个相互垂直方向测量直径,用其算术平均值计算最小横截面积。

矩形横截面试样、弧形横截面试样、管段试样和直径小于 3 mm 的试样,一般不测定其断面收缩率。如要求测定,由双方协商其测定方法。

9 结果处理

试验测定的性能结果数值应按照相关产品标准的要求进行修约。如未规定具体要求,应按照表 5 的要求进行修约。修约的方法按照 GB/T 8170。

表 5 性能结果数值的修约间隔

性 能	范 围	修约间隔
R_m、R_{eH}、R_{eL}、R_p	≤200 N/mm²	1 N/mm²
	>200 N/mm²～1 000 N/mm²	5 N/mm²
	>1 000 N/mm²	10 N/mm²
A	—	0.5%
Z	—	0.5%

10 试验报告

试验报告一般应包括下列内容：

a) 本标准号；

b) 试样标识；

c) 材料名称、牌号；

d) 试样类型；

e) 试验温度；

f) 所测性能结果。

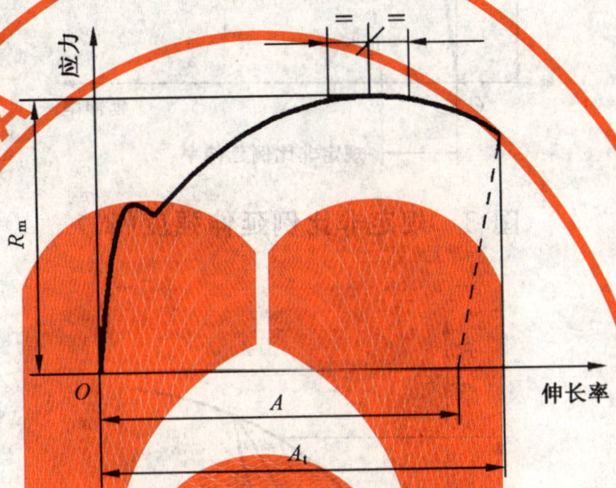

图 1 伸长的定义

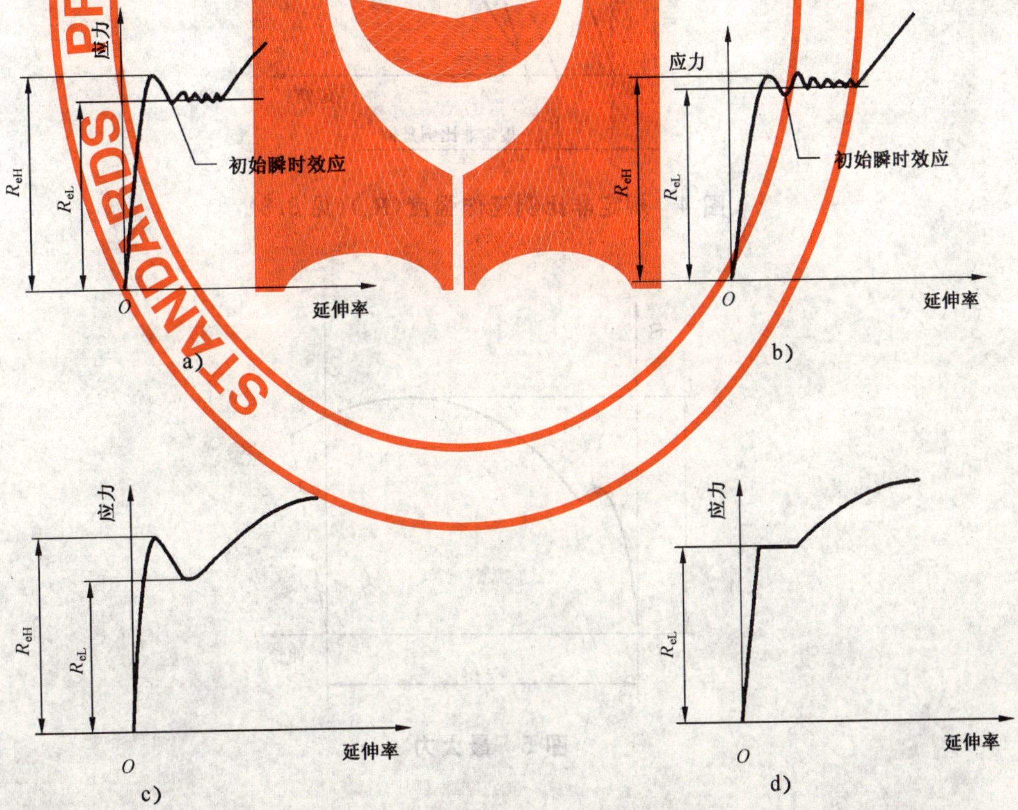

图 2 不同类型的上、下屈服强度

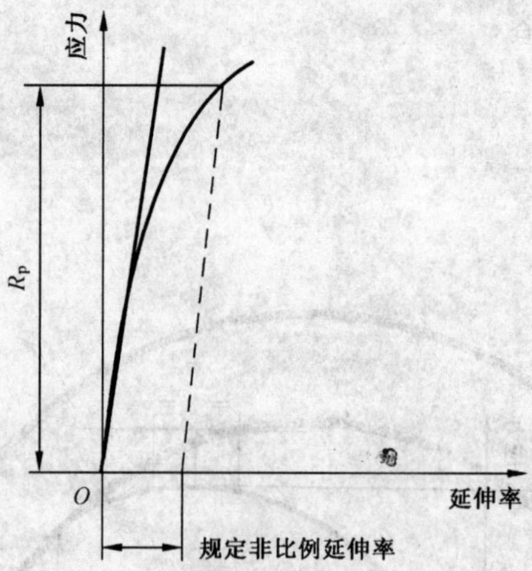

图 3　规定非比例延伸强度(R_p)

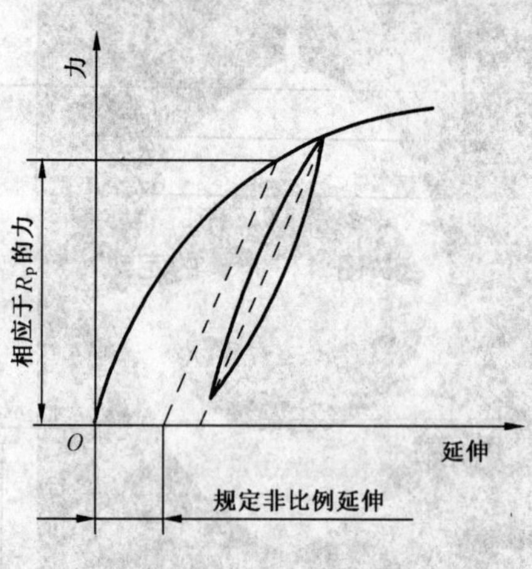

图 4　规定非比例延伸强度(R_p)(见 8.8)

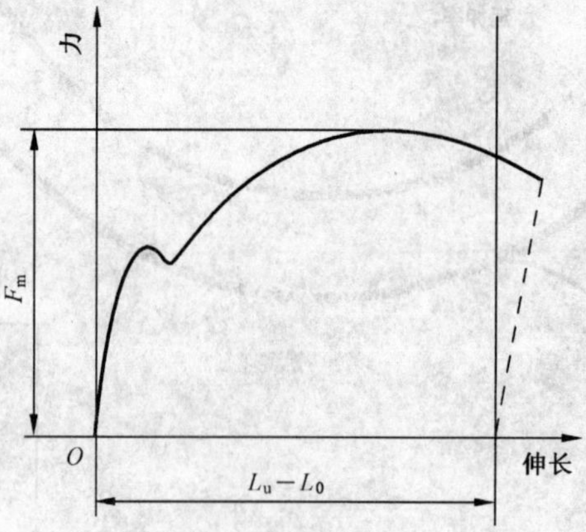

图 5　最大力

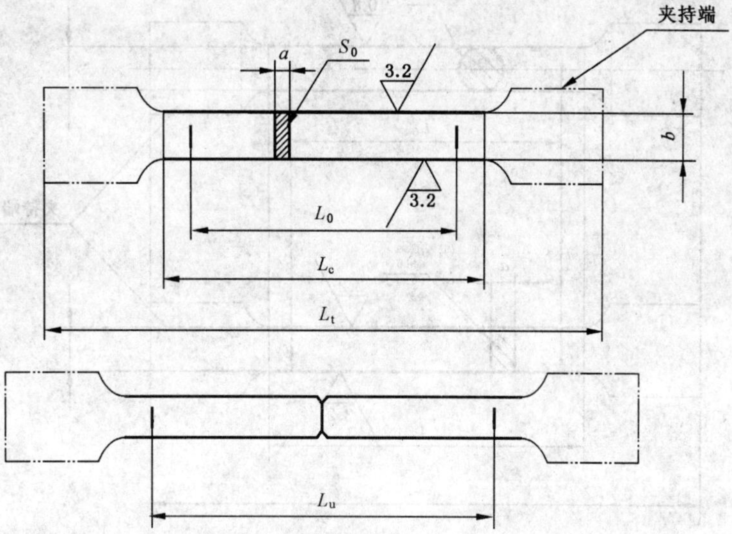

图 6　机加工的矩形横截面试样(见附录 A)

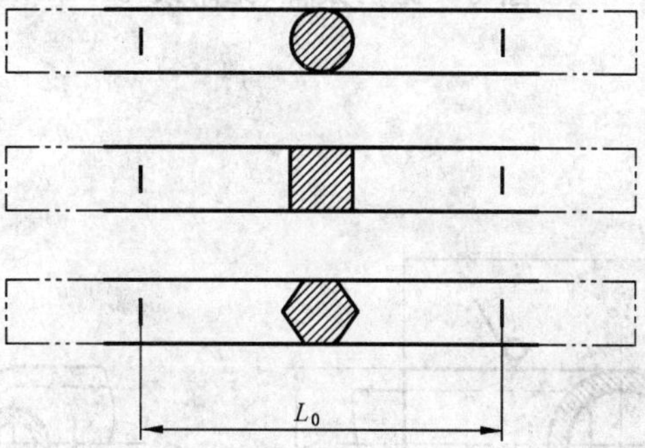

注：试样头部仅为示意性。

图 7　不经机加工的试样(见附录 B)

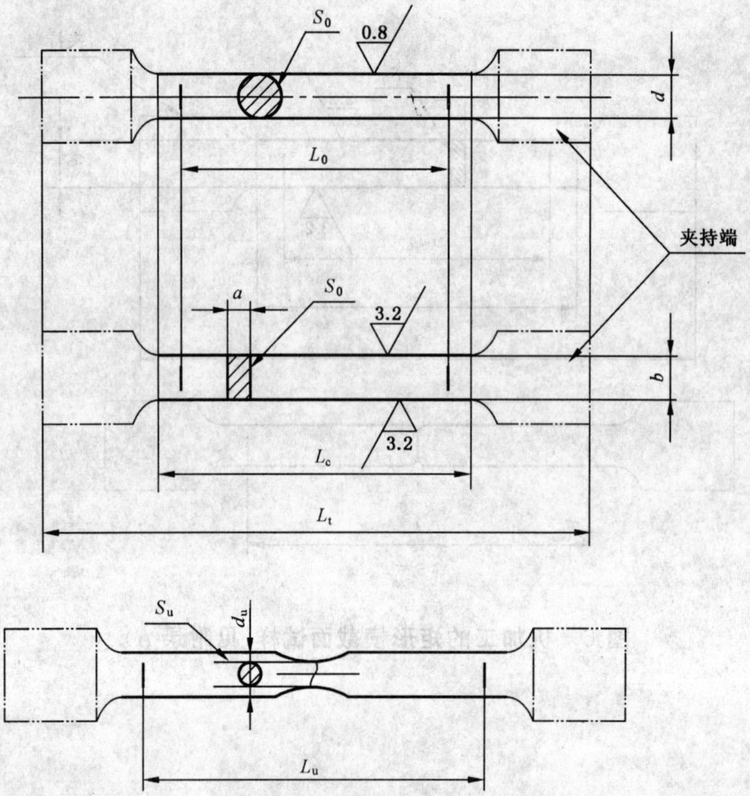

注：试样头部仅为示意性。

图 8　比例试样(见附录 C)

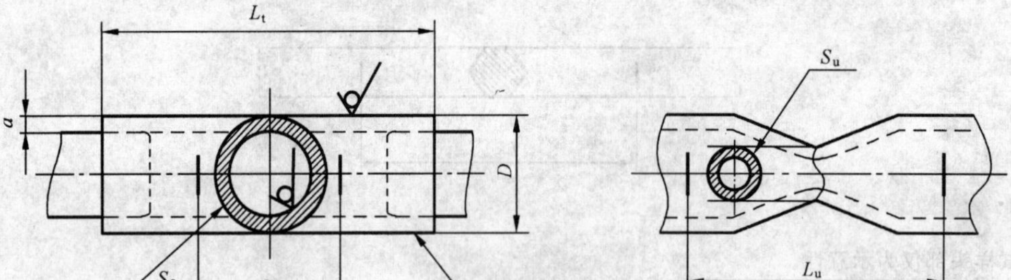

图 9　管段试样(见附录 D)

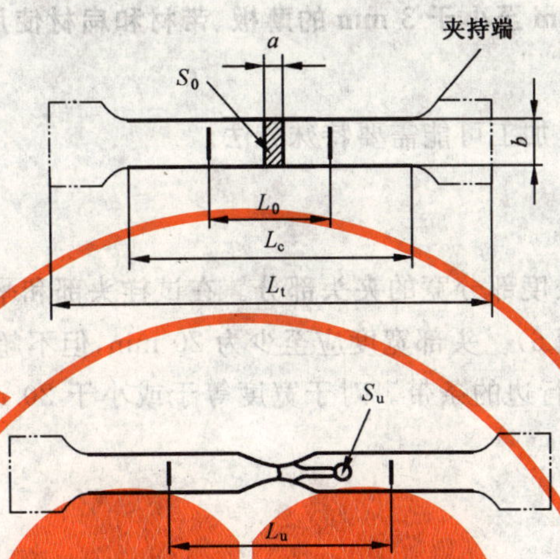

注：试样头部仅为示意性。

图 10 管材纵向弧形试样(见附录 D)

附　录　A
（规范性附录）
厚度为 0.1 mm 至小于 3 mm 的薄板、带材和扁材使用的试样类型

厚度小于 0.5 mm 的产品机加工可能需要特殊方法。

A.1　试样形状

试样一般应具有比其平行长度部分宽的夹头部分。在试样头部和平行长度(L_c)之间应有半径至少为 20 mm 的过渡弧线连接(见图 6)。头部宽度应至少为 20 mm,但不超过 40 mm。

通过协议,试样也可以是平行边的条带。对于宽度等于或小于 20 mm 的产品,试样宽度可以与产品宽度相同。

A.2　试样尺寸

平行长度应不小于 $L_0+b/2$。

仲裁试验时,平行长度应为 L_0+2b,除非材料尺寸不够。

对于宽度小于 20 mm 的平行边条带试样,如相关产品标准没有规定,原始标距(L_0)应等于 50 mm。对于这类试样,夹头间的自由长度应等于 L_0+3b。

表 A.1 中给出两种非比例试样的尺寸。

当测量试样尺寸时,形状公差应符合 A.2 的要求。

当试样宽度与产品的宽度相同时,应根据测量的试样尺寸计算原始横截面积(S_0)。若机加工公差和形状公差已符合表 A.2 的规定,可以使用试样的标称宽度,在试验前则不用测量试样宽度。

表 A.1　矩形横截面非比例试样

单位为毫米

试样类型	宽　度 b	原始标距 L_0	平行长度 L_c	平行边试样夹头间的自由长度
1	12.5	50	75	87.5
2	20	80	120	140

A.3　试样的制备

试样的制备应不影响金属材料的力学性能。应通过机加工方法去除由于剪切或冲压而产生的硬化部分。

对于十分薄的材料,建议将薄带切割成等宽度的薄片并将其叠成一叠,在每一薄片之间用耐切割油纸间隔开,每叠两侧夹以较厚的条带,然后将整叠机加工至试样尺寸。

A.4　原始横截面积(S_0)的测定

应根据测量的试样尺寸计算原始横截面积。原始横截面积的测定误差应不超过±2%,当误差的主要部分是由于试样厚度测量所引起时,宽度的测量误差应不超过±0.2%。

矩形试样横截面的宽度和厚度应在标距的中间处测量。仲裁试验时,在两端及中间处测量,取用三处测得横截面积中最小值。矩形试样原始横截面积按公式(A.1)计算:

$$S_0 = ab \qquad \cdots\cdots\cdots\cdots\cdots\cdots\text{(A.1)}$$

表 A.2 试样宽度公差

单位为毫米

试样标称宽度	尺寸公差	形状公差
12.5	±0.2	0.04
20	±0.5	0.05

附 录 B
（规范性附录）
直径或厚度小于 4 mm 的线材、棒材和型材使用的试样类型

B.1 试样形状

试样通常为产品的一部分，不经机加工（见图 7）。

B.2 试样尺寸

原始标距（L_0）应取为 200 mm 或 100 mm。除小直径线材在两夹头间的距离可以等于 L_0 的情况外，试验机两夹头间的距离应至少为 L_0＋50 mm，即分别为 250 mm 和 150 mm。

注：如果不测定断后伸长率，夹头间的最小距离可以为 50 mm。

B.3 试样制备

如以盘卷交货的产品，应仔细进行矫直。

B.4 原始横截面积（S_0）的测定

原始横截面积的测定应准确到±1%。

对于圆形横截面产品，应在标距的中间处两个相互垂直方向各测一次，取其算术平均值。仲裁试验时，应在标距的两端及中间三处两个互相垂直的方向测量直径，取其算术平均值，取用三个平均直径中的最小值计算圆形试样原始横截面积。按公式（B.1）计算：

$$S_0 = \frac{\pi d^2}{4} \qquad \text{(B.1)}$$

附　录　C
（规范性附录）
厚度等于或大于 3 mm 的板材和扁材以及直径或厚度等于或大于 4 mm 的线材、棒材和型材使用的试样类型

C.1　试样形状

试样通常进行机加工。平行长度和夹持头部之间用过渡弧线连接，试样头部形状应适合于试验机夹头的夹持(见图 8)。在夹持端和平行长度之间的最小过渡半径应为：

圆形横截面试样：不小于 0.75 d（d 为标距的直径）

矩形横截面试样：不小于 12 mm

如有要求，型材、棒材等可以不经机加工进行试验。

试样原始横截面可以为圆形、方形、矩形或特殊情况时为其他形状。对于矩形横截面试样，推荐其宽厚比不超过 8∶1。

通常，机加工的圆形横截面试样平行长度内的直径应不小于 3 mm。

C.2　试样尺寸

C.2.1　机加工试样的平行长度

圆形横截面试样的平行长度应不小于 $L_0+d/2$；材料足够时，对于仲裁试验应不小于 L_0+2d；

矩形横截面试样的平行长度应不小于 $L_0+1.5\sqrt{S_0}$，材料足够时，对于仲裁试验应不小于 $L_0+2\sqrt{S_0}$；

C.2.2　不经机加工的试样的长度

在试验机夹头间的自由长度应使标距标记与最近夹头间有合理的距离。建议不小于 1.5 d 或 1.5 b。

C.2.3　原始标距(L_0)

C.2.3.1　比例试样

比例试样的原始标距(L_0)与原始横截面积(S_0)的关系如式 C.1 所示：

$$L_0 = k\sqrt{S_0} \qquad \text{(C.1)}$$

式中：

k——5.65。

圆形横截面试样优先采用表 C.1 规定的尺寸。

表 C.1　圆形横截面比例试样

k	直径 d/mm	原始横截面积 S_0/mm²	原始标距/mm $L_0=k\sqrt{S_0}$	最小平行长度 L_c/mm	总长度 L_t/mm
5.65	20	314.2	100	110	取决于试验机夹持试样的方法，原则上：$L_t>L_c+2d$ 或 $4d$
	10	78.54	50	55	
	5	19.64	25	28	

C.2.3.2　非比例试样

如产品标准中规定，可以使用非比例试样。

C.3 试样的制备

机加工试样的横截面尺寸公差在表 C.2 中规定，下面给出应用这些公差的示例：

a) 机加工公差

在表 C.2 中，以标称直径 10 mm 的试样为例，对于±0.07 mm 的公差，如要把原始横截面积（S_0）的标称值包括在计算之中而无需测量时，试样直径的尺寸不应超出下面两个值之间的尺寸范围：

10 mm＋0.07 mm＝10.07 mm；

10 mm－0.07 mm＝9.93 mm。

b) 形状公差

表 C.2 中，对于满足上述机加工条件的 10 mm 直径的试样，测量的最大与最小直径之差不应超过 0.04 mm。

因此，如试样最小直径为 9.99 mm，它的最大直径不应超过：

9.99 mm＋0.04 mm＝10.03 mm。

C.4 原始横截面积（S_0）的测定

满足表 C.2 中规定公差的圆形横截面试样的原始横截面积可以使用标称直径进行计算。其他横截面形状的试样，应根据 B.4 的方法测量并计算原始横截面积（S_0），每个尺寸的测量值应准确到±0.5%以内。

对于等横截面试样，可根据试样长度、质量和材料密度测定原始横截面积。试样长度的测量应准确到±0.5%，试样质量的测定应准确到±0.5%，密度至少取 3 位有效数字。原始横截面积按式（C.2）计算：

$$S_0 = \frac{m}{\rho L_t} \times 1\,000 \qquad \cdots\cdots\cdots\cdots (C.2)$$

表 C.2 试样横向尺寸

单位为毫米

名　称	标称横向尺寸	尺寸公差	形状公差
机加工的圆形横截面直径	3	±0.05	0.02
	＞3 ≤6	±0.06	0.03
	＞6 ≤10	±0.07	0.04
	＞10 ≤18	±0.09	0.04
	＞18 ≤30	±0.10	0.05
四面机加工的矩形横截面试样的横向尺寸		相同于圆形横截面试样直径公差	
两相对面机加工的矩形横截面试样的横向尺寸	3	± 0.1	0.05
	＞3 ≤6	± 0.1	0.05
	＞6 ≤10	±0.2	0.1
	＞10 ≤18	±0.2	0.1
	＞18 ≤30	±0.5	0.2
	＞30 ≤50	± 0.5	0.2

附 录 D
（规范性附录）
管材使用的试样类型

D.1 试样形状

试样可以为管段试样，也可以为带全壁厚纵向或横向剖条试样（见图9和图10），或用管壁机加工的圆形横截面试样。

在附录A中规定了壁厚度小于3 mm的机加工横向、纵向和圆形横截面试样，在附录C中规定了管壁厚度等于或大于3 mm的机加工横向、纵向和圆形横截面试样。纵向剖条试样一般适用于管壁厚度大于0.5 mm的管材。

D.2 试样尺寸

D.2.1 管段试样

管段试样可以在其两端加以塞头，塞头至最接近的标距标记的距离应超过 $D/4$。只要材料足够，仲裁试验此距离为 D。塞头相对于试验机夹头在标距方向伸出的长度不应超过 D，而其形状应不妨碍标距内的变形。

D.2.2 纵向和横向剖条试样

为了在试验机上夹持，可以压扁纵向剖条试样的两头部，但平行长度部分不应压平。

产品标准中可以规定不同于附录A和附录C的其他横向或纵向试样尺寸。

应采取特别措施矫直横向试样。

D.2.3 从管壁机加工的圆形横截面试样

应在产品标准中规定试样坯切取的方向和部位。

D.3 原始横截面积（S_0）的测定

试样原始横截面积的测定应精确到±1%。管段试样、纵向或横向条带试样的原始横截面积可以根据其质量和测量的长度及密度计算确定。

纵向或横向剖条试样的原始横截面积（S_0）应按公式（D.1）计算：

$$S_0 = \frac{b}{4}(D^2 - b^2)^{1/2} + \frac{D^2}{4}\arcsin\left(\frac{b}{D}\right) - \frac{b}{4}[(D-2a)^2 - b^2]^{1/2} - \left(\frac{D-2a}{2}\right)^2 \arcsin\left(\frac{b}{D-2a}\right) \quad \cdots\cdots (D.1)$$

式中：

a——管壁厚度；

b——剖条的平均宽度；

D——管外径。

经加工的管材纵向弧形试样横截面壁厚和宽度应在标距中间处测量。仲裁试验时，应在标距的两端及中间三处测量宽度和壁厚，取用3处测得横截面积中最小值。对于纵向或横向剖条试样可以使用下列的简化公式（D.2）和（D.3）计算原始横截面积（S_0）：

当 $b/D < 0.25$ 时，

$$S_0 = ab\left[1 + \frac{b^2}{6D(D-2a)}\right] \quad \cdots\cdots (D.2)$$

当 $b/D<0.17$ 时，

$$S_0 = ab \qquad \cdots\cdots(D.3)$$

全截面管段试样横截面的外径应在一端两个相互垂直的方向各测一次，取其算术平均值。在同一端相互垂直方向测量四处管壁厚度，取其算术平均值。用平均外径和平均厚度计算的横截面积作为原始横截面积。应按式 D.4 计算：

$$S_0 = \pi a(D-a) \qquad \cdots\cdots(D.4)$$

附 录 E
（规范性附录）
移位方法测定断后伸长率

为了避免由于试样断裂部位不符合 8.7 条所规定的条件而必需报废试样，通过协议可以使用下列的方法：

a） 试验前将原始标距（L_0）细分为 N 等份。

b） 试验后，以符号 X 表示断裂试样短段的标距标记，以符号 Y 表示断裂试样长段的分等标记，此标记与断裂处的距离最接近于断裂处至标距标记 X 的距离。

如在 X 与 Y 之间的分格数为 n，按如下测定断后伸长率：

1） 如 N-n 为偶数［见图 E.1 a）］，测量 X 和 Y 之间的距离以及测量从 Y 至距离为 $\frac{1}{2}(N-n)$ 个分格的 Z 标距之间的距离。按公式（E.1）计算断后伸长率：

$$A=\frac{XY+2YZ-L_0}{L_0}\times 100 \qquad \text{(E.1)}$$

2） 如 N-n 为奇数［见图 E.1 b）］，测量 X 和 Y 之间的距离，和测量从 Y 至距离分别为 $\frac{1}{2}(N-n-1)$ 和 $\frac{1}{2}(N-n+1)$ 个分格的 Z' 和 Z'' 标记之间的距离。按公式（E.2）计算断后伸长率：

$$A=\frac{XY+YZ'+YZ''-L_0}{L_0}\times 100 \qquad \text{(E.2)}$$

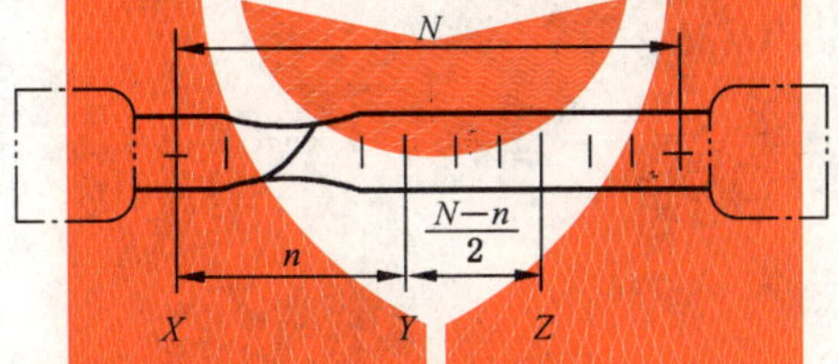

a）

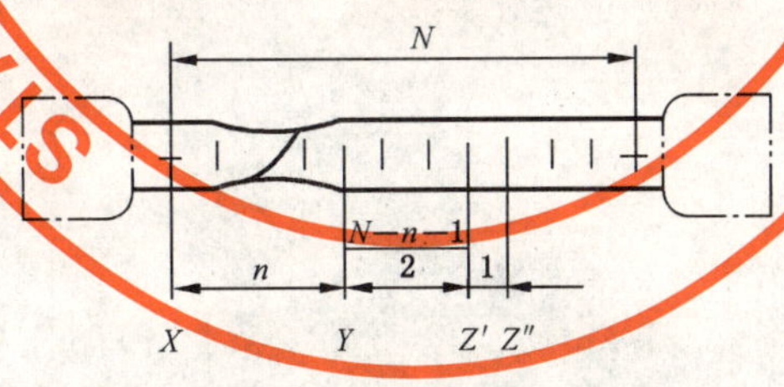

b）

注：试样头部形状仅为示意性。

图 E.1 移位法测定断后伸长率示意图

附 录 F
（资料性附录）
当材料显示特殊屈服现象时测定其抗拉强度的推荐方法

对于显示特殊屈服现象的材料，相应于上屈服点的应力可能高于此后任一应力值（第二极大值，见图 F.1）。如遇此种情况，需要选定两个极大值中之一作为抗拉强度。

选择的极大值应在相关产品标准中或由双方协议规定。

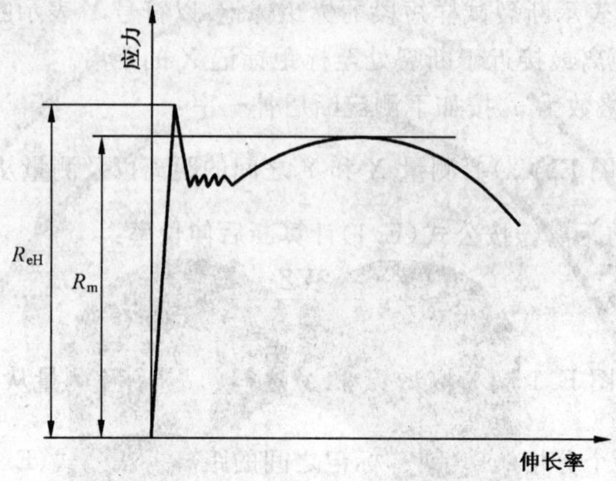

图 F.1 出现特殊屈服现象材料的抗拉强度

附 录 G
（资料性附录）
断后伸长率规定值低于5%的测定方法

试验前在试样平行长度的一端处作一很小的标记。使用调节到标距的分规，以此标记为圆心划一圆弧。拉断后，将断裂的试样置于一装置上，最好借助螺丝施加轴向力，以使其在测量时牢固地对接在一起。以原圆心为圆心，以相同的半径划第二个圆弧。用工具显微镜或其他合适的仪器测量两个圆弧之间的距离即为断后伸长，准确到±0.02 mm。为使划线清晰可见，试验前涂上一层染料。

附 录 H
（资料性附录）
逐步逼近法测定规定非比例延伸强度（R_p）

H.1 范围

逐步逼近方法适用于具有无明显弹性直线段金属材料的规定非比例延伸强度的测定。对于力-延伸曲线图具有弹性直线段高度不低于$0.5F_m$的金属材料，其规定非比例延伸强度的测定亦适用。逐步逼近方法可应用于这种性能的拉伸试验自动化测试。

H.2 方法

根据力-延伸曲线图测定规定非比例延伸强度。

试验时，记录力-延伸曲线图，至少直至超过预期的规定非比例延伸强度的范围。在力-延伸曲线上任意估取一点A_0拟为规定非比例伸长率等于0.2%时的力$F_{p0.2}^0$，在曲线上分别确定力为0.1 $F_{p0.2}^0$和0.5 $F_{p0.2}^0$的B_1和D_1两点，过这两点划直线B_1D_1。从曲线的真实原点O(必要时进行原点修正)起截取OC段($OC=n\cdot L_e\cdot 0.2\%$，式中n为延伸放大倍数)，过C点作平行于B_1D_1的直线CA_1交曲线于A_1点。如A_1与A_0重合，则$F_{p0.2}^0$为规定非比例伸长率为0.2%时的力。

如A_1点未与A_0点重合，则需采取与上述相同的步骤进行进一步逼近。此时取A_1点的力$F_{p0.2}^0$，分别确定力为0.1 $F_{p0.2}^0$和0.5 $F_{p0.2}^0$的B_2和D_2两点。然后过C点作B_2D_2的平行线确定交点A_2，如此逐步逼近，直至最后一次得到的交点A_n与前一次的交点A_{n-1}重合(见图H.1)。A_n的力即为规定非比例延伸率达0.2%的力。此力除以试样原始横截面积得到测定的规定非比例延伸强度$F_{p0.2}^0$。

最终得到的直线B_nD_n的斜率，一般可以作为确定其他规定非比例延伸强度的基准斜率。

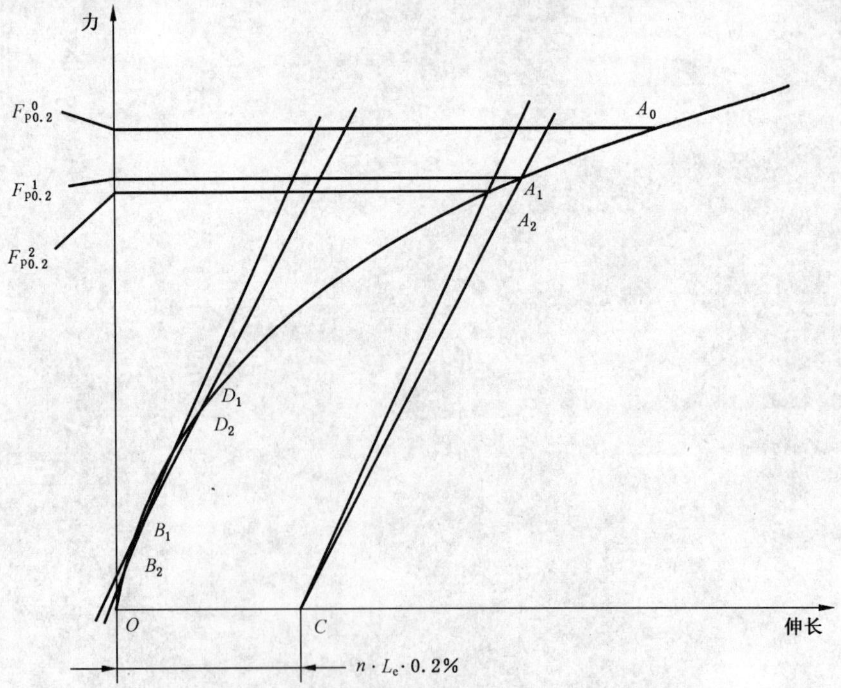

图 H.1 逐步逼近方法测定规定非比例延伸强度（R_p）

附 录 I
（资料性附录）
新旧标准性能名称和符号对照

本标准采用的性能名称和符号与旧标准有所不同，为了便于对照，将其分别列于表 I.1 和 I.2。

I.1 性能和名称对照

性能名称对照见表 I.1。

表 I.1 性能名称对照

新标准			旧标准	
性能名称		符号	性能名称	符号
断后伸长率	percentage elongation after fracture	A	断后伸长率	δ
断裂总伸长率	percentage total elongation at fracture	A_t	—	
残余延伸率	percentage permanent extension	A_r	残余伸长率	ε_r
断面收缩率	percentage reduction of area	Z	断面收缩率	ψ
抗拉强度	tensile strength	R_m	抗拉强度	σ_b
屈服强度	yield strength	—	屈服点	σ_s
上屈服强度	upper yield strength	R_{eH}	上屈服点	σ_{su}
下屈服强度	lower yield strength	R_{eL}	下屈服点	σ_{sL}
规定非比例延伸强度	proof strength, non-proportional extension	R_p	规定非比例伸长应力	σ_p

I.2 符号对照

符号对照见表 I.2。

表 I.2 符 号 对 照

新标准	旧标准	新标准	旧标准
θ	—	A	δ
θ_i	—	A_r	ε_r
a	a_0	A_p	ε_p
b	b_0	A_t	—
d	d_0	F_m	F_b
D	D_0	R_{eH}	σ_{su}
L_0	L_0	R_{eL}	σ_{sL}
L_c	L_c	R_m	σ_b
L_e	—	R_p	σ_p
L_t	L	—	σ_s
L_u	—	—	d_1
S_0	S_0	—	F_p
S_u	S_1	—	F_s
k	K	—	F_{su}
Z	ψ	—	F_{sL}
		ρ	—

附 录 J
（资料性附录）
本标准章条编号与 ISO 783:1999 章条编号对照

表 J.1 给出了本标准章条编号与 ISO 783:1999 章条编号对照一览表。

表 J.1 本标准章条编号与 ISO 783:1999 章条编号对照表

本标准章条编号	对应的 ISO 章条编号
8.1	9.1
8.1 第二段	—
8.2	9.2
8.3	6.3.2 第二、三、四、五段
8.4	8.1
8.5	8.2
8.6	8.3
8.7	9.3
8.8	9.4
8.9	—
8.10	9.5
8.11	—
8.12	—
9	—
附录 G	—
附录 H	—
附录 I	—
附录 J	—
附录 K	—
注：表中的章条以外的本标准其他章条编号与 ISO 783:1999 的其他章条编号均相同且内容相对应。	

附　录　K
（资料性附录）
本标准与 ISO 783:1999 技术性差异及其原因

表 K.1 给出了本标准与 ISO 783:1999 技术性差异及原因的一览表。

表 K.1　本标准与 ISO 783:1999 技术性差异及原因

本标章条编号	技术性差异	原因
3.6.1	“伸长”所用英文不同	伸长“(elongation)”和“延伸(extension)”是两个近义的术语概念，它们并无本质区别。本术语为与 GB/T 228保持一致，用 extension
6.3.1	增加了加热装置均热区的长度要求。 对温度允许偏差的保持时间作了修改	对加热装置的要求更具体，以便于操作。 保证了所测各项性能指标均能在符合条件的温度下进行
6.3.2	增加了对热电偶的要求	增加该要求以保证整个测温系统的精度，且便于实际操作
8.1	在原始横截面积的测定中增加了对量具的要求	保证试样原始横截面积的测量准确度符合要求
8.2	增加了原始标距的准确度要求	保证所测相关性能结果的准确性
8.3	增加了对热电偶直接固定于加热装置内时温度测定和保温时间的要求	目前我国使用的加热装置已有部分是该种情况
8.7	增加了附录 G 的测定方法	增加试验的可操作性，便于标准的执行
8.8	增加用力-夹头位移法测定非比例延伸率等于或大于 0.2%的规定非比例延伸强度	根据我国实际情况，从试验的可行性出发增加该项
8.9	增加屈服强度的测定方法	符合我国标准的编写习惯，便于操作
8.11	增加抗拉强度的测定方法	符合我国标准的编写习惯，便于操作
8.12	增加断面收缩率的测定方法	符合我国标准的编写习惯，便于操作
9	增加性能测定结果数值的修约	根据实际需要增加该项
A.4	增加矩形横截面试样原始横截面积的测定方法	保证原始横截面积测量的准确度
B.4	增加圆形横截面试样原始横截面积的测定方法	保证原始横截面积测量的准确度
C.1	将机加工的圆形横截面试样平行长度内的直径改为不小于 3 mm	国际标准规定为“不小于 4 mm”，改为“不小于 3 mm”以便能使用机加工的直径为 3 mm 的试样
D.3	增加管材纵向弧形试样原始横截面积的测定方法	保证原始横截面积测量的准确度
附录 G	增加断后延伸率规定值低于 5%的测定方法	增加试验的可操作性，便于标准的执行
附录 H	增加逐步逼近法测定规定非比例延伸强度	增加试验的可操作性，便于标准的执行
附录 I	新旧标准性能名称和符号对照	增加试验的可操作性，便于标准的执行

ICS 71.100.60
X 44

GB

中华人民共和国国家标准

GB 4349—2006
代替 GB 4349—1993

食品添加剂 丁酸乙酯

Food additive—Ethyl butyrate

2006-09-01 发布　　　　2007-04-01 实施

中华人民共和国国家质量监督检验检疫总局
中国国家标准化管理委员会　发布

前　言

本标准中4.2、4.7、4.8、4.9为强制性条款,其余为推荐性条款。

本标准是对GB 4349—1993《食品添加剂　丁酸乙酯》的修订,主要是含量的测定用气相色谱法代替化学法,删除沸程指标。

本标准自实施之日起,代替GB 4349—1993。

本标准技术指标与食品法典委员会(CAC)下属的食品添加剂联合专家委员会(JECFA)制定的《丁酸乙酯》(代号为JECFA 29)一致,检验方法则采用香料通用试验方法,该通用试验方法绝大部分修改采用ISO相关标准。

本标准的附录A是资料性附录。

本标准由中国轻工业联合会提出。

本标准由全国香料香精化妆品标准化技术委员会归口。

本标准由上海香料研究所和吴江慈云香精香料有限公司负责起草。

本标准主要起草人:徐易、张新君、金其璋、吴梦海。

本标准于1984年首次发布,1993年第一次修订,本次为第二次修订。

食品添加剂　丁酸乙酯

1　范围

本标准规定了食品添加剂丁酸乙酯的要求、试验方法、检验规则和标志、包装、运输、贮存等内容。

本标准适用于对以丁酸和乙醇为原料，经化学合成制得的丁酸乙酯的质量进行分析评价。

2　规范性引用文件

下列文件中的条款通过本标准的引用而成为本标准的条款。凡是注日期的引用文件，其随后所有的修改单（不包括勘误的内容）或修订版均不适用于本标准，然而，鼓励根据本标准达成协议的各方研究是否可使用这些文件的最新版本。凡是不注日期的引用文件，其最新版本适用于本标准。

GB 190　危险货物包装标志

GB/T 5009.74　食品添加剂中重金属限量试验

GB/T 5009.76　食品添加剂中砷的测定

GB/T 11539—1989　单离及合成香料填充柱气相色谱分析通用法

GB/T 11540　单离及合成香料相对密度的测定

GB/T 14454.2　香料　香气评定法

GB/T 14454.4　香料　折光指数的测定

GB/T 14457.1　单离及合成香料　乙醇中溶解度测定法

GB/T 14457.4　单离及合成香料　酸值或含酸量的测定

3　产品化学名称、分子式、结构式、相对分子质量

化学名称：丁酸乙酯。

分子式：$C_6H_{12}O_2$。

结构式：$CH_3CH_2CH_2COOCH_2CH_3$。

相对分子质量：116.17（按 1987 年国际原子量）。

4　要求

4.1　色状：无色液体。

4.2　香气：具有香蕉、菠萝样香气。

4.3　相对密度（25℃/25℃）：0.870～0.877。

4.4　折光指数（20℃）：1.391 0～1.394 0。

4.5　溶解度（25℃）：1 mL 试样全溶于 3 mL 60%体积分数乙醇中。

4.6　酸值：≤1.0。

4.7　含酯量 GC：≥98.0%。

4.8　砷含量：≤3 mg/kg。

4.9　重金属含量[以铅（Pb）计]：≤10 mg/kg。

5　试验方法

5.1　色状的检定

将试样置于比色管内，用目测法观察。

5.2 香气的评定

按 GB/T 14454.2 规定执行。当国家主管部门无法提供标准样品时，应由企业技术、质检部门和(或)顾客共同确定标样。

5.3 相对密度的测定

按 GB/T 11540 规定执行。

5.4 折光指数的测定

按 GB/T 14454.4 规定执行。

5.5 溶解度的测定

按 GB/T 14457.1 规定执行。

5.6 酸值的测定

按 GB/T 14457.4 规定执行。

5.7 含酯量的测定

5.7.1 仪器

5.7.1.1 色谱仪、记录仪和微处理机

按 GB 11539 中第 5 章的规定执行。

5.7.1.2 柱

填充柱：长 2 m～3 m，内径 3 mm～4 mm。

固定相：PEG-20 M，5%～10%涂于 Chromosorb W AW DMCS 60 目～80 目上。

5.7.1.3 检测器

氢火焰离子化检测器。

5.7.2 操作条件

5.7.2.1 温度

色谱炉：70℃。

进样口：130℃。

检测器：130℃。

5.7.2.2 载气流速

氮气：20 mL/min～30 mL/min。

5.7.2.3 测定方法

面积归一化法：按 GB/T 11539—1989 中 10.4 指定方法测定丁酸乙酯含量。

5.7.3 重复性及结果表示

按 GB 11539—1989 中 11.4 规定执行，应符合要求。

丁酸乙酯典型气相色谱图(面积归一化法)参见附录 A。

5.8 砷含量的测定

按 GB/T 5009.76 规定执行。

5.9 重金属含量[以铅(Pb)计]的测定

按 GB/T 5009.74 规定执行。

6 检验规则

6.1 丁酸乙酯应由生产厂质量检验部门负责检验，生产厂应保证出厂产品都符合本标准的要求，每批出厂产品都应附有质量合格证书。色状、香气、相对密度、折光指数、溶解度、酸值、含酯量为出厂检验项目，而砷含量、重金属含量[以铅(Pb)计]为型式检验项目，每半年检验一次。

6.2 验收单位有权按照本标准的各项规定检验所收到的产品质量是否符合本标准的要求，每一批号作一次验收，不同批号分别验收。

6.3 取样方法：每批的包装单位1个～2个，全抽；3个～100个抽取2个；100个以上增加部分再抽取3%。用取样器从每个包装单位中均匀抽取试样50 mL～100 mL，将所抽取的试样全部置于混样器内充分混匀，分别装入两个清洁干燥具塞的玻璃瓶中，瓶上贴标签，注明：生产厂厂名、产品名称、生产日期、批号、数量及取样日期，一瓶作检验用，另一瓶留存备查。

6.4 如验收结果中有一项指标不符合本标准要求时，可会同生产厂重新加倍抽取试样复验。如复验结果仍有指标不合格，则判该批产品不合格，不能验收。

6.5 当供需双方对产品质量发生异议时，可由双方协议解决或由法定检验机构进行仲裁。

7 标志、包装、运输、贮存

7.1 标志

产品包装外应注明："食品添加剂"字样、产品名称、生产厂厂名和地址、商标、批号、净含量、生产日期和保质期、卫生许可证号、生产许可证号、本标准编号及GB 190中规定的易燃品标志。订货单位如有特殊要求，可与生产厂另订协议。

7.2 包装

丁酸乙酯应装于清洁无杂味的镀锌铁桶、食品级塑料桶或玻璃瓶内，或按顾客要求包装。

7.3 运输

在运输过程中应轻装轻卸，防止日晒雨淋，不得与有毒、有害物质混装、混运，并应符合有关部门的规定。

7.4 贮存

本产品应贮存在阴凉、干燥、通风的仓库内，避免杂气污染，远离火源。

7.5 保质期

在符合规定的贮运条件、包装完整、未经启封的情况下，本产品保质期为一年。

附 录 A
（资料性附录）
丁酸乙酯典型气相色谱图
（面积归一化法）

图 A.1 丁酸乙酯典型气相色谱图（面积归一化法）

ICS 77.150.10
H 61

中华人民共和国国家标准

GB/T 4438—2006
代替 GB/T 4438—1984

铝及铝合金波纹板

Aluminium and aluminium alloy corrugated sheets

2006-05-08 发布　　2006-10-01 实施

中华人民共和国国家质量监督检验检疫总局
中国国家标准化管理委员会　发布

前　言

本标准代替 GB/T 4438—1984《铝及铝合金波纹板》。

本标准与 GB/T 4438—1984 相比，主要有如下变动：

——本标准采用 GB/T 3190—1996《变形铝及铝合金化学成分》中的牌号及 GB/T 16475—1996《变形铝及铝合金状态代号》中的状态代号，并在附录中给出了新、旧牌号与状态代号对照表。

——坯料厚度偏差采用 GB/T 3880 的规定。

——坯料的室温拉伸试验按 GB/T 228 进行，力学性能按 GB/T 3880 的规定，拉伸试样符合 GB/T 16865的规定。

——化学成分分析方法采用 GB/T 6987 的规定，化学成分分析取样方法按 GB/T 17432 进行。

——增加了检验结果的判定内容。

本标准的附录 A 为资料性附录。

本标准由中国有色金属工业协会提出。

本标准由全国有色金属标准化技术委员会归口。

本标准由西南铝业(集团)有限责任公司负责起草。

本标准主要起草人：唐登毅、章吉林、何新宇。

本标准由全国有色金属标准化技术委员会负责解释。

本标准所代替标准的历次版本发布情况为：

——GB/T 4438—1984。

铝及铝合金波纹板

1 范围

本标准规定了铝及铝合金波纹板的要求、试验方法、检验规则、标志、包装、运输、贮存及合同内容。

本标准适用于工程围护材料及建筑装饰用铝及铝合金波纹板(以下简称波纹板)。

2 规范性引用文件

下列文件中的条款通过本标准的引用而成为本标准的条款。凡是注日期的引用文件，其随后所有的修改单(不包括勘误的内容)或修订版均不适用于本标准，然而，鼓励根据本标准达成协议的各方研究是否可使用这些文件的最新版本。凡是不注日期的引用文件，其最新版本适用于本标准。

GB/T 228 金属材料 室温拉伸试验方法

GB/T 3190 变形铝及铝合金化学成分

GB/T 3199 铝及铝合金加工产品 包装、标志、运输、贮存

GB/T 3880(所有部分) 一般工业用铝及铝合金轧制板、带材

GB/T 6987(所有部分) 铝及铝合金化学分析方法

GB/T 7999 铝及铝合金光电(测光法)发射光谱分析方法

GB/T 16865 变形铝、镁及其合金加工制品拉伸试验用试样

GB/T 17432 变形铝及铝合金化学成分分析取样方法

3 要求

3.1 产品分类

3.1.1 牌号、状态、波型代号及规格

产品的合金牌号、供应状态、波型代号及规格应符合表 1 的规定。

表 1

牌号	状态	波型代号	规格/mm				
			坯料厚度	长度	宽度	波高	波距
1050A、1050、1060、1070A、1100、1200、3003	H18	波 20-106(波型见图 1)	0.60～1.00	2 000～10 000	1 115	20	106
		波 33-131(波型见图 2)			1 008	33	131
注 1：新、旧牌号、状态代号对照见附录 A。 注 2：需方需要其他波型时，可供需双方协商并在合同中注明。							

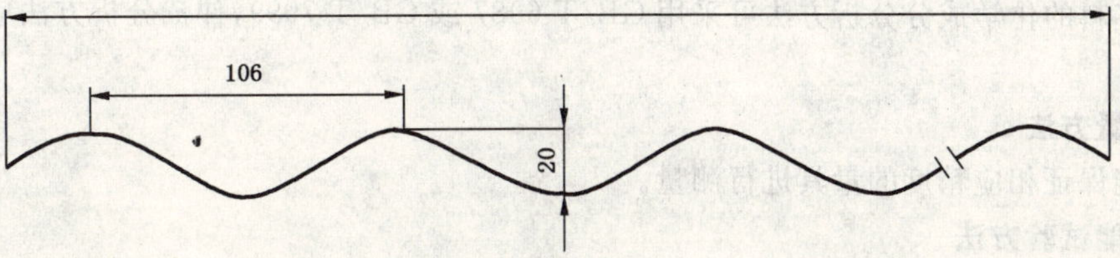

图 1

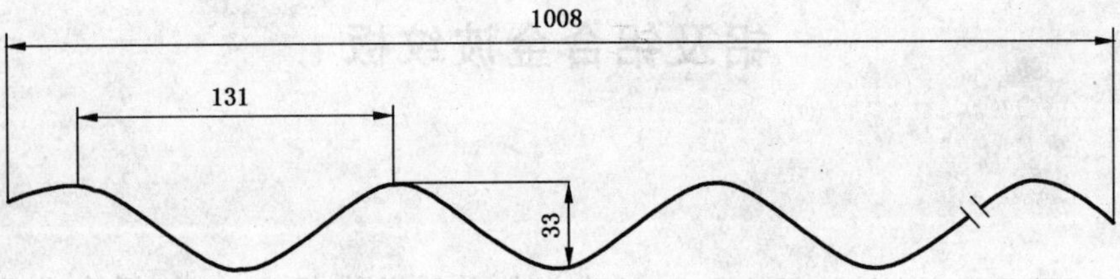

图 2

3.1.2 标记示例

用3003合金制造的、供应状态为H18、波型代号为波20-106，坯料厚度为0.80 mm，长度为3 000 mm的波纹板，标记为：

波 20-106　3003-H18　0.8×1115×3000　GB/T 4438—2006

3.2 化学成分

波纹板坯料(波纹板成形前的板材)的化学成分应符合GB/T 3190的规定。

3.3 尺寸允许偏差

3.3.1 波纹板坯料的厚度偏差应符合GB/T 3880的规定。

3.3.2 波纹板长度允许偏差为：$^{+25}_{-10}$ mm。

3.3.3 波纹板宽度及波型偏差应符合表2规定。

表 2

波型代号	宽度及允许偏差		波高及允许偏差		波距及允许偏差	
	宽度/mm	允许偏差/mm	波高/mm	允许偏差/mm	波距/mm	允许偏差/mm
波 20-106	1 115	+25 −10	20	±2	106	±2
波 33-131	1 008	+25 −10	25	±2.5	131	±3
注：波高和波距偏差为5个波的平均尺寸与其公称尺寸的差。						

3.4 力学性能

波纹板坯料的室温拉伸力学性能应符合GB/T 3880的规定。

3.5 外观质量

3.5.1 波纹板表面应清洁，不允许有裂边、腐蚀、裂纹、穿通气孔等影响使用的缺陷。

3.5.2 波纹板波形应规整，两侧均可搭接。

4 试验方法

4.1 化学成分分析方法

波纹板坯料的化学成分分析方法可采用GB/T 6987或GB/T 7999，仲裁分析方法应按GB/T 6987进行。

4.2 尺寸测量方法

尺寸用能保证相应精度的量具进行测量。

4.3 力学性能试验方法

波纹板坯料的室温拉伸试验按GB/T 228规定的方法进行。

4.4 外观质量的检验

波纹板的外观质量以目视检验。

5 检验规则

5.1 检查和验收

5.1.1 波纹板应由供方技术监督部门进行检验，保证产品质量符合本标准的规定，并填写质量证明书。

5.1.2 需方应对收到的产品按本标准的规定进行复验。复验结果与本标准及订货合同的规定不符时，应以书面形式向供方提出，由供需双方协商解决。属于表面质量及尺寸偏差的异议，应在收到产品之日起1个月内提出，属于其他性能的异议，应在收到产品之日起3个月内提出。如需仲裁，供需双方应在需方共同进行仲裁取样。

5.2 组批

波纹板应成批提交验收，每批应由同一牌号、状态、波型代号和规格组成。

5.3 计重

波纹板应检斤计重。

5.4 检验项目

每批产品出厂前应进行化学成分、尺寸偏差、力学性能和外观质量的检验。

5.5 取样

产品的取样应符合表3的规定。

表3

检验项目	取样规定	要求的章条号	试验方法的章条号
化学成分	按GB/T 17432的规定进行	3.2	4.1
尺寸偏差	每批取样5%，但不少于3张	3.3	4.2
力学性能	坯料每批取样2%，但不少于2张。每张取1个试样。其他要求应符合GB/T 16865的规定	3.4	4.3
外观质量	逐张检验	3.5	4.4

5.6 检验结果的判定

5.6.1 化学成分不合格时，判该批不合格。

5.6.2 尺寸偏差不合格时，判该批不合格。但允许需方逐张检验，合格者交货。

5.6.3 室温拉伸力学性能不合格时，应从该批中(含原检验不合格者)另取双倍数量的试样进行重复试验，重复试验合格时判批合格。若重复试验结果仍有不合格者，判该批不合格。

5.6.4 外观质量不合格时，判该张波纹板不合格。

5.6.5 当出现其他缺陷时，该批产品由供需双方协商处理。

6 标志、包装、运输、贮存

6.1 标志

6.1.1 在验收合格的产品上应有如下标志：

a) 供方技术监督部门的检印；

b) 牌号；

c) 供应状态；

d) 规格；

e) 产品批号。

6.1.2 产品的包装箱标志应符合GB/T 3199的规定。

6.2 包装、运输、贮存

波纹板包装时不涂油、不垫纸，成垛简易包装。板垛应包牛皮纸，并用尼龙编织带捆紧，再用沥青纸包严，然后在板垛上面盖一层塑料薄膜，板垛上、下两端用箱盖捆紧钉牢。每垛波纹板垛高不应超过 500 mm，每垛毛重不超过 2 000 kg。其他按 GB/T 3199 的规定。

6.3 质量证明书

每批波纹板应附有产品质量证明书，其上注明：

a) 供方名称、地址、电话、传真；
b) 产品名称；
c) 牌号、供应状态、波型代号及规格；
d) 批号；
e) 净重或件数；
f) 各项分析项目的检验结果和技术监督部门的印记；
g) 本标准编号；
h) 包装日期(或出厂日期)。

7 合同内容

订购本标准所列产品的合同(或订货单)内应包括下列内容：

a) 产品名称；
b) 牌号；
c) 供应状态；
d) 波型代号及规格；
e) 重量(或件数)；
f) 本标准编号。

附 录 A
（资料性附录）
新、旧牌号与状态对照表

A.1 新、旧牌号对照表见表 A.1。

表 A.1

新 牌 号	旧 牌 号
1050A	L3
1060	L2
1070A	L1
1100	L5-1
1200	L5

A.2 新、旧状态代号对照表见表 A.2。

表 A.2

新状态代号	旧状态代号
H18	Y

ICS 83.140.10
G 33

GB

中华人民共和国国家标准

GB 4455—2006
代替 GB 4455—1994

农业用聚乙烯吹塑棚膜

Polyethylene blown covering film for agriculture

2006-02-21 发布 2006-08-01 实施

中华人民共和国国家质量监督检验检疫总局
中国国家标准化管理委员会 发布

前言

本标准要求中的6.1“宽度偏差”、6.2“厚度极限偏差及厚度平均偏差”、6.5“物理力学性能”（人工加速老化后纵向断裂伸长率除外）为强制性条款，其余为推荐性条款。

本标准代替并废止GB 4455—1994《农业用聚乙烯吹塑薄膜》。

本标准在修订过程中参考了日本标准JIS K 6781—1994《农业用聚乙烯薄膜》、JIS K 6783—1994《农业用乙烯/乙酸乙烯酯共聚物薄膜》、法国标准NF T 54—190 1992.2《农用塑料薄膜——技术规范和试验方法》和NF T 54—192 1998.6《农用塑料薄膜——使用》。

本标准技术内容与GB 4455—1994相比主要变化如下：

——标准名称改为《农业用聚乙烯吹塑棚膜》；

——增加了相关的术语和定义；

——增加了按产品透明性和功能分类并给出代号；

——加严了薄膜宽度偏差、厚度偏差及薄膜外观技术要求，并简化了其表达方式；

——提高了薄膜的拉伸强度、断裂伸长率和直角撕裂强度三项力学性能指标；

——增加了透光率、雾度，人工加速老化后纵向断裂伸长率及薄膜流滴性能的要求；

——将产品检验分为出厂检验与型式检验两类，按GB/T 2828.1—2003规定的正常检验一次抽样方案进行宽度偏差、厚度极限偏差、外观的抽样；

——增加了关于薄膜流滴性能测试方法的附录。

本标准的附录A为规范性附录。

本标准由中国轻工业联合会提出。

本标准由全国塑料制品标准化技术委员会归口。

本标准负责起草单位：北京华盾雪花塑料集团有限责任公司；参加起草单位：安阳塑化股份有限公司农膜分公司、北京市化学工业研究院、北京燕化石油化工股份有限公司树脂应用研究所、吉林省白山市喜丰塑料股份有限公司、河北宝硕股份有限公司创业塑料分公司、哈尔滨工业大学五塑实业公司、浙江杭州新光塑料有限公司、河南焦作咏春塑胶有限公司、甘肃兰化宏达公司、吉林省辽源华塑股份有限公司、山东青岛宏达塑胶总公司、山东省清源集团公司、山东三塑集团有限公司、辽宁沈阳华龙农地膜制造有限公司、天津市塑料集团有限责任公司第二塑料制品厂、山东淄博天鹤塑胶有限公司、山东淄博张店区万利塑料公司、中国石化上海石油化工股份有限公司塑料事业部。

本标准主要起草人：秦立洁、田岩、焦红文、徐凯、苏道勇、苏一凡、胡文平。

本标准所代替标准的历次版本发布情况为：

——GB 4455—1994；

——GB 4455—1984。

农业用聚乙烯吹塑棚膜

1 范围

本标准规定了农业用聚乙烯吹塑棚膜的要求、试验方法、检验规则和标志、包装、运输及贮存。

本标准适用于农业用塑料大、中、小棚和温室透光覆盖材料使用的聚乙烯普通棚膜、聚乙烯耐老化棚膜及内添加型聚乙烯流滴耐老化棚膜。

2 规范性引用文件

下列文件中的条款通过本标准的引用而成为本标准的条款。凡是注日期的引用文件，其随后所有的修改单(不包括勘误的内容)或修订版均不适用于本标准，然而，鼓励根据本标准达成协议的各方研究是否可使用这些文件的最新版本。凡是不注日期的引用文件，其最新版本适用于本标准。

GB/T 2035—1996 塑料术语及其定义

GB/T 2410—1980 透明塑料透光率及雾度试验方法

GB/T 2828.1—2003 计数抽样检验程序 第1部分：按接收质量限(AQL)检索的逐批检验抽样计划(ISO 2859-1:1999,IDT)

GB/T 2918—1998 塑料试样状态调节和试验的标准环境(idt ISO 291:1997)

GB/T 6672—2001 塑料薄膜和薄片厚度测定 机械测量法(idt ISO 4593:1993)

GB/T 6673—2001 塑料薄膜和薄片长度和宽度的测定(idt ISO 4592:1992)

GB/T 13022—1991 塑料 薄膜拉伸性能试验方法(neq ISO 1184:1983)

GB/T 16422.2—1999 塑料实验室光源暴露试验方法 第2部分：氙弧灯(idt ISO 4892-2:1994)

QB/T 1130—1991 塑料直角撕裂性能试验方法

3 术语和定义

GB/T 2035—1996 确立的以及下列术语和定义适用于本标准。

3.1

农业用聚乙烯吹塑棚膜 polyethylene blown covering film for agriculture

以挤出吹塑法生产的作为农业用塑料大、中、小棚和温室透光覆盖材料使用的各种聚乙烯薄膜。

3.2

透明型棚膜 transparent covering film

透射绝大部分入射光，能看清楚薄膜背面物体的棚膜。

3.3

半透明型棚膜 translucent covering film

散射大部分入射光，较难或不能看清楚薄膜背面物体的棚膜。

3.4

不透明型棚膜 opacity covering film

光线被薄膜部分或全部地吸收或反射，外观为基本不透明或极少透明的棚膜。

3.5

宽度(幅宽) width

吹塑筒膜展平成单片的宽度。

3.6

流滴性能 antifog performance

在有内外温度差和一定湿度的封闭环境中，使膜内表面上形成的露滴具有铺展成水膜状态或沿着一定角度的膜面流动的性能。

3.7

流滴性能失效 antifog performance invalidation

流滴类薄膜在有内外温度差和一定湿度的封闭环境中一段时间后，内表面出现白色露滴或不流动透明水滴的现象。

3.8

流滴性能失效面积比 the area ratio of antifog performance invalidation

流滴类薄膜试样测试面上的流滴性能失效面积与试样测试面积之比。

3.9

初滴时间 the time of first drop coming

流滴类薄膜试样在快速流滴试验仪上，从测试开始到薄膜内表面聚集成的第一个露滴滴落的时间。

3.10

流滴性能失效时间 the time of antifog performance invalidation

流滴类薄膜试样在快速流滴试验仪上和规定测试条件下连续观察，膜面流滴性能失效面积比达到一定值时所需的时间。

4 产品分类及代号

4.1 分类

按产品透明性分为透明型、半透明型和不透明型。

按产品功能分为聚乙烯普通棚膜、聚乙烯耐老化棚膜和聚乙烯流滴耐老化棚膜三类。

4.2 代号

透明型产品代号为Ⅰ，半透明型产品代号为Ⅱ，不透明型产品代号为 Ⅲ。

聚乙烯普通棚膜代号为A，聚乙烯耐老化棚膜代号为B、聚乙烯流滴耐老化棚膜代号为C。

5 产品规格及推荐厚度

5.1 规格

以宽度、厚度(δ)表示，单位为毫米(mm)。

5.2 推荐厚度

产品推荐厚度见表1。

表 1

代号	名称	推荐厚度/mm
A	聚乙烯普通棚膜	0.030,0.040,0.050,0.060,0.070,0.080,0.090,0.100,0.110,0.120,0.130,0.140
B	聚乙烯耐老化棚膜	0.060,0.080,0.100,0.120,0.140
C	聚乙烯流滴耐老化棚膜	0.060,0.080,0.100,0.120,0.140

6 要求

6.1 宽度偏差

应符合表2要求。

表 2

宽度/mm	宽度偏差/(%)
≤4 000	+3.0,−2.0
4 001～8 000	+3.0,−1.0
>8 000	+2.5,−1.0

6.2 厚度极限偏差及厚度平均偏差

应符合表 3 要求。

表 3

项目		δ≤0.040	0.040<δ<0.060	0.060≤δ≤0.080	δ>0.080
厚度极限偏差[a]/(%)		±35	±30	±28	±25
厚度平均偏差/(%)	幅宽≤8 000 mm	±12		±10	
	幅宽>8 000 mm	±12			

a 只有幅宽>3 000 mm 的薄膜,才允许不超过两处的厚薄道存在。厚薄道可超极限偏差 0.005 mm,且宽度≤20 mm。

6.3 外观

6.3.1 不允许有影响使用的气泡、条纹、穿孔、破裂、暴筋、褶皱等存在。

6.3.2 0.6 mm～2.0 mm 的杂质、晶点、僵块,合计每平方米不得多于 20 个,大于 2.0 mm 的不允许。

6.3.3 膜卷插叠、卷绕整齐,无断头。

6.4 净质量偏差

应符合表 4 要求。

表 4　　单位为千克

净质量	偏差
≤70	±0.2
>70	±0.3

6.5 物理力学性能

应符合表 5 要求。

表 5

项目	A 类		B、C 类	
	δ<0.060	δ≥0.060	δ≤0.080	δ>0.080
拉伸强度(纵、横向)/MPa	≥14	≥14	≥16	≥16
断裂伸长率(纵、横向)/(%)	≥250	≥300	≥300	≥320
直角撕裂强度(纵、横向)/(kN/m)	≥55	≥55	≥60	≥60
人工加速老化后纵向断裂伸长率/(%)	—	—	≥200	≥220

6.6 光学性能

Ⅰ型 B、C 类棚膜应符合表 6 要求。

表 6

项目	指标
透光率/(%)	≥85
雾度/(%)	≤35

6.7 流滴性能

C类棚膜应符合表7要求。

表7

项目	$\delta \leqslant 0.080$	$\delta > 0.080$
初滴时间/s	≤420	
流滴失效时间/d	≥6.0	≥8.0

7 试验方法

7.1 试样

从膜卷外端先剪去不少于0.5 m,再裁取长度不少于1 m的薄膜试样进行试验。

7.2 试样状态调节和试验的标准环境

按GB/T 2918—1998规定的(23±2)℃标准环境进行。状态调节时间不少于4 h。外观、净质量偏差试验除外。

7.3 宽度偏差

按GB/T 6673—2001规定用精度为1 mm的卷尺或钢直尺测量宽度,计算宽度偏差。

7.4 厚度偏差

按GB/T 6672—2001规定用精度为0.001 mm的测厚仪进行,厚度测量间距应符合表8要求。

表8

薄膜幅宽/mm	等间距厚度测量点数/个
300～1 500	20
≥1 500	≥30
≥8 000	≥40

结果计算与表示:

$$\Delta t = t_{max}(\text{或 } t_{min}) - t_0 \quad \cdots\cdots (1)$$

$$\bar{\Delta t} = (\bar{t} - t_0) / t_0 \times 100 \quad \cdots\cdots (2)$$

式中:

Δt——厚度极限偏差,单位为毫米(mm);

t_{max}——实测最大厚度,单位为毫米(mm);

t_{min}——实测最小厚度,单位为毫米(mm);

$\bar{\Delta t}$——厚度平均偏差,%;

$\bar{t}$——平均厚度,单位为毫米(mm);

t_0——公称厚度,单位为毫米(mm)。

7.5 外观

取1 m^2 试样在自然光下目测。

7.6 拉伸强度及断裂伸长率

按GB/T 13022—1991规定进行,采用Ⅱ型试样。

试验速度(空载):(500±50)mm/min。

7.7 直角撕裂强度

按QB/T 1130—1991规定进行,采用单片试样。

试验速度(空载):(200±20)mm/min。

7.8 透光率、雾度

按GB/T 2410—1980规定进行,流滴类薄膜试样应用干脱脂棉擦去薄膜上的析出物后立即测试。

7.9 人工加速老化后纵向断裂伸长率

按 GB/T 16422.2—1999 用氙弧灯老化试验箱进行人工加速老化试验。以 340 nm 相对光谱辐照度为 0.5 $W/(m^2 \cdot nm)$，试验时间为 1 200 h 连续照射，硼硅玻璃内外滤光罩，黑标准温度计温度(65±3)℃，箱温 40℃，相对湿度(50±5)%，喷水周期为喷 18 min，停 102 min。

老化后试样的断裂伸长率按 7.6 规定进行。

7.10 初滴时间及流滴失效时间

按附录 A(规范性附录)规定进行测试。

8 检验规则

8.1 组批

同一配方、同一规格、同一工艺条件下，同一机台上连续生产数量 50 t 以下的产品为一检验批。

8.2 抽样方案

8.2.1 宽度偏差、厚度极限偏差、外观

按 GB/T 2828.1—2003 中规定的正常检验一次抽样方案进行，每一最小包装为一个样本单位，检查水平 I，批接收质量限(AQL) 6.5，见表 9。

表 9

批量	样本大小	接收数 Ac	拒收数 Re
2～8	2	0	1
9～15	2	0	1
16～25	2	0	1
26～50	8	1	2
51～90	8	1	2
91～150	8	1	2
151～280	13	2	3
281～500	20	3	4
501～1 200	32	5	6
1 201～3 200	50	7	8

8.2.2 厚度平均偏差、物理力学性能、光学性能

从 8.2.1 检验合格的每批样本中随机抽取任一样本进行试验。

8.3 出厂检验

出厂检验项目为 6.1～6.4、6.5(人工加速老化后纵向断裂伸长率除外)及 6.6。

8.4 型式检验

型式检验项目为本标准的全部技术要求。

人工加速老化试验每五年进行一次，且对配方相同的产品可选厚度最薄的产品进行试验。其他项目正常情况下每年至少进行一次。有下列情况之一时，应进行检验：

a) 产品的原料、结构、生产工艺有重大改变时；

b) 产品停产 10 个月以上再恢复生产时；

c) 出厂检验结果与前次型式检验结果有较大差异时。

8.5 判定规则

宽度偏差、厚度极限偏差、外观按表 9 规定进行判定。

厚度平均偏差、物理力学性能及流滴性能如有不合格项，应在原批中取双倍样本对不合格项复测，

复测结果仍有不合格项则判该批为不合格。

9 标志、包装、运输及贮存

9.1 标志

每个最小包装附产品合格证。合格证上应注明：产品名称、类别、产品规格、制造日期或生产批号、企业名称、地址、贮存期、净质量或长度、本标准编号、检验员章。

每个销售单位的外包装应注明：企业名称、地址、产品名称、产品规格、净质量或长度等。

9.2 包装

包装材料可采用塑料薄膜、编织袋或纸箱，如有特殊要求，由供需双方商定。

9.3 运输

运输时防止机械碰撞和日晒雨淋。

9.4 贮存

产品应贮存于干燥、阴凉、清洁的仓库内，堆放整齐，不得使薄膜挤压变形或损伤。距热源不小于 1 m。贮存期从生产之日起不超过 18 个月。

附 录 A
（规范性附录）
农业用聚乙烯棚膜流滴性能测试方法

A.1 范围

本方法适用于以聚乙烯树脂为主要原料的内添加型流滴薄膜流滴性能的测定。

A.2 试验器具

A.2.1 流滴试验仪

流滴试验仪示意图见图 A.1、图 A.2 所示。

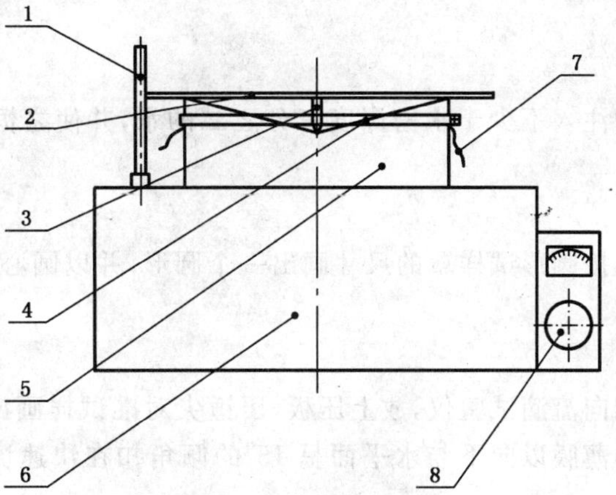

图 A.1 流滴试验仪主视图

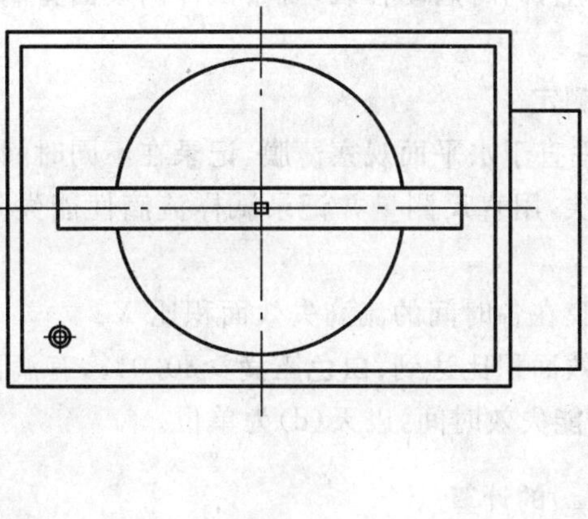

1——温度计；
2——压锤板；
3——压锤；
4——喉箍；
5——圆形试样罩；
6——恒温水浴锅；
7——被测薄膜；
8——恒温水浴锅温度控制器。

图 A.2 流滴试验仪俯视图

A.2.2 秒表

精确至 0.1 s。

A.2.3 直尺

最小刻度 1 mm。

A.2.4 温度计

量程(0～100)℃,分度值 1℃。

A.3 取样

在平整、清洁无皱折的待测薄膜上裁取(450×450)mm 的试样两块,用于平行试验。

A.4 测试步骤

A.4.1 试样状态调节和试验标准环境

试样在 GB/T 2918—1998 规定的(23±2)℃标准环境中放置不少于 4 h 后测试。测试环境温度同上。

A.4.2 调试流滴试验仪

向流滴试验仪的水槽中注入不少于水槽深度三分之二的水,并使之恒温于(60±1)℃放置 30 min 以上。

A.4.3 试样面积的划分

在薄膜试样非测试面上按圆形试样罩的尺寸画出一个圆形,并以圆心为中点用半径将圆形平分成 8 等份或 8 的倍数等份。

A.4.4 试样的安装

将薄膜试样的测试面朝向流滴试验仪,放上压板,压锤尖对准试样画出的圆心并拧紧喉箍,使试样绷平且松紧合适。此时试样薄膜以向下与水平面呈 15°的倾角扣在快速流滴试验仪上,与流滴试验仪形成封闭环境。

A.4.5 初滴时间的测定

将试样膜盖在流滴试验仪上,同时启动秒表,观察试样内表面露滴凝聚的情况,并记录初滴时间,以秒(s)表示。

A.4.6 流滴性能失效时间的测定

在测试条件下持续扣膜,垂直于水平面观察薄膜,记录在不同时间流滴性能失效的情况。

A.4.6.1 每天观察不少于一次,用直尺测量并记录试样流滴性能失效部位在各划分区沿半径方向的长度 R_i。

A.4.6.2 计算并记录试样薄膜在各时间的流滴失效面积比 $X_{失}$。

A.4.6.3 当试样流滴性能失效面积比达到:白色露滴≥30.0%,有滴面积≥50.0%两种情况之一时试验结束。此时的时间为流滴性能失效时间,以天(d)为单位。

A.5 流滴性能失效面积比($X_{失}$)的计算

A.5.1 聚集露滴从试样被测膜面积中心位置向边缘延展时,按式(A.1)计算流滴性能失效面积比:

$$X_{失} = (\sum_{i=1}^{n} R_i{}^2 / nR^2) \times 100 \qquad \cdots\cdots\cdots(A.1)$$

式中:

$X_{失}$——流滴性能失效面积比,%;

R_i——试样在流滴试验仪上从中心位置沿 15°倾斜面所量出的流滴性能失效半径,单位为毫米(mm);

R——试样在流滴试验仪上从中心位置沿15°倾斜面到水浴锅边沿的半径，取值为155 mm；

n——试样在流滴试验仪上被测部分所划分的等份数，不得少于8。当聚集露滴在测试面上无规律分布时，应加大n，使之为8等份的倍数。

A.5.2 聚集露滴从试样被测膜面积边缘位置向中心延展时，按式(A.2)计算流滴性能失效面积比：

$$X_{失} = (\sum_{i=1}^{n} R_i^2 - \sum_{i=1}^{n} r_i^2)/nR^2 \times 100 \quad \cdots\cdots(A.2)$$

式中：

$X_{失}$——流滴性能失效面积比，%；

R_i——试样在流滴试验仪上从中心位置沿15°倾斜面所量出的流滴性能失效外环半径，单位为毫米(mm)；

r_i——流滴性能失效内环半径，单位为毫米(mm)；

R——试样在流滴试验仪上从中心位置沿15°倾斜面到水浴锅边沿的半径，取值为155 mm；

n——试样在流滴试验仪上所划分的等份数，不得少于8。当聚集露滴在测试面上无规律分布时，应加大n，使之为8等份的倍数。

A.6 试验结果

初滴时间取二平行测试数据中的高值作为测试结果；流滴性能失效时间取二平行测试数据中的低值作为测试结果。

A.7 试验报告

报告应包括下列内容：

a) 送样单位、送样日期、试样名称、规格、试验温度、环境温度；

b) 初滴时间；

c) 失效时间、失效面积数值及失效时薄膜表面露滴状态描述；

d) 试验人员、试验日期。

ICS 71.100.01;87.060.10
G 55

中华人民共和国国家标准

GB/T 4464—2006
代替 GB/T 4464—1984

染料　泳移性的测定

Dyestuff—Determination of migration

2006-08-02 发布　　2007-01-01 实施

中华人民共和国国家质量监督检验检疫总局
中国国家标准化管理委员会 发布

前　言

本标准代替 GB/T 4464—1984《染料泳移性测定法》。

本标准与 GB/T 4464—1984 的主要变化如下：

——将标准名称规范为《染料　泳移性的测定》；

——删除有关“涤棉卡其”织物的规定，增加“染料试验用标准漂白涤纶布”和“染料试验用标准漂白棉布”的规定(本标准的第 5 章；GB/T 4464—1984 的 1.1)；

——增加了试验报告的内容(本标准的第 7 章)。

本标准由中国石油和化学工业协会提出。

本标准由全国染料标准化技术委员会(SAC/TC 134)归口。

本标准起草单位：沈阳化工研究院、上海出入境检验检疫局。

本标准主要起草人：董仲生、张坤宝、姬兰琴。

本标准于 1984 年首次发布。

染料　泳移性的测定

1　范围

本标准规定了染料泳移性的测定方法。

本标准适用于分散染料、还原染料在轧染工艺的预烘过程中产生的泳移性的测定。

2　规范性引用文件

下列文件中的条款通过本标准的引用而成为本标准的条款。凡是注日期的引用文件，其随后所有的修改单(不包括勘误的内容)或修订版均不适用于本标准，然而，鼓励根据本标准达成协议的各方研究是否可使用这些文件的最新版本。凡是不注日期的引用文件，其最新版本适用于本标准。

GB 250—1995　评定变色用灰色样卡(idt ISO 105-A02:1993)

GB/T 2374—1994　染料染色测定的一般条件规定

GB/T 6682　分析实验室用水规格和试验方法(GB/T 6682—1992,eqv ISO 3696:1987)

HG/T 2608　染料试验用标准漂白涤纶布

HG/T 2609　染料试验用标准漂白棉布

3　术语和定义

下列术语和定义适用于本标准。

泳移性　migration properties

分散染料、还原染料在轧染工艺预烘过程中，染料微粒随水分子移动而移动的性质叫染料的泳移性。

4　原理

将分散染料或还原染料按规定的轧液率进行浸轧，然后立即将试样放在热熔机(或烘箱)的针板框上固定和拉平。在试样一端同一位置的正反面各放一个表面皿，再用一对铝环和文具夹将表面皿固定。按规定的温度和时间将试样通过热熔机(或放入烘箱)进行干燥，干燥后取下试样放置一定时间后，据试样上覆盖部分与未覆盖部分的色差，以百分泳移率(测量反射值或透射值)或用目测来评定染料的泳移性。

5　试剂和材料

试剂和材料应符合 GB/T 2374—1994 中第 3 章的有关规定，所用水应符合 GB/T 6682 中三级水规格。

a)　*N*,*N*-二甲基甲酰胺；

b)　36%(质量分数)乙酸；

c)　氢氧化钠；

d)　保险粉；

e)　聚乙烯吡咯烷酮(PVP K-30)；

f)　乙二胺四乙酸二钠；

g)　织物：染料试验用标准漂白涤纶布应符合 HG/T 2608 的要求、染料试验用标准漂白棉布应符合 HG/T 2609 的要求，试验用织物尺寸为 220 mm×110 mm；

h） 表面皿：直径 90 mm；

i） 铝环：外径为 110 mm，内径为 80 mm，厚度为 1 mm；

j） 文具夹。

6 设备

设备应符合 GB/T 2374—1994 中第 5 章的有关规定。

a） 实验室用轧车、热熔机（或电热鼓风烘箱）；

b） 测色仪；

c） 分光光度计：紫外可见分光光度计。

7 试验方法

7.1 试验条件

染色一般条件应符合 GB/T 2374—1994 的有关规定。

——染色深度：分散染料为 20 g/L；还原染料为 25 g/L；

——轧液率：60%，一浸一轧；

——预烘：温度 100℃，时间 7 min。

7.2 染样的制备

先将一块试验用织物放入轧染液中均匀浸渍 1 min，按规定的轧液率浸轧试液，然后立即将试样放在热熔机（或烘箱）的针板框上拉平和固定。

在试样一端同一位置的正反面各放一块表面皿，再用一对铝环和文具夹将表面皿固定，有关示意图见图 1。

按试验规定的预烘温度和时间进行烘燥。

干燥后将试样从针板框上取下，移去夹子、铝环和表面皿，在室温下放置 1 h，备测。

7.3 评测法

7.3.1 目测法

参照 GB 250—1995 规定的评定变色用灰色样卡（简称灰色样卡），用目测方法评定试样上被覆盖部分与未被覆盖部分的色差。当色差相当于灰色样卡 4 级至 5 级以上者，染料泳移性较小；色差相当于灰色样卡 3 级至 4 级者，染料泳移性中等；色差相当于灰色样卡 3 级以下者，染料泳移性较大。

7.3.2 反射值测定法

用测色仪分别测定试样上被覆盖部分（A）与未被覆盖部分（B）的表面反射值（A、B 相距约 100 mm），按式（1）换算成色深值（K/S）后，按式（2）计算染料的百分泳移率 M。

$$(K/S) = \frac{(1-R)^2}{2R} \qquad \cdots\cdots(1)$$

$$M = 100\left[1 - \frac{(K/S)_A}{(K/S)_B}\right] \qquad \cdots\cdots(2)$$

式中：

$(K/S)_A$——试样上被覆盖部分（A）的色深值；

$(K/S)_B$——试样上未被覆盖部分（B）的色深值；

R——最大吸收波长处试样的表面反射值。

7.3.3 透射值测定法

7.3.3.1 分散染料萃取液的制备

每升溶液中含 N,N-二甲基甲酰胺 800 mL，水 195 mL，再加质量分数为 36% 的乙酸 5 mL，摇匀，配成体积分数为 80% N,N-二甲基甲酰胺水溶液。

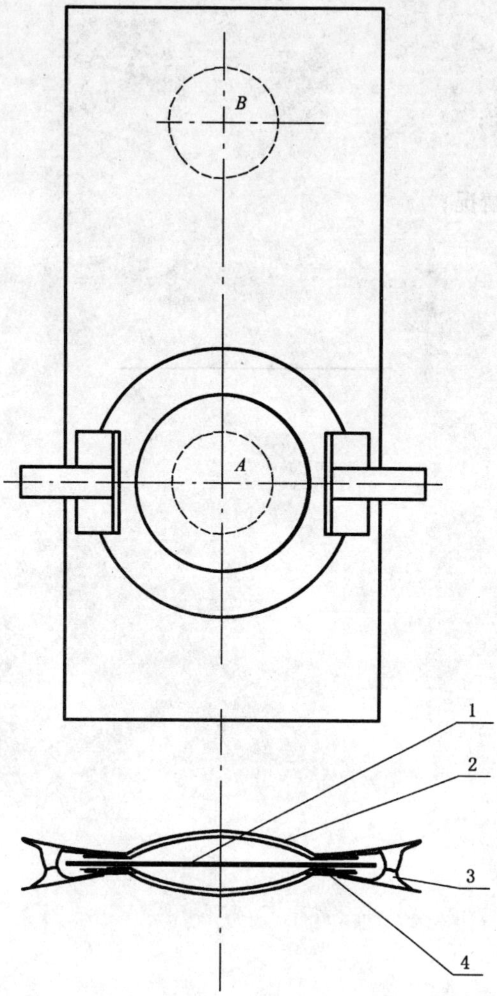

1——织物；

2——表面皿；

3——文具夹；

4——铝环。

图 1　示意图

7.3.3.2　还原染料萃取液的制备

每升水溶液中含氢氧化钠 10 g，保险粉 10 g，聚乙烯吡咯烷酮 20 g，乙二胺四乙酸二钠 5 g。

7.3.3.3　透射值的测定

分别称取试样上被覆盖部分（A）与未被覆盖部分（B）处的剪碎后的织物各 0.1 g（称准至 0.000 1 g），放入 50 mL 的容量瓶中，然后分别加入萃取液至刻度（根据染料种类选用萃取液），加盖摇匀，待织物上的染料被萃取出来后，用分光光度计在最大吸收波长处测量萃取液的吸光度 D_A 和 D_B。

按式（3）计算百分泳移率 M。

$$M=\left(1-\frac{D_A}{D_B}\right)\times 100 \qquad \cdots\cdots(3)$$

式中：

D_A——试样上 A 处染料萃取液的吸光度；

D_B——试样上 B 处染料萃取液的吸光度。

8　试验报告

试验报告包括以下内容：

a) 被测染料的名称；

b) 本标准编号；

c) 测试方法；

d) 使用仪器的型号、编号；

e) 测试结果；

f) 在测试过程中的特殊情况；

g) 与本方法的差异；

h) 试验日期。

ICS 71.100.01;87.060.10
G 55

GB

中华人民共和国国家标准

GB/T 4467—2006
代替 GB/T 4467—1984,GB/T 4468—1984

染料 悬浮液分散稳定性的测定

Dyestuff—Determination of the dispersion stability of the suspensions

2006-08-02 发布 2007-01-01 实施

中华人民共和国国家质量监督检验检疫总局
中国国家标准化管理委员会 发布

前　言

本标准代替 GB/T 4467—1984《还原染料悬浮液分散稳定性测定法》和 GB/T 4468—1984《分散染料悬浮液分散稳定性的测定法》。

本标准与 GB/T 4467—1984 和 GB/T 4468—1984 的主要差异如下：

——本标准整合了 GB/T 4467—1984 和 GB/T 4468—1984；

——将标准名称规范为《染料　悬浮液分散稳定性的测定》(本标准的标题、GB/T 4467—1984 及 GB/T 4468—1984 的标题)；

——增加了试验报告内容(本标准的第 7 章)。

本标准由中国石油和化学工业协会提出。

本标准由全国染料标准化技术委员会(SAC/TC 134)归口。

本标准起草单位：沈阳化工研究院、大连理工大学精细化工国家重点实验室。

本标准主要起草人：姬兰琴、沈日炯、彭孝军。

GB 4467 和 GB 4468 于 1984 年首次发布，2006 年第一次修订并整合为 GB/T 4467—2006。

染料　悬浮液分散稳定性的测定

1　范围

本标准规定了分散染料和还原染料(超细粉)悬浮液分散稳定性的测定方法。

本标准适用于分散染料和还原染料(超细粉)悬浮液分散稳定性的测定。

2　规范性引用文件

下列文件中的条款通过本标准的引用而成为本标准的条款。凡是注日期的引用文件,其随后所有的修改单(不包括勘误的内容)或修订版均不适用于本标准,然而,鼓励根据本标准达成协议的各方研究是否可使用这些文件的最新版本。凡是不注日期的引用文件,其最新版本适用于本标准。

GB/T 2374—1994　染料染色测定的一般条件规定

GB/T 6682　分析实验室用水规格和试验方法(GB/T 6682—1992,eqv ISO 3696:1987)

3　原理

将染料试样配制成一定浓度的悬浮液,置于筒形玻璃分液漏斗中,室温下静置一定时间后,还原染料测定漏斗上部和下部悬浮液的还原隐色体的吸光度,分散染料测定漏斗上部和下部悬浮液的丙酮溶解液的吸光度,计算该染料试样悬浮液的分散稳定性,以百分率表示。

4　试剂

试剂应符合 GB/T 2374—1994 中第 3 章的有关规定、所用水应符合 GB/T 6682 中三级水规格。

a)　氢氧化钠:480 g/L 的溶液;

b)　保险粉:质量分数为 85%;

c)　丙酮;

d)　丙酮-水混合液:按体积比 7+3 配制。

5　仪器和设备

仪器和设备应符合 GB/T 2374—1994 中第 5 章的有关规定。

a)　筒形玻璃分液漏斗:容量 60 mL;

b)　分光光度计:紫外可见分光光度计;

c)　磁力搅拌器;

d)　温度计:100℃;

e)　天平:感量不大于 0.000 4 g。

6　试验方法

6.1　染料悬浮液的配制

以配制 50 mL 染料浓度为 40 g/L 的悬浮液为例,其方法如下:

准确称取染料试样 2 g(称准至 0.001 g)置于 150 mL 的烧杯中,加水少许打浆,续加水 30 mL～40 mL,搅拌均匀后移入 50 mL 的容量瓶中,加水稀释至刻度,然后移入烧杯中,置于电磁搅拌器上室温搅拌 10 min,再移入筒形分液漏斗中,室温静置 4 h 备用。

6.2 测定

6.2.1 分散染料悬浮液分散稳定性的测定

经静置 4 h 后的试样用移液管于筒形玻璃分液漏斗上部液面下约 6 mm 刻度处吸取悬浮液 5 mL，移入 200 mL 的容量瓶中，用水稀释至刻度。然后，一次全部开启活塞放取下层悬浮液约 10 mL 于 50 mL的烧杯中，用移液管吸取其中 5 mL，移入 200 mL 的容量瓶中，用水稀释至刻度，将上述两个试样摇匀，用移液管各吸取所需体积(mL)，分别移入 50 mL 的容量瓶中；用丙酮-水混合液稀释至刻度，摇匀。用丙酮-水混合液为空白溶液，采用分光光度计，选择适宜的波长，分别测定其吸光度。

6.2.2 还原染料悬浮液分散稳定性的测定

6.2.2.1 还原液配制

每升还原液中含 480 g/L 的氢氧化钠溶液 5 mL，85%(质量分数)保险粉 3 g。此溶液应现用现配。

6.2.2.2 分析步骤

经静置 4 h 后的试样用移液管于筒形玻璃分液漏斗上部液面下约 6 mm 刻度处吸取悬浮液 5 mL，移入 200 mL 的容量瓶中，用水稀释至刻度，然后，一次全部开启活塞放取下层悬浮液约 10 mL 于 50 mL的烧杯中，用移液管吸取其中 5 mL，移入 200 mL 的容量瓶中，用水稀释至刻度，将上述两个试样摇匀，用移液管各吸取所需体积(mL)，分别移入 100 mL 的容量瓶中；用 60℃的还原液稀释至 90 mL～95 mL，移入 60℃的水浴中进行还原 15 min，取出，冷却至室温，续用还原液稀释至刻度，并用还原液作空白溶液，采用分光光度计，选择适宜的波长，分别测定染料隐色体的吸光度。

6.3 计算

悬浮液的分散稳定性 X(%)按式(1)计算：

$$X = \frac{B}{A} \times 100 \qquad \cdots\cdots\cdots\cdots\cdots\cdots(1)$$

式中：

A——下部分悬浮液稀释溶液的吸光度；

B——上部分悬浮液稀释溶液的吸光度。

计算结果表示到小数点后一位。

7 试验报告

试验报告包括以下内容：

a) 被测染料的名称；

b) 本标准编号；

c) 悬浮液的浓度；

d) 使用仪器的型号、编号；

e) 测试结果；

f) 在测试过程中的特殊情况；

g) 与本方法的差异；

h) 试验日期。

ICS 71.100.01;87.060.10
G 55

中华人民共和国国家标准

GB/T 4469—2006
代替 GB/T 4469—1984

还原染料 还原速率的测定 汽蒸法

Vat dyes—Determination of the reduction speed—Steam process

2006-08-01 发布 2007-01-01 实施

中华人民共和国国家质量监督检验检疫总局
中国国家标准化管理委员会 发布

前言

本标准代替 GB/T 4469—1984《还原染料还原速率测定法　汽蒸法》。

本标准与 GB/T 4469—1984 的主要变化如下：

——将标准名称规范为《还原染料　还原速率的测定　汽蒸法》(本标准的标题；GB/T 4469—1984 的标题)；

——增加了试验报告的内容(本标准的第 7 章)。

本标准由中国石油和化学工业协会提出。

本标准由全国染料标准化技术委员会(CSBTS/TC 134)归口。

本标准起草单位：沈阳化工研究院。

本标准主要起草人：董仲生、姬兰琴。

本标准于 1984 年首次发布。

还原染料　还原速率的测定　汽蒸法

1　范围

本标准规定了汽蒸法测定还原染料还原速率的方法。

本标准适用于还原染料(超细粉)悬浮体轧染工艺的汽蒸还原速率的测定。

2　规范性引用文件

下列文件中的条款通过本标准的引用而成为本标准的条款。凡是注日期的引用文件,其随后所有的修改单(不包括勘误的内容)或修订版均不适用于本标准,然而,鼓励根据本标准达成协议的各方研究是否可使用这些文件的最新版本。凡是不注日期的引用文件,其最新版本适用于本标准。

GB/T 2374—1994　染料染色测定的一般条件规定

3　原理

在规定的条件下,用还原染料(超细粉)悬浮体对织物进行轧染,然后再将织物依次进行中间干燥、浸轧还原液、汽蒸(汽蒸还原不同的时间)、氧化、皂洗、水洗、60℃以下干燥,干燥后的织物用目测评比,其中达到得色基本正常的织物,其汽蒸还原时间即为该还原染料的还原速率,以秒表示。

4　试剂和材料

试剂和材料应符合 GB/T 2374—1994 中第 3 章的有关规定。

a)　皂片:工业品,应不含荧光增白剂,并需符合下列质量要求(以干质量计),见表 1;

b)　氢氧化钠;

c)　保险粉;

d)　氯化钠;

e)　过硼酸钠;

f)　乙酸;

g)　无水碳酸钠;

h)　海藻酸钠或羟乙基皂荚胶(工业品);

i)　渗透剂 JFC;

j)　织物:$42^{s} \times 21^{s}$ 漂白丝光棉华达呢,经染色前处理的半制品 200 cm×20 cm。

表 1　皂片质量要求

项　　目		技 术 指 标
游离碱(以 Na_2CO_3 计)(质量分数)/%	≤	0.3
游离碱(以 NaOH 计)(质量分数)/%	≤	0.1
总脂肪物/(g/kg)	≥	850
制备肥皂混合脂肪酸冻点/℃	≤	30
碘值	≤	50
含水率(质量分数)/%	≤	5

5 仪器和设备

仪器和设备应符合 GB/T 2374—1994 中第 5 章的有关规定。

a) 分析天平:感量不大于 0.000 4 g;

b) 轧染机:实验室用轧染、焙烘、汽蒸联合机组或类似轧染机组。

6 试验方法

染色一般条件应符合 GB/T 2374—1994 的有关规定。轧染深度应根据具体品种情况酌量增减,一般以 40 g/L～60 g/L 为宜。

6.1 溶液的配制

6.1.1 还原液的配制

每升还原液中含 100%(质量分数)的氢氧化钠 35 g,85%(质量分数)的保险粉 35 g,氯化钠 100 g,此溶液临用时配制。

6.1.2 氧化液的配制

每升氧化液中含过硼酸钠 3 g,乙酸 2 mL。

6.1.3 皂洗液的配制

每升皂洗液中含中性皂片 5 g,无水碳酸钠 3 g。

6.1.4 防泳移剂的配制

每升溶液中含海藻酸钠或羟乙基皂荚胶 5 g。

6.1.5 100 g/L 渗透剂 JFC 溶液的配制

每升溶液中含渗透剂 JFC 100 g。

6.1.6 轧染液的配制

以染料浓度为 60 g/L,配制 200 mL 的轧染液为例:

准确称取染料试样 12 g(称准至 0.001 g)置于烧杯中,加蒸馏水少许,调成均匀浆状,加蒸馏水稀释到 100 mL 左右,加 100 g/L 的渗透剂 JFC 溶液 2 mL,搅拌,续加防泳移剂 80 mL,然后加蒸馏水稀释至 200 mL,充分搅拌均匀,备用。

6.2 试验的工艺流程

本试验的工艺流程和条件系模拟工业生产。

工艺流程和条件为:一浸一轧(轧液率 60%～65%)→中间干燥(100℃,2 min)→浸轧还原液(轧液率 100%±5%)→汽蒸(0.05 MPa,102℃～103℃饱和蒸汽)→氧化→水洗→皂煮→水洗→轧干→60℃以下烘干→评定。

6.2.1 轧染操作

开启轧染机,待轧染机空车运行正常,用试验织物校正轧液率为 60%～65%,清洁轧辊,揩干轧辊,然后用轧染液将试验织物一浸一轧。

6.2.2 中间干燥

浸轧后的织物在 100℃干燥 2 min,然后于织物中部均匀部分采样,每块为 30 cm×20 cm,共六个试样,编号。若试验织物轧染不均匀须重新轧染。

6.2.3 浸轧还原液、汽蒸

将上述编号的六个试样各自缝结导布,分别浸轧还原液,再依次将 1 号试样汽蒸 10 s、2 号试样汽蒸 20 s、3 号试样汽蒸 30 s,4、5、6 号试样分别汽蒸 40 s、50 s、60 s 后取出。

6.2.4 氧化

将汽蒸后的试样置于氧化液中,在室温进行氧化 15 min,浴比以不小于 1∶200 为宜。

6.2.5 水洗和皂煮

经氧化的试样用流动的冷水清洗后，于同一个皂洗浴中进行沸皂煮 15 min，浴比以不小于 1∶200 为宜。然后冷水冲洗。

6.2.6 干燥

经皂煮水洗后的试样于 60℃以下的烘箱中干燥。冷却。

6.3 结果的评定

按 GB/T 2374—1994 中第 6 章的有关规定进行目视评定。以分别汽蒸还原 10 s、20 s、30 s、40 s、50 s、60 s 后的试样中达到得色基本正常的试样，其汽蒸还原时间即为该还原染料的还原速率，以秒表示。

7 试验报告

试验报告包括以下内容：

a) 被测染料的名称；

b) 本标准编号；

c) 轧染液的浓度；

d) 使用仪器的型号、编号；

e) 测试结果；

f) 在测试过程中的特殊情况；

g) 与本方法的差异；

h) 试验日期。

ICS 13.060
G 77

中华人民共和国国家标准

GB 4482—2006
代替 GB 4482—1993

水处理剂　氯化铁

Water treatment chemicals—Ferric chloride

2006-03-14 发布　　2006-12-01 实施

中华人民共和国国家质量监督检验检疫总局
中国国家标准化管理委员会　发布

前　言

本标准中Ⅰ类产品的技术指标为强制性的，Ⅱ类产品的技术指标和其他条文为推荐性的。

本标准与美国水处理协会 ANSI/AWWA B 407—1998《液体氯化铁》的一致性程度为非等效。

本标准与 AWWA B 407—1998 相比：

——增加了固体产品；

——根据用途分为Ⅰ类、Ⅱ类；

——增加了重金属指标及测定方法。

本标准代替 GB 4482—1993《净水剂　氯化铁》。

本标准与 GB 4482—1993 相比主要变化如下：

——取消了产品等级；

——根据用途分为Ⅰ类、Ⅱ类；

——增加了 Hg、Cr(Ⅵ)、Cd 三项指标。

本标准由中国石油和化学工业协会提出。

本标准由全国化学标准化技术委员会水处理剂分会(SAC/TC 63/SC 5)归口。

本标准负责起草单位：天津化工研究设计院、同济大学、深圳莱索思环境技术有限公司、惠州市斯瑞尔环境化工有限公司。

本标准主要起草人：朱传俊、李凤亭、邵宏谦、白莹、陈志传、郑嘉辉、丁德才。

本标准委托全国化学标准化技术委员会水处理剂分会负责解释。

本标准于 1984 年首次发布，1993 年第一次修订。

水处理剂　氯化铁

1　范围

本标准规定了水处理剂氯化铁的技术要求、分类、试验方法、检验规则、标志、标签和包装。

本标准适用于水处理剂氯化铁。该产品主要用于饮用水及工业用水、废水和污水处理，其中饮用水用原料只能使用工业合成盐酸和氯气。

分子式：$FeCl_3$。

相对分子质量：162.21(按 2000 年国际相对原子质量)。

2　规范性引用文件

下列文件中的条款通过本标准的引用而成为本标准的条款。凡是注日期的引用文件，其随后所有的修改单(不包括勘误的内容)或修订版均不适用于本标准，然而，鼓励根据本标准达成协议的各方研究是否可使用这些文件的最新版本。凡是不注日期的引用文件，其最新版本适用于本标准。

GB/T 601　化学试剂　标准滴定溶液的制备

GB/T 602　化学试剂　杂质测定用标准溶液的制备(GB/T 602—2002,ISO 6353-1:1982,NEQ)

GB/T 603　化学试剂　试验方法中所用制剂及制品的制备(GB/T 603—2002,ISO 6353-1:1982,NEQ)

GB/T 610.1—1988　化学试剂　砷测定通用方法(砷斑法)

GB/T 610.2—1988　化学试剂　砷测定通用方法(二乙基二硫代氨基甲酸银法)

GB/T 1250　极限数值的表示方法和判定方法

GB/T 6678　化工产品采样总则

GB/T 6680　液体化工产品采样通则

3　产品分类

水处理剂氯化铁分为两类：

Ⅰ类：饮用水处理用。

Ⅱ类：工业用水、废水和污水处理用。

4　技术要求

4.1　外观：固体应为褐色晶体；液体应为红褐色溶液。

4.2　水处理剂氯化铁应符合表 1 要求：

表 1

项　　目		指　　标			
		Ⅰ类		Ⅱ类	
		固体	液体	固体	液体
氯化铁($FeCl_3$)的质量分数/%	≥	96.0	41.0	93.0	38.0
氯化亚铁($FeCl_2$)的质量分数/%	≤	2.0	0.30	3.5	0.40
不溶物的质量分数/%	≤	1.5	0.50	3.0	0.50

表 1(续)

项目		指标			
		Ⅰ类		Ⅱ类	
		固体	液体	固体	液体
游离酸(以 HCl 计)的质量分数/%	≤	—	0.40	—	0.50
砷(As)的质量分数/%	≤	0.000 4	0.000 2		
铅(Pb)的质量分数/%	≤	0.002	0.001		
汞(Hg)的质量分数/%	≤	0.000 02	0.000 01		
镉(Cd)的质量分数/%	≤	0.000 2	0.000 1		
铬[Cr(Ⅵ)]的质量分数/%	≤	0.001	0.000 5		

5 试验方法

本标准所用试剂,除非另有规定,仅使用分析纯试剂。

试验中所需标准溶液、杂质标准溶液、制剂及制品,在没有注明其他要求时,均按 GB/T 601、GB/T 602、GB/T 603 之规定制备。

安全提示:本标准所使用的强酸、强碱具有腐蚀性,使用时应注意。溅到身上时,用大量水冲洗,避免吸入或接触皮肤。

5.1 氯化铁含量的测定

5.1.1 方法提要

在酸性条件下,三价铁和碘化钾反应析出碘,以淀粉作指示剂,用硫代硫酸钠标准滴定溶液滴定。

5.1.2 试剂和材料

5.1.2.1 水,GB/T 6682,三级。

5.1.2.2 碘化钾。

5.1.2.3 硝酸银溶液:10 g/L。

5.1.2.4 盐酸溶液:1+1。

5.1.2.5 盐酸溶液:1+49。

5.1.2.6 硫代硫酸钠标准滴定溶液:$c(Na_2S_2O_3)=0.1$ mol/L。

5.1.2.7 可溶性淀粉指示剂:10 g/L。

5.1.3 仪器、设备

一般实验室用仪器和坩埚式过滤器:滤板孔径为 5 μm~15 μm。

5.1.4 分析步骤

5.1.4.1 试验溶液的制备

从干燥洁净的称量瓶中称取约 10 g 固体试样或 20 g 液体试样(约 15 mL),精确至 0.001 g,移入 250 mL 烧杯中。对固体试料用盐酸溶液(1+1)分次洗涤称量瓶,洗液并入盛试料的烧杯中,加盐酸溶液(1+49)至约 100 mL,搅拌溶解,在(50±5)℃水浴中保温 15 min;对液体试料用水分次洗涤称量瓶,洗液并入盛试料的烧杯中,加水至约 100 mL,搅拌。用已于 105℃~110℃干燥至恒重的坩埚式过滤器抽滤,用水洗涤残渣至洗液中不含氯离子(用硝酸银溶液检查)。将滤液和洗涤液移入 500 mL 容量瓶中,加水至刻度、摇匀,即得试液 A。试液 A 用于氯化铁、氯化亚铁和镉含量的测定。

保留坩埚和残渣,用于不溶物含量的测定。

5.1.4.2 测定

用移液管移取 25 mL 试液 A,置于 250 mL 碘量瓶中,加 25 mL 水,3 g 碘化钾和 10 mL 盐酸溶液

(1+1),盖好瓶塞,水封,摇匀,于暗处放置 30 min。用硫代硫酸钠标准滴定溶液滴定至淡黄色,加入 3 mL淀粉指示剂,继续滴定至蓝色消失。

同时作空白试验。

5.1.5 结果的表述

氯化铁含量以质量分数 w_1 计,数值以%表示,按式(1)计算:

$$w_1 = \frac{(V-V_0)cM}{1\,000 \times m \times 25/500} \times 100 \qquad \cdots\cdots(1)$$

式中:

V——试样消耗硫代硫酸钠标准滴定溶液体积的数值,单位为毫升(mL);

V_0——空白消耗硫代硫酸钠标准滴定溶液体积的数值,单位为毫升(mL);

c——硫代硫酸钠标准滴定溶液浓度的准确数值,单位为摩尔每升(mol/L);

M——氯化铁摩尔质量的数值,单位为克每摩尔(g/mol)[$M(FeCl_3)=162.2$];

m——试料质量的数值,单位为克(g)。

5.1.6 允许差

取平行测定结果的算术平均值为测定结果。平行测定结果的绝对差值不大于 0.2%。

5.2 氯化亚铁含量的测定

5.2.1 方法提要

在硫酸和磷酸介质中,以二苯胺磺酸钠为指示剂,用重铬酸钾标准滴定溶液滴定。

5.2.2 试剂和材料

5.2.2.1 水,GB/T 6682,三级。

5.2.2.2 磷酸。

5.2.2.3 硫酸溶液:1+5。

5.2.2.4 重铬酸钾标准滴定溶液:$c(1/6K_2Cr_2O_7)$约 0.05 mol/L,临用前配制。

用移液管移取 100 mL 按 GB/T 601 配制与标定的重铬酸钾标准滴定溶液,置于 200 mL 容量瓶中,以水稀释至刻度,摇匀。

5.2.2.5 二苯胺磺酸钠指示剂:5 g/L。

5.2.3 分析步骤

移取 100 mL 试液 A 于 250 mL 锥形瓶中,加入 20 mL 硫酸溶液、5 mL 磷酸和 3~4 滴二苯胺磺酸钠指示剂,用重铬酸钾标准滴定溶液滴定至蓝紫色。

5.2.4 结果的表述

氯化亚铁含量以质量分数 w_2 计,数值以%表示,按式(2)计算:

$$w_2 = \frac{VcM}{1\,000 \times m \times 100/500} \times 100 \qquad \cdots\cdots(2)$$

式中:

V——消耗重铬酸钾标准滴定溶液体积的数值,单位为毫升(mL);

c——重铬酸钾标准滴定溶液浓度的准确数值,单位为摩尔每升(mol/L);

M——氯化亚铁摩尔质量的数值,单位为克每摩尔(g/mol)[$M(FeCl_2)=126.8$];

m——试料质量的数值,单位为克(g)。

5.2.5 允许差

取平行测定结果的算术平均值为测定结果。平行测定结果的绝对差值不大于:固体产品为 0.1%;液体产品为 0.02%。

5.3 不溶物含量的测定

5.3.1 仪器、设备

电热恒温干燥箱:温度可控制为 105℃~110℃。

5.3.2 分析步骤

将 5.1.4.1 保留的坩埚和残渣放入电热恒温干燥箱内，在 105℃～110℃下干燥至恒重。

5.3.3 结果的表述

不溶物含量以质量分数 w_3 计，数值以%表示，按式(3)计算：

$$w_3 = \frac{m_1 - m_2}{m} \times 100 \quad \cdots\cdots(3)$$

式中：

m_1——坩埚式过滤器连同残渣的质量的数值，单位为克(g)；

m_2——坩埚式过滤器的质量的数值，单位为克(g)；

m——试料的质量的数值，单位为克(g)。

5.3.4 允许差

取平行测定结果的算术平均值为测定结果。平行测定结果的绝对差值不大于：固体产品为 0.1%，液体产品为 0.02%。

5.4 游离酸含量的测定

5.4.1 方法提要

用氟化钠与铁离子反应生成六氟合铁(Ⅲ)酸三钠沉淀，过滤除去铁离子，取定量滤液，以酚酞作指示剂，用氢氧化钠标准滴定溶液滴定。

5.4.2 试剂和材料

5.4.2.1 水，GB/T 6682，三级。

5.4.2.2 盐酸溶液：1+120。

5.4.2.3 氟化钠溶液：40 g/L。

称取 4 g 氟化钠置于 250 mL 烧杯中，加入 100 mL 水，搅拌溶解，滴加 2 滴酚酞指示剂，若溶液无色，用氢氧化钠标准滴定溶液中和至刚呈微红色；若溶液呈红色，则用盐酸溶液滴至无色后，再用氢氧化钠标准滴定溶液中和至刚呈微红色。

5.4.2.4 氢氧化钠标准滴定溶液：$c(NaOH)=0.05$ mol/L。

5.4.2.5 酚酞指示剂：10 g/L。

5.4.3 分析步骤

从干燥洁净的称量瓶中称取约 2 g 液体试样，精确至 0.01 g，在 100 mL 容量瓶瓶口放一小漏斗，将试料移入容量瓶中，用少量水分次洗涤称量瓶，洗液并入容量瓶中，慢慢加入 80 mL 氟化钠溶液，加水至刻度，摇匀，放置 10 min。用中速滤纸干过滤于干燥洁净的烧杯中，用移液管移取 50 mL 滤液于锥形瓶中，加入 2 滴酚酞指示剂，用氢氧化钠标准滴定溶液滴定至微红色(30 s 不褪)即为终点。

5.4.4 结果的表述

游离酸(以 HCl 计)含量以质量分数 w_4 计，数值以%表示，按式(4)计算：

$$w_4 = \frac{VcM}{1\,000 \times m \times 50/100} \times 100 \quad \cdots\cdots(4)$$

式中：

V——滴定时消耗氢氧化钠标准滴定溶液的体积的数值，单位为毫升(mL)；

c——氢氧化钠标准滴定溶液浓度的准确数值，单位为摩尔每升(mol/L)；

M——氯化氢的摩尔质量的数值，单位为克每摩尔(g/mol)[$M(HCl)=36.46$]；

m——试料的质量的数值，单位为克(g)。

5.4.5 允许差

取平行测定结果的算术平均值为测定结果。平行测定结果的绝对差值不大于 0.05%。

5.5 砷含量的测定

5.5.1 砷斑法

5.5.1.1 方法提要

在酸性溶液中，用碘化钾和氯化亚锡把As(Ⅴ)还原为As(Ⅲ)，加锌粒与酸作用，产生新生态氢，使As(Ⅲ)进一步还原为砷化氢，砷化氢气体与溴化汞试纸作用，产生棕黄色斑点，与标准色斑目视比较。

5.5.1.2 试剂和材料

5.5.1.2.1 水，GB/T 6682，三级。

5.5.1.2.2 无砷锌。

5.5.1.2.3 碘化钾。

5.5.1.2.4 硫酸溶液：1+1。

5.5.1.2.5 氯化亚锡盐酸溶液：400 g/L。

5.5.1.2.6 砷标准溶液：1 mL溶液含0.001 mg As。

将按GB/T 602配制的砷标准溶液稀释100倍。此溶液用时现配。

5.5.1.2.7 溴化汞试纸。

5.5.1.2.8 乙酸铅棉花。

5.5.1.3 仪器、设备

一般实验室用仪器和定砷器：见GB 610.1—1988中的图。

5.5.1.4 分析步骤

称取液体试样1.00 g，固体试样0.50 g，精确至0.01 g，置于定砷器的广口瓶中，加水至约50 mL，使试料溶解。加入4 mL硫酸溶液、1 g碘化钾及2 mL氯化亚锡溶液，摇匀，放置15 min。加入3 g无砷锌，立即将已装好乙酸铅棉花及溴化汞试纸的玻璃管塞紧于广口瓶上，于暗处放置1 h。溴化汞试纸所呈黄色不得深于标准色。

标准色斑的制备：用移液管移取2 mL砷标准溶液，置于定砷器的广口瓶中，与试料同时同样处理。

5.5.2 二乙基二硫代氨基甲酸银法(仲裁法)

5.5.2.1 方法提要

在酸性溶液中，用碘化钾和氯化亚锡将As(Ⅴ)还原为As(Ⅲ)，加锌粒与酸作用产生新生态氢，使As(Ⅲ)进一步还原为砷化氢，砷化氢气体被二乙基二硫代氨基甲酸银-三乙胺三氯甲烷溶液吸收，生成紫红色产物，用分光光度计测定。

5.5.2.2 试剂和材料

5.5.2.2.1 水，GB/T 6682，三级。

5.5.2.2.2 无砷锌。

5.5.2.2.3 碘化钾。

5.5.2.2.4 硫酸溶液：1+1。

5.5.2.2.5 氯化亚锡盐酸溶液：400 g/L。

5.5.2.2.6 砷标准溶液：1 mL溶液含0.001 mg As。(配制方法同5.5.1.2.6)。

5.5.2.2.7 二乙基二硫代氨基甲酸银-三乙胺三氯甲烷溶液(以下称吸收液)。

5.5.2.2.8 乙酸铅棉花。

5.5.2.3 仪器、设备

一般实验室用仪器和以下设备。

5.5.2.3.1 定砷器：见GB/T 610.2—1988中5.3的规定。

5.5.2.3.2 分光光度计：带有1 cm吸收池。

5.5.2.4 分析步骤

5.5.2.4.1 校准曲线的绘制

移取0、1.0 mL、2.0 mL、3.0 mL、4.0 mL、5.0 mL砷标准溶液，置于6个定砷器中。各加水至约

50 mL，加入 4 mL 硫酸溶液、1 g 碘化钾、2 mL 氯化亚锡溶液，摇匀，放置 15 min。

移取 5 mL 吸收液注入吸收管内，迅速向定砷瓶中加入 3 g 无砷锌，立即连接好定砷器各部分，勿使漏气，在室温（室温低于 15℃时可用 25℃～30℃水浴温热）下反应 45 min 取下吸收管，用三氯甲烷将吸收液体积补充至 5 mL。

在 510 nm 波长下，用 1 cm 吸收池，以三氯甲烷对照，将分光光度计的吸光度调整到零，测量各溶液的吸光度。

从每个标准溶液的吸光度中减去试剂空白溶液的吸光度，以砷含量（mg）为横坐标，对应的吸光度为纵坐标，绘制校准曲线。

5.5.2.4.2　测定

用于燥洁净的称量瓶称取 1.00 g 试样，精确至 0.01 g，置于定砷器中，加水至约 50 mL，使试料溶解。以下操作按 5.5.2.4.1 所述，从“加入 4 mL 硫酸溶液……”开始，到“测量各溶液的吸光度”为止。同时做试剂空白试验。

5.5.2.5　结果的表述

砷含量以质量分数 w_5 计，数值以％表示，按式（5）计算：

$$w_5 = \frac{(m_1 - m_0) \times 10^{-3}}{m} \times 100 \qquad \cdots\cdots(5)$$

式中：

m_1——根据测定的试料溶液的吸光度，从校准曲线上查出砷质量的数值，单位为毫克（mg）；

m_0——根据测定的试剂空白溶液的吸光度，从校准曲线上查出砷质量的数值，单位为毫克（mg）；

m——试料的质量的数值，单位为克（g）。

5.5.2.6　允许差

取平行测定结果的算术平均值为测定结果。平行测定结果的绝对差值不大于 0.000 05％。

5.6　铅含量的测定

5.6.1　原子吸收光谱法

5.6.1.1　方法提要

向试样中加入硝酸和过氧化氢，使试样中的铅溶解，然后用原子吸收光谱法测定铅含量。

5.6.1.2　试剂和材料

5.6.1.2.1　过氧化氢：优级纯。

5.6.1.2.2　硝酸（优级纯）溶液：1＋1。

5.6.1.2.3　硝酸（优级纯）溶液：1＋199。

5.6.1.2.4　铅标准贮备液：1 mL 溶液含有 0.1 mg Pb。

5.6.1.2.5　铅标准溶液：1 mL 溶液含有 0.001 mg Pb。用移液管移取 5.0 mL 铅标准贮备液置于 500 mL容量瓶中，加入硝酸溶液（5.6.1.2.2）至刻度，摇匀。此溶液现用现配。

5.6.1.3　仪器、设备

所用玻璃仪器均用硝酸溶液浸泡过夜，再用水洗涤。

5.6.1.3.1　氩气钢瓶。

5.6.1.3.2　电加热原子吸收光谱仪。

5.6.1.3.3　铅空心阴极灯。

5.6.1.4　分析步骤

5.6.1.4.1　校准曲线的绘制

用移液管分别移取 0.0、1.0 mL、3.0 mL、5.0 mL、7.0 mL 铅标准溶液，置于六个 100 mL 容量瓶中，加硝酸溶液（5.6.1.2.2）至刻度，摇匀。

按仪器说明书，把原子吸收光谱仪的各种条件调至最佳状态。用试剂空白调零后，分别测定每个标准溶液的吸光度。以铅含量为横坐标,对应的吸光度为纵坐标绘制校准曲线。

5.6.1.4.2 测定

称取(3±0.01)g 试样,转移至 1 000 mL 容量瓶中,加水稀至刻度,摇匀。

移取 50.00 mL 上述溶液,置于 250 mL 烧杯中,加水至 100 mL,小心加入 2.0 mL 过氧化氢和 2.0 mL硝酸溶液(5.6.1.2.1),加热蒸发至溶液体积约为 40 mL,冷却至室温,将溶液完全转移至 100 mL容量瓶中,加水至刻度,摇匀。用与测定标准溶液相同的工作条件测定其吸光度,同时做试剂空白试验。

5.6.1.5 结果的表述

铅含量以质量分数 w_6 计,数值以%表示,按式(6)计算:

$$w_6 = \frac{(m_1 - m_0) \times 10^{-3}}{m \times 50/1\,000} \times 100 \qquad \cdots\cdots (6)$$

式中:

m_1——根据测定的试料溶液的吸光度,从校准曲线上查出的铅的质量的数值,单位为毫克(mg);

m_0——根据测定的试剂空白溶液的吸光度,从校准曲线上查出的铅的质量的数值,单位为毫克(mg);

m——试料的质量的数值,单位为克(g)。

5.6.1.6 允许差

取平行测定结果的算术平均值为测定结果。平行测定结果的绝对差值不大于 0.000 3%。

5.7 汞含量的测定

5.7.1 分光光度法

5.7.1.1 方法提要

将试样中的汞用高锰酸钾氧化成二价汞离子,过量的高锰酸钾用盐酸羟胺还原后,在硫酸酸性溶液中用双硫腙四氯化碳溶液来萃取。在萃取液中加盐酸进行反萃取。然后将水层 pH 调节为 4.8~5.5,再用双硫腙四氯化碳溶液来萃取汞离子,过量的双硫腙用氨水洗净后,由分光光度法求出汞的含量。

5.7.1.2 试剂和材料

5.7.1.2.1 硝酸。

5.7.1.2.2 高锰酸钾。

5.7.1.2.3 硫酸溶液:1+1。

5.7.1.2.4 盐酸溶液:1+1。

5.7.1.2.5 醋酸溶液:1+2。

5.7.1.2.6 氨水溶液:1+2。

5.7.1.2.7 氨水溶液:1+3。

5.7.1.2.8 氨性洗液:取氨水 1 mL,加水稀释到 100 mL,加 EDTA 溶液 5 mL。

5.7.1.2.9 盐酸羟氨溶液:200 g/L。

称取盐酸羟氨 20 g 溶于水中,并稀释至 100 mL。将此溶液移入 200 mL 分液漏斗,加双硫腙四氯化碳溶液 10 mL,振摇后静置,弃去四氯化碳层。重复这项操作,直到双硫腙溶液颜色成为固有的绿色为止。

5.7.1.2.10 尿素溶液:200 g/L。

称取尿素 20 g 溶于水中,并稀释至 100 mL。将此溶液移入 200 mL 分液漏斗,加双硫腙四氯化碳溶液 10 mL,振摇后静置,弃去四氯化碳层。重复这项操作,直到双硫腙溶液颜色成为固有的绿色为止。

5.7.1.2.11 乙二胺四乙酸二钠溶液:38 g/L。

称取乙二胺四乙酸二钠(二水盐)3.8 g 溶于水中,并稀释至 100 mL。将此溶液移入 200 mL 分液漏斗,加双硫腙四氯化碳溶液 10 mL,振摇后静置,弃去四氯化碳层。重复这项操作,直到双硫腙溶液颜色成为固有的绿色为止。

5.7.1.2.12　精制四氯化碳:在四氯化碳中,加入约占其容量5%的硫酸摇匀,静置后弃去硫酸层。重复操作到硫酸层无色为止。然后水洗,加块状氧化钙摇混,将混有氧化钙的四氯化碳进行蒸馏,收集77℃的馏分。

5.7.1.2.13　双硫腙四氯化碳贮备溶液:0.1 g/L。

取双硫腙(二苯基硫卡巴腙)放入玛瑙研钵,研成细粉。取其100 mg,加1 L精制四氯化碳,静置24 h以上使双硫腙完全溶解。

5.7.1.2.14　双硫腙四氯化碳浓溶液:0.05 g/L。

移取双硫腙四氯化碳贮备溶液100.00 mL于200 mL容量瓶中,加精制四氯化碳至刻度。

5.7.1.2.15　双硫腙四氯化碳溶液:0.005 g/L。

移取双硫腙四氯化碳浓溶液50.00 mL于500 mL容量瓶中,加精制四氯化碳至刻度。

5.7.1.2.16　酚红的乙醇溶液:1 g/L。

称取酚红0.1 g,溶于20 mL 95%乙醇,用水稀释成100 mL。

5.7.1.2.17　汞标准贮备液:1 mL溶液含有0.1 mgHg。

5.7.1.2.18　汞标准溶液:1 mL溶液含有0.001 mgHg。

移取汞标准贮备液10.00 mL于1 000 mL容量瓶中,并稀释至刻度。此溶液现用现配。

5.7.1.3　仪器、设备

5.7.1.3.1　分液漏斗:50 mL、100 mL、1 000 mL。

5.7.1.3.2　回流冷凝装置:1 000 mL圆底磨口烧瓶,冷凝管长30 cm以上。

5.7.1.3.3　玻璃珠:d=2 mm～4 mm。

5.7.1.3.4　分光光度计。

5.7.1.4　分析步骤

5.7.1.4.1　称取固体试样约10 g,液体试样约20 g,精确到0.01 g,放入回流冷凝装置的烧瓶中,加水约300 mL、硝酸30 mL和高锰酸钾1 g,轻轻地摇匀,放入几粒玻璃珠后,装上回流冷凝管,缓缓加热,煮沸1 h。

5.7.1.4.2　如果煮沸过程中高锰酸钾的颜色消失,可停止加热,待液温下降到约40℃时加1 g高锰酸钾,继续加热煮沸。重复这项操作,直到高锰酸钾的颜色保持10 min以上不褪色为止。

5.7.1.4.3　煮沸1 h后放冷到液温约40℃,取下烧瓶,滴加盐酸羟胺溶液直到高锰酸钾颜色消失为止。加几滴酚红的乙醇溶液,边冷却边加氨水溶液,直到溶液颜色变红为止。

5.7.1.4.4　加硫酸溶液15 mL,盐酸羟胺溶液5 mL和尿素溶液5 mL后,移入500 mL分液漏斗。在其中加入双硫腙四氯化碳浓溶液20 mL,剧烈振摇2 min。静置后将四氯化碳层移入另一100 mL分液漏斗。

5.7.1.4.5　在水层中再加双硫腙四氯化碳浓溶液20 mL,剧烈振摇2 min。静置后,将四氯化碳层合并到刚才分离出来的四氯化碳层中,弃去水层。

5.7.1.4.6　给四氯化碳层加水20 mL,通过振摇30 s来洗涤四氯化碳层,静置后,将四氯化碳层移入另一100 mL分液漏斗,弃去水层。

5.7.1.4.7　给四氯化碳层加盐酸溶液10 mL,振摇30 s,静置后将四氯化碳层移入另一100 mL分液漏斗保留水层。

5.7.1.4.8　给四氯化碳层加盐酸溶液5 mL,振摇后静置,弃去四氯化碳层,水层则合并到前项保留的水层中。

5.7.1.4.9　水层用水稀释到约50 mL,加盐酸羟胺溶液0.5 mL,醋酸溶液2 mL,EDTA溶液1 mL和氨水溶液(1+2)10 mL。

5.7.1.4.10　使用溴甲酚绿pH试纸,小心滴加氨水溶液(1+3)调节pH值到4.8～5.5(不能超过5.5),准确加入双硫腙四氯化碳溶液10 mL,剧烈振摇2 min。静置后,将四氯化碳移入50 mL分液漏斗，弃去水层。

5.7.1.4.11 给四氯化碳层加氨性洗液 10 mL，剧烈振摇 30 s，静置后只将水层用移液管或滴液管吸出。重复这项操作，直到氨性洗液成为无色为止。

5.7.1.4.12 将四氯化碳注入 10 mm 吸收池，测定波长 490 nm 处的吸光度。

5.7.1.4.13 校准曲线的绘制：依次移取汞标准溶液 1.00 mL～15.00 mL，放入 100 mL 分液漏斗，加盐酸溶液 15 mL，用水稀释至大约 50 mL。加盐酸羟氨溶液 0.5 mL，醋酸溶液 2 mL，EDTA 溶液 1 mL 和氨水溶液(1+2)10 mL。然后按照 5.7.1.4.10～5.7.1.4.12 同样操作，以汞含量为横坐标，吸光度为纵坐标，绘制标准曲线。同时做空白试验。

5.7.1.5 分析结果的表述

汞含量以质量分数 w_7 计，数值以%表示，按式(7)计算：

$$w_7 = \frac{m \times 10^{-3}}{m_0} \times 100 \qquad (7)$$

式中：

m——从标准曲线查出汞质量的数值，单位为毫克(mg)；

m_0——试料质量的数值，单位为克(g)。

5.7.1.6 允许差

取平行测定结果的算术平均值为测定结果，平行测定结果的绝对差值不大于 0.000 005%。

5.7.2 冷原子吸收法

5.7.2.1 方法提要

在酸性介质中，将试样中的汞氧化成二价汞离子，用氯化亚锡将汞离子还原成汞原子，用冷原子吸收法测定汞。

5.7.2.2 试剂和材料

5.7.2.2.1 硫酸-硝酸混合液：

将 200 mL 硫酸(优级纯)缓慢加入 300 mL 水中，同时不断搅拌。冷却后加入 100 mL 硝酸(优级纯)，混匀。

5.7.2.2.2 硫酸(优级纯)溶液：1+71。

5.7.2.2.3 盐酸(优级纯)溶液：1+11。

5.7.2.2.4 高锰酸钾(优级纯)溶液：10 g/L。

5.7.2.2.5 盐酸羟胺溶液：100 g/L。

5.7.2.2.6 氯化亚锡溶液：50 g/L。

称取 5.0 g 氯化亚锡，置于 200 mL 烧杯中。加入 10 mL 盐酸溶液及适量水使其溶解，稀释至 100 mL，混匀。

5.7.2.2.7 汞标准贮备液：1 mL 溶液含有 0.1 mgHg。

5.7.2.2.8 汞标准溶液：1 mL 含有 0.001 mgHg(配制方法同 5.7.1.2.18)。

5.7.2.3 仪器、设备

一般实验室用仪器和以下设备。

5.7.2.3.1 原子吸收分光光度计或测汞仪。

5.7.2.3.2 汞空心阴极灯。

5.7.2.4 分析步骤

5.7.2.4.1 校准曲线的绘制

在 6 个 50 mL 容量瓶中，依次加入汞标准溶液 0、1.00 mL、2.00 mL、3.00 mL、4.00 mL、5.00 mL，加水至 40 mL。加入 3 mL 硫酸-硝酸混合液和 1 mL 高锰酸钾溶液，摇匀，静置 15 min。再滴加盐酸羟胺溶液至试液红色恰好消失，用水稀释至刻度，摇匀。

在波长 253.7 nm 处，用氯化亚锡溶液还原后的试剂空白所产生的汞蒸气为参比，测出以氯化亚锡溶液还原后各标准试液所产生的汞蒸气的吸光度。

以汞含量(mg)为横坐标，对应的吸光度为纵坐标，绘制校准曲线。

5.7.2.4.2 测定

移取 5 g 液体试样或 2.5 g 固体试样，精确至 0.01 g，溶解后移入 100 mL 容量瓶中，稀释至刻度，摇匀，此为试液 B。

移取 10.00 mL 试液 B 于 50 mL 容量瓶中。以下按校准曲线的绘制中加入汞标准溶液以后的步骤进行操作，测出以氯化亚锡还原后试样溶液所产生汞蒸汽的吸光度。

5.7.2.5 分析结果的表述

汞含量以质量分数 w_8 计，以数值%表示，按式(8)计算：

$$w_8 = \frac{m \times 10^{-3}}{m_0 \times 10/100} \times 100 \qquad \cdots\cdots(8)$$

式中：

m——从标准曲线上查出汞质量的数值，单位为毫克(mg)；

m_0——试料质量的数值，单位为克(g)。

5.7.2.6 允许差

取平行测定结果的算术平均值为测定结果，平行测定结果的绝对差值不大于 0.000 002%。

5.8 镉含量的测定

5.8.1 方法提要

用原子吸收光谱法，在波长 228.8 nm 处以空气-乙炔火焰测定镉原子的吸光度，求出镉含量。

5.8.2 试剂和材料

5.8.2.1 硝酸溶液：1+1。

5.8.2.2 镉标准贮备溶液：1 mL 含 0.1 mgCd。

称取 0.100 g 金属镉(99.9%以上)，精确至 0.000 2 g，置于 100 mL 烧杯中，加 20 mL 硝酸溶液，加热驱除氮氧化物，冷却后移入 1 000 mL 容量瓶中，加水稀释至刻度，摇匀。

5.8.2.3 镉标准溶液：1 mL 含 0.01 mgCd。

移取 10.00 mL 镉标准溶液贮备溶液于 100 mL 容量瓶中，用水稀释至刻度，摇匀。

5.8.3 仪器、设备

一般实验用仪器和以下设备。

5.8.3.1 原子吸收光谱仪。

5.8.3.2 镉空心阴极灯。

5.8.4 分析步骤

5.8.4.1 分别移取 0.00、0.50 mL、1.0 mL、1.50 mL 镉标准溶液于 4 个 50 mL 容量瓶中，用水稀释至刻度，摇匀。此标准系列含镉量为 0.00、0.005 mg、0.010 mg、0.015 mg，在仪器最佳工作条件下，于 228.8 nm 波长处，以空白调零，测其吸光度。以测定的吸光度为纵坐标，相对应的镉含量吸光度为横坐标，绘制校准曲线。

5.8.4.2 移取 5.00 mL 试液 B 于 50 mL 容量瓶中，用水稀释至刻度，摇匀。按校准曲线的同等仪器条件，以空白调零，测其吸光度，从校准曲线中求得 Cd 含量。

5.8.5 分析结果的表述

镉含量以质量分数 w_9 计，数值以%表示，按式(9)计算：

$$w_9 = \frac{m \times 10^{-3}}{m_0 \times 5/100} \times 100 \qquad \cdots\cdots(9)$$

式中：

m——从校准曲线查出镉质量的数值，单位为毫克(mg)；

m_0——试料质量的数值，单位为克(g)。

5.8.6 允许差

取平行测定结果的算术平均值为测定结果，平行测定结果的绝对差值不大于0.000 05%。

5.9 铬[Cr(Ⅵ)]含量的测定

5.9.1 方法提要

用氨水将Fe^{3+}、Cr^{3+}生成氢氧化物或碱式盐，沉淀弃去。用原子吸收光谱法测定铬。

5.9.2 试剂与材料

5.9.2.1 氨水溶液：1+1。

5.9.2.2 甲基红指示剂：1 g/L乙醇溶液。

5.9.3 仪器、设备

一般实验室仪器和以下设备。

5.9.3.1 原子吸收分光光度计。

5.9.3.2 铬空心阴极灯。

5.9.3.3 铬标准贮备溶液：1 mL溶液含有0.1 mgCr。

5.9.4 分析步骤

5.9.4.1 试样的制备

称取约5 g液体试样或2.5 g固体试样，精确至0.000 2 g，置于250 mL烧杯中，加水50 mL溶解，加入2滴甲基红指示剂，在搅拌下用氨水溶液调节至溶液由红色变为黄色为止，加热至微沸，使沉淀凝聚。冷却后，转移至100 mL容量瓶中，稀释至刻度，摇匀。用快速定性滤纸干过滤，滤液留作测定用。

5.9.4.2 校准曲线的绘制

移取0.00、1.00 mL、2.00 mL、3.00 mL、4.00 mL铬标准溶液置于100 mL容量瓶中，用水稀释至刻度，摇匀。此标准系列含铬量为0.00、0.10 mg、0.20 mg、0.30 mg、0.40 mg，在仪器的最佳工作条件下，于波长357.9 nm处，以空白调零，测其吸光度。以测定的吸光度为纵坐标，相对应的铬含量为横坐标，绘制校准曲线。

5.9.4.3 试样的测定

按校准曲线的同等仪器条件，以空白调零，测定其吸光度，从校准曲线中求得相应的铬含量。

5.9.5 分析结果的表述

铬含量以质量分数w_{10}计，数值以%表示，按式(10)计算：

$$w_{10}=\frac{m\times10^{-3}}{m_0}\times100 \qquad (10)$$

式中：

m——从校准曲线上查得铬质量的数值，单位为毫克(mg)；

m_0——试料质量的数值，单位为克(g)。

5.9.6 允许差

取平行测定结果的算术平均值为测定结果，平行测定结果的绝对差值不大于0.000 1%。

6 检验规则

6.1 水处理剂氯化铁应由生产厂的质量检验部门按照本标准规定的试验方法和检验规则对产品质量进行检验，生产厂应保证所有出厂的产品都符合本标准的要求。

6.2 每批出厂的产品都应附有质量说明书，内容包括：生产厂名称、产品名称、类别、净质量、批号、生产日期、产品质量符合本标准的证明书及本标准编号。

6.3 使用单位有权按照本标准的规定对所收到的水处理剂氯化铁进行检验，核实其质量是否符合本标准的要求。

6.4 水处理剂氯化铁每批产品不超过：固体 20 t，液体 60 t。

6.5 固体氯化铁的采样按 GB/T 6678 规定确定采样单元数。采样时扒开表面约 5 cm 厚的试样，将采样器自包装单元的中心垂直插入至料层深度的 3/4 处采样。将所采样品在封闭的容器中混匀后，取出平均样不得少于 500 g。

液体氯化铁的采样根据包装、贮运工具，按 GB/T 6680 规定进行。将所采样品混匀后，取出平均样不得少于 500 mL。

将采取的样品分装于两个干净、干燥、带磨口塞的试剂瓶中，密封。试剂瓶上粘贴标签，注明生产厂名称、产品名称、类别、批号、采样时间和采样者姓名。一瓶供检验用，另一瓶备查，保存期为 3 个月。

6.6 采用 GB/T 1250 规定的修约值比较法判定检验结果是否符合标准。检验结果如果中有一项不符合本标准要求，则应重新自两倍量的包装单元中采样进行核验，核验结果即使有一项指标不符合本标准要求，该批产品为不合格。

6.7 当供需双方因产品质量发生异议时，可按照《中华人民共和国产品质量法》的规定办理。

7 标志、标签和包装

7.1 水处理剂氯化铁包装容器上应有牢固清晰的标志，内容包括：生产厂名、产品名称、商标、类别、净质量、批号或生产日期及本标准编号。

7.2 固体水处理剂氯化铁采用 3 种包装方式(见 7.2.1，7.2.2 和 7.2.3)，液体氯化铁采用 2 种包装方式(见 7.2.4 和 7.2.5)。

7.2.1 硬质纤维板桶包装：内包装袋采用食品级聚乙烯塑料薄膜袋，规格尺寸为 600 mm×400 mm，厚度为 0.1 mm；外包装采用硬质纤维板桶，规格尺寸为 ϕ400 mm×500 mm，厚度为 4 mm，其性能和检验方法应符合有关规定。水处理剂氯化铁每桶净质量 50 kg。

7.2.2 聚乙烯塑料桶包装：内包装袋采用食品级聚乙烯塑料薄膜袋，规格尺寸为 600 mm×400 mm，厚度为 0.1 mm；外包装采用聚乙烯塑料桶，规格尺寸为 ϕ360 mm×500 mm，其性能和检验方法应符合有关规定。水处理剂固体氯化铁每桶净质量 50 kg。

7.2.3 铁桶包装：铁桶规格尺寸为 ϕ350 mm×485 mm，厚度为 0.5 mm，其性能和检验方法应符合有关规定。水处理剂固体氯化铁每桶净质量 50 kg。

7.2.4 专用槽车包装：液体氯化铁用玻璃钢制作的槽车包装，其规格尺寸应符合运输工具装载尺寸的要求。

7.2.5 聚乙烯塑料桶包装：塑料桶规格尺寸为 ϕ360 mm×500 mm，其性能和检验方法应符合有关规定。液体氯化铁每桶净质量 50 kg。

7.3 水处理剂固体氯化铁的包装采用 3 种封口方式(见 7.3.1，7.3.2 和 7.3.3)。液体氯化铁采用 2 种封口方式(见 7.3.4 和 7.3.5)

7.3.1 用硬质纤维板桶包装时，内袋用维尼龙绳或其他质量相当的绳人工扎口，或用与其相当的其他方式封口；纤维板桶用钉有十字形支撑木块的盖盖好，用铁皮加强筋将桶盖与桶体钉牢。

7.3.2 用聚乙烯塑料桶包装时，内袋用维尼龙绳或其他质量相当的绳人工扎口，或用与其相当的其他方式封口；塑料桶在桶盖与桶口之间垫以橡胶垫圈密封。

7.3.3 用铁桶包装时，对于中开口桶用压盖形式密封，焊牢；对全开口桶在桶盖与桶口之间垫以半圆形橡胶垫圈密封，并用带有锁孔的弧形卡环卡紧，用铅封牢。

7.3.4 用专用槽车包装时，槽车口用铁盖盖严，卡牢。

7.3.5 用聚乙烯塑料桶包装液体氯化铁时，塑料桶加内盖封口，外盖内加橡胶垫圈，拧紧。

7.4 水处理剂氯化铁在运输过程中应有遮盖物，防止雨淋，避免撞击和有毒物品的污染。

7.5 固体氯化铁应贮存在干燥通风的库房内，不宜露天堆放。氯化铁溶液应贮存在专用钢铁贮罐和槽车中。

参 考 文 献

GB/T 6682 分析实验室用水规格和试验方法(GB/T 6682—1992,neq ISO 3696:1988)

ICS 83.160.10
G 41

中华人民共和国国家标准

GB/T 4503—2006
代替 GB/T 4503—1996

轿车轮胎强度试验方法

Test method of strength for passenger car tyres

(ISO 10191:1995 Passenger car tyres—Verifying tyre capabilities—Laboratory test methods,MOD)

2006-09-01 发布　　2007-02-01 实施

中华人民共和国国家质量监督检验检疫总局
中国国家标准化管理委员会　发布

前言

本标准修改采用 ISO 10191:1995《轿车轮胎　性能检验　室内试验方法》(英文版)的强度试验部分。

本标准代替 GB/T 4503—1996《轿车轮胎强度试验方法》。

本标准根据 ISO 10191:1995 重新起草。附录 A 列出了本标准和 ISO 10191:1995 章条编号的对照一览表。本标准与 ISO 10191:1995 的有关技术性差异用垂直单线标识在它们所涉及的条款的页边空白处,并在附录 B 中给出了这些技术性差异及原因。

为便于使用,本标准还做了下列编辑性修改:

a) “本国际标准”一词改为“本标准”;

b) 用小数点“.”代替作为小数点的逗号“,”;

c) 删除国际标准的前言。

本标准与 GB/T 4503—1996 主要技术性差异如下:

——将增强型轿车子午线轮胎试验充气压力调整为 220 kPa(1996 年版的表 2;本版的表 1);

——将考核轮胎各试验点破坏能的平均值,改为考核每一试验点的破坏能值(1996 年版的 5.2.8;本版的第 6 章);

——增加并修改了试验设备与精度要求(见第 4 章);

——增加了 T 型临时使用的备用轿车轮胎的强度性能试验要求(本版的表 1 和表 2);

——增加了试验报告内容(本版的第 8 章);

——对试验步骤进行了调整(1996 年版的 5.2;本版的第 6 章)。

本标准的附录 A 和附录 B 均为资料性附录。

本标准由中国石油和化学工业协会提出。

本标准由全国轮胎轮辋标准化技术委员会(SAC/TC 19)归口。

本标准委托全国轮胎轮辋标准化技术委员会负责解释。

本标准起草单位:桦林轮胎股份有限公司、北京橡胶工业研究设计院。

本标准主要起草人:宋江红、王衍琳、伍江涛。

本标准所代替标准的历次版本发布情况:

——GB/T 4503—1984、GB/T 4503—1996。

轿车轮胎强度试验方法

1 范围

本标准规定了轿车轮胎强度试验用术语和定义、试验设备与精度、试验条件、试验步骤、判定规则和试验报告。

本标准适用于新的轿车轮胎。

2 规范性引用文件

下列文件中的条款通过本标准的引用而成为本标准的条款。凡是注日期的引用文件，其随后所有的修改单(不包括勘误的内容)或修订版均不适用于本标准，然而，鼓励根据本标准达成协议的各方研究是否可使用这些文件的最新版本。凡是不注日期的引用文件，其最新版本适用于本标准。

GB/T 2978 轿车轮胎系列

GB/T 6326 轮胎术语及其定义(GB/T 6326—2005,ISO 4223-1:2002,Definitions of some terms used in tyre industry—Part 1:Pneumatic tyres,NEQ)

GB 9743 轿车轮胎

3 术语和定义

GB/T 6326 确立的术语和定义适用于本标准。

4 试验设备与精度

4.1 试验机上应具有一个足够长的钢质圆柱形压头，压头端部为直径 19 mm±0.5 mm 的半球形。

4.2 压头装置应能逐渐递增施加负荷，力和位移指示器精度为满量程的±1%。

4.3 压头压入轮胎的速度为 50 mm/min±2.5 mm/min。压头位移速度精度为满量程的±3%。

4.4 充气压力表的量程至少应为 500 kPa，精度为±5 kPa。

5 试验条件

5.1 试验轮胎的外观质量应符合 GB 9743 的规定。

5.2 将试验轮胎安装在 GB/T 2978 规定的测量轮辋上，并充入表 1 规定的气压。

表 1 轿车轮胎强度试验用充气压力

单位为千帕

子午线轮胎		斜交轮胎		T 型临时使用的备用轮胎
标准型	增强型	4PR、6PR	8PR	
180	220	180	220	360

5.3 实验室温度应保持在 18℃～36℃。试验轮胎和试验轮辋组合体在实验室温度下应至少停放 3 h。

6 试验步骤

6.1 将停放后的轮胎气压重新调整到 5.2 的规定值，将试验轮胎和轮辋组合体固定在试验机上。

6.2 沿轮胎胎面中心线取大致间隔相等的 5 个点进行试验。

6.3 压头垂直于胎面，并压在靠近胎面圆周中心线的花纹块上，避免压入花纹沟中。压入轮胎的速度为 50 mm/min±2.5 mm/min。

6.4 测量每个点的轮胎破坏前瞬时的压力和压入深度(行程),或压头触及轮辋的瞬时压力和行程。在转入下一个点试验前校正气压。

6.5 如果压头触及轮辋,轮胎未压穿,且未达到最小破坏能值,则此点视为达到最小破坏能。

6.6 按式(1)计算各点(6.5点除外)的破坏能。

$$W = \frac{F \times P}{2\ 000} \quad \cdots\cdots (1)$$

式中:

W——破坏能的数值,单位为焦耳(J);

F——作用力的数值,单位为牛顿(N);

P——行程的数值,单位为毫米(mm)。

6.7 采用自动计算破坏能装置时,当达到规定的最小破坏能后,应立即停止压头继续压入轮胎。

6.8 试验过程中,如果无内胎轮胎无法保持充气压力,可装入内胎,但应在试验报告中注明。

7 判定规则

轮胎各试验点的破坏能值均大于或等于表2的规定值时,判定“通过试验”;若有一个试验点的破坏能值小于表2的规定值时,则判定“未通过试验”。

表2 轿车轮胎最小破坏能

轮胎名义断面宽度/mm	子午线轮胎最小破坏能/J		斜交轮胎最小破坏能/J			
	标准型	增强型	尼龙或聚酯		人造丝	
			4PR、6PR	8PR	4PR、6PR	8PR
160以下	220	439	220	439	132	263
160及其以上	295	585	295	585	177	351
T型临时使用的备用轮胎,其负荷指数<76的最小破坏能为220 J;负荷指数≥76的最小破坏能为295 J。						

8 试验报告

试验报告至少应包括以下内容:

a) 试验轮胎制造厂名称、商标、规格、生产编号;

b) 试验轮胎负荷指数或层级、最大负荷能力、速度符号;

c) 试验轮辋规格;

d) 试验气压、轮胎各试验点的压头作用力、行程和破坏能;

e) 无内胎轮胎是否装用内胎;

f) 试验轮胎各试验点的情况:“压穿”或“未压穿”;

g) 结论:“通过试验”或“未通过试验”;

h) 试验日期。

附　录　A
（资料性附录）
本标准与 ISO 10191:1995 章条编号对照

表 A.1 给出了本标准与 ISO 10191:1995 章条编号对照一览表。

表 A.1　本标准与 ISO 10191:1995 章条编号对照

本标准章条编号	ISO 10191:1995 章条编号	本标准章条编号	ISO 10191:1995 章条编号
1	1	6.8	5.1.2.8
2	2	—	5.2
3	3	—	5.3
4	4	—	5.4
—	4.1	—	6
4.1～4.3	4.2	—	6.1
—	4.3	7	6.2.1
4.4	4.4	表 2	6.2.2
5	5.1.1	表 2 的表注	6.2.3
5.1	—	—	6.3
5.2	5.1.1.1	—	6.4
5.3	5.1.1.2	—	6.5
6	5.1.2	—	附录 A
6.1	5.1.2.1	8	—
6.2、6.3	5.1.2.2	附录 A	—
6.4	5.1.2.3	附录 B	—
6.5	5.1.2.4		
6.6	5.1.2.5		
—	5.1.2.6		
6.7	5.1.2.7		

附　录　B
（资料性附录）
本标准与 ISO 10191:1995 技术性差异及其原因

表 B.1 给出了本标准与 ISO 10191:1995 技术性差异及其原因的一览表。

表 B.1　本标准与 ISO 10191:1995 技术性差异及其原因

本标准章条编号	技术性差异	原　因
1	标准覆盖的范围不同	ISO 10191 是关于轿车轮胎室内性能检测的 4 项试验方法，而本标准是强度性能的单项性能试验方法
2	本标准直接引用了 GB/T 6326、GB/T 2978、GB 9743，删除了 ISO 10191 引用的 ISO 4233-1	GB/T 6326 与 ISO 4233-1 的一致性程度为非等效，但是它总共有 410 条术语且包括了 ISO 4233-1 的 58 条术语中的 52 条。同时由于试验方法涉及试验负荷、测量轮辋以及其他要求，根据国情需要，增加了 GB/T 2978、GB 9743 引用标准
3	删除了国际标准陈述的具体内容	GB/T 6326 已经包括了 ISO 10191 陈述的内容，为了简化标准内容，故删除
4	删除了 ISO 10191 中的 4.3。同时删除了 5.2,5.3,5.4,6.2,6.3,6.4,6.5	与本单项标准无关
5.1	增加了对试验轮胎的外观质量要求	外观质量不符合要求的轮胎，不适宜进行强度试验
5.2	明确了试验轮辋标准	在国家轮胎产品标准中明确规定了测量轮辋，使用测量轮辋比较科学合理，有利于对试验结果进行比较
5.3	ISO 10191 仅规定在实验室温度下，原国家标准规定为 18℃～36℃	保留原国家标准实验室温度为 18℃～36℃的规定，试验温度在 ISO 10191 的认可范围内
6	将考核试验点破坏能平均值改为考核每一点的最小破坏能	为了保证安全，要求更加严格
8	增加了试验报告	以适应国情

ICS 75.080
E 30

中华人民共和国国家标准

GB/T 4510—2006
代替 GB/T 4510—1984

石油沥青脆点测定法 弗拉斯法

Test method for determination of breaking point of bitumen—Fraass method

2006-01-23 发布 2006-10-01 实施

中华人民共和国国家质量监督检验检疫总局
中国国家标准化管理委员会 发布

前 言

本标准修改采用英国石油学会标准 IP 80/87《石油沥青脆点测定法(弗拉斯法)》(英文版)。

本标准根据 IP 80/87 重新起草。

为了更适应我国国情,本标准在采用 IP 80/87 时进行了修改。

本标准与 IP 80/87 的主要差异如下:

——简化了对样品处理的要求;

——对试验步骤进行了适当的修改。

本标准代替 GB/T 4510—1984《石油沥青脆点测定法》。

本标准与 GB/T 4510—1984 的主要差异如下:

——增加了对样品处理的要求;

——增加了固定加热板的制片要求和压片机的制片要求;

——增加了膜片制备完成后重新称量的要求;

——试验前膜片在室温下的静置时间由"30 分钟至 4 小时"改为"1 h～4 h";

——增加了"每次测定都必须使工业乙醇或丙酮温度回升到试验初始温度"的要求。

本标准由中国石油化工集团公司提出。

本标准由石油大学(华东)重质油研究所技术归口。

本标准起草单位:齐鲁石化公司胜利炼油厂。

本标准主要起草人:刘慧敏、张光庆、张田英。

本标准 1984 年首次发布。

石油沥青脆点测定法　弗拉斯法

1　范围

1.1　本标准适用于测定石油沥青被冷却和弯曲而脆裂的温度。

1.2　本标准适用于道路石油沥青和建筑石油沥青。

注：本标准也适用于改性沥青，但本标准的精密度要求不适用于此类沥青。

1.3　本标准没有规定有关安全方面的问题，如果需要，使用者有责任在使用前制定出适当的人身安全防护措施。

2　规范性引用文件

下列文件中的条款通过本标准的引用而成为本标准的条款。凡是注日期的引用文件，其随后所有的修改单(不包括勘误的内容)或修订版均不适用于本标准，然而，鼓励根据本标准达成协议的各方研究是否可使用这些文件的最新版本。凡是不注日期的引用文件，其最新版本适用于本标准。

GB/T 514　石油产品试验用液体温度计　技术条件

3　方法概要和定义

涂有试样的平直薄钢片在规定条件和连续递减的温度下被弯曲，直至沥青涂层出现裂纹为止。沥青涂层出现裂纹时的温度即为石油沥青的脆点。

4　仪器与材料

4.1　弯曲器

如图1和图2所示，由两个同心圆管6组成，它们由硬质玻璃或陶瓷等绝缘材料制成，在每一圆管的下端牢固地装上钢夹钳7。位于两夹钳之间的内管部分，留出一狭缝，以便固定在内管内的温度计的水银球露出。同心圆两管上端装置一个带有摇把的机械升降器。转动摇把1，可以使内管相对于外管上下移动，从而改变两夹钳之间的距离，夹钳之间的最大距离为39.9 mm±0.1 mm。摇把转动10～12圈能使两夹钳之间的距离缩短3.5 mm±0.2 mm。

4.2　薄钢片

具有弹性的钢片(材质为70号弹簧钢或其他类似型号)，重复弯曲不变形，长41 mm±0.05 mm，宽20 mm±0.2 mm，厚0.15 mm±0.02 mm，不用时必须展平且不能生锈。

4.3　冷却装置

包括一个大试管4(内径35 mm，长210 mm)，该试管借助于橡皮塞3偏轴地被固定在另一个较大的试管5(内径55 mm，长200 mm)内，橡皮塞3上带有一个小漏斗9。大试管5用橡皮塞或软木塞固定在外圆柱玻璃筒8上。试管4和圆柱筒8内盛有少量的氯化钙或硅胶，弯曲器用橡皮塞2固定在试管4内。试管5和圆柱筒8可以用一个尺寸合适的未镀银的真空瓶代替。

单位为毫米

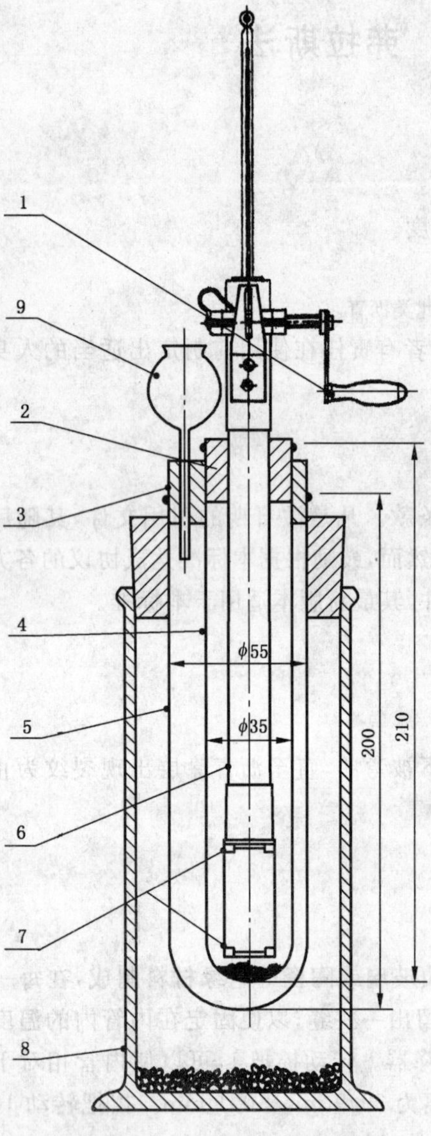

1——摇把；
2、3——橡皮塞；
4、5——试管；
6——玻璃管；
7——夹钳；
8——圆柱玻璃筒；
9——漏斗。

图 1

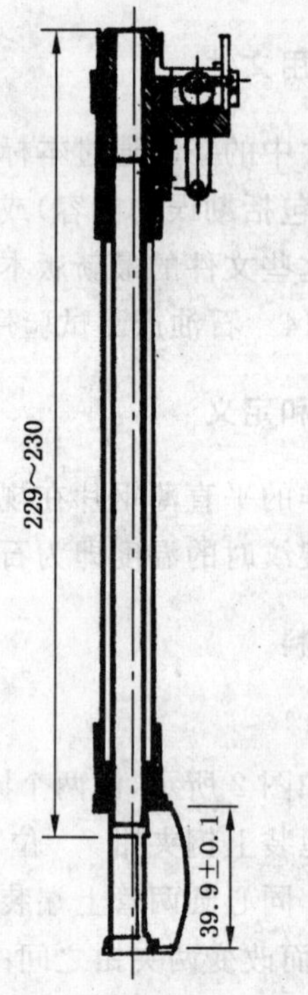

内管：内径 7.5，外径 11.5，长 190～195；
外管：内径 12.5，外径 16.5，长 170～175。

图 2

4.4　温度计

测定范围不小于−38℃～30℃，符合 GB/T 514。

4.5　加热器

由热源、加热板及台架组成。将长 160 mm，宽 80 mm，厚 3 mm 的平金属加热板，放在备有水平螺丝的台架上，加热板的下面备有可调节温度的热源。

4.6　天平

最小分度值为 0.01 g。

4.7 瓷皿或金属皿。

4.8 筛

筛孔为 0.3 mm～0.6 mm 的金属网。

4.9 干冰或其他冷却剂。

4.10 工业乙醇或丙酮。

5 样品处理

处理样品时，最重要的一点是不要使试样过热。除非特殊情况，试样只能加热一次。试样的制备应遵循以下原则：样品在试样制备过程中不发生老化分解等性质变化，以免影响试验结果；试样应充分流动，以保证试样中气泡最少。

样品加热时，应选择适当的加热温度。对于道路石油沥青和软化点低于 80℃的建筑石油沥青，加热温度应高于估计软化点的 80℃～90℃；对于软化点高于 80℃的建筑石油沥青，如不能精确确定加热温度，应加热到试样中无气泡的最低温度，任何情况下试样的加热温度都不得超过其软化点的 120℃。加热时间以样品充分流动为宜，加热过程中不断搅拌样品，避免局部过热。当试样中含水时，不断搅拌直到除去水分。当样品中含杂质时，用筛过滤。

6 试验步骤

6.1 清洁足够的薄钢片，再将薄钢片干燥后进行称量，不能使用弯曲和锈蚀的薄钢片。

6.2 在清洁的、已知质量的薄钢片上，称取 0.40 g±0.01 g 的试样。将薄钢片放在加热板上慢慢加热，当试样刚刚流动时，用镊子夹住加热板前后左右摆动，直至薄钢片上完全涂上试样；对高软化点的试样或使用固定加热板时，可用干净的细针展开或用玻璃纸隔开按压等方式使薄钢片上完全涂上试样，并去除气泡，薄钢片在加热板上加热，最终获得光滑膜片，加热时间不宜过长；如果仪器附有特殊的压片设备时，可将压制好的试样片贴在薄钢片上，并加微热，使之与薄钢片很好地粘结起来。

将制备好的膜片冷却至室温后重新进行称量，试样质量与要求应相符，否则此膜片不准使用。

6.3 至少准备 3 张光滑、均匀无裂痕的膜片，在室温下静置 1 h～4 h，并且保护膜片不沾染灰尘。

6.4 在试管 5 中注入工业乙醇或丙酮，注入量约为试管空间的一半。稍稍弯曲膜片将它放在弯曲器两夹钳之间，并将弯曲器装在试管 4 中。

6.5 通过漏斗将干冰加到工业乙醇或丙酮中，控制加入速度，使温度每分钟下降 1℃。当温度达到预计脆点以上至少 10℃时，开始以每秒钟 1 转的速度转动摇把，直至夹钳距离缩短 3.5 mm±0.2 mm 为止。同时观察膜片上试样有无裂缝，然后以相同的速度转回。如此操作使膜片每分钟弯曲一次。

6.6 当膜片弯曲时，出现一条或多条裂缝时的温度即为试样的脆点。

6.7 试样至少进行三次重复测定，每次测定都必须使工业乙醇或丙酮温度回升到试验初始温度。

7 计算和报告

试样三次测定结果的最大值和最小值的差数应在 3℃以内，计算三次测定结果的算术平均值，取至整数报告试样的脆点。

8 精密度（95%置信度）

8.1 重复性

同一操作者两次试验结果之差不超过 2℃。

8.2 再现性

暂不规定。

ICS 31.080.01
L 40

中华人民共和国国家标准

GB/T 4589.1—2006/IEC 60747-10:1991
QC 700000
代替 GB/T 4589.1—1989

半导体器件　第10部分：分立器件和集成电路总规范

Semiconductor devices—Part 10:Generic specification for discrete devices and integrated circuits

(IEC 60747-10:1991,IDT)

2006-10-10 发布　　2007-02-01 实施

中华人民共和国国家质量监督检验检疫总局
中国国家标准化管理委员会　发布

前 言

本部分是半导体器件系列国家标准之一。下面列出本系列已出版的国家标准：

——GB/T 12560—1999 半导体器件 分立器件分规范

——GB/T 17573—1998 半导体器件 分立器件和集成电路 第1部分：总则

——GB/T 4023—1997 半导体器件 分立器件和集成电路 第2部分：整流二极管

——GB/T 6571—1995 半导体器件 分立器件 第3部分：信号（包括开关）和调整二极管

——GB/T 20516—2006 半导体器件 分立器件 第4部分：微波器件

——GB/T 15291—1994 半导体器件 第6部分：晶闸管

——GB/T 4587—1994 半导体器件 分立器件和集成电路 第7部分：双极型晶体管

——GB/T 4586—1994 半导体器件 分立器件 第8部分：场效应晶体管

——GB/T 16464—1996 半导体器件 集成电路 第1部分：总则

——GB/T 17574—1998 半导体器件 集成电路 第2部分：数字集成电路

——GB/T 17940—2000 半导体器件 集成电路 第3部分：模拟集成电路

——GB/T 12750—1991 半导体集成电路分规范（不包括混合电路）

——GB/T 8976—1996 膜集成电路和混合膜集成电路总规范

——GB/T 11498—1989 膜集成电路和混合膜集成电路分规范（采用鉴定批准程序）

——GB/T 16465—1996 膜集成电路和混合膜集成电路分规范（采用能力批准程序）

本部分等同采用 IEC 60747-10:1991（QC 700000）《半导体器件 第10部分：分立器件和集成电路总规范》（英文版）。同时将下列三个修改单的有关内容纳入其中：

——Amendement 1(1995-02)；

——Amendement 2(1996-02)；

——Amendement 3(1996-08)。

本部分代替 GB/T 4589.1—1989《半导体器件 分立器件和集成电路总规范》。

本部分与 GB/T 4589.1—1989 相比，主要变化如下：

——2.1条 优先顺序中“空白详细规范”排在了“族规范”之前；

——2.2条 有关文件中删除了与 IEC 147、IEC 148 有关的标准，增加了 IEC 60747-5:1984、IEC 60747-11:1985、IEC 60748-1:1984、IEC 60748-2:1985、IEC 60748-3:1986、IEC 60748-11:1990 等有关标准，同时 ISO 2015:1976 被 ISO 8601:1988 替代，ISO 1000 的年代号更新为 1981，ISO 2859 的年代号更新为 1989；

——增加了 2.8“注意事项”的内容；

——增加了 3.10“加速试验程序”、3.11“能力批准”和 4.2“破坏性试验的定义”等相关内容；

——增加了附录 D（资料性附录）“按 ppm（百万分之一）评价质量水平”；

——对第 3.9.5 1）的内容进行了变更；

——对第 4 章“电测试”内容进行了调整，本章内容也适用于光测试，因此该章所有“电测试”改为“电测试和光测试”；

——对第 4 章中正文参考的标准，如 IEC 60747-2、IEC 60747-5，本部分删除该标准号及其相关内容；

——附录 B“需检查的尺寸”中对集成电路部分进行了调整。

本部分 2.2 有关文件中与 IEC 标准相对应等同采用的国家标准是：

IEC 标准编号	国家标准编号	IEC 标准编号	国家标准编号
IEC 60068-1:1988	GB/T 2421—1999	IEC 60747-1:1983	GB/T 17573—1998
IEC 60068-2-1:1990	GB/T 2423.1—2001	IEC 60747-11:1985	GB/T 12560—1999
IEC 60068-2-2:1974	GB/T 2423.2—2001	IEC 60748-1:1984	GB/T 16464—1996
IEC 600617-12:1991	GB/T 4728.12—1996	IEC 60748-2:1985	GB/T 17574—1998
IEC 600617-13:1993	GB/T 4728.13—1996	IEC 60748-3:1986	GB/T 17940—2000

本部分对 IEC 60747-10:1991 的编辑性修改意见见附录 NA。

本部分的附录 A、附录 B 和附录 C 是规范性附录，附录 D、附录 NA 是资料性附录。

本部分由中华人民共和国信息产业部提出。

本部分由全国半导体器件标准化技术委员会归口。

本部分起草单位：中国电子技术标准化研究所(CESI)。

本部分主要起草人：罗发明、陈裕昆、金毓铨。

半导体器件　第 10 部分：分立器件和集成电路总规范

1　范围

本规范构成国际电工委员会电子元器件质量评定体系(IECQ)的一部分。

本规范是半导体器件(分立器件和集成电路,包括多片集成电路,但不包括混合电路)的总规范。

本规范规定了在 IECQ 体系内采用的质量评定的总程序,并给出了下述方面的总原则:

——电特性测试方法;

——气候和机械试验;

——耐久性试验。

注:当存在已批准的、适用于特定的一种或几种器件类型的分规范、族规范和空白详细规范时,必须用这些规范来补充本规范。

2　总则

2.1　优先顺序

当出现矛盾的要求时,各种文件应按以下权限顺序排列:

1)　详细规范;

2)　空白详细规范;

3)　族规范(若存在时);

4)　分规范;

5)　总规范;

6)　基础规范;

7)　IECQ 程序规则;

8)　需要参考的其他国际文件,如 IEC 文件;

9)　国家文件。

同样的优先顺序也适用于等效的国家文件。

2.2　有关文件

详细规范应指出适用的文件:

IEC 标准:

IEC 60027　电工技术中使用的文字符号

IEC 60050　国际电工技术词汇(IEV)

IEC 60068　基本环境试验规程

IEC 60068-1:1988　第 1 部分:总则和导则

IEC 60068-2　第 2 部分:试验

IEC 600191　半导体器件的机械标准化

IEC 600191-1:1966　第 1 部分:半导体器件的制图

及其补充

IEC 60191-2:1966　第 2 部分:尺寸

及其补充

IEC 60191-3:1974　第 3 部分:集成电路外形图绘制的一般规则

及其补充

IEC 60410:1973　计数检查抽样方案和程序

IEC 60617　示图中的图形符号

IEC 60747　半导体器件　分立器件和集成电路

IEC 60747-1:1983　第1部分:总则

IEC 60747-5:1984　第5部分:光电子器件

IEC 60747-11:1985　第11部分:分立器件分规范

IEC 60747-12/QC 720100:1991　半导体器件　第12部分:光电子器件分规范

IEC 60748　半导体器件　集成电路

IEC 60748-1:1984　第1部分:总则

IEC 60748-2:1985　第2部分:数字集成电路

IEC 60748-3:1986　第3部分:模拟集成电路

IEC 60748-11:1990　第11部分:半导体集成电路(不包括混合电路)分规范

IEC 60749　半导体器件　机械和气候试验方法

IEC QC 001002:1986　IECQ 程序规则

ISO 标准:

ISO 1000:1981　国际单位(SI)和推荐使用的国际单位的组合及其他单位

ISO 8601:1988　数据元和交换格式——信息交换——日期和时间表示法

ISO 2859:1989　计数检查抽样程序

2.3　单位、符号和术语

单位、图形符号、文字符号和术语应尽可能从下列标准中选取:

ISO 1000

IEC 60027

IEC 60050

IEC 60617

执行本总规范的某种半导体器件所特有的其他单位、符号和术语,应取自有关的 IEC 或 ISO 标准(见 2.2)或根据上述标准的原则导出。

2.4　电压、电流和温度的优先值

用于电特性测试、试验和工作条件的电压、电流和温度的优先值,见 IEC 60747-1 和 IEC 60748-1。

2.5　标志

a)　器件上的标志

当面积许可时,应在器件上标出以下标志:

1)　引出端识别标志(见 2.5.1);

2)　型号(见 2.5.2)、质量评定类别(见 2.6)和适用时的筛选序列(见 2.7);

3)　制造商名称、起首字母或商标和适用时的工厂识别代码(见 2.5.3);

4)　检验批识别代码(见 2.5.4);

5)　如不采用合格认证标志,就应有合格标志;

6)　适用时,标出特殊注意事项。

当面积不允许全部标出时,详细规范应按上述优先顺序给出最低要求。

b)　初始包装上的标志

以下标志应出现在作为交货时的最初保护或包装的初始包装物上:

1)　除引出端标志之外的 2.5 a)所列的全部标志;

2)　详细规范号;

3） 特殊注意事项，例如警告标记等。

2.5.1 引出端识别(参照 IEC 60747-1 第Ⅵ章 8)

在详细规范中应参照规定的外形或底座图规定引出端的识别。

2.5.2 型号名称

当在器件上标志型号时，最好以字母和数字表示，或当详细规范有规定时用色标表示。色标可以在分规范中给出。

2.5.3 制造商名称或商标

如果制造商名称或商标不能追溯到制造厂，则应采用制造厂识别代码。

2.5.4 检验批识别代码

检验批识别代码用 ISO 8601 规定的周的编号之前加上年份的最后两位数字来表示(例如：0445 表示 2004 年的第 45 周)。当器件上可标志的面积有限，且详细规范有规定时，则年份的第一位数字可以省略(例如：445 表示 2004 的第 45 周)。这个代码是批提交检验时的日期。当在同一周内某种型号提交检验的批多于一个批时，则可采用检验批识别后缀(例如用一个字母)来区别各个连续批。

2.6 质量评定类别

本规范规定了三个质量评定类别。有检验批识别代码的同一检验批内的器件，按规定的质量类别进行检验。与同样的检验分组对应的 AQL 或 LTPD 可依类别而异，并应符合详细规范的规定。

对各类别的最低要求如下：

Ⅰ类——该类器件符合Ⅱ类或Ⅲ类鉴定批准要求。各批都符合包括功能试验在内的 A 组检验要求。每三个月对一批进行可焊性检验，应符合要求。每年进行一批 B 组和 C 组检验，应符合要求。

Ⅱ类——该类的批符合 A 组和 B 组逐批检验要求以及 C 组周期检验要求。

Ⅲ类——该类的批需进行 100％筛选，并符合 A 组和 B 组逐批检验要求以及 C 组周期检验要求。

分规范应规定各类的最低要求。详细规范可以包含在总规范、分规范或空白详细规范中没有的，包括筛选在内的补充要求。

2.7 筛选

筛选是对一批中所有器件进行的检验或试验。

当详细规范有要求时，应按分规范的有关表中所给出的序列之一，对提交批中的全部器件进行筛选，并剔除全部有缺陷的器件。只有当上述序列与公认的失效机理无关或有矛盾时，才采用未规定的其他序列。当分规范的有关表中规定的筛选程序的一部分，按规定的顺序构成了制造工序的一部分时，则不必重复这些程序。就本规范而言，老炼定义为在规定时间内对批中所有器件施加热应力和电应力，以检出并剔除潜在的早期失效器件。

2.8 注意事项

见 IEC 60747-1，第 IX 章。

对有害产品(如 BeO)应给出充分的警告。

3 质量评定程序

质量评定包括 3.5 中规定的获得鉴定批准的程序及之后按详细规范规定的逐批(如要求时也包括筛选)以及周期的质量一致性检验。

质量评定试验分为逐批或周期进行的(按 2.6 规定)A 组、B 组和 C 组试验。在某些情况下，也可以规定 D 组试验，例如为了进行鉴定批准。

3.1 鉴定批准的资格

当 IEC QC 001002 的第 11 章的条件得以满足时，某个型号的器件即有资格进行鉴定批准。

3.1.1 初始制造阶段

初始制造阶段在分规范中规定。

3.2 商业保密信息

如果制造过程的一部分是商业上保密的，则应加以适当的标注，而总检查员应当证明已经遵循了 IEC QC 001002 的 10.2.2 的要求，使国家监督检查机构(NSI)满意。

3.3 检验批的构成

见 IEC QC 001002 的 12.2。

3.4 结构相似器件

见 IEC QC 001002 的 8.5.3。

有关分组的细节在有关的分规范中给出。

3.5 鉴定批准的授予

见 IEC QC 001002 的 11.3.1。

制造商可以按分规范中给出的检验要求，选用 IEC QC 001002 中 11.3.1 的方法 a)或方法 b)。样品可由适当的结构相似器件组成。在某些情况下，鉴定批准要求 D 组试验。

详细规范中作为试验结束后要求的所有变化量测试，应记录变化量数据。

鉴定报告应包括一份各组和各分组所进行的全部试验结果的摘要，包括被试器件数和失效器件数。根据变化量和(或)计数数据得出这份摘要。

制造商应保留所有的数据，以供 NSI 要求时使用。

3.6 质量一致性检验

质量一致性检验应由 A 组、B 组、C 组和当有规定时的 D 组检查和试验组成。

对于 B 组检验和 C 组检验，其样品可由结构相似器件组成。

周期检验的样品应从一批或几批中抽取。这些批也应通过 A 组和 B 组检验。各个器件应通过按详细规范要求的 A 组测试。

3.6.1 组和分组的划分

制定详细规范时要遵循以下准则。

3.6.1.1 A 组检验(逐批)

本组规定了逐批进行的评定器件主要特性的目检和电测试。除另有规定外，不允许结构相似分组。

A 组检验分为以下各分组：

A1 分组：本分组由 4.3.1.1 条规定的外部目检组成。

A2 分组：本分组由对器件主要特性的测试组成。

A3 和 A4 分组：可不要求这些分组。它们由对器件次要特性的测试组成。对每个器件类别的恰当要求，在有关的分规范中给出。测试项目列入 A3 还是 A4 分组本质上取决于需要在哪一个质量水平上进行这些测试。

3.6.1.2 B 组检验[逐批，Ⅰ类除外(见 2.6)]

本组规定了用以评定器件某些其他特性所要采用的程序，包括正常情况下在一周内能够完成的机械、气候和电耐久性试验。

3.6.1.3 C 组检验(周期)

本组规定了周期进行的用以评定器件某些其他特性所要采用的程序，包括适合于每间隔三个月(Ⅱ类和Ⅲ类)或间隔一年(Ⅰ类)，或按有关规范规定进行检验的电测试、机械、气候和耐久性试验。

3.6.1.4 B 组和 C 组分组的划分

为了能够比较和在必要时(见 3.6.3)便于从 B 组到 C 组及相反的转化，B 组和 C 组中相应的试验列入具有相同编号的分组。

划分如下：

B1/C1 分组：包括控制器件互换性尺寸的测量。

B2a/C2a 分组：包括评定器件设计特征的电和光性能的测试。

B2b/C2b 分组：包括在不同电压、电流、温度或光条件下对器件在 A 组中已测试过的某些电和光特性进一步评定的测试。

B2c/C2c 分组：适用时，包括器件额定值的验证。

B3/C3 分组：包括用以评定器件引出端机械强度的试验。例如，螺栓转矩、引线弯曲等试验。

B4/C4 分组：包括用以评定器件焊接性能的试验。

B5/C5 分组：包括用以评定器件经受气候应力能力的试验。例如，温度变化、密封等试验。

B6/C6 分组：包括用以评定器件经受机械应力能力的试验。例如，恒定加速度试验。

B7/C7 分组：包括用以评定器件经受长时间潮热能力的试验。

B8/C8 分组：包括用以评定器件在耐久性试验条件下失效特征的试验。

B9/C9 分组：包括用以评定器件在极限温度贮存条件下电和光性能的试验。

B10/C10 分组：包括用以评定器件在气压变化时的性能的试验。

B11/C11 分组：包括标志耐久性试验。

CRRL 分组：选择并列出上述各分组中已做过的部分试验和(或)测试，将其结果在放行批证明记录(CRRL)中给出。

这些分组可以不全部要求。

3.6.1.5 D 组检验

本组规定了每隔十二个月或仅供鉴定批准时所要执行的程序。

3.6.2 检验要求

应采用 3.7 叙述的统计抽样程序。

3.6.2.1 批拒收判据

不符合 A 组或 B 组质量一致性检验的批，不应接收。如果在质量一致性检验过程中，器件未能通过某个分组中的一项试验，将会导致该批被拒收，质量一致性检验即可终止，并将该批视作 A 组或 B 组的拒收批。如果一个检验批不符合质量一致性要求又未被重新提交，则应被认为是拒收批。

3.6.2.2 重新提交的批

当技术上可能时，经过返工并重新提交质量一致性检验的失效批，应只包含原来批中的那些器件，且每个检验组(A 组和 B 组)只能重新提交一次。重新提交的那些批应与新的各批分开，并应清楚地标明为重新提交批。重新提交的批应采用加严检验的办法随机地重新抽取样品，并对全部失效分组进行检验。B 组失效的重新提交应包括 A 组检验。

3.6.2.3 试验设备故障或操作人员失误情况下的程序

如果确信器件失效是由于试验设备故障或操作人员失误引起的，应把失效记入试验记录中(但经 NSI 同意后可不记入 CRRL 中)，连同为什么确认不计作失效的一份完整说明提交给 NSI。总检查员应决定是否可将同一个检验批中的替代器件补充到样品中。替代器件应经受报废器件在失效之前已经受过的同样的试验，还应经受报废器件按规定进行而在失效之前尚未进行过的试验。

3.6.2.4 周期性检验失效时的程序

当 B 组失效时，则相应的 C 组检验(见 3.6.1.4)即无效。

如果周期检验失效不是由于设备故障或操作人员失误引起的，则：

执行 IEC QC 001002 的 12.6，并作如下修改：

——12.6.1 a)："暂停该结构相似组合内的所有器件在本体系内放行"。

——12.6.4 a)："在改正了制造错误之后，对已改正的各批产品立即恢复在本体系内放行的程序"。

——12.6.8"如果鉴定批准是按 IEC QC 001002 的 12.6.7 撤销的，则可按 NSI 的意见采用一种简化程序(主要针对引起失效的那些特性的试验)恢复鉴定批准"。

3.6.3 放宽检验的附加程序

3.6.3.1 B组

可采用一种特殊的放宽检验程序，允许制造商在最长三个月间隔时间内对B组检验的所有分组每隔三批检验一批来代替逐批地进行B组正常检验。当某一分组符合要求条件时，这种特殊程序即适用于该分组。这种变化的条件是连续十批通过B组检验。按放宽检验程序，当某组样品不符合某分组检验时，应恢复为B组正常检验。

3.6.3.2 C组

当周期试验的间隔时间规定为三个月时，如果按三个月的间隔时间连续三次通过了周期试验，则试验周期可延长为六个月。按延长间隔时间程序，当某组样品不符合某分组检验时，应恢复为正常的三个月间隔时间(见3.6.2.4)。

3.6.4 小批量抽样要求

批量小于或等于200时，应采用符合附录A相应要求的下列程序(当规定采用AQL方案时，应首先从附录A的表A.3选择等效的LTPD值)。

a) 非破坏性试验

1) 100%的器件或电路应进行指明为非破坏性的试验；

2) 或者，附录A的表A.2中适用的LTPD一次抽样方案；

3) 或者，适用的LTPD二次抽样方案。

b) 破坏性试验

1) 根据附录A的表A.2中适用的LTPD一次抽样方案；

2) 或者，用的LTPD二次抽样方案。

3.6.5 放行批证明记录(CRRL)

见IEC QC 001002的第14章。

3.6.6 经受过破坏性或非破坏性试验的器件的交货

认为是破坏性的试验应在空白详细规范中标明(D)。经受过破坏性试验的器件，不应包括在交货批中。经受过非破坏性环境试验的器件，只要它们按A组要求重新检验且符合要求则可交货。

3.6.7 延期交货

贮存超过两年的批在交货之前，整批或要交货的部分应经受规定的A组检验和B组可焊性试验。在整个批都完成了这种检验和试验之后，则以后两年不再要求重新试验。

3.6.8 交货的附加程序

制造商可提供比指定的评定水平更加严格的器件代替评定水平较不严格的器件。

3.7 统计抽样程序

对于A组检验，可采用AQL抽样程序(按IEC 60410和ISO 2859)，或者LTPD抽样程序(按附录A)。详细规范应规定采用哪一种程序；在分规范中给出AQL值(和检验水平)及LTPD值。

对其他组检验，应采用LTPD程序。

在任何一个分组或次分组中的所有试验，应按一个单一的AQL(和检查水平)或一个LTPD进行总评定。

3.7.1 AQL(可接受质量水平)抽样方案

有三种类型的抽样方案：一次、二次和多次。当几种类型的抽样方案都适用于某个给定的AQL和代码字母时，则可采用任何一种(见IEC 60410的3.5)。

3.7.2 批允许不合格品率(LTPD)抽样方案

见附录A。

3.7.3 AQL抽样方案和LTPD抽样方案间的相互关系

为保证AQL和LTPD抽样方案间的对应关系，A组检验的最大合格判定数应不大于4(见附录A

的表 A.3)。

3.8 规定 LTPD 时的耐久性试验

当规定了 LTPD 时,接收程序应按附录 A 的 A.2 的规定。倘若不合格,可采用附录 A 的 A.3 的程序。

倘若最后该批仍不合格,则应采用 3.6.2.4 的程序。

3.9 规定失效率时的耐久性试验

本规范所采用的失效率定义为以每 1 000 h 的百分数表示的 LTPD。

注:耐久性试验的最大允许失效率,不应该用于正常工作条件下的可靠性的预测。在正常工作条件下,加在器件上的应力通常比耐久性试验时(具有加速效应)要低得多。同时在寿命的初期(例如在工作的第一个 1 000 h)器件的失效率往往比以后要高得多。

3.9.1 概述

耐久性试验应按所述的程序进行。器件在最大额定值或最大额定值范围内完成的耐久性试验,应认为是非破坏性的。

3.9.2 样品的抽取

耐久性试验的样品应从该检验批中随机抽取(见附录 A)。1 000 h 试验的样品量应由制造商从表 A.1 或表 A.2(见附录 A)的规定失效率栏(表 A.1)或实际批量栏(表 A.2)中选择。

合格判定数应与所选择的特定样品量相对应。

3.9.3 失效

一个器件在任何规定的读取时间,未能符合耐久性试验规定的一个或多个的终点极限值,则应认为失效,而且在之后的任何读取时间也认为是失效的。如果一组样品失效,制造商可自行停止试验。

3.9.4 耐久性试验时间和样品量

每当规定了失效率,初次耐久性试验时间应是 1 000 h。一旦通过了 1 000 h 的试验,对于自 1 000 h耐久性试验之后不超过 120 天所提交的新的样品,即可开始至少 340 h 的耐久性试验。详细规范可以允许最长 2 000 h 的试验时间。试验时间不是 1 000 h 的耐久性试验样品量,应按试验时间与样品量之间的反比关系来选择,使累计的总的器件小时(样品量×试验小时)等于 1 000 h 耐久性试验所选择的器件小时数,合格判定数也应以 1 000 h 试验时对应的样品量来确定。如果在试验周期结束时失效数不超过合格判定数,则该项试验合格。

3.9.5 发现的失效数超过合格判定数时采用的程序

倘若在耐久性试验中发现的失效数超过合格判定数,制造商应任选下列方案中的一种:

1) 撤消整个批次;

2) 按 3.9.5.1 追加样品;

3) 如果最初选择的试验时间短于 1 000 h,则按 3.9.5.2 将试验时间延长到 1 000 h。

执行以上程序之一后,则执行 3.6.2.4 的程序。

3.9.5.1 追加样品

对于每次提交,这种方案只能采用一次。当选择这种方案时,新的总样品量(最初的加上追加的)应由制造商从表 A.1 或表 A.2(附录 A)的规定的失效率(表 A.1)或实际批量(表 A.2)栏中选取。应从原批中抽取足以使样品增加到新选择的总样品量的追加量。新的合格判定数应与所选择的新的总样品量相对应。追加的样品应经受与最初的样品相同的耐久性试验条件和时间。如果发现的总的不合格品数(最初的加上追加的)不超过总样品对应的合格判定数,则该批接收;如果发现的不合格品数超过了新的合格判定数,则认为该批应拒收。

3.9.5.2 耐久性试验时间的延长

如果采用的耐久性试验时间短于 1 000 h,而且在最初的样品中发现不合格品数超过了合格判定数,制造商可不追加样品,而决定将整个最初样品的试验时间延长到 1 000 h,并根据表 A.1 或表 A.2

(附录A)确定一个新的合格判定数。新的合格判定数应与小于或等于试验样品量规定栏内的最大抽样量相对应。在最初读取时间失效的器件,在1 000 h读取时间应仍认为是失效的;如果发现的不合格品数超过这个合格判定数,则认为该批应拒收。

3.10 加速试验程序

适用时,加速试验程序能在短于非加速试验要求的时间内得到试验结果,并给出等效的质量评定。详细规范应说明该加速试验是否是破坏性的。

适用于:

a) 鉴定批准和质量一致性

如果3.10.1的要求能完全满足,作为总规范(及适当时分规范)的强制性要求部分,周期试验(C组和D组试验)可以采用本条中(或分规范相应条款)给出的试验程序。

b) 成品筛选

分规范和总规范允许采用加速试验程序。

3.10.1 适用于周期试验的条件

如果满足下列条件,制造商可根据3.10 a)采用加速试验程序。

——应通知NSI哪些试验已采用加速试验程序及其相应变化;

——每一CRRL指明何处采用了加速试验程序;

——制造商需向用户(包括从被认可的销售商采购产品的用户)提供所有加速试验程序的详细说明。

3.10.2 热加速电耐久性试验程序

加速是以过热应力来实现的,只有在非加速试验及加速试验所获得的有效结温范围内器件的失效率可用恒定的激活能描述时才适用。

在适用处,加速试验程序将检查出:

——预期的失效机理是否达到异常严重的程度;

——是否显著存在新的缩短寿命的失效机理。

1) 理论模型

假设失效机理可通过提高有效结温来加速。如果与器件预期失效机理有关的激活能值是已知的,且在整个有效结温范围内恒定不变,那么该失效机理的时间和温度之间的关系可用下式(Arrhenius定律)表示:

$$F=\frac{t_1}{t_2}=\exp\cdot\frac{E_a}{k}\left(\frac{1}{T_1}-\frac{1}{T_2}\right)$$

式中:

F——热加速因子;

E_a——激活能值,用eV表示;

t_1、t_2——非加速试验和加速试验的持续时间,用时间单位表示;

T_1、T_2——非加速试验和加速试验的有效结温,用K表示;

k——玻尔兹曼常数($k=8.62\times10^{-5}$ eV/K)。

2) 试验条件

温度:

制造商应指定一个有效结温(T_2)的值,指定值发生改变时应符合3.10.1的要求。

仅对集成电路,指定值应小于或等于某一有效结温,高于这一有效结温时电源电流与有效结温的关系曲线将偏离线性。

在指定的有效结温T_2下,与非加速试验条件相比,器件工作应无显著变化。

持续时间:

加速试验持续时间(t_2)应由 3.10.2 1)的公式求取。

电负载:

除另有规定外,器件加电条件见 IEC 60747-1、IEC 60747-2、IEC 60747-3 等标准第 5 章或 IEC 60748-2 和 IEC 60748-3。

3) 结构相似组合

当周期试验中采用加速试验时,按同一空白详细规范(BDS)或族规范(FS)规定提交的器件可采用结构相似组合。

4) 试验程序

除下述几条外,加速试验应以与非加速试验同样的方式实施。

——试验完成后,工作环境温度应恢复到 25℃±5℃,维持偏置条件直至温度达到平衡;

——在整个试验持续时间内,应控制试验箱温度及被试器件的偏置电压,以分别维持于指定值 T_2 和 $V_{(s)}$;

注:一般通过测量环境温度或壳温以及平均热阻和功率耗散来验证。

——等效结温比 T_2 低 5℃时的时间不应作为试验持续时间的一部分。

5) 激活能值

根据 3.10.2 1)中的公式计算试验时间 t_2 所采用的激活能值或者是假定值或者是验证值。

a) 在未进行验证之处,对任何工艺和封装可以假定 E_a=0.5 eV;

b) 验证值见 6)的程序。

6) 激活能值的验证

激活能值的有效性应通过制造商采用下列程序来验证,并取得 NSI 认可。

a) 抽样方式

三组样本每组至少由 50 只器件组成,且应取自相同生产线。

对非加速电耐久性试验,可采用结构相似性原则。分配样本时将较多的样品用于温度较低的试验,以便在适当的试验时间(通常在 2 000 h)内每一试验温度预期出现大致相同的失效数。

b) 试验温度

三组样本在规定的三个不同环境温度(每一温度对应一个样本)的工作条件下试验。每两个温度点至少应有 20℃温差,至少有一个温度应高于有关的 C 组或 D 组中的试验温度。

c) 试验持续时间

每组样本至少应做三次中间测试,首选中间测试时间为 168 h、500 h 和 1 000 h。

每组样本试验应持续到至少出现三个失效为止。假设失效发生在检测到失效的时候,这将得出较低的激活能值。

注:验证激活能的精确度取决于确定失效时间的精确度。

d) 试验数据的估算

应进行失效分析,以确认在较高温度下未引入新的失效机理。应确定估算时哪些失效应计入,哪些不应计入。

应采用三个失效率 λ_T,以便得到 $\ln \lambda_T$ 与绝对温度倒数关系最佳拟合的回归线。

从这条回归线的 λ 与 T 坐标取两个点,采用 3.10.2 中 1)Arrhenius 关系式(以 $\lambda_{T_2}/\lambda_{T_1}$ 取代式中的 t_1/t_2)就可得到激活能值 E_a。

e) 验证

应在重大的工艺改变之后重新验证热加速因子,因这种改变可能影响已验证过的激活能值的失效机理。

3.10.3 湿热

在考虑中。

3.10.4 电压

在考虑中。

3.11 能力批准

3.11.1 概述

在 IECQ 体系内，按能力批准程序放行的器件与按鉴定批准程序放行的器件具有同等的地位。下列能力批准程序中的要求作为 IEC QC 001002 中 11.7 的补充。

3.11.2 术语和定义

3.11.2.1 能力

对确定工艺时，制造商的能力定义为：

——设计规则、材料制备、生产工序、控制程序和试验；

——能力手册(CM)中规定工艺的性能极限；

——封装的适用范围；

——抽样方式、产品筛选和接收。

3.11.2.2 能力批准

当在某工艺范围内，制造商已确定了设计和制造工艺以及质量控制方法，并满足 IEC QC 001002 和本规范的要求时，授予其能力批准。

通过对能力批准范围具有代表性的能力鉴定器件(CQC)进行鉴定试验来完成能力批准程序。

3.11.2.3 能力极限

由制造商以内部文件的形式规定的，用于设计、制造工艺和成品的所有电的、物理的和几何参数，构成其能力极限。

3.11.2.4 能力手册(见 IEC QC 001002 中 11.7.3.2)

能力手册包括对能力的完整描述，可直接描述或引用制造商的内部文件。

3.11.2.5 能力摘要

包含能力手册中全部能力极限(除制造商认为应保密的内容外)的一份能力描述。

3.11.2.6 能力鉴定器件(CQC)(见 IEC QC 001002 中 11.7.2 b))

能力鉴定器件是根据能力手册验证全部或部分能力的试验样品，可以是专门设计和生产的，也可以取自实际产品。

3.11.2.7 相关产品

相关产品是指在能力极限范围内生产或能被生产并准备交付用户的产品，这些产品列入相关产品注册表中。

3.11.2.8 质量手册

质量手册是对制造商为保证产品符合适用规范所采用程序的描述，直接描述或引用制造商内部文件。

3.11.2.9 审查

审查是指由一个中立机构执行的、验证操作符合质量手册和能力手册的程序。

3.11.2.10 设计规则

设计规则是制造商在申请的能力极限范围内电子元器件生产中采用的电气、工艺设计数据(包括单元库)和布图规则。

3.11.2.11 重大改变

重大改变是指影响相关产品质量、可靠性或者能力极限的改变。

3.11.3 授予能力批准的程序

期望在能力批准条件下提供器件的制造商应按规定顺序履行下列要求。

3.11.3.1 先决条件

制造商应根据 IEC QC 001002 中 10.2 获得预先批准。

3.11.3.2 制造商申请能力批准

制造商应以书面形式向(按国家法规授权的)相关机构提出申请,陈述建议能力批准的范围和极限。

3.11.3.3 编制能力手册

制造商应根据第 3.11.7 制定能力手册。

3.11.3.4 初始审查

应由 NSI 根据 3.11.9 进行审查,核实制造商的所有申请(包括 3.11.3.1 的程序)。

3.11.3.5 鉴定试验程序

当前述几条要求都已使 NSI 满意,NSI 应授权制造商依据生产流程开始生产 CQC,然后根据 3.11.8 和 CQC 详细规范对 CQC 进行试验,并且应邀请 NSI 对整个试验程序的执行情况进行监督。

3.11.3.6 试验报告

完成鉴定试验后,制造商应编制并向 NSI 提交一份试验报告,报告应包含以下内容:

——所引用的最新版本能力手册的日期和编号;

——用于鉴定试验的 CQC 的识别;

——CQC 的 A、B、C 和 D(适用时)组试验结果;

——试验设备清单;

——能力摘要;

——NSI 初始审查认可的会签申明。

3.11.3.7 能力批准的授予

制造商完全满足 3.11.3 的所有要求后,NSI 将委托按照国家有关章程授权的机构授予其能力批准。NSI 在授予能力批准时一起批准能力批准所覆盖的相关产品的注册和能力摘要。

3.11.4 能力批准维持程序

为了维持能力批准,制造商应遵循下列条件以满足 NSI 要求:

1) 保留根据能力试验程序(见 3.11.8)对 CQC 进行周期试验的能力极限持续有效的证据;

2) NSI 进行的不超过一年时间间隔的审查结果应符合要求(见 3.11.9);

3) 交付产品应满足 3.11.10 中规定的质量保证要求;

4) 通过吸收已发生的变化不断更新能力手册;

5) 相关产品应按时注册。

3.11.5 能力批准范围缩小、扩展及发生其他变化的程序

当已获得能力批准的制造商要求缩小、扩展或改变其能力范围时,总检查员有责任判定范围的缩小、扩展或变化是否重大。

如果范围的缩小、扩展或变化不重大,则无须 NSI 批准,由制造商记录即可执行。

如果范围的缩小、扩展或变化重大,制造商就应提前通知 NSI,NSI 将采用已进行的试验结果来判定变化对产品的影响。相应地,制造商应在考虑试验结果或已获取的信息基础上执行 3.11.3 中的内容以满足 NSI 的要求。

对重大的变化而言,在变化被采用之前,NSI 的批准是强制性的。适用时,相关产品的注册也应该及时进行。

适用时,制造商应尽可能通知用户。

3.11.6 能力批准维持出现不合格时的程序

如果能力批准失效,总检查员应通知 NSI,批准可被暂停执行,或者在 NSI 许可之下被限制在不受失效影响的能力范围内。如果在适当的时间内纠正了不合格,可允许批准继续执行。

下列情形撤消批准:

——在三个月内未能纠正不合格；

——制造商提出申请。

3.11.7 能力手册

能力手册的所有权属于制造商，文件管理则是总检查员的责任。

NSI 保留一份能力手册的复印件并可查阅其引用文件(所有文件应视为高度保密的信息)。NSI 应定期审查和批准文件内容的变化。

3.11.7.1 能力手册的构成

3.11.7.2 给出了能力手册编写指南应(采用直接描述或直接引用制造商内部文件的形式)包含下列内容：

——范围；

——修订版次列表；

——能力范围、能力极限及其相关 CQC；

——流程图，包括过程参数；

——采购的原材料；

——封装；

——设计规则；

——用户参与；

——相关产品注册；

——相关文件(包括 CQC 详细规范)；

——更改的控制。

另外，在首页应给出制造商的名称和代码、能力手册的版本号、发布日期、修订版次号和修订日期。该页由总检查员和 NSI 签发。

3.11.7.2 能力手册内容

3.11.7.2.1 范围

本部分应指明能力批准所包含的技术领域或空白详细规范的范围。

3.11.7.2.2 修订版次列表

能力手册有效修订版本是审查程序(见 3.11.9)的一部分。

修订版应标明代号和日期。发布修订版时，应完整列出期间发生的所有变化。

3.11.7.2.3 能力范围、能力极限及其相关 CQC

本部分应依据下列要求给出能力范围。

——器件的半导体工艺和其他组成部分的工艺；

——可采用的封装；

——电参数，如电压、电流、功率和频率；

——主要组装工艺；

——制造商的内部分选方法；

——生产地，适用时(见 IEC QC 001002 中 10.3.3)制造商批准的延伸或分包过程的场地。

本部分应给出能力极限和评价这些极限所选择的 CQC 的清单(见 3.11.8.1)。

3.11.7.2.4 流程(包括生产过程参数)

本部分包含整个生产过程工艺顺序的详细流程图、工艺规范、工作程序和质量控制检查表(通常引用内部文件)。所有文件应规定用于过程控制目的的过程参数，例如：

——设计验证；

——掩模制备；

——衬底制备；

——物理—化学过程,包括光刻过程;
——金属化;
——钝化;
——探针测试;
——划片、裂片、分选;
——芯片粘接;
——引线焊接;
——封装;
——最终加工和标记;
——最终测试。

3.11.7.2.5 采购原材料和零件

本部分包括以下内容:
——确定用于生产过程原材料和零件的采购规范;
——规定验证生产中材料适用性的方法(来料检验);
——确定保证规定材料质量稳定性的必要程序(卖方评价);
——记录采购规范的编号;
——确定验证规范。

3.11.7.2.6 封装

本部分包括以下内容:
——材料组成,如:玻璃—金属,陶瓷—金属;
——塑封或部分塑封的塑料类型;
——采用的标准封装清单或引用非标准封装的外形图。

3.11.7.2.7 设计规则

除非可以引用质量手册覆盖,制造商的设计规则应予以说明(直接描述或引用内部文件)。

3.11.7.2.8 用户参与

制造商应申明其关于用户参与器件设计的方针。对于按本规范生产的器件,当用户已提出要求时,制造商有责任确保在设计规则中相应地采纳。

3.11.7.2.9 相关产品的注册

在本部分,应给出按能力批准交付或能够交付的产品清单。

3.11.7.2.10 相关文件(包括CQC详细规范)

能力手册应引用质量手册。

3.11.7.2.11 更改控制(见3.11.9.1.9)

3.11.8 能力试验程序(见IEC QC 001002中11.7.3.3)

3.11.8.1 能力鉴定器件(CQC)

CQC用于鉴定试验程序以获得能力批准以及能力批准的维持。适用时,CQC也可以应用于逐批和周期接收试验。

可用两种类型的器件作为CQC:
——评价设计规则和制造工艺而专门设计和生产的器件;
——取自生产过程的产品。

通常,单一的CQC不可能覆盖所有的能力极限。可采用单一型号,或采用两种型号的组合,以便充分评价整个设计规则、材料和制造工艺。

总检查员有责任选择和定义CQC,以确保根据CQC详细规范进行的CQC试验能判定3.11.7.2.3中规定的所有能力极限。

CQC 的选择工作应在鉴定程序开始之前完成。

所有 CQC 应列入能力手册。CQC 详细规范应给出每一 CQC 所覆盖的能力极限。

3.11.8.2 能力批准试验和能力试验的维持

能力批准和能力批准的维持要求的试验应能证明所有申请的能力极限。

CQC 的试验根据本标准要求和以下标准进行：IEC 60747-12/QC 720100，IEC 60747-11/QC 750100，IEC 60748-11/QC 790100 和相应的空白详细规范。

3.11.8.3 逐批和周期试验

制造商可以对适用的 CQC 进行产品详细规范的任一分组试验代替产品本身的试验，但必须能够向 NSI 证明这些 CQC 试验结果是等效的。

根据 CQC 试验的批的构成适用于覆盖的所有产品，抽样量取决于累计的批量。同样，在产生失效的情况下，批的构成同样覆盖所有产品(见 IEC QC 001002 中 12.6)。

3.11.9 能力批准的验证(质量审查)

为确保制造商组织机构、过程和产品以文件形式正确写入其质量手册和能力手册，并按要求得以有效实施，应在 NSI 的职责范围内进行一次审查。

在专门领域，NSI 可以征询专家意见，这些专家应是制造商可以接受的。

3.11.9.1 审查

NSI 应核实下列内容。

3.11.9.1.1 能力手册

核实能力手册中技术内容，能力手册的更新，规定的能力极限和相关 CQC，相关产品注册，过程更改和支持数据与 3.11.7 要求的一致性。

3.11.9.1.2 质量评定

核实下列内容与相关规范的一致性：

——质量一致性检验试验程序(3.11.10.2)；

——CQC 的周期试验程序；

——试验结果。

应特别注意与规定能力极限的有关在线检验和过程控制数据。

3.11.9.1.3 组织机构

对影响质量的功能、活动的识别与描述，有关的职责安排和负责人员。

3.11.9.1.4 设计控制

建立并实施规范制定程序、评价新零件和材料程序、设计评审和设计规则评价程序，以及这些程序的执行情况。

3.11.9.1.5 生产程序

有关采购、来料检验、搬运、储存、加工、组装、检验、纠正和环境控制等方面的程序文件化并得以执行。

3.11.9.1.6 检验、测量和试验设备的控制

建立并执行提供、控制、校准和维护检验、测量和试验设备的制度。

3.11.9.1.7 不合格零件、材料和产品的控制

建立不合格零件、材料和产品的标识和处理程序(包括失效分析和返工程序)。

3.11.9.1.8 搬运、储存和交货

建立并执行在整个生产过程中所有材料的标识、防护和传递体系，以及储存和防止受损(或变质)的程序，确保产品安全到达目的地并易于识别。

3.11.9.1.9 更改控制

建立程序以保证所有更改有效执行并文件化。

3.11.9.1.10 **可追溯性**

建立并执行有效的批标识和追溯程序。

3.11.9.2 **专家职责**

如果NSI在任一特别领域需要技术性的建议,可召集具备所要求的技术知识的专家为其工作。

专家应编写一份有关其研究领域的报告。当专家和总检查员对报告内容取得一致后,该报告将被提交给NSI,供其在做出审查的最终结论时考虑。

约请的任何专家应得到NSI和制造商的认可,并且不得向第三方泄露任何信息。

3.11.9.3 **纠正**

对重要不合格项,包括完成时间在内的一份纠正计划应经NSI同意。

纠正的有效性应通过后续审查予以核实。

3.11.10 **按能力批准交付产品的质量保证**

除另有规定外,第2章的总要求是适用的。

3.11.10.1 **质量保证职责**

制造商有责任保证其交付的产品满足规范的要求。

3.11.10.2 **质量一致性检验**

检验依据3.6要求进行。

对编目产品,应采用空白详细规范规定的A组和B组的试验程序和保证水平。对定制产品,采用相关用户规范中的试验程序和保证水平。

3.11.10.3 **能力极限内设计和生产的新产品**

当新产品在能力范围内并且符合相关空白详细规范时,该新产品是鉴定合格的。

3.11.10.4 **合格产品的更改**

如果更改的产品在能力范围内并且符合相关空白详细规范,其合格资格得以保持。

如果更改的产品不在能力范围内,则:

——对能力极限进行更改,见3.11.5;

——或者,该产品不再是IECQ鉴定合格的产品。

3.11.11 **标志和订货资料**

标志和订货资料应符合2.5标准编目器件要求或者符合特定用户要求。

3.11.12 **供发布的能力摘要**

应按3.11.2.5定义编写供发布于IECQ合格产品目录中的能力摘要,由NSI验证其与能力手册的符合程度。

例如:

IECQ	QC 700××× 第×版
证书编号	077,第1次颁发,日期...
制造商	名称:
	地址:
	电话: 传真:
能力范围	
基本工艺	平面双极型
衬底	P型硅
图形成型	光刻
导体	铝
钝化	氮化硅
芯片粘接	硅—金共晶体或粘结剂

键合引线	铝超声或热压
封装	玻璃—金属或塑料
能力极限	
电压	1 500 V,反向
电流	25 A(塑料),75 A(玻璃—金属)
附加信息	
(例如:特殊装置或特征)	

3.11.13 **定制器件的详细规范**(IEC QC 001002 中 11.7.4.2)

在详细规范的起草阶段,应适当考虑 CQC 的试验程序。

3.11.14 **编目产品的详细规范**

当在能力批准程序覆盖范围内的器件需要作为标准目录产品供货时,制造商应根据相关空白详细规范给出额定值和特性值。

这种详细规范应是 CMC 注册过的,器件可以被列入 IECQ 合格产品目录。

3.11.15 **详细规范注册**

制造商应保持所有按能力批准程序交货产品的详细规范的注册。可向 NSI 注册。

4 试验和测试程序

4.1 电测试和光测试的标准大气条件

除另有规定外,所有的电和光测试均在 IEC 60749 规定的大气条件下进行。

环境温度:25℃±5℃。

相对湿度:45%~75%(见 IEC 60068-1 的 5.3.2)。

大气压力:86 kPa~106 kPa(860 mbar~1 060 mbar)。

制造商也可以在其他温度下进行测试,只要能使国家监督检查机构确信在环境温度为 25℃±1℃、相对湿度在 48%至 52%之间(若相对湿度是重要的)测试时器件仍将符合详细规范。

4.2 破坏性试验定义

如果试验后被试器件的规定特性发生改变或者器件的固有质量和(或)工作可靠性降低,则该试验可看作是破坏性的。

实际上,下列试验是破坏性的:

——器件在超过绝对极限值的条件下工作;

——或者,同一器件不能以第一次试验时相同的概率通过再次进行的相同试验;

——或者,可能由于受到试验的影响,被试器件不能再满足用户的质量要求。

4.3 物理检查

4.3.1 目检

4.3.1.1 外部目检

除另有规定外,应在工厂正常照明条件下和正常视力条件下进行外部目视检查。应检查下述各项的正确性:

1) 标志及其清晰度;

2) 引出端识别;

3) 外观(机械缺陷,适用时,包括光学缺陷)。

4.3.1.2 内部目检

在分规范中规定。

4.3.2 尺寸

应按规定的图样检查尺寸。附录 B 中规定了在 B 组和 C 组中应检查的尺寸。

4.3.3 标志耐久性

应按 IEC 60749 第Ⅳ章 2 中的规定对标志进行试验。

4.4 电测试和光测试

4.4.1 一般条件和注意事项

4.4.1.1 替代方法

可采用规定的方法或能给出等效结果的任何其他方法进行测试，但在有争议的情况下，只能采用规定的方法。

注："等效"指的是用这种方法所确定的特性值，当用规定的方法测试时也在规定的范围之内。

a) 电测试和光测试方法应按 IEC 60747 和 IEC 60748 的规定。当需要而且详细规范规定时应采用这些方法。

b) 在 IEC 60747 和 IEC 60748 中未作规定的电测试和光测试方法，应在详细规范中规定。

4.4.1.2 测试精确度

详细规范中列出的极限值是绝对的。在确定实际测试极限值时，应考虑到测试误差。

4.4.1.3 一般注意事项

通常应注意将测试误差降到最小和避免损坏器件。在 IEC 60747-1 中给出了最重要的注意事项。

4.5 环境试验

环境试验方法应按 IEC 60068-2 和 IEC 60749 的规定。当需要而且详细规范规定时应采用这些方法。根据 3.6.6 条指明它们为"破坏性的"或"非破坏性的"。

当要求强制性的试验顺序时，应在分规范或在空白详细规范中予以规定。

在 IEC 60068-2 和 IEC 60749 中未作规定的环境试验方法，应在详细规范中规定。

对于需要观察或施加与器件的方位有关的外力的那些试验方法，这种方位和施力的方向应按附录 C 的规定。

附 录 A
（规范性附录）
批允许不合格品率(LTPD)抽样方案

A.1 概述

以下规定的程序适用于所有的质量一致性要求。

A.1.1 样品的抽取

应从检验批中随机地抽取样品。在连续生产的情况下，只要批符合批的构成要求，制造商在生产期间可自行按有规律的周期方式抽取样品。

A.1.2 失效

一个样品在一个分组的一项或几项试验中失效，应记为一个失效。

A.2 抽样方法

逐批检验数据(样品量和发现的不合格品数)应在单一检验批中累计，以证明是否符合各分组的判据。周期检验见3.6。

A.2.1 样品量

每个分组的样品量应根据表A.1或表A.2确定，且应符合规定的LTPD。制造商可自行选择比需要量更大的样品量，但是，允许的失效数不得超过表A.1或表A.2中与所选样品量相对应的合格判定数。

在表A.2中，确定样品量用的LTPD栏应是数量上最接近实际提交批量的那个批量栏，如果实际批量处于表中给出的两个批量之间，则制造商可自行采用相邻批量栏中的任一栏。在表A.2中，如果适用的批量栏中没有等于或小于规定的LTPD值的LTPD值，则应采用100%检验。在表A.2中，应采用数值最接近规定的LTPD值的适用批量栏中的LTPD值确定样品量。

A.2.2 接收程序

第一次抽样时，应选择一个合格判定数，然后根据规定的LTPD抽取相应数量的器件并对其进行试验(见3.9.2)。如果在第一次抽取的样品中发现的不合格品数小于或等于预选的合格判定数，该批应当接收。如果发现的不合格品数超过了预选的合格判定数，则可选择追加样品使得总的样品符合3.9.2的规定。对给定检验批的某给定分组检验时，第一次抽样中使用的表A.1或表A.2应在同一批和同一分组后续抽样时加以使用。

A.3 追加样品

制造商可以增加一个追加量到最初样品上，但对于任何一个分组都只能追加一次；追加的样品必须经受该分组的全部试验。应用由表A.1或表A.2所选定的一个新的合格判定数来确定总样品量(最初的和追加的样品)。

A.4 多重判据

当一组样品有一个以上的合格判据时，分组中的全部样品应对应于分组中的所有判据。在表A.1中，合格判定数应与适用的LTPD栏中小于或等于所使用的样品量的最大样品量相对应。在表A.2中，合格判定数应与所使用的样品量对应的批量栏中规定的LTPD值相对应。

A.5 百分之百检验

在制造商自愿时，允许对于不认为是“破坏性”的那些分组进行批的100%检验。如果发现该批的

表 A.1　LTPD 抽样方案

能以 90%置信度保证百分不合格品率等于规定的 LTPD 的批不被接收的最小试验样品量(一次抽样)

LTPD	50	30	20	15	10	7	5	3	2	1.5	1	0.7	0.5	0.3	0.2	0.15	0.1
合格判定数(c) ($r=c+1$)	最小样品量(耐久性试验所要求的器件小时数,应乘以 1 000)																
0	5 (1.03)	8 (0.64)	11 (0.46)	15 (0.34)	22 (0.23)	32 (0.16)	45 (0.11)	76 (0.07)	116 (0.04)	153 (0.03)	231 (0.02)	328 (0.02)	461 (0.01)	767 (0.007)	1 152 (0.005)	1 534 (0.003)	2 303 (0.002)
1	8 (4.4)	13 (2.7)	18 (2.0)	25 (1.4)	38 (0.94)	55 (0.65)	77 (0.46)	129 (0.28)	195 (0.18)	258 (0.14)	390 (0.09)	555 (0.06)	778 (0.045)	1 296 (0.027)	1 946 (0.018)	2 592 (0.013)	3 891 (0.009)
2	11 (7.4)	18 (4.5)	25 (3.4)	34 (2.24)	52 (1.6)	75 (1.1)	105 (0.78)	176 (0.47)	266 (0.31)	354 (0.23)	533 (0.15)	759 (0.11)	1 065 (0.080)	1 773 (0.045)	2 662 (0.031)	3 547 (0.022)	5 223 (0.015)
3	13 (10.5)	22 (6.2)	32 (4.4)	43 (3.2)	65 (2.1)	94 (1.5)	132 (1.0)	221 (0.62)	333 (0.41)	444 (0.31)	668 (0.20)	953 (0.14)	1 337 (0.10)	2 226 (0.062)	3 341 (0.041)	4 452 (0.031)	6 681 (0.018)
4	16 (12.3)	27 (7.3)	38 (5.3)	52 (3.9)	78 (2.6)	113 (1.8)	158 (1.3)	265 (0.75)	398 (0.50)	531 (0.37)	798 (0.25)	1 140 (0.17)	1 599 (0.12)	2 663 (0.074)	3 997 (0.049)	5 327 (0.037)	7 994 (0.025)
5	19 (13.8)	31 (8.4)	45 (6.0)	60 (4.4)	91 (2.9)	131 (2.0)	184 (1.4)	308 (0.85)	462 (0.57)	617 (0.42)	927 (0.28)	1 323 (0.20)	1 855 (0.14)	3 090 (0.085)	4 638 (0.056)	6 181 (0.042)	9 275 (0.028)
6	21 (15.6)	35 (9.4)	51 (6.6)	68 (4.9)	104 (3.2)	149 (2.2)	209 (1.6)	349 (0.94)	528 (0.62)	700 (0.47)	1 054 (0.31)	1 503 (0.22)	2 107 (0.155)	3 509 (0.093)	5 267 (0.062)	7 019 (0.047)	10 533 (0.031)
7	24 (16.6)	39 (10.2)	57 (7.2)	77 (5.3)	116 (3.5)	166 (2.4)	234 (1.7)	390 (1.0)	589 (0.67)	783 (0.51)	1 178 (0.34)	1 680 (0.24)	2 355 (0.17)	3 922 (0.101)	5 886 (0.067)	7 845 (0.051)	11 771 (0.034)
8	26 (18.1)	43 (10.9)	63 (7.7)	85 (5.6)	128 (3.7)	184 (2.6)	258 (1.8)	431 (1.1)	648 (0.72)	864 (0.54)	1 300 (0.36)	1 854 (0.25)	2 599 (0.18)	4 329 (0.108)	6 498 (0.072)	8 660 (0.054)	12 995 (0.036)
9	28 (19.4)	47 (11.5)	69 (8.1)	93 (6.0)	140 (3.9)	201 (2.7)	282 (1.9)	471 (1.2)	709 (0.77)	945 (0.58)	1 421 (0.38)	2 027 (0.27)	2 842 (0.19)	4 733 (0.114)	7 103 (0.077)	9 468 (0.057)	14 206 (0.038)
10	31 (19.9)	51 (12.1)	75 (8.4)	100 (6.3)	152 (4.1)	218 (2.9)	306 (2.0)	511 (1.2)	770 (0.80)	1 025 (0.60)	1 541 (0.40)	2 199 (0.28)	3 082 (0.20)	5 133 (0.120)	7 704 (0.080)	10 268 (0.060)	15 407 (0.040)
11	33 (21.0)	54 (12.8)	83 (8.3)	111 (6.2)	166 (4.2)	238 (2.9)	332 (2.1)	555 (1.2)	832 (0.83)	1 109 (0.62)	1 664 (0.42)	2 378 (0.29)	3 323 (0.21)	5 546 (0.12)	8 319 (0.083)	11 092 (0.062)	16 638 (0.042)

表 A.1(续)

能以 90%置信度保证百分不合格品率等于规定的 LTPD 的批不被接收的最小试验样品量(一次抽样)

LTPD	50	30	20	15	10	7	5	3	2	1.5	1	0.7	0.5	0.3	0.2	0.15	0.1
合格判定数(c) ($r=c+1$)	最小样品量(耐久性试验所要求的器件小时数,应乘以 1 000)																
12	36 (21.4)	59 (13.0)	89 (8.6)	119 (6.5)	178 (4.3)	254 (3.0)	356 (2.2)	594 (1.3)	890 (0.86)	1 187 (0.65)	1 781 (0.43)	2 544 (0.3)	3 562 (0.22)	5 936 (0.13)	8 904 (0.086)	11 872 (0.065)	17 808 (0.043)
13	38 (22.3)	63 (13.4)	95 (8.9)	126 (6.7)	190 (4.5)	271 (3.1)	379 (2.26)	632 (1.3)	948 (0.89)	1 264 (0.67)	1 896 (0.44)	2 709 (0.31)	3 793 (0.22)	6 321 (0.134)	9 482 (0.089)	12 643 (0.067)	18 964 (0.045)
14	40 (23.1)	67 (13.8)	101 (9.2)	134 (6.9)	201 (4.6)	288 (3.2)	403 (2.3)	672 (1.4)	1 007 (0.92)	1 343 (0.69)	2 015 (0.46)	2 878 (0.32)	4 029 (0.23)	6 716 (0.138)	10 073 (0.092)	13 431 (0.069)	20 146 (0.046)
15	43 (23.3)	71 (14.1)	107 (9.4)	142 (7.1)	213 (4.7)	305 (3.3)	426 (2.36)	711 (1.41)	1 066 (0.94)	1 422 (0.71)	2 133 (0.47)	3 046 (0.33)	4 265 (0.235)	7 108 (0.141)	10 662 (0.094)	14 216 (0.070)	21 324 (0.047)
16	45 (24.1)	74 (14.6)	112 (9.7)	150 (7.2)	225 (4.8)	321 (3.37)	450 (2.41)	750 (1.44)	1 124 (0.96)	1 499 (0.72)	2 249 (0.48)	3 212 (0.337)	4 497 (0.241)	7 496 (0.144)	11 244 (0.096)	14 992 (0.072)	22 487 (0.048)
17	47 (24.7)	79 14.7)	118 (9.86)	158 (7.36)	236 (4.93)	338 (3.44)	473 (2.46)	788 (1.48)	1 182 (0.98)	1 576 (0.74)	2 364 (0.49)	3 377 (0.344)	4 728 (0.246)	7 880 (0.148)	11 819 (0.098)	15 759 (0.074)	23 639 (0.049)
18	50 (24.9)	83 (15.0)	124 (10.0)	165 (7.54)	248 (5.02)	354 (3.51)	496 (2.51)	826 (1.51)	1 239 (1.0)	1 652 (0.75)	2 478 (0.50)	3 540 (0.351)	4 956 (0.251)	8 260 (0.151)	12 390 (0.100)	16 520 (0.075)	24 780 (0.050)
19	52 (25.5)	86 (15.4)	130 (10.2)	173 (7.76)	259 (5.12)	370 (3.58)	518 (2.56)	864 (1.53)	1 296 (1.02)	1 728 (0.77)	2 591 (0.52)	3 702 (0.358)	5 183 (0.256)	8 638 (0.153)	12 957 (0.102)	17 276 (0.077)	25 914 (0.051)
20	54 (26.1)	90 (15.6)	135 (10.4)	180 (7.82)	271 (5.19)	386 (3.65)	541 (2.60)	902 (1.56)	1 353 (1.04)	1 803 (0.78)	2 705 (0.52)	3 864 (0.364)	5 410 (0.260)	9 017 (0.156)	13 526 (0.104)	18 034 (0.078)	27 051 (0.052)
25	65 (27.0)	109 (16.1)	163 (10.8)	217 (8.08)	326 (5.38)	466 (3.76)	652 (2.69)	1 086 (1.61)	1 629 (1.08)	2 173 (0.807)	3 259 (0.538)	4 656 (0.376)	6 518 (0.269)	10 863 (0.161)	16 295 (0.108)	21 726 (0.081)	32 589 (0.054)
样品量是根据泊松指数二项式极限计算的。平均 20 批中有 19 批被接收所要求的最低质量(近似于 AQL)列在括号中,仅供参考:r=拒收数																	

百分不合格品率超过了规定的 LTPD 值，就应认为该批通不过该分组检验。在 100%检验基础上试验的那些批只能在 100%基础上重新提交，且按加严检验的 LTPD 进行检验。

A.6 加严检验

加严检验应采用表 A.1 或表 A.2 中比原来规定的值小的下一个 LTPD 值为判据来进行检验。

表 A.2 批量小于或等于 200 的小批量超几何抽样方案

N=批量　　n=样品量　　c=合格判定数　　(见 3.6.4)

N	10	20	30	40	50	60	80	100	120	150	160	200
						c=0						
n	LTPD	LTPD	LTPD	LTPD	LTPD	LTPD	LTPD	LTPD	LTPD	LTPD	LTPD	LTPD
2	65	66	67	67	67	68	68	68	68	68	68	68
4	36	40	42	42	42	43	43	43	43	43	44	44
5	29	33	34	35	35	35	36	36	37	37	37	37
8	15	20	22	23	23	23	24	24	24	24	24	25
10		15	17	19	19	19	20	20	20	20	20	20
16		6.9	10	11	11	12	12	13	13	13	13	13
20			6.8	8.0	8.7	9.0	9.4	10	10	10	10	11
25			4.3	5.7	6.4	6.9	7.4	7.5	7.6	7.7	7.8	7.9
32				3.7	4.4	5.0	5.5	5.9	6.0	6.2	6.3	6.3
40					3.0	3.4	4.0	4.5	4.6	4.9	5.0	5.0
50						2.3	2.9	3.3	3.5	3.7	3.7	3.9
64							1.7	2.2	2.5	2.7	2.8	2.9
80								1.5	1.7	2.0	2.1	2.2
100									1.1	1.5	1.5	1.7
125										0.8	0.9	1.2
128										0.8	0.9	1.1
160												0.7
						c=1						
2	95	95	95	95	95	95	95	95	95	95	95	95
4	62	66	66	67	67	67	67	67	67	67	67	68
5	51	55	56	57	57	58	58	58	58	58	58	58
8	28	35	38	38	39	39	39	39	39	40	40	40
10		30	30	31	32	32	32	33	33	33	33	33
16		15	18	18	20	20	21	21	21	21	22	22
20			13	15	16	16	16	16	17	17	17	18
25			9.2	11	12	13	13	13	13	14	14	14
32				7.4	8.2	9.0	9.9	10	10.5	11	11	11
40					5.9	6.8	7.6	7.8	8.2	8.3	8.4	8.6
50						4.6	5.6	6.1	6.4	6.5	6.7	6.7
64							3.8	4.4	4.7	5.0	5.0	5.2
80								3.0	3.4	3.7	3.8	4.0
100									2.5	2.8	2.8	3.0
125										1.9	2.0	2.2
128										1.7	1.9	2.2
160												1.5

表 A.2(续)

N=批量　　*n*=样品量　　*c*=合格判定数　（见 3.6.4）

N	10	20	30	40	50	60	80	100	120	150	160	200
c=2												
4	82	83	84	85	85	85	85	86	86	86	86	86
5	69	73	74	74	74	75	75	75	75	75	75	75
8	42	49	49	52	52	52	53	53	53	53	53	53
10		39	42	42	43	43	43	44	44	44	44	44
16		22	25	27	27	27	28	29	29	29	29	30
20			19	21	22	22	23	23	23	23	24	24
25			13	16	17	17	18	18	18	18	19	19
32				11	12	13	14	14	14	14.5	15	15
40					8.9	9.8	11	12	12	12	12	12
50						6.9	8.1	8.4	8.6	9.0	9.3	9.5
64							5.7	6.2	6.6	7.1	7.1	7.4
80								4.5	4.9	5.4	5.4	5.3
100									3.5	3.9	4.0	4.4
125										2.8	2.9	3.3
128										2.6	2.9	3.2
160												2.3

表 A.2 给出了与特定的一次抽样方案(合格判定数、样品量和批量)有关的 LTPD 值。本表具有以下特点:

a) 是根据超几何分布(精确理论)对器件数小于或等于 200 的批进行计算的;

b) 抽样方案的 LTPD 定义为:在该方案下批的接收概率为 0.10 时相应的百分不合格品率。这样定义的 LTPD 不一定是涉及批量的可实现的批不合格品率;

c) 样品量序列和批量序列由各自序列中前面的数与 2 和 5 的乘积产生。

表 A.3　AQL 抽样方案和 LTPD 抽样方案

AQL	0.10	0.15	0.25	0.40	0.65	1.0	1.5	2.5	4.0	6.5
LTPD	0.7	1.0	2.0	3	5	7	10	20	30	50

本表给出了 AQL 和 LTPD 值,对于数量为 150 000 以下的批量,用这两种方案均足以保证维持良好的平均出厂质量极限。应当注意,极限质量保证随批量的相对变化,AQL 方案比 LTPD 方案更大。

本表是根据表 A.1 选择 LTPD 值,按合格判定数 *c*=2 编制的,其样品量最接近于 IEC 60410 和(或)ISO 2859 中的检查水平Ⅱ、样品量代码字母 C 至 N 给出的样品量。

表 A.3 可用于 LTPD 抽样方案合格判定数的最大值不大于 4 的情况。

附 录 B
（规范性附录）
需检查的尺寸

本附录给出了B组和C组中需进行检查的尺寸一览表。

参照IEC 60191-1和IEC 60191-2，用这些标准中标准化了的字母来表示这些尺寸。

对以下未涉及的外形，所有的尺寸都在B组中测量。

a） 对于分立器件：

器件外形（IEC）	B组	C组[a]
1） 两端引线固定的，例如： A1A(DO—7) 或 A2(DO—1、DO—2、DO—3)	 ϕD、G ϕD、A	 全部 全部
2） 一端引线固定的，例如： 具有B4A底座的C4(TO—5)	 ϕD、A	 全部
3） 螺栓固定带有接线片的，例如： A4U(DO—5) 或 A14U(TO—65)	 ϕD、J ϕD、J	 全部 全部
4） 扁平底座固定的，例如： 具有底座B18的C14A(TO—3)	 U_1、U_2、q、A	 全部

a 在本规范中所提到的IEC 60191-2的图形中或根据IEC 60191-1绘制的图形中，除B组已包括的那些尺寸之外的全部尺寸。

b） 对集成电路：

器件形式[a]	B1分组	C1分组
形式1	$\phi b_{2\min}+\phi b_{2\max}$ $L_{\min}$ $A_{1\min}$ $Z_{1\max}$ $A_{\max}$ e[b] $Z_{\max}$	在B1分组中未包括的其他尺寸
形式2	$b_{\min}+b_{\max}$ $c_{\min}+c_{\max}$ e[b] $Z_{\max}$ $A_{\max}$ $A_{1\min}$ $L_{\min}$	在B1分组中未包括的其他尺寸

续

<table>
<tr><th>器件形式[a]</th><th>B1 分组</th><th>C1 分组</th></tr>
<tr><td>形式 3</td><td>A_{max}
ϕa^{b}
$\phi b_{2min}+\phi b_{2max}$
ϕD_{max}
L_{min}
α 和(或)β^{b}</td><td rowspan="2">在 B1 分组中未包括的其他尺寸</td></tr>
<tr><td>形式 4</td><td>$b_{min}+b_{max}$
A_{max}
e^{b}
$H_{min}+H_{max}$
L_{min}
Z_{max}</td></tr>
<tr><td colspan="3">a 见 IEC 60191-3。
b 引出端的位置公差。</td></tr>
</table>

附 录 C
（规范性附录）
机械试验加力的方向

取向

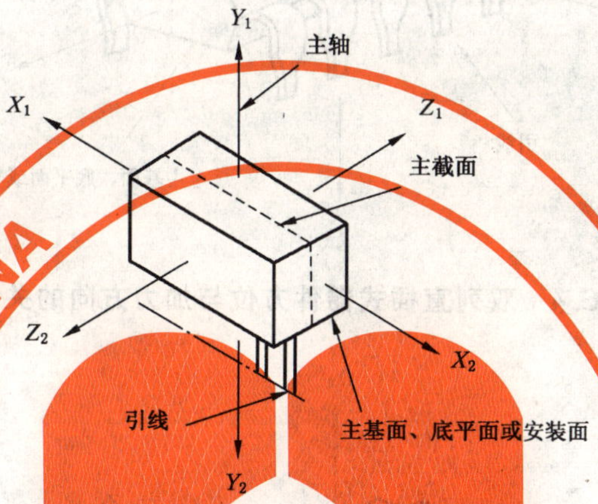

图 C.1 器件方位与加力方向的关系

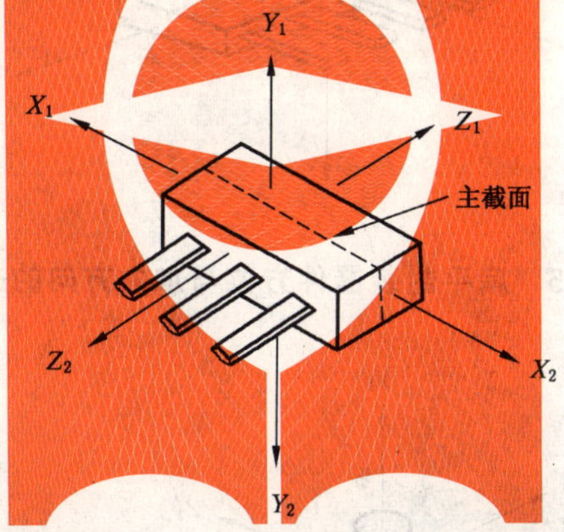

图 C.2 只有一侧有径向引线的扁平封装器件方位与加力方向的关系

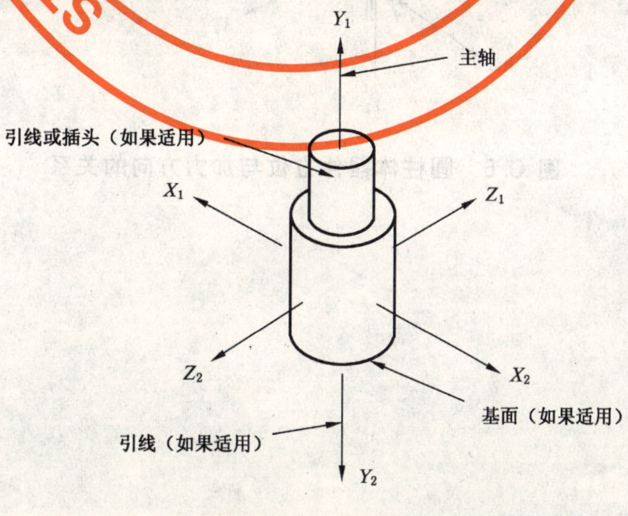

图 C.3 圆柱体器件方位与加力方向的关系

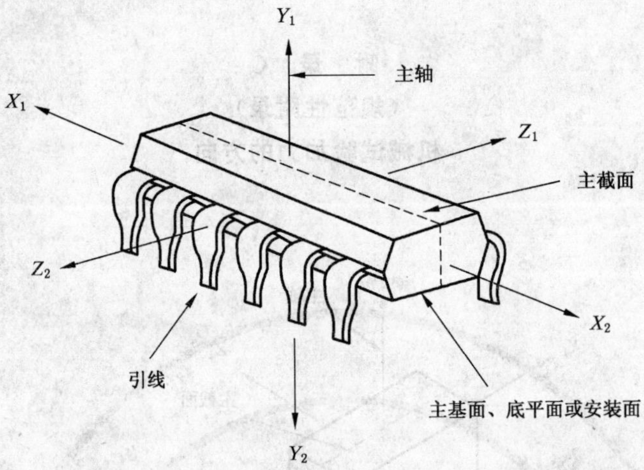

图 C.4　双列直插式器件方位与加力方向的关系

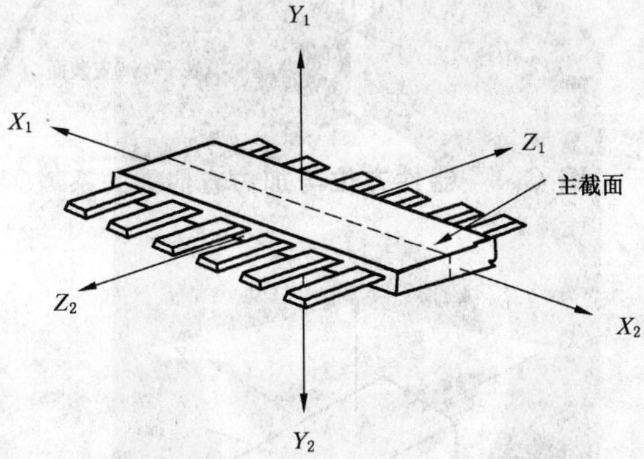

图 C.5　扁平封装器件方位与加力方向的关系

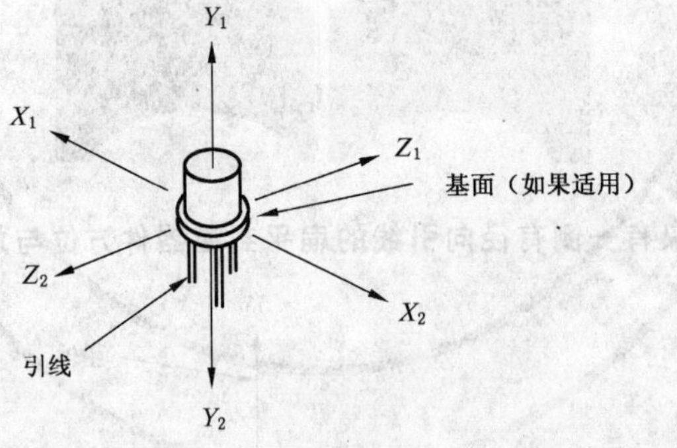

图 C.6　圆柱体器件方位与加力方向的关系

附 录 D
（资料性附录）
按 ppm（百万分之一）评价质量水平

D.1 总则

本附录规定了按 ppm（百万分之一）来计算过程平均值和平均出厂质量的方法。

（估计不合格的计算可采用其他被批准的方法，如变量测试、参数分析等等，只要推导出的估计基本上等效于采用本方法得出的估计结果。）

D.2 定义

D.2.1 审查

以验证质量为目的的评价程序，可能导致对相关过程采取纠正活动。

D.2.2 过程平均值

在最终接受程序之前以不合格品率表示的过程质量的平均值。

D.2.3 计算过程平均值（*CPA*）

过程平均值的计算值。

D.2.4 平均出厂质量（*AOQ*）

利用接收抽样方案求得的出厂产品预期质量。

D.2.5 批接收率

首次提交中接收批的总数与检验批总数之比。

D.3 评价

质量水平的评价规定为：

a) 从构成母体的各单独批中随机抽取的审查样本的检验（或测试）。评价是基于对即将发运给用户的产品进行的审查。

或者是

b) 采用最终批接收数据。

如果选择此方法，仅当 D.8 的条件满足时，可以在计算中不予考虑来源于接收检验失效批的数据。不符合接收检验判据的产品批应 100% 重新加工处理纠正或剔除不合格品，或者整批报废而不发货，重新处理的批应重新提交最终接收检验。

D.4 应用

本程序可对每一型号、每一门类、每种工艺或一组型号/门类/工艺应用于下列内容：

a) 每个参数或一组参数；

b) 质量一致性检验的每个分组或几个分组的组合。

D.5 过程平均值和平均出厂质量的计算

D.5.1 假设

本附录的使用者应确认下列假设符合其报告质量水平的产品：

a) 与所报告的判据相关的计数抽样检验是对已完成全部制造过程的产品进行的；

b) 样品是随机抽取的；

c) 因为重新提交接收检验而产生的不合格品和样品不应包含在 *CPA* 计算中，但应含在 *AOQ* 计算中；

d) 为确定样本中不合格品的数量，整个样本应进行检验；

e) 因省略批抽样方案而未被检验的批的假设数据不能用于任何计算中。

D.5.2 *CPA* 的计算

按下式以 ppm 为单位来计算过程平均值：

$$CPA = \frac{\text{所有样本中不合格品的总数量}}{\text{检验样品的总数量}} \times 10^6$$

当在 *CPA* 计算中不合格品为零时，结果表示为一个分式（零/检验样品的总数量）。在计算中仅仅考虑由首次提交接收检验的数据。

D.5.3 *AOQ* 的计算

按下式以 ppm 为单位来计算平均出厂质量：

$$AOQ = \frac{(d \leqslant c+1)\text{的样本中不合格品的总数量}}{\text{接收批中检验样品的总数量}} \times 10^6$$

式中：

d——每个样本中不合格品的数量；

c——每个样本的合格判定数。

计算中应考虑所有提交接收的数据。

D.5.4 ppm 数据的组合

D.5.4.1 多组数据的组合

多组 ppm 数据组合，用下式表示：

$$\text{ppm} = \frac{(\text{ppm1} \times N_1) + (\text{ppm2} \times N_2) + \cdots + (\text{ppm}n \times N_n)}{N_1 + N_2 + \cdots + N_n}$$

式中：

ppm1——1 组的 ppm；

ppm2——2 组的 ppm，等等；

N_1——1 组的大小；

N_2——2 组的大小，等等。

D.5.4.2 不同内容数据的组合

不同的 ppm 数据组合，用下面等式表示：

$$\text{ppm} = \text{ppm1} + \text{ppm2} + \cdots + \text{ppm}n$$

式中：

ppm1——第 1 类型内容 ppm；

ppm2——第 2 类型内容 ppm，等等。

注：等式是建立在不同类型内容的不合格产品的统计独立性的假设之上的，并非所有地方都适用。

D.6 报告

应给出下列内容：

——抽样周期；

——内容，包括拒收判据；

——抽样周期的总样品量；

——批次合格率；

——*CPA* 值；

——*AOQ* 值；

——数据的排除。

D.7 累积数据的周期

用于计算的累积数据周期由制造商决定,但不能超过一年。

D.8 数据的排除

在首次提交检验中拒收的批次可以不包含在 *CPA* 值计算中,但需满足下列条件:

——不合格品数大于合格判定数加 3;

——产生失效的原因已被确认且采取了适当的纠正措施;

——批次合格率大于 95%。

附　录　NA
（资料性附录）
本标准对 IEC 60747-10:1991 所做的编辑性修改和原因

本标准的章、条编号	编辑性修改内容	原　因
全文	用小数点"."代替作为小数点的","	按标准规定
全文	删除国际标准的前言	IEC 原文前删去不影响使用，一般不保留
全文	引用的 IEC 文件编号改为五位	IEC 标准现在都使用五位数字表示
2.2	在相关文件中增加 IEC 60747-12	在 3.11.8.2 中引用到，但原文未列出
2.5.4	所举例子用 2004 年代替 1991 年进行检验批识别代码的说明	采用标准发布前后的时间来举例，使标准与应用实际情况紧密结合，不影响标准使用
3.6.1.1	A 组检验中"…A1 分组：本分组由 4.2.1.1 规定的外部目检组成。"该段文字中条款号 4.2.1.1 改为 4.3.1.1	原文编辑性错误
3.8	删去规定 LTPD 时的耐久性试验中"A.4"	A.4 为多重判据，原文编辑性错误
3.11.12	能力摘要"…合格产品目录中按 2.5 定义的能力摘要…"改为"…合格产品目录中按 3.11.2.5 定义的能力摘要…"	原文编辑性错误
3.10.2	玻尔兹曼常数由 $k=8.62\times10^{-5}$ eV 改为 $k=8.62\times10^{-5}$ eV/K	原文编辑性错误
3.10.2	d)试验数据估算中"…采用 3.20.1 中 1)…"改为"…采用 3.10.2 中 1)…"	原文编辑性错误
附录 A	表 A.2 第二行中合格判定数"$c=1$"改为"$c=0$"	原文编辑性错误

ICS 21.100.20
J 11

中华人民共和国国家标准

GB/T 4604—2006
代替 GB/T 4604—1993

滚动轴承 径向游隙

Rolling bearings—Radial internal clearance

(ISO 5753:1991,MOD)

2006-01-09 发布　　2006-08-01 实施

中华人民共和国国家质量监督检验检疫总局
中国国家标准化管理委员会　发布

前言

本标准修改采用 ISO 5753:1991《滚动轴承　径向游隙》。

本标准代替 GB/T 4604—1993《滚动轴承　径向游隙》。

本标准根据 ISO 5753:1991 重新起草。为方便使用，增加了国际标准中没有的机床用双列圆柱滚子轴承径向游隙(见本标准附录 A)。

为便于使用，本标准还作了下列编辑性修改：

——“本国际标准”'一词改为“本标准”；

——用小数点“.”代替作为小数点的逗号“,”；

——删除了国际标准的前言。

本标准与 GB/T 4604—1993 相比，主要变化如下：

——删除了已作废的规范性引用文件(1993 年版的第 2 章)；

——修改了径向游隙的定义(见 1993 年版和本版的第 3 章)；

——修改了关于滚针轴承径向游隙的叙述(见 1993 年版和本版的 4.4)。

本标准的附录 A 为资料性附录。

本标准由中国机械工业联合会提出。

本标准由全国滚动轴承标准化技术委员会(SAC/TC 98)归口。

本标准起草单位：洛阳轴承研究所。

本标准主要起草人：宋玉聪。

本标准所代替标准的历次版本发布情况为：

——GB 4604—1984、GB/T 4604—1993。

滚动轴承　径向游隙

1　范围

本标准规定了下列类型圆柱孔轴承以及圆锥孔轴承的径向游隙值：

a)　深沟球轴承(外球面球轴承除外，其游隙值规定在JB/T 5304—1991中)；

b)　调心球轴承；

c)　圆柱滚子轴承；

d)　滚针轴承；

e)　调心滚子轴承。

机床用双列圆柱滚子轴承的径向游隙值可参见附录A。

给出的游隙值适用于无预载荷的轴承和在结构上能承受纯径向载荷的轴承。

2　规范性引用文件

下列文件中的条款通过本标准的引用而成为本标准的条款。凡是注日期的引用文件，其随后所有的修改单(不包括勘误的内容)或修订版均不适用于本标准，然而，鼓励根据本标准达成协议的各方研究是否可使用这些文件的最新版本。凡是不注日期的引用文件，其最新版本适用于本标准。

GB/T 4199—2003　滚动轴承　公差　定义(ISO 1132-1:2000，MOD)

GB/T 5801—2006　滚动轴承　48、49和69尺寸系列滚针轴承　外形尺寸和公差(ISO 1206:2001，MOD)

JB/T 5304—1991　外球面球轴承　径向游隙

3　定义

径向游隙(能承受纯径向载荷的轴承，无预载荷)的定义规定在GB/T 4199—2003中。

4　径向游隙值

4.1　深沟球轴承

深沟球轴承的径向游隙值按表1的规定。

表1　深沟球轴承　　游隙值单位为微米

公称内径 d/mm		2组		0组		3组		4组		5组	
超过	到	min	max	min	max	min	max	min	max	min	max
2.5	6	0	7	2	13	8	23	—	—	—	—
6	10	0	7	2	13	8	23	14	29	20	37
10	18	0	9	3	18	11	25	18	33	25	45
18	24	0	10	5	20	13	28	20	36	28	48
24	30	1	11	5	20	13	28	23	41	30	53
30	40	1	11	6	20	15	33	28	46	40	64
40	50	1	11	6	23	18	36	30	51	45	73
50	65	1	15	8	28	23	43	38	61	55	90
65	80	1	15	10	30	25	51	46	71	65	105

表 1(续)

游隙值单位为微米

公称内径 d/mm		2 组		0 组		3 组		4 组		5 组	
超过	到	min	max	min	max	min	max	min	max	min	max
80	100	1	18	12	36	30	58	53	84	75	120
100	120	2	20	15	41	36	66	61	97	90	140
120	140	2	23	18	48	41	81	71	114	105	160
140	160	2	23	18	53	46	91	81	130	120	180
160	180	2	25	20	61	53	102	91	147	135	200
180	200	2	30	25	71	63	117	107	163	150	230
200	225	2	35	25	85	75	140	125	195	175	265
225	250	2	40	30	95	85	160	145	225	205	300
250	280	2	45	35	105	90	170	155	245	225	340
280	315	2	55	40	115	100	190	175	270	245	370
315	355	3	60	45	125	110	210	195	300	275	410
355	400	3	70	55	145	130	240	225	340	315	460
400	450	3	80	60	170	150	270	250	380	350	510
450	500	3	90	70	190	170	300	280	420	390	570
500	560	10	100	80	210	190	330	310	470	440	630
560	630	10	110	90	230	210	360	340	520	490	690
630	710	20	130	110	260	240	400	380	570	540	760
710	800	20	140	120	290	270	450	430	630	600	840
800	900	20	160	140	320	300	500	480	700	670	940
900	1 000	20	170	150	350	330	550	530	770	740	1 040
1 000	1 120	20	180	160	380	360	600	580	850	820	1 150
1 120	1 250	20	190	170	410	390	650	630	920	890	1 260
注：外球面球轴承的径向游隙规定在 JB/T 5304—1991 中。											

4.2 调心球轴承

调心球轴承的径向游隙值按表 2 和表 3 的规定。

表 2 圆柱孔调心球轴承

游隙值单位为微米

公称内径 d/mm		2 组		0 组		3 组		4 组		5 组	
超过	到	min	max	min	max	min	max	min	max	min	max
2.5	6	1	8	5	15	10	20	15	25	21	33
6	10	2	9	6	17	12	25	19	33	27	42
10	14	2	10	6	19	13	26	21	35	30	48
14	18	3	12	8	21	15	28	23	37	32	50
18	24	4	14	10	23	17	30	25	39	34	52
24	30	5	16	11	24	19	35	29	46	40	58
30	40	6	18	13	29	23	40	34	53	46	66
40	50	6	19	14	31	25	44	37	57	50	71
50	65	7	21	16	36	30	50	45	69	62	88
65	80	8	24	18	40	35	60	54	83	76	108
80	100	9	27	22	48	42	70	64	96	89	124
100	120	10	31	25	56	50	83	75	114	105	145
120	140	10	38	30	68	60	100	90	135	125	175
140	160	15	44	35	80	70	120	110	161	150	210

表 3 圆锥孔调心球轴承

游隙值单位为微米

公称内径 d/mm		2组		0组		3组		4组		5组	
超过	到	min	max	min	max	min	max	min	max	min	max
18	24	7	17	13	26	20	33	28	42	37	55
24	30	9	20	15	28	23	39	33	50	44	62
30	40	12	24	19	35	29	46	40	59	52	72
40	50	14	27	22	39	33	52	45	65	58	79
50	65	18	32	27	47	41	61	56	80	73	99
65	80	23	39	35	57	50	75	69	98	91	123
80	100	29	47	42	68	62	90	84	116	109	144
100	120	35	56	50	81	75	108	100	139	130	170
120	140	40	68	60	98	90	130	120	165	155	205
140	160	45	74	65	110	100	150	140	191	180	240

4.3 圆柱滚子轴承

圆柱滚子轴承的径向游隙值按表 4 的规定。

表 4 圆柱孔圆柱滚子轴承

游隙值单位为微米

公称内径 d/mm		2组		0组		3组		4组		5组	
超过	到	min	max	min	max	min	max	min	max	min	max
—	10	0	25	20	45	35	60	50	75	—	—
10	24	0	25	20	45	35	60	50	75	65	90
24	30	0	25	20	45	35	60	50	75	70	95
30	40	5	30	25	50	45	70	60	85	80	105
40	50	5	35	30	60	50	80	70	100	95	125
50	65	10	40	40	70	60	90	80	110	110	140
65	80	10	45	40	75	65	100	90	125	130	165
80	100	15	50	50	85	75	110	105	140	155	190
100	120	15	55	50	90	85	125	125	165	180	220
120	140	15	60	60	105	100	145	145	190	200	245
140	160	20	70	70	120	115	165	165	215	225	275
160	180	25	75	75	125	120	170	170	220	250	300
180	200	35	90	90	145	140	195	195	250	275	330
200	225	45	105	105	165	160	220	220	280	305	365
225	250	45	110	110	175	170	235	235	300	330	395
250	280	55	125	125	195	190	260	260	330	370	440
280	315	55	130	130	205	200	275	275	350	410	485
315	355	65	145	145	225	225	305	305	385	455	535
355	400	100	190	190	280	280	370	370	460	510	600
400	450	110	210	210	310	310	410	410	510	565	665
450	500	110	220	220	330	330	440	440	550	625	735

4.4 滚针轴承

除冲压外圈滚针轴承外,有内、外圈和保持架的滚针轴承采用表 4 中给出的圆柱滚子轴承的径向游隙值。

内圈作为一个分离零件交货的有保持架的滚针轴承，其径向游隙由内圈滚道直径和滚针总体内径决定。这些直径公差规定在GB/T 5801—2006中。

4.5 调心滚子轴承

调心滚子轴承的径向游隙值按表5和表6的规定。

表5 圆柱孔调心滚子轴承

游隙值单位为微米

公称内径 d/mm		2组		0组		3组		4组		5组	
超过	到	min	max	min	max	min	max	min	max	min	max
14	18	10	20	20	35	35	45	45	60	60	75
18	24	10	20	20	35	35	45	45	60	60	75
24	30	15	25	25	40	40	55	55	75	75	95
30	40	15	30	30	45	45	60	60	80	80	100
40	50	20	35	35	55	55	75	75	100	100	125
50	65	20	40	40	65	65	90	90	120	120	150
65	80	30	50	50	80	80	110	110	145	145	180
80	100	35	60	60	100	100	135	135	180	180	225
100	120	40	75	75	120	120	160	160	210	210	260
120	140	50	95	95	145	145	190	190	240	240	300
140	160	60	110	110	170	170	220	220	280	280	350
160	180	65	120	120	180	180	240	240	310	310	390
180	200	70	130	130	200	200	260	260	340	340	430
200	225	80	140	140	220	220	290	290	380	380	470
225	250	90	150	150	240	240	320	320	420	420	520
250	280	100	170	170	260	260	350	350	460	460	570
280	315	110	190	190	280	280	370	370	500	500	630
315	355	120	200	200	310	310	410	410	550	550	690
355	400	130	220	220	340	340	450	450	600	600	750
400	450	140	240	240	370	370	500	500	660	660	820
450	500	140	260	260	410	410	550	550	720	720	900
500	560	150	280	280	440	440	600	600	780	780	1 000
560	630	170	310	310	480	480	650	650	850	850	1 100
630	710	190	350	350	530	530	700	700	920	920	1 190
710	800	210	390	390	580	580	770	770	1 010	1 010	1 300
800	900	230	430	430	650	650	860	860	1 120	1 120	1 440
900	1 000	260	480	480	710	710	930	930	1 220	1 220	1 570

表 6 圆锥孔调心滚子轴承

游隙值单位为微米

公称内径 d/mm		2 组		0 组		3 组		4 组		5 组	
超过	到	min	max	min	max	min	max	min	max	min	max
18	24	15	25	25	35	35	45	45	60	60	75
24	30	20	30	30	40	40	55	55	75	75	95
30	40	25	35	35	50	50	65	65	85	85	105
40	50	30	45	45	60	60	80	80	100	100	130
50	65	40	55	55	75	75	95	95	120	120	160
65	80	50	70	70	95	95	120	120	150	150	200
80	100	55	80	80	110	110	140	140	180	180	230
100	120	65	100	100	135	135	170	170	220	220	280
120	140	80	120	120	160	160	200	200	260	260	330
140	160	90	130	130	180	180	230	230	300	300	380
160	180	100	140	140	200	200	260	260	340	340	430
180	200	110	160	160	220	220	290	290	370	370	470
200	225	120	180	180	250	250	320	320	410	410	520
225	250	140	200	200	270	270	350	350	450	450	570
250	280	150	220	220	300	300	390	390	490	490	620
280	315	170	240	240	330	330	430	430	540	540	680
315	355	190	270	270	360	360	470	470	590	590	740
355	400	210	300	300	400	400	520	520	650	650	820
400	450	230	330	330	440	440	570	570	720	720	910
450	500	260	370	370	490	490	630	630	790	790	1 000
500	560	290	410	410	540	540	680	680	870	870	1 100
560	630	320	460	460	600	600	760	760	980	980	1 230
630	710	350	510	510	670	670	850	850	1 090	1 090	1 360
710	800	390	570	570	750	750	960	960	1 220	1 220	1 500
800	900	440	640	640	840	840	1 070	1 070	1 370	1 370	1 690
900	1 000	490	710	710	930	930	1 190	1 190	1 520	1 520	1 860

附 录 A
（资料性附录）
机床用双列圆柱滚子轴承径向游隙

表 A.1 和表 A.2 给出了机床用双列圆柱滚子轴承的径向游隙值。

表 A.1 圆锥孔双列圆柱滚子轴承

游隙值单位为微米

公称内径 d/mm		1组		2组	
超过	到	min	max	min	max
—	24	10	20	20	30
24	30	15	25	25	35
30	40	15	25	25	40
40	50	17	30	30	45
50	65	20	35	35	50
65	80	25	40	40	60
80	100	35	55	45	70
100	120	40	60	50	80
120	140	45	70	60	90
140	160	50	75	65	100
160	180	55	85	75	110
180	200	60	90	80	120
200	225	60	95	90	135
225	250	65	100	100	150
250	280	75	110	110	165
280	315	80	120	120	180
315	355	90	135	135	200
355	400	100	150	150	225
400	450	110	170	170	255
450	500	120	190	190	285

表 A.2　圆柱孔双列圆柱滚子轴承

游隙值单位为微米

公称内径 d/mm		1组		2组		3组	
超过	到	min	max	min	max	min	max
—	24	5	15	10	20	20	30
24	30	5	15	10	25	25	35
30	40	5	15	12	25	25	40
40	50	5	18	15	30	30	45
50	65	5	20	15	35	35	50
65	80	10	25	20	40	40	60
80	100	10	30	25	45	45	70
100	120	10	30	25	50	50	80
120	140	10	35	30	60	60	90
140	160	10	35	35	65	65	100
160	180	10	40	35	75	75	110
180	200	15	45	40	80	80	120
200	225	15	50	45	90	90	135
225	250	15	50	50	100	100	150
250	280	20	55	55	110	110	165
280	315	20	60	60	120	120	180
315	355	20	65	65	135	135	200
355	400	25	75	75	150	150	225
400	450	25	85	85	170	170	255
450	500	25	95	95	190	190	285

ICS 43.080.10
T 72

中华人民共和国国家标准

GB/T 4606—2006/ISO 337:1981
代替 GB/T 4606—1984

道路车辆 半挂车牵引座50号牵引销的基本尺寸和安装、互换性尺寸

Road vehicles—50 semi-trailer fifth wheel coupling pin—Basic and mounting/interchangeability dimensions

(ISO 337:1981,IDT)

2006-01-10 发布　　　　2006-06-01 实施

中华人民共和国国家质量监督检验检疫总局
中国国家标准化管理委员会　发布

前　言

本标准等同采用 ISO 337:1981《道路车辆　半挂车牵引座 50 号牵引销的基本尺寸和安装、互换性尺寸》。

本标准等同翻译 ISO 337:1981。

为便于使用，本标准做了下列编辑性修改：

——“本国际标准”一词改为“本标准”；

——用小数点“.”代替作为小数点的逗号“,”；

——删除国际标准的前言；

——将 ISO 337:1981/勘误表 1:1990 并入文本中。

本标准代替 GB/T 4606—1984《道路车辆　半挂车鞍座 50 号牵引销的主要尺寸和安装、互换性尺寸要求》。

本标准与 GB/T 4606—1984 的主要技术差异如下：

——GB/T 4606—1984 是等效采用的 ISO 337:1981，本标准等同采用 ISO 337:1981“道路车辆　半挂车牵引座 50 号牵引销的主要尺寸和安装、互换性尺寸”和 ISO 337:1990 技术性修订。

——图 1 中尺寸“$84_{-1.5}^{0}$”改为“$84_{-1.5}^{0^{c}}$”。

——图 3 中尺寸“$139_{-0.5}^{0^{*}}$”改为“$139_{-0.1}^{0^{a}}$”。

本标准由中华人民共和国交通部提出。

本标准由全国汽车标准化技术委员会挂车分技术委员会(SAC/TC 114/SC 13)归口。

本标准起草单位：交通部科学研究院、镇江市宝华半挂车配件有限公司。

本标准主要起草人：张敬轩、王新成、王岳。

本标准所代替标准的发布情况为：GB/T 4606—1984。

道路车辆　半挂车牵引座50号牵引销的基本尺寸和安装、互换性尺寸

1　范围

本标准规定了半挂车牵引座50号(直径为50.8 mm)牵引销的基本尺寸。

注：该牵引销不适用于超重型车辆，90号(直径为89 mm)牵引销的要求应符合GB/T 4607的规定。

除此之外，本标准规定了安装和互换的尺寸特性要求。

2　规范性引用文件

下列文件中的条款通过本标准的引用而成为本标准的条款。凡是注日期的引用文件，其随后所有的修改单(不包括勘误的内容)或修订版均不适用于本标准，然而，鼓励根据本标准达成协议的各方研究是否可使用这些文件的最新版本。凡是不注日期的引用文件，其最新版本适用于本标准。

GB/T 4607　道路车辆　半挂车牵引座90号牵引销的基本尺寸和安装、互换性尺寸(GB/T 4607—2006，ISO 4086:2001，Road vehicles—90 semi-trailer fifth wheel kingpin interchangeability，IDT)

3　牵引销基本尺寸

牵引销的基本尺寸如图1所示。

单位为毫米

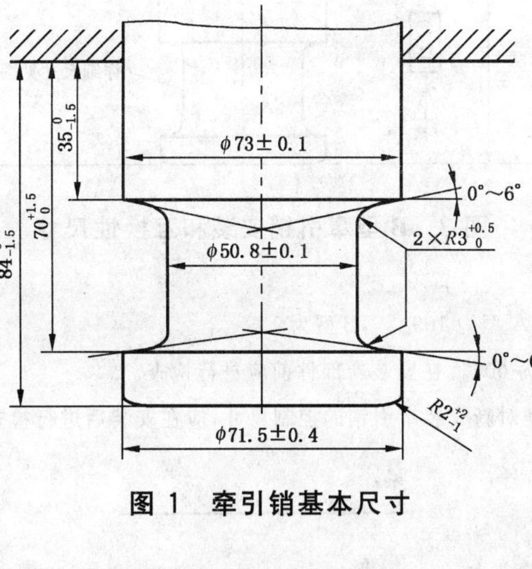

图1　牵引销基本尺寸

4　安装和互换性尺寸

牵引销安装和互换性尺寸按图2或图3的规定。

单位为毫米

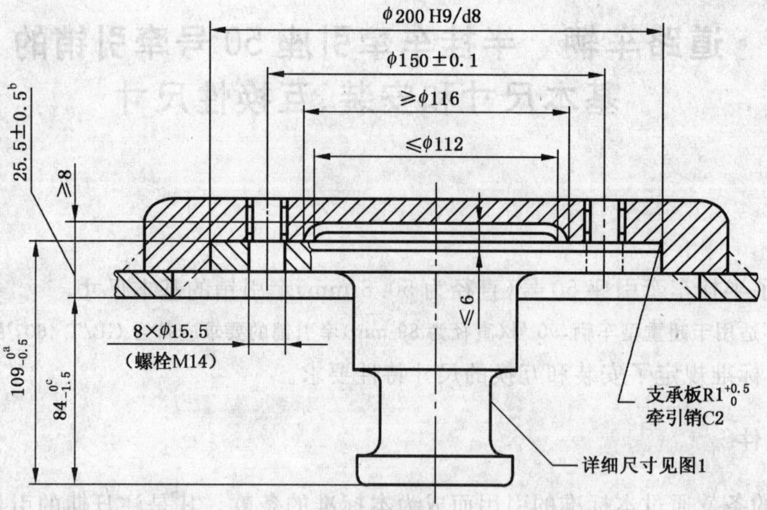

图 2　A 型牵引销安装和互换性尺寸

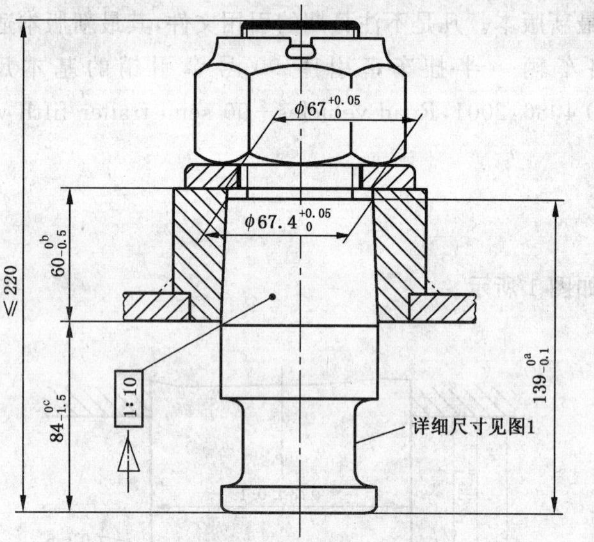

图 3　B 型牵引销安装和互换性尺寸

---

a　尺寸与牵引销尺寸相匹配，A 型为 $109_{-0.5}^{\ 0}$，B 型为 $139_{-0.1}^{\ 0}$。

b　A 型为 25.5±0.5 和 B 型为 $60_{-0.5}^{\ 0}$ 在安装新部件前应进行检查。

c　A 型和 B 型的尺寸 $84_{-1.5}^{\ 0}$ 是对新安装牵引销的控制尺寸，应在安装后进行检查。

ICS 43.080.10
T 72

GB

中华人民共和国国家标准

GB/T 4607—2006/ISO 4086:2001
代替 GB/T 4607—1984

道路车辆 半挂车牵引座 90 号牵引销的基本尺寸和安装、互换性尺寸

Road vehicles—90 semi-trailer fifth wheel coupling pin—Basic and mounting/interchangeability dimensions

(ISO 4086:2001, Road vehicles—90 semi-trailer fifth wheel kingpin—Interchangeability, IDT)

2006-01-10 发布　　　　2006-06-01 实施

中华人民共和国国家质量监督检验检疫总局
中国国家标准化管理委员会　发布

前　言

本标准等同采用 ISO 4086:2001《道路车辆　半挂车牵引座 90 号牵引销的基本尺寸和安装、互换性尺寸》。

本标准等同翻译 ISO 4086:2001。

为便于使用，本标准做了下列编辑性修改：

——“本国际标准”一词改为“本标准”；

——用小数点“.”代替作为小数点的逗号“,”；

——删除国际标准的前言。

本标准代替 GB/T 4607—1984《道路车辆　半挂车鞍座 90 号牵引销主要尺寸和安装、互换性尺寸》。

本标准与 GB/T 4607—1984 的主要技术差异如下：

——GB/T 4607—1984《道路车辆　半挂车鞍座 90 号牵引销主要尺寸和安装、互换性尺寸》是等效采用的 ISO 4086:1983，此次修订等同采用 ISO 4086:2001；

——标准名称与国际标准一致，改为：“道路车辆　半挂车牵引座 90 号牵引销的基本尺寸和安装、互换性尺寸”；

——增加了强度试验方法和锥度的变化要求(见第 5 章)。

本标准由中华人民共和国交通部提出。

本标准由全国汽车标准化技术委员会挂车分技术委员会(SAC/TC 114/SC 13)归口。

本标准起草单位：交通部科学研究院、镇江市宝华半挂车配件有限公司。

本标准主要起草人：张敬轩、王新成、王岳。

本标准所代替标准的发布情况为：GB/T 4607—1984。

道路车辆 半挂车牵引座90号牵引销的基本尺寸和安装、互换性尺寸

1 范围

本标准规定了半挂车牵引座90号(直径为89 mm)牵引销与超重型车辆相连接的要求。

本标准适用于符合GB/T 13880规定的90号牵引销。

本标准还规定了安装和互换性尺寸的特性要求。

注：50号(直径为50.8 mm)牵引销的要求应符合GB/T 4606的规定。

2 规范性引用文件

下列文件中的条款通过本标准的引用而成为本标准的条款。凡是注日期的引用文件，其随后所有的修改单(不包括勘误的内容)或修订版均不适用于本标准，然而，鼓励根据本标准达成协议的各方研究是否可使用这些文件的最新版本。凡是不注日期的引用文件，其最新版本适用于本标准。

ISO 8716 道路车辆—牵引销—强度试验

3 牵引销基本尺寸

满足GB/T 13880规定的牵引销基本尺寸如图1所示。

单位为毫米

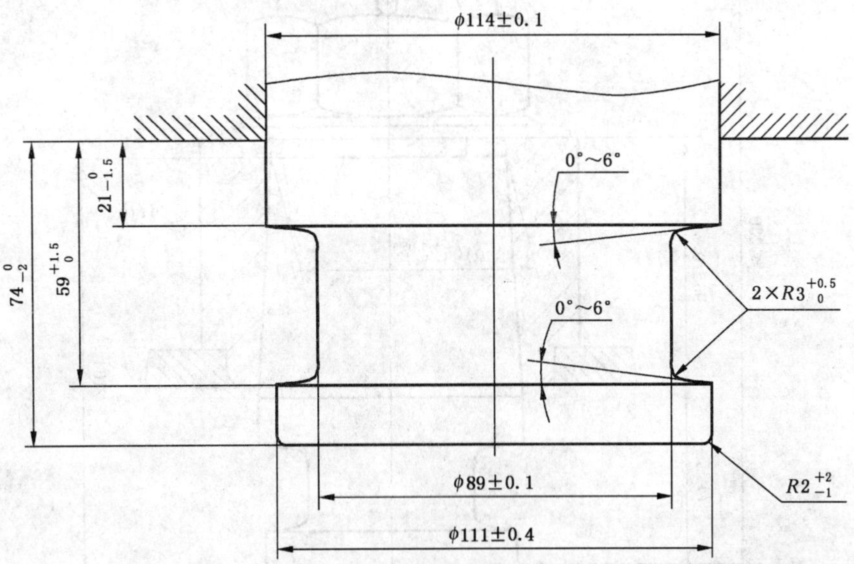

图1 牵引销基本尺寸

4 安装和互换性尺寸特性

牵引销的安装和互换性尺寸应符合图2和图3的规定。

单位为毫米

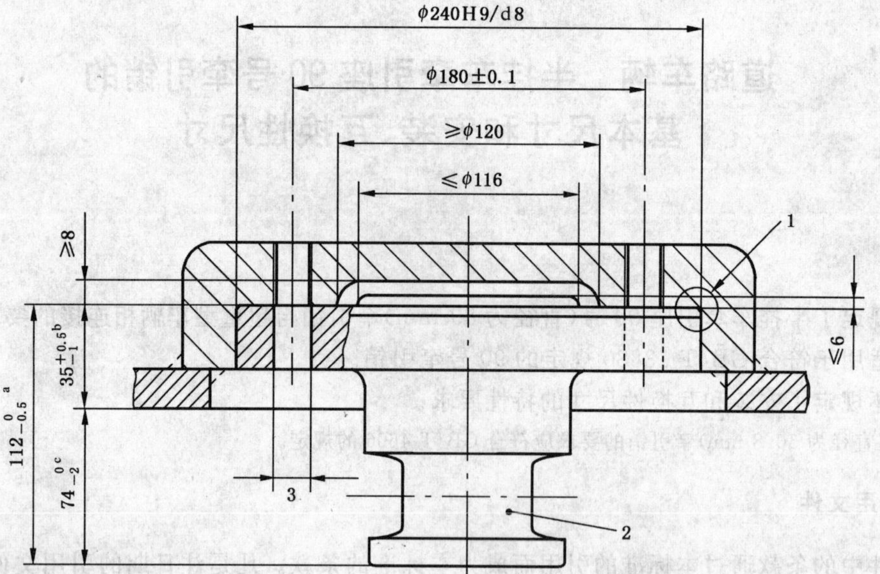

1——支撑板 $R2^{+0.5}_{-1}$，牵引销 3×45°；　2——详细尺寸见图 1；　3——8×φ21(螺栓 M20)。

a 与牵引销尺寸相一致；

b 安装新部件前应进行检查；

c 制造新的牵引销控制尺寸(安装后进行检查的尺寸)。

图 2　A 型牵引销安装尺寸

单位为毫米

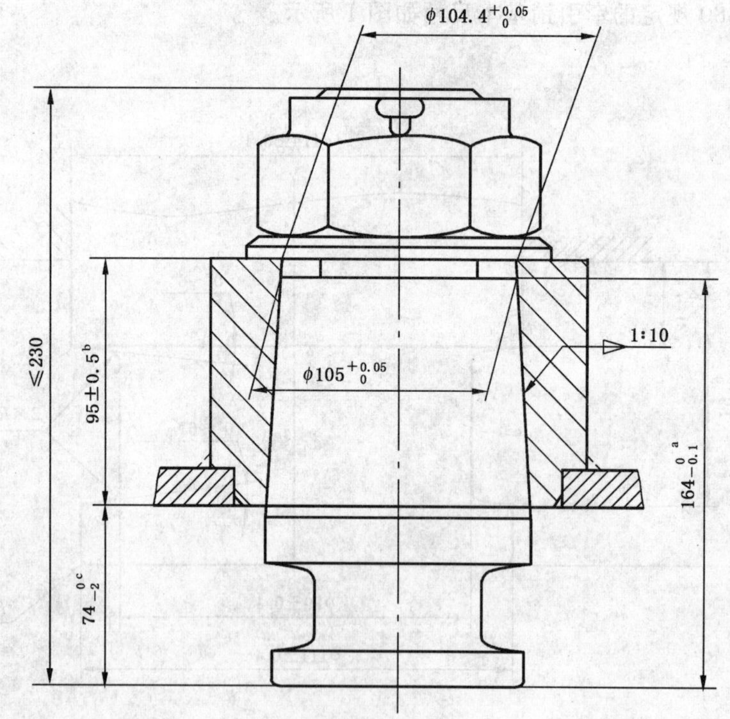

a 与牵引销尺寸相一致；

b 安装新部件前应进行检查；

c 对安装新牵引销的控制尺寸(安装后进行检查的尺寸)。

图 3　B 型牵引销安装尺寸

5　强度试验要求

90 号牵引座牵引销强度试验应按 ISO 8716 的规定。

参 考 文 献

[1] GB/T 13880　半挂牵引车牵引座的安装(GB/T 13880—1992,idt ISO 3842:1984)

[2] GB/T 4606　道路车辆　半挂车牵引座 50 号牵引销的基本尺寸和安装、互换性尺寸(GB/T 4606—2006,ISO 337:1981,IDT)

ICS 91.100.30
Q 14

中华人民共和国国家标准

GB/T 4623—2006
代替 GB 396—1994、GB 4623—1994

环形混凝土电杆

Circular concrete pole

2006-07-18 发布   2006-12-01 实施

中华人民共和国国家质量监督检验检疫总局
中国国家标准化管理委员会 发布

前 言

本标准是依据国内环形混凝土电杆的实际生产和使用现状，对原国家标准 GB 396—1994《环形钢筋混凝土电杆》和 GB 4623—1994《环形预应力混凝土电杆》进行整合修订而成。在本标准修订过程中参考了日本工业标准 JIS A 5309:1995《离心预应力混凝土电杆》、美国标准 ASTM C1089:1997《离心法成型预应力混凝土电杆》等国外标准。

本标准代替 GB 396—1994 和 GB 4623—1994。

本标准与 GB 396—1994 和 GB 4623—1994 的主要差异在于：

——标准的名称修改为《环形混凝土电杆》；

——电杆的范围涵盖了环形钢筋混凝土电杆、预应力混凝土电杆和部分预应力混凝土电杆；

——调整了部分规范性引用文件；

——调整了电杆的规格系列，增加了部分大弯矩电杆(第 4 章)；

——进一步完善了技术要求内容(第 6 章)；

——修改了混凝土抗压强度试验方法(第 7 章)；

——修改了检验批量和判定规则(第 8 章)。

本标准附录 A 为规范性附录。

本标准由中国建筑材料工业协会提出。

本标准由全国水泥制品标准化技术委员会(SAC/TC 197)归口。

本标准由苏州混凝土水泥制品研究院、苏州中材建筑建材设计研究院负责起草。

本标准参加起草单位：国电电力建设研究所、云南电信网信实业集团通信线路器材公司、山东电力管道工程公司、宜昌昌耀水泥制品厂、徐州三元杆塔有限公司、湖南省电力线路器材厂、陕西红旗电杆有限公司、潍坊潍菱水泥制品厂、上海电力线路器材有限公司、江苏金桥建材有限公司、长兴县电力电杆有限公司、深圳市达盈信实业有限公司、唐山华通水泥制品有限公司、北票电力电杆制造有限公司、湖北中南水泥制品有限责任公司、无锡华润实业公司、武汉双强水泥制品有限责任公司、济南普天通信设备厂、苏州市相城区星火水泥电杆厂、重庆市万州区龙宝金湖水泥制品厂、聊城中能电力杆塔公司、江苏如皋擎天建材公司、泰州海恒建材机械有限责任公司、江都市建材机械厂、天津市银龙预应力钢丝有限公司、天津市泉子金属制品有限公司。

本标准主要起草人：沈丽华、张东英、李慧良、任梅、吴赤球、单庆威、李长春、党智斌、吉星、陈东浩、朱茂慧、余洪方。

本标准委托苏州混凝土水泥制品研究院、苏州中材建筑建材设计研究院负责解释。

本标准所替代标准的历次版本发布情况为：

——GB 396—1984，GB 396—1994；

——GB 4623—1984，GB 4623—1994。

环形混凝土电杆

1 范围

本标准规定了环形混凝土电杆的分类、原材料及构造、要求、试验方法、检验规则、标志与出厂证明书、贮存及运输等内容。

本标准适用于电力、通讯及接触网架空线路的电杆、照明支柱和信号机柱等。不包括电杆的其他组成部分，如横担、卡盘、底盘等配件。

2 规范性引用文件

下列文件中的条款通过本标准的引用而成为本标准的条款。凡是注日期的引用文件，其随后所有的修改单(不包括勘误的内容)或修订版均不适用于本标准，然而，鼓励根据本标准达成协议的各方研究是否可使用这些文件的最新版本。凡是不注日期的引用文件，其最新版本适用于本标准。

GB 175 硅酸盐水泥、普通硅酸盐水泥
GB 199 快硬硅酸盐水泥
GB 748 抗硫酸盐硅酸盐水泥
GB 1344 矿渣硅酸盐水泥、火山灰质硅酸盐水泥及粉煤灰硅酸盐水泥
GB 1499 钢筋混凝土用热轧带肋钢筋(GB 1499—1999，neq ISO 6935-2:1991)
GB/T 5223—2002 预应力混凝土用钢丝(ISO 6934-2:1991，NEQ)
GB/T 5223.3—2005 预应力混凝土用钢棒(ISO 6934-3:1991，MOD)
GB/T 5224—2003 预应力混凝土用钢绞线(ISO 6934-4:1991，NEQ)
GB 8076 混凝土外加剂
GB 13013 钢筋混凝土用热轧光圆钢筋
GB/T 14684 建筑用砂
GB/T 14685 建筑用卵石、碎石
GB/T 50081—2002 普通混凝土力学性能试验方法标准
GB 50204—2002 混凝土结构工程施工质量验收规范
GBJ 107—1987 混凝土强度检验评定标准
JGJ 19—1992 冷拔钢丝预应力混凝土构件设计与施工规程
JGJ 63 混凝土拌合用水标准

3 术语和定义

下列术语和定义适用于本标准。

3.1

钢筋混凝土电杆(G) reinforced concrete pole

纵向受力钢筋为普通钢筋的电杆。

3.2

预应力混凝土电杆(Y) prestressed concrete pole

纵向受力钢筋为预应力钢筋的电杆，抗裂检验系数允许值〔γ_{cr}〕=1.0。

3.3

部分预应力混凝土电杆(BY) partially prestressed concrete pole

纵向受力钢筋由预应力钢筋与普通钢筋组合而成或全部为预应力钢筋的电杆，抗裂检验系数允许值〔γ_{cr}〕=0.8。

3.4

裂缝 crack

电杆表面有伸入混凝土内部的缝隙。

3.5

漏浆 leakage

电杆表面因水泥浆流失而露出集料。

3.6

露筋 exposed steel

电杆内部的钢筋未被混凝土包裹而外露。不包括电杆端部的纵向预应力钢筋头。

3.7

塌落 slump

电杆内壁混凝土成块状脱落。

3.8

蜂窝 honeycomb

电杆表面因漏浆或缺少水泥砂浆而引起的蜂窝状空洞。

3.9

麻面 pitted surface

电杆外表面呈现的密集微孔。

3.10

粘皮 peeling

电杆外表面的水泥浆层被模具粘去后留下的粗糙表面。

3.11

龟纹 plastic crack

电杆外表面呈现出龟背状纹路，无整齐的边缘和明显的深度。

3.12

水纹 water graining

电杆外表面湿润时呈现可见微细纹路，水分蒸发后纹路随之消失。

4 分类

4.1 产品按外形分为锥形杆(Z)和等径杆(D)两种，见图1。若按产品的不同配筋方式，可分为钢筋混凝土电杆、预应力混凝土电杆和部分预应力混凝土电杆。

4.2 锥形杆和等径杆均有整根杆和组装杆之分。

电杆梢径(或直径)、长度见表1、表2、表3、表4和表5。

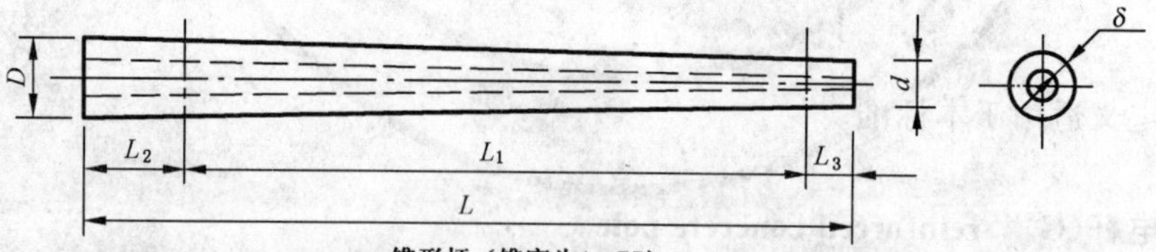

锥形杆（锥度为1：75）

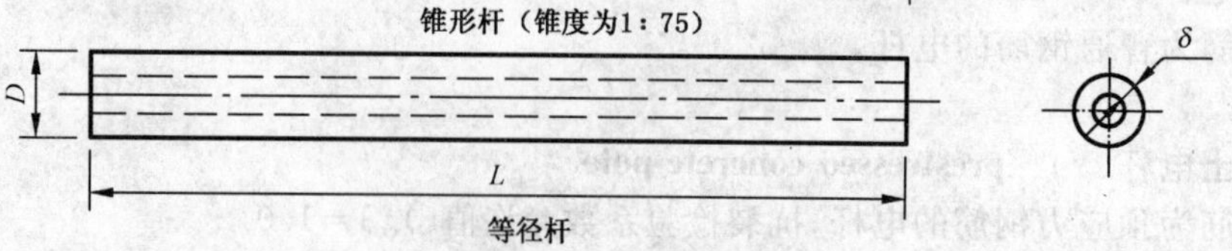

等径杆

L——杆长；

L_1——荷载点高度；

L_2——支持点高度；

L_3——梢端至荷载点距离(为0.25 m)；

D——根径或直径；

d——梢径；

δ——壁厚。

图1 锥形杆和等径杆示意图

表 1 整根钢筋混凝土锥形杆开裂检验弯矩

单位为千牛米

L/m	L_1/m	L_2/m	梢径/mm																							
			130			150						170					190								230		
			开裂检验荷载 P/kN																								
			A	B	C	B	C	D	E	F	G	D	E	F	G	H	F	G	H	I	J	K	L	M	L	M	N
			1.00	1.25	1.50	1.25	1.50	1.75	2.00	2.25	2.50	1.75	2.00	2.25	2.50	2.75	2.25	2.50	2.75	3.00	3.50	4.00	5.00	6.00	5.00	6.00	7.00
6.00	4.75	1.00	4.75	5.94	7.12	5.94	7.12	8.31	9.50	10.69	11.88																
6.50	5.15	1.10	5.15	6.44	7.72	6.44	7.72	9.01	10.30	11.59	12.88																
7.00	5.55	1.20	5.55	6.94	8.32	6.94	8.32	9.71	11.10	12.49	13.88	9.71	11.10	12.49	13.88							22.20					
7.50	6.00	1.25	6.00	7.50	9.00	7.50	9.00	10.50	12.00	13.50	15.00																
8.00	6.45	1.30	6.45	8.06	9.68	8.06	9.68	11.29	12.90	14.51	16.12	11.29	12.90	14.51	16.12		14.51	16.13									
8.50	6.85	1.40					10.28	11.99	13.70	15.41	17.12																
9.00	7.25	1.50				9.06	10.88	12.69	14.50	16.31	18.12	12.69	14.50	16.31	18.12		16.31			21.75	25.38	29.00	36.25				
10.00	8.05	1.70					12.08	14.09	16.10	18.11	20.12	14.09	16.10	18.11	20.12	22.14	18.11	20.12	22.14	24.15							
11.00	8.85	1.90						15.49					17.70	19.91	22.12	24.34	19.91	22.12	24.34	26.55							
12.00	9.75	2.00											19.50	21.94	24.38	26.81	21.94	24.38	26.81	29.25	34.12	39.00	48.75	58.50	48.75	58.50	68.25
13.00	10.55	2.20															23.74	26.38	29.01	31.65	36.93	42.20	52.75	63.30	52.75	63.30	73.85
15.00	12.25	2.50															27.56	30.62	33.69	36.75	42.88	49.00	61.25	73.50	61.25	73.50	85.75

注 1：用悬臂式试验时开裂检验弯矩(M_k)即在开裂检验荷载作用下支持点断面处的弯矩。对特殊电杆可根据工程需要确定支持点高度。

注 2：电杆承载力检验弯矩 $M_u=\beta_u \cdot M_k$，β_u——承载力综合检验系数，取 2.0。

注 3：A、B、C、D……，是不同开裂检验荷载的代号。

注 4：经供需双方协议，也可生产其他承载力检验弯矩的电杆。

注 5：杆长≥12 m 的电杆可采用分段制作。分段制作的电杆，必须组装后进行力学性能检验。

注 6：按照上级主管部门批准的图纸或用户提供的图纸生产的产品，则根据图纸注明的要求进行检验。

表 2 组装钢筋混凝土锥形杆开裂检验弯矩

单位为千牛米

L/m	L_1/m	L_2/m	梢径/mm 190			210			230				270				310			
			开裂检验荷载 P / kN																	
			K 4.00	L 5.00	M 6.00	K 4.00	L 5.00	M 6.00	K 4.00	L 5.00	M 6.00	N 7.00	L 5.00	M 6.00	N 7.00	O 8.00	M 6.00	N 7.00	O 8.00	P 9.00
12	9.75	2.00	39.00	48.75	58.50	39.00	48.75	58.50	39.00	48.75	58.50	68.25	48.75	58.50	68.25	78.00	58.50	68.25	78.00	87.75
13	10.55	2.20	42.20	52.75	63.30	42.20	52.75	63.30	42.20	52.75	63.30	73.85	52.75	63.30	73.85	84.40	63.30	73.85	84.40	94.95
15	12.25	2.50	49.00	61.25	73.50	49.00	61.25	73.50	49.00	61.25	73.50	85.75	61.25	73.50	85.75	98.00	73.50	85.75	98.00	110.25
18	15.25	2.50	61.00	76.25	91.50	61.00	76.25	91.50	61.00	76.25	91.50	106.75	76.25	91.50	106.70	122.00	91.50	106.70	122.00	137.25
21	18.25	2.50	73.00	91.25	109.50	73.00	91.25	109.50	73.00	91.25	109.50	127.75	91.25	109.50	127.75	146.00	109.50	127.75	146.00	
24	21.25	2.50							85.00	106.25	127.50		106.25	127.50	148.75		127.50	148.75		
27	24.25	2.50							97.00	121.25			121.25	145.50			145.50			

注 1：用悬臂式试验时开裂检验弯矩(M_k)即在开裂检验荷载作用下支持点断面处的弯矩。对特殊电杆可根据工程需要确定支持点高度。

注 2：电杆承载力检验弯矩 $M_u=\beta_u \cdot M_k$，β_u——承载力综合检验系数，取 2.0。

注 3：K、L、M、N……，是不同开裂检验荷载的代号。

注 4：经供需双方协议，也可生产其他承载力检验弯矩的电杆。

注 5：生产条件许可或工程需要也可整根生产。分段制作的电杆，必须组装后进行力学性能检验。

注 6：按照上级主管部门批准的图纸或用户提供的图纸生产的产品，则根据图纸注明的要求进行检验。

表 3　整根预应力、部分预应力混凝土锥形杆开裂检验弯矩

单位为千牛米

L/m	L_1/m	L_2/m	梢径/mm																									
			130			150								170					190							230		
			开裂检验荷载 P/kN																									
			A	B	C	B	C	C_1	D	E	F	G	I	D	E	G	I	J	E	G	I	J	K	L	M	L	M	N
			1.00	1.25	1.50	1.25	1.50	1.65	1.75	2.00	2.25	2.50	3.00	1.75	2.00	2.50	3.00	3.50	2.00	2.50	3.00	3.50	4.00	5.00	6.00	5.00	6.00	7.00
6.00	4.75	1.00	4.75	5.94	7.12	5.94	7.12	7.84	8.31	9.50		11.88																
6.50	5.15	1.10	5.15	6.44	7.72	6.44	7.72	8.50	9.01	10.30	11.59																	
7.00	5.55	1.20	5.55	6.94	8.32	6.94	8.32	9.16	9.71	11.10	12.49	13.88		9.71	11.10	13.88			11.10		16.65		22.20					
7.50	6.00	1.25	6.00	7.50	9.00	7.50	9.00	9.90	10.50	12.00																		
8.00	6.45	1.30	6.45	8.06	9.68	8.06	9.68	10.64	11.29	12.90	14.51	16.12	19.35	11.29	12.90	16.12			12.90		19.35		25.80					
8.50	6.85	1.40					10.28	11.30																				
9.00	7.25	1.50			10.88	9.06	10.88	11.96	12.69	14.50	16.31	18.12	21.75	12.69	14.50	18.12	21.75	25.38	14.50		21.75	25.38	29.00	36.25				
10.00	8.05	1.70					12.08	13.28	14.08	16.10	18.11	20.12	24.15	14.08	16.10	20.12	24.15	28.18	16.10	20.12	24.15							
11.00	8.85	1.90					13.28		15.49						17.70		26.55		17.70	22.12	26.55							
12.00	9.75	2.00													19.50	24.38			19.50	24.38	29.25	34.12	39.00	48.75	58.50	48.75	58.50	68.25
13.00	10.55	2.20																	21.10	26.38	31.65	36.93	42.20	52.75	63.30	52.75	63.30	73.85
15.00	12.25	2.50																	24.50	30.62	36.75	42.88	49.00	61.25	73.50	61.25	73.50	85.75

注 1：用悬臂式试验时开裂检验弯矩(M_k)即在开裂检验荷载作用下支持点断面处的弯矩。对特殊电杆可根据工程需要确定支持点高度。

注 2：电杆承载力检验弯矩 $M_u=\beta_u \cdot M_k$，β_u——承载力综合检验系数，取 2.0。

注 3：A、B、C、D……，是不同开裂检验荷载的代号。

注 4：经供需双方协议，也可生产其他承载力检验弯矩的电杆。

注 5：杆长≥12 m 的电杆可采用分段制作。分段制作的电杆，必须组装后进行力学性能检验。

注 6：按照上级主管部门批准的图纸或用户提供的图纸生产的产品，则根据图纸注明的要求进行检验。

表 4　组装预应力、部分预应力混凝土锥形杆开裂检验弯矩

单位为千牛米

L/m	L_1/m	L_2/m	梢径/mm 190			210			230				270				310				350				
			开裂检验荷载 P/kN																						
			K 4.00	L 5.00	M 6.00	K 4.00	L 5.00	M 6.00	K 4.00	L 5.00	M 6.00	N 7.00	L 5.00	M 6.00	N 7.00	O 8.00	L 5.00	M 6.00	N 7.00	O 8.00	P 9.00	Q 10.00	I 11.00	S 13.00	T 15.00
12	9.75	2.00	39.00	48.75	58.50	39.00	48.75	58.50	39.00	48.75	58.50	68.25	48.75	58.50	68.25	78.00	48.75	58.50	68.25	78.00	87.75	97.50	107.25	126.25	146.25
13	10.55	2.20	42.20	52.75	63.30	42.20	52.75	63.30	42.20	52.75	63.30	73.85	52.75	63.30	73.85	84.40	52.75	63.30	73.85	84.40	94.95	105.50	116.05	137.15	158.25
15	12.25	2.50	49.00	61.25	73.50	49.00	61.25	73.50	49.00	61.25	73.50	85.75	61.25	73.50	85.75	98.00	61.25	73.50	87.75	98.00	110.25	122.50	134.75	159.25	183.75
18	15.25	2.50	61.00	76.25	91.50	61.00	76.25	91.50	61.00	76.25	91.50	106.75	76.25	91.50	106.70	122.00	76.25	91.50	106.70	122.00	137.25	152.50	167.75	198.25	228.75
21	18.25	2.50	73.00	91.25	109.50	73.00	91.25	109.50	73.00	91.25	109.50	127.75	91.25	109.50	127.75		91.25	109.50	127.75						
24	21.25	2.50							85.00	106.25	127.50		106.25	127.50			106.25	127.50							
27	24.25	2.50							97.00	121.25			121.25	145.50			121.25	145.50							

注 1：用悬臂式试验时开裂检验弯矩(M_k)即在开裂检验荷载作用下支持点断面处的弯矩。对特殊电杆可根据工程需要确定支持点高度。

注 2：电杆承载力检验弯矩 $M_u=\beta_u \cdot M_k$，β_u——承载力综合检验系数，取 2.0。

注 3：K、L、M、N……，是不同开裂检验荷载的代号。

注 4：经供需双方协议，也可生产其他承载力检验弯矩的电杆。

注 5：生产条件许可或工程需要也可整根生产。分段制作的电杆，必须组装后进行力学性能检验。

注 6：按照上级主管部门批准的图纸或用户提供的图纸生产的产品，则根据图纸注明的要求进行检验。

表 5 等径杆开裂检验弯矩

直径/mm	开裂检验弯矩(长度:3.0 m、4.5 m、6.0 m、9.0 m)/kN·m							
300	20	25	30	35	40	45		
400	40	45	50	55	60	70	80	90
500	70	75	80	85	90	95	100	105
550	90	115	135	155	180			

注 1:用简支式试验时,开裂检验弯矩(M_k)即在开裂检验荷载作用下两加荷点间断面处的最大弯矩。

注 2:电杆承载力检验弯矩 $M_u=\beta_u \cdot M_k$,β_u——承载力综合检验系数,取 2.0。

注 3:经供需双方协议,也可生产其他承载力检验弯矩的电杆。

注 4:按照上级主管部门批准的图纸或用户提供的图纸生产的产品,则根据图纸注明的要求进行检验。

5 原材料及构造

5.1 原材料

5.1.1 水泥

宜采用硅酸盐水泥、普通硅酸盐水泥、矿渣硅酸盐水泥、抗硫酸盐硅酸盐水泥或快硬硅酸盐水泥,其性能应分别符合 GB 175、GB 1344、GB 748 及 GB 199 的规定。

5.1.2 集料

细集料宜采用中粗砂,细度模数为 3.2～2.3。粗集料宜采用碎石或卵石,其最大粒径不宜大于 25 mm,且应小于钢筋净距的 3/4。砂、石的其他质量应分别符合 GB/T 14684、GB/T 14685 的规定。

5.1.3 水

混凝土拌合用水应符合 JGJ 63 的规定。

5.1.4 外加剂

外加剂的质量应符合 GB 8076 的规定,严禁使用氯盐类外加剂或其他对钢筋有腐蚀作用的外加剂。

5.1.5 掺合料

掺合料不得对电杆产生有害影响,使用前必须进行试验验证。

5.1.6 钢材

5.1.6.1 普通纵向受力钢筋

宜采用热轧带肋钢筋或热轧光圆钢筋,其性能应分别符合 GB 1499、GB 13013 的规定。

5.1.6.2 预应力纵向受力钢筋

宜采用预应力混凝土用钢丝、钢绞线和钢棒(热处理钢筋),其性能应分别符合 GB/T 5223—2002、GB/T 5224—2003 和 GB/T 5223.3—2005 的规定。

5.1.6.3 架立圈筋

宜采用热轧光圆钢筋、冷拔低碳钢丝,其性能应分别符合 GB 13013、JGJ 19—1992 的规定。

5.1.6.4 螺旋筋

宜采用冷拔低碳钢丝,其性能应符合 JGJ 19—1992 的规定。

5.2 构造

5.2.1 钢筋骨架

5.2.1.1 纵向受力钢筋沿电杆环向均匀配置,锥形杆不得少于 6 根,等径杆不得少于 8 根。部分预应力混凝土电杆的纵向受力钢筋中,若需配置普通钢筋时,其根数不得少于 6 根。纵向受力钢筋直径不得大于壁厚的 2/5。端面应平整，不应有局部弯曲，表面不得有油污。

5.2.1.2 预应力钢筋调直下料后，其下料长度相对误差应不大于钢筋长度的 1.5/10 000。

5.2.1.3 预应力钢筋不得有接头；普通钢筋允许有接头，连接时应采用对焊连接，其接头技术要求应符合 GB 50204—2002 的规定。

5.2.1.4 纵向受力钢筋净距不宜小于 30 mm，锥形杆小头不宜小于 25 mm。当配筋太密时，可采取双根并列布置。

5.2.1.5 纵向受力钢筋内侧应设架立圈，架立圈钢筋直径宜采用 5 mm～8 mm。其间距对于钢筋混凝土电杆不宜大于 500 mm，对于预应力、部分预应力混凝土电杆不宜大于 1 000 mm。

5.2.1.6 预应力钢筋镦头的强度不得低于该材料标准强度的 95%。

5.2.1.7 电杆在其全部长度范围内均应配置螺旋钢筋。螺旋钢筋直径宜采用 2.5 mm～6 mm，其间距不宜大于 120 mm，距两端各 1.5 m 之内的间距不宜大于 70 mm。

5.2.1.8 骨架成型后，各部尺寸应符合下列要求：

a) 纵向受力钢筋间距偏差不得超过±5 mm；

b) 螺旋筋应缠于纵向受力钢筋外，其间距偏差不得超过±10 mm；

c) 架立圈间距偏差不得超过±20 mm，垂直度偏差不得超过架立圈直径的 1/40。

5.2.2 电杆接头、预埋件及预留孔。

5.2.2.1 电杆分段制造时，接头可采用钢板圈、法兰盘或其他接头形式。

5.2.2.2 纵向受力钢筋与连接件的连接：预应力钢筋宜采用先穿筋后镦头的方法，镦头的承力面应在同一平面内；普通钢筋应采用焊接，焊接质量应符合 GB 50204—2002 的规定。

5.2.2.3 电杆接头强度不得低于接头处断面承载能力。

5.2.2.4 预埋件、预留孔及泄水孔按设计图纸设置，并清理干净。

5.2.2.5 接地螺母、脚钉母、接线盒等的外露金属部分应有明显标记。

5.2.3 当采用普通松弛预应力钢筋时，为减少预应力钢筋松弛影响，可采用超张拉，张拉程度及应力控制方法应符合 GB 50204—2002 的规定。

5.2.4 预应力钢筋不得断筋。

5.2.5 产品出厂前，梢端应用混凝土或砂浆封实。如有特殊要求，另行处理。

5.2.6 脱模后或出厂前，电杆不带钢圈（或法兰盘）的一端或二端已外露的纵向受力钢筋头必须切除，并采取有效防腐措施处理。

6 要求

6.1 混凝土抗压强度

6.1.1 钢筋混凝土电杆的混凝土强度等级不宜低于 C40，脱模时混凝土抗压强度不宜低于 20 MPa。

6.1.2 预应力混凝土电杆、部分预应力混凝土电杆的混凝土强度等级不宜低于 C50，脱模时混凝土抗压强度不宜低于 30 MPa。

6.2 外观质量

电杆的外观质量应符合表 6 的规定。

6.3 尺寸允许偏差

电杆外形尺寸应符合本标准要求或按设计图纸制造。尺寸允许偏差应符合表 7 的规定。

6.4 保护层厚度

纵向受力钢筋的净保护层厚度不得小于 15 mm。钢板圈、法兰盘接头端纵向受力钢筋顶部，必须采取有效防腐措施处理。保护层允许厚度偏差见表 7。

表 6　外观质量要求

序号	项　　目		项目类别	质　量　要　求
1	表面裂缝		A	预应力混凝土电杆和部分预应力混凝土电杆不得有环向和纵向裂缝。钢筋混凝土电杆不得有纵向裂缝，环向裂缝宽度不得大于 0.05 mm。
2	漏浆	模边合缝处	A	模边合缝处不应漏浆。但如漏浆深度不大于 10 mm、每处漏浆长度不大于 300 mm、累计长度不大于杆长的 10%、对称漏浆的搭接长度不大于 100 mm 时，允许修补。
		钢板圈(或法兰盘)与杆身结合面	A	钢板圈(或法兰盘)与杆身结合面不应漏浆。但如漏浆深度不大于 10 mm、环向长度不大于 1/4 周长、纵向长度不大于 50 mm 时，允许修补。
3	局部碰伤		B	局部不应碰伤。但如碰伤深度不大于 10 mm、每处面积不大于 50 cm^2 时，允许修补。
4	内、外表面露筋		A	不允许
5	内表面混凝土塌落		A	不允许
6	蜂窝		A	不允许
7	麻面、粘皮		B	不应有麻面或粘皮。但如每米长度内麻面或粘皮总面积不大于相同长度外表面积的 5%时，允许修补。
8	钢板圈坡口至混凝土端面距离		B	大于钢板厚度的 1.5 倍且不小于 20 mm。
注：表面裂缝中不计龟纹和水纹。				

6.5　力学性能

包括抗裂、裂缝宽度、承载力检验弯矩和挠度检验。以表 1、表 2、表 3、表 4、表 5 所列开裂检验弯矩或设计图纸作为检验依据，并应符合下列要求。

6.5.1　钢筋混凝土电杆加荷至开裂检验弯矩时，裂缝宽度应小于 0.20 mm。加荷至开裂检验弯矩卸荷后，残余裂缝宽度不得超过 0.05 mm。杆长小于 10 m 时，杆顶挠度应小于$(L_1+L_3)/35$；杆长大于等于 10 m、小于等于 12 m 时，杆顶挠度应小于$(L_1+L_3)/32$；杆长大于 12 m、小于等于 15 m 时，杆顶挠度应小于$(L_1+L_3)/25$。

6.5.2　预应力混凝土电杆加荷至开裂检验弯矩时，不得出现裂缝。锥形杆杆长小于或等于 12 m 时，杆顶挠度应小于$(L_1+L_3)/70$；杆长大于 12 m、小于等于 15 m 时，杆顶挠度应小于$(L_1+L_3)/50$。

6.5.3　部分预应力混凝土电杆加荷至开裂检验弯矩的 80%时，不得出现裂缝；加荷至开裂检验弯矩时，裂缝宽度应小于 0.10 mm。锥形杆杆长小于或等于 12 m 时，杆顶挠度应小于$(L_1+L_3)/50$；杆长大于 12 m、小于等于 15 m 时，杆顶挠度应小于$(L_1+L_3)/35$。

6.5.4　等径杆、杆长大于 15 m 的锥形杆及对挠度和裂缝宽度有特殊要求的锥形杆，其挠度和裂缝宽度由供需双方协议规定。

6.5.5　加荷至承载力检验弯矩时，不得出现下列任一种情况。

a)　受拉区裂缝宽度达到 1.5 mm 或受拉钢筋被拉断；

b)　受压区混凝土破坏；

c)　挠度：按悬臂式试验的锥形杆，杆顶挠度大于等于$(L_1+L_3)/10$；按简支式试验的等径杆：直径小于 400 mm，挠度大于等于 $L_0/50$；直径大于或等于 400 mm，挠度大于等于 $L_0/70$。

注：梢径在 310 mm 以上，长度在 8 m 以下的组装锥形杆杆段，不做挠度检验。

表 7 尺寸允许偏差

<table>
<tr><th>序号</th><th colspan="4">项 目</th><th>项目类别</th><th>质量要求/mm</th></tr>
<tr><td rowspan="2">1</td><td rowspan="2" colspan="2">杆长</td><td colspan="2">整根杆</td><td>B</td><td>+20
−40</td></tr>
<tr><td colspan="2">组装杆杆段</td><td>B</td><td>±10</td></tr>
<tr><td>2</td><td colspan="4">壁 厚</td><td>A</td><td>+10
−2</td></tr>
<tr><td>3</td><td colspan="4">外 径</td><td>B</td><td>+4
−2</td></tr>
<tr><td>4</td><td colspan="4">保护层厚度</td><td>A</td><td>+8
−2</td></tr>
<tr><td rowspan="2">5</td><td rowspan="2" colspan="2">弯曲度</td><td colspan="2">电杆梢径小于或等于 190</td><td>A</td><td>≤L/800</td></tr>
<tr><td colspan="2">电杆梢径或直径大于 190</td><td>A</td><td>≤L/1 000</td></tr>
<tr><td rowspan="3">6</td><td rowspan="3" colspan="2">端部倾斜</td><td colspan="2">杆 底</td><td>B</td><td>≤5</td></tr>
<tr><td colspan="2">钢板圈</td><td>B</td><td>≤3</td></tr>
<tr><td colspan="2">法兰盘</td><td>B</td><td>≤2</td></tr>
<tr><td rowspan="11">7</td><td rowspan="11">预埋件</td><td rowspan="3">预留孔</td><td colspan="2">纵向两孔间距</td><td>B</td><td>±4</td></tr>
<tr><td rowspan="2">横向</td><td>固定式</td><td>B</td><td>≤2</td></tr>
<tr><td>埋管式</td><td>B</td><td>≤3</td></tr>
<tr><td rowspan="4">钢板圈</td><td colspan="2">直径</td><td>B</td><td>+2</td></tr>
<tr><td colspan="2">厚度</td><td>B</td><td>+1
−0.8</td></tr>
<tr><td rowspan="2">内径</td><td>电杆外径≤400</td><td>B</td><td>±2</td></tr>
<tr><td>电杆外径>400</td><td>B</td><td>±3</td></tr>
<tr><td rowspan="4">法兰盘</td><td colspan="2">内外径</td><td>B</td><td>±2</td></tr>
<tr><td colspan="2">螺孔中心距</td><td>B</td><td>±1</td></tr>
<tr><td rowspan="2">端板厚度</td><td>铸造</td><td>B</td><td>+1.5
−0.5</td></tr>
<tr><td>焊接</td><td>B</td><td>±0.5</td></tr>
<tr><td>8</td><td colspan="4">钢板圈或法兰盘轴线与杆段轴线</td><td>B</td><td>≤2</td></tr>
<tr><td colspan="7">注：保护层厚度偏差为制造与设计的差数，但最小厚度必须符合 6.4 的规定。</td></tr>
</table>

7 试验方法

7.1 混凝土抗压强度

7.1.1 混凝土拌合物应在搅拌站或喂料工序中随机取样，制作立方体试件，3 个试件为一组。

7.1.2 每天拌制的同配合比的混凝土，取样不得少于一次，每次至少成型二组。一组试件与电杆同条件养护，另一组试件进行标准养护。

7.1.3 一组与电杆同条件养护的试件用于检验脱模强度；一组经标准养护的试件用于检验评定混凝土 28 d 抗压强度。

7.1.4 混凝土抗压强度试验方法应符合 GB/T 50081—2002 的规定。

7.2 外观质量和尺寸

外观质量和尺寸的检验工具与检验方法见表 8。

7.3 保护层厚度

保护层厚度检验工具与检验方法见表 8。

表 8 外观质量和尺寸的检验工具与检验方法

序号	检验项目	检验方法	量具分度值/mm
1	裂缝宽度	用 20 倍读数放大镜测量,精确至 0.01 mm	0.01
2	漏浆长度	用钢卷尺测量,精确至 1 mm	1
3	漏浆深度	用深度游标卡尺测量,精确至 0.1 mm	0.10
4	碰伤长度	用钢卷尺(或钢直尺)测量,精确至 1 mm	1
5	碰伤深度	用深度游标卡尺测量,精确至 0.1 mm	0.10
6	内、外表面露筋	观察	
7	内表面混凝土塌落	观察	
8	蜂窝	观察	
9	麻面、粘皮	用钢卷尺(或钢直尺)测量,精确至 1 mm	1
10	钢板圈焊口距离	用钢直尺测量,精确至 1 mm	1
11	杆长	用钢卷尺测量,精确至 1 mm	1
12	壁厚	用钢直尺在同一断面互相垂直的两直径上测量四处壁厚,取其平均值,精确至 1 mm	0.5
13	外径	用钢直尺或卡尺在同一断面测量互相垂直的两直径,取其平均值,精确至 1 mm	1
14	保护层厚度	用深度游标卡尺测量 3 个点,每个断面测 1 点: a) 锥形杆第 1 点在 B 支座处;第 2 点在距梢端 0.6 m 处;第 3 点在前面两点中间的任一处。 b) 等径杆 1 点在中部;另两点在两端支座处,精确至 0.1 mm。	0.10
15	弯曲度	将拉线紧靠电杆的两端部,用钢直尺测量其弯曲处的最大距离,精确至 1 mm	0.5
16	端部倾斜	用 90°角度尺及 150 mm 长钢直尺测量,精确至 1 mm	0.5
17	预留孔直径及位置	用钢卷尺(或钢直尺)测量,精确至 1 mm	0.5
18	钢板圈内径	用钢卷尺或内卡测量,精确至 1 mm	0.5
19	钢板圈、法兰盘厚度	用游标卡尺测量,精确至 0.1 mm	0.10
20	钢板圈或法兰盘轴线与杆段轴线偏差	用吊锤及钢直尺测量,精确至 1 mm	0.5

7.4 力学性能

锥形杆采用悬臂式试验方法,等径杆采用简支式试验方法。电杆力学性能试验方法见附录 A。

8 检验规则

8.1 检验分类

检验分为出厂检验和型式检验二类。

8.2 出厂检验

8.2.1 检验项目

混凝土抗压强度、外观质量、尺寸偏差(不包括保护层厚度)、抗裂、裂缝宽度和开裂检验弯矩时的挠度等。

8.2.2 批量

同材料、同工艺、同品种、同荷载级别、同规格的电杆,每2 000根为一批;但在3个月内生产总数不足2 000根但不少于30根时,也应作为一个检验批。

8.2.3 抽样、检验

8.2.3.1 混凝土抗压强度

28d混凝土抗压强度按GBJ 107—1987检验评定。

8.2.3.2 外观质量和尺寸偏差

从受检批中随机抽取10根电杆,逐根进行外观质量和尺寸偏差检验。

8.2.3.3 力学性能

从外观质量及尺寸偏差检验合格的样品中,随机抽取1根电杆进行开裂检验弯矩时的抗裂、裂缝宽度和挠度检验。

8.2.4 判定规则

8.2.4.1 外观质量和尺寸偏差

10根受检电杆中:A类项目的所有检查点必须全部合格;每项B类项目的超差不超过2个检查点,B类项目的超差不超过2项,则判定该批产品的外观质量和尺寸偏差合格。

8.2.4.2 力学性能

开裂检验弯矩时的抗裂、裂缝宽度和挠度检验均符合本标准6.5规定时,判该批产品力学性能合格。如有1项不符合6.5规定时,允许从同批产品中抽取加倍数量电杆进行复检。复检结果如全部符合6.5规定时,则剔除原不合格的1根,判该批产品力学性能合格。复检结果如仍有1根电杆不符合6.5规定,则判该批产品力学性能不合格。

8.2.5 总判定

混凝土抗压强度、外观质量和尺寸偏差、力学性能均符合标准要求时,则判该批产品为合格。

8.3 型式检验

8.3.1 检验项目

混凝土抗压强度、外观质量、尺寸偏差、力学性能和保护层厚度检验等。

8.3.2 当有下列情况之一时,应进行型式检验:

a) 新产品或老产品转厂生产的试制定型鉴定;

b) 正式生产后如产品结构、原材料、生产工艺和管理有较大改变,可能影响产品性能时;

c) 产品长期停产后,恢复生产时;

d) 出厂检验结果与上次型式检验有较大差异时;

e) 当相同产品连续生产4 000根或在6个月内生产总数不足4 000根时;

f) 国家或地方质量监督检验机构提出进行检验时。

8.3.3 抽样、检验

8.3.3.1 混凝土抗压强度

同8.2.3.1。

8.3.3.2 外观质量和尺寸偏差

同8.2.3.2。

8.3.3.3 力学性能

从外观质量和尺寸偏差检验合格的电杆中随机抽取2根,进行力学性能检验。

8.3.3.4 保护层厚度

抽取 1 根经承载力检验弯矩检验合格的电杆,进行保护层厚度检验。

8.3.4 判定规则

8.3.4.1 外观质量和尺寸偏差

同 8.2.4.1。

8.3.4.2 力学性能

电杆抗裂、裂缝宽度、承载力检验弯矩和挠度检验时,2 根电杆均符合本标准 6.5 规定时,则判该批产品力学性能合格。2 根电杆中有 1 根不符合 6.5 规定时,允许从同批产品中抽取加倍数量电杆进行复检。复检结果如全部符合 6.5 规定时,则剔除原不合格的 1 根,判该批产品力学性能合格。复检结果如仍有 1 根电杆不符合 6.5 规定,则判该批产品力学性能不合格。2 根电杆都不符合 6.5 规定时,不得复检,判该批产品力学性能不合格。

8.3.4.3 保护层厚度

被测的 3 点,均符合 6.4 规定时,则判该批产品保护层厚度合格。3 点中有 1 点不符合 6.4 规定时,允许从同批产品中抽取加倍数量电杆进行复检。复检结果如全部符合 6.4 规定时,则剔除原不合格的 1 根,判该批产品保护层厚度合格。复检结果如仍有 1 点不符合 6.4 规定,则判该批产品保护层厚度不合格。3 点中有 2 点不符合 6.4 规定时,不得复检,判该批产品保护层厚度不合格。

8.3.5 总判定

混凝土抗压强度、外观质量和尺寸偏差、保护层厚度及力学性能均符合标准要求时,则判该批产品为合格。

9 标志与出厂证明书

9.1 标志

9.1.1 永久标志

制造厂厂名或商标,应标记在电杆表面上。其位置:梢径(或直径)大于或等于 190 mm 的电杆,宜标在距根端 3.5 m 处;梢径小于 190 mm 的电杆,宜标在距根端 3.0 m 处。

9.1.2 临时标志

包括电杆品种、规格、组装杆在整根杆中的位置、荷载级别(或代号)、商标和制造年、月、日等,标在电杆表面上,其位置略低于永久标志。

9.2 出厂证明书

电杆出厂时,应随带企业统一编号的出厂证明书,其内容应包括:

a) 制造厂厂名、商标、厂址、电话;
b) 生产日期、出厂日期;
c) 执行标准;
d) 产品品种、规格、荷载级别;
e) 混凝土抗压强度检验结果;
f) 纵向受力钢筋抗拉强度检验结果;
g) 外观及尺寸偏差检验结果;
h) 力学性能检验结果;
i) 制造厂技术检验部门签章。

10 贮存、运输

10.1 贮存

10.1.1 产品堆放场地应坚实平整。

10.1.2 产品可根据不同杆长分别采用两支点或三支点堆放。杆长小于或等于 12 m 时,采用两支点支承;杆长大于 12 m 时,采用三支点支承。电杆支点位置如图 2。

注:若堆场地基经过特殊处理,也可采用其他堆放形式。

10.1.3 产品应按品种、规格、荷载级别、生产日期等分别堆放。锥形杆梢径大于 270 mm 和等径杆直径大于 400 mm 时,堆放层数不宜超过 4 层;锥形杆梢径小于或等于 270 mm 和等径杆直径小于或等于 400 mm 时,堆放层数不宜超过 6 层。

10.1.4 产品堆垛应放在支垫物上,层与层之间用支垫物隔开,每层支承点在同一平面上,各层支垫物位置在同一垂直线上。

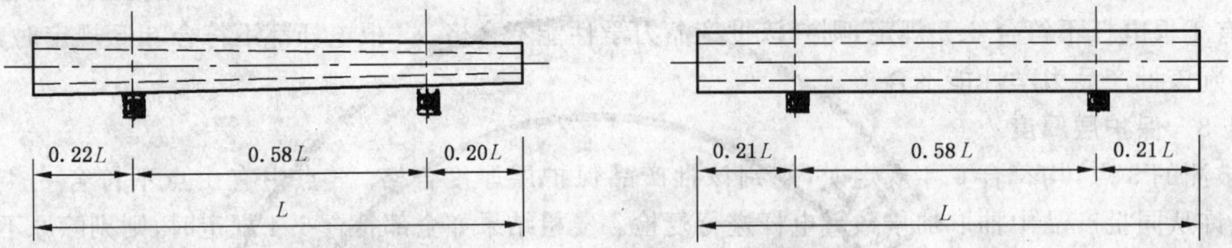

两支点位置

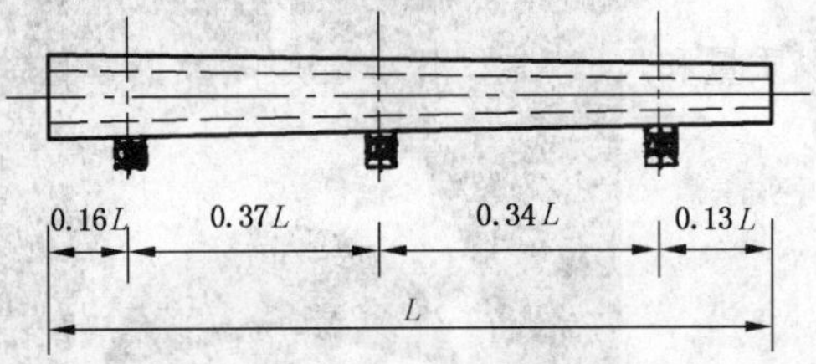

三支点位置

图 2 电杆支点位置示意图

10.2 运输

10.2.1 产品起吊与运输时,不分电杆长短均须采用两支点法。装卸、起吊应轻起轻放,严禁抛掷、碰撞。

10.2.2 产品在运输过程中的支承要求应符合本标准 10.1 中的有关规定。

10.2.3 产品装卸过程中,每次吊运数量:梢径大于 170 mm 的电杆,不宜超过 3 根;梢径小于或等于 170 mm 的电杆,不宜超过 5 根;如果采取有效措施,每次吊运数量可适当增加。

10.2.4 产品由高处滚向低处,必须采取牵制措施,不得自由滚落。

10.2.5 产品支点处应套上软质物,以防碰伤。

附　录　A
（规范性附录）
电杆力学性能试验方法

本附录适用于环形混凝土电杆的力学性能试验，包括试验用仪器设备的技术要求和试验结果评定。

A.1　适用范围

A.1.1　悬臂式试验方法，适用于不同梢径锥形杆的力学性能试验。

A.1.2　简支式试验方法，适用于不同直径等径杆的力学性能试验。

A.2　试件

试件按出厂检验或型式检验的规定随机抽样。

A.3　试验仪器设备

A.3.1　台座

用于固定试件的支承座，可采用钢支座或钢筋混凝土支座。悬臂式试验或简支式试验采用水平加荷时，为消除杆段自重影响应加设灵活的滚动支座。

A.3.2　仪器

试验用仪器，应按规定期限进行检定。其技术要求见表 A.1。

表 A.1　试验仪器技术要求

测量项目	仪器名称	单　位	技术指标		
			量程	分度值	精度
荷载	荷载测力器	kN	0～10 0～20	0.01	满程：0.5%
			0～100 0～200	0.1	
挠度	挠度仪	mm	0～100	0.1	满程：0.5%
			0～1 500	1.0	
支座位移	数字式微位移仪或百分表	mm	0～10	0.01	0.5%
					Ⅰ级
裂缝宽度	20倍读数放大镜	mm	0～6	0.01	0.01

A.4　试验方法

A.4.1　悬臂式试验方法

锥形电杆如杆长小于或等于 10 m，采用一个滚动支座；如杆长大于 10 m，采用两个或两个以上滚动支座。加荷原理见图 A.1。

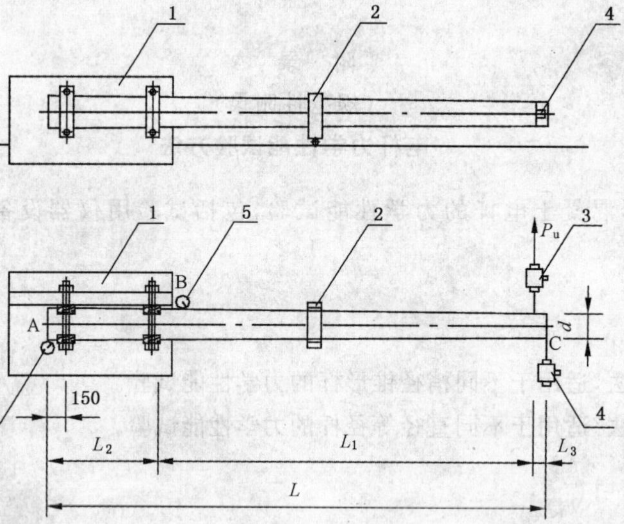

1——混凝土(或钢制)台座；

2——滚动支座；

3——测力传感器；

4——挠度传感器；

5——B测点百分表；

6——A测点百分表；

A、B——支座(宽150 mm硬木制成的U型垫板)；

P_u——荷载；

L——杆长。

注：U型垫板放置位置：A支座处于垫板中心线到电杆根端的距离等于150 mm；B支座处于右端面到电杆根端面的距离等于L_2。

图 A.1 悬臂式试验装置示意图

A.4.2 简支式试验方法

等径电杆宜采用水平加荷或垂直加荷。允许加荷点与支点互换。应考虑自重影响。加荷原理见图A.2。

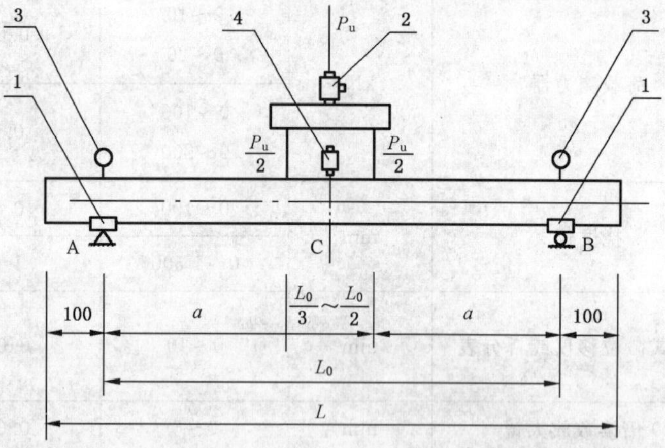

1——宽150 mm硬木制成的U型垫板；

2——测力传感器；

3——支座位移百分表；

4——挠度传感器；

P_u——荷载；

L_0——跨距；

L——杆长。

图 A.2 简支式试验装置示意图

A.5 加荷程序

A.5.1 钢筋混凝土电杆

第一步：由零按开裂检验弯矩20%的级差加荷至开裂检验弯矩的80%，然后按开裂检验弯矩10%的级差继续加荷至开裂检验弯矩，每次静停时间不少于3 min，测量并记录裂缝宽度及挠度值。

第二步：由开裂检验弯矩卸荷至零，卸荷后静停时间不少于3 min，测量并记录残余裂缝宽度及挠度值。

第三步：由零按开裂检验弯矩20%的级差加荷至开裂检验弯矩，测量并记录裂缝宽度及挠度值。递增至开裂检验弯矩的160%后，按开裂检验弯矩10%的级差继续加荷至承载力检验弯矩，每次静停时间不少于3 min，观测并记录各项读数。

A.5.2 预应力混凝土电杆

第一步：由零按开裂检验弯矩20%的级差加荷至开裂检验弯矩的80%，然后按开裂检验弯矩10%的级差继续加荷至开裂检验弯矩，观察是否有裂缝出现。如果在开裂检验弯矩下未出现裂缝，则继续按开裂检验弯矩10%的级差加荷至裂缝出现，测量并记录裂缝宽度及挠度值，每次静停时间不少于3 min。

第二步：由初裂弯矩（裂缝宽度小于0.02 mm时的弯矩值）卸荷至零，卸荷后静停时间不少于3 min，测量并记录其残余裂缝宽度及挠度值。

第三步：由零按开裂检验弯矩20%的级差加荷至开裂检验弯矩，测量并记录裂缝宽度及挠度值。递增至开裂检验弯矩的160%后，按开裂检验弯矩10%的级差继续加荷至承载力检验弯矩，每次静停时间不少于3 min，观测并记录各项读数。

A.5.3 部分预应力混凝土电杆

第一步：由零按开裂检验弯矩20%的级差加荷至开裂检验弯矩的60%，然后按开裂检验弯矩10%的级差继续加荷至开裂检验弯矩的80%，观察是否有裂缝出现。若无裂缝出现，再按开裂检验弯矩10%的级差继续加荷至开裂检验弯矩，每次静停时间不少于3 min，测量并记录裂缝宽度及挠度值。

第二步：由开裂检验弯矩卸荷至零，卸荷后静停时间不少于3 min，测量并记录残余裂缝宽度及挠度值。

第三步：由零按开裂检验弯矩20%的级差加荷至开裂检验弯矩，测量并记录裂缝宽度及挠度值。递增至开裂检验弯矩的160%后，按开裂检验弯矩10%的级差继续加荷至承载力检验弯矩，每次静停时间不少于3 min，观测并记录各项读数。

A.5.4 加荷值偏差

试验时，加荷值的允许偏差为2%。

A.5.5 初裂荷载和承载力的确定

A.5.5.1 当在加载过程中第一次出现裂缝时，应取前一级荷载值作为初裂荷载实测值；当在规定的荷载持续时间内第一次出现裂缝时，应取本级荷载值与前一级荷载值的平均值作为初裂荷载实测值；当在规定的荷载持续时间结束后第一次出现裂缝时，应取本级荷载值作为初裂荷载实测值。

A.5.5.2 当在加载过程中出现本标准6.5.5所列的情况之一时，应取前一级荷载值作为承载力荷载的实测值；当在规定的荷载持续时间内出现上述情况之一时，应取本级荷载值与前一级荷载值的平均值作为承载力荷载的实测值；当在荷载持续时间结束后出现上述情况之一时，应取本级荷载值作为承载力荷载实测值。

A.6 试验结果计算

A.6.1 弯矩计算

A.6.1.1 锥形杆采用悬臂式试验时，实测弯矩按式（A.1）计算：

$$M_{ui} = P_{ui} \cdot L_1 \qquad \text{(A.1)}$$

式中：

M_{ui}——任一级荷载作用下的弯矩值，单位为千牛米(kN·m)；

P_{ui}——任一级荷载加荷值，单位为千牛(kN)；

L_1——荷载点高度，单位为米(m)。

A.6.1.2 等径杆采用简支式试验时，实测弯矩按式A.2～式A.4计算：

水平加荷时：$M_{ui}=\frac{P_{ui}}{2}\cdot a$（消除自重影响） ……………………(A.2)

向下加荷时：$M_{ui}=\frac{P_{ui}+Q}{2}\cdot a+\frac{1}{8}qL_0^2$ ……………………(A.3)

向上加荷时：$M_{ui}=\frac{P_{ui}-Q-qL_0}{2}\cdot a+\frac{1}{2}qa^2$ ……………………(A.4)

式中：

M_{ui}——任一级荷载作用下的弯矩值，单位为千牛米(kN·m)；

L_0——跨距，单位为米(m)；

a——加荷点至支座中心线的距离，单位为米(m)；

q——电杆单位长度的自重，单位为千牛每米(kN/m)；

Q——试验设备总重，单位为千牛(kN)；

P_{ui}——由测力器测得的加荷值，单位为千牛(kN)。

A.6.2 抗裂计算

电杆的抗裂检验系数r_{cr}^0，是以初裂弯矩与开裂检验弯矩之比求得，见式A.5。

$$r_{cr}^0=\frac{M_f}{M_k} \qquad \text{……………………(A.5)}$$

式中：

r_{cr}^0——抗裂检验系数；

M_f——实测初裂弯矩值，单位为千牛米(kN·m)；

M_k——开裂检验弯矩值，单位为千牛米(kN·m)。

A.6.3 挠度计算

A.6.3.1 悬臂式试验时，任一级荷载作用下的梢端挠度，按式(A.6)计算：

$$a_{si}=a_{Ci}-\frac{a_{Ai}+a_{Bi}}{L_2}L+a_{Ai} \qquad \text{……………………(A.6)}$$

式中：

a_{si}——悬臂式试验时，任一级荷载作用下的梢端挠度值，单位为毫米(mm)；

a_{Ci}——由测量仪器测得的任一级荷载作用下梢端的变形值，单位为毫米(mm)；

a_{Ai}——由测量仪器测得的任一级荷载作用下A测点处的变形值，单位为毫米(mm)；

a_{Bi}——由测量仪器测得的任一级荷载作用下B测点处的变形值，单位为毫米(mm)；

L——电杆总长度，单位为毫米(mm)；

L_2——电杆支持点高度(见本标准图1)，单位为毫米(mm)。

A.6.3.2 简支式试验时，任一级荷载作用下的跨中挠度按式A.7～式A.8计算：

$$a_{si}=a_{Ci}-\frac{a_{Ai}+a_{Bi}}{2}\pm a_1\frac{P_0}{P_1} \qquad \text{……………………(A.7)}$$

$$a_1=a_{C1}-\frac{a_{A1}+a_{B1}}{2} \qquad \text{……………………(A.8)}$$

式中：

a_{si}——简支式试验时，任一级荷载作用下的跨中挠度值，当向下加荷时取“+”，向上加荷时取“－”，水平加荷时，忽略不计由于电杆自重所产生的挠度，单位为毫米(mm)；

P_0——仪表为零读数时，已作用于电杆上的荷载。如电杆自重和加荷设备的总重，单位为千牛(kN)；

P_1——开裂检验荷载的第一级荷载(不包括 P_0)，单位为千牛(kN)；

a_{Ai}——由测量仪表测得支点 A 处任一级荷载作用下的变形值，单位为毫米(mm)；

a_{Bi}——由测量仪表测得支点 B 处任一级荷载作用下的变形值，单位为毫米(mm)；

a_{Ci}——由测量仪表测得中点任一级荷载作用下的变形值，单位为毫米(mm)；

a_1——电杆在第一级荷载作用下的挠度值，按(A.8)计算，单位为毫米(mm)；

a_{A1}——由测量仪表测得支点 A 处第一级荷载作用下的变形值，单位为毫米(mm)；

a_{B1}——由测量仪表测得支点 B 处第一级荷载作用下的变形值，单位为毫米(mm)；

a_{C1}——由测量仪表测得电杆中点第一级荷载作用下的变形值，单位为毫米(mm)。

A.7 试验结果评定

A.7.1 承载力检验弯矩

实测承载力检验弯矩，应符合式 A.9 要求：

$$M_u^0 \geqslant \beta_u M_k \quad \cdots\cdots(A.9)$$

式中：

M_u^0——电杆承载力检验弯矩实测值，单位为千牛米(kN·m)；

β_u——电杆承载力综合检验系数，取值为 2；

M_k——开裂检验弯矩值，单位为千牛米(kN·m)。

A.7.2 抗裂检验

A.7.2.1 钢筋混凝土电杆抗裂检验结果，用 100%开裂检验弯矩下最大裂缝宽度 W_{max} 和卸荷后残余裂缝宽度 W 表示(见式 A.10)。

$$W_{max} < 0.20\ \text{mm}$$
$$W < 0.05\ \text{mm} \quad \cdots\cdots(A.10)$$

A.7.2.2 预应力混凝土电杆和部分预应力混凝土电杆抗裂检验结果应符合式(A.11)要求：

$$r_{cr}^0 \geqslant [r_{cr}] \quad \cdots\cdots(A.11)$$

式中：

r_{cr}^0——抗裂检验系数实测值，即电杆的初裂弯矩实测值与开裂检验弯矩之比值；

$[r_{cr}]$——电杆的抗裂检验系数允许值。

对于预应力混凝土电杆：$[r_{cr}]=1.0$；

对于部分预应力混凝土电杆：$[r_{cr}]=0.8$。在 100%开裂检验弯矩下，其最大裂缝宽度应符合式(A.12)要求。

$$W_{max} < 0.10\ \text{mm} \quad \cdots\cdots(A.12)$$

或由设计者在设计图中明确给出抗裂检验允许值的指标。

A.7.3 挠度检验

电杆挠度检验结果，应符合式(A.13)要求：

$$a_s^0 \leqslant (a_j) \quad \cdots\cdots(A.13)$$

式中：

a_s^0——开裂检验荷载或承载力检验荷载作用下挠度的实测值，单位为毫米(mm)；

$[a_j]$——本标准 6.5 中规定的开裂检验荷载或承载力检验荷载作用下挠度的允许值，或在设计图中明确给出的挠度允许值指标，单位为毫米(mm)。

ICS 65.020.30
B 43

中华人民共和国国家标准

GB 4631—2006
代替 GB/T 4631—1984

湖羊

Hu sheep

STANDARDS PRESS OF CHINA

2006-09-04 发布 2006-12-01 实施

中华人民共和国国家质量监督检验检疫总局
中国国家标准化管理委员会 发布

前言

本标准 3.1、3.2、第 4 章为强制性的，其余为推荐性的。

本标准代替 GB 4631—1984《湖羊》。原标准在本标准实施时废止。

本标准与 GB 4631—1984 相比主要变化如下：

——修改了各生长阶段的体重指标，强调了湖羊的原产地，规定了适宜屠宰的日龄和屠宰率、净肉率，修改了 6 月龄评定中对公母羊体重的要求；

——增加了对公羊体型外貌的描述，各生长阶段体尺指标，成年羊的屠宰率和净肉率。

本标准附录 B 为规范性附录，附录 A 为资料性附录。

本标准由中华人民共和国农业部提出。

本标准由全国畜牧业标准化技术委员会归口。

本标准起草单位：浙江省畜牧管理总站、浙江大学动物科学学院、浙江省桐乡市畜牧工作站、浙江余杭湖羊场。

本标准主要起草人：戴旭明、周一新、周仲儿、林嘉、俞坚群、肖玉琪、张有法、徐文杰、朱阿权、汪溪念。

湖 羊

1 范围

本标准规定了湖羊的品种特性、等级评定。

本标准适用于湖羊品种鉴别、等级评定。

2 术语和定义

下列术语和定义适用于本标准。

2.1

湖羊羔皮 lambskin of Hu sheep

出生3日内所剥的羔羊皮。

3 品种特性

3.1 原产地

湖羊原产我国太湖流域，主要分布于浙江省嘉兴市、湖州市、杭州市余杭区，以及江苏省苏州市和上海市部分地区。

3.2 体型外貌

湖羊属短脂尾绵羊，为白色羔皮羊品种。湖羊体格中等，被毛白色，公、母均无角，头狭长，鼻梁稍隆起，多数耳大下垂，颈细长，体躯偏狭长，背腰平直，腹微下垂，尾扁圆，尾尖上翘，四肢偏细而高。公羊体型大，前躯发达，胸宽深，胸毛粗长。

湖羊的外貌特征(图片)参见附录A。

3.3 生产性能

3.3.1 湖羊羔皮

湖羊为我国特有的羔皮用绵羊品种，湖羊羔皮毛色洁白，具有扑而不散的波浪花和片花及其他花纹，光泽好，皮板软薄而致密。

3.3.2 体重体尺

湖羊早期生长发育较快。初生重2.0 kg以上，45日龄断奶重10 kg以上。一级羊各生长阶段体重体尺平均值见表1。

表1 体重体尺指标

性 别	年 龄	体重/kg	体高/cm	体斜长/cm	胸宽/cm
公 羊	3月龄	25	—	—	—
	6月龄	38	64	73	19
	周岁	50	72	80	25
	成年(1.5周岁以上)	65	77	85	28
母 羊	3月龄	22	—	—	—
	6月龄	32	60	70	17
	周岁	40	65	75	20
	成年(1.5周岁以上)	43	65	75	20

3.3.3 产肉性能

适宜屠宰日龄为8月龄。在舍饲条件下，8月龄屠宰率：公羊49%，母羊46%；净肉率38%。在舍饲条件下，成年羊屠宰率：公羊55%，母羊52%；成年羊净肉率：公羊46%，母羊44%。

3.3.4 繁殖性能

湖羊性成熟早，四季发情、排卵，终年可配种产羔，泌乳性能强，可年产二胎或两年三胎。产羔率：初产母羊180%以上，经产母羊250%以上。

3.3.5 产毛性能

湖羊毛属异质毛，成年公羊年产毛1.5 kg，成年母羊1 kg，年剪毛两次，春秋季各剪一次。

4 等级评定

湖羊等级评定分初生评定和6月龄评定，以初生评定为主，6月龄评定作补充。

4.1 初生评定

4.1.1 评定时间

于羔羊出生后24 h内进行。

4.1.2 评定内容

外貌评定和产羔数评定。

4.1.3 评定方法

分特级、一级、二级、三级四个等级。评定项目见附录B。

4.1.3.1 特级

凡符合下列条件之一的一级优良个体，可列为特级：

a) 花案面积4/4者；

b) 花纹特别优良者；

c) 同胎三羔以上者。

4.1.3.2 一级

同胎双羔，具有典型波浪形花纹，花案面积2/4以上，十字部毛长2 cm以下，花纹宽度1.5 cm以下。花纹明显、清晰，紧贴皮板，光泽正常、发育良好，体质结实。

4.1.3.3 二级

同胎双羔，波浪形花或较紧密的片花。花案面积2/4以上，十字部毛长2.5 cm以下，花纹较明显，尚清晰，紧贴度较好；或花纹欠明显，紧贴度较差，但花案面积在3/4以上。花纹宽度2.5 cm以下，光泽正常，发育良好，体质结实，或偏细致、粗糙。

4.1.3.4 三级

波浪形花或片花，花案面积2/4以上，十字部毛长3 cm以下，花纹不明显，紧贴度差，花纹宽度不等，光泽较差，发育良好。

4.2 6月龄评定

6月龄左右须在初生评定基础上进行补充评定。评定项目主要为体型外貌，生长发育情况，被毛状况和体质类型。要求6月龄羊在体型外貌上具有本品种的特征，生长发育良好，健康无病，体质结实，被毛中干死毛较少。要求公羊体重在38 kg以上，母羊在32 kg以上。评定结论分及格、不及格两种，不及格者应对初生评定等级作酌情降级。

附　录　A
（资料性附录）
湖羊外貌特征(图片)

湖羊外貌特征分别见图 A.1 和图 A.2。

图 A.1　湖羊公羊

图 A.2　湖羊母羊

附 录 B
（规范性附录）
湖羊评定项目

B.1 初生羔羊评定

初生羔羊评定内容见表B.1。

表 B.1 初生羔羊评定登记表

序号	父羊号	母羊号	羔羊号	出生日期	同胎羔数	性别	初生重/kg	毛色	花纹类型	花纹面积	十字部毛长/cm	花纹宽度/cm	花纹明显度	花纹紧贴度	光泽	体质类型	等级	备注

注1：花案指波浪花纹或片花在羔皮所构成图案。

注2：花案面积指花案在羔羊体躯主要部位分布的面积。自羔羊的尾根至耆甲分四等分（包括体侧，不包括腹部），根据花案所占的面积，分别以1/4、2/4、3/4和4/4表示之。

注3：十字部（荐部）毛长指以尖镊子将羔羊十字部一小撮被毛拉直，用小钢尺紧贴毛根量取其伸直长度，准确度为0.5 mm。

注4：花纹明显度指波浪花和片花花纹的明显程度，分明显、欠明显和不明显三种。记载时以“明”、“明一”和“明二”表示之。

注5：花纹紧贴度指波浪花和片花花纹紧贴皮肤（皮板）的程度，是否“扑而不散”。分紧贴、欠紧贴和不紧贴三种。记载时以“紧”、“紧一”和“紧二”表示之。

注6：花纹宽度指波浪同侧隆起最高点之间的宽度，要量取占主导地位的花纹宽度。

注7：被毛光泽分好、正常和不足三种。记载时以“光＋”、“光”和“光－”表示之。

B.2 6月龄评定

6月龄评定内容见表B.2。

表 B.2 6月龄评定登记表

序号	个体号	父羊号	母羊号	性别	初生评定等级	体型外貌	体重/kg	被毛状况	体质类型	评定结论	备注

ICS 37.060.10
N 42

中华人民共和国国家标准

GB/T 4645—2006
代替 GB/T 4645—1994

室内影院和鉴定放映室的银幕亮度

Screen luminance for the projection of motion-picture prints in indoor theatres and review rooms

(ISO 2910:1990 Cinematography—Screen luminance for the projection of motion-picture prints in indoor theatres and review rooms, MOD)

2006-08-30 发布　　2007-03-01 实施

中华人民共和国国家质量监督检验检疫总局
中国国家标准化管理委员会　发布

前　言

本标准修改采用 ISO 2910:1990《电影　室内影院和鉴定放映室的银幕亮度》(英文版)。

本标准与 ISO 2910:1990 的主要差异如下:

——对标准文本结构进行了调整。1~6 章对标准的适用范围、技术指标进行了规定;7~10 章对测量方法进行了规定(如将 ISO 2910:1990 中 4.1 的指标与测量方法按分类进行了规定);

——将 ISO 2910:1990 中 3.1 的鉴定放映室银幕中心亮度改为(55±7) cd/m^2;3.2 的室内影院银幕中心亮度改为(55±15) cd/m^2;

——将 ISO 2910:1990 中 4.1 银幕边缘亮度不低于银幕中心亮度的 50%改为 60%;

——将 ISO 2910:1990 中 7.2 室内影院银幕干扰光应不大于银幕中心亮度的 1.0%改为 0.4%,与鉴定放映室指标统一;

——在测量方法中增加了银幕反射光光谱分布的测量和银幕杂散光干扰度的测量两项内容;

——删去注 1、注 2;

——修改 ISO 2910:1990 中 6.3 条,对室内影院和鉴定放映室两台放映机的色温差值给出了具体数值。

本标准从实施之日起代替 GB/T 4645—1994。

本标准与 GB/T 4645—1994 的主要差异如下:

——删去引用标准;

——对标准文本结构进行了调整。1~6 章对标准的适用范围、技术指标进行了规定;7~10 章对测量方法进行了规定(如将 GB/T 4645—1994 中第 4 章的指标与测量方法按分类进行了规定);

——室内影院银幕中心亮度改为(55±15) cd/m^2;

——鉴定放映室银幕中心亮度改为(55±7) cd/m^2;

——室内影院银幕杂散光干扰度应不大于银幕中心亮度的 1.0%改为 0.4%,与鉴定放映室指标统一;

——在测量方法中增加了银幕反射光光谱分布的测量和银幕杂散光干扰度的测量两项内容;

——对室内影院和鉴定放映室两台放映机的色温差值给出了具体数值。

本标准由国家广播电影电视总局提出并归口。

本标准起草单位:中国电影集团、上海市文化广播影视管理局、中国电影科学技术研究所、国家广播电影电视总局电影技术质量检测所。

本标准起草人:顾正保、李涵初、陈江、罗燕翎、马思泽。

本标准于 1994 年首次发布,此次修订为第一次修订。

室内影院和鉴定放映室的银幕亮度

1 范围

本标准规定了室内影院和鉴定放映室以24格/s片速放映70 mm、35 mm和16 mm电影拷贝的银幕中心亮度、银幕亮度分布均匀度、银幕反射光光谱分布、银幕杂散光干扰度、多台放映机调整及测量方法。

本标准适用于室内影院、鉴定放映室以及其他室内放映场所。

2 银幕中心亮度

2.1 在室内影院放映70 mm、35 mm和16 mm影片，银幕中心亮度应为(55±15) cd/m²。

2.2 在鉴定放映室放映70 mm、35 mm和16 mm影片，银幕中心亮度应为(55±7) cd/m²。

3 银幕亮度分布均匀度

3.1 银幕两个边缘点亮度应不低于中心亮度的60%，不高于85%，推荐值为75%。并且两个边缘点的亮度差值不超过中心亮度的10%。

3.2 整幅银幕的亮度分布从银幕中心至四周应由强渐弱，并且这种亮度分布基本对称于银幕中心。

4 银幕反射光光谱分布

银幕反射光的相关色温应为(5 400±400) K。

5 银幕杂散光干扰度

5.1 银幕上杂散光干扰度应不大于0.4%。

5.2 鉴定放映室标准审片座位上的工作照明应严格遮罩，其亮度应不大于3.5 cd/m²。

6 多台放映机调整

6.1 多台放映机的亮度匹配

采用多台放映机连续放映画格大小相同的影片，其银幕中心亮度之间的差值应不大于7 cd/m²。

6.2 多台放映机的色温匹配

用两台放映机交替放映画幅大小相同影片的室内影院，其两台放映机银幕反射光相关色温差值应不大于150 K。

采用两台放映机交替放映画幅大小相同影片的鉴定放映室，其两台放映机银幕反射光相关色温差值应不大于70 K。

使用相关色温为3 500 K或低于3 500 K的放映光源放映16 mm影片时，两台放映机银幕反射光相关色温差值应不大于200 K。

7 银幕中心亮度的测量

7.1 测量条件

放映机应处于24格/s正常运行状态，片窗前不挂片。

7.2 测量仪器

采用受光角不大于2°(推荐值为1.5°)的亮度计进行测量。

7.3 室内影院银幕中心亮度测量仪器的位置

在室内影院进行银幕中心亮度测量时，应将亮度计置于观众厅坐席区中心位置，且高于地面约 1 m 处。将亮度计对准银幕中心位置(即银幕对角线交叉点)进行测量，所测得的亮度值即为银幕中心亮度值。为使坐席区各位置获得满意的观看效果，还需在坐席区中心位置的横跨线上取两点，作为测量亮度的位置。这两点对称于坐席区中心位置，相隔距离为观众厅宽度的 2/3，且高于地面约 1 m 处，这两点所测得的银幕中心亮度值应符合 2.1 条所列银幕中心亮度的允差范围。

7.4 鉴定放映室银幕中心亮度测量仪器的位置

鉴定放映室银幕中心亮度测量方法同 7.3 条，亮度计应放置在坐席区纵轴线的审片位置上，高于地面约 1 m 处。

8 银幕亮度分布均匀度的测量

在 7.3 条和 7.4 条规定坐席区的中心位置，分别测量银幕水平中心线两个边缘点的亮度，这两点与邻近侧银幕边缘的距离为银幕宽度的 10%。

9 银幕反射光光谱分布的测量

在银幕中心亮度达到 2.1 条、2.2 条所规定的条件下，将色温计对准银幕进行测量。

10 银幕杂散光干扰度的测量

在银幕中心亮度达到 2.1 条或 2.2 条所规定的条件下，放映杂散光干扰度检测片，在 7.3 条规定的坐席区中心位置，将亮度计对准银幕中心区域阴影处进行测量，所测得的亮度值为银幕总杂散光数值。用金属十字板代替杂散光干扰度检测片时，应在镜头前加装透过率为 10%的中性灰透射片。银幕杂散光干扰度可由下式计算：

$$\text{银幕杂散光干扰度} = \frac{\text{总杂散光亮度值}}{\text{中心亮度值} - \text{总杂散光亮度值}} \times 100(\%)$$

ICS 35.040
A 24

中华人民共和国国家标准

GB/T 4658—2006
代替 GB/T 4658—1984

学历代码

Codes for record of formal schooling

2006-10-09 发布 2007-03-01 实施

中华人民共和国国家质量监督检验检疫总局
中国国家标准化管理委员会 发布

前言

本标准代替 GB/T 4658—1984《文化程度代码》，与 GB/T 4658—1984 相比，主要变化如下：

——将标准的名称改为《学历代码》。

——增加了第 2 章“术语和定义”。

本标准由国家质量监督检验检疫总局、教育部提出。

本标准由中国标准化研究院归口。

本标准主要起草单位：中国标准化研究院；教育部发展规划司、高校学生司、学位管理与研究生教育司、高等教育司、职业教育与成人教育司、基础教育司、教育管理信息中心。

本标准主要起草人：张爱、赵艳华、张铭、刘植婷、黄尧、范毅、吴一、张庆国、樊晨晨。

本标准所代替标准的历次版本发布情况为：GB/T 4658—1984。

学 历 代 码

1 范围

本标准规定了学历代码。

本标准适用于教育管理、人事管理、户籍管理、人口普查等领域的信息处理和信息交换。

2 术语和定义

下列术语和定义适用于本标准。

2.1

学历 record of formal schooling

受教育者在教育机构接受科学、文化知识训练并获得国家教育行政部门认可的学历证书的经历。

2.2

毕业 graduation

受教育者修完教学计划规定的全部课程，符合相关要求，成绩合格并取得毕业证书，称为毕业。

2.3

结业 completion of a course

受教育者修完教学计划规定的全部课程后有一门主要课程（或两门非主要课程）考核成绩不及格或不符合相关要求，取得结业证书，称为结业。

2.4

肄业 incomplete attendance of a course

受教育者学满一年以上中断学业或未完成教学计划规定的课程，发给肄业证书，称为肄业。

3 分类原则和方法

本标准中的各大类依据国家教育行政部门规定的学历等级划分，采用线分类法。

4 编码方法

学历代码为层次码，用两位数字表示。

5 代码表

学历代码见表1。

表1 学历代码表

代码	学　　历	说　　明
10	研究生教育	
11	博士研究生毕业	
12	博士研究生结业	
13	博士研究生肄业	
14	硕士研究生毕业	
15	硕士研究生结业	
16	硕士研究生肄业	
17	研究生班毕业	研究生班：我国研究生教育中属于硕士生层次的一种非导师制的方式。其

表 1（续）

代码	学 历	说 明
18	研究生班结业	招生和入学条件与硕士生相似；学制两年或一年半。完成全部学习项目并经考核合格者，发给研究生班毕业证书（研究生课程班不在此列）
19	研究生班肄业	
20/30	大学本科/专科教育	
21	大学本科毕业	
22	大学本科结业	
23	大学本科肄业	
28	大学普通班毕业	是指1970年至1976年进入普通高校学习的毕业生
31	大学专科毕业	包括高等专科、高等职业教育
32	大学专科结业	
33	大学专科肄业	
40	中等职业教育	包括中等师范学校教育
41	中等专科毕业	
42	中等专科结业	
43	中等专科肄业	
44	职业高中毕业	
45	职业高中结业	
46	职业高中肄业	
47	技工学校毕业	
48	技工学校结业	
49	技工学校肄业	
60	普通高级中学教育	
61	普通高中毕业	
62	普通高中结业	
63	普通高中肄业	
70	初级中学教育	
71	初中毕业	
73	初中肄业	
80	小学教育	
81	小学毕业	
83	小学肄业	
90	其他	

ICS 97.100
Y 63

中华人民共和国国家标准

GB 4706.12—2006
代替 GB 4706.12—1995

家用和类似用途电器的安全 储水式热水器的特殊要求

Safety of household and similar electrical appliances—Particular requirements for storage water heaters

(IEC 60335-2-21:1997,MOD)

2006-08-30 发布　　　　2007-07-01 实施

中华人民共和国国家质量监督检验检疫总局
中国国家标准化管理委员会　发布

前言

GB 4706 本部分的全部内容均为强制性。

GB 4706《家用和类似用途电器的安全》,分为以下部分:

第一部分:通用要求;

第二部分:特殊要求。

本部分是储水式热水器的特殊要求。

本部分代替 GB 4706.12—1995《家用和类似用途电器的安全 储水式热水器的特殊要求》。

本部分修改采用 IEC 60335-2-21:1997,本部分应与 GB 4706.1—1998 配合使用。

本部分是通过增补或修改 GB 4706.1 形成的。GB 4706.1 中具体条款未在本部分中提及的,表示 GB 4706.1 中的相应条款适用于本部分。本部分中写明"适用"的部分,表示 GB 4706.1 中的相应条文适用于本部分;本部分中写明"代替"的部分,则以本部分的条文为准;本部分中写明"增加"的部分,表示除要符合 GB 4706.1 相应条文外,还必须符合本部分所增加的条文。

本部分与 IEC 60335-2-21:1997 的主要差异是增加了附录 AA(规范性附录)。

本部分的附录 AA 为规范性附录。

本部分由中国轻工业联合会提出。

本部分由全国家用电器标准化技术委员会(SAC/TC 46)归口和解释。

本部分起草单位:中国家用电器研究院、海尔热水器有限公司、艾欧史密斯(中国)热水器有限公司、帅康热水器有限公司、康泉热水器有限公司、默洛尼卫生洁具(中国)有限公司、深圳出入境检验检疫局。

本部分主要起草人:马德军、侯全舵、万华新、李一、张慧宝、徐忠、谢晋雄、季兵。

本部分所代替标准的历次版本发布情况:GB 4706.12—1995。

IEC 前言

1）IEC（国际电工委员会）是由所有国家的电工委员会（IEC 国家委员会）组成的世界范围内的标准化组织。IEC 的宗旨就是促进各国在电气和电子标准化领域的全面合作。鉴于以上的目的并考虑到其他活动的需要，IEC 还出版国际标准，整个制定工作由技术委员会来完成。任何对此技术问题特别感兴趣的 IEC 国家委员会都可以参加制定工作。根据 IEC 和 ISO 两组织达成的协议，它们在工作上有着密切的协作关系。

2）IEC 有关技术问题的决议或协议是由所有对此问题特别感兴趣的国家委员会参加的技术委员会制定的，并尽可能表述对所涉及的问题在国际上的一致意见。

3）这些决议或协议以标准、技术报告或规则的形式供国际上使用，并在此意义上为各国委员会所承认。

4）为了促进国际上的统一，IEC 希望各国委员会在本国情况允许的范围内采用 IEC 标准的内容作为他们国家的标准。IEC 与相应的国家标准或地区标准有差异的，应尽可能在本国标准中明确地指出。

5）IEC 规定了表示其认可的无标志程序，但并不表示对某一设备声称符合某一标准承担责任。

6）必须注意到该国际标准可能会涉及到专利权问题。IEC 不对识别部分或全部专利权承担责任。

本标准是由 IEC 第 61 技术委员会"家用和类似用途的电器的安全"制定的。

本标准构成 IEC 的第四版，并取代 1989 年的第三版及增补件。

本标准是以下述文件为基础的。

FDIS	表决报告
61/1101/FDIS	61/1278/RVD

有关本标准表决情况的更进一步的材料可从上表的表决报告中查找。

本标准要与 IEC 60335-1 的最新版本及其增补件一起配合使用。本标准是以 IEC 60335-1 第三版（1991）为基础的。

为了转化成"储水式热水器的安全要求"（第四版）这一 IEC 标准。本内容对 IEC 60335-1 的对应条款做了补充和修改。

如果"第一部分"中的某特殊条款在"第二部分"中没有提及，则"第一部分"中的该条款可以合理地使用。如果在本标准中标明"增加"、"修改"或"代替"，则"第一部分"中对应的内容都要做相应的修改。

在本标准中：

1）采用下列印刷体：

——正文要求：印刷体。

——试验规范：斜体。

——注释内容：小写印刷体。

在第二条中对黑体字给出了定义。当"第一部分"的定义涉及到形容词时，形容词和所修饰的名词也要用黑体字。

2）对于"第一部分"中增加的分条款应从 101 开始编号。

在某些国家中存在下列差异：

——6.1：允许 0Ⅰ类器具（日本）。

——6.2：允许 IPXO 类器具（法国、葡萄牙、英国和美国）。

——7.1：要求附加的标志（澳大利亚、新西兰和南非）。

——7.1：额定压力以磅/平方英寸标志（美国）。

——7.1：出口敞开式热水器不要求标以额定压力（美国）。

——7.12.1：要求附加说明(南非)。
——11.7：试验是不同的(美国)。
——19.1：具有所有四个特性并且在正常使用过程中不可能倒空的热水器不承受 19.101 的试验(南非)。
——19.1：装有铠装发热元件的器具不要求具有金属外壳，但是，它们的额定功率要限制到 12 kW(美国)。
——19.102：试验方法是不同的(美国)。
——22.101：减压阀应使得进口压力为 2 MPa(南非)。
——22.101：最小的额定压力为 1 MPa(10 bar.)(丹麦、芬兰、挪威和瑞典)。
——22.102：最小压力为 2.1 MPa。在容量小于 2 L 或器具的容器与大气相通的器具上不进行本试验(美国)。
——22.103：密闭式热水器应装有压力释放装置(瑞典)。
——22.103：密闭式热水器应装有对温度和压力敏感并应在 99℃前动作的压力释放装置(澳大利亚和新西兰)。
——22.103：容量超过 50 L 或额定输入功率超过 2 kW 时，密闭式热水器应装有对温度和压力敏感并应在 99℃前动作的压力释放装置(南非)。
——22.103：密闭式热水器应装有对温度和压力敏感并在 100℃前动作的温度和压力安全阀(英国)。
——22.105：所有的热水器都应装有热断路器(印度)。
——22.105：单相密闭式热水器的热脱扣器仅要求提供单极断开(日本)。
——22.105：对所有的热水器，都应提供全极断开的热脱扣器(法国、荷兰、挪威和瑞士)。
——22.108：排空器具时不需要工具(加拿大和美国)。
——22.109：对于塑料或树脂材料内胆，附加要求适用(南非)。
——22.111：温度限制到 95℃(南非)。
——22.111：温度限制到 85℃(美国)。
——24.101：热脱扣器要求具有跳闸开关机构(美国)。
——24.102：最高水温为：90℃(澳大利亚和新西兰)。
——24.102：最高水温为：99℃(日本、挪威、葡萄牙、英国和美国)。
——24.102：130℃的温度限值仅适用于额定压力至少为 0.4 MPa 的密闭式热水器(南非)。

家用和类似用途电器的安全
储水式热水器的特殊要求

1 范围

GB 4706.1—1998 的该章用下述内容代替：

GB 4706 本部分涉及单相器具额定电压不超过 250 V，其他器具额定电压不超过 480 V 的家用和类似用途热水温度低于沸点温度的储水式热水器的安全。

对于不准备作为一般家用，但仍可对公众构成危险的器具，诸如：准备由商店、轻工业和农场中没有用电知识的人使用的器具也在本部分的范围内。

就实际情况而言，本部分涉及器具出现的一般危险，而这些危险是在家中和周围环境中的所有人员都能遇到的。

本部分通常没有考虑下述情况：

——无人照管的儿童、老、幼、病、弱等人员使用的器具；

——儿童拿器具玩耍的情况。

注 1：提请注意下述情况：

——对于准备在高原上使用的器具可能会需要附加要求；

——对于准备在车辆、船舶或飞机上使用的器具可能需要增加附加要求；

——对于准备在热带国家使用的器具可能需要增加附加要求；

——许多国家的卫生部门、劳动保护部门、水利部门和类似部门还制定有附加要求；

——在许多国家还有有关器具与水源连接的安装规范。

注 2：本部分不适用于：

——煮沸水的器具(IEC 60335-2-15)；

——快热式热水器(IEC 60335-2-35)；

——商用电热水锅炉和液体加热器(IEC 60335-2-63)；

——商用自动售卖机(IEC 60335-2-75)；

——专门用于工业用途的器具；

——准备用在特殊场所的器具，诸如：存在有腐蚀性和爆炸性气体的地方(灰尘、蒸汽或煤气)。

注 3：对在接地系统异常时提供应急防护措施的Ⅰ类热水器应符合附录 AA 的要求。

2 定义

GB 4706.1—1998 的该章除下述外均适用：

2.2.9 代替：

正常工作 normal operation

按照说明书安装并注冷水后器具的工作。

2.101

储水式热水器 storage water heater

加热水并将水储存在容器中，装有控制水温装置的固定式器具。

注：容器可以是隔热的，也可以是不隔热的。

2.102

密闭式热水器 closed water heater

设计在供水系统压力下工作，水流量由出水系统中的一个或多个阀门控制的不与大气相通的储水式热水器。

注1:密闭式热水器的简图如图101 a)所示。

注2:工作压力可以是减压或增压装置的出口压力。

2.103

水槽供水式热水器 cistern-fed water heater

与大气相通并通过单独的水箱以重力供水,其水流由出水系统中的一个或多个阀门控制的储水式热水器。

注1:水槽式热水器的简图如图101 b)所示。

注2:热水器的安装可能会使膨胀水返回到水箱中。

注3:在水槽供水式热水器中,压力取决于来自水箱的水量。

2.104

水箱式热水器 cistern-type water heater

由安装在器具内部的水箱以重力供水的储水式热水器。膨胀水能够流回到水槽。其水流量由出水系统中的一个或多个阀控制的储水式热水器。

注1:水箱式热水器的简图如图101 c)所示。

注2:在水箱式热水器中,水面总是处于大气压下。

2.105

出口敞开式热水器 open-outlet water heater

水流量仅由进水管中的一个阀门控制并且膨胀水或排出水通过出水口排出的储水式热水器。

注1:出口敞开式热水器的简图如图101 d)所示。

注2:在出口敞开式热水器中,静压总是为大气压力下。

2.106

额定压力 rated pressure

由制造厂对器具规定的水压。

3 总体要求

GB 4706.1—1998 的该章适用。

4 试验的一般条件

GB 4706.1—1998 的该章除下述内容外均适用:

4.2 增加:

如果在19.2、19.3或19.102的试验期间出现器具损坏,则可能需要附加的器具。

注:22.102和22.103的试验可能会在单独的容器或热交换器上进行。

4.3 增加:

当在一个器具上完成所有的试验时,22.102和22.103的试验要在第19章的试验前进行。22.104和24.102的试验同样也要在第19章的试验前进行。

5 空章

6 分类

GB 4706.1—1998 的该章除下述内容外均适用:

6.1 修改:

热水器应是Ⅰ类、Ⅱ类或Ⅲ类器具。

6.2 修改：

室外安装的热水器应至少是IPX4。其他热水器应至少是IPX1。

注：对于安装在淋浴场合中的热水器应至少是IPX4。

7 标志和说明

GB 4706.1—1998的该章除下述内容外均适用：

7.1 增加：

除水箱式热水器以外的其他器具都应标有以Pa(bar)为单位的额定压力。器具应标有以L为单位的额定容量。

除密闭式热水器的内部已安装有压力释放装置外，否则应标有“在安装时要装配压力释放装置”的说明。

额定压力小于0.6 MPa的密闭式热水器应标有“在安装时要装配压力释放装置”的说明。

出口敞开式热水器靠近出口处应标有以下警告内容的说明：

警告：该出口要保持敞开，不得将其与水龙头或其他非制造厂推荐的配件连接。

注：该警告内容可以附在器具的标识上。

7.12.1 增加：

密闭式热水器的说明书应含有下述内容：

——水可以从压力释放装置的排水管中流出，并且排水管要保持与大气相通；

——压力释放装置要定期动作，以去掉碳酸钙沉积并且证明装置没有堵塞；

——除非压力释放装置装在器具内部，否则应说明装置的型号和特性以及如何连接；

——热水器如何排空；

——与压力释放装置连接的排放管要以一种连续向下的方式安装在无霜的环境中；

——对于额定压力小于0.6 MPa的器具，应有减压阀的型号和特性以及安装细则。

装有热交换器的密闭式热水器应给出有关控制装置安装、温度整定、防止由于热交换器的热源引发的热断路器动作的详细说明。

出口敞开式热水器的说明书应说明出口要保持敞开，不得将其与水龙头或说明规定以外的配件连接。

水槽供水式热水器应含有以下警告内容：

警告：不要将任何压力释放装置与热水器的通气管连接。

7.101 应能识别进水管和出水管。识别标志不应置于可拆部件上。如果使用颜色，则蓝色标示进水，红色标示出水。

注：使用箭头来指示水流的方向可以认为是有效的。

通过视检来确定其是否合格。

8 对触及带电部件的防护

GB 4706.1—1998的该章适用。

9 电动器具的启动

GB 4706.1—1998的该章不适用。

10 输入功率和电流

GB 4706.1—1998的该章适用。

11 发热

GB 4706.1—1998的该章除下述内容外均适用：

11.7 代替：

器具要工作到稳态建立或直到控温器在 16 h 后首次切断电流，取其较短者。

12 空章

13 在工作温度下的泄漏电流和电气强度

GB 4706.1—1998 的该章均适用。

14 空章

15 耐潮湿

GB 4706.1—1998 的该章除下除内容外均适用：

15.2 增加：

对于水箱式热水器，试验要在出水阀关闭的情况下进行。

注：其他器具不进行该试验。

15.3 增加：

注：如果器具对于潮态箱来说太大，则试验仅在含有电气元件的部分进行。

16 泄漏电流和电气强度

GB 4706.1—1998 的该章适用。

17 变压器及其相关电路的过载保护

GB 4706.1—1998 的该章适用。

18 耐久性

GB 4706.1—1998 的该章不适用。

19 非正常工作

GB 4706.1—1998 的该章用下述内容代替：

19.1 修改：

对于装有发热元件的器具，用下述内容代替规定的试验。

对于密闭式热水器和出口敞开式热水器，如果适用，通过 19.2、19.3 和 19.4 的试验来确定其是否合格。但是，对于在正常使用中不易排空并且具有所有下述四个特性的器具用 19.101 的试验代替：

——金属外壳；

注 1：非金属外壳可以用以提供接线端子和控制器。

——阻燃热绝缘；

注 2：通过附录 M 针焰试验的热绝缘可以认为是阻燃的。

——容量大于 30 L；

——额定输入功率不超过 6 kW。

注 3：如果可以通过单向阀、管路截流器或空气间隙装置来防止器具从进水管排空，则不能认为器具是在正常使用中容易排空的。如果说明书有安装要求，则应将这些装置安装在进水管中。

通过用于维修用途的开口排空不能认为是在正常使用中易于排空的器具。

注 4：水槽供水式热水器和水箱式热水器不进行该试验。

19.2 增加：

器具应在空着时工作，任何在第 11 章试验期间工作的热控制器都应短路。

注：如果器具带有一个以上的热控制器，则它们应依次短路。

19.3 增加：

注：如果器具在前面的试验中损坏，则要使用新的器具。

19.4 代替：

对于出口敞开式的热水器，19.2 的试验要在容器中注水至发热元件的最高点以上至少 10 mm 时重复。器具要在正常工作条件下，在 1.15 倍的额定输入功率下工作。

注：如果热水器在前面的试验中损坏，则要使用新的器具。

19.13 增加：

注：在试验期间容器不应有泄漏。

19.101 器具要在空载时，在第 11 章规定的条件下进行 24 h 的试验。

19.102 出口敞开式热水器的出口堵塞不应导致过压。

通过下述试验来确定其是否合格：

器具要在第 11 章规定条件下，在温控器短路时进行试验。当水沸腾时，出水口堵塞。

压力释放或热断路器应在压力超过 0.15 MPa 时动作。

容器不应泄漏。

20 稳定性和机械危险

GB 4706.1—1998 的该章适用。

21 机械强度

GB 4706.1—1998 的该章适用。

22 结构

GB 4706.1—1998 的该章除下述内容外均适用：

22.6 增加：

除非外壳内的冷凝水在正常使用时不可能聚积，否则外壳内排水孔的位置应使得排除水时不会影响电气绝缘。孔的直径至少为 5 mm 或面积为 20 mm^2，但宽度至少应为 3 mm。

通过测量来确定其是否合格。

22.20 增加：

热绝缘不能用于内部布线的基本绝缘。

22.101 设计直接与水源连接的密闭式热水器，其额定压力至少应为 0.6 MPa。

设计与装在器具外部的减压阀连接的密闭式热水器，其额定压力至少应为 0.1 MPa。

水槽供水式热水器的额定压力至少应为 0.2 MPa。

注：出口敞开式热水器的额定压力为 0 Pa。

通过视检来确定其是否合格。

22.102 器具应能承受在正常使用中出现的水压。

通过使器具承受下述水压来确定其是否合格：

——对于密闭式热水器，两倍的额定压力。如果热水器通过减压阀供水，则容器要用两倍的工作压力代替；

注 1：减压阀可以装在热水器内。

注 2：工作压力就是在 11 章的试验期间测得的容器内最大压力。

——对于水槽供水式热水器，1.5 倍的额定压力；

——对于出口敞开式热水器，0.15 MPa；

——对于水箱式热水器，0.03 MPa。

压力以 0.13 MPa/s 的速率增加到规定值并保持 15 min。

水不应从器具内泄漏并且器具不应有影响器具符合本标准的永久性变形。

注 3：装在热水器内的热交换器要承受工作压力试验。

注 4：容器内部保护涂层的损坏不能认为是危险的。

注 5：压力释放装置处于不工作状态。

22.103 密闭式热水器内的压力释放装置应能防止容器的压力超过额定压力 0.1 MPa。

通过使容器缓慢地承受增加的水压来确定其是否合格。

注：在安装时可以装配压力释放装置。

22.104 出口敞开式热水器的出口结构应使得通过的水流不会因受限制而使容器承受特殊压力。

通过视检来确定其是否合格。

注：如果出水口的横截面积不小于进水口的横截面积，则可以认为是符合了本要求。

水槽式热水器的结构应通过一个面积至少为 30 mm^2，最小尺寸为 3 mm 的开孔使容器总是处于大气压力下。

通过视检和测量来确定其是否合格。

22.105 密闭式热水器应装有提供全极断开的热断路器并且其动作独立于控温器动作。但是，对于设计与固定布线连接的器具，其中性线不要求断开。

通过视检来确定其是否合格。

22.106 发热元件和与容器外表面接触的热控制敏感器应紧紧地固定在位。通过视检来确定其是否合格。

22.107 墙壁安装式器具应具有与墙壁可靠固定的措施，该措施与水源连接无关。

通过视检来确定其是否合格。

22.108 对于容量超过 15 L 并且不能通过安装在水管中的排水口排空的器具应装有一种使用工具才能使其工作的排放装置。

通过视检和手动试验来确定其是否合格。

注 1：低于进水管末端的残余水可以忽略。

注 2：排放装置可以与压力释放装置结合在一起。

22.109 带有塑料容器的出口敞开式热水器应确保器具仅可按设计的朝向安装。

注：在连接水处标有固定标志的器具认为是满足了本要求。

通过视检来确定其是否合格。

22.110 装有热交换器的密闭式热水器的结构应使得在正常使用过程中，热断路器不会由于热交换器的热量而动作。

用于该用途的温控阀、旁通阀或类似控制装置应随器具一起提供。

通过视检来确定其是否合格。

22.111 密闭式热水器的结构应使得重复排水不会导致水沸腾。

通过下述试验来确定其是否合格。

器具要按照第 11 章的要求工作。

当控温器第一次动作时，水要以 2 L/min 的速率或每分钟排出器具容量 10% 的水将水排出。取其较短者，直到控温器再次接通。

当控温器第二次动作时，水再次以同样的速率流出，直到控温器再次接通。重复该程序直到达到稳态。

在出水口处由热电偶测得水温不应超过 98℃。

23 内部布线

GB 4706.1—1998 的该章适用。

24 元件

GB 4706.1—1998 的该章除下述内容外均适用：

24.101 热断路器应是非自复位的。它们应有自动跳闸机构或其安置应使得仅在拆去不可拆的盖子后才能将其复位。

通过视检来确定其是否是合格。

注：在热断路器动作后，自由跳闸机构不允许通过手动将触头保持"接通"位置。

24.102 密闭式热水器的热断路器动作温度应确保水温不会超过 99℃或 130℃。

通过 24.102.1 的试验来确定水温不超过 99℃时是否合格。通过 24.102.2 的试验来确定水温不超过 130℃是否合格。

24.102.1 器具要在第 11 章规定的条件下工作，直到控温器首次动作。然后将器具容量 25%的水排出以便加入冷水替换。

在控温器第二次动作后直接将其短路。继续进行试验直到热断路器动作。将出水阀打开并在出水口处测量水温。

温度不应超过 99℃。

24.102.2 对于带有竖直放置的金属容器的器具，将热电偶连接到其顶部的外表面上。如果容器是水平放置的，则将两个热电偶按图 102 b)所示连接在其外表面上。

器具要在正常工作条件下，在 1.15 倍的额定输入功率及在出水阀关闭和温控器短路的情况下工作。

试验要连续进行直到热断路器动作。

温度不应超过 130℃。

25 电源连接和外部软线

GB 4706.1—1998 的该章除下述内容外均适用：

25.1 修改：

器具不应带有器具插口。

26 外部导线用接线端子

GB 4706.1—1998 的该章适用。

27 接地措施

GB 4706.1—1998 的该章除下述内容外均适用：

27.1 增加：

对于Ⅰ类热水器，发热元件的外壳要永久和可靠地连接到接地端子上，除非：

——容器带有金属进水和出水管，而且永久和可靠地连接到接地端子上；并且

——容器上其他与水接触的可触及金属部件要永久和可靠地连接到接地端子上。

28 螺钉和连接

GB 4706.1—1998 的该章适用。

29 爬电距离、电气间隙和穿通绝缘距离

GB 4706.1—1998 的该章适用。

30 耐热、耐燃和耐漏电起痕

GB 4706.1—1998 的该章除下述内容外均适用：

30.1 增加：

不考虑 19.2、19.3 和 19.11 试验期间出现的温升。

30.2.2 不适用。

30.3 增加：

注：在正常工况下，认为使用了绝缘部件。

31 防锈

GB 4706.1—1998 的该章适用。

32 辐射、毒性和类似危险

GB 4706.1—1998 的该章适用。

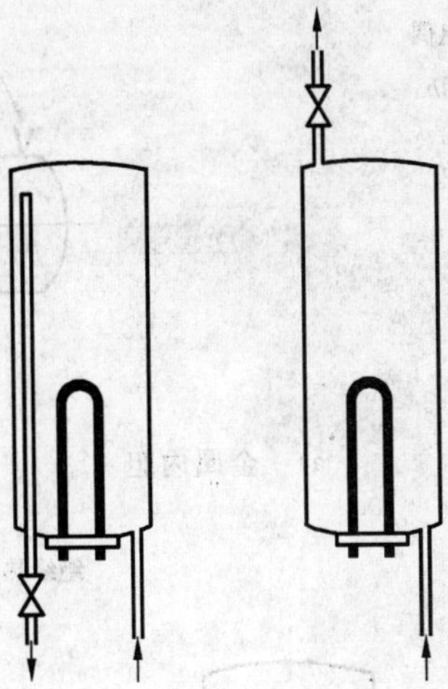

a) 密闭式热水器

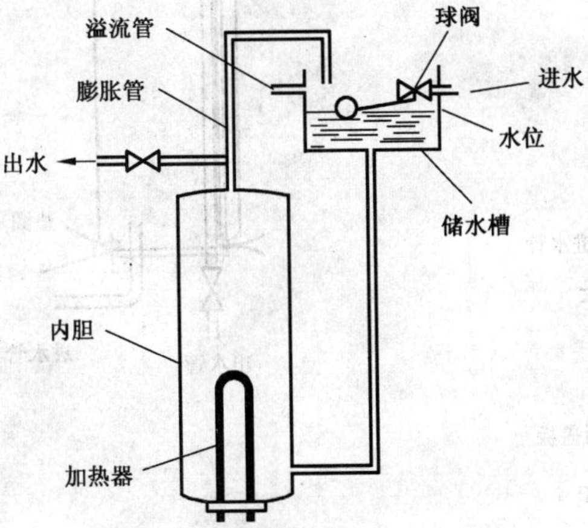

b) 水槽供水式热水器

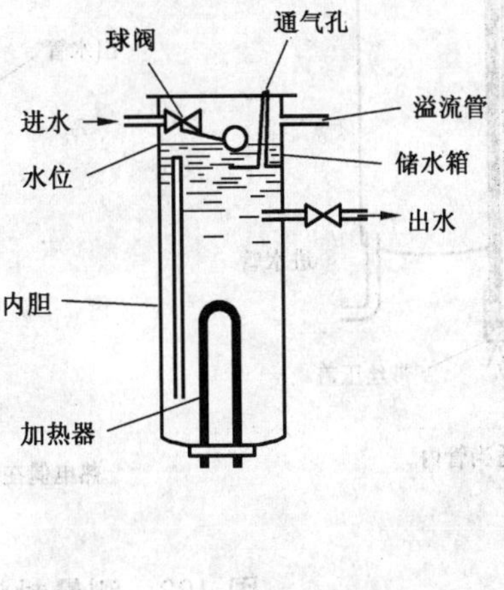

c) 水箱式热水器

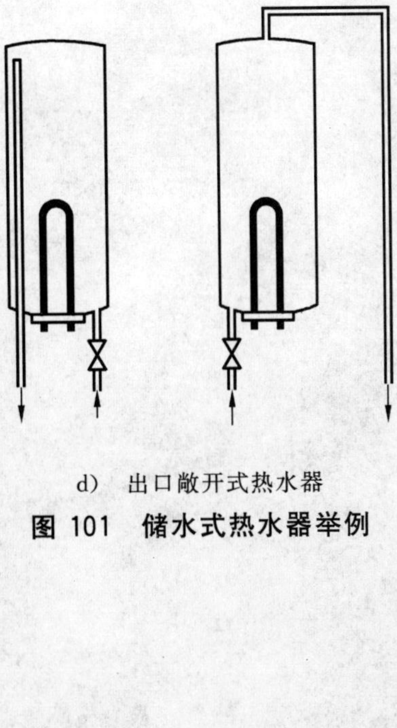

d) 出口敞开式热水器

图 101 储水式热水器举例

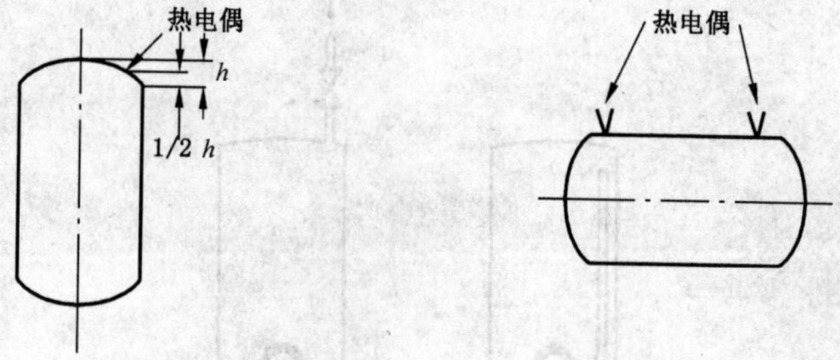

a） 金属内胆

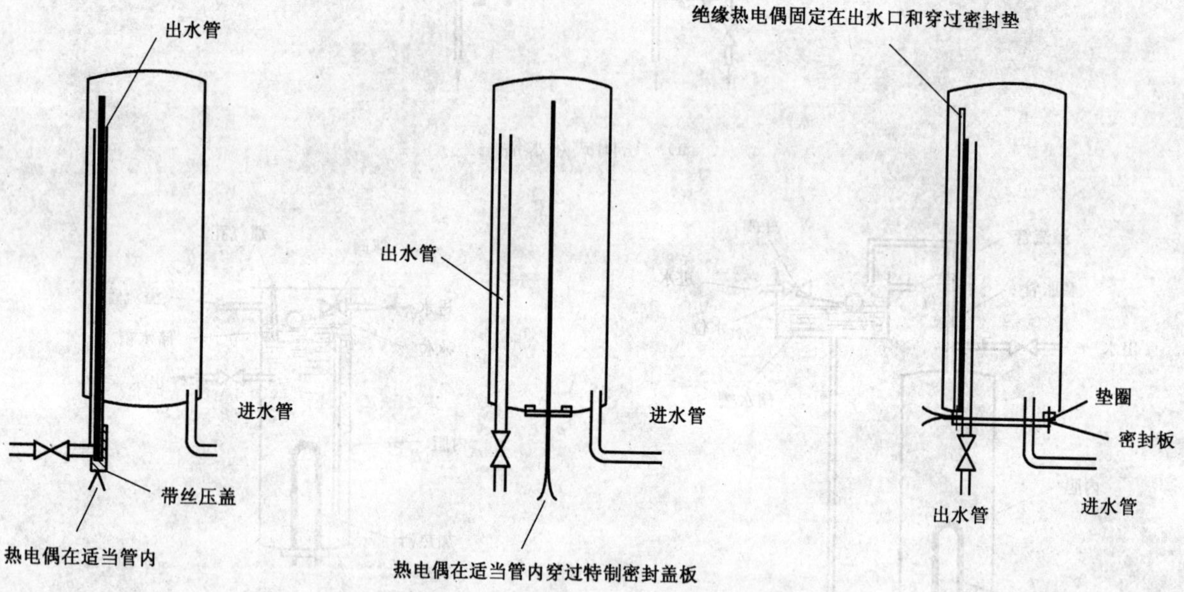

b） 非金属内胆

图 102 测量封闭的水加热器最高温度的热电偶位置

附录

GB 4706.1—1998 的附录均适用。

附 录 AA
（规范性附录）
对在接地系统异常时提供应急防护措施的Ⅰ类热水器的附加要求

本附录补充或修改本部分的相应章条。

AA.1 范围

GB 4706.12—2006 的该章除下述内容外均适用。

增加：

本附录适用于在正常使用中，一旦发生接地系统异常时提供应急防护措施的Ⅰ类热水器。

AA.2 定义

GB 4706.12 的该章适用。

AA.3 总体要求

GB 4706.12 的该章除下述内容外均适用。

增加：

适用于本附录的热水器，在正常使用中，一旦发生器具以外的接地系统的异常情况，应提供应急防护措施。

AA.4 试验的一般条件

GB 4706.12 的该章除下述内容外均适用。

增加：

AA.4.4 本附录规定的试验需要使用水温为 25±5℃的，电阻率为 1 250±50 Ω·cm 的试验用水。

注：向自来水中加入磷酸铵可配制成符合上述要求的电阻率的试验用水。

AA.5 空章

AA.6 分类

GB 4706.12 的该章适用。

AA.7 标志和说明

GB 4706.12 的该章除下述内容外均适用。

AA.7.12.1 增加：

符合本附录要求的热水器，在使用说明中应注明“一旦发生器具以外的接地系统异常情况时，应立即停止使用热水器。并拔下其电源插头或断开与供电电路的一切连接，并与制造厂的维修人员联系处理”。

AA.8 对触及带电部件的防护

GB 4706.12 的该章适用。

AA.9 电动器具的启动

GB 4706.12 的该章适用。

AA.10 输入功率和电流

GB 4706.12 的该章适用。

AA.11 发热

GB 4706.12 的该章适用。

AA.12 空章

AA.13 在工作温度下的泄漏电流和电气强度

GB 4706.12 的该章除下述内容外均适用。

AA.13.2 增加：

对热水器按以下方法进行泄漏电流试验。

将容器中充满按照 AA.4 的要求配制的试验用水。在器具外导线接线端子处断开接地线，将热水器的发热元件的基本绝缘完全失效，单相电器按照图 AA.1 和图 AA.3、三相电器按照图 AA.2 规定的方法连接试验电路，发热元件的基本绝缘完全失效，单相电器按照图 AA.1 和图 AA.3、三相电器按照图 AA.2 规定的方法连接试验电路，调整电压至热水器的额定电压，测得的泄漏电流值不超过 5 mA。

注：金属网板的尺寸为：20 cm×40 cm。

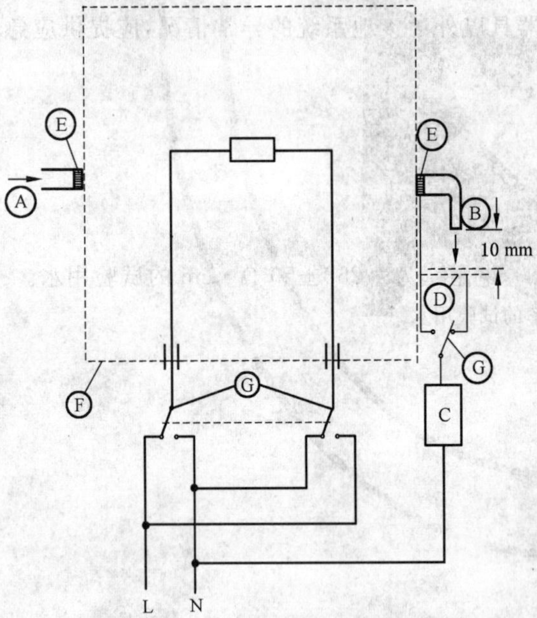

A——进水口；
B——出水口；
C——IEC 60990 中图 4 的电路；
D——金属筛网；
E——进出水管外露金属部位；
F——热水器主体；
G——选择开关。

图 AA.1 单相热水器泄漏电流测量线路图

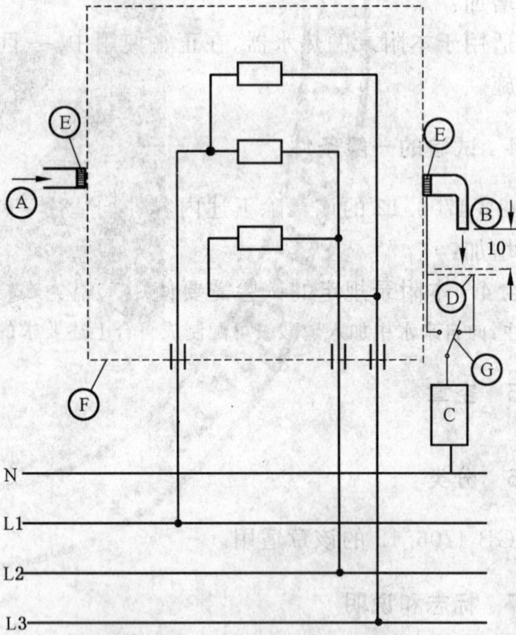

A——进水口；
B——出水口；
C——IEC 60990 中图 4 的电路；
D——金属筛网；
E——进出水管外露金属部位；
F——热水器主体；
G——选择开关。

图 AA.2 三相热水器泄漏电流测量线路图

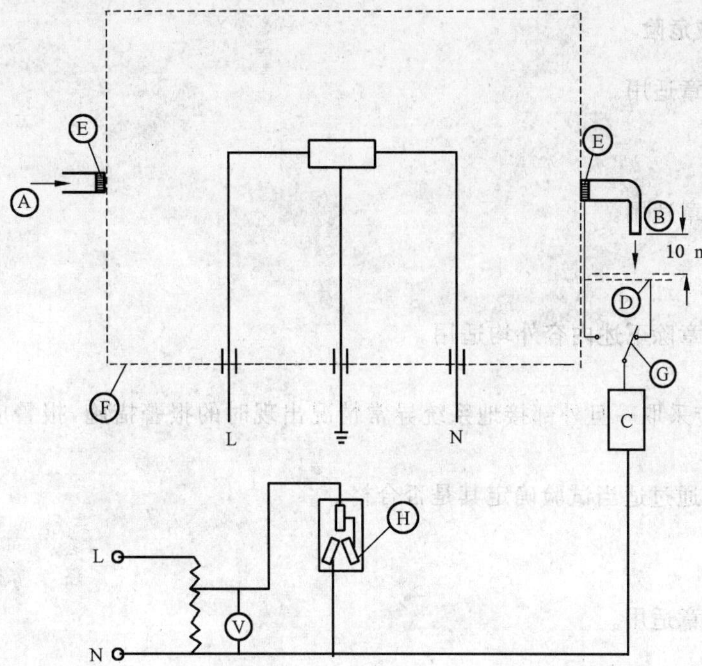

A——进水口；
B——出水口；
C——IEC 60990 中图 4 的电路；
D——金属筛网；
E——进出水管外露金属部位；
F——热水器主体；
G——选择开关；
H——连接热水器电源插头的测试专用插座。

图 AA.3　单相热水器泄漏电流测量线路图

AA.14　空章

AA.15　耐潮湿

GB 4706.12 的该章适用。

AA.16　泄漏电流和电气强度

GB 4706.12 的该章适用。

AA.17　变压器及其相关电路的过载保护

GB 4706.12 的该章适用。

AA.18　耐久性

GB 4706.12 的该章适用。

AA.19　非正常工作

GB 4706.12 的该章除下述内容外均适用。

增加：

AA.19.1　进行本章全部试验后，在器具能正常工作的情况下再进行一次本附录 AA.13.2 的试验。

AA.20 稳定性和机械危险

GB 4706.12 的该章适用。

AA.21 机械强度

GB 4706.12 的该章适用。

AA.22 结构

GB 4706.12 的该章除下述内容外均适用。

增加：

AA.22.7 热水器上应采取一旦外部接地系统异常情况出现时的报警措施，报警应能持续到人工切断电源为止。

通过视检，必要时通过适当试验确定其是否合格。

AA.23 内部布线

GB 4706.12 的该章适用。

AA.24 元件

GB 4706.12 的该章适用。

AA.25 电源连接和外部软线

GB 4706.12 的该章适用。

AA.26 外部导线用接线端子

GB 4706.12 的该章适用。

AA.27 接地措施

GB 4706.12 的该章适用。

AA.28 螺钉和连接

GB 4706.12 的该章适用。

AA.29 爬电距离、电气间隙和穿通绝缘距离

GB 4706.12 的该章适用。

AA.30 耐热、耐燃和耐漏电起痕

GB 4706.12 的该章适用。

AA.31 防锈

GB 4706.12 的该章适用。

AA.32 辐射、毒性和类似危险

GB 4706.12 的该章适用。

ICS 97.180
Y 69

GB

中华人民共和国国家标准

GB 4706.81—2006/IEC 60335-2-101:2002

家用和类似用途电器的安全 挥发器的特殊要求

Household and similar electrical appliances—Safety—Particular requirements for vaporizers

(IEC 60335-2-101:2002,IDT)

2006-07-17 发布　　　　2007-05-01 实施

中华人民共和国国家质量监督检验检疫总局
中国国家标准化管理委员会　发布

前言

本部分的全部技术内容为强制性。

GB 4706是家用和类似用途电器的安全的系列标准，分为：

第1部分：通用要求；

第2部分：特殊要求。

本部分为挥发器的特殊要求。

本部分等同采用IEC 60335-2-101:2002《家用和类似用途电器的安全 挥发器的特殊要求》。

本部分应与GB 4706.1—2005《家用和类似用途电器的安全 第1部分：通用要求》配合使用。如果由于版本的差异可能会导致本部分使用出现问题，应参照相应版本的IEC原文标准。

本部分中写明"适用"的部分，表示GB 4706.1—2005中的相应条文适用于本部分；本部分中写明"代替"或"修改"的部分应以本部分为准；本部分中写明"增加"的部分，表示除要符合GB 4706.1—2005的相应条款外，还应符合本部分所增加的条款。

本部分对IEC 60335-2-101《家用和类似用途电器的安全 挥发器的特殊要求》做了下列编辑性修改：

a) "第1部分"一词改为"GB 4706.1—2005"；

b) 用小数点'.'代替用作小数点的逗号','。

本部分由中国轻工业联合会提出。

本部分由全国家用电器标准化技术委员会(SAC/TC 46)归口。

本部分起草单位：中国家用电器研究院。

本部分参加起草单位：成都彩虹电器(集团)股份有限公司、温州欧斯达电器实业有限公司。

本部分主要起草人：马德军、许力、鲁建国、毛旭春、方世文。

本部分委托全国家用电器标准化技术委员会负责解释。

IEC 前言

1) IEC(国际电工委员会)是由所有国家的电工委员会(IEC 国家委员会)组成的世界范围内的标准化组织。IEC 的宗旨就是促进各国在电气和电子标准化领域的全面合作。鉴于以上的目的并考虑到其他活动的需要,IEC 还出版国际标准。整个制定工作由技术委员会来完成。任何对此技术问题特别感兴趣的 IEC 国家委员会都可以参加制定工作。根据 IEC 和 ISO 两组织达成的协议,它们在工作上有着密切的协作关系。

2) IEC 有关技术问题的决议或协议是由所有对此问题特别感兴趣的国家委员会参加的技术委员会制定的,并尽可能表述对所涉及的问题在国际上的一致意见。

3) 这些决议或协议以标准、技术报告或规则的形式供国际上使用,并在此意义上为各国委员会所承认。

4) 为了促进国际上的统一,IEC 希望各国委员会在本国情况允许的范围内采用 IEC 标准的内容作为他们国家的标准。IEC 与相应的国家标准或地区标准有差异的,应尽可能在本国标准中明确地指出。

5) 必须注意到该国际标准可能会涉及到专利权问题。IEC 不对识别部分或全部专利权承担责任。

6) IEC 规定了表示其认可的无标志程序,但并不表示对某一设备声称符合某一标准承担责任。

本标准是由 IEC 第 61 技术委员会“家用和类似用途的电器的安全”制定的。

本标准为 IEC 60335-2-101 第一版。

本标准是以下述文件为基础的:

FDIS	表决报告
61/2136/FDIS	61/2161/RVD

有关本标准表决情况的更进一步的材料可从上表的表决报告中查找。

本标准要与 IEC 60335-1 的最新版本及其增补件一起配合使用。本标准是以IEC 60335-1的第四版(2001)为基础的。

注 1:本标准中提到“第 1 部分”时,参照 IEC 60335-1。

为了转化成“电挥发器的安全要求”这一 IEC 标准,本内容对 IEC 60335-1 的对应条款做了补充和修改。

如果 IEC 60335-1 中的某特殊条款在“第 2 部分”中没有提及,则 IEC 60335-1 中的该条款可以合理地使用。如果在本标准中标明“增加”,“修改”,或“代替”,则 IEC 60335-1 中对应的内容都要做相应的修改。

注 2:采用下述数字系统:

——“第 1 部分”中增加的条款,表和图从 101 开始编号。

——“第 1 部分”中未包括的新的分条款包括注从 101 开始编号,包括这些代替的条款或者分条款。

——增加附录用 AA,BB 等编号.

注 3:采用下列印刷体:

——正文要求:印刷体。

——试验规范:斜体。

——注释内容:小写印刷体。

正文中的黑体字在第 3 章定义,定义涉及到形容词时,形容词和所修饰的名词也要用黑体字。

本委员会决定本标准的内容在 2004 年之前不会改动,此期间本标准会被再度确认,废止,用新版本替代或者增补。

引 言

在起草本标准时已经假设，本部分内容的实施是委托有适当资格及有经验的人来执行。

本部分承认国际上认可的对器具在考虑到制造商的使用说明的条件下正常使用工作时所带来的诸如电气、机械、热、着火及辐射等危险的防护水平。本部分还覆盖了在实际中可预期的非正常情况。

本部分尽可能地考虑了GB(/T) 16895(IEC 60364)《建筑物电气装置》的要求，以便在器具与电源连接时符合布线规则。

如果本部分范围内的器具还含有GB 4706系列的另一个标准所覆盖的功能，则该相关的第2部分标准只要合理应分别适用于每个功能。如果适用，一个功能对其他功能的影响也应考虑。

本部分是一个涉及器具安全的家用产品标准，并在覆盖相同主题的同一水平和类别的标准中处于优先地位。

符合本部分正文的器具在进行检查和试验时，如果发现其具有的其他特性会损害这些要求所覆盖的安全水平时，则未必认为其符合本部分的安全原则。

使用不同于本部分要求规定的材料或结构形式的器具，可以按照这些要求的意图来检查和试验，如果发现实质上是等效的，则可以认为其符合本要求。

家用和类似用途电器的安全 挥发器的特殊要求

1 范围

GB 4706.1—2005 的该章由下述内容代替：

本部分适用于额定电压不超过 250 V 的家用和类似用途的电挥发器的安全。

注 101：本标准包括的器具举例为空气清新器和驱虫器，它们可以带有电源软线和插头或直接连接到电源插座上的插头。

不作为一般家用，但对公众仍可能引起危险的器具，例如打算在商店、轻工业和农场中由非专业人员使用的器具也在本部分的范围之内。

就实际情况而言，本部分涉及的各种器具存在的普通危险，是在住宅和住宅周围环境中所有的人员可能会遇到。本部分一般不涉及下述情况：

——无人照看的幼儿和残疾人使用器具时的危险；

——幼儿玩耍器具的情况。

注 102：提请注意下述情况：

——对于打算用在车辆、船舶或者航空器上的器具，可能需要增加附加要求；

——在许多国家中，全国性卫生保健部门、全国性劳动保护部门和类似部门还规定有附加要求。

注 103：本部分不适用于：

——专为工业用途而设计的器具；

——打算用在特殊场所的器具，如：存在有腐蚀性或者爆炸性气体的场所(灰尘、蒸气或者瓦斯气体)；

——液体加热器(GB 4706.19(idt IEC 60335-2-15))；

——杀虫器(GB 4706.76(idt IEC 60335-2-59))；

——织物熨烫器(IEC 60335-2-85)；

——加湿器(GB 4706.48(idt IEC 60335-2-98))。

2 规范性引用文件

GB 4706.1—2005 的该章均适用。

3 定义

GB 4706.1—2005 的该章除下述外均适用。

3.1.9 代替：

正常工作 normal operation

根据使用说明书要求充入或者不充入挥发介质使器具工作，选择较不利的情况。

3.101

挥发器 vaporizer

对室内空气产生影响的，带有挥发介质的电加热器具。

4 一般要求

GB 4706.1—2005 的该章均适用。

5 试验的一般条件

GB 4706.1—2005 的该章除下述外均适用。

5.2 增加：

在一台新的器具上进行 21.101 的试验。

6 分类

GB 4706.1—2005 的该章均适用。

7 标志和说明

GB 4706.1—2005 的该章除下述外均适用。

7.1 增加：

注 101：如果额定输入功率不超过 10 W，器具可以标注“10 W max”。

7.12 增加：

使用说明书应包括下述内容：

器具只能使用推荐的挥发介质，使用其他介质可能会产生毒性或者火灾。

对于直接插入电源插座的器具，如果第 11 章的试验中，在正常使用中易触及表面的温升超过短时握持的把手、手柄及类似部件的规定值，使用说明书应包括以下内容：

使用中不应触及器具挥发介质的热表面。

8 对触及带电部件的防护

GB 4706.1—2005 的该章均适用。

9 电动器具的启动

GB 4706.1—2005 的该章不适用。

10 输入功率和电流

GB 4706.1—2005 的该章除下述外均适用。

10.1 增加：

标注“10 W max”的器具，输入功率不应超过该值。

11 发热

GB 4706.1—2005 的该章除下述外均适用。

11.4 修改：

器具用在 1.06 倍额定电压下代替 1.15 倍额定输入功率下进行试验。

11.7 代替：

器具工作直到建立稳定状态。

11.8 修改：

表 3 中不测量与油接触的部件的表面温升。

增加：

对于直接插入电源插座的器具，易触及表面的温升不应超过仅在正常使用中短时握持的把手、手柄及类似部件的规定限值。这不适用于出气格栅和加入蒸气介质的槽以及距离这些部件 7 mm 之内的表面。

器具电源插座附近的表面温升不应超过 40 K。

12 空章

13 工作温度下的泄漏电流和电气强度

GB 4706.1—2005 的该章除下述外均适用。

13.1 修改

器具用在 1.06 倍额定电压下代替 1.15 倍额定输入功率下进行试验。

14 瞬态过电压

GB 4706.1—2005 的该章均适用。

15 耐潮湿

GB 4706.1—2005 的该章均适用。

16 泄漏电流和电气强度

GB 4706.1—2005 的该章均适用。

17 变压器和相关电路的过载保护

GB 4706.1—2005 的该章均适用。

18 耐久性

GB 4706.1—2005 的该章均不适用。

19 非正常工作

GB 4706.1 的该章除下述外均适用。

19.1 增加：

器具也应经受 19.101 的试验。

19.2 增加：

器具在不充挥发介质的状态下工作。

修改：

器具用在 0.9 倍额定电压下代替 0.85 倍额定输入功率下进行试验。

19.3 修改：

器具用在 1.1 倍额定电压下代替 1.24 倍额定输入功率下进行试验。

19.4 修改：

器具用在 1.06 倍额定电压下代替 1.15 倍额定输入功率下进行试验。

19.13 增加：

试验期间，直接插入电源插座的器具易触及表面的温升不应超过：

55 K：金属；

65 K：陶瓷或者搪瓷珐琅；

75 K：成型材料、橡胶或者木料。

以上温度不适用于出气格栅和加入挥气介质的槽以及距离这些部件 7 mm 之内的表面。

器具电源插座附近的表面温升不应超过 65 K。

19.101 用预洗的双层折边的 70 cm×70 cm，干燥状态单位质量为 140 g/m^2 和 170 g/m^2 之间的单层棉布片盖住器具，器具在额定电压下正常运行。

棉布不应冒烟或者点燃。

20 稳定性和机械危险

GB 4706.1—2005 的该章均适用。

21 机械强度

GB 4706.1—2005 的该章除下述外均适用。

增加：

注 101：直接插入电源插座的器具试验时靠插脚将其固定。

直接插入电源插座的器具应经受 21.101 的试验，试验在一台新的器具上进行。

21.101 用一台空器具按 GB/T 2423.8—1995 规定程序 2 进行跌落试验，跌落次数为：

——器具质量大于 250 g 时 50 次；

——其他器具 100 次。

试验后，器具不应出现不符合第 8 章和第 29 章要求的损坏。

22 结构

GB 4706.1—2005 的该章除下述外均适用。

22.4 不适用。

23 内部布线

GB 4706.1—2005 的该章除下述外均适用。

23.3 增加：

直接插入电源插座并可以沿插座方向转动的器具，应经受下述试验。可沿逆时针和顺时针方向转动的移动部件按器具结构对插座允许的最大角度转动，以每分钟 10 转的速度转动 100 次。

注 101：以顺时针或者逆时针方向转动。

试验后，器具应符合第 8 章和第 29 章的要求，并且电气连接不应松动。

24 元件

GB 4706.1—2005 的该章均适用。

25 电源连接和外部软线

GB 4706.1—2005 的该章除下述外均适用。

25.5 增加：

允许 Z 型连接。

26 外部导线用接线端子

GB 4706.1—2005 的该章均适用。

27 接地措施

GB 4706.1—2005 的该章均适用。

28 螺钉和连接

GB 4706.1—2005 的该章均适用。

29 电气间隙、爬电距离和固体绝缘

GB 4706.1—2005 的该章均适用。

30 耐热和耐燃

GB 4706.1—2005 的该章除下述外均适用。

30.2.2 不适用。

31 防锈

GB 4706.1—2005 的该章均适用。

32 辐射、毒性和类似危险

GB 4706.1—2005 的该章除下述外均适用。

注 101：挥发材料的毒性应符合相关国家法规。

附 录

GB 4706.1—2005 的附录，均适用。

参 考 文 献

GB 4706.1—2005 的参考文献除下述外,均适用。

增加:

GB 4706.19 家用和类似用途电器的安全 液体加热器的特殊要求(GB 4706.19—2004,IEC 60335-2-15:2000,IDT)

GB 4706.76 家用和类似用途电器的安全 灭虫器的特殊要求(GB 4706.76—2004,idt IEC 60335-2-59:2002,IDT)

IEC 60335-2-85 家用和类似用途电器的安全 织物熨烫器的特殊要求

GB 4706.48 家用和类似用途电器的安全 加湿器的特殊要求(GB 4706.48—2000,idt IEC 60335-2-98:1997)

ICS 13.220.20
C 81

中华人民共和国国家标准

GB/T 4718—2006
代替 GB/T 4718—1996

火灾报警设备专业术语

Vocabulary used in fire alarm equipment

2006-04-30 发布　　2006-12-01 实施

中华人民共和国国家质量监督检验检疫总局
中国国家标准化管理委员会　发布

前 言

本标准是对 GB/T 4718—1996《火灾报警设备专业术语》的修订。本标准在修订过程中参考了 ISO/DIS 7240-1《火灾探测报警系统 第1部分:总则和术语》。

本标准与 GB/T 4718—1996 相比,主要变化如下:

——一般术语部分,增加了火灾自动报警系统、火灾触发器件、火灾报警控制器、火灾警报装置、消防联动控制系统、消防联动控制器、火灾报警信号、可靠工作时间、屏蔽、屏蔽状态、火灾参数等术语。删减了线制、编码信号术语;

——火灾探测术语部分,将探测范围术语修改为探测区术语;

——火灾报警术语部分,增加了监管信号、监管报警状态和手动火灾报警按钮的术语;删减了点、隔离、隔离部件术语;

——火灾探测器术语部分,增加了火灾探测器、吸气式感烟火灾探测器、图像型火灾探测器、一氧化碳火灾探测器、探测器底座、探测器编码底座等术语;

——火灾报警控制器术语部分,修订了区域型火灾报警控制器、集中型火灾报警控制器术语,增加了区域集中兼容型火灾报警控制器、独立型火灾报警控制器术语;

——增加了消防联动控制系统、电气火灾监控系统及其相关组成设备的术语。

本标准自实施之日起,同时代替 GB/T 4718—1996。

本标准由中华人民共和国公安部提出。

本标准由全国消防标准化技术委员会第六分技术委员会归口。

本标准负责起草单位:公安部沈阳消防研究所。

本标准主要起草人:窦保东、孙爽、刘美华、王艳娥、李海涛。

本标准所代替标准的历次版本发布情况为:

—— GB 4718—1984。

—— GB/T 4718—1996。

火灾报警设备专业术语

1 范围

本标准对我国常见的火灾自动报警系统中的设备的基本术语进行了定义。

本标准所列术语适用于消防领域火灾报警设备的生产、设计、施工、维护、管理、科研、教学、出版等方面。

2 一般术语

2.1

火灾自动报警系统　fire detection and alarm system

实现火灾早期探测、发出火灾报警信号、并向各类消防设备发出控制信号完成各项消防功能的系统，一般由火灾触发器件、火灾警报装置、火灾报警控制器、消防联动控制系统等组成。

2.2

火灾触发器件　fire trigger part

通过探测周围使用环境与火灾相关的物理或化学现象的变化，向火灾报警控制器传送火灾报警信号的器件，包括火灾探测器、手动火灾报警按钮、水流指示器等。

2.3

火灾报警控制器　fire alarm control unit/fire control and indicating equipment

作为火灾自动报警系统的控制中心，能够接收并发出火灾报警信号和故障信号，同时完成相应的显示和控制功能的设备。

2.4

火灾警报装置　fire alarm signalling device

与火灾报警控制器分开设置，火灾情况下能够发出声和/或光火灾警报信号的装置。又称声和/或光警报器。

2.5

消防联动控制系统　automatic control system for fire protection

火灾自动报警系统中，接收火灾报警控制器发出的火灾报警信号，完成各项消防功能的控制系统。通常由消防联动控制器、模块、气体灭火控制器、消防电气控制装置、消防设备应急电源、消防应急广播设备、消防电话、传输设备、消防控制中心图形显示装置、消防电动装置、消防泵控制器、消火栓按钮等设备组成。

2.6

消防联动控制器　automatic control equipment for fire protection

接收火灾报警控制器或其他火灾触发器件发出的火灾报警信号，根据设定的控制逻辑发出控制信号，控制各类消防设备实现相应功能的控制设备。

2.7

正常监视状态　quiescent condition

火灾触发器件、火灾警报装置、模块、火灾报警控制器在电源正常供电条件下，无火灾报警、故障报警、监管报警、屏蔽、自检等发生时所处的工作状态。

2.8

火灾报警信号　fire alarm signal

火灾自动报警系统或系统内各组成部分发出或接收到的反映火灾信息的声、光、电信号。

2.9

火灾报警状态　fire alarm condition

火灾触发器件、火灾警报装置、火灾报警控制器发出火灾报警信号时的状态。

2.10

故障　fault

火灾自动报警系统或系统内各组成部分不能正常工作的情况。

2.11

故障信号　fault signal

火灾自动报警系统或系统内各组成部分发出或接收到的反映故障信息的声、光、电信号。

2.12

故障状态　fault condition

火灾自动报警系统或系统内各组成部分发生故障时所处的状态。

2.13

故障率　fault rate

火灾自动报警系统或系统内各组成部分在规定的使用条件和期限内发生故障的次数。通常以百万小时的故障次数表示。故障率＝故障次数/百万小时。

2.14

误报　false alarm

实际上没有发生火灾，而火灾自动报警系统或系统内各组成部分发出了火灾报警信号。

2.15

误报率　rate of false alarm

火灾自动报警系统或系统内各组成部分在规定的使用条件和期限内发生误报的次数。通常以百万小时的误报次数表示。误报率＝误报次数/百万小时。

2.16

报警电流　alarm current

火灾报警设备处于火灾报警状态时的工作电流。

2.17

监视电流　standby current

火灾报警设备处于正常监视状态时的工作电流。

2.18

探测信号　detection signal

来自火灾探测器的反映被监视区域火灾信息的信号。

2.19

警报信号　warning signal

由火灾警报装置发出的声和/或光信号。

2.20

可靠工作时间　reliable work time

火灾自动报警系统或系统内各组成部分在规定的使用条件下正常工作的时间。

2.21

复位 reset

为使火灾自动报警系统或系统内各组成部分恢复到正常监视状态进行的操作。

2.22

屏蔽 disable

通过火灾报警控制器、消防联动控制器等控制器使某些部件或功能失效的操作。

2.23

屏蔽状态 disabled condition

火灾报警控制器、消防联动控制器等控制器在屏蔽功能启动后所处的工作状态。

2.24

预警信号 pre-alarm signal

火灾报警控制器接收到探测信号后发出的提示可能发生火灾的一种警示信号。

2.25

预警状态 pre-alarm condition

火灾报警控制器发出预警信号时所处的状态。

2.26

火灾参数 fire parameter

反应火灾发生时物理和化学现象发生变化的参数，一般指烟参数、温参数、一氧化碳及可探测气体参数等。

3 火灾探测术语

3.1

探测区 detection zone

设定的火灾探测器保护区域，是将报警区域按探测火灾的部位划分的单元。

3.2

感温火灾探测器响应时间 response time of a heat detector

感温火灾探测器在响应时间试验中从规定的温度开始升温至动作时的时间间隔。

3.2.1

感温火灾探测器响应时间上限值 upper limit of the response time of a heat detector

划分感温火灾探测器灵敏度级别时，同一级别中允许的最大响应时间值。

3.2.2

感温火灾探测器响应时间下限值 lower limit of the response time of a heat detector

划分感温火灾探测器灵敏度级别时，同一级别中允许的最小响应时间值。

3.3

响应阈值 response threshold value

火灾探测器在规定试验条件下可靠响应时对应的火灾参数值。

3.4

灵敏度 sensitivity

火灾探测器响应火灾参数的敏感程度。

3.5

灵敏度级别 sensitivity rating

按灵敏度划分的等级。

3.6

最有利方位　most sensitive orientation

火灾探测器在方位试验中最小响应阈值(或响应时间值)对应的方位。

3.7

最不利方位　least sensitive or ientation

火灾探测器在方位试验中最大响应阈值(或响应时间值)对应的方位。

3.8

y 值　y value

表示烟粒子对电离室中电离电流作用的一个参数。对一定尺寸的电离室来说,y 值与烟粒子的粒径和烟粒子浓度成正比。y 值按下式计算:

$$\bar{d} \times z = \eta \times y$$

$$y = (I_0/I) - (I/I_0)$$

式中:

I_0——空气中无烟粒子时的电离电流;

I——空气中含烟粒子时的电离电流;

$\bar{d}$——烟粒子的平均粒径,单位为米(m);

z——烟粒子数浓度,单位为每立方米($1/m^3$);

η——电离室常数,单位为每平方米($1/m^2$)。

3.9

减光系数　absorbance index

表示烟雾或气溶胶对光吸收和散射能力的一个参数。它按下式计算:

$$m = (10/d)\lg(P_0/P)$$

式中:

m——减光系数,单位为分贝每米(dB/m);

d——试验烟的光学测量长度,单位为米(m);

P_0——无烟时接收的辐射功率,单位为瓦(W);

P——有烟时接收的辐射功率,单位为瓦(W)。

3.10

报警确认灯　alarm indicator

火灾触发器件上用以表示发出火灾报警信号的指示灯。

4　火灾报警术语

4.1

容量　capacity

控制器能够连接并可靠工作的部件总量。

4.2

部位　location

控制器显示的独立的最小单元。

4.3

部位号　code of monitored location

控制器监视部位的编号。

4.4

巡检 polling

控制器以设定的周期循环检测各部件工作状态的过程。

4.5

巡检周期 polling period

控制器完成一次巡检所用的时间。

4.6

回路 loop

控制器的外连接线路包括该线路上连接的火灾触发器件、模块、火灾显示盘等部件。

4.7

报警区域 alarm zone

将火灾自动报警系统的警戒范围按防火分区或楼层划分的单元。

4.8

监管信号 supervisory signal

火灾报警控制器监视的除火灾报警信号和故障报警信号之外其他输入信号。

4.9

监管报警状态 supervisory condition

火灾报警控制器发出监管报警信号时所处的状态。

4.10

手动火灾报警按钮 manual call point

通过手动启动器件发出火灾报警信号的装置。

5 火灾探测器术语

5.1

火灾探测器 fire detector

作为火灾自动报警系统的一个组成部分，使用至少一种传感器持续或间断监视与火灾相关的至少一种物理和/或化学现象，并向控制器提供至少一种火灾探测信号。

5.2

点型探测器 point detector

响应一个小型传感器附近监视现象的探测器。

5.3

多点型探测器 multipoint detector

响应多个小型传感器(例如热电偶)附近监视现象的探测器。

5.4

线型探测器 line detector

响应某一连续路线附近监视现象的探测器。

5.5

感烟火灾探测器 smoke detector

对悬浮在大气中的燃烧和/或热解产生的固体或液体微粒敏感的火灾探测器。

5.5.1

点型离子感烟火灾探测器 point-type ionization smoke detector

根据电离原理进行火灾探测的点型火灾探测器。

5.5.2

点型光电感烟火灾探测器　point-type photoelectric smoke detector

根据散射光、透射光原理进行火灾探测的点型火灾探测器。

5.5.3

线型光束感烟火灾探测器　line - type smoke detector using an optical light beam

应用光束被烟雾粒子吸收而减弱的原理的线型感烟火灾探测器。

5.5.4

独立式感烟火灾探测报警器　self-contained smoke alarm

一个包括感烟探测、电源和报警器件的报警器，主要用于家庭住宅的火灾探测和报警。

5.5.5

吸气式感烟火灾探测器　aspirating smoke detector

采用吸气工作方式获取探测区域火灾烟参数的感烟火灾探测器。

5.5.5.1

管型吸气式感烟火灾探测器　aspirating smoke detector with sampling pipe

通过采样管道获取探测区域火灾烟参数的感烟探测器。

5.5.5.2

点型吸气式感烟火灾探测器　point - type aspirating smoke detector

采用吸气工作方式获取探测区域火灾烟参数的点型感烟火灾探测器。

5.6

感温火灾探测器　heat detector

对温度和/或升温速率和/或温度变化响应的火灾探测器。

5.6.1

定温火灾探测器　static temperature detector

温度达到或超过预定温度时响应的感温火灾探测器。

5.6.2

差温火灾探测器　rate - of - rise detector

升温速率符合预定条件时响应的感温火灾探测器。

5.6.3

差定温火灾探测器　rate - of - rise and static temperature detector

兼有差温、定温两种功能的感温火灾探测器。

5.6.4

点型感温火灾探测器　point - type heat detector

响应一个小型传感器附近监视现象的感温火灾探测器。

5.6.4.1

点型定温火灾探测器(S 型)　point - type static temperature detector

具有定温功能的点型感温火灾探测器。

5.6.4.2

点型差定温火灾探测器(R 型)　point - type static temperature detector with rate - of - rise character

具有差定温功能的点型感温火灾探测器。

5.6.5

线型感温火灾探测器　line - type heat detector

对警戒范围内某一路线周围的温度参数响应的火灾探测器。

5.6.5.1

线型定温火灾探测器　line - type static temperature detector

具有定温功能的线型感温火灾探测器。

5.6.5.2

线型差温火灾探测器　line - type rate - of - rise detector

具有差温功能的线型感温火灾探测器。

5.6.5.3

线型差定温火灾探测器　line - type rate - of - rise and static temperature detector

具有差定温功能的线型感温火灾探测器。

5.6.5.4

缆式线型感温火灾探测器　cable line - type heat detector

采用缆式线结构的线型感温火灾探测器。

5.6.5.5

空气管式线型感温火灾探测器　pneumatic line - type heat detector

采用空气管结构的线型感温火灾探测器。

5.7

火焰探测器　flame detector

对火焰光辐射响应的探测器。

5.7.1

紫外火焰探测器　ultra - violet flame detector

对火焰中波长小于300nm 的紫外光辐射响应的火焰探测器。

5.7.2

红外火焰探测器　infra-red flame detector

对火焰中波长大于 850 nm 的红外光辐射响应的火焰探测器。

5.8

图像型火灾探测器　image type fire detector

使用摄像机、红外热成像器件等视频设备或它们的组合方式获取监控现场视频信息，进行火灾探测的探测器。

5.9

一氧化碳火灾探测器　carbon monoxide fire detector

对一氧化碳响应的火灾探测器。

5.10

多传感器火灾探测器　multisensor fire detector

在同一个探测器中采用多个传感器对多种火灾参数响应的火灾探测器。

5.11

复合探测器　combination detector

将多种探测原理应用在同一个探测器中，并将探测结果进行复合，给出一个输出信号的探测器。

5.12

可复位探测器　resettable detector

在响应后和在引起响应的条件终止时，不更换任何组件即可从报警状态恢复到正常监视状态的探测器。

5.13

不可复位探测器　non-resettable detector

在响应后不能恢复到正常监视状态的探测器。

5.14

可拆卸探测器　detachable detector

设计上易于从正常安装位置上拆卸的探测器。

5.15

不可拆卸探测器　non-detachable detector

设计上不易于从正常安装位置上拆卸的探测器。

5.16

防爆火灾探测器　explosion-proof fire detector

具有探测火灾功能和防爆功能的火灾探测器。

5.17

探测器底座　detector base

探测器探头的固定安装座。

5.17.1

探测器编码底座　addressable detector base

具有编码地址的探测器底座。

6　火灾报警控制器术语

6.1

区域型火灾报警控制器　local fire alarm control unit

能直接接收火灾触发器件或模块发出的信息，并能向集中型火灾报警控制器传递信息功能的火灾报警控制器。

6.2

集中型火灾报警控制器　central fire alarm control unit

能接收区域型火灾报警控制器(含相当于区域型火灾报警控制器的其他装置)、火灾触发器件或模块发出的信息，并能发出某些控制信号使区域型火灾报警控制器工作的火灾报警控制器。

6.3

集中区域兼容型火灾报警控制器　combined central and local fire alarm control unit

既可作集中型火灾报警控制器又可作区域型火灾报警控制器用的火灾报警控制器。

6.4

独立型火灾报警控制器　independence type fire alarm control unit

不具有向其他火灾报警控制器传递信息功能的火灾报警控制器。

6.5

火灾显示盘　fire display panel

火灾报警指示设备的一部分。它是接收火灾报警控制器发出的信号，显示发出火警部位或区域，并能发出声光火灾信号的装置。

6.6

总线短路隔离器　isolator

用在传输总线上，在总线短路时通过使短路部分两端成高阻态或开路状态，从而使该短路故障的影响仅限于被隔离部分，且不影响控制器和总线上其他部分的正常工作的器件。

7 电源术语

7.1

主电电源 main power supply

火灾探测报警系统使用的市电电源。

7.2

备用电源 secondary power supply

当主电电源不能正常工作时，供火灾自动报警系统继续工作的备用电池组。

7.3

电源欠压 voltage shortage of power supply

供电电源电压低于额定电压下限值。

8 消防联动控制系统术语

8.1

模块 module

用于控制器和其所连接的受控设备和受控部件之间信号传输的设备。

8.1.1

输入模块 input module

把各类信号输入控制器的模块。

8.1.2

输出模块 output module

将控制器的控制信号传输给连接的受控设备或受控部件的模块。

8.2

气体灭火控制器 control unit for gas fire extinguishing

用于控制气体灭火设备的控制器。

8.3

消防电气控制装置 fire electric control equipment

用于控制各类电动消防设施的控制装置。

8.4

消防设备应急电源 emergency power supply for fire equipment

主电电源断电时，能够为各类消防设备供电的电源设备。

8.5

消防应急广播设备 sounder equipment for fire emergency purposes

用于火灾情况下的专门的广播设备。

8.6

消防电话 fire telephone

用于消防控制中心(室)与建筑物中各部位之间通话的电话系统。由消防电话总机、消防电话分机和传输介质构成。

8.6.1

消防电话总机 fire telephone exchange

消防电话系统的组成部分，设置于消防控制中心(室)，能够与消防电话分机进行全双工语音通讯，具有综合控制功能、状态显示和故障监视功能。

8.6.2

消防电话分机　fire telephone extension

消防电话系统的组成部分，设置于建筑物中各关键部位，能够与消防电话总机进行全双工语音通讯。

8.6.3

消防电话插孔　fire telephone jack

安装于建筑物各处，插上电话手柄可以和消防电话总机通讯的插孔。

8.7

传输设备　routing equipment

将火灾报警控制器发出的火灾报警信号传输给火警调度台的设备。

8.8

消防电动装置　electronic drive device for fire protection equipment

电动消防设施的电气驱动释放装置。

8.9

消防控制中心图形显示装置　graph indicator in fire control center

消防控制中心安装的用来模拟现场火灾探测器等部件的建筑平面布局，能如实反映现场火灾、故障等状况的显示装置。

8.10

消火栓按钮　Hydrant startup point

用于手动启动消火栓的按钮。

9　电气火灾监控系统术语

9.1

电气火灾监控系统　alarm and control system for electric fire protection

当被保护电气线路中的被探测参数超过报警设定值时，能发出报警信号、控制信号并能指示报警部位的系统，它由电气火灾监控设备、电气火灾监控探测器组成。

9.2

电气火灾监控设备　alarm and control unit for electric fire protection

能接收来自电气火灾监控探测器的报警信号，发出声、光报警信号和控制信号，指示报警部位，记录并保存报警信息的装置。

9.3

电气火灾监控探测器　detector for electric fire protection

探测被保护线路中的剩余电流、温度等电气火灾危险参数变化的探测器。

中文索引

英 文 索 引

A

C

D

E

F

ICS 43.080.10
T 72

中华人民共和国国家标准

GB/T 4781—2006/ISO 1102:2001
代替 GB/T 4781—1984

道路车辆　50毫米牵引杆挂环的互换性

Commercial road vehicles—50 mm drawbar eye—Interchangeability

(ISO 1102:2001,IDT)

2006-01-10 发布　　2006-06-01 实施

中华人民共和国国家质量监督检验检疫总局
中国国家标准化管理委员会　发布

前言

本标准等同采用ISO 1102:2001《牵引车与全挂车的机械连接装置互换性》。

本标准等同翻译ISO 1102:2001。

为便于使用，本标准做了下列编辑性修改：

——“本国际标准”一词改为“本标准”；

——用小数点“.”代替作为小数点的逗号“,”；

——删除国际标准的前言；

——去掉了4.2下的两个注。

本标准代替GB/T 4781—1984《牵引车与全挂车的机械连接装置互换性》。

本标准与GB/T 4781—1984的主要技术差异如下：

——标准的名称改为“道路车辆 50毫米牵引杆挂环的互换性”；

——本标准增加了设计要求(见第3章)；

——本标准增加了性能要求(见4.4.2)。

本标准4.4.2和第5章的技术内容，自本标准实施之日起24个月后执行。

本标准由中华人民共和国交通部提出。

本标准由全国汽车标准化技术委员会挂车分技术委员会(SAC/TC 114/SC 13)归口。

本标准起草单位：交通部科学研究院。

本标准主要起草人：张敬轩。

本标准所代替标准的发布情况为：GB/T 4781—1984。

道路车辆 50毫米牵引杆挂环的互换性

1 范围

本标准规定了50 mm牵引杆挂环的互换性要求。

本标准适用于总质量大于3.5 t的商用车辆与挂车之间的机械连接装置。

2 规范性引用文件

下列文件中的条款通过本标准的引用而成为本标准的条款。凡是注日期的引用文件，其随后所有的修改单(不包括勘误的内容)或修订版均不适用于本标准，然而，鼓励根据本标准达成协议的各方研究是否使用这些文件的最新版本。凡是不注日期的引用文件，其最新版本适用于本标准。

ISO 8718 道路车辆 铰接式牵引杆连接孔 强度试验。

ISO 12357 道路车辆 刚性固定连接式牵引杆连接孔 强度试验。

3 设计要求

本标准规定的牵引杆挂环在使用时应按顺序满足以下要求：

a) 符合本标准相应的条款；

b) 符合代号D50的牵引杆挂环(无分类)；

c) 按照4.4要求分类的牵引杆挂环，应满足相应条款的技术要求。

示例1：无分类的50毫米牵引杆挂环：

本标准规定的D50牵引杆挂环

示例2：满足C级分类要求的50毫米牵引杆挂环：

本标准规定的D50-C牵引杆挂环

4 牵引杆挂环

4.1 总则

本标准4.2和4.3的要求适用于所有的50 mm牵引杆挂环。牵引杆挂环分类的附加要求见4.4。

4.2 一般要求

D50牵引杆挂环应与C50连接装置相匹配。牵引杆的挂环不能纵向转动。

4.3 尺寸

D50牵引杆挂环的尺寸见图1，图中尚未规定的尺寸，可根据部件的构造自行处理。

图2和图3所示的尺寸为牵引杆挂环衬套的配合尺寸。

D50牵引杆挂环(见图1)的尺寸特性见表1。

表1 D50牵引杆挂环的尺寸特性(无分类)

单位为毫米

	h (max)	b (max)
D50	80	62

4.4 D50-A至D50-D各级牵引杆挂环的各项要求

4.4.1 尺寸

D50各级牵引杆挂环的尺寸如下：

a) D50-A级牵引杆挂环见图1和表2；

b) D50-B级牵引杆挂环见图4；

c) D50-C 级牵引杆挂环见图 5；

d) D50-D 级牵引杆挂环见图 6。

表 2 D50-A 级牵引杆连接挂环的尺寸特性 单位为毫米

	h	b
D50-A	65^{+2}_{-1}	60^{+2}_{-1}

4.4.2 性能要求

牵引杆挂环试验的最低分类要求见表 3。

表 3 牵引杆挂环试验最低分类要求

分类	D/kN	D_C/kN	S/kg	V/kN
D50-A	130	90	1 000	30
D50-B	130	90	1 000	25
D50-C	190	120	1 000	50
D50-D	190	130	1 000	75
注：表中 D、D_C、S 和 V 所代表的含义见 ISO 12357。				

5 试验要求

50 mm 牵引杆挂环的强度试验应符合 ISO 8718 或 ISO 12357 的要求，或符合该两项标准的要求。

单位为毫米

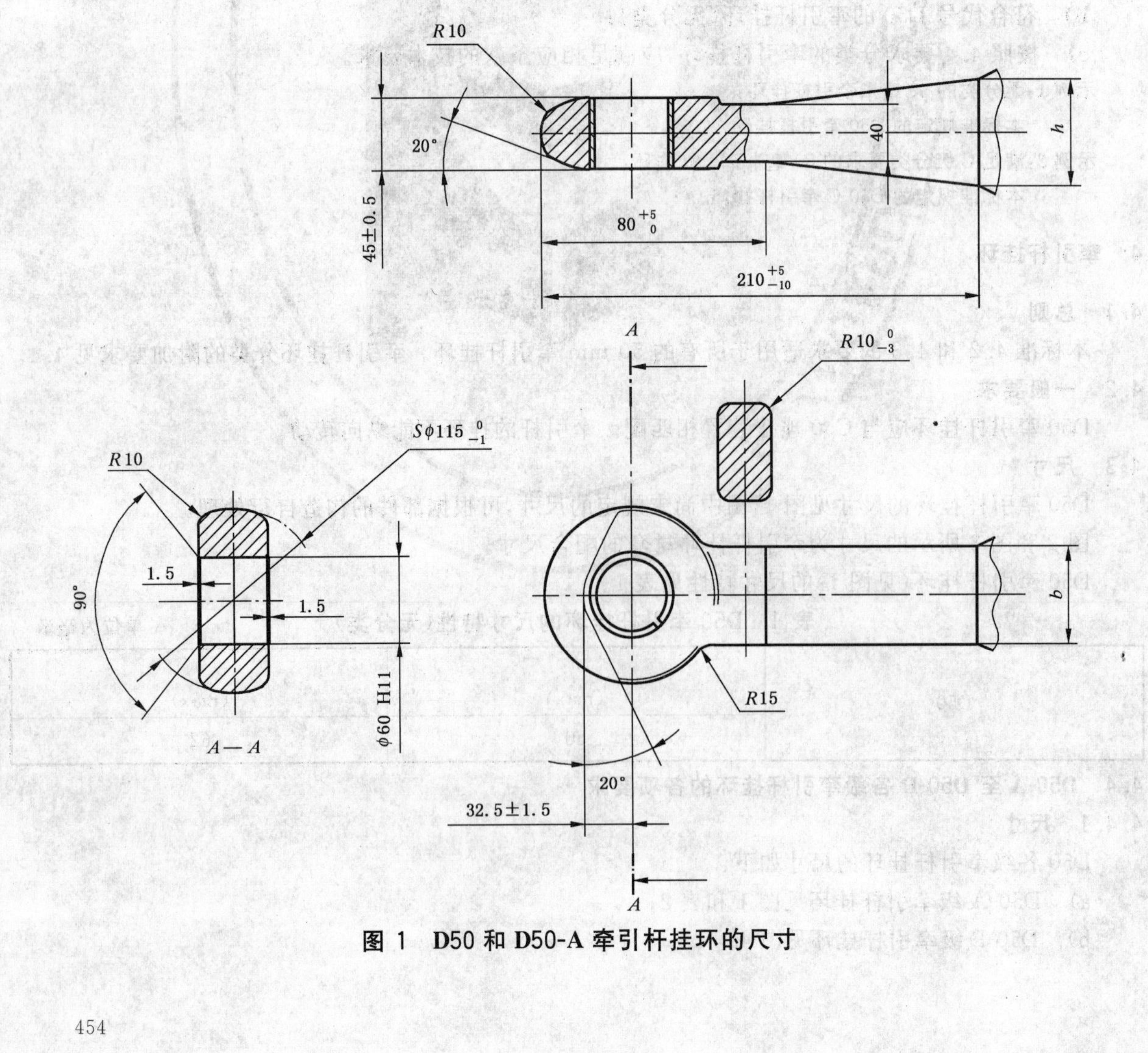

图 1 D50 和 D50-A 牵引杆挂环的尺寸

单位为毫米

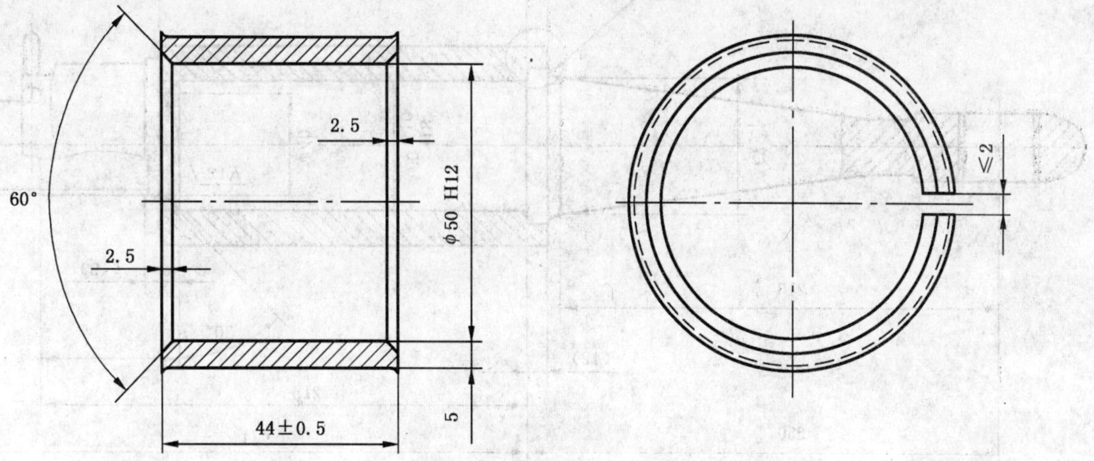

图 2　D50 牵引杆挂环有槽衬套的安装条件

单位为毫米

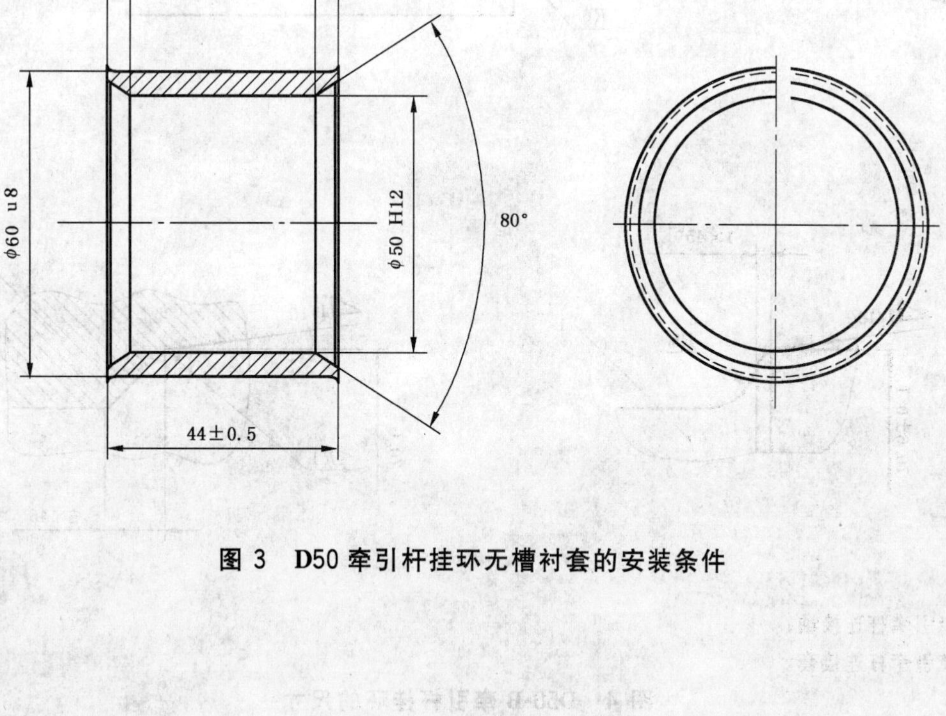

图 3　D50 牵引杆挂环无槽衬套的安装条件

单位为毫米

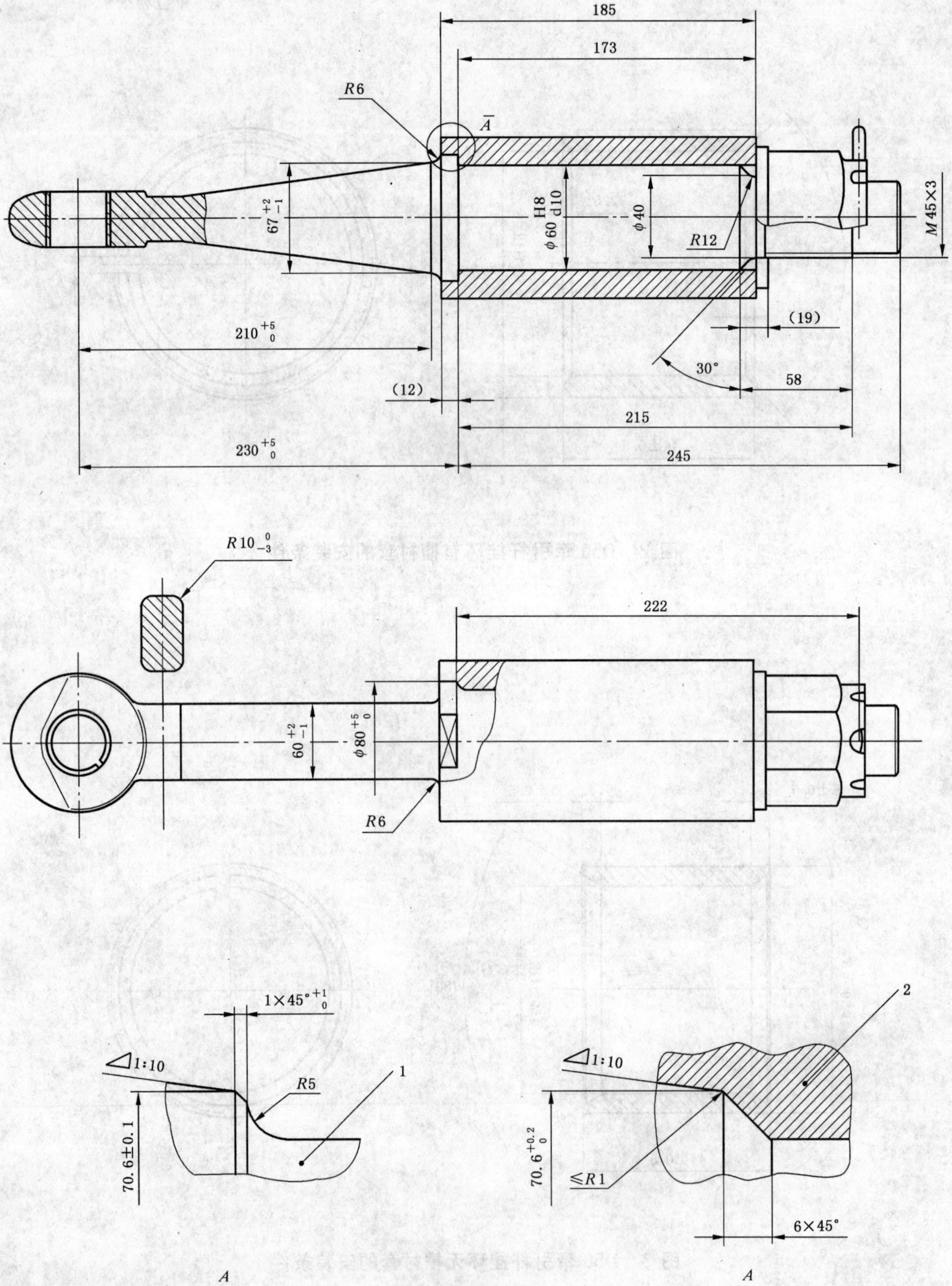

1——牵引牵杆连接轴；

2——牵引牵杆连接套。

图 4　D50-B 牵引杆挂环的尺寸

单位为毫米

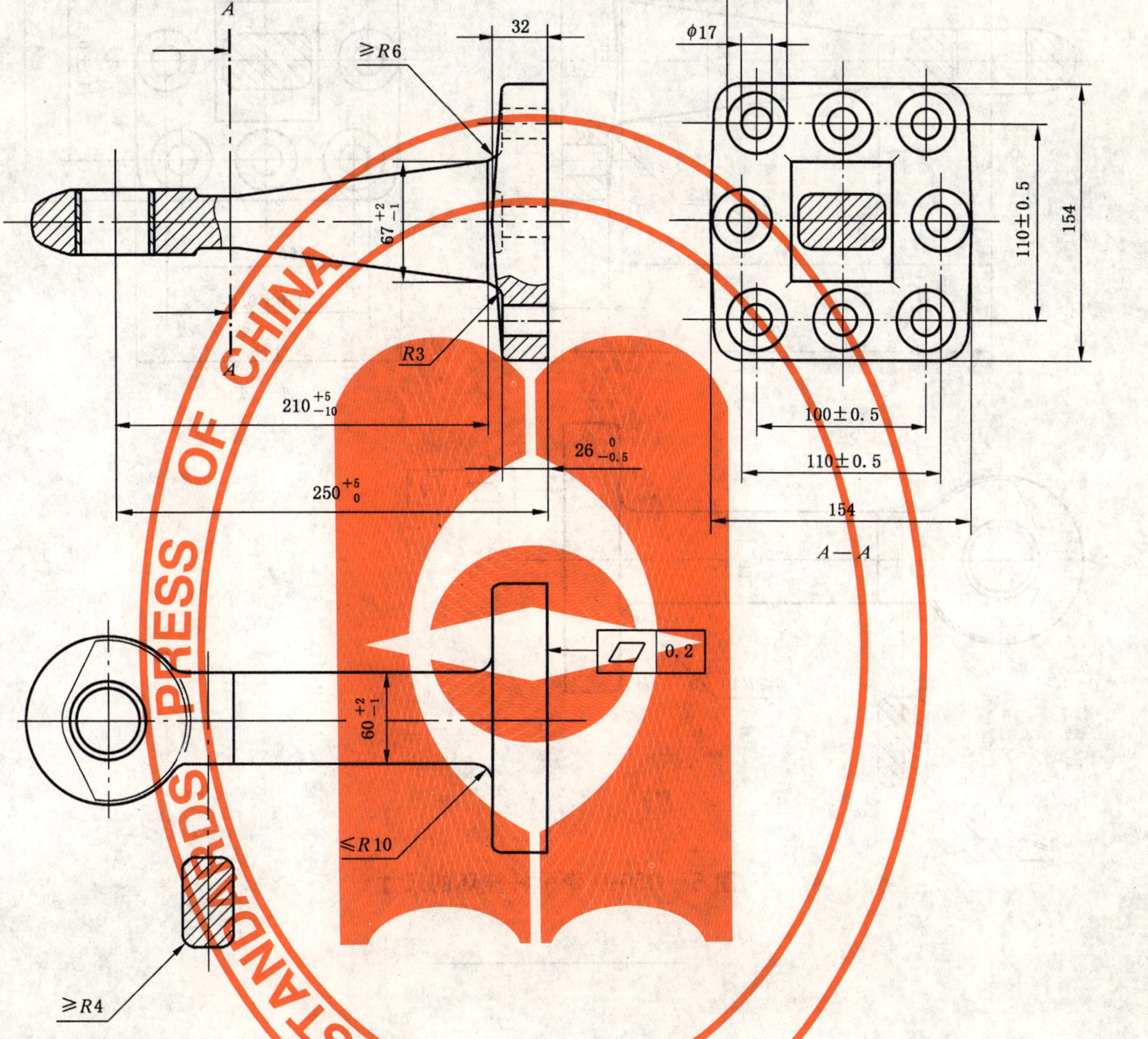

图 5 D50-C 牵引杆挂环的尺寸

单位为毫米

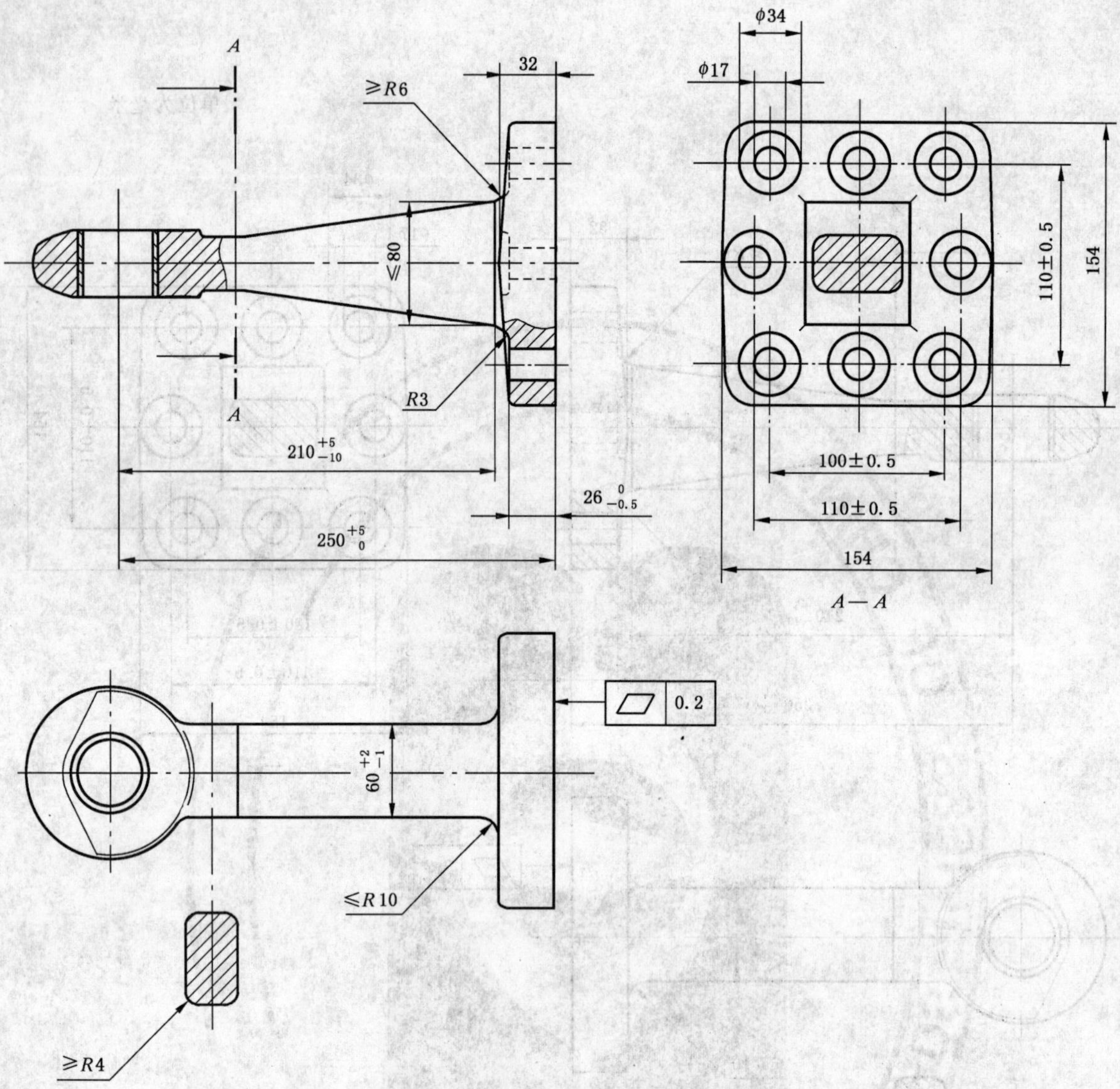

图 6 D50-D 牵引杆挂环的尺寸

ICS 19.020
A 20

中华人民共和国国家标准

GB/T 4797.4—2006/IEC 60721-2-4:2002
代替 GB/T 4797.4—1989

电工电子产品自然环境条件 太阳辐射与温度

Environmental conditions appearing in nature for electric and electronic products—Solar radiation and temperature

(IEC 60721-2-4:2002,Environmental conditions appearing in nature—Solar radiation and temperature,IDT)

2006-12-19 发布　　2007-09-01 实施

中华人民共和国国家质量监督检验检疫总局
中国国家标准化管理委员会　发布

前　言

GB/T 4797《电工电子产品自然环境条件》包括以下6个部分：

——GB/T 4797.1—2005　电工电子产品自然环境条件　温度和湿度(IEC 60721-2-1:2002,MOD)

——GB/T 4797.2—2005　电工电子产品自然环境条件　海拔与气压、水深与水压(IEC 60721-2-3:1987,MOD)

——GB/T 4797.3—1986　电工电子产品自然环境条件　生物

——GB/T 4797.4—2006　电工电子产品自然环境条件　太阳辐射与温度(IEC 60721-2-4:2002,IDT)

——GB/T 4797.5—1992　电工电子产品自然环境条件　降水和风(neq IEC 60721-2-2:1988)

——GB/T 4797.6—1995　电工电子产品自然环境条件　尘、沙、盐雾(neq IEC 60721-2-5:1991)

本部分为GB/T 4797的第4部分。本部分等同采用IEC 60721-2-4:2002《环境条件分级　第2-4部分:自然环境条件　太阳辐射与温度》(英文版),主要做了以下编辑性修改：

——删除了国际标准的前言和引言；

——增加了国家标准前言；

——用相应的国家标准代替了国际标准；

——增加了第6章内容；

——增加了附录NA。

本部分代替GB/T 4797.4—1989,与其不同之处主要有：

——将GB/T 4797.4—1989附录A的内容转化为本部分正文；

——本部分增加了附录A；

——本部分将我国的太阳辐射情况增设为附录NA。

本部分的附录A和附录NA均为资料性附录。

本部分由中国电器工业协会提出。

本部分由全国电工电子产品环境技术标准化委员会(SAC/TC 8)归口。

本部分起草单位:广州电器科学研究院。

本部分主要起草人:颜景莲。

本部分所代替标准的历次版本发布情况为:GB/T 4797.4—1989。

电工电子产品自然环境条件
太阳辐射与温度

1 范围

本部分对太阳辐射地区主要地划分了几种类型，主要提供了为产品应用选择合适的太阳辐射严酷程度的部分背景材料。

除了海拔超过5 000 m的地区，本部分涵盖了各种地形。

当为产品选择太阳辐射严酷程度时，应当使用GB/T 4796给出的数值。

2 目的

规定了产品在贮存、运输和使用过程中承受的太阳辐射严酷程度。

3 概述

太阳辐射主要通过使材料和环境变热以及使材料发生光化学降解反应对电工产品造成影响。太阳辐射中的紫外线部分会引起大多数高分子材料的光化学降解，影响某些橡胶以及塑料的弹性和塑性，光学玻璃可能会变的模糊。

太阳辐射会使油漆、纺织品、纸等褪色，在某些情况下颜色可能很重要，比如元件的色码。

使材料发热是太阳辐射暴露的最主要影响。太阳辐射严酷程度跟一个表面的辐射功率强度或者辐照强度有关，用 W/m^2 表示。

承受太阳辐射的物体所达到的温度主要取决于周围空气温度、太阳辐射能量以及太阳辐射的入射角度。其他因素，如风、安装件的热传导率也可能比较重要。另外，表面对太阳光谱的吸收系数 a_s 也比较重要。

虚拟空气温度 t_s，在稳态条件下与物体表面具有相同的温度，可以通过实际空气温度 t_u 和太阳辐射量 E 组合进行定义。

近似值可以通过下列等式获得：

$$t_s = t_u + \frac{a_s \cdot E}{h_y}$$

系数 h_y 是表面的热传导系数，单位是 $W/(m^2 \cdot ℃)$，包括了周围的热辐射，以及由风引起的热传导和对流。吸收系数 a_s 取决于表面的颜色、反射率和传导率。

晴朗天空的数值如下：

$$a_s = 0.7;h_y = 20\ W/(m^2 \cdot ℃);E = 900\ W/m^2。$$

由于太阳辐射导致的过热温度大约是30℃。因此可以看出，对太阳辐射强度预估的10%的误差对温度的影响不会超过5℃，因此不需要对太阳辐射严酷程度进行精确分级，并且在此忽略了其他小因素的影响。

热效应主要由短时高强度太阳辐射引起，例如在无云中午的太阳辐射。表1给出了一些数值。

为了确定暴露于夜晚的产品的低温，也有必要确定晴朗夜晚的大气辐射的最低可能值。

图1给出了一些数值。

4 太阳辐射物理过程

太阳射到地面的电磁辐射包括了紫外到近红外比较宽的光谱。到达地球表面的能量大部分集中在

0.3 μm～4 μm，在可见光 0.5 μm 处有最大值，其典型的光谱见图 2。

在太阳到地球的平均距离下，垂直于大气层外太阳光线的单位面积上接受到的太阳辐射量叫做太阳常数，数值大约是 1.37 kW/m^2。

一年中太阳到地球的距离不断变化，因此辐射强度也不断变化，从 1 月份的 1.41 kW/m^2 到 7 月份的 1.32 kW/m^2。

几乎 99% 的太阳辐射能量来自于 4 μm 以下的波长。0.3 μm 以下的太阳辐射大部分被大气吸收不会到达地面。在穿过大气层的过程中，由于粒子和气体的存在，会发生进一步的吸收和散射。大气层中对直接太阳辐射的散射会导致天空散射。因此，在地球上某点接受的能量是直接太阳辐射和散射的和，定义为总辐射。从热效应方面来看，关注的是这个和，因此本部分给出的水平跟总辐射有关。

5 总辐射水平

5.1 最大水平

晴天的总辐射的最大水平出现在中午。在无云的中午垂直于太阳直接辐射的表面接受到的能量的最大值取决于大气中的粒子、臭氧和水蒸气的含量。不同的地理纬度和气候类型其数值差别较大。

在无云的中午、水汽含量约为 1 cm、臭氧含量 2 mm、气溶胶 $\beta=0.05$，其中 β 是埃斯特朗浊度系数，垂直于太阳直接辐射的表面接受到的总能量可达 1 120 W/m^2。对于远离工业区和大都市的平地，太阳入射角度超过 60°时，1 120 W/m^2 具有一定的代表性。

注：垂直体积的大气内的水蒸气含量用相应的降水的高度 cm 测量。类似，臭氧含量用相应的臭氧在标准温度和压力下的高度测量。气溶胶粒子的散射和吸收用 β 埃斯特朗浊度系数表示，即波长为 1 μm 的单一波长辐射在大气中的消光距离。

直接太阳辐射随着空气浊度增大而减小。亚湿热和沙漠地区，空气中的粒子浓度较高，浊度比较大。大城市空气浊度也较大，山区则较低。

表 1 给出了在无云的中午垂直于太阳直接辐射的表面接受到的总辐射的最大值的推荐值。在中午的几个小时内，该数值只有百分之几的变化，因此能够代表在某一时段内的几个小时的情况。

表 1 总辐射的典型峰值

单位为 W/m^2

地 区	大 城 市	平 地	山 区
亚湿热和沙漠	700	750	1 180
其他	1 050	1 120	1 180

5.2 总太阳辐射的月平均和年平均

太阳辐射对表面的热效应通常取决于中午附近的短时辐射，但是光化学反应影响跟辐照强度对时间的积分有关，即辐照量。为了进行比较，日总辐照量是最常用的数据。

在 12 月份，由于光照持续时间长，南极点附近的月平均日辐照量可达 10.8 kWh/m^2。南极之外的地区大约为 8.4 kWh/m^2。

最大的年平均日总辐照量达 6.6 kWh/m^2，主要出现在沙漠地区。

5.3 气温最大值和太阳辐射的同步值

空气浊度系数 β 的最小值在冷空气中测得。因此，表 1 列出的数值不会在温度达到最高时出现。

可以假定，在 GB/T 4797.1 给出的最高温度下，总辐照量不会超过表 1 给出的 80%。

5.4 日总辐照量的世界分布

日总辐照量分布参见附录 A。

6 夜间大气辐射的最小值

在无云的夜间，大气辐射非常低，暴露在夜间的物体的表面温度要比周围大气的温度要低。

物体跟大气辐射达到平衡时的理论开氏温度 T_0 通过 Boltzman 定律给出：

$$T_0 = \left(\frac{A}{\sigma}\right)^{1/4}$$

式中：

σ——Stefan-Boltzman 常数，$5.67\times10^{-8}\,W/(m^2\cdot K^4)$；

A——大气辐射，W/m^2（见图 1）。

实际上，由于热传导、对流和水汽凝结，温度会比较高。

在晴朗的夜晚暴露的与地面隔热的水平表面温度可达－14℃，而此时大气温度为 0℃，相对湿度接近于 100%。

图 1 表明了夜间天空的大气辐射是距离地面 2m 高处的大气温度的函数。晴朗的夜晚，相对湿度通常非常高。

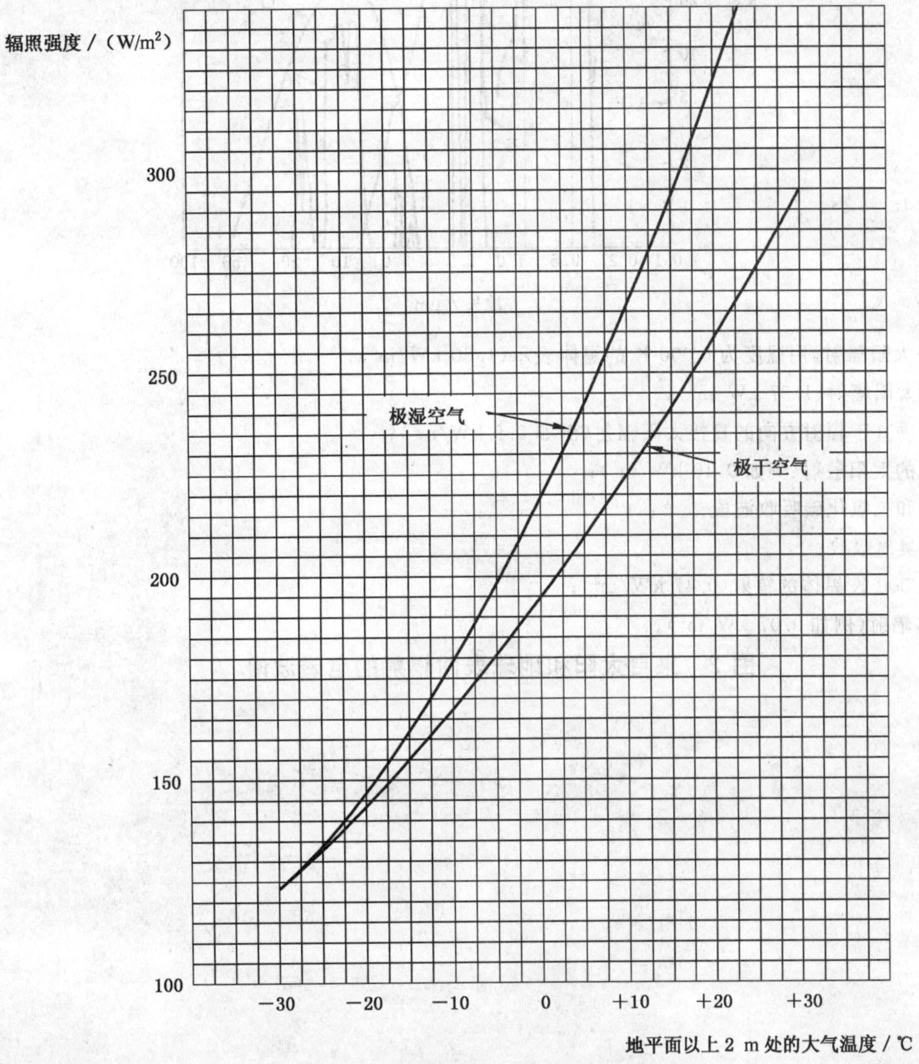

图 1　晴朗夜晚的大气辐射

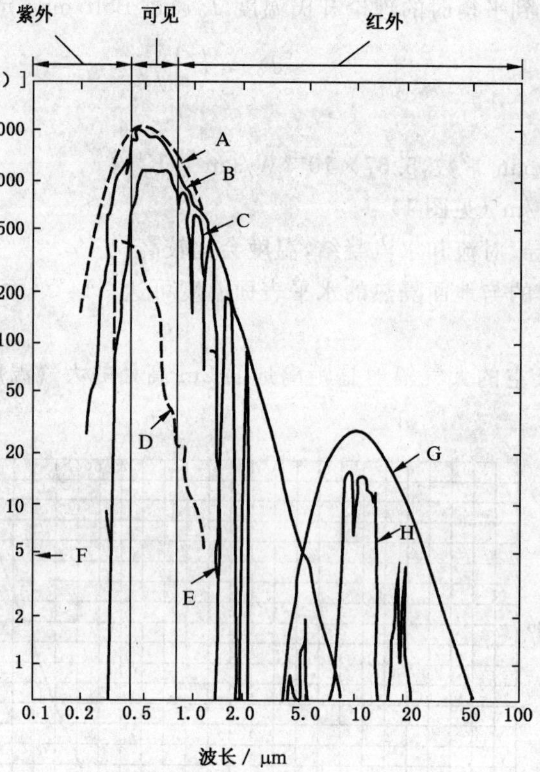

A——大气外太阳辐射，用温度为 6 000 K 的黑体表示(1.60 kW/m^2)；

B——大气外太阳辐射(1.37 kW/m^2)；

C——地面上垂直于辐射方向的直接太阳辐射(例如 0.9 kW/m^2)；

D——地面上的太阳散射(例如 0.10 kW/m^2)；

E——水蒸气和二氧化碳吸收波段；

F——氧气和臭氧吸收；

G——温度为 300 K 黑体的辐射(0.47 kW/m^2)；

H——地球热辐射(例如 0.07 kW/m^2)。

图 2　来自太阳和地球表面辐射的电磁波谱

附　录　A
（资料性附录）
日总辐照量的世界分布

图A.1、图A.2、图A.3是相对总辐照量的等日照线（六月份，十二月份和年平均数值），数据是通过卫星测量的（见注1）。相对总辐照量定义如下，地球表面测得的总辐照量跟地球外总辐照量（即大气层外垂直于太阳辐射方向平面上的太阳辐照量）的比值。

为了获得地球表面的总辐照量的日平均值，图上标识的百分数乘以地球外总辐照量的日平均数值，该数值作为地理纬度的函数给出，见表A.1。

表A.1　地球外日平均总辐射

单位为 kW/m^2

纬　度	6月	12月	年平均
90 N	12.47	0.0	4.17
85 N	12.42	0.0	4.20
80 N	12.28	0.0	4.30
75 N	12.05	0.0	4.49
70 N	11.72	0.0	4.76
65 N	11.40	0.11	5.16
60 N	11.40	0.65	5.71
55 N	11.48	1.36	6.29
50 N	11.56	2.16	6.87
45 N	11.61	3.00	7.42
40 N	11.61	3.85	7.93
35 N	11.56	4.72	8.40
30 N	11.44	5.57	8.82
25 N	11.26	6.40	9.19
20 N	11.00	7.20	9.49
15 N	10.68	7.96	9.73
10 N	10.30	8.68	9.90
5 N	9.84	9.34	10.01
0	9.33	9.95	10.04
5 S	8.76	10.50	10.01
10 S	8.13	10.98	9.90
15 S	7.46	11.39	9.73
20 S	6.74	11.73	9.49
25 S	5.99	12.00	9.19
30 S	5.21	12.19	8.82
35 S	4.41	12.32	8.40
40 S	3.60	12.37	7.93
45 S	2.79	12.37	7.41
50 S	2.01	12.31	6.86
55 S	1.27	12.22	6.29
60 S	0.60	12.13	5.71
65 S	0.10	12.12	5.16
70 S	0.0	12.45	4.75
75 S	0.0	12.80	4.48
80 S	0.0	13.05	4.30
85 S	0.0	13.20	4.20
90 S	0.0	13.25	4.16

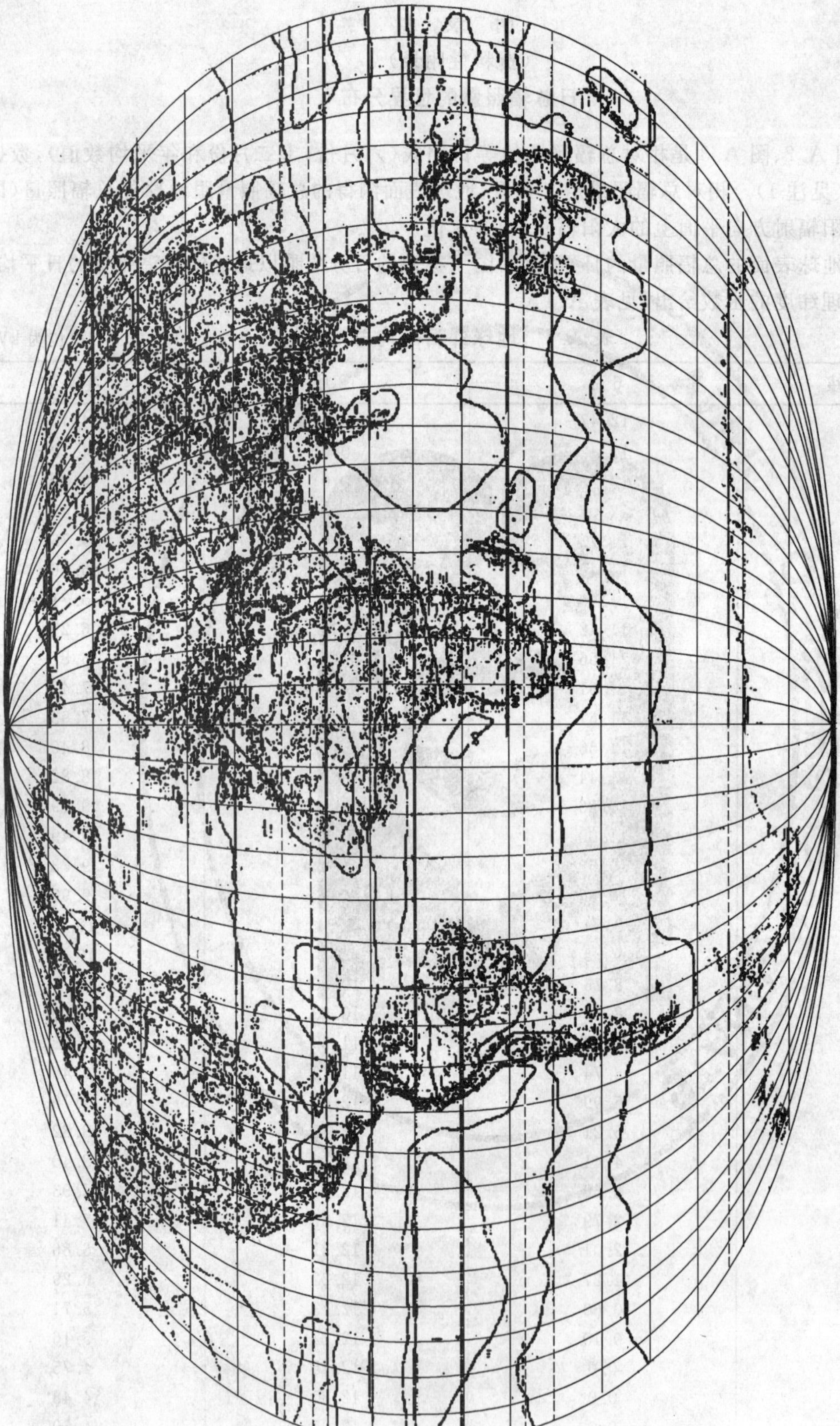

图 A.1 六月份平均相对总辐照量

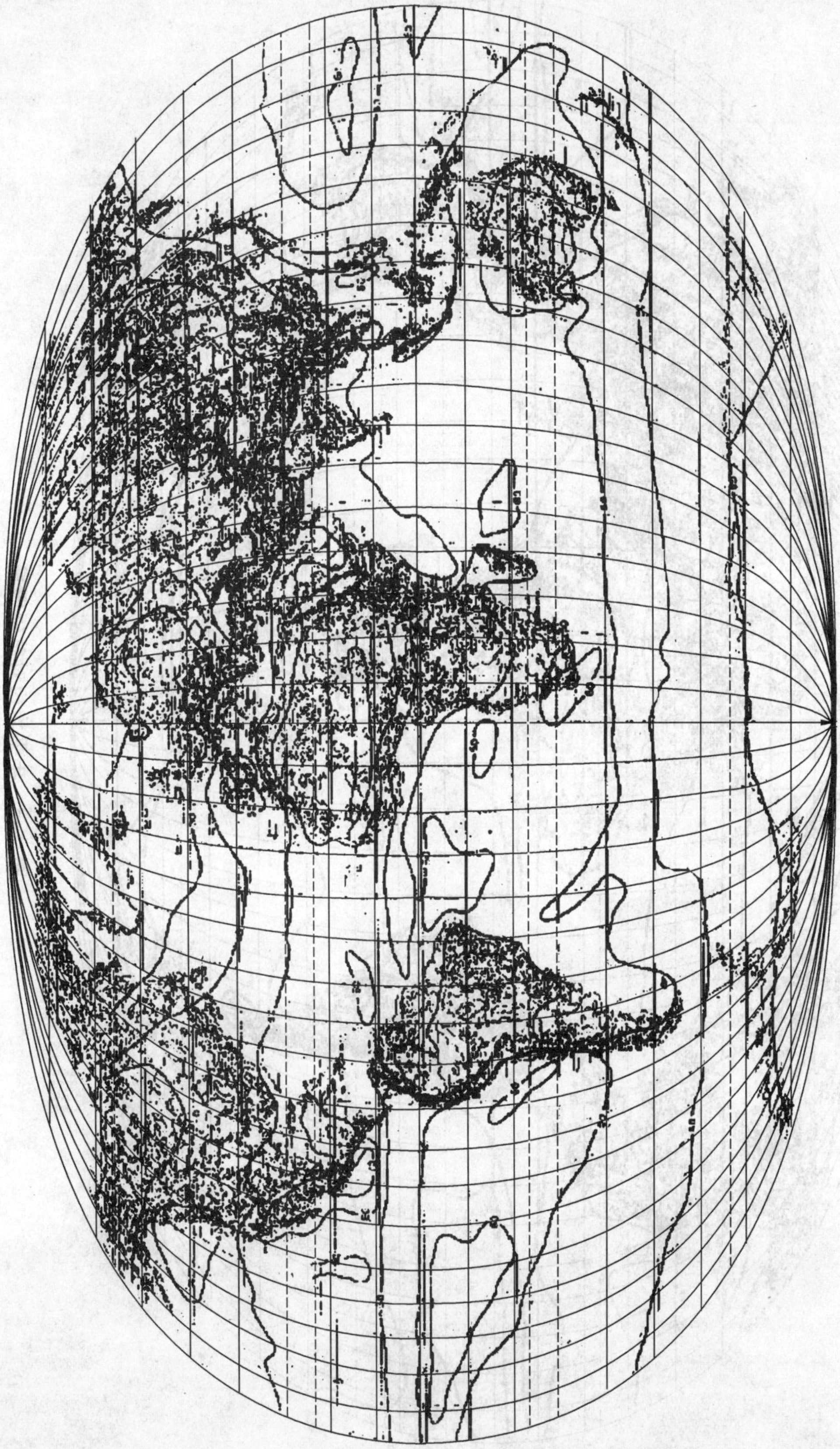

图 A.2 十二月份平均相对总辐照量

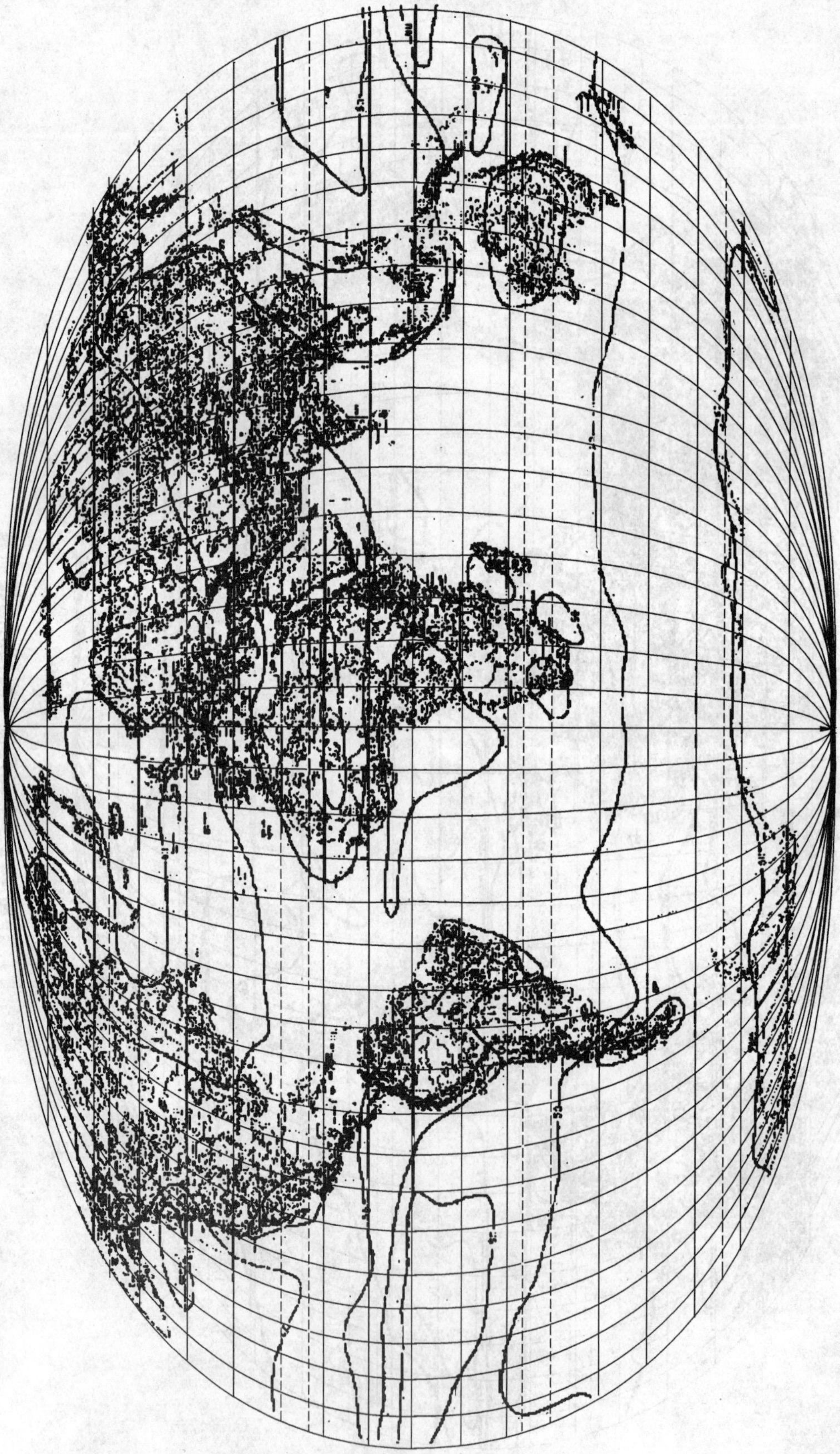

图 A.3 年平均相对总辐照量

附 录 NA
（资料性附录）
我国太阳辐照量

表 NA.1 给出了我国太阳辐照量的等级。

表 NA.1 直接太阳辐照量的最大值

等级/(W/m^2)	适用范围	备 注
1 000	亚湿热及湿热地区	
1 120	海拔高度 3 000 m 以下地区	不包括亚湿热及湿热地区，但包括此两地区中的山地
1 180	海拔高度 3 000 m～5 000 m 地区	包括寒温的大部分地区以及暖温的西部边缘地区
注：气候分区按照 GB/T 4797.1 的区域分布图划分，参见中国 6 种气候区的太阳辐射强度分布图。		

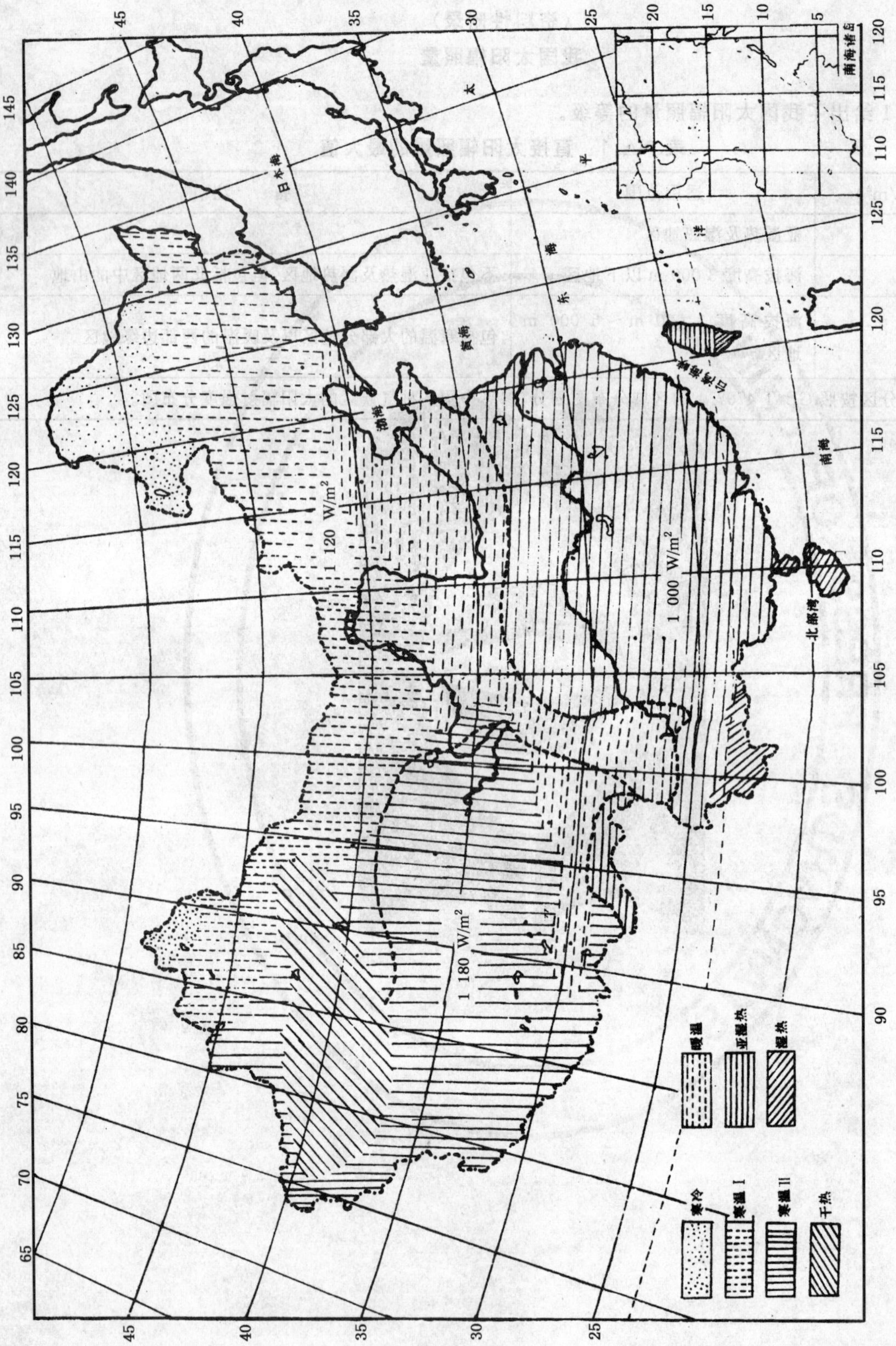

图 NA.1 中国6种气候区的太阳辐射强度分布图

ICS 19.020
A 21

中华人民共和国国家标准

GB/T 4798.10—2006/IEC 60721-3-0:2002
代替 GB/T 4798.10—1991

电工电子产品应用环境条件　导言

Environmental conditions existing in the application of electric and electronic products—Guidance

(IEC 60721-3-0:2002, Classification of environmental conditions—Part 3: Classification of groups of environmental parameters and their severities—Introduction, IDT)

2006-12-19 发布　　2007-09-01 实施

中华人民共和国国家质量监督检验检疫总局
中国国家标准化管理委员会　发布

前　言

GB/T 4798《电工电子产品应用环境条件》包括以下几个部分：

——GB/T 4798.1　电工电子产品应用环境条件　第1部分：贮存(IEC 60721-3-1)

——GB/T 4798.2　电工电子产品应用环境条件　运输(neq IEC 60721-3-2)

——GB/T 4798.3　电工电子产品应用环境条件　有气候防护场所固定使用(IEC 60721-3-3)

——GB/T 4798.4　电工电子产品应用环境条件　无气候防护场所固定使用(IEC 60721-3-4)

——GB/T 4798.5　电工电子产品应用环境条件　地面车辆使用(IEC 60721-3-5)

——GB/T 4798.6　电工电子产品应用环境条件　船用(IEC 60721-3-6)

——GB/T 4798.7　电工电子产品应用环境条件　携带和非固定使用(IEC 60721-3-7:2002)

——GB/T 4798.9　电工电子产品应用环境条件　产品内部的微气候(IEC 721-3-9)

——GB/T 4798.10　电工电子产品应用环境条件　导言(IEC 60721-3-0:2002)

本部分为GB/T 4798的第10部分。

本部分等同采用IEC 60721-3-0:2002《环境条件分级　第3部分：环境参数及其严酷程度分级　导言》(英文版)，主要做了以下编辑性修改：

——删除了国际标准的前言和引言；

——增加了国家标准前言；

——用相应的国家标准代替了国际标准。

本部分代替了GB/T 4798.10—1991，与之相比，主要的不同之处有：

——对一些过细的条款进行了合并，重新编辑；

——对一些参数持续时间的单位进行了重新编辑，使之更加规范，易于理解；

——调整了1991版的一些叙述，使之更加科学；

本部分的附录A为资料性附录。

本部分由中国电器工业协会提出。

本部分由全国电工电子产品环境技术标准化委员会(SAC/TC 8)归口。

本部分起草单位：广州电器科学研究院。

本部分主要起草人：颜景莲。

本部分所代替标准的历次版本发布情况为：GB/T 4798.10—1984、GB/T 4798.10—1991。

电工电子产品应用环境条件　导言

1　范围

GB/T 4798 涵盖了产品在运输、安装、贮存和使用过程中可能会遇到的极端(短时)的环境条件。对于不同使用条件(如有气候防护固定使用 、安装在地面车辆上、运输)的产品给出了单独的参数等级。这些分级也同样考虑了产品在使用中的限制程度,从最严格的限制条件(如在温度受控的房间内)到无限制的条件。

分级涵盖了自然条件和人工环境条件。

2　目的

本导言提供了 GB/T 4798 的使用导则,主要包括了 GB/T 4798 其他部分给出的应用和分级限值等的相关背景信息。通过 GB/T 4798 中的分级描述了产品在整个生命周期遇到的不同环境条件之间的区别,并给出了确保产品能够在该环境条件下正常使用的试验用条件。还包括了 GB/T 4798 系列标准在设计、条件限值以及防护方面的应用。解释了被超过的可能性很小的短时极端环境条件与长期的正常环境条件之间的区别。

本导言还给出了使用持续时间和发生频率等因子来描述等级中的重要参数的贡献的导则。

为了避免误用 GB/T 4798 其他部分划分的等级,推荐参考 GB/T 4798.10。

3　内容和布局

对于以下产品应用条件分别给出了单独的环境条件分级:

GB/T 4798.1　电工电子产品应用环境条件　贮存;
GB/T 4798.2　电工电子产品应用环境条件　运输;
GB/T 4798.3　电工电子产品应用环境条件　有气候防护场所固定使用;
GB/T 4798.4　电工电子产品应用环境条件　无气候防护场所固定使用;
GB/T 4798.5　电工电子产品应用环境条件　车辆;
GB/T 4798.6　电工电子产品应用环境条件　船用;
GB/T 4798.7　电工电子产品应用环境条件　携带和非固定使用;

等级通过以下标识:

——第一位数字,标识了应用条件(1 表示贮存,2 表示运输,3 表示固定使用等);
——字母,气候条件(K),生物条件(B),化学活性物质(C),机械活性物质(S)或机械条件(M),如需要还可以扩展;
——另一位数字,标识了严酷程度,一般数值越大条件越严酷。一个等级还可以进一步分为 H(高)和 L(低),以考虑到例如温度非常低、没有高温的环境条件。

例如:等级 2K3

其中:2＝运输;
　　K＝气候条件;
　　3＝严酷程度。

GB/T 4798 各部分表格中给出了所有的等级,包括每一等级中环境参数的严酷程度。此外,每部分还包括一个附录,给出了产品会遇到的组成该等级基础的环境条件的细节。这些附录主要是为了指导用户为具体产品应用选择适当的等级。

4 分级中选择环境参数和严酷等级的背景信息

等级中列出的环境参数包括了产品所承受该等级的所有条件,参数是从 GB/T 4796 中列出的完整的环境参数“核对清单”中而选取的。

给出的每个环境参数的严酷等级都会被持续暴露时间中可以忽略的部分(例如温度条件)或者事件总数中可忽略的百分比(如冲击)超过。因此,GB/T 4798 中划分的等级可以用于定义产品的短时最大环境应力,但没有给出任何长期信息,或者是产品整个生命周期的环境应力。这在图 1 中做了说明。

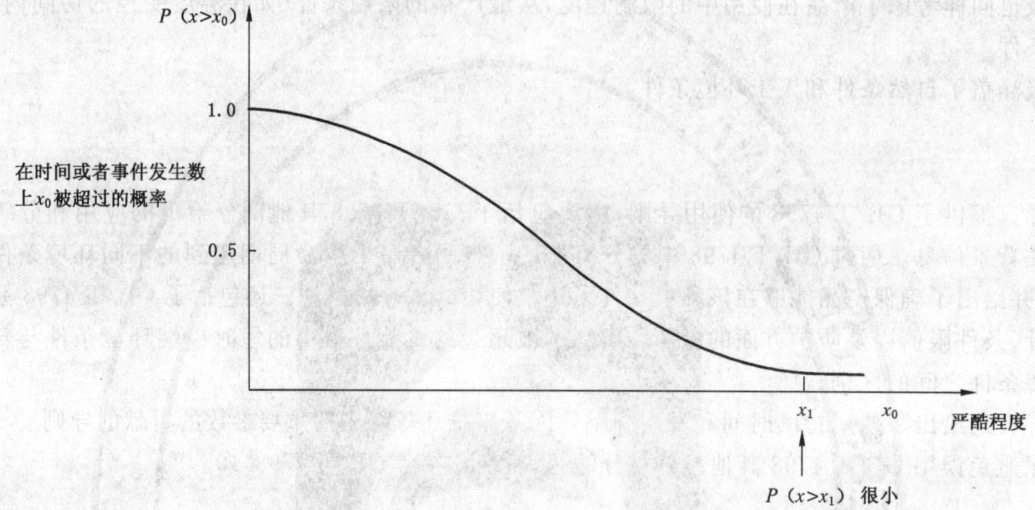

图 1 某一环境参数严酷等级被超过的时间分数或者事件总数的分数

分级中给出的严酷程度用数值 x_1 表示,而确定产品在整个寿命期间的环境总应力所需要的信息包括了整个曲线,对于所有的 x_0 的 $P(x>x_1)$。

尽管现有资料还不能给出分级中所用概率的精确数值,但 $P(x>x_1)$ 通常远远小于 0.01。

产品会同时暴露于许多环境参数中。有些参数是统计相关的,如低空气速度和低温,太阳辐射和高温。另外一些参数则是统计独立的,如振动和温度(通常)。

同时暴露于独立的环境参数 x 和 y 的极端严酷等级的概率等于暴露于每个参数下的概率的乘积,即:

$$P(z,y > x_1,y_1) = P(x > x_1)\cdot P(y > y_1)$$

例如:如果超过每个参数的概率

$$P(x>x_1)=P(y>y_1)=0.01,$$

$$\text{则 } P(z,y>x_1,y_1)=0.000\,1$$

注意,在很多情况下,产品通常在采集统计数据的环境中仅仅暴露有限的时间。这种情况下,分级中选择的严酷等级被超过的概率就大于 0.01。因此,产品暴露于该环境条件以及该等级的极限严酷程度的组合概率是合理的(在 0.01 的数量级上)。

5 GB/T 4798 使用导则

5.1 概述

所有的产品必须设计为能够承受或多或少的严酷条件并能正常工作。环境对产品的影响基本上有两种方式:

——受短时极端环境条件的影响，会直接导致产品不能工作或损坏。

——受长期非极端环境应力的影响，会导致产品缓慢劣化，最终导致产品不能工作或损坏。

GB/T 4798 规定的短时极端环境条件可能会出现在产品寿命中的任何时间，产品较新时可能不受极端环境条件的影响，但是长时间使用后由于老化的影响在同样的环境条件下则可能失效。

在下列条件下，极端环境条件可能会影响产品：

——只在产品处于非运行状态时(如贮存和运输期间)，

——只在产品处于运行状态时，

或者两者都有。因此，对于产品标准，当引用 GB/T 4798 某一等级时，应规定产品在该等级环境条件下暴露时，是要求能够运行，还是要求仅仅没有永久破坏。

环境条件等级可以作为设计和试验等级选择的基础，但并不表明等级限值应用于设计和试验等级，也不应要求在等级限值处的失效率为零。设计和试验等级应根据可接受的失效风险具体进行选择，即严酷程度的高低取决于预期的失效后果。

5.2　设计、条件限值和防护上的应用

GB/T 4798 标准主要作为产品设计时规定实际环境条件的基础。设计者应当注意，环境条件的物理影响可能由若干环境参数引起。

例如：

产品表面达到的最高温度可能是周围大气温度、太阳辐射、来自于附近放热元件、炉子的热辐射等的组合影响。

产品的制造商和用户可以通过对产品采取防护措施降低环境参数的严酷等级，例如对运输和贮存期间使用密闭体，或者把产品安装在防振动防冲击基体上。这时，GB/T 4798 规定的严酷等级适用于包括防护体的整体，而不是产品本身。

利用 GB/T 4798 不同部分的附录提供的信息，制造商和用户可以规定产品在运输、贮存和使用时的限制，使其满足较低的严酷等级。

从下面选取最佳方案是很经济的，技术上来说也很重要：

——未加防护产品的环境承受力；

——对产品的防护措施；

——产品在运输、贮存和使用时的限制。

注意，为了承受超过必要的极端环境条件而对产品进行过度设计不一定会获得更高的可靠性。过度设计或不必要的内置保护装置会导致产品过于复杂，失效模式的数量也会增加。而且，为了保证环境条件严酷程度较低，对产品的过度设计以及对场所的非必要要求代价会比较昂贵。

5.3　为质量鉴定试验规定合适的等级

如 5.2 提到的，GB/T 4798 中的分级可以作为设计、防护和引入限制的基础。验证产品满足环境条件要求的能力包括若干步骤，从产品的基本材料选取指南包括材料试验、表面处理指南等，到在模拟环境条件下对完整样品进行测试。

通过选择可能会对产品造成损害的环境参数或者参数组合形成试验。环境试验要求通过下列方面描述：

——环境参数；

——试验规程；

——试验严酷度。

其他要求跟具体产品有关，例如分级、性能要求、可接受降级等。

标准的环境试验规程在 GB/T 2423 中给出。

试验严酷等级一定要跟试验规程联系起来，尽可能再现实际环境的影响。这种再现通常跟实际环境条件有差别。

例如：

——对散热性样品的高温试验设计为模拟产品在高温、太阳辐射或者其他取决于应用条件的其他热源的条件下的热效应。

——在冲击试验中，产品承受简单脉冲形状（例如半正弦）的冲击，而实际环境条件不能用这种简单脉冲来描述。因此，需要把实际条件的冲击谱图跟试验用冲击谱图比较进行转换。（IEC 60721不包含实际条件到试验条件的转换。）

GB/T 4798中给出的条件被超过的可能性很小，但没有安全裕度。除了选择和转换实际条件为试验条件之外，试验要求制订者可以增加安全裕度以涵盖：

——试验设备和控制设施的容差；

——试验样品与产品的其他个体之间的差异；

——其他因素。

作为小结，GB/T 4798中的等级确定了极端的实际环境条件，不宜直接简单地用于鉴定试验。但是，其连同实际环境条件到试验条件的转换，以及安全裕度等一起可用做确定此类试验的试验等级的基础资料。

6 发生的持续时间和频率

6.1 概述

GB/T 4798中规定的严酷等级被超过的概率很小，仅仅部分时间或者有限次数会超过。

对于具体应用，了解施加在产品上的显效环境参数的发生时间及频率是很重要的。单个环境参数发生的持续时间和频率取决于当地状况和产品使用状况。对于预期的持续时间和频率的了解会严重影响到产品的设计以及在使用场所（在运输、贮存或者使用期间）的采取防护措施（建筑结构细节等）。

深层问题往往是统计问题，比较复杂。这种情况不能用标准化的方式来处理，下面的表格和例子仅能传达有限的信息，因此只能在简单情况或者没有其他持续时间的相关信息的情况下使用。

6.2 发生的持续时间和频率

6.2.1 表1给出了跟应用相关的总持续时间的标准值 。

6.2.2 表2给出了单次发生的最大持续时间的标准值，表3给出了单位时间内的发生持续时间以及事件数目的标准值。这些持续时间和频率可能与等级中的每个显效环境参数有关。

根据具体情况，本文中的“显效”主要包括以下情况：

——达到了参数描述的状态，如凝露、结冰等；

——参数值超过了紧邻的低一等级的对应的严酷度，例如，低气压、高气压、低相对湿度、高相对湿度等；

——参数值超过了任一规定限值，必须与所选择的持续时间或者频率一起进行规定。

表2和表3给出了持续时间及频率之间的关系，表1给出了总的持续时间。

6.2.3 附录A给出了持续时间以及发生频率的应用示例。

表1 各应用类型的总持续时间

应　用	持续时间				
贮存	1个月	6个月	1年	2年	3年
运输	24小时	1个月	1个月	6个月	
使用	1年[a]	5年	10年	20年	40年

a 特殊情况下可能要求非常短的试验持续时间，例如：气象探测装置。

表 2　单次发生的最大持续时间

1 秒
10 秒
1 分钟
0.5 小时
1 小时
8 小时
24 小时
1 周
2 周
1 个月

表 3　发生频率

每单位时间[a]发生的持续时间		单位时间[a]显著事件发生的次数
0.5 小时	或者	1
1 小时		2
8 小时		5
24 小时		10
1 周		
2 周		
1 个月		
2 个月		
6 个月		

a　时间从以下选择：秒、分钟、小时、24 小时、周、月、年。

附 录 A
（资料性附录）
应用示例

使用持续时间以及发生频率标准数值的示例如下：

A.1 示例 1

在没有专用车辆和防护的情况下，产品将通过常规运输工具从制造商经长途运送到用户。

环境分级	2K4/2B2/2C3/2S2/2M3
运输持续时间	1 月
显效振动持续时间	1 周/月
显效冲击次数	1 次/小时
显效自由跌落次数	10 次/月

A.2 示例 2

产品固定安装在有气候防护的场所使用。

环境分级	3K3/3Z1/3B1/3C2/3S2/3M2
使用持续时间	10 年
显效持续时间	1 周/年
显效震动最大持续时间	8 小时
显效冲击次数	1 次/24 小时

A.3 示例 3

便携和非固定使用的产品。

环境分级	7K4/7Z2/7Z6/7Z10/7B2/7C3/7S3/7M3
使用持续时间	5 年
润湿（凝露、降水、喷水）时间	2 月/年
显效化学物质影响持续时间	0.5 小时/24 小时
结冰、结霜持续时间	1 月/年
显效自由跌落次数	2 次/年

ICS 79.040
B 68

中华人民共和国国家标准

GB/T 4812—2006
代替 GB/T 4812—1995

特级原木

Logs of super grade

2006-07-12 发布　　2006-12-01 实施

中华人民共和国国家质量监督检验检疫总局
中国国家标准化管理委员会　发布

前言

本标准是对 GB/T 4812—1995《特级原木》的修订。

本标准的修订，参考了国际标准 ISO 4475：1989《针叶树和阔叶树——明显缺陷——检量》和国外先进标准 ГОСТ 22298—1985《出口锯切针叶类原木》和 ГОСТ 2140—1990《木材缺陷分类、术语和定义及测量方法》。主要在树种、尺寸和材质限度上加以修订，其修订的主要内容：

——树种：由原有 12 个树种，修订为 27 个树种。

——检尺长：阔叶树由原 4 m～6 m，修订为 2 m～6 m。针叶树由原 4 m～8 m，修订为 4 m～6 m。

——检尺径：由原针叶树 26 cm 以上（柏木、杉木自 20 cm 以上）和阔叶树 26 cm 以上，修订为针叶树和阔叶树自 24 cm 以上，针叶树柏木、杉木不变。

——活节、死节：由原全材长范围内，节子直径不超过检尺径 15%的允许：针叶树 4 个，阔叶树2 个，修订为任意 1 m 材长范围内，节子直径不超过检尺径 15%的允许：针叶树 2 个，阔叶树 1 个。

——心材腐朽：修订为心腐直径与检尺直径比。

——裂纹：新增加断面环裂、弧裂限度，在 25 cm^2 的正方形中允许有 2 条（裂缝没有起点限制）。

——劈裂：修订为大、小头劈裂脱落厚度不得超过同方向直径的 5%。

——双心：原小头断面不许有。修订为在全材长范围内均不许有。

——增加树包、边材腐朽、外夹皮、环裂、弧裂、抽心，并适当加严。

——对大头缺陷，考虑在加工过程中能去掉，不影响使用，故适当放宽。

本标准自实施之日起，同时代替 GB/T 4812—1995。

本标准由国家林业局提出。

本标准由中国木材标准化技术委员会归口。

本标准负责起草单位：黑龙江省森林工业总局。

本标准参加起草单位：兴隆林业局、带岭林业局、苇河林业局贮木场。

本标准主要起草人：刘长奇、曹秀芳、丁亚文、徐茂坤、田志国、孟庆国、连文岱、关振宇、王勇、程少君、胡明俊、金明铁。

本标准由中国木材标准化技术委员会负责解释。

本标准所代替标准的历次版本发布情况为：

——GB 4812—1984，GB/T 4812—1995。

特 级 原 木

1 范围

本标准规定了特级原木的树种、尺寸规格、材质指标、检验及材积计算等。

本标准适用于高级建筑、装修、文物装饰、家具、乐器及各种特殊用途的优质原木。

2 规范性引用文件

下列文件中的条款通过本标准的引用而成为本标准的条款。凡是注日期的引用文件，其随后所有的修改单(不包括勘误的内容)或修订版均不适用于本标准，然而，鼓励根据本标准达成协议的各方研究是否可使用这些文件的最新版本。凡是不注日期的引用文件，其最新版本适用于本标准。

GB/T 144—2003 原木检验(ISO 4475:1989,MOD)

GB 4814—1984 原木材积表

GB/T 17659.1 原木锯材批量检查抽样、判定方法 第1部分:原木批量检查抽样、判定方法

LY/T 1511—2002 原木产品 标志 号印

3 技术要求

3.1 树种

红松、云杉、沙松、樟子松、华山松、柏木、杉木、落叶松、马尾松、水曲柳、核桃楸、檫木、黄樟、香椿、楠木、榉木、槭木、麻栎、柞木、青冈、荷木、红锥、榆木、椴木、枫桦、西南桦、白桦等。

3.2 尺寸规格

3.2.1 尺寸规格见表1。

表1 尺寸规格

树 种	检尺长/m	检尺径/cm
针叶树	4～6	自24以上(柏木、杉木自20以上)
阔叶树	2～6	自24以上

3.2.2 检尺长按0.2 m进级，长级公差：$^{+6}_{0}$ cm。

3.2.3 检尺径按2 cm进级。

3.3 材质指标

材质指标见表2。

表2 材质指标

缺陷名称	允许限度	
	针叶树	阔叶树
活节、死节	任意1 m材长范围内，节子直径不超过检尺径15%的允许：	
	2个	1个
树包(隐生节)	全材长范围内凸出原木表面高度不超过30 mm的允许:1个	

表 2（续）

<table>
<tr><td rowspan="2">缺陷名称</td><td colspan="2">允许限度</td></tr>
<tr><td>针叶树</td><td>阔叶树</td></tr>
<tr><td>心材腐朽</td><td colspan="2">腐朽直径不得超过检尺径的：
小头　不允许
大头　10%</td></tr>
<tr><td>边材腐朽</td><td colspan="2">距大头端面 1 m 范围内，大头边腐厚度不得超过检尺径的 5%，边材腐朽弧长不得超过该断面圆周的 1/4，其他部位不允许</td></tr>
<tr><td>裂纹</td><td colspan="2">纵裂长度不得超过检尺长的：
杉木　15%
其他树种　10%
贯通断面开裂不允许
断面弧裂拱高或环裂半径不得超过检尺径的：20%
断面的环裂、弧裂的裂缝在 25 cm² 的正方形中允许有 2 条（裂纹没有起点限制）</td></tr>
<tr><td>劈裂</td><td colspan="2">大头及小头劈裂脱落厚度不得超过同方向直径的：5%</td></tr>
<tr><td rowspan="2">弯曲</td><td colspan="2">最大拱高与该段内弯曲水平长相比不得超过：</td></tr>
<tr><td>1%</td><td>1.5%</td></tr>
<tr><td>扭转纹</td><td colspan="2">小头 1 m 长范围内，倾斜高度不得超过检尺径的：10%</td></tr>
<tr><td>偏心</td><td colspan="2">小头断面中心与髓心之间距离不得超过检尺径的：10%</td></tr>
<tr><td>外伤</td><td colspan="2">径向深度不得超过检尺径的：10%</td></tr>
<tr><td>外夹皮</td><td colspan="2">距大头端面 1 m 范围内，长度不得超过检尺长的：10%
其他部位不允许</td></tr>
<tr><td>抽心</td><td colspan="2">小头断面不允许
大头抽心直径不得超过检尺径的：10%</td></tr>
<tr><td>虫眼</td><td colspan="2">全材长范围内及端面自 3 mm 以上的均不允许</td></tr>
<tr><td colspan="3">注：除本表所列缺陷外，如漏节、树瘤、偏枯、风折木、双心，在全材长范围内均不允许，其他未列入缺陷不计。</td></tr>
</table>

4 检验、材积计算、抽样判定方法

4.1 尺寸检量：按 GB/T 144—2003 执行。

4.2 材质评定：除本标准已作规定外，其他按 GB/T 144—2003 执行。

4.3 材积计算：按 GB 4814—1984 执行。

4.4 抽样判定方法：按 GB/T 17659.1 执行。

4.5 原木产品标志号印：按 LY/T 1511—2002 执行。

ICS 71.100.01;87.060.10
G 55

中华人民共和国国家标准

GB/T 4841.1—2006
代替 GB 4841.1—1984

染料染色标准深度色卡 1/1

Colour cards of standard depths for dyeing with dyestuffs 1/1

2006-08-02 发布 2007-01-01 实施

中华人民共和国国家质量监督检验检疫总局
中国国家标准化管理委员会 发布

前　言

本标准代替 GB 4841.1—1984《1/1 染料染色标准深度色卡》。

本标准与 GB 4841.1—1984 相比主要变化如下：

——将标准性质由强制性国家标准修改为推荐性国家标准；

——将标准名称规范为《染料染色标准深度色卡　1/1》；

——标准编写格式按 GB/T 1.1—2000 进行。

本标准的附录 A 为资料性附录。

本标准由中国石油和化学工业协会提出。

本标准由全国染料标准化技术委员会(SAC/TC 134)归口。

本标准起草单位：沈阳化工研究院、大连理工大学精细化工国家重点实验室。

本标准主要起草人：姬兰琴、沈日炯、彭孝军。

本标准于 1984 年首次发布。

染料染色标准深度色卡 1/1

1 范围

本标准规定了 1/1 染料染样的染色标准深度。

本标准适用于染料在进行染色牢度和染色性能试验的测定试验时参照和目视评定染样的染色标准深度的选取。

2 规范性引用文件

下列文件中的条款通过本标准的引用而成为本标准的条款。凡是注日期的引用文件，其随后所有的修改单(不包括勘误的内容)或修订版均不适用于本标准，然而，鼓励根据本标准达成协议的各方研究是否可使用这些文件的最新版本。凡是不注日期的引用文件，其最新版本适用于本标准。

GB 250 评定变色用灰色样卡(idt ISO 105-A02:1993)

GB/T 3979—1997 物体色的测量方法

3 术语和定义

下列术语和定义适用于本标准。

标准深度 standard depth

一种公认的深度标准系列，并定义中等深度为 1/1 标准深度。同一标准深度的颜色，在心理感觉上是相等的，使色牢度等可在同一基础上进行比较。目前已发展为 2/1、1/1、1/3、1/6、1/12 及 1/25 共六档标准深度。

[GB/T 6687—2006，定义 4.5][1]

4 规格和种类

4.1 1/1 染料染色标准深度色卡包括 22 个色相。

4.2 本标准深度色卡有原始保存本和发行使用本两种形式。

4.2.1 原始保存本规格为 5 cm×5 cm，归档保管供复制使用。

4.2.2 发行使用本规格为 3.5 cm×5 cm，供用户使用。

5 制备色卡用材料

5.1 织物：本标准的 1/1 染料染色标准深度色卡用 SD2201 全毛华达呢。

5.2 染料：1/1 染料染色标准深度色卡采用 16 个商品染料。

6 质量指标

6.1 外观要求：本标准的染色标准深度色卡表面必须均匀、无色斑、无污点、无织疵和无明显黏合剂渗出的痕迹，织物厚度亦应均一。

6.2 原始保存本按 GB/T 3979—1997 规定的光谱光度计测试，照明、观测条件为 0/d，波长间隔为 10 nm，测试时色卡表面织物纹路与测量孔的 x 轴成 60°角，1/1 染料染色标准深度色卡采用的商品染料名称及色度学数据见附录 A(资料性附录)，为标准照明体 D65、10°视场的值。

7 使用方法

使用本标准的染料染色标准深度色卡时，将染样与本标准深度卡中色相最接近的色卡，根据

GB 250所规定方法进行目视测定。深度允许误差不低于4级。

8 保存

本标准深度色卡保存时应注意避热、避光、防潮和防蛀。原始保存本应保存于内衬黑纸的特制木盒中，由指定单位保存。

9 发行

本标准的文本部分和色卡部分分别发行，其中文本部分由中国标准出版社出版，由新华书店发行；染色标准深度色卡部分，为方便使用制成折叠式卡，由指定单位复制发行。

附　录　A
（资料性附录）
1/1 染料染色标准深度色卡采用的商品染料名称及色度学数据

A.1　1/1 染料染色标准深度色卡采用的商品染料名称及色度学数据见表 A.1。

表 A.1　1/1 染料染色标准深度色卡采用的商品染料名称及色度学数据

色卡号	所用染料	Y_{D65}	x_{10}	y_{10}	色卡号	所用染料	Y_{D65}	x_{10}	y_{10}
1	C.I.酸性黄 17	58.3	0.460	0.484	12	C.I.酸性蓝 72	7.3	0.184	0.213
2	C.I.酸性黄 36	38.5	0.509	0.441	13	C.I.酸性蓝 7	13.0	0.175	0.272
3	C.I.酸性橙 7	29.7	0.558	0.389	14	C.I.酸性蓝 72 C.I.酸性黄 11	6.8	0.222	0.334
4	C.I.酸性红 111	19.8	0.570	0.345	15	C.I.酸性蓝 72 C.I.酸性黄 11 C.I.酸性蓝 7	8.0	0.233	0.384
5	C.I.酸性红 18	15.7	0.540	0.314	16	C.I.酸性黄 17 C.I.酸性蓝 7	23.2	0.360	0.519
6	C.I.酸性红 1	10.9	0.529	0.292	17	C.I.酸性绿 4	9.1	0.331	0.440
7	C.I.酸性红 42	9.8	0.501	0.303	18	C.I.酸性黄 11 C.I.酸性红 1 C.I酸性蓝 72	5.8	0.304	0.362
8	C.I.酸性紫 5	8.0	0.369	0.227	19	C.I.酸性黄 11 C.I.酸性红 1 C.I.酸性蓝 72	7.1	0.340	0.384
9	C.I.酸性紫 42	7.2	0.287	0.188	20	C.I.酸性黄 11 C.I.酸性红 1 C.I.酸性蓝 72	7.9	0.392	0.395
10	C.I.酸性蓝 72 C.I.酸性红 1	4.8	0.264	0.215	21	C.I.媒介棕 33	5.0	0.389	0.350
11	C.I.酸性蓝 168	5.2	0.205	0.223	22	C.I.媒介黑 13	5.1	0.282	0.300

参 考 文 献

[1] GB/T 6687—2006 染料名词术语

ICS 71.100.01;87.060.10
G 55

GB

中华人民共和国国家标准

GB/T 4841.2—2006
代替 GB/T 4841.2—1984

染料染色标准深度色卡　藏青和黑色

Colour cards of standard depths for dyeing with navy blue and black dyestuffs

2006-08-02 发布　　　　2007-01-01 实施

中华人民共和国国家质量监督检验检疫总局
中国国家标准化管理委员会　发布

前　言

本标准代替 GB/T 4841.2—1984《藏青和黑色染料标准深度色卡》。

本标准与 GB/T 4841.2—1984 相比主要变化如下：

——将标准名称规范为《染料染色标准深度色卡　藏青和黑色》；

——标准编写格式按 GB/T 1.1—2000 进行。

本标准的附录 A 为资料性附录。

本标准由中国石油和化学工业协会提出。

本标准由全国染料标准化技术委员会(SAC/TC 134)归口。

本标准起草单位：沈阳化工研究院、大连理工大学精细化工国家重点实验室。

本标准主要起草人：姬兰琴、沈日炯、彭孝军。

本标准于 1984 年首次发布。

染料染色标准深度色卡　藏青和黑色

1　范围

本标准规定了藏青和黑色染料染样的染色标准深度。

本标准适用于藏青和黑色染料在进行染色牢度和染色性能试验的测定试验时参照和目视评定染样的染色标准深度的选取。

2　规范性引用文件

下列文件中的条款通过本标准的引用而成为本标准的条款。凡是注日期的引用文件，其随后所有的修改单(不包括勘误的内容)或修订版均不适用于本标准，然而，鼓励根据本标准达成协议的各方研究是否可使用这些文件的最新版本。凡是不注日期的引用文件，其最新版本适用于本标准。

GB 250　评定变色用灰色样卡(idt ISO 105-A02:1993)

GB/T 3979—1997　物体色的测量方法

3　术语和定义

下列术语和定义适用于本标准。

标准深度　standard depth

一种公认的深度标准系列，并定义中等深度为 1/1 标准深度。同一标准深度的颜色，在心理感觉上是相等的，使色牢度等可在同一基础上进行比较。目前已发展为 2/1、1/1、1/3、1/6、1/12 及 1/25 共六档标准深度。

[GB/T 6687—2006，定义 4.5][1]

4　规格和种类

4.1　藏青和黑色染色标准深度色卡由两个色相组成，各为深浅两档深度。

4.2　本标准深度色卡有原始保存本和发行使用本两种形式。

4.2.1　原始保存本规格为 5 cm×5 cm，归档保管供复制使用。

4.2.2　发行使用本规格为 3.5 cm×5 cm，供用户使用。

5　制备色卡用材料

5.1　织物：藏青和黑色染色标准深度色卡用 SD2201 全毛华达呢。

5.2　染料：藏青和黑色染色标准深度色卡采用两个商品染料。

6　质量指标

6.1　外观要求：本标准的染色标准深度色卡表面必须均匀、无色斑、无污点、无织疵和无明显黏合剂渗出的痕迹，织物厚度亦应均一。

6.2　原始保存本按 GB/T 3979—1997 规定的光谱光度计测试，照明、观测条件为 0/d，波长间隔为 10 nm，测试时色卡表面织物纹路与测量孔的 x 轴成 60°角，藏青和黑色染料染色标准深度色卡采用的商品染料名称及色度学数据见附录 A(资料性附录)，为标准照明体 D65、10°视场的值。

7　使用方法

使用本标准的染料染色标准深度色卡时，将染样与本标准深度卡中色相最接近的色卡，根据

GB 250所规定方法进行目视测定。深度允许误差不低于4级。

8 保存

本标准深度色卡保存时应注意避热、避光、防潮和防蛀。原始保存本应保存于内衬黑纸的特制木盒中，由指定单位保存。

9 发行

本标准的文本部分和色卡部分分别发行，其中文本部分由中国标准出版社出版，由新华书店发行；染色标准深度色卡部分，为方便使用制成折叠式卡，由指定单位复制发行。

附 录 A
（资料性附录）
藏青和黑色染料染色标准深度色卡采用的商品染料名称及色度学数据

A.1 藏青和黑色染料染色标准深度色卡采用的商品染料名称及色度学数据见表 A.1。

表 A.1 藏青和黑色染料染色标准深度色卡采用的商品染料名称及色度学数据

色卡号	所用染料	色卡序号	$Y_{D_{65}}$	x_{10}	y_{10}
23	C.I.酸性蓝 120	浅藏青	2.4	0.254	0.264
		深藏青	1.7	0.279	0.287
24	酸性黑	浅 黑	2.1	0.290	0.312
		深 黑	1.5	0.308	0.325

参 考 文 献

[1] GB/T 6687—2006 染料名词术语。

ICS 71.100.01;87.060.10
G 55

中华人民共和国国家标准

GB/T 4841.3—2006
代替 GB/T 4841.3～4841.7—1985

染料染色标准深度色卡 2/1、1/3、1/6、1/12、1/25

Colour cards of standard depths for dyeing with dyestuffs 2/1、1/3、1/6、1/12、1/25

2006-08-24 发布 2007-04-01 实施

中华人民共和国国家质量监督检验检疫总局
中国国家标准化管理委员会 发布

前 言

本标准代替 GB/T 4841.3—1985《2/1 染料染色标准深度色卡》、GB/T 4841.4—1985《1/3 染料染色标准深度色卡》、GB/T 4841.5—1985《1/6 染料染色标准深度色卡》、GB/T 4841.6—1985《1/12 染料染色标准深度色卡》、GB/T 4841.7—1985《1/25 染料染色标准深度色卡》。

本标准与 GB/T 4841.3—1985，GB/T 4841.4—1985，GB/T 4841.5—1985，GB/T 4841.6—1985，GB/T 4841.7—1985 相比主要变化如下：

——本标准整合了 GB/T 4841.3—1985，GB/T 4841.4—1985，GB/T 4841.5—1985，GB/T 4841.6—1985，GB/T 4841.7—1985；

——将标准名称规范为《染料染色标准深度色卡　2/1、1/3、1/6、1/12、1/25》；

——标准编写格式按 GB/T 1.1—2000 进行。

本标准的附录 A、附录 B、附录 C、附录 D 和附录 E 为资料性附录。

本标准由中国石油和化学工业协会提出。

本标准由全国染料标准化技术委员会(SAC/TC 134)归口。

本标准起草单位：沈阳化工研究院、大连理工大学精细化工国家重点实验室。

本标准主要起草人：姬兰琴、沈日炯、彭孝军。

GB 4841.3～4841.7 于 1985 年首次发布，2006 年第一次修订并整合为 GB/T 4841.3—2006。

染料染色标准深度色卡 2/1、1/3、1/6、1/12、1/25

1 范围

本标准规定了2/1、1/3、1/6、1/12、1/26染料染样的染色深度。

本标准适用于染料在进行染色牢度和染色性能试验的测定试验时参照和目视评定染样的染色深度的选取。

2 规范性引用文件

下列文件中的条款通过本标准的引用而成为本标准的条款。凡是注日期的引用文件，其随后所有的修改单(不包括勘误的内容)或修订版均不适用于本标准，然而，鼓励根据本标准达成协议的各方研究是否可使用这些文件的最新版本。凡是不注日期的引用文件，其最新版本适用于本标准。

GB 250 评定变色用灰色样卡(idt ISO 105/A02:1993)

GB/T 3979—1997 物体色的测量方法

3 术语和定义

下列术语和定义适用于本标准。

标准深度 standard depth

一种公认的深度标准系列，并定义中等深度为1/1标准深度。同一标准深度的颜色，在心理感觉上是相等的，使色牢度等可在同一基础上进行比较。目前已发展为2/1、1/1、1/3、1/6、1/12及1/25共六档标准深度。

[GB/T 6687—2006，定义4.5][1]

4 规格和种类

4.1 2/1染料染色标准深度色卡、1/3染料染色标准深度色卡、1/6染料染色标准深度色卡、1/12染料染色标准深度色卡分别由22个色相组成，1/25染料染色标准深度色卡由18个色相组成。

4.2 本标准染料染色深度色卡有原始保存本和发行使用本两种形式。

4.2.1 原始保存本规格为5 cm×5 cm，归档保管供复制使用。

4.2.2 发行使用本规格为3.5 cm×5 cm，供用户使用。

5 制备色卡用材料

5.1 织物：本标准的染料染色标准深度色卡用SD2201全毛华达呢。

5.2 染料：2/1染料染色标准深度色卡、1/3染料染色标准深度色卡、1/6染料染色标准深度色卡、1/12染料染色标准深度色卡分别采用16个商品染料，1/25染料染色标准深度色卡采用13个商品染料。

6 质量指标

6.1 外观要求：本标准的染料染色标准深度色卡表面必须均匀、无色斑、无污点、无织疵和无明显粘合剂渗出的痕迹，织物厚度亦应均一。

6.2 原始保存本按GB 3979—1997规定的光谱光度计测试，照明、观测条件为0/d，波长间隔为10 nm，测试时,色卡表面织物纹路与测量孔的 x 轴成 60°角,以下测试结果为标准照明体 D65、10°视场的值。

2/1 染料染色标准深度色卡采用的商品染料名称及色度学数据见附录 A(资料性附录);

1/3 染料染色标准深度色卡采用的商品染料名称及色度学数据见附录 B(资料性附录);

1/6 染料染色标准深度色卡采用的商品染料名称及色度学数据见附录 C(资料性附录);

1/12 染料染色标准深度色卡采用的商品染料名称及色度学数据见附录 D(资料性附录);

1/25 染料染色标准深度色卡采用的商品染料名称及色度学数据见附录 E(资料性附录)。

7 使用方法

使用本标准的染料染色标准深度色卡时,将染样与本标准的染料染色标准深度卡中色相最接近的色卡,根据 GB 250 所规定方法进行目视测定。深度允许误差不低于 4 级。

8 保存

本标准的染料染色标准深度色卡保存时应注意避热、避光、防潮和防蛀。原始保存本应保存于内衬黑纸的特制木盒中,由指定单位保存。

9 发行

本标准的文本部分和色卡部分分别发行,其中文本部分由中国标准出版社出版,由新华书店发行;染色标准深度色卡部分,为方便使用制成折叠式卡,由指定单位复制发行。

附 录 A
（资料性附录）
2/1染料染色标准深度色卡采用的商品染料及色度学数据

A.1 2/1染料染色标准深度色卡采用的商品染料名称及色度学数据见表A.1。

表A.1 2/1染料染色标准深度色卡采用的商品染料名称及色度学数据

色卡号	所用染料	Y_{D65}	x_{10}	y_{10}	色卡号	所用染料	Y_{D65}	x_{10}	y_{10}
1	C.I.酸性黄17	59.3	0.478	0.485	12	C.I.酸性蓝72	4.5	0.181	0.201
2	C.I.酸性黄36	33.1	0.529	0.435	13	C.I.酸性蓝7	8.4	0.165	0.256
3	C.I.酸性橙7	25.7	0.588	0.380	14	C.I.酸性蓝72 C.I.酸性黄11	3.9	0.226	0.350
4	C.I.酸性红111	16.4	0.602	0.344	15	C.I.酸性蓝72 C.I.酸性黄11 C.I.酸性蓝7	5.6	0.233	0.405
5	C.I.酸性红18	11.7	0.590	0.319	16	C.I.酸性黄17 C.I.酸性蓝7	16.3	0.341	0.531
6	C.I.酸性红1	7.9	0.556	0.300	17	C.I.酸性绿4	6.3	0.335	0.445
7	C.I.酸性红42	6.2	0.534	0.308	18	C.I.酸性黄11 C.I.酸性红1 C.I.酸性蓝72	3.3	0.301	0.361
8	C.I.酸性紫5	4.2	0.387	0.230	19	C.I.酸性黄11 C.I.酸性红1 C.I.酸性蓝72	4.1	0.355	0.379
9	C.I.酸性紫42	4.6	0.286	0.173	20	C.I.酸性黄11 C.I.酸性红1 C.I.酸性蓝72	4.0	0.389	0.382
10	C.I.酸性蓝72 C.I.酸性红1	2.9	0.264	0.208	21	C.I.媒介棕33	3.0	0.396	0.347
11	C.I.酸性蓝168	3.4	0.209	0.222	22	C.I.媒介黑13	2.7	0.279	0.290

附 录 B
（资料性附录）
1/3 染料染色标准深度色卡采用的商品染料名称及色度学数据

B.1 1/3 染料染色标准深度色卡采用的商品染料名称及色度学数据见表 B.1。

表 B.1 1/3 染料染色标准深度色卡采用的商品染料名称及色度学数据

色卡号	所用染料	Y_{D65}	x_{10}	y_{10}	色卡号	所用染料	Y_{D65}	x_{10}	y_{10}
1	C.I.酸性黄 17	65.8	0.420	0.457	12	C.I.酸性蓝 72	15.1	0.207	0.246
2	C.I.酸性黄 36	54.1	0.448	0.430	13	C.I.酸性蓝 7	23.5	0.199	0.295
3	C.I.酸性橙 7	39.9	0.502	0.390	14	C.I.酸性蓝 72 C.I.酸性黄 11	15.5	0.249	0.343
4	C.I.酸性红 111	28.1	0.512	0.346	15	C.I.酸性蓝 72 C.I.酸性黄 11 C.I.酸性蓝 7	21.2	0.260	0.382
5	C.I.酸性红 18	23.0	0.489	0.327	16	C.I.酸性黄 17 C.I.酸性蓝 7	37.4	0.348	0.479
6	C.I.酸性红 1	18.2	0.460	0.285	17	C.I.酸性黄 36 C.I.酸性蓝 72	24.1	0.351 8	0.414 1
7	C.I.酸性红 42	18.7	0.444	0.310	18	C.I.酸性黄 11 C.I.酸性红 1 C.I.酸性蓝 72	13.4	0.307	0.358
8	C.I.酸性紫 5	14.9	0.335	0.246	19	C.I.酸性黄 11 C.I.酸性红 1 C.I.酸性蓝 72	14.6	0.347	0.374
9	C.I.酸性紫 42	15.3	0.296	0.227	20	C.I.酸性黄 11 C.I.酸性红 1 C.I.酸性蓝 72	17.0	0.370	0.381
10	C.I.酸性蓝 72 C.I.酸性红 1	12.5	0.273	0.248	21	C.I.媒介棕 33	12.6	0.379	0.352
11	C.I.酸性蓝 168	12.4	0.232	0.264	22	C.I.媒介黑 13	12.6	0.290	0.314

附　录　C
（资料性附录）
1/6 染料染色标准深度色卡采用的商品染料名称及色度学数据

C.1　1/6 染料染色标准深度色卡采用的商品染料名称及色度学数据见表 C.1。

表 C.1　1/6 染料染色标准深度色卡采用的商品染料名称及色度学数据

色卡号	所用染料	Y_{D65}	x_{10}	y_{10}	色卡号	所用染料	Y_{D65}	x_{10}	y_{10}
1	C.I. 酸性黄 17	68.5	0.400	0.442	12	C.I. 酸性蓝 72	22.2	0.230	0.270
2	C.I. 酸性黄 36	54.8	0.427	0.425	13	C.I. 酸性蓝 7	30.5	0.220	0.312
3	C.I. 酸性橙 7	45.1	0.467	0.384	14	C.I. 酸性蓝 72 C.I. 酸性黄 11	23.6	0.265	0.344
4	C.I. 酸性红 111	32.9	0.479	0.342	15	C.I. 酸性蓝 72 C.I. 酸性黄 11 C.I. 酸性蓝 7	29.8	0.272	0.373
5	C.I. 酸性红 18	29.0	0.451	0.325	16	C.I. 酸性黄 17 C.I. 酸性蓝 7	45.9	0.346	0.454
6	C.I. 酸性红 1	27.2	0.431	0.294	17	C.I. 酸性红 1 C.I. 酸性黄 36 C.I. 酸性蓝 72	32.04	0.367 4	0.404 7
7	C.I. 酸性红 42	24.7	0.422	0.314	18	C.I. 酸性黄 11 C.I. 酸性红 1 C.I. 酸性蓝 72	19.4	0.312	0.356
8	C.I. 酸性紫 5	23.0	0.343	0.265	19	C.I. 酸性黄 11 C.I. 酸性红 1 C.I. 酸性蓝 72	22.1	0.339	0.367
9	C.I. 酸性紫 42	21.1	0.299	0.249	20	C.I. 酸性黄 11 C.I. 酸性红 1 C.I. 酸性蓝 72	24.2	0.365	0.378
10	C.I. 酸性蓝 72 C.I. 酸性红 1	16.9	0.283	0.265	21	C.I. 媒介棕 33	18.9	0.367	0.349
11	C.I. 酸性蓝 168	18.9	0.246	0.280	22	C.I. 媒介黑 13	17.0	0.296	0.322

附 录 D
（资料性附录）
1/12 染料染色标准深度色卡采用的商品染料名称及色度学数据

D.1 1/12 染料染色标准深度色卡采用的商品染料名称及色度学数据见表 D.1。

表 D.1 1/12 染料染色标准深度色卡采用的商品染料名称及色度学数据

色卡号	所用染料	Y_{D65}	x_{10}	y_{10}	色卡号	所用染料	Y_{D65}	x_{10}	y_{10}
1	C.I.酸性黄 17	69.3	0.377	0.408	12	C.I.酸性蓝 72	31.5	0.247	0.293
2	C.I.酸性黄 36	61.7	0.409	0.412	13	C.I.酸性蓝 7	49.0	0.265	0.341
3	C.I.酸性橙 7	52.0	0.427	0.376	14	C.I.酸性蓝 72 C.I.酸性黄 11	33.2	0.275	0.345
4	C.I.酸性红 111	39.5	0.446	0.342	15	C.I.酸性蓝 72 C.I.酸性黄 11 C.I.酸性蓝 7	35.9	0.283	0.364
5	C.I.酸性红 18	36.6	0.429	0.334	16	C.I.酸性黄 17 C.I.酸性蓝 7	56.9	0.348	0.429
6	C.I.酸性红 1	38.4	0.398	0.308	17	C.I.中性深黄 116 C.I.中性蓝 168	41.18	0.363 0	0.390 6
7	C.I.酸性紫 42	32.5	0.397	0.320	18	C.I.酸性黄 11 C.I.酸性红 1 C.I.酸性蓝 72	29.6	0.316	0.354
8	C.I.酸性紫 5	31.6	0.347	0.282	19	C.I.酸性黄 11 C.I.酸性红 1 C.I.酸性蓝 72	35.1	0.345	0.365
9	C.I.酸性紫 42	26.8	0.301	0.264	20	C.I.酸性黄 11 C.I.酸性红 1 C.I.酸性蓝 72	34.9	0.355	0.366
10	C.I.酸性蓝 72 C.I.酸性红 1	25.0	0.289	0.282	21	C.I.媒介棕 33	31.0	0.353	0.351
11	C.I.酸性蓝 168	26.6	0.264	0.300	22	C.I.媒介黑 13	22.7	0.302	0.329

附 录 E
（资料性附录）
1/25 染料染色标准深度色卡采用的商品染料名称及色度学数据

E.1 1/25 染料染色标准深度色卡采用的商品染料名称及色度学数据见表 E.1。

表 E.1 1/25 染料染色标准深度色卡采用的商品染料名称及色度学数据

色卡号	所用染料	Y_{D65}	x_{10}	y_{10}	色卡号	所用染料	Y_{D65}	x_{10}	y_{10}
1	C.I.酸性黄 17	70.2	0.362	0.389	10	C.I.酸性蓝 72	41.1	0.271	0.317
2	C.I.酸性黄 36	65.1	0.385	0.397	11	C.I.酸性蓝 7	53.7	0.279	0.348
3	C.I.酸性橙 7	58.8	0.391	0.368	12	C.I.酸性蓝 72 C.I.酸性黄 11	41.7	0.289	0.352
4	C.I.酸性红 111	47.6	0.405	0.341	13	C.I.酸性黄 17 C.I.酸性蓝 7	62.5	0.348	0.409
5	C.I.酸性红 1	46.7	0.372	0.324	14	C.I.酸性黄 11 C.I.酸性红 1 C.I.酸性蓝 72	40.8	0.320	0.357
6	C.I.酸性紫 5	42.7	0.344	0.307	15	C.I.酸性黄 11 C.I.酸性红 1 C.I.酸性蓝 72	44.8	0.335	0.365
7	C.I.酸性紫 42	38.0	0.312	0.294	16	C.I.酸性黄 11 C.I.酸性红 1 C.I.酸性蓝 72	45.0	0.347	0.359
8	C.I.酸性蓝 72 C.I.酸性红 1	33.3	0.302	0.302	17	C.I.媒介棕 33	38.3	0.346	0.354
9	C.I.酸性蓝 168	37.2	0.280	0.316	18	C.I.媒介黑 13	33.4	0.314	0.341

参 考 文 献

[1] GB/T 6687—2006 染料名词术语

ICS 71.100.20
G 86

中华人民共和国国家标准

GB/T 4842—2006
代替 GB/T 4842—1995,GB/T 10624—1995

氩

Argon

2006-09-01 发布 2007-02-01 实施

中华人民共和国国家质量监督检验检疫总局
中国国家标准化管理委员会 发布

前言

本标准代替 GB/T 4842—1995《纯氩》和 GB/T 10624—1995《高纯氩》。

本标准与 GB/T 4842—1995 和 GB/T 10624—1995 相比主要变化如下：

——合并两标准为一个标准；

——修改高纯氩的适用范围(本标准的 1,GB/T 10624—1995 的 1)；

——增加集装格装、集束瓶和罐车装氩气产品并规定检验方法(本标准的 4.1.3)；

——修改规范性引用文件(本标准的 2,GB/T 4842—1995 的 2,GB/T 10624—1995 的 2)；

——修改技术指标内容：删去高纯氩优等品、一级品产品；把纯氩总碳含量分解为只测定甲烷、一氧化碳和二氧化碳，高纯氩总碳含量为甲烷＋一氧化碳＋二氧化碳，并可单独测量；调整氢、氧、氮、水的含量；把水分含量纳入纯度计算(本标准的 3、4.2,GB/T 4842—1995 的 3、4.1,GB/T 10624—1995 的 3、4.1)；

——修改高纯氩抽样方法(本标准的 4.1.2,GB/T 10624—1995 的 5)；

——增加新的分析方法：增加氧化锆气相色谱法测定氩气中的氢、氧、甲烷和一氧化碳；增加用离子迁移气相色谱法、氩离子化气相色谱法和氩放电离子化气相色谱法测定氩气中的氢、氧、氮、甲烷、一氧化碳和二氧化碳组分；增加其他方法测定水分；当出现多种分析方法时，增加规定仲裁方法(本标准的 4.3)；

——删除原标准中采用电子迁移气相色谱法测定氩中氮的方法(GB/T 10624—1995 的 4.2)；

——增加安全规定(本标准的 5.6)；

——增加规范性附录 A，并把采用离子迁移气相色谱法、氩离子化气相色谱法和氩放电离子化气相色谱法测定氩气中的氢、氧、氮、甲烷、一氧化碳和二氧化碳组分的方法写入该附录(本标准的附录 A)。

本标准的附录 A、附录 B 为规范性附录。

本标准由中国石油和化学工业协会提出。

本标准由全国气体标准化技术委员会归口。

本标准起草单位：武汉钢铁集团氧气有限责任公司、中国科学院大连化学物理研究所科纳科技开发公司、北京赛思瑞泰科技有限公司、西南化工研究设计院。

本标准主要起草人：陈文宇、王贵悦、张丙新、周鹏云。

本标准所代替标准的历次版本发布情况为：GB 4842—1984、GB 4843—1984、GB 10624—1989、GB 10625—1989、GB/T 4842—1995、GB/T 10624—1995。

氩

1 范围

本标准规定了纯氩、高纯氩的要求、试验方法以及包装、标志、贮运及安全。

本标准适用于深冷法从空气、合成氨尾气中提取的气态和液态纯氩和高纯氩，以及经净化方法得到的纯氩和高纯氩。它们主要用于金属冶炼与焊接、半导体制造、电光源、标准样品的制备、科学研究等行业。

分子式：Ar。

相对分子质量：39.948(按2001年国际相对原子质量)。

2 规范性引用文件

下列文件中的条款通过本标准的引用而成为本标准的条款。凡是注日期的引用文件，其随后所有的修改单(不包括勘误的内容)或修订版均不适用于本标准，然而，鼓励根据本标准达成协议的各方研究是否可使用这些文件的最新版本。凡是不注日期的引用文件，其最新版本适用于本标准。

GB 190—1990 危险货物包装标志

GB/T 3723 工业用化学产品采样安全通则

GB 5099 钢质无缝气瓶(GB 5099—1994，neq ISO 4705:1993)

GB/T 5832.1 气体湿度的测定 第1部分：电解法

GB/T 5832.2 气体中微量水分的测定 露点法

GB/T 6285 气体中微量氧的测定 电化学法

GB 7144 气瓶颜色标记

GB/T 8981 气体中微量氢的测定 气相色谱法

GB/T 8984.1 气体中一氧化碳、二氧化碳和碳氢化合物的测定 第1部分：气体中一氧化碳、二氧化碳和甲烷的测定 气相色谱法

GB/T 8984.2 气体中一氧化碳、二氧化碳和碳氢化合物的测定 第2部分：气体中一氧化碳、二氧化碳和碳氢化合物总含量的测定 气相色谱法

GB 14194 永久气体气瓶充装规定

GB 16912 氧气及相关气体安全技术规程

HG/T 2686 惰性气体中微量氢、氧、甲烷、一氧化碳的测定 氧化锆气相色谱法

JB/T 5905 真空多层绝热低温液体容器

JB/T 6897 低温液体运输车

JB/T 6898 低温液体贮运设备使用安全规则

《气瓶安全监察规程》

《压力容器安全监察规程》

《压力管道安全管理与监察规定》

3 要求

3.1 纯氩的质量应当符合表1的技术要求。

表 1　纯氩技术指标

项　目		指　标
氩气(Ar)纯度(体积分数)/10^{-2}	≥	99.99
氢(H_2)含量(体积分数)/10^{-6}	≤	5
氧(O_2)含量(体积分数)/10^{-6}	≤	10
氮(N_2)含量(体积分数)/10^{-6}	≤	50
甲烷(CH_4)含量(体积分数)/10^{-6}	≤	5
一氧化碳(CO)含量(体积分数)/10^{-6}	≤	5
二氧化碳(CO_2)含量(体积分数)/10^{-6}	≤	10
水分(H_2O)含量(体积分数)/10^{-6}	≤	15

3.2　高纯氩的质量应当符合表 2 的技术要求。

表 2　高纯氩技术指标

项　目		指　标
氩气(Ar)纯度(体积分数)/10^{-2}	≥	99.999
氢(H_2)含量(体积分数)/10^{-6}	≤	0.5
氧(O_2)含量(体积分数)/10^{-6}	≤	1.5
氮(N_2)含量(体积分数)/10^{-6}	≤	4
甲烷(CH_4)含量＋一氧化碳(CO)含量＋二氧化碳(CO_2)含量(体积分数)/10^{-6}	≤	1
水分(H_2O)含量(体积分数)/10^{-6}	≤	3
注：甲烷(CH_4)含量、一氧化碳(CO)含量、二氧化碳(CO_2)含量可单独测量。		

3.3　液态氩可不检测水分含量。

4　试验方法

4.1　抽样、判定和复验

4.1.1　瓶装纯氩产品按表 3 规定的批量随机抽样检验，成批验收。当检验结果有一瓶不符合本标准技术要求时，应重新加倍随机抽样检验，如果仍有一瓶不符合本标准技术要求时，则判该批产品不合格。

4.1.2　瓶装高纯氩产品可以按表 3 规定的批量随机抽样检验，成批验收。当检验结果有一瓶不符合本标准技术要求时，则判该批产品不合格。生产企业应确保每瓶高纯氩产品符合本标准技术要求。

表 3　瓶装纯氩、高纯氩抽样表

每批产品气瓶数	1	2	3～8	9～15	16～25	26～50	51～150	>150
每批纯氩最少抽样气瓶数	1	2	2	3	4	5	6	7
每批高纯氩最少抽样气瓶数	1	2	3	5	7	9	11	13

4.1.3　集装格装、集束瓶装和杜瓦罐装氩产品应逐一检验并验收。当检验结果有任何一项指标不符合本标准技术要求时，则判该批产品不合格。生产企业应确保每一包装高纯氩产品符合本标准技术要求。

4.1.4　对稳定生产的管道输送的气态氩由供需双方确定抽样频次。企业应确保管道输送的气态氩产品符合本标准技术要求。

4.1.5　氩采样安全应符合 GB/T 3723 的相关规定。

4.2　氩纯度

氩纯度按式(1)计算：

$$\phi = 100 - (\phi_1 + \phi_2 + \phi_3 + \phi_4 + \phi_5 + \phi_6 + \phi_7) \times 10^{-4} \quad \cdots\cdots(1)$$

式中：

ϕ——氩纯度(体积分数)/10^{-2}；

ϕ_1——氢含量(体积分数)/10^{-6}；

ϕ_2——氧含量(体积分数)/10^{-6}；

ϕ_3——氮含量(体积分数)/10^{-6}；

ϕ_4——甲烷含量(体积分数)/10^{-6}；

ϕ_5——一氧化碳含量(体积分数)/10^{-6}；

ϕ_6——二氧化碳含量(体积分数)/10^{-6}；

ϕ_7——水分含量(体积分数)/10^{-6}。

4.3 氢、氧、氮、甲烷、一氧化碳、二氧化碳的测定

4.3.1 氢、氧、氮、甲烷、一氧化碳、二氧化碳的测定见附录 A。

4.3.2 允许采用 GB/T 8981、HG/T 2686 规定的方法或其他等效的方法测定纯氩、高纯氩中的微量氢。当以上测定结果有异议时，以 GB/T 8981 规定的方法为仲裁方法。

4.3.3 允许按 GB/T 6285、HG/T 2686 规定的方法或其他等效的方法测定纯氩、高纯氩中的微量氧。当测定结果有异议时，以 GB/T 6285 规定的方法为仲裁方法。

4.3.4 允许采用其他等效的方法测定纯氩、高纯氩中的微量氮。当测定结果有异议时，以离子迁移气相色谱法为仲裁方法。

4.3.5 允许按 GB/T 8984.1 规定的方法或其他等效的方法测定纯氩、高纯氩中的微量甲烷、一氧化碳和二氧化碳，允许按 GB/T 8984.2 规定的方法测定高纯氩中的微量甲烷、一氧化碳和二氧化碳总含量。当以上测定结果有异议时，以 GB/T 8984.1 规定的方法为仲裁方法。

4.4 水分含量的测定

按 GB/T 5832.1 或 GB/T 5832.2 执行。

允许采用其他等效的方法测定氩中水分含量。当测定结果有异议时，以 GB/T 5832.2 规定的方法为仲裁方法。

5 标志、包装、贮运及安全

5.1 氩气瓶应符合 GB 5099 的规定，气瓶颜色标记应符合 GB 7144 的规定。运输时，氩气瓶上应附有 GB 190—1990 中第 3 章指定的标志。

5.2 充装、贮运

5.2.1 瓶装气态氩应符合 GB 14194 以及《气瓶安全监察规程》的相关规定。

5.2.2 液态氩应符合 JB/T 5905、JB/T 6897、JB/T 6898 和《压力容器安全监察规程》的相关规定。

5.2.3 管道输送的气态氩应符合《压力管道安全管理与监察规定》。

5.3 瓶装氩的成品压力在 20℃时不低于 13.5 MPa。用于测量的压力表精度不低于 2.5 级。

5.4 返厂氩气钢瓶的余压不应低于 0.2 MPa。余压不符合要求的气瓶，水压试验后的气瓶以及新气瓶等在充装前应按规定要求进行加热、抽空和置换。

5.5 氩气出厂时应附有质量合格证，其内容至少应包括：

——产品名称，生产厂名称，危险化学品生产许可证编号；

——生产日期或批号，成品压力，产品技术指标；

——本标准标准号及产品等级，检验员号。

5.6 安全要求

5.6.1 气态氩的生产、使用以及贮运应符合 GB 16912、《气瓶安全监察规程》、《压力容器安全监察规程》等相关规定。

5.6.2 在氩气氛中，人有被窒息的危险。因此在氩有可能泄漏或氩含量有可能增加的地方应设置通风装置。液态氩属低温液体，操作不当可造成冻伤，应采取防冻措施。

5.6.3 氩的生产企业应为顾客提供安全技术说明书。

6 其他

6.1 液态氩与气态氩换算关系

将液态氩质量换算为20℃，0.101 3 MPa状态下气态氩的体积按式(2)计算。

$$V = m/1.662 \quad \cdots\cdots(2)$$

式中：

V——液态氩换算成气态氩的体积，单位为立方米(m^3)；

m——液态氩的质量，单位为千克(kg)；

1.662——氩的密度，单位为千克每立方米(kg/m^3)。

6.2 气态氩体积计算

气态氩体积的计算参见附录B。

附 录 A
（规范性附录）
氩中氢、氧、氮、甲烷、一氧化碳和二氧化碳的测定

A.1 仪器

采用配备离子迁移检测器、氩离子化检测器或氩放电离子化检测器的气相色谱仪测定氩中氢、氧、氮、甲烷、一氧化碳和二氧化碳。

A.2 原理

A.2.1 离子迁移气相色谱法原理

以纯度(体积分数)不低于99.999 9%的氩气作为载气，载气在含有氚源的检测器内会产生一个稳定的基流。当样品气中的双原子分子(如氢、氧、氮等)组分或多原子(如一氧化碳和二氧化碳等)组分进入检测器后，检测器中的自由电子与这些组分的分子进行非弹性碰撞，电子就失去能量，这些分子也变为相应的离子。电子沿阳极方向的迁移速度就增加，离子沿阴极方向的迁移速度也会增加，在检测器的两极之间施加一方波电压，在电压的一个周期内，电子刚好通过检测器。阳极捕集的电子越多，阴极捕集的电子越多，则收集极产生的基流越大。在一定的含量范围内，样品气中的杂质含量和基流的增加量成正比，由此原理测定氩气中的杂质组分。

A.2.2 氩离子化气相色谱法原理

采用气相色谱法，用改性氩离子化检测器。氩气进入检测器之前，加入了定量的微量的有机物，以Ni^{63}或氚源为放射源，在较高的场强下，形成约10^{-7} A的基流。当载气将样品带入色谱柱，分离为单个组分进入检测器，由于不能被电离的杂质分子的空间阻碍作用，及非弹性碰撞等，而产生"猝灭"效应，使原基流(A)下降。在适当的温度、压力、电场强度下，基流的减小值与组分的含量成正比(在一定范围内)由此可测定氢、氧、氮、甲烷、一氧化碳、二氧化碳的含量。

A.2.3 氩放电离子化气相色谱法原理

以纯度(体积分数)不低于99.999 9%的氩气作为载气，载气在检测室内高频电压作用下产生连续辉光放电，形成一定强度的电流。当样品气中的杂质组分随载气进入检测室内后，所产生的辉光放电强度就会随杂质组分及其含量的不同而发生不同程度地变化。根据此变化大小，通过光电转换，即可测定样品气中的杂质浓度。

A.3 测定条件

A.3.1 载气：仪器工作所需载气及其流速参照相应的仪器说明书。

A.3.2 辅助气：需要采用辅助气的仪器按仪器说明书使用辅助气。

A.3.3 色谱柱：色谱柱Ⅰ：长约2 m、内径3 mm的不锈钢管，内装粒径为0.25 mm～0.40 mm的分子筛；或其他等效色谱柱。色谱柱Ⅰ用于分析氩中氢、氧、氮、甲烷和一氧化碳组分。

色谱柱Ⅱ：长约0.5 m、内径3 mm的不锈钢管，内装粒径为0.25 mm～0.40 mm的色谱硅胶；或其他等效色谱柱。色谱柱Ⅱ用于分析氩中二氧化碳组分。

A.3.4 气体标准样品

分析氩时，所采用的有证气体标准样品中的杂质含量应当与被测样品中的相应杂质组分相接近。气体标准样品的平衡气为气态氩。

A.3.5 其他条件：载气净化器温度、色谱柱温度、检测器温度、样气流量等其他条件参考仪器说明书。

A.4 分析步骤

开启仪器至稳定后按仪器说明书的操作步骤完成样品分析。

平行测定气体标准样品和样品气至少两次，记录色谱响应值，直至相邻两次测定的相对偏差不大于10×10^{-2}，取其平均值。

A.5 结果处理

采用峰面积(或峰高)定量，用外标法计算结果。

氢、氧、氮、甲烷、一氧化碳和二氧化碳含量的计算采用外标法，按式(A.1)计算：

$$\phi_i = \frac{A_i(h_i)}{A_S(h_S)} \times \phi_S \qquad \cdots\cdots(A.1)$$

式中：

ϕ_i——样品气中被测组分的含量(体积分数)；

$A_i(h_i)$——样品气中被测组分的峰面积或峰高，单位为平方毫米(mm^2)或毫米(mm)；

$A_S(h_S)$——气体标准样品中相应已知组分的峰面积或峰高，单位为平方毫米(mm^2)或毫米(mm)；

ϕ_S——气体标准样品中相应已知组分的含量(体积分数)。

附 录 B
（规范性附录）
氩气体积的计算

B.1 气瓶中气态氩体积按式(B.1)计算：

$$V = KV_1 \qquad \cdots\cdots(B.1)$$

式中：

V——气瓶中气态氩的体积，单位为立方米(m^3)；

V_1——气瓶的水容积，单位为升(L)；

K——换算为在20℃、0.101 3 MPa状态下气态氩的体积换算系数(见表B.1)。

表B.1 在不同压力、温度下的换算系数表

温度/℃	气瓶内压力/MPa								
	8.8	11.8	13.7	14.2	14.7	15.2	15.7	16.2	20
−40	0.145	0.178	0.211	0.219	0.227	0.236	0.243	0.251	—
−35	0.140	0.171	0.203	0.211	0.218	0.226	0.234	0.241	—
−30	0.135	0.165	0.195	0.203	0.210	0.217	0.224	0.232	—
−25	0.131	0.159	0.188	0.195	0.202	0.209	0.216	0.223	—
−20	0.127	0.154	0.181	0.188	0.195	0.202	0.209	0.215	—
−15	0.123	0.149	0.175	0.183	0.189	0.195	0.202	0.208	—
−10	0.120	0.145	0.170	0.177	0.184	0.189	0.195	0.202	—
−5	0.116	0.141	0.165	0.171	0.178	0.184	0.190	0.196	—
0	0.113	0.137	0.161	0.167	0.173	0.178	0.184	0.190	—
5	0.110	0.134	0.157	0.162	0.168	0.174	0.179	0.185	0.914
10	0.108	0.132	0.153	0.158	0.164	0.169	0.175	0.180	0.924
15	0.105	0.128	0.149	0.154	0.159	0.165	0.170	0.175	0.932
20	0.103	0.124	0.145	0.150	0.155	0.161	0.166	0.171	0.940
25	0.101	0.121	0.142	0.147	0.152	0.157	0.162	0.167	0.947
30	0.099	0.119	0.139	0.144	0.149	0.154	0.158	0.163	0.944
35	0.097	0.116	0.136	0.140	0.145	0.150	0.155	0.160	—
40	0.095	0.114	0.133	0.137	0.142	0.147	0.152	0.156	—

ICS 03.120.30
A 41

中华人民共和国国家标准化指导性技术文件

GB/Z 4887—2006/ISO/TR 7871:1997
代替 GB/T 4887—1985

累积和图　运用累积和技术进行质量控制和数据分析指南

**Cumulative sum charts—
Guidance on quality control
and data analysis using CUSUM techniques**

(ISO/TR 7871:1997,IDT)

2006-05-24 发布

中华人民共和国国家质量监督检验检疫总局
中国国家标准化管理委员会　发布

前言

本指导性技术文件等同采用ISO技术报告ISO/TR 7871:1997《累积和图　运用累积和技术进行质量控制和数据分析指南》。

同ISO/TR 7871:1997相比，本指导性技术文件的技术内容的变化主要是对ISO/TR 7871:1997文本中错误的更正。

本指导性技术文件对ISO/TR 7871:1997文本中的错误做了如下更正：

1）5.2.3中$V_{\max}=C_r-C_i-\frac{r-i}{j-i}(C_j-C_i)$，$m=j-i$将原文分母中的$l$更正为$i$；

2）5.2.3中，将原文算式$V_{\max}=-26-(-1)-\frac{21-7}{31-7}(2-(-1))=-25-\frac{14}{24}\times(-1)=-24.42$

更正为$V_{\max}=-26-(-1)-\frac{21-7}{31-7}(-2-(-1))=-25-\frac{14}{24}\times(-1)=-24.42$；

3）改正了图17的坐标；

4）将表10改为按行的顺序排列；

5）将表12中的μ_{α}改为$u_{1-\alpha}$；

6）将图11中的"从$i=7$到30的一段"改为"从$i=7$到31的一段"；

7）将7.3.1b)中的2.41改为2×41；

8）将A.4中的$1\pm\sqrt{\frac{2}{k+2}}$改为$1\pm1.96\sqrt{\frac{1}{k+2}}$。

本指导性技术文件自实施之日起代替GB/T 4887—1985。

本指导性技术文件的附录A、附录B、附录C、附录D、附录E、附录F、附录G、附录H均为规范性附录。

本指导性技术文件由全国统计方法应用标准化技术委员会提出并归口。

本指导性技术文件主要起草单位：中国标准化研究院、深圳市计量质量检测研究院、中国科学院数学与系统科学研究院、军械工程学院、辽宁出入境检验检疫局、北京宏福集团公司。

本指导性技术文件主要起草人：于振凡、姜健、涂玉娟、杨军、李名兆、张玉柱、刘文、王斗文、马毅林、肖惠、方西霖、刘洋。

累积和图 运用累积和技术进行质量控制和数据分析指南

0 引论

0.1 累积和图的基础

累积和图(CUSUM 图)是对一组具有合理(或自然)顺序的数据信息的一种图形表示,这种顺序通常和观测的时间顺序相对应。

将每个观测值减去参考值 T。参考值 T 一般是一个常数,但也可能是根据预测模型得到的一个预测值或是一个可变动的目标值。将与 T 的偏差累积求和,并将所得的和 C 按观测的顺序描点,即为累积和图。

在检测一个过程以均值为参考值的偏离的累积和图中,该参考值亦被称为目标值或目标。在进一步讨论累积和技术之前,必须澄清以下两个概念:目标值和参考值。前者指的是实际的或预期的过程平均,而后者指的是累积和技术中使用的参考值。由于"目标值"的直观性很强,在本指导性技术文件第0～6 章中的多数情况,在不引起混淆的情况下,当目标值和参考值为同一值时,一般称为目标值。在第6 章中,由于引入了上参考值和下参考值,它们必须与目标值相区别。

用累积结果描点的累积和方法使用图的局部倾斜度来表示均值。当局部平均值与目标值一致时,累积和的折线大致与序列轴平行。当序列的局部平均值大于目标值时,累积和折线向上倾斜;反之,当局部平均值小于目标值时,累积和折线向下倾斜。局部平均值和目标值的差异越大,累积和折线就越陡。

通过绘制累积和图,观测值序列中的不同部分的均值水平的变化可由图中斜率的变化清晰地表示。每个部分的局部平均值通过以下方法可容易地估计:或根据绘制的累积和图的数值进行估计,或直接由累积和数表进行估计。

累积和方法的另一个结果是,在相继的累积和之间存在固有的序列相依性。对序列轴可接受的偏移的判定需用随机过程的方法。

0.2 累积和图的简单例子

以上原理可以通过简单的例子来说明。这里计算和描点过程不用数学公式即可表达。

假设按时间顺序已取得以下样本观测值,且假定给定的参考值为 15。

表 1 绘制累积和图所用的数据

观测序号	观测值	对参考值(T=15)的偏差	偏差的累积和
1	12	−3	−3
2	17	+2	−1
3	14	−1	−2
4	14	−1	−3
5	17	+2	−1
6	16	+1	0
7	14	−1	−1
8	11	−4	−5
9	13	−2	−7
10	14	−1	−8
11	15	0	−8
12	11	−4	−12

表 1(续)

观测序号	观测值	对参考值(T=15)的偏差	偏差的累积和
13	14	−1	−13
14	16	+1	−12
15	13	−2	−14
16	14	−1	−15
17	11	−4	−19
18	12	−3	−22
19	13	−2	−24
20	16	+1	−23
21	12	−3	−26
22	18	+3	−23
23	18	+3	−20
24	17	+2	−18
25	20	+5	−13
26	15	0	−13
27	14	−1	−14
28	18	+3	−11
29	20	+5	−6
30	16	+1	−5
31	18	+3	−2
32	14	−1	−3
33	16	+1	−2

对一张常规控制图(如图 1),将观测值按其观测序号描点。后 12 个观测值与前 20 个左右的观测值看上去聚集在两个不同的均值水平周围。

相对于常规控制图,累积和图的表示更为清晰。累积和图的作法是将累积和(表 1 中的第 4 列)按观测序号描点,以 Y 轴(纵轴)表示累积和值,而 X 轴(横轴)表示观测序号,见图 2。

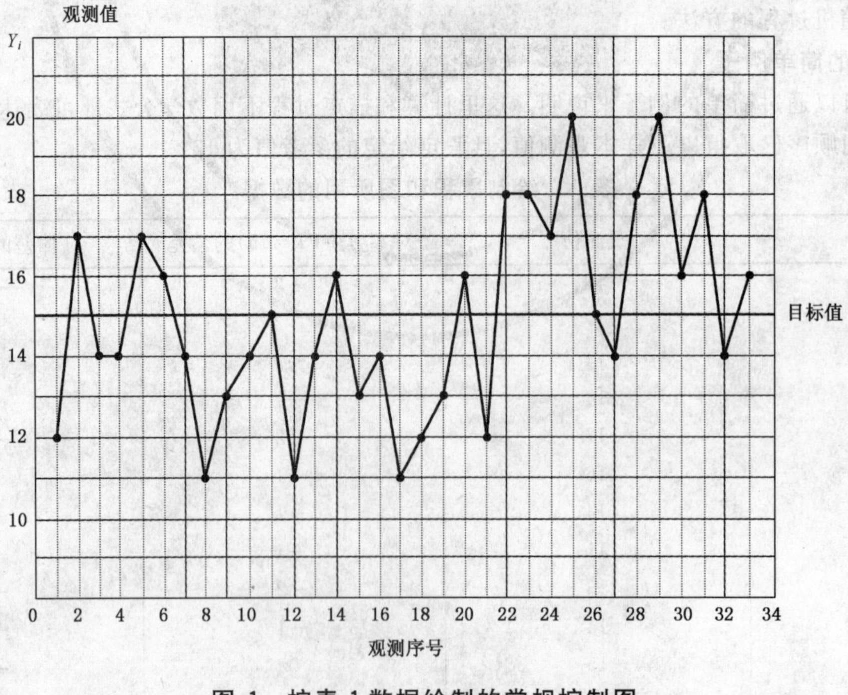

图 1　按表 1 数据绘制的常规控制图

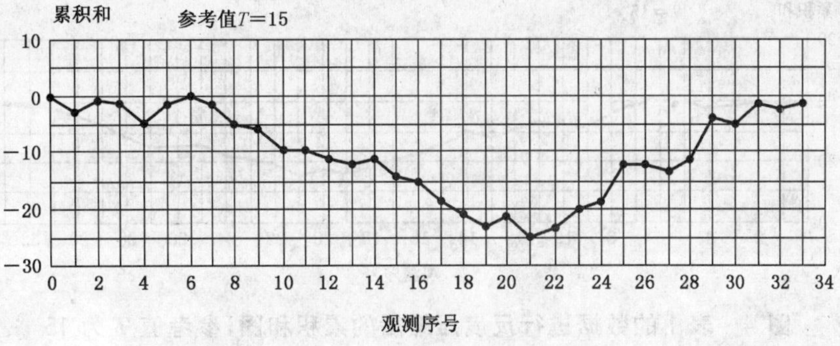

图 2 按表 1 数据绘制的累积和图

累积和图清楚地分为三段。从第 1 个观测值到第 7 个观测值(含端点),累积和折线总的来说与观测序号轴平行,也就是说,这段折线大致是水平的;从第 8 个观测值到第 21 个观测值(含端点),折线向下倾斜(尽管存在局部不规则变动,如第 14、20 个观测值);从第 22 个到第 33 个观测值,折线向上倾斜(同样存在局部的不规则变动)。

因此,初步可以看出:

a) 观测值 1 到 7 构成一个来自均值为目标值 15 或与之相近的总体的样本;

b) 观测值 8 到 21 似乎来自均值小于 15 的总体;

c) 从观测值 22 开始,观测序列似乎来自均值大于 15 的总体。

对此会产生以下问题:

a) 根据潜在的变异性(如累积和折线中的不规则性所示),是否能够断言斜率的变化代表的就是平均值的真实变化,而不仅仅是来自一个稳定总体的“好”与“不好”的样本的链的差别呢?

b) 如果变化是真实的,应如何利用数据来估计局部平均值?

c) 参考值与累积和尺度系数的选取对推断或估计的影响会有多大?图 3 和图 4 分别给出了同一序列的点图:图 3 的累积和尺度系数与图 1 相同,但目标值取为 12;图 4 仍取 15 为目标值,但对累积和的尺度进行了压缩。

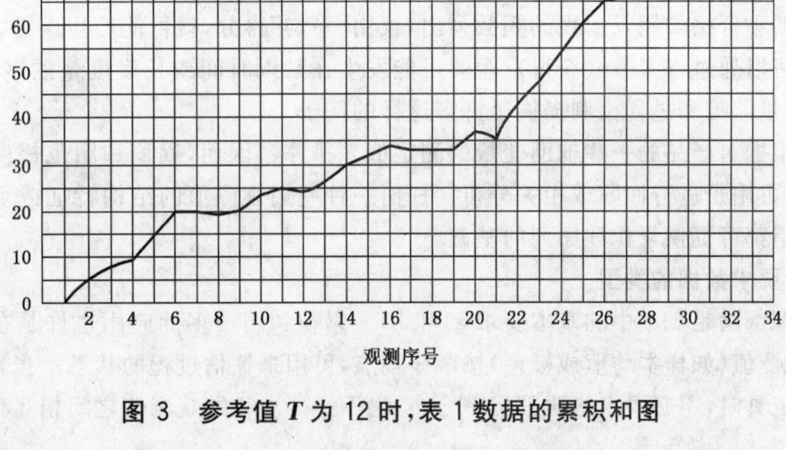

图 3 参考值 T 为 12 时,表 1 数据的累积和图

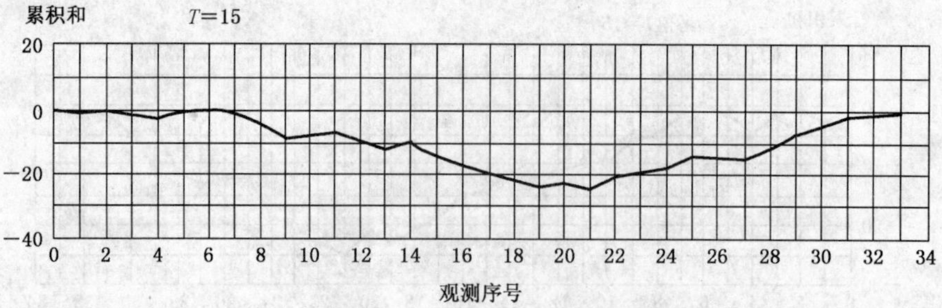

图 4　表 1 的数据进行尺度压缩后的累积和图，参考值 T 为 15

在图 3 和图 4 中，斜率在第 8 个观测值附近的变化并不明显。在图 3 中，第 21 个观测值附近的变化尚可看出，但是在图 4 中就不容易辨认了。这样，为了避免忽视有用信息或者夸大虚假成分，需要特别注意参考值和尺度系数的选择。从图 3 也可明显地看出，使用一个不适当的目标值可能导致图形超过图纸的上下界，尽管这个问题可以通过以序列的任一点作为一个新的零点重画来减少其影响。

1　范围与通则

1.1　概述

本指导性技术文件提出累积和图的原理，包括对图的绘制与解释的指导说明。

本指导性技术文件适用于被检产品的质量指标为不合格品数、不合格数或某一质量特性均值的情况下，对连续的生产过程进行质量控制。

1.2　基本要求

在使用累积和图时，对观测值的基本要求如下：

a)　观测值至少应是按一定尺度范围的测量值；

b)　观测值应是有序的，在过程控制中这是自然的。

下面再对以上两个要求作说明。首先，对任何给定的两组观测数据的差异在整个变化范围内具有一致的解释。例如：两个物体之间 0.1 mm 的长度差异具有同样的意义，而不管这些物体是长度为 10.1 mm和 10.0 mm 的木螺钉，还是长度为 10 000.1 mm 和 10 000.0 mm 的钢梁，尽管后者的差异是微不足道的，但它们之间的差异具有同样的意义。许多属性不具有这种性质。以"评分"为例，若将每个严重不合格的不合格得分记为 10，一般不合格的不合格得分记为 5，轻微不合格的不合格得分记为 1，那么对于下面情况的产品我们不能说它们具有同样的意义，虽然它们的得分的差异为 0：

——产品 A 有 1 个严重不合格　　得分＝10；

——产品 B 有 2 个一般不合格　　得分＝10；

——产品 C 有 1 个一般不合格，5 个轻微不合格　　得分＝10；

——产品 D 有 10 个轻微不合格　　得分＝10。

若不将它们的不合格类别及出现的频数列出，仅用"平均"得分，就可能产生误导。

合理序列性可以通过许多方式获得。观测可能发生在某以时间或长度度量的序列中，这样自然形成了一个序列，质量监控和过程控制提供了许多这样的例子。

观测值也可根据对产品的一些辅助变量的测定值来排序。因而，累积和图也提供了描述或考察变量间关系的手段，可用于进行回归或相关分析。任何一种利用观测值的结构特征或观测值产生的背景进行的分类或分组都可提供累积和序列的基础。

1.3　累积和图所要求数据的类型

许多数据类型都满足 1.2 中的基本要求 a)和 b)。累积和图最多的应用也许是在质量控制中。在一个过程中，将观测值(如样本均值或极差)按顺序描点，可用来评估过程的状态。当累积和图作为一种有效的数据展示工具时，不必要求指明其概率分布，也不必要求相继观测值之间相互独立。这些条件对于判定规则很重要，但对于数据展示并不重要。事实上，累积和图也有助于辨别分布特征，例如序列相关性或周期性。

样本极差及样本标准差与样本平均值一样，都可以绘制累积和图。在质量控制中会遇到不合格计数，也可通过累积和控制图进行监控。

1.4 监控或回顾性分析

在制定判定规则和进行统计检验时，应区分以下两种截然不同的情况：

a) 在诸如质量控制作业中，使用累积和图的目的是对序列观测值相对于规定值或参考值的变化过程进行监控。用于监控的判定规则见第 4 章。

b) 累积和图也可以用来检验历史数据，或按某种合理方式分组的观测数据，以检查各部分间是否存在差异，此时不存在正式的标准值或参考值。这种情况类似于对各组观测值之间进行显著性检验，但区别在于分组是基于累积和图初步检查结果进行的。用于回顾性分析的统计检验见第 5 章。

2 累积和图的准备

2.1 记号

记 T 为参考值。对每个观测值 y_r，对差值 $y_r - T$ 求和，到 y_i 出现时为止，得累积和为：

$$C_i = \sum_{r=1}^{i}(y_r - T) \qquad \cdots\cdots(1)$$

在累积和图中，以累积和 C_i 为纵坐标(垂直轴)，对照横坐标(水平轴)描点。假定 i 取一串连续的整数值 0(原点)、1、2、…。纵坐标上的尺度系数记为 A。这意味着相应于横坐标上的一个单位间隔，纵坐标上的单位为 A。尺度系数 A 常用于描点的值的标准误差(σ_e)的某个倍数表示。标准化尺度系数记为 α(即 $A=\alpha\sigma_e$)。σ_e 的意义及其估计详见附录 A。

通常先计算从 i 到 j，或从 i 到 $j-1$，或从 j 到 $j+r$ 等描点序列的局部平均值，这些值表示为：

$\bar{y}_{i,j}, \bar{y}_{i,j-1}, \bar{y}_{j,j+r}, \cdots\cdots$

其他记号将在引入时相应定义。

2.2 参考值 T 的选择

在准备工作中，选择适当的目标值 T 是两个最重要的步骤之一。一个不适当的目标值 T 会导致累积和图始终向上倾斜或向下倾斜，从而使变化较难被检测到，且当折线超出图的顶部或底部时，须频繁地重新绘制(见附录 D)。

2.3 在多数情况下，T 是规定的质量目标水平的度量。最好使工序能确保该质量水平，否则不仅仅是累积和图将不断发出过程异常的信号，并且在这种情况下任何控制系统都将失效。

目标值 T 并不总是存在，有时可用近期稳定状态下对质量特性测量的平均水平作为参考值。

2.4 当累积和图用于对一组历史数据或一次试验的残差进行回顾性检查时，目标值的一个自然选择即为这组数据的算术平均值。除了由于平均值的舍入误差而产生的微小差异外，T 值的这种选择将使累积和图的纵坐标值始终不变。只要采用适当的尺度系数(见附录 B)，累积和图即可在普通坐标纸中完成。

2.5 对于二元数据，即只取值“0”和“1”的数据，需要估计的是取“1”的比例。这个比例可作为目标值。在质量控制应用中，这个值即是不合格(品)率或合同中规定的接收质量水平(AQL)，或由可行性研究提供的适当的值。在这种涉及二元响应的试验中，目标值可采用完整试验的总比率，或者在连续试验情况下，将试验初始阶段观测到的比率设为目标值，并在此后证实其不合适时再修正。

2.6 变异的类型

为了更有效地确定累积和图的尺度，并以此作为显著性检验的基础，需要有一个衡量序列的潜在的短期变异的度量。用工程术语说，为了给检测信号的系统定尺度，必须对噪声进行测量。

变异的基本统计度量是标准差。从一个包含 n 个值的样本中，可通过下式对标准差 σ 进行估计：

$$s=\sqrt{\frac{1}{n-1}\sum(y_i-\bar{y})^2} \quad \cdots\cdots(2)$$

其中 $\bar{y}=\frac{1}{n}\sum y_i$

式中求和是对 n 个样本观测值进行的。

通常，进行描点的值是一组观测值的某一函数，是诸如均值、极差、不合格品率等统计量。而变异的适宜度量即是这些样本统计量的标准误差（当其未知时用它的某个估计值）。在含有 n 个单位产品的一个样本中，最简单的情况下使用的统计量为样本均值 $\bar{x}$，或不合格品率 p。注意，这里的 n 是指每个样本的样本量即每个样本的观测值个数，而不是要被描点的样本数。

假定在这两种简单情况下，过程都处于统计控制状态，$\bar{y}$ 的标准误差 $\sigma_e=\sigma/\sqrt{n}$ 常用它的估计值代替。

在样本量为 n 的样本中，当观测值是具有某种属性的个数或比率时，如果过程处于统计控制状态，单位产品具有该属性的概率为 p_0，则根据二项分布可给出：

p 的标准误差

$$\sigma_p=\sqrt{\frac{p_0(1-p_0)}{n}} \quad \cdots\cdots(3)$$

常记为

$$\sigma_p=\sqrt{\frac{p_0q_0}{n}},q_0=1-p_0$$

在一个样本中具有该属性的单位产品数的标准差为：

$$\sigma=\sqrt{np_0q_0} \quad \cdots\cdots(4)$$

结合原始数据的图形，这是标准差本身对诊断目的有帮助的一种情形。另外一种情形是在一定量产品或材料中或在某一时间段的观测中发生的不合格数、疵点数、缺陷数或其他偶发事件数，例如 1 m（或 1 m^2）布中的疵点数，工厂里每周发生的事故数等。如果泊松分布的假定条件成立，则有：

$$\sigma=\sqrt{m}$$

其中 m 是每个样本偶发事件的平均水平。特别，如果在一个很小量的产品中出现不合格的概率非常小，且与产品量成比例，同时如果不合格的发生相互独立，则不合格数服从泊松分布。

统计控制的要求是指：在任何时间段内，当没有可查明的变化（变异的原因）发生时，所有抽中的单位产品都可视为来自整个过程（或总体，或时间段等）中的简单随机样本。在这种情况下，观测到样本内单位产品的短期变异后，为估计整个序列的期望变异，构筑了适当的基础（借助于当时所选择的统计量的标准误差）。任何比该期望变异大的情况都视作由某个可查明原因引起的，它表明，或者序列均值发生了偏移，或者变异的属性或大小发生了变化。

在许多情况下，简单地使用标准差的整体估计值是不合适的。有些情况下会导致错误，如以下情况：

a) 在观测某个连续过程的情况下，在该平均水平下可能发生许多微小不重要的变化；这些变化与极端的短期变化（应该判定的系统的或持续的变化）完全不同。例如，一个工业过程可以通过温度调节装置或其他自动控制装置来控制；虽然所输入原材料质量存在一些微小的变化，但是不会违背规范。在监控一个病人对治疗的反应中，存在较小的与食物、医院或家庭习惯等有关的代谢变化等，而对任何治疗效果的判定应基于整体的典型变异。

b) 抽样方法本身可能也会导致如上述 a）中的影响。样本常由在生产线上邻近的单位产品中取出，因为抽到一个真正的随机样本是很困难的。于是这些单位产品构成一个“聚集”样本，由于样本过于相似，以至于不能用来作为评估整体变异的基础。

c) 样本可能是来自不同来源（机器、操作员、管理区域）的观测值，同样可能存在太多的局部变异，以至于不能为评估是否发生了有意义的变化提供一个实际的基础。

由于该原因，对产生于这些来源中的混合数据应谨慎对待，因为在每一起作用的来源内的任何局部特性都可能被忽略;而且随着时间推移,这些来源之间的变更可能会掩盖发生在整个系统中的变化。

d) 在观测值中可能出现序列相关,即一个观测值与其相邻的其他观测值相关。例如,如果采用移动平均,在此平均与下一个平均所用的数据间的重叠会引起正相关。再如,在评估一批散料的质量时,由于连续的量规或量尺读数的差异,一个过高估计就可能导致产生下一个过低估计,这就是负相关。我们需要辨认这种可能存在的影响。在一些工业生产过程中,正相关极有可能存在,当一批材料部分地掺入了前批和后批材料,有时会产生称作"足跟"效应。例如,给车辆的油箱补充燃料就是一个日常的例子,因为一般在油箱燃料耗尽之前,就需添加新的燃料。

因此在序列或数据序列中,必须考虑变异的其他度量及它们适宜的场合。这些变异的度量,包括将相继样本值的差($\delta_j = y_j - y_{j-1}$)视为适宜的变异表征,将所有样本观测值 y_j 看作是从一个单一总体中抽取的。这些度量将在附录 A 中讨论。

2.7 变异的度量

见附录 A。

2.8 图的尺度

见附录 B。

2.9 绘制累积和图的准备工作清单

作为本章中给出绘制累积和图准备工作的详细步骤的提示(而非替代),下面的清单可能是有用的。

选择一个适当的目标值,它可是:

a) 某个规定值;

b) 一个极有可能达到的令人满意的水平(对某个过程而言);

c) 一个近来的典型时期或时段的平均性能水平;

d) 所有观测值(包括回顾性分析所用的)的平均水平。

考虑 2.9 中各点,挑选一个适宜的变异度量。

决定要采用的尺度约定。通常,B.1 的方法对于图的准备和解释是最简单的,但为了某些特殊目的,可优先采用另外两种约定中的一种,或者为例行用处,可准备一些特殊的形式。

要保证涉及准备和分析累积和图的人员都熟悉该方法。

3 图的表示

3.1 在第 2 章中对累积和图的准备工作作了详细说明,包括目标值的选择、定义,变异度量的计算,以及累积和图尺度系数的选取等。

用于标注的一些实际点也应引起注意。累积和图中至少应包括下列信息:

a) 目标值(可以附加选择该目标值(例如,约定均值、历史数据的均值)的原因的简短说明);

b) 观测值的标准误差(可注明用于估计标准误差的方法);

c) 观测值的特性(初始值、样本均值、不合格数等等);

d) 表明累积和图用途的标题(例如,"用于控制……的累积和图",或"用于……数据的回顾性分析的累积和图");

e) 横坐标轴(即 i 坐标轴)的样本间隔及累积和坐标轴的尺度要标注清楚。

3.2 为有助于解释在已知条件变化的情况下,累积和图模式的变化,可在横坐标(i)轴上相应的点处标注。例如,生产过程中新原料的投放、操作人员或操作方法的变化。

在检查来自试验的残差时,可对试验因素水平发生变化的点加以标注。对按时间顺序收集的数据,宜在横坐标轴上明示那些特发日期。

此种信息可能具有的内涵会影响样本间隔尺度的选取;如果预计会有相当可观的注释,宜采用一种更为一般的尺度,而不是只适用于当前情况的尺度,以避免图表过于混乱与辅助信息混淆。

3.3　图原点的选取

在多数情况下，考虑到要对正、负累积和进行描点，累积和坐标的原点取为 0。然而，对图的视觉印象并不受实际所采用的原点的影响。如果偏好非负值，累积和图可从某个适当的正值开始。例如，当累积和图是一些历史点的延续时，或当累积和图的折线超出图的顶部或底部时，从一个新值开始一个新图（或重绘某一段）将是有用的，此时，这一新值对应于接近前图（或段）结论的一般水平。

3.4　局部平均值的计算

见附录 C。

3.5　累积和图的重绘

见附录 D。

4　监控的判定规则

4.1　引言

4.1.1　本章和第 5 章给出简明判定规则，用于确定累积和图斜率（用于描点的变量的平均水平）的显见变化是真实的，还是视为数据内在变异的一部分。

本章内容用于监控和控制：将所获得的观测值数据按顺序描点，以便尽可能快地检测出任何对目标水平的偏移。第 5 章针对历史数据的回顾性分析给出了相应的判定规则，以确定个别段在均值水平下是否有别于前延段或后续段。

4.1.2　判定规则的使用并不总是必须的，特别是累积和图仅用作序列数据的一种有效表达方式的情况。然而，当需要作出决策从而采取可能的行动时，累积和图方法往往比其他传统技术对所得数据的利用更有效。这里有效是指能够更快地做出水平变化的判定；或发出错误警告（当实际上没有变化时，作出均值发生偏移的错误判定）的次数更少；或这两个优点同时具备。

4.1.3　当用于监视和控制时，累积和图方法有双重目的：探测显著性变化及发生该变化的点。为了测定此方法的性能，这与到按判定规则发出已发生明显变化的信号为止已取得的样本的平均数目有关。当没有真实变化发生时，平均链长会很长——可能包含几百个样本——任何信号都将是错误警报。当距目标有大偏移时，需较短的平均链长，以便迅速探测出偏离标准的情况。判定规则对目标偏移不同程度的响应可以用平均链长曲线（ARL 曲线）表示，该曲线给出一种比较判定规则的手段，类似用于比较验收抽样程序的抽检特性曲线（OC 曲线）或比较统计假设检验的功效曲线。

应注意的是，链长本身也会有统计变异。有时可能会很幸运，长时间内都没有发出错误警告，或会非常迅速地探测到变化；有时不幸地遇到样本的链可能会发出错误警告，或掩盖了真实的变化以至于没有发出信号。平均链长用作方案和判定规则之间比较的概括度量，但链长的其他特征（链长的众数或中位数，或链长分布）有时也值得注意。典型的链长分布见图 5。

a)　平均链长＝5

σ_L＝4

中位数＝3.5

众数＝2

2.5%链长≥16

1%链长≥19，等等

b)　平均链长＝20

σ_L＝18.9

中位数＝14

众数＝3

12.5%链长≥41

7.5%链长≥50，等等

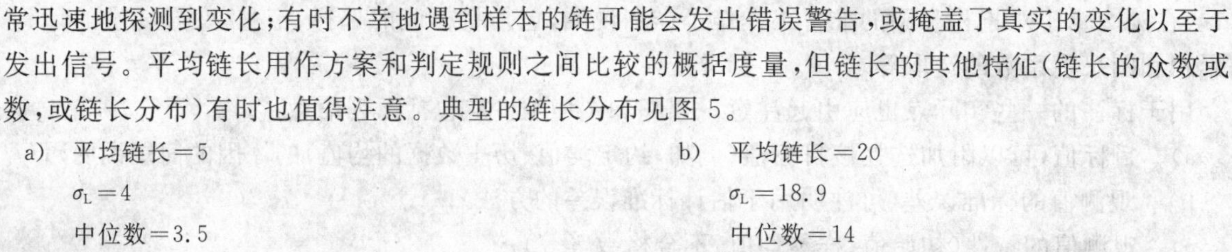

图 5　典型的链长分布

c)　平均链长＝96.5

　　σ_L＝95.6

　　中位数＝67

　　众数＝4

　　12.5％链长≥200

　　7.5％链长≥250，等等

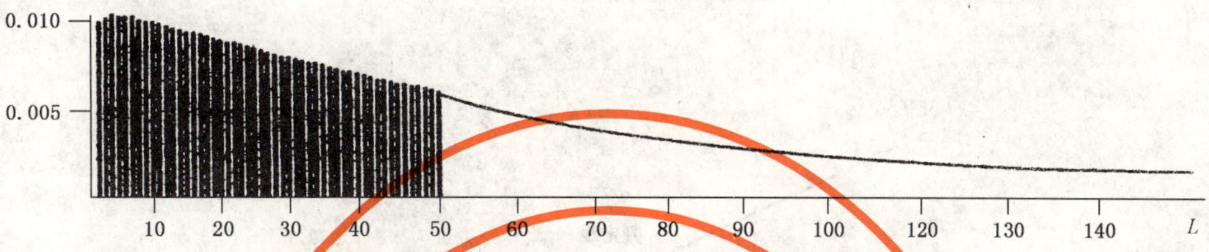

图 5(续)

4.1.4　用于检测潜在平均水平变化的累积和图的基本特征是累积和图倾斜的陡峭程度和在该倾斜趋势上持续的样本数目。对于监视与控制，累积和图的目的是检测对目标水平的偏移。当过程在目标水平附近运行时，由于抽样变化，不可避免地存在累积和折线偏离水平方向的可能。此时，判定规则不应发出该序列严重偏离目标的错误警报。另一方面，当过程运行到一种不满意的情况时，判定规则应尽快地做出反应。因此迫切需要：

真实过程条件	累积和图响应
处于或接近目标	长的平均链长(极少错误警报)
确实偏离目标	短的平均链长(快速检测出异常)

关于累积和图在特定的质量水平下，如何给出指定的平均链长的详细说明由其他标准给出。这里仅给出广泛应用的简单规则。它们的链长特性与质量水平有关，该质量水平通常被定义为对目标的偏离，以用于描点的变量的标准误差来度量。标准误差可以根据初步估计得到并假定为已知，如本指导性技术文件附录 A 所述。

4.2　累积和 V 型模板

4.2.1　概述

与累积和图联合使用的最简单的判定规则在 V 型模板中得到具体体现。存在三种稍有差别的形式，但它们在原则和功效上是等同的。而每种形式都可应用三种常规尺度中的任何一种，详见本指导性技术文件附录 B 中的 B.1。

如果累积和通过计算来实现，判定规则在原则和效果上也是等同的，但形式上有所不同，具体阐释见第 6 章。

4.2.2　截顶 V 型模板

尽管可用完全 V 型模板，但截顶 V 型模板在实际中应用颇为方便。模板的几何图形中引进了一个点，即图 6 中点 A，该点位于垂直线段 BC 上，并用一个小槽口标识。模板的一条臂从 B 到 D 而另一条臂从 C 到 E，如果需要，可以将 BD 与 CE 无限延长。为与本指导性技术文件后文一致，垂直线段的一半，即 AB、AC 的长称为判定区间，直线 BD、CE 称为判定线。这些判定线的斜率将与 6.1.3 中引进的参考值相对应，可用每个样本绘制在图上的间隔所对应的尺度单元数来度量。

模板的构造详见图 6。注意，如果需要，长度 $5\sigma_e$，$10\sigma_e$ 可从累积和尺度转换得到，或者利用 σ_e 与尺度系数计算得到。

使用模板的方法是：把模板的几何参照点 A 放在最新得到的点上，或特别感兴趣的某段的最后一点上。直线 AF 与图中样本序号轴平行。如果有任何前面的累积和点超出了模板两臂(或其延长线),即表明对目标值的显著偏离。反之,如果所有累积和折线均在两臂之间,则表明未测到显著偏移。

图 7 和图 8 分别表示在条款 0.2 中数据(表 1 和图 2)的累积和图中的两个点上应用截顶模板的情况,σ_e 的值假定为 2.0。在第 16 个观测值处应用模板时,累积和都在斜臂范围之内,从第 8 个样本到第 16 个样本的一段与目标值 15 并无显著差异。然而,在第 18 个样本应用模板时,可看到累积和图折线触到上判定线,这表明到取得第 18 个观测值为止,已经累积了足够的信息,以发出过程对目标值有向下偏移的信号。

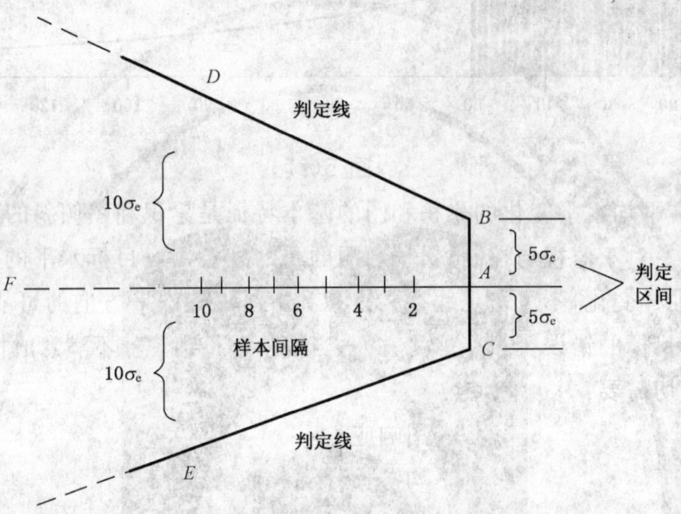

图 6　一般用途的截顶 V 型模板

以下几点值得注意:

a)　第 6 个样本点和第 7 个样本点与上判定线接触。如果累积和折线与判定线接触或相交,即认为异常,发出信号;

b)　有时需要延长模板的一臂,才能看出累积和图折线穿过或接触判定线,但所得出的均值已变化的推断仍有效;

c)　若在第 18 个样本点之前的任何点上应用模板,都没有发出信号。如果在第 18 个样本点和第 21 个样本点(向下偏移部分的终点)之间的任何点上应用模板,都将出现显著的向下偏移的信号。重复(尽管不必要)应用模板不会改变已获得的信号;

d)　信号发生在第 18 个样本。在该点上,已有足够的证据表明均值已发生改变,但变化很可能开始于更早的时间。对累积和图的检查表明:从样本点 7 到 8,均值已开始偏离目标值;

e)　类似地对后面的样本点使用 V 型模板,将显示累积和与下臂线相接触或落在它之外,表明到第 29 个样本点呈现出一种向上的偏移;

f)　在受控状态下,描第 18 个样本点,使用 V 型模板发出信号后,应采取相应的行动。为作出正确的调整,可使用一个新的均值水平。应用附录 C 中规定的方法得出

$C_{18}=-22, C_6=0$

$$\bar{y}=15+\frac{-22-0}{18-6}=13.16$$

如果措施不及时或失效,可能需要根据后一段的数据重新估计均值水平。

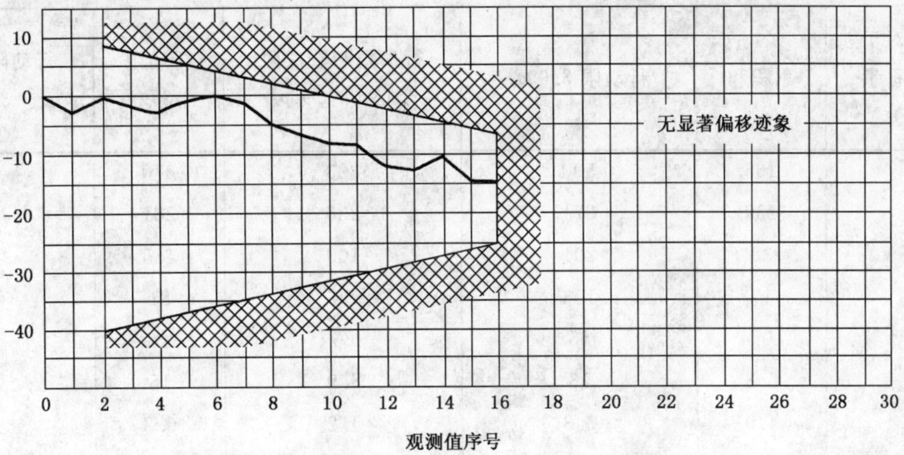

图 7　用于累积和图的截顶 V 型模板:无偏移

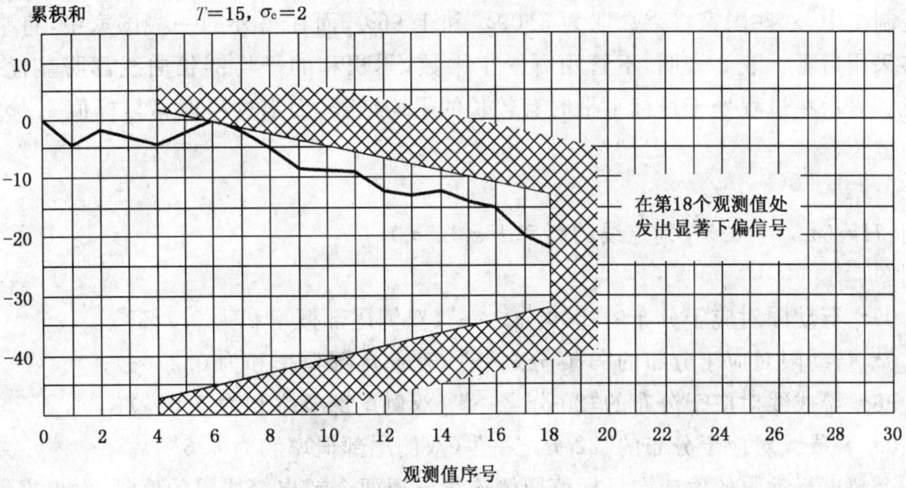

图 8　用于累积和图的截顶 V 型模板:有偏移

4.3　完全 V 型模板

完全 V 型模板的构造详见附录 E。

4.4　局部判定线

局部判定线的构造详见附录 F。

4.5　基本判定规则的平均链长特性

4.5.1　本节结合根据模板和判定线进行的累积和应用的各种图形方法,给出在 4.2 所阐述的基本判定规则的平均链长特性。熟悉常规控制图的读者会发现,将此平均链长曲线与下列两种常规控制图的平均链长曲线进行比较是有益的:

a)　仅有行动限的常规控制图;

b)　同时带有行动限和警戒限的常规控制图。

平均链长数据适用于具有已知标准误差(σ_e)的正态分布的观测值,其中标准误差不受观测值均值水平变化的影响。对于非正态分布或变差受均值变化影响的情况,不管是常规控制图还是累积和图,平均链长数据都可能受到相当大的影响。平均链长适用于对样本平均数的双侧控制。

表 2 列出了平均链长数据,图 9 即为这些数据的图形表示。

表 2 用于累积和图和常规控制图的平均链长($h=5, f=0.5$)

过程平均相对于目标值的偏移量(单位:σ_e)	累积和	行动限 3.09σ_e	行动限和警戒限 3.09σ_e,1.96σ_e	行动限 3σ_e	行动限和警戒限 3σ_e,2σ_e
0	465	500	323	370	278
0.25	139	374	236	281	199
0.50	38	201	109	155	101
0.75	17	103	50	81	49
1.00	10.4	55	26	44	26
1.50	5.8	18	8.9	15	8.8
2.00	4.0	7.3	4.2	6.3	4.1
2.50	3.1	3.6	2.5	3.2	2.0
3.00	2.6	2.2	1.8	2.0	1.7
4.00	2.0	1.2	1.2	1.2	1.2

在常规控制图中,一些国家将乘数取为 3.09σ_e 和 1.96σ_e,而在另外的一些国家中,将乘数取为 3σ_e 和 2σ_e,我国多采用后者。表 2 表明,不管用哪一个乘数,累积和的平均链长曲线都明显优于常规控制图。这里的"优"表示在过程处于目标水平时有较长的平均链长,而当过程偏移目标值 1.0σ_e 左右时,则有较短的平均链长。

判定规则如下:

累积和图:$H \doteq 5\sigma_e$,$f=0.5$(判定线的斜率 $F=0.5\sigma_e$)。

常规控制图:

±3.09σ_e 行动限对应于分布的"500 分之一"(双侧尾部概率和为 0.2%);

±3.0σ_e 行动限对应于分布的"370 分之一"(双侧尾部概率和为 0.27%);

±1.96σ_e 警戒线对应于分布的"20 分之一"(双侧尾部概率和为 5.0%);

±2.0σ_e 警戒线对应于分布的"22 分之一"(双侧尾部概率和为 4.6%)。

在出现一个超出行动限的值或在目标值同侧连续出现两个超出警戒限的值时,发出报警信号。

4.5.2 通常,在累积和方案中,当设计参数的选择针对目标水平时,使目标平均链长粗略等于常规控制图方案的平均链长,而且当对目标值偏移在 0.5σ_e 到 1.5σ_e 这一重要范围时,累积和图的平均链长应比常规控制图段短得多。这是累积和的最大优点,如在表 2 和图 9 中所示。注意图 9 中平均链长的坐标是对数尺度。对很大的过程偏移,常规控制图的反映很快,这一点可从图 9 中平均链长曲线的相交看出。然而,两种控制图对非常大的偏移的反应都很快,实际差别非常小。

4.5.3 累积和判定规则的使用者知道一些非正态性对平均链长的可能影响是有益的。一般讲,带有长尾分布的偏斜也意味着单侧控制时潜在的偏移方向,将导致过程处于目标值附近时缩短平均链长;但当均值有大的偏移时,影响较小。反之,如果在潜在偏移方向有较短的尾巴,在目标水平附近的平均链长将大大增加(大偏移对平均链长的影响仍较小)。

如果分布是离散的而不是连续的(如粗糙的测量结果及缺陷或不合格的个数),目标值附近的平均链长也会缩短,同样大的偏移对平均链长的影响也很小。

分布的偏斜及离散的影响可以通过以下两个例子说明:

a) 对于一个叠加的正态分布,如在观测对目标量的绝对偏移中可能发生的,在目标水平下的平均链长从 930(对于正态分布)下降到 370;

b) 对于均值为 4(标准差为 2)的泊松分布,h 为 10,f 为 0.5(判定线的斜率为 1)的累积和图的平均链长为 420,而具有相同均值和标准差的正态分布下的平均链长为 930。

在这两种情况下,对于在正态分布下使平均链长少于20左右的偏移,正态分布与非正态分布平均链长非常相似。

4.5.4　本指导性技术文件2.3中已提及得到σ_e的可靠评估值的重要性。高估或低估σ_e都将歪曲平均链长特性,对大的偏移影响虽很小,但对接近目标值的平均链长影响显著。表3给出了在单侧控制情形下,对σ_e的估计有10%的误差时对平均链长的影响。

表3　单侧控制情况下σ_e的错误值对平均链长的影响

过程平均（作为σ_e真值的函数）	σ_e高估10%	σ_e的正确估计	σ_e低估10%
T	3 000	930	410
$T\pm0.5\sigma_e$	45	38	35
$T\pm\sigma_e$	10	10.5	10
$T\pm1.5\sigma_e$	6	5.8	6
$T\pm2\sigma_e$	4.4	4.1	4.5

4.5.5　最后指出,非正态性、参数估计的误差及其他对于明显或隐含假定的可能偏离,对于常规控制图的使用也存在相似的影响,这不是累积和图所特有的。

4.6　标准累积和程序的修正

在已开发的对标准累积和程序的各种修正中,本指导性技术文件中扼要介绍其中三种非常有用的修正。

通过调整设计参数h和f,可使累积和设计对某个指定大小的偏移更为敏感。对本指导性技术文件中讨论的$f=0.5$的情形,在偏移量为σ_e时最为敏感。

常规控制图与累积和图的联合方案可提高了对非常大的偏移的敏感度,而对平均链长曲线的其他区域几乎没有作用。

具有快速初始响应(FIR)的累积和对正在监视和控制的过程,可以在开始偏离目标或发生某种变化后,提供更高的灵敏度。

4.6.1　常规控制图与累积和图的联合使用

常规控制图的传统行动限或设置为3σ或设置为3.09σ(正态分布的99.9%分位数),同时警戒限设为2σ(或1.96σ(正态分布的97.5%分位数))。为了检验向上的偏移,将累积和图与常规控制线(SCL)联合使用,取当前观测值y_i(可能是常规样本的均值),检验y_i是否大于$m+SCL\times\sigma$,其中m是观测值y期望的均值,σ是观测值y的已知标准差。如果y_i不大于$m+SCL\times\sigma$,它就按惯例加入累积和。如果y_i大于$m+SCL\times\sigma$,则发出状态失控的信号。如果要检验向下的偏移,显然要检验y_i是否小于$m-SCL\times\sigma$。对于$SCL=3.0$和$SCL=3.1$两种情形,这一修正程序的平均链长在表5中给出。对于大偏差敏感性的提高是显见的。运用修订方案对3σ偏移量的检测比运用累积和对4σ偏移量的检测,平均说来,更为快捷;运用修订方案其4σ偏移量的平均链长大约为1.2,而不是2个样本间隔。在抽样时,如果取得不具有过程代表性的错误观测值y的概率相当大,那么敏感性本身就有问题。当y实际上是过程的单一观测值(并不是常规样本的平均)时,更有可能发生这种情况。对于虚假数值的敏感性,可通过处理进行弥补:当观测值超出规定界限时,可以把该观测值作为一个离群值;只要可能,就再找一个样本替代;否则,用下一个样本代替。要对两个相继的离群值特别关注,即使它们位于期望均值的两侧。所给出过程的本质是首选完全忽略离群值,次之是用距该离群值最近但非离群值的值来替换该离群值。

4.6.2　联合扁平鼻型方案

对受控状态下大偏移的高敏感性,能够通过对h和f的不同值并行采用累积和程序获得。例如,如果使用$h=5$,$f=0.5$来控制均值的较小偏移,然后使用$h=1.55$,$f=1.55$将重现$SCL=3.1$的效果,也将产生一个使用警戒限的近似效果。平均链长与$SCL=3.1$方案下的低平均链长大体一致。通常,真实的平均链长将不会超过并行累积和方案下的最小平均链长。对许多应用,这一点就足够了,不需要对联合方案中的平均链长详细计算。控制过程只要求两个运行整体,可参考扁平鼻型累积和模板(见表 4 和图 10)。

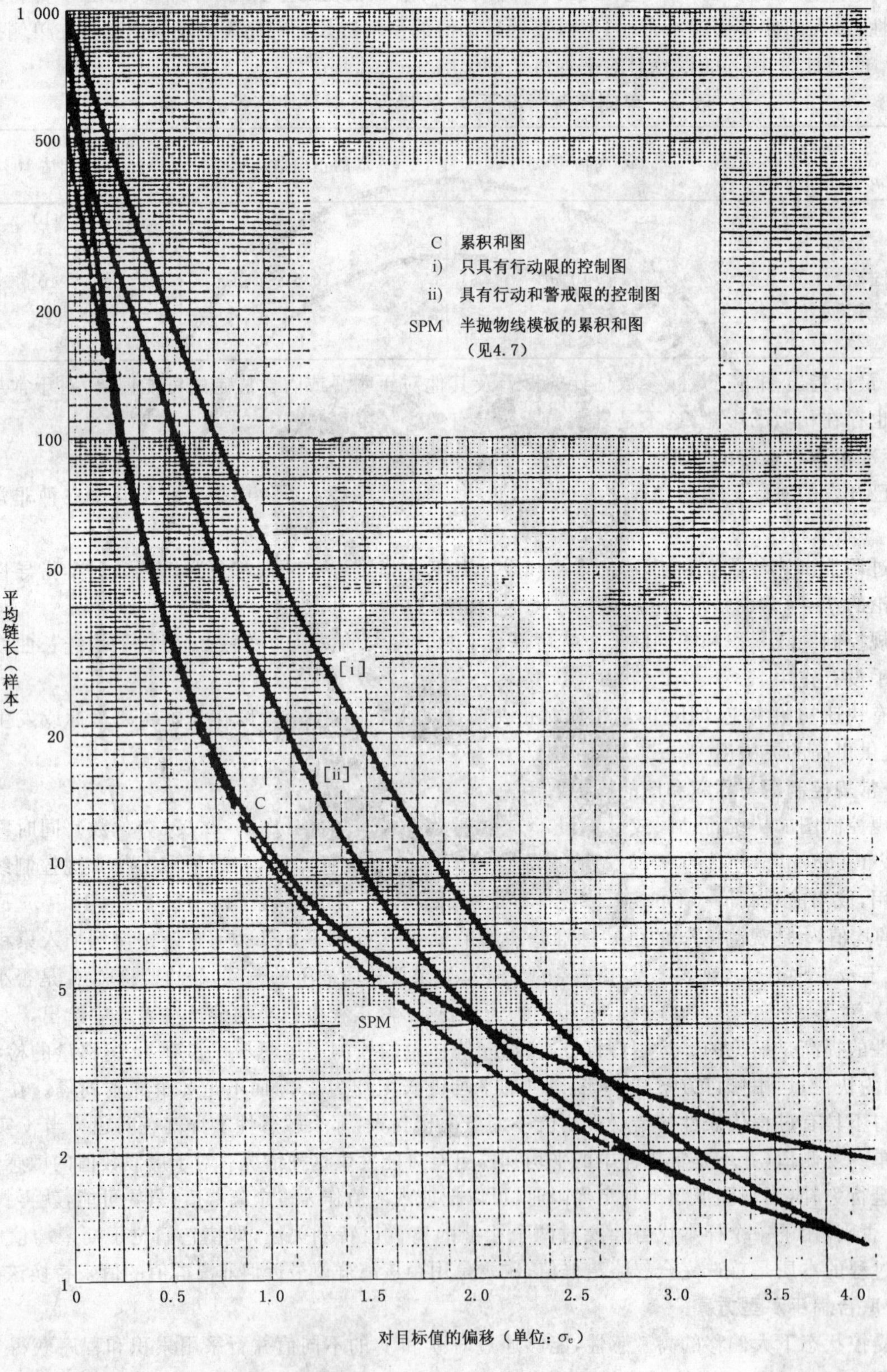

图 9 累积和图和常规控制图的平均链长数据(见表 2)

表 4　为构造一个典型的扁平鼻型累积和模板所用的数据

数据间的距离 (样本间隔) i	位于 i 的模板的一半宽度 (单位：σ_e) y	
0	1.55	$y=1.55(i+1)$
1	3.1	
2	4.65	
3	6.2	
4	7.0	
5	7.5	$y=5+0.5i$
6	8.0	
7	8.5	
8	9.0	
9	9.5	
10	10.0	
15	12.5	
20	15.0	
如需要，可用公式构造更多的数据。		

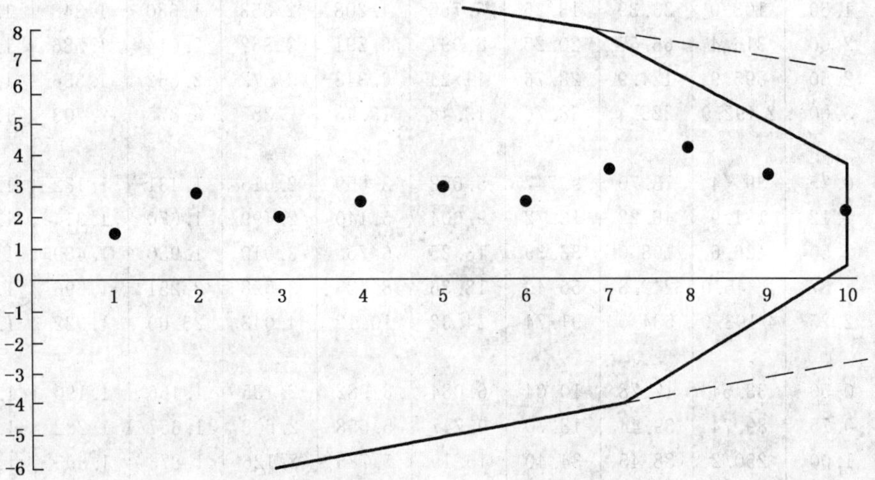

图 10　扁平鼻型累积和模板

表 5　对于各种累积和修正程序平均链长的比较

过程平均的偏移量 (单位：σ_e)	标准累积和	单侧方案 联合的常规-累积和		扁平鼻型 累积和方案 $h=5.0$	FIR 方案 $f=0.5$ $s=2.5$
		$SCL=3.0$	$SCL=3.1$		
0	930	448	529	472	896
0.25	140	112	119	114	125
0.50	38	34.8	35.6	35.5	28.8
0.75	17	16.1	16.4	16.1	11.2

表 5(续)

过程平均的偏移量（单位：σ_e）	单侧方案			扁平鼻型累积和方案 $h=5.0$	FIR 方案 $f=0.5$ $s=2.5$
	标准累积和	联合的常规-累积和			
		$SCL=3.0$	$SCL=3.1$		
1.0	10.5	9.8	10.0	9.9	6.3
1.5	5.8	5.3	5.4	5.2	3.4
2.0	4.1	3.5	3.6	3.2	2.4
2.5	3.2	2.4	2.5	2.3	1.9
3.0	2.6	1.8	1.9	1.7	1.5
4.0	1.9	1.2	1.2	1.2	1.2

表 6 对于单侧累积和方案 $S(0)=H/2$ 的平均链长

参数		当前均值的偏移量（σ 真实值的倍数）										
H	K	$S(0)$	0.000	0.250	0.500	0.750	1.00	1.50	2.00	2.50	3.00	4.00
2.50	0.25	1.25	22.87	10.32	5.668	3.663	2.667	1.760	1.368	1.169	1.068	1.005
4.00	0.25	2.00	66.57	20.25	8.991	5.291	3.700	2.354	1.770	1.441	1.233	1.040
6.00	0.25	3.00	255.4	38.76	13.48	7.382	5.054	3.169	2.372	1.932	1.638	1.227
8.00	0.25	4.00	684.3	63.25	17.86	9.416	6.390	3.967	2.940	2.383	2.046	1.605
10.00	0.25	5.00	1972.0	93.75	22.13	11.43	7.724	4.767	3.509	2.815	2.381	1.933
2.00	0.50	1.00	34.40	15.19	7.785	4.626	3.126	1.873	1.395	1.174	1.069	1.006
3.00	0.50	1.50	108.0	33.39	13.25	6.755	4.208	2.353	1.680	1.348	1.165	1.023
4.00	0.50	2.00	316.4	66.57	20.25	8.991	5.291	2.862	2.014	1.586	1.325	1.067
5.00	0.50	2.50	895.9	124.9	28.76	11.24	6.348	3.372	2.362	1.856	1.540	1.159
6.00	0.50	3.00	2 492.0	225.4	38.76	13.48	13.48	7.382	3.875	2.703	1.774	1.311
1.50	0.75	0.75	39.44	18.70	9.747	5.658	3.659	2.015	1.431	1.182	1.070	1.006
2.25	0.75	1.12	131.9	46.22	18.72	9.004	5.140	2.499	1.670	1.314	1.138	1.017
3.00	0.75	1.50	426.6	108.0	33.39	13.25	6.755	3.010	1.950	1.489	1.243	1.040
3.75	0.75	1.87	1 345.0	242.8	56.40	18.36	8.428	3.528	2.251	1.696	1.386	1.085
4.50	0.75	2.25	4 193.0	534.0	91.74	24.32	10.12	4.043	25.60	1.922	1.559	1.160
1.00	1.00	0.50	33.54	17.78	10.04	6.084	3.982	2.135	1.466	1.190	1.071	1.006
1.50	1.00	0.75	89.74	39.44	18.70	9.747	5.658	2.608	1.657	1.282	1.115	1.012
2.00	1.00	1.00	250.2	88.45	34.40	15.19	7.785	3.126	1.873	1.395	1.174	1.023
2.50	1.00	1.25	699.9	195.9	61.68	22.87	10.32	3.664	2.107	1.529	1.252	1.040
3.00	1.00	1.50	1 934.0	426.6	108.0	33.39	13.25	4.208	2.353	1.680	1.348	1.067
3.50	1.00	1.75	5 292.0	918.6	185.9	47.59	16.56	4.752	2.606	1.843	1.460	1.107
0.70	1.50	0.35	66.43	34.92	19.31	11.27	6.966	3.204	1.887	1.367	1.146	1.016
1.10	1.50	0.55	181.2	83.78	40.61	20.79	11.36	4.279	2.225	1.502	1.207	1.026
1.50	1.50	0.75	542.8	216.1	89.74	39.44	18.70	5.658	2.608	1.657	1.282	1.04
1.90	1.50	0.95	1 748.0	585.2	203.5	75.30	30.51	7.325	3.020	1.828	1.371	1.062
2.30	1.50	1.15	5 871.0	1 619.0	464.3	142.8	48.99	9.260	3.447	2.012	1.473	1.09

参数：

H：用于累积和方案的判定区间；

K：参考值；

$S(0)$：起始值。

4.7 非标准平均链长

当受控情形下发生变化时，如果将累积和置为零，那么，对于各种方案而言，平均链长都是适合的。尽管这种情形在实践中是不现实的，由于在稳定控制状态下累积和的期望值是 0，并且起始点的分布集中于 0 附近，因此，对于可选择的累积和方案来说，该零点的选取是令人满意的。

然而在有些情况下，起始点非 0 的平均链长是很重要的。当过程开始运行，或发出失控信号后过程被重新调整时，会产生一些疑问，例如过程是否开始就处于受控状态。这里给过程参数的不满意调整设置一个预警信号，对过程是有利的。这可通过零的标准起始值的取值范围(或上界或下界)来获得。对于一个起始点 s，如果均值在对参考值不利的一侧，这些偏离参考值的过程均值就存在一个有效的判定间隔接近于$(h-s)$；如果平均值在对参考值有利的一侧，这些偏离参考值的过程均值就存在一个有效的判定间隔 h。中间的值对应中间的有效判定间隔。对于起始点等于 $h/2$ 的待选累积和方案，表 6 给出了平均链长的一些取值。给定 $h=5.0$，$f=0.5$，起始点等于 2.5 的累积和方案与其他方案的比较见表 5。

对累积和使用非零起始值称为加速初值响应程序。初值设置的影响，持续到或者发出过程失控信号前累积和达到零值，或者没经过零值就发出失控信号为止。第一种情况下，累积和行为回复到从零开始的标准模式；第二种情况下，对大多数序列，发出失控信号要早于标准模式运行的情况，且从不落后。

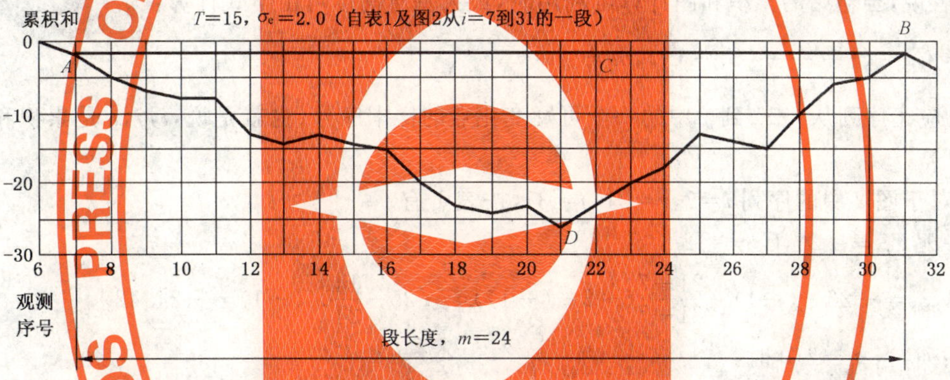

$CD=24=V_{max}$，$V_{max}/\sigma_e=12.0$，$m=24$

P(自图 12)<0.001，变化高度显著

图 11 累积和图跨度检验的应用

5 回顾性分析的判定规则

5.1 引言

5.1.1 回顾性分析和监控的基本区别在于：对于后者(前面的章节已详细描述)，所有可能的段的均值水平都要和一个预先指定的目标值相比较。至于回顾性分析，兴趣集中在相邻段的差别上。有时它们是定义分段的先验背景(例如，在序列的已知点出现的操作或试验条件的变化)；不过，通常，分段的基础和变化点的估计将在累积和图自身当中得以体现。

5.1.2 使用一个判定规则来验证不同段之间的差别是否可能仅仅是序列的潜在变异的一种表现时，这个问题类似于对两组观察值的均值差异的显著性检验。当然，基于外部因素的分段，可以使用“两组观察值均值无差异”的传统假设检验，且累积和图仅仅作为数据描述的一种有用的手段(可能需要作进一步的诊断)。然而，如果分段是建立在图形检查的基础上，由于初始假设是在对数据检查之后形成的，所以传统的检验方法不再适用。

5.1.3 在对一个长观察值序列进行回顾性分析的过程中，需要对连续段间的差异进行多次检验。每一次这样的检验都存在第一类错判的风险：即没有发生实际变化时，做出存在差别的错误判断。因而当要进行多次检验时，不同段之间的外在差别的整体显著性需要谨慎解释。建议，当对一个含 N 个观察值的序列中的两个长度为 m 的段进行差异性检验时，如果所要求的显著性水平为 α，则单个检验的显著性水平应修正为 $m\alpha/N$，以避免在整体序列检验中出现过大的第一类错判风险。另一种方法是，将用于单个检验的检验统计量的观察概率乘以 N/m。

5.2 **"跨度"检验**

5.2.1 为了找到累积和图中用于描点的变量的均值水平的可能变化点，分段的依据是累积和局部最大值和最小值的出现。评价这种变化的显著性的一个有用的标准就是累积和图偏离一条直线的最大程度，这条直线连接发生可疑变化序列的端点。

5.2.2 对于一个累积和图而言，通过将观测到的纵向距离除以观测值的标准误差而得到的标准化的 $V_{\max}$ 是按如下方法测量得出的：先在序列的两个端点之间画一条弦（图 11 中的 AB），然后测量从累积和图折线到这段弦的最大纵向距离（CD）。距离的最大值将出现在累积和图中的一个明显的转向点上：或者一个局部的最大点或最小点；或是倾斜度变得更陡或更平坦的点，这些点的术语称作"隅角"。

对于适当的跨度，即样本间隔中 AB 部分的水平长度，$V_{\max}/\sigma_e$ 的值参考图 12 中的诺模图得到。然后，图 12 中的 P 刻度值给出了在服从独立的标准正态分布的一个长度为 m 的序列中，其值超过 $V_{\max}/\sigma_e$ 的概率。

5.2.3 或者说，当初始的累积和图计算可利用时，最大垂直高度可由下式计算：

$$V_{\max} = C_r - C_i - \frac{r-i}{j-i}(C_j - C_i),\ m = j - i$$

这里 r 是对应于序列从 $i+1$ 到 j 中的一个可疑变化点的样本序号（也就是说，i, j, r 是累积和图中的相继的"隅角"）。

这样，对于图 2 中的序列 $i=7, r=21, j=31$，按表 1 有

$C_i = -1, C_r = -26, C_j = -2$

于是：$V_{\max} = -26-(-1)-\frac{21-7}{31-7}(-2-(-1)) = -25-\frac{14}{24}\times(-1) = -24.42$

对该系列，当 $\sigma_e = 2.0$ 时：

$|V_{\max}/\sigma_e| = \frac{24.42}{2} = 12.21$

从图 12 中可看出，当 $m=24$ 时，此值正好位于 0.001 点之下，均值水平的变化非常显著地表明被观察序列的平均值水平发生了真实偏移。通过对图形的直接测量分析也可得出相同的结论，只是这样做会受到图形精度的限制。

5.3 **累积和的非参数检验**

累积和的非参数检验详见附录 G。

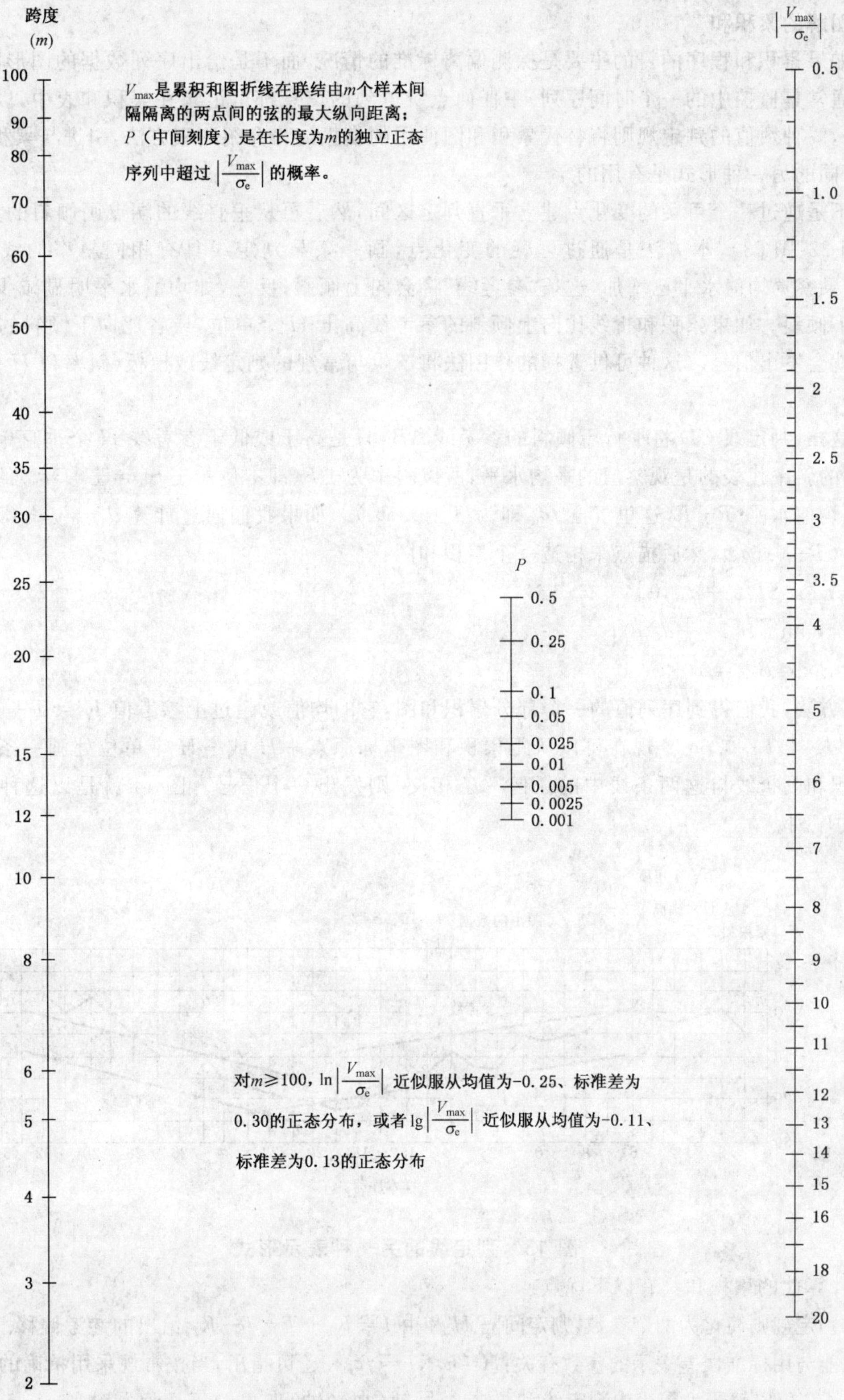

图 12 评估累积和图在样本间隔为 m 的跨度上的最大纵向距离 V_{max} 的诺模图

6 计算的累积和技术

6.1 非图解的累积和

6.1.1 如果累积和程序的目的主要是探测偏离标准的情况，而不是给出序列数据的图形总结，那么数据序列（通常是监控中的一个时间序列）中任何点所得到的信息都可记录在累积和表中，以代替图形表示。于是，一种数值的判定规则将替代累积和图使用的模板。为介绍制表方法，引进与累积和图中判定线略微不同的另一种形式是有用的。

6.1.2 不是通过一个可疑的变化点建立垂直判定区间，然后再从垂直线的端点画倾斜的判定线（如附录F和图22、图23），本方法是通过可疑的变化点，画一条与判定线具有相同斜率的线（图13中的AB）。如果察觉均值水平已增加，这条“参考线”将会向上倾斜；反之，如均值水平明显减少，则该“参考线”将向下倾斜。如果累积和折线比向上倾斜的参考线高出H个单位，或者比向下倾斜的参考线低H个单位，就会发出信号。这种可供选择的作图法将产生与常规的判定线或模板（斜率和H值均相等）一致的信号。

6.1.3 这样，判定线CD将平行于倾斜的参考线AB，只是高于或低于参考线H个垂直单位。现在累积和图上的斜率代表的是观察值的平均水平，所以斜率为$\pm F$（即本例的$\pm f\sigma_e = \pm 0.5\sigma_e$）的参考线对应于假定的均值水平$T \pm F$（这里$T \pm f\sigma_e$即为$T \pm 0.5\sigma_e$）。如果我们通过计算$d_{1i} = y_i - (T + 0.5\sigma_e)$或$d_{2i} = y_i - (T - 0.5\sigma_e)$，然后描点来构造一个累积和图：

$$S_{1i} = \max[S_{1,i-1} + d_{1i}, 0]$$

或 $S_{2i} = \min[S_{2,i-1} + d_{2i}, 0]$

其中 $S_{1,0} = S_{2,0} = 0$

通过如上方法，我们得到序列值的一个部分累积和图，它的均值或超过上参考值$K_1 = T + 0.5\sigma_e$或低于下参考值$K_2 = T - 0.5\sigma_e$。现在可以从距累积和图坐标原点$+H$或$-H$个单位处画一条水平的判定线；如累积和图折线与这两条线中的任何一条相交，则发出一个信号。图14就是以这种形式绘制的图13中的序列。

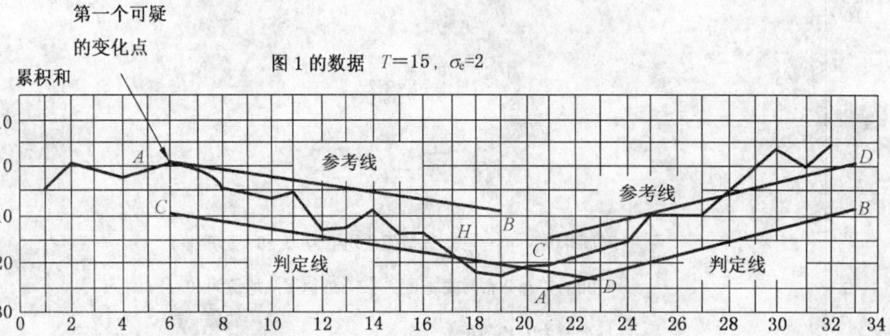

图13 判定线的另一种表示形式

6.1.4 计算性的累积和具有以下优点：

a) 判定规则简化为两个参数，判定间隔H和由$F = K_1 - T = T - K_2$给出的参考偏移。这二者都可能与用标准误差表示的参数有关：$H = h\sigma_e$，$F = f\sigma_e$。还可指出，当按常规采用精确的$2\sigma_e$尺度时，$f/2$可以解释为图表中判定线和样本序号轴（水平轴）夹角的正切值。对$f = 0.5$，我们有$f = \arctan 0.25 = 14°$。对于每一个样本间隔，只要偏离了$2\sigma_e$的尺度系数，这种解释就是无效的。

b) 与能够直接使用计算表一样，任何判断与图表中描点值的精度无关。只要上累积和高于H或下累积和低于$-H$，将发出一个信号，这样就不需要累积和图了。

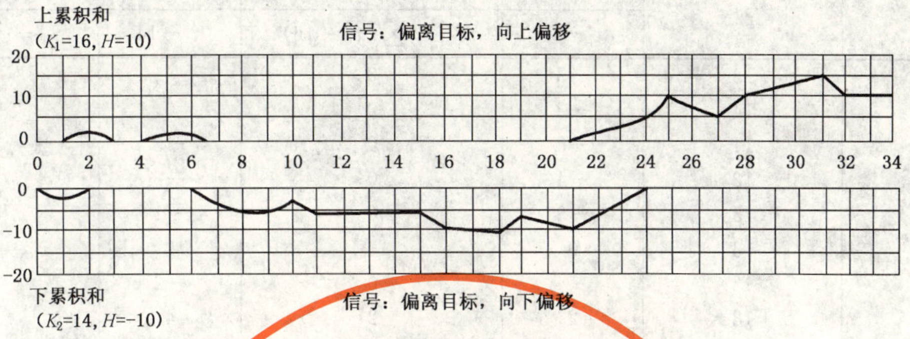

图 14 修正的累积和图 S_1 和 S_2

c) 如果不用累积和图，而舍弃数据的直接表示，允许使用常规表格或自动数据存储方法，包括计算机。当同时控制多个过程，或自动设备与一台在线计算机系统相联接时，这是非常有用的。

d) 在许多情况下，满意的质量是通过将过程均值保持在可接收质量范围内来实现的，而不是局限于某个单一的目标值。对一个“高精密度”的过程来说，修正的控制限是可利用的，熟悉控制图的读者会体会到这一点。在这些情况下，对应于可接收域的外部边界，有两个目标水平 T_1 和 T_2 可选择；接着，表格上的参考值相应地调整为 $K_1=T_1+f\sigma_e$ 和 $K_2=T_2-f\sigma_e$；然后累积和图就一直处于静止状态直到有超过 K_1 或低于 K_2 的值出现。当一个可能的失控状态发生时，应注意该过程。在这些情况下，上累积和与下累积和同时行动是不可能的。进而，当 T_1 和 T_2 的间隔很大时，绘制一个满意的累积和图会遇到一些困难，因此，选择两种累积和方案（不管是基于 T_1、T_2 的图，还是使用 K_1 和 K_2 的表）更为可取。

6.1.5 基于这种修正的累积和的计算在表 7 中给出。显然，此程序的使用存在一些缺点：

a) 这个图表并没有完整地表述观测值的序列，仅在估计到可能出现变化时才进行描点。

b) 两种累积和方案需要同时运作，在短期内它们可能都有效（如样本 22 到 25）。

c) 相对于目标值而言，两个参考值 K_1 和 K_2 缺少直观吸引力。

d) 由于 a)，只有其均值偏离目标 0.5σ_e 或更多的那些段才能计算局部平均。

表 7 修正程序的累积和的计算

i	x_i	上累积和		下累积和	
		x_i-16	$S_1=\sum(x_i-16)$	x_i-14	$S_2=\sum(x_i-14)$
1	12	−4	0	−2	−2
2	17	1	1	3	0
3	14	−2	0	0	0
4	14	−2	0	0	0
5	17	1	1	3	0
6	16	0	1	2	0
7	14	−2	0	0	0
8	11	−5	0	−3	−3
9	13	−3	0	−1	−4
10	14	−2	0	0	−4
11	15	−1	0	1	−3
12	11	−5	0	−3	−6
13	14	−2	0	0	−6
14	16	0	0	2	−4

表 7(续)

i	x_i	上累积和		下累积和	
		x_i-16	$S_1=\sum(x_i-16)$	x_i-14	$S_2=\sum(x_i-14)$
15	13	−3	0	−1	−5
16	14	−2	0	0	−5
17	11	−5	0	−3	−8
18	12	−4	0	−2	−10[1)]
19	13	−3	0	−1	−11
20	16	0	0	2	−9
21	12	−4	0	−2	−11
22	18	2	2	4	−7
23	18	2	4	4	−3
24	17	1	5	3	0
25	20	4	9	6	0
26	15	−1	8	1	0
27	14	−2	6	0	0
28	18	2	8	4	0
29	20	4	12[1)]	6	0
30	16	0	12	2	0
31	18	2	14	4	0
32	14	−2	12	0	0
33	16	0	12	2	0

1) 判定区间达到或超过的相当于图 14 中累积和折线与判定线接触或相交。

$T=15, \sigma_e=2.0, S_2=\sum(x_i-14)$

上参考值：$K_1=T+(0.5\times2.0)=16$

下参考值：$K_2=T-(0.5\times2.0)=14$

判定区间：$H=5.0\times2.0=10$

$(K_2=14, H=-10)$

6.1.6 为某些特定的目的，除 $h=5$ 和 $f=0.5$ 外，还有一些参数可优先使用(见附录 H)。它们将给出适合于某些情况的不同的平均链长特征。该课题将在其他标准中展开论述，但需要指出，每一对参数 (h,f) 都可容易地转化为一个累积和模板：以 $h\sigma_e$ 作为模板截顶处垂直高度的一半，以每个样本间隔 $f\sigma_e$ 作为模板的斜率。图 15 给出了建立这样一个模板的一种简单方式。在一些情况下(只关心向上或向下的偏移，而不是对二者都关心)，只需要一半模板就可以了。

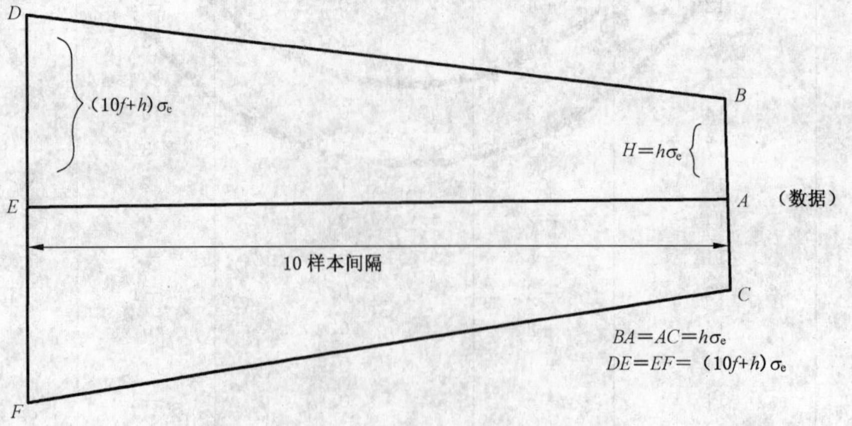

图 15 推广的累积和模板的构造

7 应用示例

7.1 例 1

7.1.1 在质量控制中，一个通常会遇到的问题是需将产品的某种质量特性保持在一个可容许的区间范围内，而这个区间相对于过程能力又较为狭窄，因此对平均过程水平，可放宽的余地不大。以某种纤维板为例，规范要求：从距板的两端 100 mm 处测量板的宽度，应介于 1 197 mm 和 1 203 mm 之间。对一批板进行验收抽样，根据接收质量水平(AQL)为 10% 的抽检条款，决定该批板的可接收性。批内宽度标准差的可靠估计为 1.6 mm。这意味着，如果板的宽度服从均值为 1 200 mm 的正态分布，则大约有 3% 的测量值会超出规范限。由于对同一块板的两次有效测量彼此独立，这就使得约有 6% 的板超出规范限。过程均值有 1 mm 的偏差，也会导致不合格率超过 10%。

7.1.2 这些情况要求选择 1 200 mm 为参考值，另外规范要求从每一批板中抽取 5 张板。由此，累积和图上所用的统计量是 5 张板上所测的 10 个宽度的平均值。10 个宽度平均值的标准误差 σ_e 为 $1.6/\sqrt{10}=0.506$ mm。为简便起见，取 $\sigma_e=0.5$ mm，从而 $H=2.5$ mm，$K=0.25$ mm。根据 σ_e，H，K 及在表 8 中给出的样本平均值，图 16 绘制了前 19 个点的累积和图。累积和图在第 19 个点以前从未穿出 V 型模板，它的前几个点表明在样本观测值 16 或 17 附近已有变化。这个图同时也记录了在样本 15 和 16 之间，机器曾被检修过。检修后的估计平均宽度为：

$$1\,200+\left[\frac{(4.5)-(0.2)}{4}\right]\text{ mm}=1\,201.1\text{ mm}$$

7.1.3 在对过程进行调整后，累积和可以重新从 0 开始，并不影响累积和图以后的运作。然而，如果想使 σ_e 有快速初始反应的特征，尽管累积和从 0 开始，在向上和向下两个方向上，仍会有对应于“起始点”的两个虚构点，即图 16 中用“×”号标注的点。

表 8 每个抽样期间抽取的 5 张纤维板宽度的平均值

样本序号	平均宽度/mm	平均宽度减去 1 200 mm	累积和
1	1 199.5	−0.5	−0.5
2	1 201.9	+1.9	+1.4
3	1 199.8	−0.2	+1.2
4	1 199.5	−0.5	+0.7
5	1 199.0	−1.0	−0.3
6	1 198.5	−1.5	−1.8
7	1 202.1	+2.1	+0.3
8	1 199.8	−0.2	+0.1
9	1 201.2	+1.2	+1.3
10	1 199.7	−0.3	+1.0
11	1 200.2	+0.2	+1.2
12	1 200.7	+0.7	+1.9
13	1 199.2	−0.8	+1.1
14	1 199.1	−0.9	+0.2
15	1 200.0	0.0	+0.2

表 8(续)

样本序号	平均宽度/mm	平均宽度减去 1 200 mm	累积和
16	1 199.5	−0.5	−0.3
17	1 201.3	+1.3	+1.0
18	1 201.3	+1.3	+2.3
19	1 202.2	+2.2	+4.5
累积和中断			
20	1 199.7	−0.3	−0.3

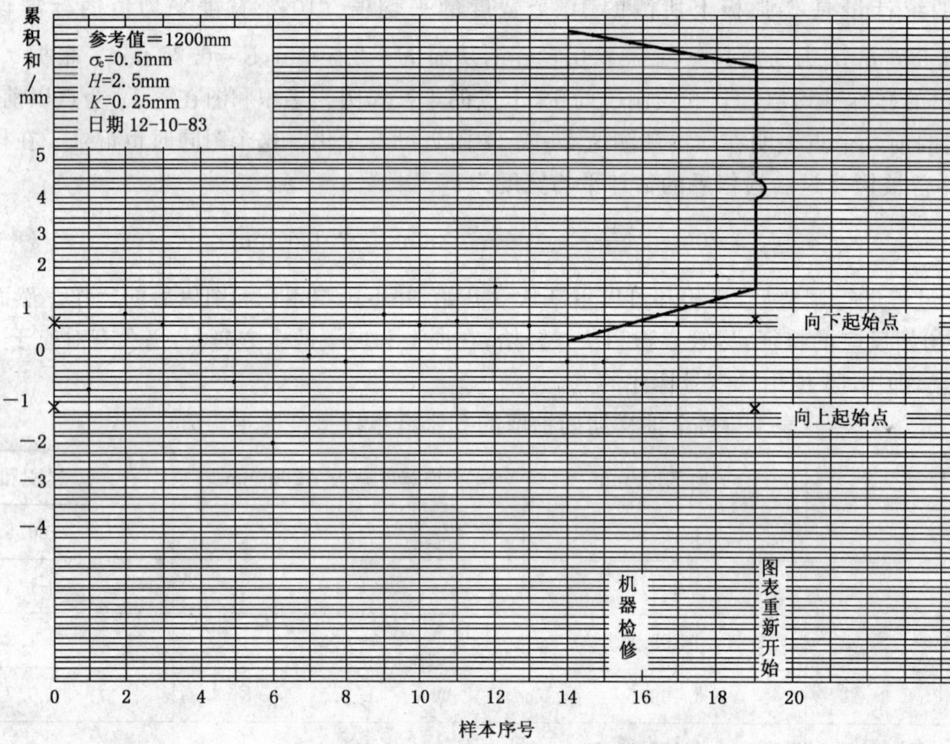

图 16　5 个纤维纸板样本的平均宽度

7.2　例 2

7.2.1　有时候由于对工序能力没有一个预先认识，需要建立一个试验性的质量监督程序。当然，一旦获得一些操作经验，需要立即修正这个程序，但规范可为初始的或临时方案提供唯一的依据。

作为一个例子，考虑一个包装机的假定情形：规范要求对所包装的货物，同时控制它们的平均重量和单个重量。

7.2.2　对标称重量为 250 g 的包装，要求平均重量不能低于标称重量，且只允许“少数包装”不足 241 g。可以对这个规范进行这样的解释：用一个小时生产的产品的平均重量作为过程均值，“少数”意味着从长时间来看，只有不超过 2.5%的包装的重量低于 241 g。同时我们也可作这样合理的假定：在受控状态下，一个填充机生产的包装，其重量服从正态分布。这样，如果过程均值恰好是标称重量，4.59 g的标准差正好产生 2.5%的包装低于 241 g。只要重量均值得到很好的控制，采用 4 g 的标准差将生产出符合规范要求的满意产品。

进一步，若假设包装商希望把均值水平定在略微高于标称重量以上，那么实际平均重量低于 250 g，应在一个小时之内被检测出来。对于单个包装重量的标准差为 4 g,尚有许多选择余地。

7.2.3　如果包装商抽取 4 个包装作为一个样本,样本均值的标准误差为 $s/\sqrt{4}=2$ g(假定在抽样期间采用随机抽样)。如果选定的抽样间隔是 10 min,需要回答的问题是:"过程必须在一个什么样的目标水平上运行,才能在给定 $\sigma_e=2$ g 的情况下,平均链长为 6 就可以检测出一个低于 250 g 的包装?"

根据图 9,可以看出在此平均链长下,大约 1.5 倍的标准误差的一个偏移即可被检测出来。因此,目标水平应确定在高于标称重量 $1.5\sigma_e=3$ g 的水平上,即 253 g。

另一种方法是包装商每 15 min 抽取 6 个包装为样本,也就意味着平均链长为 4。这样确定的目标水平比标称重量高 $2\sigma_e$,标准差 $s/\sqrt{6}=1.63$,即目标值为 253.3 g(比前一个数值略大)。实际上这两种方式的抽样比是完全相同的(都是每小时抽取 24 个)。由于不考虑变差的样本内分量和样本间分量,所以样本量小但频率高的抽样方式要比样本量大但频率低的抽样方式更为可取。频率较高的抽样的另一个优点是:对一个大的变化,可在实际变化点之后抽取的第一个样本中检测到。

7.2.4　然而,包装商可能认为平均重量 253 g 有点过量:在平均意义下,包装超过标称重量 1.2%。如果希望目标值距离标称重量更近一点,必须有更高的抽样水平。例如,如果选定的目标值为 252 g,样本量为 4,那么目标值和标称重量之间的差是一个标准误差。对这个样本大小的偏移,每小时平均需要大约 10 个样本来检测(如图 9,对 $1\sigma_e$ 的偏移,平均链长=10),即每 6 min 抽样一次。

7.2.5　本例仅仅是在缺失过程数据时,针对某个规范,安排试验性方案的一个提示,不作进一步讨论。在实际情况下,所假定的 4 g 的标准差需要监控,且方案必须以实际获得的数据重新进行设计。特别是,上述程序不能看作满足装料控制合乎法定要求的一种有效手段,装料控制应该以实际的操作数据为基础。这些数据可能不是通过真正的随机抽样得到的,所以 $\frac{\sigma}{\sqrt{n}}$ 可能不是标准误差的一个适当估计。

7.3　例 3

7.3.1　在生产合成树脂的过程中,需用胶与塑料,挥发性物质的比例平均不能超过 1% 被认为是非常重要的。根据在稳定状态下生产的一系列批的观测得到以下数据:

批数:42

总平均值:0.889 3(%,挥发性物质)

均值的标准误差(见附录 A):

a)　$\sqrt{\frac{1}{41}\sum(y-\bar{y})^2}=0.066\ 9$

b)　$\sqrt{\frac{1}{2\times 41}\sum(\bar{y}_i-\bar{y}_{i-1})^2}=0.065\ 2$

标准误差的上述两种估计值的差别非常小,因此可以认为对平均值,过程不受周期性波动的影响,且将 σ_e 的值修约,以 $\sigma_e=0.065$ 作为适当的值建立一个累积和程序。

7.3.2　在本例中,对过程没有具体的要求。1% 的上限被看作是能够很快地完成检测的一个水平,而 0.89% 的过程水平被视作一个满意的过程目标,且不考虑抽样频率:每一批充分地测试。目的是检测对目标水平的任何持续向上的偏移,且对任何给定的偏移幅度,估计需多少批才能被检测。

在目标值 $T=0.89\%$,$\sigma_e=0.065$,参考值 $K=T+0.5\sigma_e=0.923$,判定区间 $H=5\sigma_e=0.325$ 下,建立一个累积和的计算机方案。表 9 列出了一组典型的测试结果,其中第 31 个样本点超出了判定区间。从累积和的最小值开始计算平均水平,得出均值为 0.947%。这样,尽管还没有达到 1% 的临界值,但已表示发生实质性的偏移,需要进行调查并采取相应的校正措施。

7.3.3　利用图 9,可以根据向上运动的信号,检查过程的平均链长。当均值处于目标水平 0.89% 时,平均链长为 1 000 批;当均值为 0.95% 的水平时,平均链长为 15 批;如果过程均值为 1%,平均链长则降为 5 批。这表明,若偏移使均值达到 1.0% 或者更高,挥发性物质平均在 5 批内就可以被检测出来。只要不发生浓度高的批与其他批相混合的情况,根据批的生产时间,这个数值是适当的。

表 9　批中挥发性物质的百分比

批号	挥发性物质的百分比 y	$y-T-K$	修正的累积和 S_i	批号	挥发性物质的百分比 y	$y-T-K$	修正的累积和 S_i
1	0.87	−0.053	0.000	17	0.84	−0.083	0.000
2	0.93	0.007	0.007	18	0.91	−0.013	0.000
3	0.89	−0.033	0.000	19	0.93	0.007	0.007
4	0.94	0.017	0.017	20	0.96	0.037	0.044
5	0.84	−0.083	0.000	21	0.99	0.067	0.111
6	0.89	−0.033	0.000	22	0.92	−0.003	0.108
7	0.86	−0.063	0.000	23	1.01	0.087	0.195
8	0.80	−0.123	0.000	24	0.98	0.057	0.252
9	0.83	−0.093	0.000	25	0.97	0.047	0.299
10	0.87	−0.053	0.000	26	0.87	0.053	0.246
11	1.05	0.127	0.127	27	0.93	0.007	0.253
12	0.87	−0.053	0.074	28	0.94	0.017	0.270
13	0.94	0.017	0.091	29	0.96	0.037	0.307
14	0.89	−0.033	0.058	30	0.91	−0.013	0.294
15	0.92	−0.003	0.055	31	0.98	0.057	0.351
16	0.77	−0.153	0.000	32	0.95	0.027	0.378

注：累积和计算中使用 $T+K=0.923$。

7.4　例 4

7.4.1　例 4 是有关数据回顾性分析的。本例中，共有 100 次交付货物的灰分(%)数据。在试交付期间前 40 次交付的煤满足质量要求，然后运用这些所获得的数据来监控其后的交付，以防止均值水平的持续偏移。

7.4.2　100 次交付的数据在表 10 中列出。前 40 次的均值为 7.03%，标准误差为 1.60(由均方差估计)。根据所交付的煤中灰分数据，可以合理的采用 7% 作为累积和的目标水平，不仅对试交付期的累积和图，还对其后的正常交付期的累积和图，在图 17 中列出了整个序列的累积和图。但注意，从第 1 到第 40 次交付，组成了累积数据的回顾性分析部分，而第 41 次到第 100 次交付是当获得它们时依次绘制的。

表 10　煤中灰分数据(按行顺序排列)

6.63	5.58	3.36	4.79	7.39	13.46	8.13	7.49	8.49	7.03
8.97	8.48	9.99	5.54	7.29	5.72	4.64	8.52	7.94	6.55
5.31	5.75	6.05	6.07	5.40	7.79	8.69	7.46	4.93	8.95
5.53	4.55	5.50	7.66	9.56	7.71	6.78	6.40	7.73	5.32
6.78	9.24	8.05	7.88	6.79	7.93	4.44	9.13	7.92	4.78
11.96	7.27	11.29	6.72	11.76	4.99	9.47	7.65	7.63	6.99
8.84	9.09	3.20	6.07	7.61	7.44	12.65	6.65	5.39	10.58
8.13	5.42	7.48	8.71	8.88	5.83	3.91	12.07	5.18	5.89
9.43	5.54	4.64	8.59	6.35	10.47	7.21	12.28	6.90	8.41
11.08	5.28	15.71	7.65	7.61	7.57	3.80	6.11	6.74	9.90

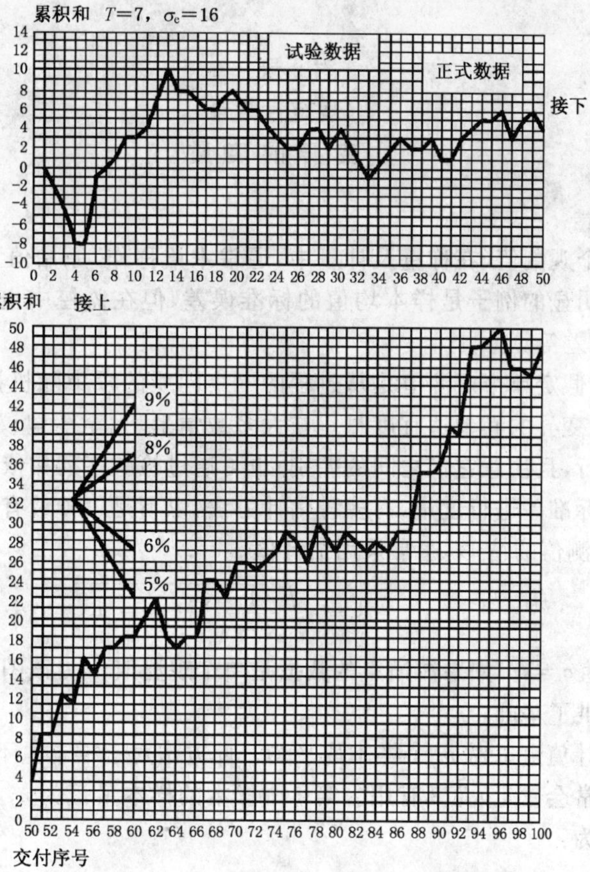

图 17　表 10 中煤分数据的累积和图

7.4.3　累积和图揭示了数据的一些显著特征，包括“试交付”1 到 40 的序列和“正式交付”41 到 100 的序列。在一个值低于 7%的短链(第 1 次到第 4 次交付)后，接着是一段均值高于 7%的链(第 7 次到第 13 次交付，均值为 7.9%)，随后是一段稳定的序列，这种状况一直保持到试交付链的结束，且延续到第 50 次交付。然后累积和有一个上升的总趋势，也就是说交付数据均值要高于 7%。在一个短的坡度陡峭的序列之后，是坡度较为平缓的一段较长的链。应特别注意的是，在序列的 86 到 93，灰分均值达到了 10%。我们对序列的后半部分变化增大应该有深刻的印象，实际上，后 60 个观测值的标准误差是大约 2.5；相比之下，前 40 个观测值的标准误差仅为 1.6。对观测值 6 到 33 序列进行跨度检验，连接 5 和 33 的弦的最高点发生在第 13 次交付，其值为 15.8。该序列的长度 $m=28$，$\sigma_e=1.60$。利用图 12 中的诸模图可知，超过观测值 $|V_{max}/\sigma_e|$ 的概率小于 0.001。

附 录 A
（规范性附录）
变 异 的 度 量

A.1 标准差及相关度量

标准差既可用于单个观测值（在称量及计量中，通常术语称作“原始值”）间，也可用于样本统计量间变异程度的度量。最明显的例子是样本均值的标准误差，但在监控中也用其他的量，例如样本中位数、样本极差及样本标准差等。

在许多文献中，通常假定单个观测值是从过程的一个同质的段中随机抽取的。有时这一假定并无确实根据，此时必须考虑变异的其他适宜度量。在大多数情形下，至少建议检验该假定，而检验可通过计算不同的变异度量进行，且注意它们之间的差别；也可通过检验序列相依性来实现。

如果需要对过程的标准差进行度量，有多种估计方法，以下是三种最有用的方法：

a) 对含有 N 个观测值的情形，通常采用估计值 s：

$$s=\sqrt{\frac{1}{N-1}\sum(y_i-\bar{y})^2} \qquad \cdots\cdots(\text{A.1})$$

那么 σ 的估计值 $\hat{\sigma}=s$。如果被描点的数据是单个观测值，s 为该图表选定尺度与得出平均水平变化的推断提供了基础。

b) 样本内方差估计值可以对 m 个样本取平均。此方法对于样本量不等的情形（在受试产品或测试结果缺失时常会发生）尤其有用。第 j 个样本的样本量记为 n_j，样本方差估计记为 s_j^2，则方差的联合估计为：

$$s^2=\frac{\sum_{j=1}^{m}(n_j-1)s_j^2}{\sum_{j=1}^{m}(n_j-1)}$$

而

$$\hat{\sigma}=\sqrt{s^2} \qquad \cdots\cdots(\text{A.2})$$

当样本量都相等时，它即简化为方差的平均：

$$\hat{\sigma}^2=\frac{1}{m}\sum s_j^2 \qquad \cdots\cdots(\text{A.3})$$

c) 如果观测值已组成 m 个样本，每个样本都包含 n 个观测值，则 s 的一个快速估计（由此可得 σ_e 的估计）可通过这些样本的极差的平均值得到。

用平均极差 $\bar{R}$，可得如下的估计：

$$\hat{\sigma}=\bar{R}/d_n \qquad \cdots\cdots(\text{A.4})$$

其中 $\bar{R}=\frac{1}{m}\sum_{j=1}^{m}R_j$

在表 11 中，d_n 是对应于样本量的转换系数。

表 11 用平均极差估计标准差 $\hat{\sigma}=\bar{R}/d_n$ 的转换系数

样本量 n	2	3	4	5	6	8	10
系数 d_n	1.13	1.69	2.06	2.33	2.53	2.85	3.08

如果要点绘样本均值，当样本量为 n 时，样本均值的标准误差为：

$$\hat{\sigma}_e=\hat{\sigma}/\sqrt{n} \qquad \cdots\cdots(\text{A.5})$$

A.2 如在 2.6 中所指出的，由于过程或抽样程序的特性，预先估计经常不合适。在这些情况下，直接估计样本统计量的标准误差，则更为可取。这类样本统计量可以是均值、比率、中位数等。将它们记为 y_j，则对

m 个样本统计量，样本统计量的标准误差的一个估计如下：

$$\hat{\sigma} = \sqrt{\frac{1}{m-1}\sum_{j=1}^{m}(y_j - \bar{y})^2} \quad \cdots\cdots\cdots\cdots(\text{A.6})$$

其中 $\bar{y} = \frac{1}{m}\sum_{j=1}^{m} y_j$

注：由于样本间的变异性，这种估计方法需要多个样本。对样本间变异的任何度量，建议至少包含 20 个样本。

A.3 有时，上述估计量并不能对真实的变异给出满意的度量。有时，由于平均水平发生偏移，会使按样本数据估计的标准误差比实际的偏大。下面的估计方法基于相邻样本观测值的差。令

$$\delta_j = y_j - y_{j+1}$$

则标准误差的估计可用以下两个公式：

a) 对那些差值求平方和，然后取：

$$\hat{\sigma} = \sqrt{\frac{1}{2(m-1)}\sum_{j=1}^{m-1}\delta_j^2} \quad \cdots\cdots\cdots\cdots(\text{A.7})$$

b) 将差值取绝对值并计算它们的平均，然后取：

$$\hat{\sigma} = \frac{8}{9}\bar{\delta} = \frac{8}{9}\left[\frac{\sum_{j=1}^{m-1}|\delta_j|}{m-1}\right] \quad \cdots\cdots\cdots\cdots(\text{A.8})$$

（系数 8/9 大约为 1/1.128，把相邻差作为重叠的成对值的极差进行处理，并用转换系数 $d_2 = 1.128$ 估计这些极差的标准误差）。

A.4 若出于描述数据的目的而绘制累积和图，对变异度量方法的选择很大程度上依赖于数据的性质、抽样方法及计算的简便。然而，对变化点和水平的偏移进行统计检验，则应慎重选择，且要考虑到相邻观测值的序列相依性和周期性现象等因素。

在估计标准误差时，检验观测序列是否有异常的一个有用的常规程序如下：

a) 利用公式(A.7)或公式(A.8)估计 σ_e，将该估计值记为 A；

b) 利用公式(A.5)或公式(A.6)估计 σ_e，并将该值记为 B；

c) 计算比值 $(A/B)^2$。

对于包含来自于正态总体的 20 个或更多个观测值的系列，这个比值本身近似服从均值为 1，标准差为 $1/\sqrt{(k+2)}$ 的正态分布，用显著性水平为 5% 的一个简单检验检查这个比值是否在以下范围内：

$$1 \pm 1.96\sqrt{\frac{1}{k+2}}$$

如果观测到的比值 (A/B) 显著超过 1，表明序列是负相关的（有交替现象或过度控制）；如果比值显著低于 1，预示存在一定周期性、其他形式的正相关（如滞后效应）或在观测值序列内存在平均水平的变化，可能存在规则的或不规则的渐进变化、漂移或趋势。

附 录 B
（规范性附录）
图的尺度

B.1 累积和与样本序号尺度的比例关系将决定图的形状。若累积和的尺度取得太大，累积和图形状将为锯齿状，则在其上，小的变化将很难检测到；平均而言，大的偏移将使累积和的折线快速地超出图的顶部或底部。而尺度取得太小将有效地减弱较小变化的影响，但同时压缩了数据平均水平的真实变化。

一个被广泛接受的约定：在纵坐标轴（累积和轴）上等于一个样本间隔的垂直距离近似表示用于描点的变量的 $2\sigma_e$ 个单位。这一约定可应用于以下三种方式中的任一种。

B.2 对 i-坐标轴（样本序号轴）确定一个适当的间隔。例如对打算在桌面上使用的图表可能为 5 mm，而对于一个在墙体展示的图表可以设计为 1 cm 或 2 cm。

在累积和坐标轴上划分出充分的间隔，使一个间隔近似表示要点绘的累积和值的 $2\sigma_e$ 个单位，对于普通（十进制）均匀刻度的坐标纸，只需将 $2\sigma_e$ 的值进行修约，使其成为如 1.0、2.0、2.5、4.0、5.0 或它们的某些倍数的规整数值。当 $2\sigma_e$ 位于上述两个数值之间时，规定取较小的一个。若在样本序号轴上用 1 cm的刻度代表一个相邻样本间隔时，而在纵轴（累积和坐标轴）上用 1 cm 代表 $2\sigma_e$ 个纵轴单位，即用 1 cm代表 5 个累积和单位（而不是 1 cm 等于 10 个累积和单位）。

B.3 反之，先确定一个方便的累积和尺度，然后用相当于 $2\sigma_e$ 的距离作为在横坐标上的单位长度，即一个相邻样本间隔。

这对于严格保持 $2\sigma_e$ 关系稍占优势（例如，当原来与横坐标轴平行的累积和折线变化为 45°角时，代表平均水平偏移了 $2\sigma_e$）。当采用上述的尺度约定时，有些累积和图的判定程序可通过角度（或它们的正切）来分析。

B.4 在相同的尺度系数和相等的样本间隔尺度下，需要比较属于同一个序列项目的两个或更多个变量的图时，一个标准化的累积和控制图是有用的。在此情形下，不用累积和 $C=\sum(y_r-T)$，而是将对目标值的偏差 y_r-T 除以标准误差，再求和，即累积和 C 取为：

$$C=\sum_{r=1}^{i}\frac{(y_r-T)}{\sigma_e} \qquad \cdots\cdots(\text{B.1})$$

这个方法把用于描点的变量的标准误差设置为单位 1，且 i-轴上的一个单位对应于累积和轴（纵坐标轴）上的两个单位。那么，不同的图可通过校准或叠合进行比较，并且能够根据附录、表和图中详细的标准化参数可直接执行判定规则，没有必要使这些参数符合任何特殊的约定。

为避免这一点，必须调整与实际涉及的变量缺乏直接联系所造成的不利影响。在有些情况下，可进一步进行额外的标准化操作。

B.5 其他的一些考虑也会影响尺度系数的选择，并且计数型数据（在显著点必须明确地赋予整数）作为特例在 B.6 中详细讨论。修约方式会影响尺度系数与图表网格的选择，例如，小时、月、英寸等度量，在十二进制的划分上会比十进制的划分上更容易绘制。

B.6 二元数据，或频繁出现零事件的计数

与计量数据一样，累积和方法也适用于计数型数据，当计数仅取 0 和 1 时（二元数据事件，例如，失败记“0”，成功记“1”）或频繁出现 0 事件的计数时（如在抽检中，当质量较好时，抽到的不合格品数经常为 0），会遇到尺度选择的问题。在累积和图横坐标轴上选取适当的样本点间的间隔，这些问题可容易地解决。

对成功或者失败的期望比例 p（经常指比例较小者），需要一个近似指标，（成功和失败）比例较小者发生记分为 1。在事件计数情况下，应估计每个样本的平均事件数（例如不合格品数或者疵点数）；如果平均事件数超过 1，不需要特殊尺度，可采用常规的 $2\sigma_e$ 约定，这里 σ_e 是每个样本中的事件数的标准差。

对二元数据或每个样本平均发生次数小于1的事件计数，过程如下：

a) 计算发生一个二元数据“1”或一个计数事件所需样本的平均数。

b) 为画图方便，把这个数值修约为一个方便的整数，并将该整数作为累积和控制图的水平间隔。注意小比例 p 或低频率事件，在这类情况下，单个样本点间的间隔将非常小，意味着单个样本包含极少的信息量。

c) 按与水平刻度长度相同的间隔画出垂直(累积和)刻度，并从零开始分别向上和向下标注序贯的整数。

d) 现在，累积和图绘制如下：

对二元数据，当 p 指计分1的出现频率时：$C=\sum(y-p)$

而对小事件计数，当 μ 为每个样本的平均事件数时：$C=\sum(y-\mu)$

判定准则的公式推导需要用到比这里更高深的统计学知识，并且遵循其他的标准。传统的显著性检验(基于某种适当的分布假定)仍然有效，然而，对于在5.1.3和附录G中注明的修正，即使没有判定程序，累积和图也是展示二元数据或“稀有事件”数据的一种有效手段。

附 录 C
（规范性附录）
局部平均值的计算

C.1 累积和图的一个基本优点是平均水平的变化可通过累积和折线的斜率变化在图中清晰地体现，且在可疑变化点的每一侧，累积和技术提供了局部均值的计算方法。这不用重新计算，从原始数据出发就可得到。

C.2 近似估计局部平均值的一个简单方法是在累积和图上配合使用斜率指示器和量角器。累积和折线的任何倾斜都能用量角器进行比较，这样就得到平均水平的一个有用的指标。

量角器（见图18）包含一束射线，对一个假定的平均水平，每一条都按对应于累积和图倾斜的一个角度绘制。对任何平均水平 $\bar{y}$，为构造这些线，只需区分对每个样本间隔，累积和折线都有 $\bar{y}-T$ 个累积和单位的平均斜率。当然，$\bar{y}$ 的有效值的选择依赖于应用，但在步长介于 $0.25\sigma_e$ 和 $0.5\sigma_e$ 之间时，通常 $\bar{y}$ 值的范围取为 $[T-2\sigma_e, T+2\sigma_e]$ 是合适的。

为了构造量角器，画一个水平线（即平行于 i-轴）代表平均水平 T。这条线应该有相当于十个样本间隔的长度。

对于每个选定的 $\bar{y}$，在累积和图基准线右端点的上方和下方 $10\times(\bar{y}-T)$ 个累积和单位处标出一对点，将连接这对点的线段上的每个点与基准线的左端点相连接便完成了该束射线。

在使用量角器估计局部平均值时，画有很多平行线的平行尺、滚筒尺或一张透明的材料（如投影仪使用的透明塑料或纤维纸）是有用的。作为替代选择，量角器可以直接画在透明材料上，也可以叠加在累积和图上感兴趣的部分。

C.3 局部平均值的一个更精确的估计可以从序列上两个点的累积和数值得到。若这些数据是可得到的，则这些值可从累积和图上读出或直接通过累积和的计算得到。

第一步是确定需要计算局部平均值的那部分。有些情况下，这可由外部的因素确定，例如，出于报告的目的需要一周或一月的局部平均值，再者在一个实验中条件的一些变化显示需要平均值的相应部分。在其余的情况下，检查累积和图中累积和斜率的变化可揭示可疑的变化点（在累积和图上发生这样变化的点的术语称作"隅角"）。

将所需部分的第一个和最后一个样本的序号分别记为 $i+1$ 和 j，这样，样本 i 是前一部分的最后一点（如果正在处理的是图上的第一部分，则为点0），然而，注意累积和图中从 C_i 到 C_{i+1} 的任何变化都是由 y_{i+1}（所考虑部分的第一个点）引起的。因此，两个必需的累积和值为 C_i 和 C_j。

C.4 在该部分，对目标值的平均偏离是样本值对累积和的平均贡献，简单的说，即从 C_i 到 C_j 累积和变化除以该部分观测值的个数。

那么，该部分的实际平均值水平是通过将平均累积和贡献加上目标值得到的，即：

$$\bar{y}_{i+1,y} = T + \frac{C_j - C_i}{j - i}$$

显然，累积和包含了这一估计需要的所有信息，且没有必要参考原始数据，除非对异常值的任何检查都由累积和图的形状来显示。

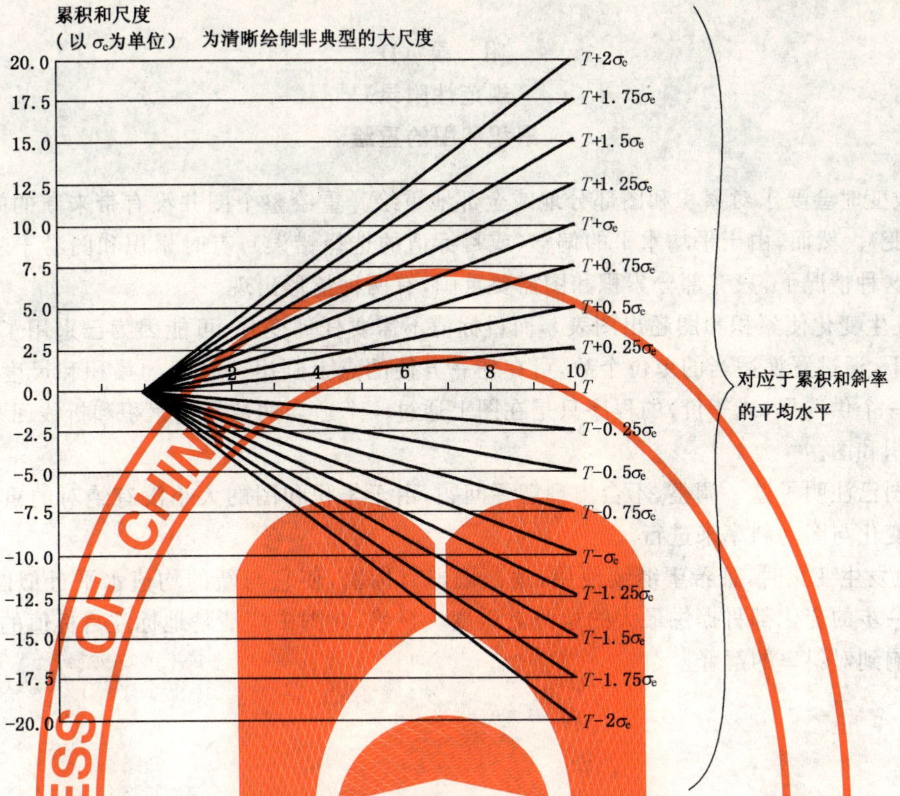

图 18　累积和图量角器的构造（斜率指示器）

附 录 D
（规范性附录）
累积和图的重绘

D.1 环境改变时会要求对累积和图部分地或全部地重绘。重绘整个图并没有带来新的问题(例如,要求的尺度改变)。然而,由于平均水平的偏移(或目标值的选择错误),有时累积和图易于超出图的底部或顶部。在这种情况下,只有部分累积和图需要重画,有两种情形出现。

D.2 均值发生变化使累积和图超出图表。而目标值不需要任何变化,可能因为已采用了某些规范值。在这种情况下,通过置换适当的单位个数,可在任一方便的点上画出一个新的累积和尺度,且重新绘制累积和图。一个供选择(或等价)的程序只是在图上通过一个适当的数量使累积和折线回复到方便的位置来简化累积和图。

只要该图已注明了这一调整,不会出现解释问题,由于累积和图的大小没有绝对的重要性,推断通过累积图的变化与图的斜率来进行。

D.3 当均值发生变化时,且希望继续使用,适当调整目标值,使它与新的均值水平近似匹配。此程序对于任何进一步的变化都将提供最大的检测灵敏度。显然,此图中应清楚地标注目标值的变更,因为这种调整将影响到对斜率的解释。

附 录 E
（规范性附录）
完全 V 型模板

E.1 判定规则也可以借助一个完全 V 型模板来应用。它与截顶模板具有相同的基本性质，但完全 V 型模板的两臂延伸到一个顶点（如图 19 中的 O 点）。这意味着那里不再是一个数据点，且顶点应当在图上定位，以使最后一个感兴趣的点之前有一段距离 OA。OA 称为前置距离。

E.2 这种模板形式最初与尺度严格地按照 $2\sigma_e$ 规则的图相联系进行描述的，且半角 ϕ（或它的正切 f）是一个有用的特征。对每个样本间隔，判定线的斜率（与截顶模板一样）是 $0.5\sigma_e$，且尺度系数 $2\sigma_e$，ϕ 的正切变为 $0.5/2=0.25$，对应于一个 14°的角。那么前置距离 d，$\tan\phi$ 和判定区间 H 的关系由下式表示：

$$\frac{H}{\sigma_e} = 2d\tan\phi（其中\ h = H/\sigma_e）且\ a = 2 \qquad \cdots\cdots\cdots\cdots（E.1）$$

在这种情况下，$d=5/(2\times0.25)=10$ 个样本间隔。对任何一个其他尺度约定 a，累积和轴上 $a\sigma_e$ 个单位对应于一个样本间隔：

$$h = \frac{H}{\sigma_e} = ad\tan\phi，或\ d = \frac{h}{f} \qquad \cdots\cdots\cdots\cdots（E.2）$$

构造模板的最简单方法是画如图 19 的截顶形式，并延长它的两臂交于点 O。另一种选择是，前置距离 d 和判定区间 H 可由 E.1 或 E.2 计算，且采用图 20 的构造方法。

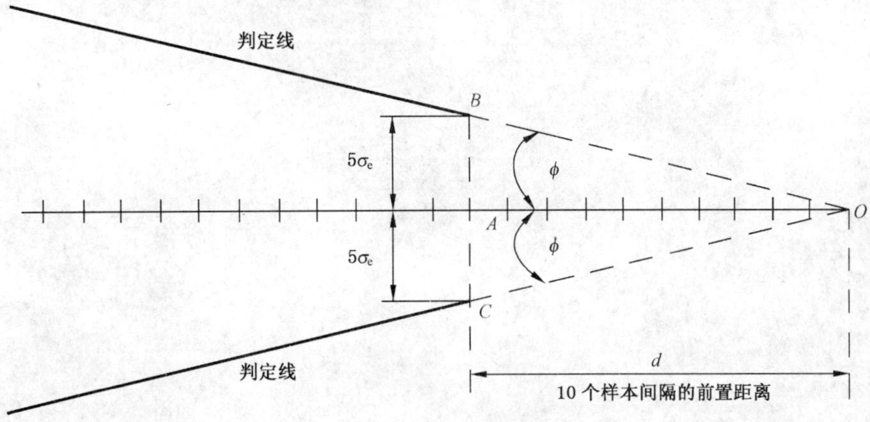

图 19 完全累积和 V 型模板

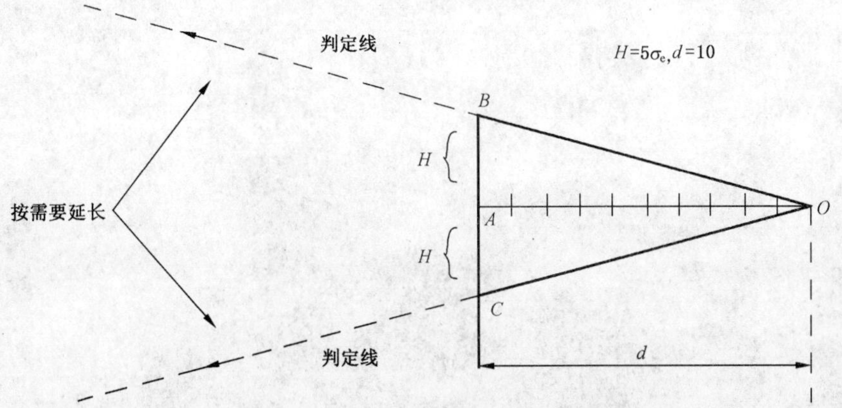

图 20 构造完全 V 型模板的可供选择的方法

E.3 在实际中，对那些截顶模板发出信号的判定，完全V型模板会得出相同的判定。因此作为说明，这里仅举一个完全V型模板应用的例子。对表1数据的累积和图，图上是在第29个样本的情形，如图21所示。

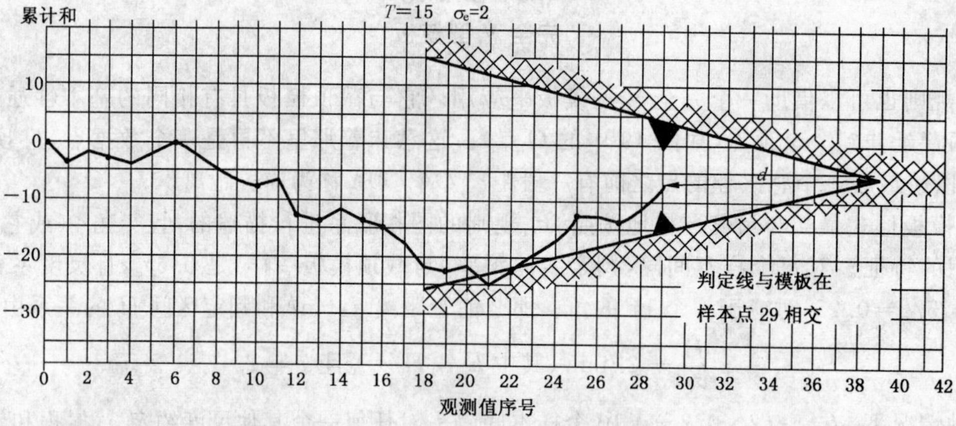

图 21 应用于累积和图的完全V型模板($T=15,\sigma_e=2$)

E.4 至于截顶模板，一些特征可以用来辅助完全V型模板的使用。如果画在透明材料上，数据点的标注可避免计算前置距离的样本间隔。在使用不透明材料的切割模板时，可用指示标记辅助校准模板(如图21所示)。如果选用固体模板，可在数据点处挖一个小孔，模板的放置要使感兴趣的样本点在小孔处露出。

附 录 F
（规范性附录）
局部判定线

F.1 对执行判定规则，有两种改进的方法可用。一种方法不涉及图的使用，直接使用累积和表格。这一方法在6.1中已描述。另一种方法是，当怀疑出现了可能的变化时，在图上构造局部判定线。这有两个优点：首先，不用准备一个永久的模板；其次，当累积和图斜率表明平均水平可能偏移时，画判定线。当然，直到与判定线接触或相交时，才会作出判断，发出实际信号；但当累积和图接近判定线时，可开始进行适当的行动准备。另一方面，这会有风险，即构造过分激进的判定线会给图增加不必要的混杂信号。

F.2 完全模板与截顶模板使用相同的构造方法，但必须检查累积和图并给可疑的变化点定位。一般这是明显的，在图上通常对应于局部最大点或最小点（如图2所示，点6和点7是局部最大点，点21是局部最小点）。

这里的问题是不清楚采用哪两个点（比如点6和点7），一般规则是：当 C_i 与 C_{i-1} 至少相差 $2f\sigma_e$ 时，应利用点 $i-1$ 的数据构造判定线。对现在的判定规则 $f=0.25$，在可疑变化的方向上，使 y_i 与 y_{i-1} 至少相差半个标准误差。对表1的样本6和7及图2的情况，若 $\sigma_e=2$，我们有：

$$C_7=-1, C_6=0, (C_7-C_6)/\sigma_e=-1/2$$

这样从 C_7 到 C_6 轻微的向下倾斜足以证明以样本点6为基础的判定线是恰当的。

F.3 在定位一个可能的变化点 O 之后，按与猜测的均值偏移相同的方向（向上或向下），画一条长为 $5\sigma_e$ 的垂直线段 OA。同时，从可疑变化点向右画一条水平线 OD。在从点 O 向右10个样本的点 C 处，从水平基准画长度为 $10\sigma_e$ 的第二条垂直线段 BC。连接两条垂直线段的端点形成判定线 AB，按需要向右延长。这个构造方法在图22中说明。

对更一般的情况，我们有：

$OA=H=h\sigma_e$

$OC=d$

$BC=2H=2h\sigma_e$

BC 的斜率 $=\tan\phi=f=\dfrac{h}{ad}=\dfrac{H}{2ad\sigma_e}$

这种构造是为了测试均值的一个明显的向上变化。对于可疑的向下变化，OA，CB 线段从水平基准线向下画即可。

对于4.2中的规则，$H=5\sigma_e$，$d=10$。

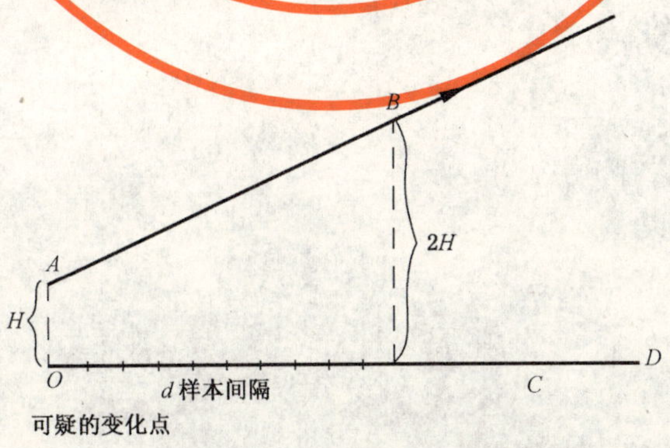

图22 局部判定线的构造

F.4 在图 23 中说明了局部判定线的应用，且再次利用表 1 数据。从样本点 6 设立的线在样本 18 产生一个信号；在同一个点处，V 型模板发出对目标值向下偏移的信号。

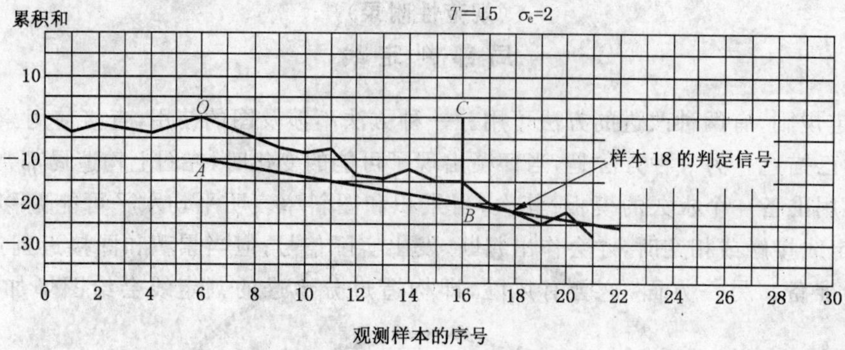

图 23 在累积和图上构造的判定线（$T=15, \sigma_e=2$）

附 录 G
（规范性附录）
累积和的非参数检验

G.1 为了应用累积和的非参数检验，必须对所观测部分的中位数定位。然后分别把大于或小于中位数的数记分为＋1或－1（任何正好等于中位数的值记分为0）。然后形成一个有序得分的累积和图或只是一个累积总和，且注意最大的绝对值。对 $m \geqslant 10$ 时，有序得分的临界水平（在该部分没有发生水平变化的原假设下）可根据表12获得。

表12 围绕中位数得分（＋1，－1）的累积和的分位数（非参数检验）

显著性水平[1]	临界水平是大于 $f\sqrt{m}$ 的最近整数	$m \geqslant 10$
0.10	$f=1.22$	
0.05	$f=1.36$	
0.025	$f=1.48$	
0.01	$f=1.63$	
0.005	$f=1.73$	
0.001	$f=1.95$	

1) 对于其他的 α 值，使用 $f=0.697+0.403u_{1-\alpha}$，其中 $u_{1-\alpha}$ 是标准正态分布的 $1-\alpha$ 分位数。

G.2 再次利用相同的数据：

a) $i=7, r=21, j=24, m=17$

序列8至24的中位数是14。得分与累积值如表13所示：

表13 序列8到24的得分与累积值

样本	得分	累积值
8	－1	－1
9	－1	－2
10	0	－2
11	1	－1
12	－1	－2
13	0	－2
14	1	－1
15	－1	－2
16	0	－2
17	－1	－3
18	－1	－4
19	－1	－5
20	1	－4
21	1	－3

表 13(续)

样本	得分	累积值
22	1	−2
23	1	−1
24	1	0

对 $m=17$,当 $\alpha=0.05$ 时,临界(绝对)得分为 $1.36\sqrt{17}=5.6$,且观测得分没有达到它邻接的整数 6。通过使用非参数程序,这种变化仍不能判定是显著的。

b) $i=7, r=21, j=31, m=24$

现在中位数变为 14.5(第 12 和第 13 个有序值的平均),新的得分表如表 14 所示。

表 14 序列 8 至 31 的得分与累积值

样本	得分	累积值	样本	得分	累积值
8	−1	−1	20	+1	−7
9	−1	−2	21	−1	−8
10	−1	−3	22	+1	−7
11	+1	−2	23	+1	−6
12	−1	−3	24	+1	−5
13	−1	−4	25	+1	−4
14	+1	−3	26	+1	−3
15	−1	−4	27	−1	−4
16	−1	−5	28	+1	−3
17	−1	−6	29	+1	−2
18	−1	−7	30	+1	−1
19	−1	−8	31	+1	0

现在临界值是 $1.36\sqrt{24}=6.66$ 邻接的下一个整数,即 7。这由样本 18 到 23 的得分(绝对值)达到,预示这部分发生了显著性变化。

附 录 H
(规范性附录)
供选择的标准方案

H.1 在本条给出的方案中,以两种方法拓展判定规则范围:

a) 在目标水平下,选取一个更短的平均链长,可更快地检测出不合乎需要的情况,不过要以较高的误发警报概率为代价。

b) 当对特定大小的偏移特别感兴趣时,在检测中要提供接近最优的效率,可采纳三种供选择的方法中最适合的。

H.2 在接收质量水平上,平均链长大约为 700 到 1000 个 样本的方案,在这里称为 C1 方案;在接收质量水平上,平均链长大约为 140 到 200 的方案,被称为 C2 方案。

在那些组的任一个组内,根据最感兴趣的或重要的偏移的大小细分为三部分。这些细分是:

a) 临界偏移小于 0.75σ_e;

b) 临界偏移介于 0.75σ_e 和 1.5σ_e 之间;

c) 临界偏移大于 1.5σ_e。

从表 16 提供的平均链长数据会注意到,在细分的边界上或接近细分的边界时,临近方案的平均链长的表现几乎没有差别。这样如果临界偏移大约是 0.7 到 0.8 个标准误差,方案 a)或方案 b)都可选用。

H.3 累积和判定规则参数(h,f)在表 15 中列出。平均链长数据在表 16 中给出。还列出了两个常规控制图的数据如下:

——S1 常规控制图的行动线在 $T+3.09\sigma_e$(或 $T-3.09\sigma_e$)处,警戒线在 $T+1.96\sigma_e$(或 $T-1.96\sigma_e$)处。这就是常用的 1/1 000 限和 1/40 限。对于单侧控制,在目标值处给出一个 640 个样本的平均链长。这可以粗略地和 C1 方案中 700 到 1 000 个样本的平均链长相比较。

——S2 在目标水平上,如果行动限取在 $T\pm2.65\sigma_e$ 处且警戒限在 $T\pm1.65\sigma_e$ 处,则给出 1/250 和 1/20 的概率,且相应的平均链长为 167。在接收质量水平上,这可与 C2 方案下的平均链长相比较。

表 15 可供选择的判定规则的累积和参数

偏离目标值的临界值(以 σ_e 为单位)	C1 方案		C2 方案	
	h	f	h	f
<0.75	8	0.25	5	0.25
0.75～1.5	5	0.5	3.5	0.5
>1.5	2.5	1.0	1.8	1.0

注:上表的框中的参数适用于基本规则 C1(b)。对应的常规控制型图的参数为:

	行动限	警戒限
S1	$T\pm3.09\sigma_e$	$T\pm1.96\sigma_e$
S2	$T\pm2.65\sigma_e$	$T\pm1.65\sigma_e$

表 16 平均链长数据和供选择的判定规则

对目标值的偏移（以 σ_e 为单位）	C1 方案			S1	C2 方案			S2
	a	b	c		a	b	c	
0	730	930	715	640	140	200	170	167
0.25	85	140	205	265	38	55	68	76
0.5	29	38	68	11	17	22	30	38
0.75	16.4	17	27	52	10.5	11.5	15	20
1.0	11.4	10.5	13.4	26	7.4	7.4	8.8	11.7
1.5	7.1	5.8	5.4	8.9	4.7	4.3	4.0	5.0
2.0	5.2	4.1	3.25	4.15	3.5	3.0	2.5	2.8
2.5	4.2	3.2	2.3	2.46	2.8	2.4	1.9	1.86
3.0	3.5	2.6	1.85	1.75	2.4	2.0	1.5	1.44
4.0	2.6	1.9	1.32	1.19	1.9	1.5	1.12	1.09

注：加框和箭头指示每个方案最有效的偏移范围。

ICS 31.080.1
L 40

中华人民共和国国家标准

GB/T 4937.1—2006/IEC 60749-1:2002
部分代替 GB/T 4937—1995

半导体器件 机械和气候试验方法 第1部分:总则

Semiconductor devices—Mechanical and climatic test methods—Part 1:General

(IEC 60749-1:2002,IDT)

2006-08-23 发布 2007-02-01 实施

中华人民共和国国家质量监督检验检疫总局
中国国家标准化管理委员会 发布

前　言

本部分是GB/T 4937《半导体器件　机械和气候试验方法》的第1部分。下面列出了本标准的预计结构：

——第1部分《半导体器件　机械和气候试验方法　第1部分：总则》(IEC 60749-1)
——第2部分《半导体器件　机械和气候试验方法　第2部分：低气压》(IEC 60749-2)
——第3部分《半导体器件　机械和气候试验方法　第3部分：外部目检》(IEC 60749-3)
——第4部分《半导体器件　机械和气候试验方法　第4部分：强加速稳态湿热试验(HAST)》(IEC 60749-4)
——第5部分《半导体器件　机械和气候试验方法　第5部分：稳态温湿度偏置寿命试验》(IEC 60749-5)
——第6部分《半导体器件　机械和气候试验方法　第6部分：高温贮存》(IEC 60749-6)
——第7部分《半导体器件　机械和气候试验方法　第7部分：内部水汽含量测试和其他残余气体分析》(IEC 60749-7)
——第8部分《半导体器件　机械和气候试验方法　第8部分：密封》(IEC 60749-8)
——第9部分《半导体器件　机械和气候试验方法　第9部分：标志耐久性》(IEC 60749-9)
——第10部分《半导体器件　机械和气候试验方法　第10部分：机械冲击》(IEC 60749-10)
——第11部分《半导体器件　机械和气候试验方法　第11部分：快速温度变化—双液槽法》(IEC 60749-11)
——第12部分《半导体器件　机械和气候试验方法　第12部分：变频振动》(IEC 60749-12)
——第13部分《半导体器件　机械和气候试验方法　第13部分：盐气》(IEC 60749-13)
——第14部分《半导体器件　机械和气候试验方法　第14部分：引线牢固性(引线强度)》(IEC 60749-14)
——第15部分《半导体器件　机械和气候试验方法　第15部分：通孔安装器件的耐焊接热》(IEC 60749-15)
——第19部分《半导体器件　机械和气候试验方法　第19部分：芯片剪切强度》(IEC 60749-19)
——第20部分《半导体器件　机械和气候试验方法　第20部分：塑封表面安装器件的耐湿和耐焊接热》(IEC 60749-20)
——第21部分《半导体器件　机械和气候试验方法　第21部分：可焊性》(IEC 60749-21)
——第22部分《半导体器件　机械和气候试验方法　第22部分：键合强度》(IEC 60749-22)
——第25部分《半导体器件　机械和气候试验方法　第25部分：快速温度变化(空气—空气)》(IEC 60749-25)
——第31部分《半导体器件　机械和气候试验方法　第31部分：塑封器件的易燃性(内部引起的)》(IEC 60749-31)
——第32部分《半导体器件　机械和气候试验方法　第32部分：塑封器件的易燃性(外部引起的)》(IEC 60749-32)
——第36部分《半导体器件　机械和气候试验方法　第36部分：恒定加速度》(IEC 60749-36)

GB/T 4937的第1部分等同采用IEC 60749-1:2002《半导体器件　机械和气候试验方法　第1部分　总则》(英文版)。

为便于使用,本部分做了下列编辑性修改:

a) 删除国际标准的前言;

b) 删除国际标准的引言。

本部分代替 GB/T 4937—1995《半导体器件 机械和气候试验方法》第Ⅰ篇总则。

本部分与 GB/T 4937—1995 第Ⅰ篇总则的主要差异为:本部分删除了 GB/T 4937—1995 第Ⅰ篇总则第 5 章外观检查和尺寸检验。

本部分的附录 A 为资料性附录。

本部分由中华人民共和国信息产业部提出。

本部分由全国半导体器件标准化技术委员会归口。

本部分起草单位:中国电子科技集团公司第十三研究所。

本部分主要起草人:陈海蓉、崔波。

本部分第一次修订。

半导体器件　机械和气候试验方法
第1部分：总则

1　范围

本部分适用于半导体器件(分立器件和集成电路)并为GB/T 4937系列的其他部分建立通用准则。

当本部分与相应的详细规范有矛盾时，以详细规范为准。

2　规范性引用文件

下列文件中的条款通过GB/T 4937的本部分的引用而成为本部分的条款。凡是注日期的引用文件，其随后所有的修改单(不包括勘误的内容)或修订版均不适用于本部分，然而，鼓励根据本部分达成协议的各方研究是否可使用这些文件的最新版本。凡是不注日期的引用文件，其最新版本适用于本部分。

IEC 60050(所有部分)　国际电工技术词汇(IEV)

IEC 60747(所有部分)　半导体器件——分立器件

IEC 60748(所有部分)　半导体器件——集成电路

3　术语和定义、文字符号

IEC 60747和IEC 60748中使用的术语和定义、符号适用于本部分。通用的术语可参见IEC 60050(IEV)系列。

4　标准大气条件

4.1　除另有规定外，所有的试验和恢复应在标准大气条件下进行：

温度：15℃～35℃；

相对湿度：45%～75%，适用时；

气压：86 kPa～106 kPa。

4.2　所有的电测试，以及测试前的恢复，应在大气条件下进行：

温度：25℃±5℃；

相对湿度：45%～75%，适用时；

气压：86 kPa～106 kPa。

4.3　在测试之前，应使样品放置达到温度平衡。测试期间的环境温度应在试验报告中说明。

4.4　测试期间，样品不应受到气流、光照或其他可能引起误差的影响。

5　电测试

5.1　特性检查

对于环境试验而言，应从IEC 60747或IEC 60748系列有关“接收和可靠性”条款中选择要检查的特性；各种器件类别均规定了需检查的特性。

5.2　测试条件

参见IEC 60747或IEC 60748系列中有关“接收和可靠性”条款中的“耐久性的试验条件”表。

5.3 初始测试

如果只要求规范上限判据和(或)规范下限判据时,制造厂可自行决定是否进行初始测试。当以各个器件的各个值为判据时,则应进行初始测试。

5.4 环境试验中的监测

适用时规定。

5.5 终点测试

当有关规范要求把某项试验作为一组(分组)试验的一部分时,仅在该组试验结束时进行测试。

6 参数不合格器件的使用

对于某些试验,例如可焊性或引线疲劳,可采用电参数不合格的器件。

附　录　A
（资料性附录）
对　照　表

GB/T 4937	标　　题	GB/T 4937—1995	
		篇　号	章　条　号
.1	总则	Ⅰ	1～4
.3	外部目检	Ⅰ	5
.1	总则	Ⅰ	6
.14	引线牢固性(引线强度)[a]	Ⅱ	1
.21	可焊性[a]	Ⅱ	2.1
.15	通孔安装器件的耐焊接热[a]	Ⅱ	2.2
.20	塑封表面安装器件的耐湿和耐焊接热	Ⅱ	2.3
.12	变频振动	Ⅱ	3
.10	机械冲击	Ⅱ	4
.36	恒定加速度[a]	Ⅱ	5
.22	键合强度	Ⅱ	6
.19	芯片剪切强度[a]	Ⅱ	7
.25	快速温度变化(空气—空气)[a]	Ⅲ	1.1
.11	快速温度变化—双液槽法	Ⅲ	1.2
.6	高温贮存	Ⅲ	2
.2	低气压	Ⅲ	3
	在考虑中	Ⅲ	4A
.5	稳态温湿度偏置寿命试验[a]	Ⅲ	4B
.4	强加速稳态湿热试验(HAST)	Ⅲ	4C
.8	密封	Ⅲ	5
.13	盐气	Ⅲ	6
	在考虑中	Ⅲ	7
.7	内部水汽含量测试和其他残余气体分析	Ⅲ	8
.31	塑封器件的易燃性(内部引起的)	Ⅳ	1.1
.32	塑封器件的易燃性(外部引起的)	Ⅳ	1.2
.9	标志耐久性	Ⅳ	2

[a] 即将出版。

ICS 31.080.1
L 40

中华人民共和国国家标准

GB/T 4937.2—2006/IEC 60749-2:2002
部分代替 GB/T 4937—1995

半导体器件 机械和气候试验方法 第2部分:低气压

Semiconductor devices—Mechanical and climatic test methods—Part 2:Low air pressure

(IEC 60749-2:2002,IDT)

2006-08-23 发布 2007-02-01 实施

中华人民共和国国家质量监督检验检疫总局
中国国家标准化管理委员会 发布

前　言

本部分是GB/T 4937《半导体器件　机械和气候试验方法》的第2部分。下面列出了本标准的预计结构：

——第1部分《半导体器件　机械和气候试验方法　第1部分:总则》(IEC 60749-1)
——第2部分《半导体器件　机械和气候试验方法　第2部分:低气压》(IEC 60749-2)
——第3部分《半导体器件　机械和气候试验方法　第3部分:外部目检》(IEC 60749-3)
——第4部分《半导体器件　机械和气候试验方法　第4部分:强加速稳态湿热试验(HAST)》(IEC 60749-4)
——第5部分《半导体器件　机械和气候试验方法　第5部分:稳态温湿度偏置寿命试验》(IEC 60749-5)
——第6部分《半导体器件　机械和气候试验方法　第6部分:高温贮存》(IEC 60749-6)
——第7部分《半导体器件　机械和气候试验方法　第7部分:内部水汽含量测试和其他残余气体分析》(IEC 60749-7)
——第8部分《半导体器件　机械和气候试验方法　第8部分:密封》(IEC 60749-8)
——第9部分《半导体器件　机械和气候试验方法　第9部分:标志耐久性》(IEC 60749-9)
——第10部分《半导体器件　机械和气候试验方法　第10部分:机械冲击》(IEC 60749-10)
——第11部分《半导体器件　机械和气候试验方法　第11部分:快速温度变化—双液槽法》(IEC 60749-11)
——第12部分《半导体器件　机械和气候试验方法　第12部分:变频振动》(IEC 60749-12)
——第13部分《半导体器件　机械和气候试验方法　第13部分:盐气》(IEC 60749-13)
——第14部分《半导体器件　机械和气候试验方法　第14部分:引线牢固性(引线强度)》(IEC 60749-14)
——第15部分《半导体器件　机械和气候试验方法　第15部分:通孔安装器件的耐焊接热》(IEC 60749-15)
——第19部分《半导体器件　机械和气候试验方法　第19部分:芯片剪切强度》(IEC 60749-19)
——第20部分《半导体器件　机械和气候试验方法　第20部分:塑封表面安装器件的耐湿和耐焊接热》(IEC 60749-20)
——第21部分《半导体器件　机械和气候试验方法　第21部分:可焊性》(IEC 60749-21)
——第22部分《半导体器件　机械和气候试验方法　第22部分:键合强度》(IEC 60749-22)
——第25部分《半导体器件　机械和气候试验方法　第25部分:快速温度变化(空气—空气)》(IEC 60749-25)
——第31部分《半导体器件　机械和气候试验方法　第31部分:塑封器件的易燃性(内部引起的)》(IEC 60749-31)
——第32部分《半导体器件　机械和气候试验方法　第32部分:塑封器件的易燃性(外部引起的)》(IEC 60749-32)
——第36部分《半导体器件　机械和气候试验方法　第36部分:恒定加速度》(IEC 60749-36)

GB/T 4937的第2部分等同采用IEC 60749-2:2002《半导体器件　机械和气候试验方法　第2部分:低气压》(英文版)。

为便于使用，本部分做了下列编辑性修改：

a) 用小数点“.”代替作为小数点的逗号“,”；

b) 删除国际标准的前言。

本部分代替 GB/T 4937—1995《半导体器件机械和气候试验方法》中第Ⅲ篇第 3 章低气压。

本部分与 GB/T 4937—1995 第Ⅲ篇第 3 章低气压的主要差异为：本部分规定了完整的低气压试验方法，而 GB/T 4937—1995 第Ⅲ篇第 3 章低气压是在引用 GB 2423.21《电工电子产品基本环境试验规程 试验 M：低气压试验方法》的基础上规定了半导体器件的特殊要求。

本部分由中华人民共和国信息产业部提出。

本部分由全国半导体器件标准化技术委员会归口。

本部分起草单位：中国电子科技集团公司第十三研究所。

本部分主要起草人：崔波、陈海蓉。

本部分第一次修订。

引　　言

本试验是模拟飞机或其他飞行器在高空飞行中所遇到的低气压条件来进行的。即使低气压不会使介质完全击穿,但会增强电晕放电及其介质损耗和电离等有害影响。此项模拟高空条件的试验还可以用来检验低气压下的其他效应(其中包括绝缘材料介电常数的变化和稀薄空气使元器件散热能力降低)对元器件工作特性的影响。

半导体器件 机械和气候试验方法 第2部分:低气压

1 范围

本部分适用于半导体器件的低气压试验。本项试验的目的是测定元器件和材料避免电击穿失效的能力,而这种失效是由于气压减小时,空气和其他绝缘材料的绝缘强度减弱所造成的。本项试验仅适用于工作电压超过1 000 V的器件。

本项试验适用于所有的空封半导体器件。本试验仅适用于军事和空间领域。

本项低气压试验方法和IEC 60068-2-13大体上一致,但鉴于半导体器件的特殊要求,使用本部分条款。

2 规范性引用文件

下列文件中的条款通过GB/T 4937的本部分的引用而成为本部分的条款。凡是注日期的引用文件,其随后所有的修改单(不包括勘误的内容)或修订版均不适用于本部分,然而,鼓励根据本部分达成协议的各方研究是否可使用这些文件的最新版本。凡是不注日期的引用文件,其最新版本适用于本部分。

IEC 60068-2-13 环境试验 第2部分:试验M:低气压

3 试验设备

本试验所需仪器设备包括一台真空泵、一个合适的密封室(必要时,该密封室还应具备能观察样品的装置)、一台可用于测量密封室模拟高度的气压表和一只能在直流到30 MHz内检测电流的微安表或示波器。

4 程序

样品应按规定放置在密封室内,并按规定把气压减小到表1中的某个试验条件。把样品保持在规定的气压下,对它们进行规定的试验。在试验期间及试验前的20 min内,试验温度应为25℃±10℃。对器件施加规定的电压,在从常压到规定的最低气压并恢复到常压的整个过程中监测器件是否出现故障。

表1 气压对应高度的试验条件

试验条件	最大气压 Pa	高 度 m
A	59 000	4 500
B	30 000	9 000
C	12 000	15 000
D	4 400	21 000
E	1 000	30 000
F	150	45 000
G	3.2×10^{-4}	200 000

4.1 试验测量

连接器件，进行测量，并且在整个抽气过程中施加规定的电压。用微安表或示波器监视施加最大电压(见5c))的器件引出端，从直流到30 MHz范围内看其是否出现电晕放电电流。在未放置试验器件的情况下，施加适用的试验条件，校准试验线路电流，以保证试验数据真实反映被试器件的特性。

4.2 暴露后处理

在试验的最后，将样品从密封室中移出并在标准大气条件下保持2 h～24 h。样品上吸附的冰和水汽应预先除去。

4.3 失效判据

如果在详细规范规定的条件下，器件的参数超过极限或功能无法实现，则认为器件失效。如果器件出现飞弧、有害的电晕或任何影响器件工作的缺陷或退化，都应视为失效。

5 说明

有关的采购文件应规定如下的内容：

a) 安装方法(见第4章)。

b) 试验条件(见第4章)。除另有规定外，应采用条件E。

c) 降压期间的测试(见第4章)。除另有规定外，器件应承受在额定工作条件下的最大电压。

d) 暴露后处理时间(见第4章)。

e) 适用时，进行终点测试(见第4章)。除另有规定外，应对器件规定的特性或参数进行全面的电测试。

f) 样品尺寸。

ICS 29.160.01
K 20

中华人民共和国国家标准

GB/T 4942.1—2006/IEC 60034-5:2000
代替 GB/T 4942.1—2001

旋转电机整体结构的防护等级(IP代码) 分级

Degrees of protection provided by the integral design of rotating electrical machined (IP code)—Classification

(IEC 60034-5:2000,Rotating electrical machines—Part 5:Degrees of protection provided by the integral design of rotating electrical machines (IP code)—Classification,IDT)

2006-03-06 发布 2006-08-01 实施

中华人民共和国国家质量监督检验检疫总局
中国国家标准化管理委员会 发布

前　言

本部分等同采用IEC 60034-5:2000《旋转电机整体结构的防护等级(IP代码)　分级》,并采用了2001年6月IEC颁布的1号勘误中对图5的修改,勘误中对图6的修改没采纳,即图6中喷嘴的出口直线部分长度仍保持8 mm,是为了与现行有效的IEC 60529《外壳防护等级(IP代码)》保持一致。

本部分是对GB/T 4942.1—2001的修订,从实施之日起即代替GB/T 4942.1—2001。本标准与GB/T 4942.1—2001相比,技术内容的主要改变为:

a) 标准的题目有所变动,由前一版本的"旋转电机外壳防护分级(IP代码)"改为"旋转电机整体结构的防护等级(IP代码)　分级"。

b) 第3章"目的"合到第1章"范围"中,因此对应GB/T 4942.1—2001第2章以后各章编号都减"1"。

c) 第1位表征数字增加了"6尘密级防护等级"。

d) 新增第1位表征数字为6的防护等级试验及认可条件。

本部分由中国电器工业协会提出。

本部分由全国旋转电机标准化技术委员会(SAC/TC 26)归口。

本部分由上海电器科学研究所(集团)有限公司负责起草,参加起草的单位还有:哈尔滨大电机研究所、秦皇岛华叶电机有限公司、浙江省机电产品质量检测所、浙江金龙电机股份有限公司、山东齐鲁电机制造有限公司、煤科总院上海分院测试中心、江苏远东电机制造有限公司、江苏贝得电机股份有限公司、淮安威灵清江电机制造有限公司等单位。

本部分主要起草人:刘金琰、张文盈、钟梅员、田志刚、张建、顾进、王保安、刘宇琼、倪佩娟。

本部分于1985年首次发布,于2001年第一次修订,本次为第二次修订。

旋转电机整体结构的防护等级(IP 代码) 分级

1 范围和目的

本部分适用于旋转电机外壳防护等级的分级。本部分规定了对外壳防护的要求,外壳在各个方面均应符合使用要求,且在正常使用条件下外壳的材料和加工工艺应能保证其性能符合本标准的要求。

本部分不规定:

——电机防止机械损害的防护等级或潮湿(例如由凝露所引起的)、腐蚀性气体、霉菌、虫害等条件下的防护等级;

——电机在爆炸性气体环境中运行的防爆类型;

——对仅为人身安全而设置在外壳周围的栏栅的要求。

在某些情况下(如农用或家用器具),可规定更为广泛预防措施以避免偶然或有意的触及。

本部分规定了关于以下方面的旋转电机外壳防护的标准等级:

a) 防止人体触及或接近壳内带电部分和触及壳内转动部件(光滑的旋转轴和类似部件除外),以及防止固体异物进入电机;

b) 防止由于电机进水而引起的有害影响。

本部分规定了防护等级的标志,以及考核电机满足本标准要求而进行的试验。

2 规范性引用文件

下列文件中的条款通过本部分的引用而成为本部分的条款。凡是注日期的引用文件。其随后所有的修改单(不包括勘误的内容)或修订版均不适用于本部分,然而,鼓励根据本部分达成协议的各方研究是否可使用这些文件的最新版本。凡是不注日期的引用文件,其最新版本适用于本部分。

GB 755—2000 旋转电机 定额和性能(idt IEC 60034-1:1996)

GB/T 1993—1993 旋转电机冷却方法(eqv IEC 60034-6:1991)

3 标志

防护等级的标志由表征字母“IP”及附加在其后的两个表征数字组成。表征数字的含义分别见第4章和第5章中的表。

3.1 单个表征数字

当只需用一个表征数字表示某一防护等级时,被省略的数字应以字母“X”代替,例如 IPX5 或 IP2X。

3.2 补充字母

当防护的内容有所增加,可由第2位数字后的补充字母表示。如果用到一个以上的字母,则按字母的顺序排列。

3.2.1 对具有特殊应用的电机(如安装在船舶甲板上的开路冷却电机,在停机时进出风口都是关闭的),数字后可加一个字母以表示为防止进水而引起有害影响的试验是在电机静止(用字母 S)或在运转(用字母 M)的状态下进行。在这种情况下,电机任一状态下的防护等级均应标明,例如 IP55S/IP20M 表示。

如无字母 S 和 M,则表示所规定的防护等级在所有正常使用条件下都适用。

3.2.2 对适用于规定气候条件且具有附加防护特点或措施的开启式空气冷却电机(见第10章的规定),可用字母W表示。

3.3 标志示例

IP 4 4

表征字母

第一位表征数字(见表2)

第二位表征数字(见表3)

4 防护等级——第一位表征数字

4.1 防护等级的含义

第一位表征数字表示外壳对人和壳内部件提供的防护等级。

表2中第三栏说明第一位表征数字代表的防护等级所能"防止"进入壳内物体的含义。

术语"防止"表示能防止人体某一部分、手持的工具或导体进入外壳,即使进入,也能与带电或危险的转动部件(光滑的旋转轴和类似部件除外)之间保持足够的间隙。

表2中第三栏也表示能防止进入的最小固体异物尺寸。

4.2 防护等级的适应性

在表2中,符合某一防护等级的外壳意味着也符合所有低于该防护等级的各级。除有怀疑外,不必进行较低防护等级的试验。

4.3 外风扇

为了防止触及外风扇的叶片和轮辐,防护罩应符合表1的要求。

表1 对防护罩的试验要求

电机的防护等级	试验
IP1X	50 mm 试球试验
IP2X 至 IP6X	试指试验

试验时,如可能,手动缓慢转动转子。

光滑的转轴及类似部件不考虑其危险性。

4.4 泄水孔

如果电机备有泄水孔,应符合下列要求:

——预定在安装地点开启的泄水孔,试验时应保持开启。

——预定在安装地点关闭的泄水孔,试验时应保持关闭。

——防护等级为IP3X或IP4X且运行中泄水孔开启的电机,其泄水孔防护等级可符合IP2X。

——防护等级为IP5X且运行中泄水孔开启的电机,其泄水孔可符合IP4X。

表2 第一位表征数字表示的防护等级

第一位表征数字	防护等级		试验条件
	简述[a]	含义	
0	无防护电机	无专门防护	不做试验
1[b]	防护大于50 mm固体的电机	能防止大面积的人体(如手)偶然或意外地触及、接近壳内带电或转动部件(但不能防止故意接触) 能防止直径大于50 mm的固体异物进入壳内	见表4

表 2(续)

第一位表征数字	防护等级		试验条件
	简述[a]	含义	
2[b]	防护大于 12 mm 固体的电机	能防止手指或长度不超过 80 mm 的类似物体触及或接近壳内带电或转动部件 能防止直径大于 12 mm 的固体异物进入壳内	见表 4
3[b]	防护大于 2.5 mm 固体的电机	能防止直径大于 2.5 mm 的工具或导线触及或接近壳内带电或转动部件 能防止直径大于 2.5 mm 的固体异物进入壳内	
4[b]	防护大于 1 mm 固体的电机	能防止直径或厚度大于 1 mm 的导线或片条触及或接近壳内带电或转动部件 能防止直径大于 1 mm 的固体异物进入壳内	
5[c]	防尘电机	能防止触及或接近壳内带电或转动部件 虽不能完全防止灰尘进入,但进尘量不足以影响电机的正常运行	
6	尘密电机	完全防止尘埃进入	

a 本表第 2 栏中的简述不作为防护型式的规定。

b 第一位表征数字为 1、2、3、4 的电机所能防止的固体异物,系包括形状规则或不规则的物体,其 3 个相互垂直的尺寸均超过"含义"栏中相应规定的数值。

c 本部分的防尘等级是一般的防尘,当尘的颗粒大小、属性如纤维状或粒状已作规定时,试验条件按制造厂和用户协议。

5 防护等级——第二位表征数字

5.1 第二位表征数字表示由于外壳进水而引起有害影响的防护等级。

表 3 中第三栏说明第二位表征数字所代表的每一防护等级外壳的防护型式细节内容。

对设计为气候防护型空气冷却的开启式电机,在规定的气候条件下,使雨、雪及气载颗粒的进入减少至一定的量,以适应正常的运行。

这种防护等级的标志为在第二位表征数字后加字母 W。

5.2 对于第二位表征数字 6 及以下,符合某一防护等级的外壳意味着也符合表 3 所列出的所有低于该防护等级的各级。

除有怀疑外,不必进行较低防护等级的试验。

不应认为符合 IPX7 和 IPX8 防护等级的外壳意味着也符合表 3 所有低于该防护等级的各级。

表 3 第二位表征数字表示的防护等级

第二位表征数字	防护等级		试验条件
	简述[a]	含义	
0	无防护电机	无专门防护	不做试验
1	防滴电机	垂直滴水应无有害影响	见表 5
2	15°防滴电机	当电机从正常位置向任何方向倾斜至 15°以内任一角度时,垂直滴水应无有害影响	

表 3(续)

第二位表征数字	防护等级		试验条件
	简述[a]	含 义	
3	防淋水电机	与铅垂线成60°角范围内的淋水应无有害影响	见表5
4	防溅水电机	承受任何方向的溅水应无有害影响	
5	防喷水电机	承受任何方向的喷水应无有害影响	
6	防海浪电机	承受猛烈的海浪冲击或强烈喷水时,电机的进水量应不达到有害的程度	
7	防浸水电机	当电机浸入规定压力的水中经规定时间后,电机的进水量应不达到有害的程度	
8	持续潜水电机	电机在制造厂规定的条件下能长期潜水[b]	

a 本表第二栏中"简述"不作为防护型式的规定。

b 电机一般为水密型,但对某些类型电机也可允许水进入,但应不达到有害的程度。

6 标志

表示防护等级的表征字母和数字应标在电机的铭牌上。如有困难,可标在外壳上。

当电机各部分具有不同的防护等级时,首先应标明最低的防护等级。如必要标志较高的防护等级则应明确适用部分。

注:由于铭牌尺寸限制,通常只能标注最低防护等级。具有较高防护等级的其他部分应在文件和/或使用说明书中标明。

另外,外风扇的防护罩(按4.3规定)、泄水孔(按4.4规定)这样较低的防护等级,不需要在铭牌上或文件中标注。

当电机的安装方式对其防护等级有影响时,制造厂应在铭牌或安装说明书上说明预定的安装方式。

7 一般试验要求

本部分所规定的试验为型式试验。试验应在标准产品或其模型上进行。当不可行时,按替代试验验证或图纸审查验收应由制造厂和用户双方协议规定。

除另有规定外,每项试验的样机应完整清洁,所有部件均应就位,并按制造厂规定的方式安装。

对于第一位表征数字和第二位表征数字均为1、2、3和4的防护等级,如直观检查已能断定达到所要求的防护等级时,则不需再进行试验。但如有怀疑,可按第8章和第9章进行试验。

7.1 足够的间隙

在本部分下述试验条文中,术语"足够的间隙"的含义如7.1.1和7.1.2所述。

7.1.1 低压电机(额定电压为交流不超过1 000 V,直流不超过1 500 V)

除光滑旋转轴等非危险部件外,试具(试球、试指或导线等)应不能触及带电或转动部件。

7.1.2 高压电机(额定电压为交流超过1 000 V,直流超过1 500 V)

当试具置于最不利的位置时,电机应能承受适用于该电机的耐电压试验。

耐电压试验可用测量试具与壳内带电部件之间的特定空气间隙尺寸来代替,该间隙尺寸应能保证电机在电场分布最不利的情况下,通过耐电压试验。

8 第一位表征数字的试验

第一位表征数字的试验和认可条件按表4的规定。

若电机运行和静止产生的压力差(由风扇效应引起)低于2 kPa,第一位表征数字为5和6的防尘试验应在轴静止情况下进行。如果压力差高于2 kPa,在防尘试验过程中,其电机内部的压力应相应地降低;或者电机可以在额定转速下进行防尘试验。

表4 第一位表征数字的试验和认可条件

第一位 表征数字	试验和认可条件
0	无需试验
1	用直径为 $50^{+0.05}_{0}$ mm的刚性试球对外壳各开启部分施加45 N～55 N的力做试验。 如试球未能穿过任一开启部分并与电机内运行时带电部件或转动部件保持足够的间隙,则认为符合防护要求
2	a) 试指试验 用图1所示的金属试指做试验。试指的两个关节可绕其轴线向同一方向弯曲90°。用不大于10 N的力将试指推向外壳各开启部分,如能进入外壳,应注意活动至各个可能的位置。 如试指与壳内带电或转动部件保持足够的间隙,则认为符合防护要求。但允许试指与光滑旋转轴及类似的非危险部件接触。 试验时,如可能,可使壳内转动部件缓慢地转动。 试验低压电机时,可在试指和壳内带电部件之间接入一个串接有适当指示灯的低压电源(不低于40 V)。对仅用清漆、油漆、氧化物及类似方法涂覆的导电部件,应用金属箔包覆,并将金属箔与运行时带电的部件连接。试验时如指示灯不亮,则认为符合防护要求。 试验高压电机时,用耐电压试验来检验足够的间隙或按7.1.2的原则测量间隙尺寸。 b) 试球试验 用直径为 $12.5^{+0.05}_{0}$ mm的刚性试球对外壳各开启部分施加27 N～33 N的力做试验。 如试球未能穿过任一开启部分,且进入的一部分与电机内带电或转动部件保持足够的间隙,则认为符合防护要求
3	用直径为 $2.5^{+0.05}_{0}$ mm直的硬钢丝或棒施加2.7 N～3.3 N的力做试验。钢丝或棒的端面应无毛刺,并与轴线垂直。 如钢丝或棒不能进入壳内,则认为符合防护要求
4	用直径为 $1^{+0.05}_{0}$ mm直的硬钢丝施加0.9 N～1.1 N的力做试验。钢丝的端面应无毛刺,并与轴线垂直。 如钢丝不能进入壳内,则认为符合防护要求
5	a) 防尘试验 用基本原理如图2所示的设备做试验,在一适当密封的试验箱内盛有呈悬浮状态的滑石粉,滑石粉应能通过筛丝间名义宽度为75 μm、筛丝名义直径为50 μm金属方孔筛。滑石粉的用量按每立方米试验箱内体积为2 kg,使用次数应不超过20次。 电机的外壳属于第一种类型的外壳,即经正常工作循环会使壳内的气压低于周围大气压,这种压力差可能是由于热循环效应引起的。 试验时,电机支承于试验箱内,用真空泵抽气使电机壳内气压低于环境气压。如外壳只有一个泄水孔,则抽气管应接在专为试验而开的孔上,但对在运行地点封闭的泄水孔除外(见4.4)。 试验是利用适当的压差将箱内空气抽入电机,如有可能,抽气量至少为80倍壳内空气体积,抽气速度应不超过每小时60倍壳内空气体积。在任何情况下,压力计上的压差应不超过2 kPa(20 mbar),如图2所示。 如抽气速度达到每小时40至60倍壳内空气体积,则试验进行至2 h为止。

表 4(续)

第一位表征数字	试验和认可条件
5	如抽气速度低于每小时 40 倍壳内空气体积且压差已达 2 kPa(20 mbar),则试验应持续到抽满 80 倍壳内空气体积或试满 8 h 为止。 如不能将整台电机置于试验箱内做试验,可采用下述任一种方法代替: ——用电机各封闭的独立部件,如接线盒、集电环罩壳等做试验; ——用有代表性的电机部件,其中包括如盖板、通风孔、垫片以及轴封等构件做试验。试验时,这些部件上密封薄弱部位所装的零件,如端子、集电环等均应安装就位; ——用与被试电机有相同结构比例的较小电机做试验; ——按制造商与用户协议规定的条件做试验。 对上述第 2 和第 3 两种方法,试验时抽入电机的空气体积应为原电机所规定的数值。 试验后,如滑石粉积聚的量和部位如同一般尘埃(如不导电、不易燃、不易爆或无化学腐蚀的尘埃)积聚的情况一样不足以影响电机的正常运行,则认为符合防护要求。 b) 钢丝试验 如电机运行中泄水孔是开启的,则应按第一位表征数字为 4 的试验方法,用直径为 1 mm 的钢丝做试验
6	按本表 5a)的方法试验。 试验后经检查,如无滑石粉进入,则认为符合防护要求

9 第二位表征数字的试验

9.1 试验条件

第二位表征数字的试验条件按表 5 的规定。

试验应用清水进行。在试验过程中,壳内的潮气可能部分凝结,应避免将冷凝的露水误认为进水。按试验要求,表面积计算的误差应不大于 10%。

如可能,电机应以额定转速运行,以机械方式或通电方式均可。如在电机通电情况下做试验时,应采取充分的安全措施。

表 5 第二位表征数字的试验条件

第二位表征数字	试 验 条 件
0	无需试验
1	用滴水设备进行试验,其原理如图 3 所示。设备整个面积的滴水应均匀分布并应产生每分钟为 3 mm~5 mm 的降水量(如用相当于图 3 的设备,即每分钟水位降低 3 mm~5 mm)。 被试电机按正常运行位置放在滴水设备下面,滴水区域应大于被试电机。除预定为墙上安装或倒置安装的电机外,被试电机的支撑物表面应小于电机的底部尺寸。 对墙上安装或倒置安装电机,应按正常使用位置安装在木板上,木板的尺寸应等于电机在正常使用时与墙或顶板的接触面积。 试验时间为 10 min
2	滴水设备和降水量与第二位表征数字为 1 所示的相同。 在电机四个固定的倾斜状态各试验 2.5 min,这四个状态在两个相互垂直的平面上与铅垂线各倾斜 15°。 全部试验时间为 10 min

表 5(续)

第二位表征数字	试 验 条 件
3	当被试电机的尺寸和轮廓能容纳于图 4 所示的半径不超过 1 m 的摆管下时,则用此设备做试验。如不可能,则用图 5 的手持式淋水器做试验。 a) 用图 4 设备时的试验条件: 总流量应调整至每孔平均 0.067 L/min～0.074 L/min 乘以孔数,总流量应以流量计测量。 摆管在中心点两边各 60°角的弧段内布有喷水孔,并固定在垂直位置上。被试电机置于具有垂直轴的回转台上并靠近半圆摆管的中心。 试验时间至少为 10 min。 b) 用图 5 设备时的试验条件: 试验时应装上活动挡板。 水压调整到水流量为 10 L/min±0.5 L/min,压力约为 80 kPa～100 kPa(0.8 bar～1.0 bar)。 试验时间按被试电机计算的表面积(不包括任何安装表面和散热片)每平方米为 1 min,但至少为 5 min
4	采用图 4 或图 5 设备的条件与第二位表征数字为 3 所示的相同。 a) 用图 4 设备时的试验条件: 摆管在 180°的半圆内应布满喷水孔。试验时间及总水流量与第三级相同。 被试电机的支承物应开孔,以免挡住水流。摆管以 60°/s 的速度向每边摆动至最大限度,使电机在各个方向均受到喷水。 b) 用图 5 设备时的试验条件: 拆去淋水器上的活动挡板,使电机在各个方向均受到喷水。 喷水率与每单位面积的喷水时间与第三级相同
5	用图 6 所示的标准喷嘴做试验。自喷嘴中喷出的水流从各个可能的方向喷射电机,应遵守的条件如下: ——喷嘴内径:6.3 mm; ——水流量:11.9 L/min～13.2 L/min; ——喷嘴水压:约 30 kPa(0.3 bar)[a]; ——被试电机表面积每平方米试验时间:1 min; ——最短试验时间:3 min; ——喷嘴距被试电机表面距离:约 3 m[b]。(如有必要,当向上喷射电机时,为保证适当的喷射量,此距离可缩短)
6	用图 6 所示的标准喷嘴做试验。自喷嘴中喷出的水流从各个可能的方向喷射电机,应遵守的条件如下: ——喷嘴内径:12.5 mm; ——水流量:95 L/min～105 L/min; ——喷嘴水压:约 100 kPa(1 bar)[a]; ——被试电机表面积每平方米试验时间:1 min; ——最短试验时间:3 mim; ——喷嘴距被试电机表面距离:约 3 m[b]

表 5(续)

第二位表征数字	试验条件
7	将电机完全浸入水中做试验,并满足下述条件: a) 水面应高出电机顶点至少为 150 mm; b) 电机底部应低于水面至少为 1 m; c) 试验时间应至少为 30 min; d) 水与电机的温差应不大于 5 K。 如生产商与用户达成协议,试验可用下述方法代替: 电机内部充气,使气压比外部高 10 kPa(0.1 bar),试验时间为 1 min。如试验过程中无空气漏出,则认为符合要求。检查漏气的方法可将电机恰好淹没于水中或用肥皂水涂在电机表面
8	试验条件按生产商与用户的协议,但应不低于第七级的要求

[a] 水压的测量,可以喷嘴喷出水的高度代替:水压:30 kPa(0.3 bar) 高度:2.5 m

水压:100 kPa(1 bar) 高度:8 m

[b] 对于第 5 级和第 6 级来说,喷嘴至被试电机的距离规定为 3 m,为了从每个方向喷射电机,此距离可以适当缩短。

9.2 认可条件

按表 5 做试验后,应检查电机进水情况并作下述检验和试验。

9.2.1 电机的进水量应不足以影响电机的正常运行;不是预定在潮湿状态下运行的绕组和带电部件应不潮湿,且电机内的积水应不浸及这些部件。

电机内部的风扇叶片允许潮湿;同时,如有排水措施,允许水沿轴端漏入。

9.2.2 如电机在静止状态下做试验,应在额定电压下空载运转 15 min 后再作耐电压试验,其试验电压应为新电机试验电压的 50%,但应不低于额定电压的 125%。

如电机在运转状态下做试验,则可直接作上述耐电压试验。

试验后电机能符合 GB 755—2000 的要求而无损坏,则认为试验合格。

10 开启式气候防护型电机的试验和要求

防护等级 W 用于开路冷却的空冷开启式电机,即按 GB/T 1993—1993 冷却方法标记为 IC0X 至 IC3X 的电机。

气候防护型电机应设计为减少雨、雪及气载颗粒进入的电机。

具有其他气候防护措施的电机(如囊封绕组或全封闭),不必标志 W。

防护等级 W 的电机应具有的通风结构:

a) 在进风口和出风口,阻挡高速空气和气载颗粒进入直接通往电机带电部分的内部风路;

b) 进风道,用挡板或分隔间使进入空气的方向至少发生 3 次突变,每次突变至少为 90°;

c) 进风道的面积使平均风速不超过 3 m/s,能使任何气载颗粒沉降。为了去除颗粒,可由可更换的或其他易清洁的过滤器或任何其他结构代替沉降室。

电机对防止触及、异物进入和水的防护应符合本标准规定防护等级的条件和试验。

接线盒的设计应确保至少为 IP54。

如有必要,经过协议对防止结冰、湿气、腐蚀或其他异常条件的防护作结构安排(如采用抗凝露加热)。

通过图纸审查对气候防护型 W 进行检验和确认。

单位为毫米

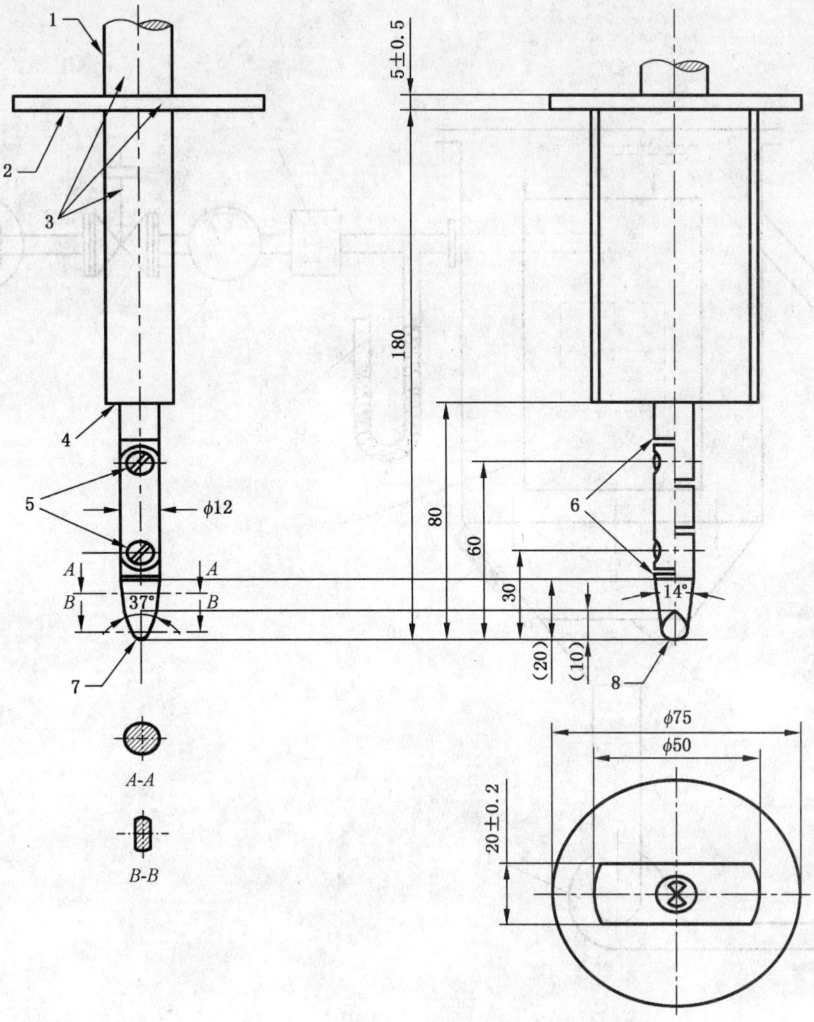

1——手柄；

2——挡板；

3——绝缘材料；

4——止面；

5——铰接；

6——所有边缘倒角；

7——R2±0.05 圆柱形；

8——R4±0.05 球形。

未规定公差的尺寸公差；

角度：$\left(\begin{matrix}0\\-10\end{matrix}\right)^{\circ}$

直线尺寸：25 及以下：$\left(\begin{matrix}0\\-0.05\end{matrix}\right)$

25 以上：±0.2

试指材料：热处理钢

试指的两个铰接点可在($90^{\circ}{}^{+10^{\circ}}_{0}$)范围内弯转，但只能向同一方向。

为限定弯转到 90°角，采用轴销和凹槽结构是唯一可能的解决办法。因此，在图上并未给出各零件的尺寸和公差。实际的设计必须保证 90°弯转角度，其公差为 0°至＋10°。

图 1　标准试指

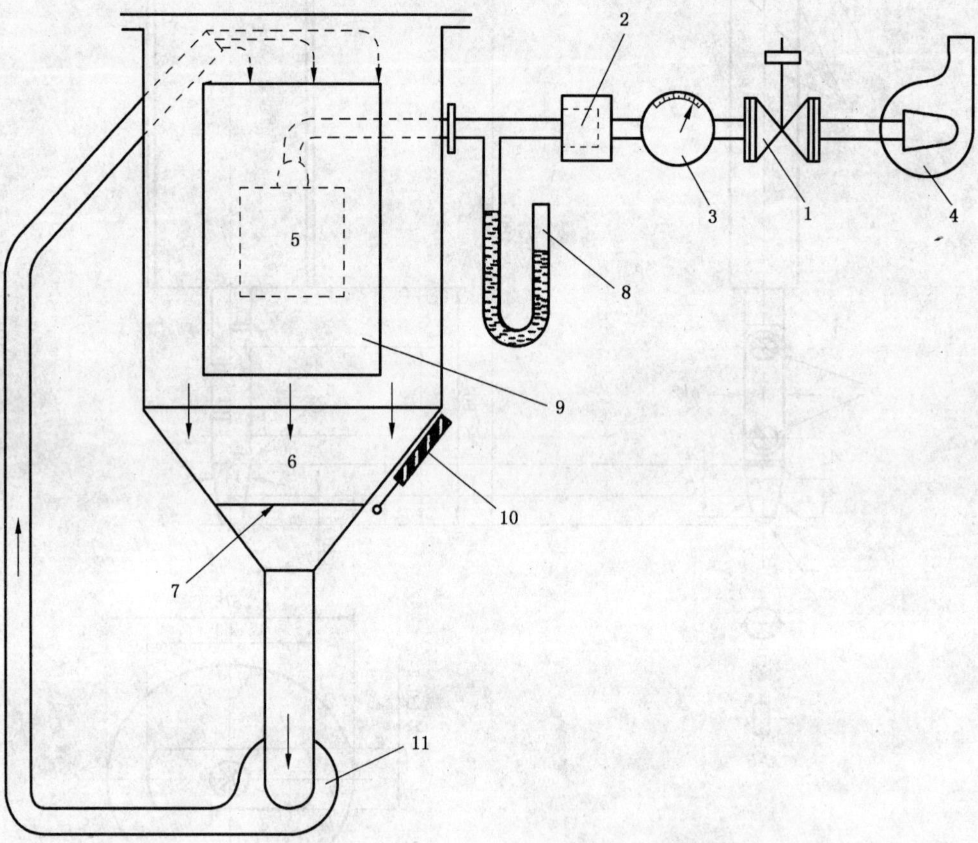

1——阀门；
2——滤尘器；
3——空气流量计；
4——真空泵；
5——被试电机；
6——滑石粉；
7——筛网；
8——压力计；
9——监察窗；
10——振动器；
11——循环泵。

图 2　防尘试验设备

单位为毫米

1——砂和砂砾层是调节水流量的，层与层之间用金属网和吸水纸隔开；

2——被试电机。

图 3　滴水试验设备

单位为毫米

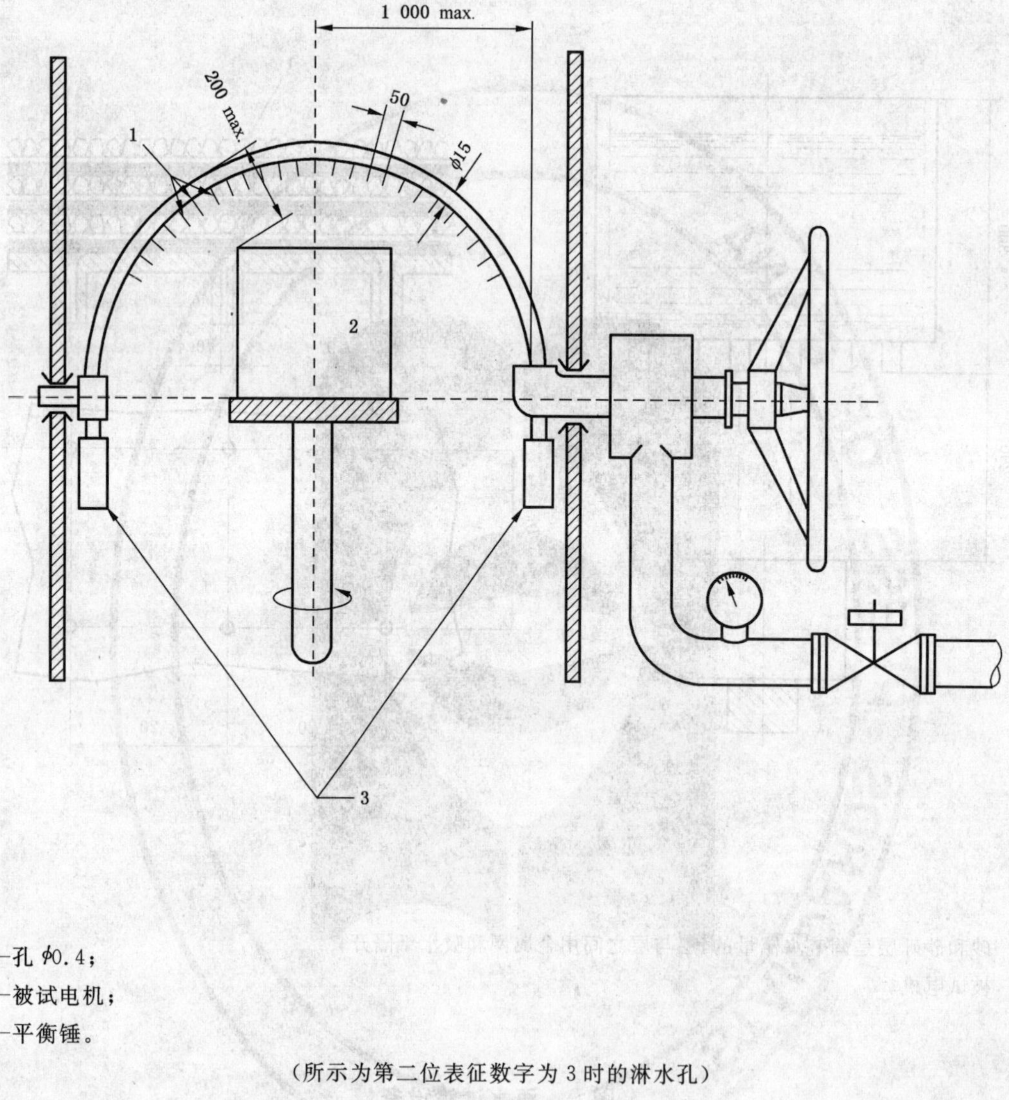

1——孔 ϕ0.4；
2——被试电机；
3——平衡锤。

（所示为第二位表征数字为 3 时的淋水孔）

图 4　淋水和溅水试验设备

单位为毫米

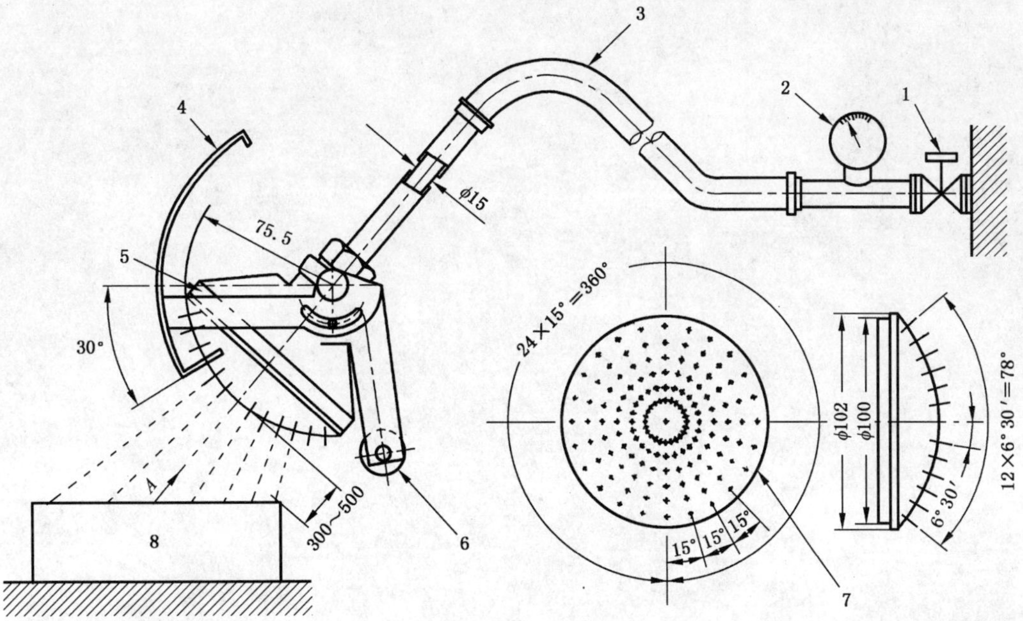

1——阀门；

2——压力计；

3——软管；

4——铝质活动挡板；

5——喷头；

6——平衡锤；

7——喷嘴，喷嘴上共有 121 个孔，每孔 ϕ0.5：

　　1 个孔在中心

　　2 个内圆各 12 个孔，孔间距 30°

　　4 个外圆各 24 个孔，孔间距 15°

8——被试电机。

图 5　手持式淋水和溅水试验设备

单位为毫米

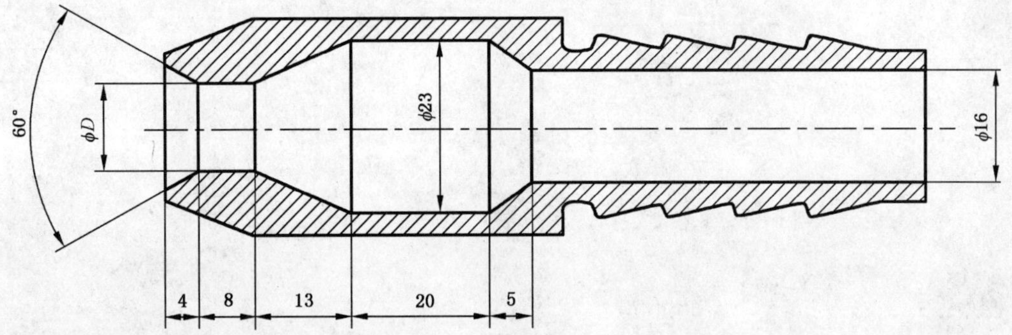

D=6.3 对表 5 表征数字为 5 的试验。

D=12.5 对表 5 表征数字为 6 的试验。

图 6　软管标准喷嘴

ICS 67.040
C 53

GB

中华人民共和国国家标准

GB/T 5009.23—2006
代替 GB/T 5009.23—2003

食品中黄曲霉毒素 B_1、B_2、G_1、G_2 的测定

Determination of aflatoxins B_1, B_2, G_1, G_2 in foods

2006-09-14 发布 2007-01-01 实施

中华人民共和国卫生部
中国国家标准化管理委员会 发布

前　言

本标准代替 GB/T 5009.23—2003《食品中黄曲霉毒素 B_1、B_2、G_1、G_2 的测定》

本标准与 GB/T 5009.23—2003 相比主要变化如下：

——增加了第三法，即高效液相色谱测定方法。

第三法对应于国际分析家协会(AOAC) AOAC Official Method 994.08 方法《用多功能柱检测玉米、杏仁、巴西坚果、花生和阿月浑子果中黄曲霉毒素的方法》[Aflatoxins in Corn，Almonds，Brazil Nuts，Peanuts，and Pistachio Nuts—Multifunctional Column(Mycosep) Method]。本标准与 AOAC Official Method 994.08 的一致性程度为非等效。

本标准由中华人民共和国卫生部提出并归口。

本标准第一法由中国预防医学科学院营养与食品卫生研究所、中华人民共和国青岛进出口商品检验局负责起草。

本标准第二法由北京市卫生防疫站、中国预防医学科学院营养与食品卫生研究所、卫生部食品卫生监督检验所负责起草。

本标准第三法由中国疾病预防控制中心营养与食品安全所负责起草；山东省疾病预防控制中心、宁波市疾病预防控制中心、厦门市疾病预防控制中心参加起草。

本标准第三法主要起草人：刘秀梅、王君、李凤琴、计融、陈金东、姚浔平、骆和东、张宏元。

本标准于 1985 年首次发布，1996 年第一次修订，2003 年第二次修订，本次为第三次修订。

食品中黄曲霉毒素 B_1、B_2、G_1、G_2 的测定

1 范围

本标准规定了各种食品中黄曲霉毒素 B_1、B_2、G_1、G_2 的测定方法。

本标准的第一法、第二法适用于各种食品中黄曲霉毒素 B_1、B_2、G_1、G_2 的测定，第三法适用于大米、玉米、花生、杏仁、核桃、松子等食品中黄曲霉毒素 B_1、B_2、G_1、G_2 的测定。

本标准第一法和第二法的最低检出量：黄曲霉毒素 B_1、G_1 为 0.004 μg，B_2、G_2 为 0.002 μg；最低检出浓度：黄曲霉毒素 B_1、G_1 为 5 μg/kg，B_2、G_2 为 2.5 μg/kg。

第三法中黄曲霉毒素的检出限：B_1、G_1 为 0.50 μg/L，B_2、G_2 为 0.125 μg/L，相当于样品中的浓度：B_1、G_1 为 0.20 μg/kg，B_2、G_2 为：0.05 μg/kg。黄曲霉毒素的线性范围：B_1、G_1 为 0.50 μg/L～100.0 μg/L，B_2、G_2 为 0.125 μg/L～25.0 μg/L。

2 规范性引用文件

下列文件中的条款通过本标准的引用而成为本标准的条款。凡是注日期的引用文件，其随后所有的修改单（不包括勘误的内容）或修订版均不适用于本标准，然而，鼓励根据本标准达成协议的各方研究是否可使用这些文件的最新版本。凡是不注日期的引用文件，其最新版本适用于本标准。

GB/T 5009.22—2003 食品中黄曲霉毒素 B_1 的测定

第一法 薄层色谱法

3 原理

试样经提取、浓缩、薄层分离后，在 365 nm 紫外光下，黄曲霉毒素 B_1、B_2 产生蓝紫色荧光，黄曲霉毒素 G_1、G_2 产生黄绿色荧光，根据其在薄层板上显示的荧光的最低检出量来定量。

4 试剂

4.1 同 GB/T 5009.22—2003 中 3.1～3.13。

4.2 次氯酸钠溶液（消毒用）：配制方法见 GB/T 5009.22—2003 中 3.16。

4.3 苯-乙醇-水（46+35+19）展开剂：取此比例配制的溶液置于分液漏斗中，振摇 5 min，静置过夜。将上下层溶液分别置于具塞瓶中保存，上下层交界的溶液弃去不要。若溶液出现混浊，则在 80℃ 水浴上加热，待清晰后，即停止加热，取上层溶液作展开剂用。另取一定量的下层溶液置小皿中，再放于展开槽内。将薄层板放入展开槽内，预先饱和 10 min 后展开。

4.4 硫酸（1+3）。

4.5 黄曲霉毒素 B_1、B_2、G_1、G_2 标准溶液如下：

4.5.1 单一标准溶液（10 μg/mL）：准确称取黄曲霉毒素 B_1、G_1 标准品各 1 mg～1.2 mg，黄曲霉毒素 B_2、G_2 标准品各 0.5 mg～0.6 mg，用苯-乙腈混合液作溶剂。配制方法、浓度及纯度的测定参照 GB/T 5009.22—2003中 3.14。

黄曲霉毒素 B_1、B_2、G_1、G_2 的分子质量及用苯-乙腈作溶剂时的最大吸收峰的波长及摩尔消光系数见表 1。

表 1 黄曲霉毒素的分子质量、最大吸收峰波长及摩尔消光系数

黄曲霉毒素名称	最大吸收峰波长/nm	摩尔消光系数	分子质量
B_1	346	19 800	312
B_2	348	20 900	314
G_1	353	17 100	328
G_2	354	18 200	330

4.5.2 各标准使用液：以下各标准液均用苯-乙腈混合液配制。

4.5.2.1 黄曲霉毒素混合标准使用液Ⅰ：每毫升相当于 0.2 μg 黄曲霉毒素 B_1、G_1 及 0.1 μg 黄曲霉毒素 B_2、G_2，作定位用。

4.5.2.2 黄曲霉毒素混合标准使用液Ⅱ：每毫升相当于 0.04 μg 黄曲霉毒素 B_1、G_1 及 0.02 μg 黄曲霉毒素 B_2、G_2，作最低检出量用。

5 仪器

同 GB/T 5009.22—2003 中 4.1～4.9。

6 分析步骤

6.1 取样

同 GB/T 5009.22—2003 中 5.1。

6.2 提取

同 GB/T 5009.22—2003 中 5.2。

6.3 测定

6.3.1 单向展开法

6.3.1.1 薄层板的制备

同 GB/T 5009.22—2003 中 5.3.1.1。

6.3.1.2 点样

同 GB/T 5009.22—2003 中 5.3.1.2。滴加式样如下：

第一点：10 μL 黄曲霉毒素混合标准使用液Ⅱ。

第二点：20 μL 样液。

第三点：20 μL 样液＋10 μL 黄曲霉毒素混合标准使用液Ⅱ。

第四点：20 μL 样液＋10 μL 黄曲霉毒素混合标准使用液Ⅰ。

6.3.1.3 展开与观察

黄曲霉毒素 B_1、B_2、G_1、G_2 的比移值依次排列为 $B_1>B_2>G_1>G_2$。

在展开槽内加 10 mL 无水乙醚，预展 12 cm，取出挥干，再于另一展开槽内加 10 mL 丙酮-三氯甲烷(8＋92)，展开 10 cm～12 cm，取出。在紫外光灯下观察结果，方法如下。

6.3.1.3.1 由于样液点上加滴黄曲霉毒素混合标准使用液Ⅰ或Ⅱ，可使黄曲霉毒素 B_1、B_2、G_1、G_2 分别与样液中的黄曲霉毒素 B_1、B_2、G_1、G_2 荧光点重叠。如样液为阴性，薄层板上的第三点中黄曲霉毒素 B_1、B_2、G_1、G_2 依次为 0.000 4 μg、0.000 2 μg、0.000 4 μg、0.000 2 μg，可用作检查在样液内黄曲霉毒素 B_1、B_2、G_1、G_2 的最低检出量是否正常出现。如为阳性，则起定位作用。薄层板上的第四点中黄曲霉毒素 B_1、B_2、G_1、G_2 依次为 0.002 μg、0.001 μg、0.002 μg、0.001 μg，主要起定位作用。

6.3.1.3.2 若第二点在与黄曲霉毒素 B_1、B_2 的相应位置上无蓝紫色荧光点；或在与黄曲霉毒素 G_1、G_2 的相应位置上无黄绿色荧光点，表示试样中黄曲霉毒素 B_1、G_1 含量在 5 μg/kg 以下；B_2、G_2 含量在 2.5 μg/kg以下；如在相应位置上有以上荧光点，则需进行确证试验。

6.3.1.4 确证试验

6.3.1.4.1 黄曲霉毒素与三氟乙酸反应产生衍生物，只限于 B_1 和 G_1；B_2 和 G_2 与三氟乙酸不起反应。B_1 和 G_1 的衍生物比移值为 $B_1>G_1$。于薄层板左边依次滴加两个点。

第一点：10 μL 黄曲霉毒素混合标准使用液Ⅱ。

第二点：20 μL 样液。

于以上两点各加三氟乙酸 1 小滴盖于其上，反应 5 min 后，用吹风机吹热风 2 min，使热风吹到薄层板上的温度不高于 40℃。再于薄层板上滴加以下两个点。

第三点：10 μL 黄曲霉毒素混合标准使用液Ⅱ。

第四点：20 μL 样液。

再展开(同 6.3.1.3)，在紫外光灯下观察样液是否产生与黄曲霉毒素 B_1 或 G_1 标准点相同的衍生物，未加三氟乙酸的三、四两点，可依次作为样液与标准的衍生物空白对照。

6.3.1.4.2 黄曲霉毒素 B_2 和 G_2 的确证试验，可用苯-乙醇-水(46+35+19)展开，若标准点与样液点出现重叠，即可确定。

6.3.1.4.3 在展开的薄层板上喷以硫酸(1+3)，黄曲霉毒素 B_1、B_2、G_1、G_2 都变为黄色荧光。

6.3.1.5 稀释定量

样液中黄曲霉毒素 B_1、B_2、G_1、G_2 荧光点的荧光强度如各与黄霉毒素 B_1、B_2、G_1、G_2 标准点的最低检出量(B_1、G_1 为 0.000 4 μg，B_2、G_2 为 0.000 2 μg)的荧光强度一致，则试样中黄曲霉毒素 B_1、G_1 含量为 5 μg/kg；B_2、G_2 含量为 2.5 μg/kg。如样液中任何一种黄曲霉毒素的荧光强度比其最低检出量强，则需逐一进行定量，直至样液点的荧光强度与最低检出量点的荧光强度一致为止。定量与计算方法参照 GB/T 5009.22—2003 中 5.3.1.5 与 5.3.1.6。

6.3.2 双向展开法

6.3.2.1 滴加两点法

6.3.2.1.1 点样：取薄层板三块，在距下端 3 cm 基线上滴加黄曲霉毒素标准使用液与样液。即在三块板的距左边缘 0.8 cm～1 cm 处各滴加 10 μL 黄曲霉毒素混合标准使用液Ⅱ，在距左边缘 2.8 cm～3.0 cm处各滴加 20 μL 样液，然后在第二板的样液点上加滴 10 μL 黄曲霉毒素混合标准使用液Ⅱ；在第三板上的样液点上加滴 10 μL 黄曲霉毒素混合标准使用液Ⅰ。

6.3.2.1.2 展开：同 GB/T 5009.22—2003 中 5.3.2.1.2。

6.3.2.1.3 观察及评定结果如下：

6.3.2.1.3.1 在紫外光灯下观察第一、二板，若第二板的第二点在黄曲霉毒素 B_1、B_2、G_1、G_2 标准点的相应处出现最低检出量，而第一板在与第二板的相同位置上未出现荧光点，则试样中黄曲霉毒素 B_1、G_1 含量在 5 μg/kg 以下；B_2、G_2 的含量在 2.5μg/kg 以下。

6.3.2.1.3.2 若第一板在与第二板的相同位置上各出现荧光点，则将第一板与第三板比较，看第三板上第二点与第一板上第二点的相同位置的荧光点是否各与其黄曲霉毒素 B_1、B_2、G_1、G_2 标准点重叠，如果重叠，再按 6.3.2.1.3.3 进行所需的确证试验。

6.3.2.1.3.3 黄曲霉毒素 B_1、G_1 的确证试验：取薄层板两块，于第四、第五两板距左边缘 0.8 cm～1 cm处各滴加 10 μL 黄曲霉毒素混合标准使用液Ⅱ及 1 滴三氟乙酸，距左边缘 2.8 cm～3 cm 处，第四板滴加20 μL样液及 1 滴三氟乙酸；第五板滴加 20 μL 样液、10 μL 黄曲霉毒素混合标准使用液Ⅱ及1 滴三氟乙酸。产生衍生物的步骤及展开方法同 GB/T 5009.22—2003 中 5.3.2.1，观察样液点是否各产生与其黄曲霉毒素 B_1 或 G_1 标准点重叠的衍生物。观察时，可将第一板作为样液的衍生物空白板。

如样液黄曲霉毒素 B_1、B_2、G_1、G_2 含量高时，则将样液稀释后按 6.3.1.4 作确证试验。

稀释定量与结果计算参照 GB/T 5009.22—2003 中 5.3.2.1.5 与 5.3.2.1.6。

6.3.2.2 滴加一点法

同 GB/T 5009.22—2003 中 5.3.2.2。所不同的地方是在薄层上滴加标准液时以黄曲霉毒素混合标准使用液Ⅱ代替黄曲霉毒素 B_1 标准使用液(0.04 μg/mL)。稀释定量与结果计算参照 GB/T 5009.22—2003 中 5.3.2.2 与 5.3.1.6。

第二法 微柱筛选法

7 原理

试样提取液通过由氧化铝与硅镁吸附剂组成的微柱层析管,杂质被氧化铝吸附,黄曲霉毒素被硅镁吸附剂吸附,在 365 nm 紫外线下呈蓝紫色荧光,其荧光强度在一定范围内与黄曲霉毒素的含量成正比,由于微柱不能分离 B_1、B_2、G_1、G_2,故结果为黄曲霉毒素的总量。

8 试剂

8.1 石油醚:沸程 60℃～90℃或 30℃～60℃。

8.2 中性氧化铝:层析用 100 目～200 目。

8.3 酸性氧化铝:层析用 100 目～200 目。

8.4 无水硫酸钠:过 40 目～80 目筛或 80 目～100 目筛。

8.5 硅镁型吸附剂:层析用 100 目～200 目。

8.6 甲醇水溶液:(55+45)。

8.7 展开剂:丙酮-三氯甲烷(1+9)。

8.8 脱脂棉:用索氏提取器以二氯甲烷为溶剂提取 2 h 后,挥干后贮于瓶中保存。

8.9 黄曲霉毒素 B_1 标准液:用苯-乙腈(98+2)配成 0.4 μg/mL 的贮存液及 0.1 μg/mL 的使用液,避光冷藏。

注:层析用氧化铝、硅镁型吸附剂、无水硫酸钠应在 120℃活化 2 h,密塞,贮干燥器内可保存一周。

9 仪器

9.1 紫外光灯:8 W～100 W,带有波长 365 nm 滤光片。

9.2 微柱管:内径 0.4 cm、长 12 cm 的玻璃管,为加液方便上加一段粗管。

9.3 微柱管架。

9.4 微量注射器:50 mL。

10 分析步骤

10.1 提取

10.1.1 粮食、花生及其制品:取粉碎过筛(20 目)试样 20.00 g 于具塞锥形瓶中,加 100 mL 甲醇水溶液,30 mL 石油醚,密塞振摇 30 min,静置片刻,过滤于 50 mL 具塞量筒中,收集 50 mL 甲醇水滤液(注意切勿将石油醚层带入滤液中),转入分液漏斗中,加 50 mL 硫酸钠溶液(20 g/L)稀释,加三氯甲烷 10 mL,轻摇 2 min～3 min,静置分层,三氯甲烷层通过装有 5 g 无水硫酸钠的小漏斗脱水(以少量脱脂棉球塞住漏斗颈口,并以少量三氯甲烷润湿),并滤入 10 mL 比色管中,再向分液漏斗中加 3 mL 三氯甲烷重提一次,脱水后滤入原比色管中,以少量三氯甲烷洗漏斗并定容至 10.0 mL,密塞,混匀,待测。此样液1 mL相当 1.0 g 试样。

10.1.2 植物油:称混匀油样 10.00 g 于 20 mL 的烧杯中,用 50 mL 石油醚分数次洗入分液漏斗中,加 50 mL 甲醇水轻摇 2 min～3 min,静置分层,将下层甲醇水转入另一分液漏斗中,加 50 mL 硫酸钠水溶液(20 g/L)稀释,加三氯甲烷 10 mL,以下按 10.1.1 自"轻摇 2 min～3 min……"起操作。此样液 1 mL

相当 1.0 g 试样。

10.1.3 发酵酒、酱油、醋等水溶性试样：啤酒等含二氧化碳的试样，需在烧杯中于水浴上加热、搅拌、除去气泡，否则易乳化。称混匀试样 20.00 g 于小烧杯中，以 80 mL 硫酸钠溶液(20 g/L)洗入分液漏斗中，加三氯甲烷 10 mL，此样液 1 mL 相当 2.0 g 试样。

10.1.4 腐乳、黄酱类：称取混匀试样 20.00 g 于具塞锥形瓶中，加甲醇水 100 mL，石油醚 20 mL。振荡 30 min，静置片刻，以折叠快速定性滤纸过滤于 50 mL 具塞量筒中，收集甲醇水滤液 50 mL(相当于 10 g 试样，因为 10 g 试样中约含有 5 mL 水)，置于分液漏斗中，加入三氯甲烷 10 mL，以下按 10.1.1 自"轻摇 2 min～3 min……"起操作。此样液 1 mL 相当 1.0 g 试样。

10.2 测定

10.2.1 微柱管的制备：以少量脱脂棉做底用粗铁丝砸实，置于微柱管架上，依次加入高为 0.5 cm 无水硫酸钠(80 目～100 目)，0.5 cm 硅镁型吸附剂，0.5 cm 无水硫酸钠(80 目～100 目)，1.5 cm 中性氧化铝，1.5 cm酸性氧化铝，3 cm 无水硫酸钠(40 目～80 目)，顶部以少量脱脂棉堵塞，装试剂时管要垂直，每装一种试剂要适当敲紧，两种试剂之间界面要平齐，柱管要随装随用，以免在空气中吸水活性下降。

10.2.2 微柱层析：在装好的微柱中，加入三氯甲烷提取液 1.0 mL，同时做标准管，另取三支微柱管，各加入三氯甲烷 1 mL，再分别加入黄曲霉毒素 B_1 标准液(0.1 μg/mL)0、50 μL、100 μL，相当于黄曲霉毒素 B_1 标准 0 ng、5 ng、10 ng，待加液流至顶层时，即加入 1 mL 丙酮-三氯甲烷(1+9)展开剂，在加样或展开时，柱管均要保持垂直，待展开剂流完后，即可观察结果。

10.2.3 结果观察与评定：于波长 365 nm 紫外光灯下观察，将层析后的样品管依次与 0 ng、5 ng、10 ng 黄曲霉毒素 B_1 标准管比较，若试样柱管内硅镁型吸附剂层与 0 管一致则为阴性(在 5 μg/kg 以下)，如试样管中硅镁吸附剂层呈蓝紫色荧光环，则为阳性，并需进一步按薄层层析法进行确证测定，但不需重新提取试样。其操作如下：准确吸取原三氯甲烷提取液 4.0 mL(相当 4 g 或 8 g 试样)于小蒸发皿内挥干，以少量苯-乙腈混合液(98+2)分数次转入刻度小管中，定容至 1.0 mL，密塞，混匀，按薄层层析法确证，并测定黄曲霉毒素 B_1、B_2、G_1、G_2 的含量。

第三法 高效液相色谱法

11 原理

试样经乙腈-水提取，提取液过滤后，经装有反相离子交换吸附剂的多功能净化柱，去除脂肪、蛋白质、色素及碳水化合物等干扰物质。净化液中的黄曲霉毒素以三氟乙酸衍生，用带有荧光检测器的液相色谱系统分析，外标法定量。

12 试剂和材料

12.1 黄曲霉毒素 B_1、B_2、G_1、G_2 标准品，纯度＞99％。

12.2 乙腈，色谱纯、分析纯。

12.3 三氟乙酸，分析纯。

12.4 正己烷，分析纯。

12.5 水，电导率(25℃)≤0.01 mS/m。

12.6 乙腈-水(84＋16)提取液：量取乙腈(分析纯)840 mL，加水 160 mL，混匀。

12.7 水-乙腈(85＋15)溶液：最取乙腈(色谱纯)150 mL，加三蒸水 850 mL，混匀。

12.8 标准储备液：分别准确称取黄曲霉毒素 B_1、B_2、G_1、G_2 0.200 0 g、0.050 0 g、0.200 0 g、0.050 0 g(精确至 0.001 g)，置 10 mL 容量瓶中，加乙腈(分析纯)溶解，并稀释至刻度。此溶液密封后避光－30℃保存，两年有效。

12.9 标准工作液：准确移取标准储备液 1.00 μL，至 10 mL 容量瓶中，加乙腈(分析纯)稀释至刻度。

此溶液密封后避光 4℃保存，三个月有效。

12.10 标准系列溶液：准确移取标准工作液适量，至 10 mL 容量瓶中，加乙腈（分析纯）稀释至刻度（含黄曲霉毒素 B_1、G_1 的浓度为 0.00 μg/L、0.500 0 μg/L、1.000 μg/L、2.000 μg/L、5.000 μg/L、10.00 μg/L、25.00 μg/L、50.00 μg/L、100.0 μg/L；黄曲霉毒素 B_2、G_2 的浓度为 0.00 μg/L、0.125 0 μg/L、0.250 0 μg/L、0.500 0 μg/L、1.250 μg/L、2.500 μg/L、6.250 μg/L、12.50 μg/L、25.00 μg/L的系列标准溶液），注意避光。

13 仪器和设备

13.1 液相色谱系统（HPLC）：附荧光检测器。

13.2 色谱柱：反相 C_{18} 柱，要求 4 种毒素的峰能够达到基线分离。

13.3 含有反相离子交换吸附剂的多功能净化柱：Mycosep™ 226 MFC 柱或 Mycosep™ 228 MFC 柱[1]。

13.4 电动振荡器。

13.5 漩涡混合器。

13.6 烘干箱。

13.7 离心机。

13.8 真空吹干机，或氮气及水浴锅。

13.9 天平：感量为万分之一。

14 分析步骤

14.1 试样提取

称取 20 g 经充分粉碎过的试样至 250 mL 的三角瓶中，加入 80 mL 乙腈-水（84＋16）提取液，在电动振荡器上振荡 30 min 后，定性滤纸过滤，收集滤液。

14.2 试样净化

移取约 8 mL 提取液至多功能净化柱的玻璃管内，将多功能净化柱的填料管插入玻璃管中并缓慢推动填料管，净化液就被收集到多功能净化柱的收集池中。

14.3 试样衍生化

从多功能净化柱的收集池内转移 2 mL 净化液到棕色具塞小瓶中，在真空吹干机下 60℃±1℃吹干（或在 60℃水浴下氮气吹干，注意不要使液体鼓泡、飞溅）。加入 200 μL 正己烷和 100 μL 三氟乙酸，密闭混匀 30 s 后，在 40℃±1℃烘干箱中衍生 15 min。室温真空吹干机吹干（或室温水浴下氮气吹干），以 200 μL 水-乙腈（85＋15）溶解，混匀 30 s，1 000 r/min 离心 15 min，取上清液至液相色谱仪的样品瓶中，供测定用。

14.4 标准系列溶液的制备

吸取标准系列溶液各 200 μL，在真空吹干机下 60℃吹干（或在 60℃水浴下氮气吹干，注意不要使液体鼓泡、飞溅），衍生化方法同 14.3。

14.5 测定

14.5.1 色谱条件

色谱柱：12.5 cm×2.1 mm，5 μm，C_{18}。

柱温：30℃。

流动相：乙腈（色谱纯），水，梯度洗脱的变化可参考表 2。调整洗脱梯度，使 4 种黄曲霉毒素的保留时间在 4 min～25 min。

---

1) Mycosep™ 226 MFC 柱或 Mycosep™ 228 MFC 柱是由 Romer Labs 提供的产品的商品名。给出这一信息是为了方便本标准的使用者，并不表示对该产品的认可。如果其他等效产品具有相同的效果，则可使用这些等效的产品。

表 2 流动相的梯度变化

时间/min	乙腈/(%)	水/(%)
0.00	15.0	85.0
6.00	17.0	83.0
8.00	25.0	75.0
14.00	15.0	85.0

流速:0.5 mL/min。

进样量:25 μL。

荧光检测器:激发波长:360 nm;发射波长:440 nm。

14.5.2 测定

黄曲霉毒素按照 G_1、B_1、G_2、B_2 的顺序出峰,以标准系列的峰面积对浓度分别绘制每种黄曲霉毒素的标准曲线。试样通过与标准色谱图保留时间的比较确定每一种黄曲霉毒素的峰,根据每种黄曲霉毒素的标准曲线及试样中的峰面积计算试样中各种黄曲霉毒素含量。

14.6 结果计算

按式(1)计算样品中每种黄曲霉毒素的浓度:

$$c = \frac{A \times V}{m \times f} \qquad \cdots\cdots(1)$$

式中:

c——试样中每种黄曲霉毒素的浓度,单位为微克每千克(μg/kg);

A——试样按外标法在标准曲线中对应的浓度,单位为微克每升(μg/L);

V——试样提取过程中提取液的体积,单位为毫升(mL);

m——试样的取样量,单位为克(g);

f——试样溶液衍生后较衍生前的浓缩倍数。

计算结果表示到三位有效数字。

15 精密度

在重复性条件下获得的两次独立测定结果的相对偏差不得超过算术平均值的 15%。

16 黄曲霉毒素的色谱图

当黄曲霉毒素 B_1、B_2、G_1、G_2 含量分别为 25.0 μg/L、6.25 μg/L、25.0 μg/L、6.25 μg/L 时,产生的色谱图见图 1,出峰顺序为 G_1、B_1、G_2、B_2。

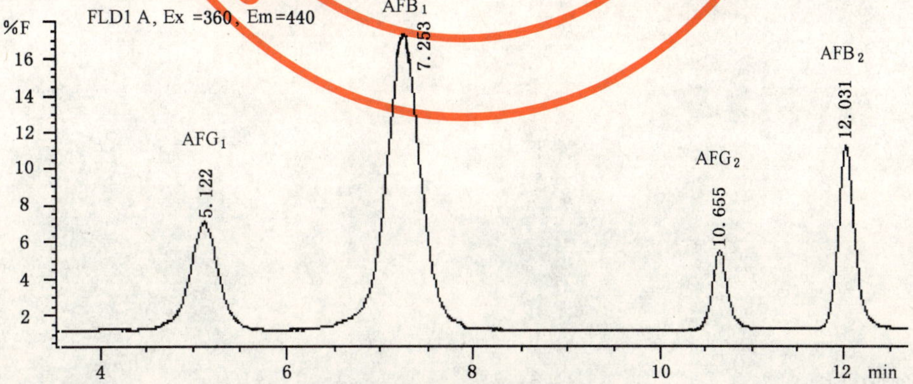

图 1 黄曲霉毒素的色谱图

ICS 67.040
C 53

中华人民共和国国家标准

GB/T 5009.190—2006
代替 GB/T 5009.190—2003

食品中指示性多氯联苯含量的测定

Determination of indicator polychlorinated biphenyls in foods

2006-09-14 发布　　　　2007-01-01 实施

中华人民共和国卫生部
中国国家标准化管理委员会　发布

前 言

本标准代替 GB/T 5009.190—2003《海产食品中多氯联苯的测定》。

本标准与 GB/T 5009.190—2003 相比主要变化如下：

——修改了标准的中文名称，改为《食品中指示性多氯联苯含量的测定》；

——修改采用加拿大环境保护局和国际乳品联盟的相关方法。

本标准第一法为气相色谱-质谱法，修改采用加拿大环境保护局 1997 年 3 月发布的《多氯联苯含量测定的推荐方法》(Environmental Protection Series：Reference method for the analysis of polychlorinated biphenyls)，方法编号为 EPS 1/RM/31 。与 EPS 1/RM/31 方法的不同之处如下：

——增加了离子阱串联质谱的测定条件；

——增加了方法的重现性限和再现性限。

本标准第二法为气相色谱法，修改采用国际乳品联盟(IDF)1991 年发布的《奶及其制品中多氯联苯含量的测定方法》(Determination of polychlorinated biphenyls in milk and milk products)，方法编号为 IDF 130A：1991。与 IDF130A：1991 方法的不同之处如下：

——增加适用范围，扩大到动物源性产品；

——本标准以 PCB198 为内标，采用浓硫酸和碱性氧化铝的净化处理，按相对响应因子进行定量计算；

——增加了方法的准确度和精密度结果。

本标准的附录 A、附录 B 为规范性附录，附录 C、附录 D 和附录 E 为资料性附录。

本标准由中华人民共和国卫生部提出并归口。

本标准负责起草单位：中国疾病预防控制中心营养与食品安全所。

本标准参加起草单位：中国科学院生态环境研究中心、沈阳市疾病预防控制中心、福建省疾病预防控制中心、江苏省疾病预防控制中心、北京市疾病预防控制中心、北京大学。

本标准第一法主要起草人：李敬光、吴永宁、赵云峰、郑明辉、栾燕、傅武胜、邵兵、马永建、陈左生。

本标准第二法主要起草人：赵云峰、吴永宁、刘浩、李敬光、栾燕、郑明辉、邵兵、马永建。

本标准于 1988 年首次发布，2003 年第一次修订，本次为第二次修订。

引　言

多氯联苯(polychlorinated biphenyls，PCBs)是斯德哥尔摩公约中优先控制的12类持久性有机污染物之一。PCBs理论上有209个同系物异构体，目前已在商品中鉴定出130种同系物异构体单体，其中大多数为非平面化合物。PCBs化学性质极为稳定，难于被生物体降解，能够通过食物链富集，通常在生物样品和环境样品中同时存在。PCBs对免疫系统、生殖系统、神经系统和内分泌系统均会产生不良影响，并且是导致与之接触过的人群发生癌症的一个可疑因素。1997年WHO重新评估二噁英类化合物的毒性当量因子时将二噁英样PCBs也包括在内。由于二噁英样PCBs的测定需要采用高分辨质谱法，难以在普通实验室推广，为此联合国GEMS/Food中规定了PCB28、PCB52、PCB101、PCB118、PCB138、PCB153和PCB180作为PCBs污染状况的指示性单体(indicator PCBs)进行替代性监测。除职业暴露外，食物摄入是人类接触PCBs的主要途径，超过了人体接触量的90%，动物性食品是其主要来源，因此监测食品中PCBs对于控制其危害十分重要。

我国颁布的GB 2762—2005《食品中污染物限量》也是以指示性PCBs单体PCB28、PCB52、PCB101、PCB118、PCB138、PCB153和PCB180的总和作为PCBs的指标，并特别规定了PCB138和PCB153单体的允许限量。而我国原有的GB/T 5009.190—2003《海产食品中多氯联苯的测定》已不能适应食品中PCBs痕量分析技术的发展要求，需要发展与GB 2762—2005配套的食品中指示性PCBs的标准化测定方法，以满足日常监测的需要。

本标准第一法修改采用加拿大环境保护局1997年3月发布的多氯联苯含量测定方法(编号为EPS 1/RM/31)，根据实验研究资料和验证性试验结果提出，适用于20种指示性PCBs单体的测定，包括GEMS/Food中规定的PCB28、PCB52、PCB101、PCB118、PCB138、PCB153和PCB180。第二法是在参考IDF 130A:1991方法的基础上，根据实验研究资料和验证性试验结果提出，适用于GEMS/Food中规定的指示性PCB28、PCB52、PCB101、PCB118、PCB138、PCB153和PCB180的测定。

食品中指示性多氯联苯含量的测定

1 范围

本标准第一法规定了食品中包括全球环境监测系统/食品规划部分(GEMS/Food)中规定的PCB28、PCB52、PCB101、PCB118、PCB138、PCB153和PCB180在内的20种指示性PCBs含量的测定方法,第二法规定了GEMS/Food中规定的PCB28、PCB52、PCB101、PCB118、PCB138、PCB153和PCB180的测定方法。

本标准适用于鱼类、贝类、蛋类、肉类、奶类等动物源性食品及其制品和油脂类样品中指示性PCBs的测定。

本标准中的各指示性PCBs的定量限为0.5 μg/kg 。

第一法 稳定性同位素稀释的气相色谱-质谱法

2 原理

应用稳定性同位素稀释技术,在试样中加入$^{13}C_{12}$标记的PCBs作为定量标准,索氏提取18 h~24 h,提取后的试样溶液经柱色谱层析净化、分离,浓缩后加入回收率内标,使用气相色谱-低分辨质谱联用仪,以四极杆质谱选择离子监测(SIM)或离子阱串联质谱多反应监测(MRM)模式进行分析,内标法定量。

3 试剂和材料

3.1 溶剂和柱填料

3.1.1 正己烷,农残级。

3.1.2 二氯甲烷,农残级。

3.1.3 丙酮,农残级。

3.1.4 甲醇,农残级。

3.1.5 异辛烷,农残级。

3.1.6 无水硫酸钠,优级纯。将市售无水硫酸钠装入玻璃色谱柱,依次用正己烷和二氯甲烷淋洗两次,每次使用的溶剂体积约为无水硫酸钠体积的两倍。淋洗后,将无水硫酸钠转移至烧瓶中,在50℃下烘烤至干,然后在225℃烘烤8 h~12 h,冷却后干燥器中保存。

3.1.7 浓硫酸,优级纯。

3.1.8 氢氧化钠,优级纯。

3.1.9 硝酸银,优级纯。

3.1.10 色谱用硅胶(100目~200目)。将市售硅胶装入玻璃色谱柱中,依次用正己烷和二氯甲烷淋洗两次,每次使用的溶剂体积约为硅胶体积的两倍。淋洗后,将硅胶转移到烧瓶中,以铝箔盖住瓶口置于烘箱中50℃烘烤至干,然后升温至180℃烘烤8 h~12 h,冷却后装入磨口试剂瓶中,干燥器中保存。

3.1.11 44%酸化硅胶:称取活化好的硅胶100 g,逐滴加入78.6 g浓硫酸,振摇至无块状物后,装入磨口试剂瓶中,干燥器中保存。

3.1.12 33%碱性硅胶:称取活化好的硅胶100 g,逐滴加入49.2 g 1mol/L的氢氧化钠溶液,振摇至无块状物后,装入磨口试剂瓶中,干燥器中保存。

3.1.13 10%硝酸银硅胶:将5.6 g硝酸银溶解在21.5 mL去离子水中,逐滴加入50 g活化硅胶中,振摇至无块状物后，装入棕色磨口试剂瓶中，干燥器中保存。

3.1.14　碱性氧化铝：色谱层析用碱性氧化铝，660℃烘烤 6 h 后，装入磨口试剂瓶中，干燥器中保存。

3.2　标准溶液

3.2.1　时间窗口确定标准溶液：见附录 A 中的表 A.1。

3.2.2　定量内标标准溶液：见附录 A 中的表 A.2。

3.2.3　回收率内标标准溶液：见附录 A 中的表 A.3。

3.2.4　校正标准溶液：见附录 A 中的表 A.4。

3.2.5　精密度和准确度实验标准溶液：见附录 A 中的表 A.5。

4　仪器

4.1　气相色谱-质谱联用仪（GC-MS）或气相色谱-离子阱串联质谱联用仪（GC-MS/MS）。

4.2　色谱柱：DB-5ms 柱，30 m×0.25 mm×0.25 μm，或等效色谱柱。

4.3　组织匀浆器。

4.4　绞肉机。

4.5　旋转蒸发仪。

4.6　氮气浓缩器。

4.7　超声波清洗器。

4.8　振荡器。

4.9　分析天平。

4.10　玻璃器皿：所有需重复使用的玻璃器皿应在使用后尽快认真清洗，推荐的清洗过程如下：

a）用该器皿最后接触的溶剂洗涤；

b）依次用己烷和丙酮洗涤；

c）用含碱性洗涤剂的热水清洗；

d）依次用热水和去离子水冲洗；

e）依次用丙酮、己烷和二氯甲烷洗涤。

采用超声波清洗设备，加入碱性洗涤剂的热水有很好的清洗效果。如果使用刷子清洗，需特别注意不要划损玻璃器皿的表面。

5　试样制备

5.1　预处理

5.1.1　用避光材料如铝箔、棕色玻璃瓶等包装现场采集的试样，并放入小型冷冻箱中运输到实验室，－10℃以下低温冰箱保存。

5.1.2　固体试样如鱼、肉等可使用冷冻干燥或无水硫酸钠干燥并充分混匀。油脂类可直接溶于正己烷中进行净化处理。

5.2　提取

5.2.1　提取前，将一空纤维素或玻璃纤维提取套筒装入索氏提取器中，以正己烷：二氯甲烷（1：1，体积比）为提取溶剂，预提取 8 h 后取出晾干。

5.2.2　将预处理试样装入 5.2.1 处理的提取套筒中，加入 $^{13}C_{12}$ 标记的定量内标（3.2.2），用玻璃棉盖住试样，平衡 30 min 后装入索氏提取器，以适量正己烷：二氯甲烷（1：1，体积比）为提取溶剂，提取 18 h～24 h，回流速度控制在 3 次/h～4 次/h。

5.2.3　提取完成后，将提取液转移到茄形瓶中，旋转蒸发浓缩至近干。如分析结果以脂肪计则需要测定试样的脂肪含量。

5.2.4　脂肪含量的测定：浓缩前准确称重茄型瓶，将溶剂浓缩至干后准确称重茄型瓶，两次称重结果的差值为试样的脂肪含量。测定脂肪含量后，加入少量正己烷溶解瓶中残渣。

5.3 净化

5.3.1 酸性硅胶柱净化

净化柱装填：玻璃柱底端用玻璃棉封堵后依次填入 4 g 活化硅胶、10 g 酸化硅胶、2 g 活化硅胶、4 g 无水硫酸钠(参见附录 D 中的图 D.1)。然后用 100 mL 正己烷预淋洗。

净化：将浓缩的提取液全部转移至柱上，用约 5 mL 正己烷冲洗茄型瓶 3 次～4 次，洗液转移至柱上。待液面降至无水硫酸钠层时加入 180 mL 正己烷洗脱，洗脱液浓缩至约 1 mL。

如果酸化硅胶层全部变色，表明试样中脂肪量超过了柱子的负载极限。洗脱液浓缩后，制备一根新的酸性硅胶净化柱，重复上述操作，直至硫酸硅胶层不再全部变色。

5.3.2 复合硅胶柱净化

净化柱装填：玻璃柱底端用玻璃棉封堵后依次填入 1.5 g 硝酸银硅胶、1 g 活化硅胶、2 g 碱性硅胶、1 g 活化硅胶、4 g 酸化硅胶、2 g 活化硅胶、2 g 无水硫酸钠(参见附录 D 中的图 D.1)。然后用 30 mL 正己烷：二氯甲烷(97：3，体积比)预淋洗。

净化：将经过 5.3.1 净化后浓缩洗脱液全部转移至柱上，用约 5 mL 正己烷冲洗茄型瓶 3 次～4 次，洗液转移至柱上。待液面降至无水硫酸钠层时加入 50 mL 正己烷：二氯甲烷(97：3，体积比)洗脱，洗脱液浓缩至约 1 mL。

5.3.3 碱性氧化铝柱净化

净化柱装填：玻璃柱底端用玻璃棉封堵后依次填入 2.5 g 活化碱性氧化铝、2 g 无水硫酸钠(参见附录 D 中的图 D.1)。15 mL 正己烷预淋洗。

净化：将经过 5.3.2 净化后浓缩洗脱液全部转移至柱上，用约 5 mL 正己烷冲洗茄型瓶 3 次～4 次，洗液转移至柱上。当液面降至无水硫酸钠层时加入 30 mL 正己烷(2×15 mL)洗脱柱子，待液面降至无水硫酸钠层时加入 25 mL 二氯甲烷：正己烷(5：95，体积比)洗脱。洗脱液浓缩至近干。

5.4 上机分析前的处理

将净化后的试样溶液转移至进样小管中，在氮气流下浓缩，用少量正己烷洗涤茄型瓶 3 次～4 次，洗涤液也转移至进样小管中，氮气浓缩至约 50 μL，加入适量回收率内标(3.2.3)，然后封盖待上机分析。

6 测定

6.1 色谱条件

6.1.1 色谱柱：以 30 m 的 DB-5(或相当于 DB-5 的其他类型)石英毛细管柱进行色谱分离，膜厚为 0.25 μm，内径为 0.25 mm。

6.1.2 不分流方式进样，进样口温度为 300℃。

6.1.3 色谱柱升温程序如下：开始温度为 100℃，保持 2 min；15℃/min 升温至 180℃；3℃/min 升温至 240℃；10℃/min 升温至 285℃并保持 10 min。

6.1.4 使用高纯氦气(纯度＞99.999%)作为载气。

6.2 质谱参数

6.2.1 四极杆质谱仪

6.2.1.1 离子化方式为电子轰击(EI)，能量为 70 eV。

6.2.1.2 离子检测方式：选择离子监测(SIM)，检测 PCBs 时选择的特征离子为分子离子，见附录 B 中的表 B.1。

6.2.1.3 离子源温度为 250℃，传输线温度为 280℃，溶剂延迟时间为 10 min。

6.2.2 离子阱质谱仪

6.2.2.1 电离模式：电子轰击源(EI)，能量为 70 eV。

6.2.2.2　离子检测方式：多反应监测（MRM），检测 PCBs 时选择的母离子为分子离子（M＋2 或 M＋4），子离子为分子离子丢掉两个氯原子后形成的碎片离子（M-2Cl），见附录 B 中的表 B.2。

6.2.2.3　离子阱温度：220℃；传输线温度 280℃，歧盒（manifold）温度 40℃。

6.3　灵敏度检查

进样 1 μL（20 pg）CS1 溶液，检查 GC-MS 灵敏度。要求 3 至 7 氯取代的各化合物检测离子的信噪比必须达到 3 以上；否则，必须重新进行仪器调谐，直至符合规定。

6.4　PCBs 的定性和定量

6.4.1　PCBs 色谱峰的确认要求：所检测的色谱峰信噪比必须在 3 以上（参见附录 C 中的图 C.1 或图 C.3）。

6.4.2　监测的两个特征离子的丰度比必须在理论范围之内，分别见附录 B 中的表 B.1、表 B.2。

6.4.3　检查色谱峰对应的质谱图（参见附录 C 中的图 C.2 或图 C.4），当浓度足够大时，必须存在丢掉两个氯原子的碎片离子（M-70），见附录 B 中的表 B.1。

6.4.4　检查色谱峰对应的质谱图（参见附录 C 中的图 C.2 或图 C.4），对于三氯联苯至七氯联苯色谱峰中，不能存在分子离子加两个氯原子的碎片离子（M＋70），见附录 B 中的表 B.1。

6.4.5　被确认的 PCBs 保留时间必须处在通过分析窗口确定标准溶液预先确定的时间窗口内。时间窗口确定标准溶液由各种 PCBs 在 DB5 色谱柱上第一个出峰和最后一个出峰的同族化合物组成。使用确定的色谱条件、采用全扫描质谱采集模式对窗口确定标准溶液进行分析（1 μL），根据各族 PCBs 所在的保留时间段确定时间窗口。由于在 DB5 色谱柱上存在三族 PCBs 的保留时间段重叠的现象，因此在单一时间窗口内需要对不同族 PCBs 的特征离子进行检测。为保证分析的选择性和灵敏度要求，在确定时间窗口时使一个窗口中检测的特征离子尽可能少。

6.5　定量

本标准中对于 PCB28、PCB52、PCB118、PCB153、PCB180、PCB206、PCB209 使用同位素稀释技术进行定量，对其他 PCBs 采用内标法定量；对于定量内标的回收率计算使用内标法。本标准所测定的 20 种目标化合物包括了 PCBs 工业产品中的大部分种类。从三氯联苯到八氯联苯每族三个化合物，九氯联苯和十氯联苯各一个，见附录 A 中的表 A.4。每族使用一个 $^{13}C_{12}$ 标记化合物作为定量内标，见附录 A 中的表 A.2。计算定量内标回收率的回收率内标为两个，见附录 A 中的表 A.3。在计算定量内标的回收率时，$^{13}C_{12}$-PCB101 为 $^{13}C_{12}$-PCB28、$^{13}C_{12}$-PCB52、$^{13}C_{12}$-PCB118 和 $^{13}C_{12}$-PCB153 的回收率内标，$^{13}C_{12}$-PCB194 为 $^{13}C_{12}$-PCB180、$^{13}C_{12}$-PCB 202、$^{13}C_{12}$-PCB 206 和 $^{13}C_{12}$-PCB 209 的回收率内标。

6.5.1　相对响应因子（RRF）

本标准采用 RRF 进行定量计算，使用校正标准溶液计算 RRF 值，计算公式见式（1）和式（2）：

$$RRF_n = \frac{A_n \times c_s}{A_s \times c_n} \qquad \cdots\cdots(1)$$

$$RRF_r = \frac{A_s \times c_r}{A_r \times c_s} \qquad \cdots\cdots(2)$$

式中：

RRF_n——目标化合物对定量内标的相对响应因子；

A_n——目标化合物的峰面积；

c_s——定量内标的浓度，单位为微克每升（μg/L）；

A_s——定量内标的峰面积；

c_n——目标化合物的浓度，单位为微克每升（μg/L）；

RRF_r——定量内标对回收率内标的相对响应因子；

c_r——回收率内标的浓度，单位为微克每升（μg/L）；

A_r——回收率内标的峰面积。

各化合物五个浓度水平的 RRF 值的相对标准偏差(RSD)应小于 20%。达到这个标准后,使用平均 RRF_n 和平均 RRF_r 进行定量计算。

6.5.2 含量计算

试样中 PCB_s 含量的计算公式见式(3):

$$c_n = \frac{A_n \times m_s}{A_s \times RRF_n \times m} \quad \cdots\cdots(3)$$

式中:

c_n——试样中 PCB_s 的含量,单位为微克每千克(μg/kg);

A_n——目标化合物的峰面积;

m_s——试样中加入定量内标的量,单位为纳克(ng);

A_s——定量内标的峰面积;

RRF_n——目标化合物对定量内标的相对响应因子;

m——取样量,单位为克(g)。

6.5.3 定量内标回收率计算

按式(4)计算定量内标回收率(R),其数值以%表示:

$$R = \frac{A_s \times m_r}{A_r \times RRF_r \times m_s} \times 100 \quad \cdots\cdots(4)$$

式中:

R——定量内标回收率,%;

A_s——定量内标的峰面积;

m_r——试样中加入回收率内标的量,单位为纳克(ng);

A_r——回收率内标的峰面积;

RRF_r——定量内标对回收率内标的相对响应因子;

m_s——试样中加入定量内标的量,单位为纳克(ng)。

定量结果保留小数点后两位数字。

6.5.4 检测限

本标准的试样检测限规定为当信噪比为 3 时,同位素丰度比符合要求的响应所对应的试样浓度。检测限的计算公式见式(5):

$$DL = \frac{3 \times N \times m_s}{H \times RRF_n \times m} \quad \cdots\cdots(5)$$

式中:

DL——检测限,单位为微克每千克(μg/kg);

N——噪声峰高;

m_s——加入定量内标的量,单位为纳克(ng);

H——定量内标的峰高;

m——试样量,单位为克(g)。

试样基质、取样量、进样量、定量内标的回收率、色谱分离状况、电噪声水平以及仪器灵敏度均可能对试样检测限造成影响,因此噪声水平必须从实际试样谱图中获取。当某目标化合物的结果报告未检出时必须同时报告试样检测限。

7 质量控制和质量保证

7.1 精密度和准确度试验

在分析实际试样前实验室必须达到可接受的精密度和准确度水平。通过对加标试样的分析,验证分析方法的可靠性。

取不少于3份基质与实际试样相似的空白试样，分别加入精密度准确度实验标准溶液，见附录A中的表A.5，再分别加入定量内标标准溶液。将制备好的加标试样按与实际试样相同的方法进行分析，计算目标化合物的回收率和定量内标的回收率。每份试样的目标PCBs的测定值应在加入量的75%～120%范围之内，RSD<30%。定量内标的平均回收率应在50%～120%之间，并且单个试样的定量内标回收率在30%～130%之间。

注：方法起草单位的方法精密度试验结果参见附录E中的表E.1。

在进行实际试样分析之前，必须达到上述标准。当试样的提取、净化方法进行修改后以及更换分析操作人员后，必须重复上述试验并直至达到上述标准。实验室每6个月应进行上述试验并直至达到上述标准要求。

如果可以获得与试样具有相似基质的标准参考物，则可以用标准参考物代替加标试样进行精密度和准确度试验。

7.2 定量内标回收率

试样提取前加入定量内标以校正试样提取、净化过程中目标化合物的损失。定量内标的回收率应在30%～130%之间，如果试样分析结果的定量内标回收率没有达到上述要求则该试样必须重新进行提取、净化和上机分析。

7.3 方法空白

每个批次最多每15个试样后，需做一次方法空白试验。

7.4 质控样品

每个批次最多每15个试样后，需带一个质控样品。质控样品可以是标准参考物也可以是已知浓度的加标样品。目标化合物的测定值应在标准值的75%～125%之间。

7.5 保留时间窗口

每周进行时间窗口确定标准溶液的分析，确定保留时间窗口的正确。当更换色谱柱、切割色谱柱或改变色谱参数后均必须使用时间窗口确定标准溶液对保留时间窗口进行校准。

7.6 校准标准溶液

初始校准使用5个浓度水平的校准标准溶液。RRF的RSD小于20%表明校准成功。在分析过程中，每12 h必须进行一次确证试验。使用校正标准溶液中的CS3上机分析，分析结果必须在其定值的±20%范围之内，定量内标的回收率应在75%～125%之间。

第二法　气相色谱法

8 原理

以PCB198为定量内标，在试样中加入PCB198，水浴加热振荡提取后，经硫酸处理、色谱柱层析净化，采用气相色谱-电子捕获检测器法测定，以保留时间定性，内标法定量。

9 试剂与材料

9.1.1 正己烷，农残级。

9.1.2 二氯甲烷，农残级。

9.1.3 丙酮，农残级。

9.1.4 无水硫酸钠，优级纯。将市售无水硫酸钠装入玻璃色谱柱，依次用正己烷和二氯甲烷淋洗两次，每次使用的溶剂体积约为无水硫酸钠体积的两倍。淋洗后，将无水硫酸钠转移至烧瓶中，在50℃下烘烤至干，并在225℃烘烤过夜，冷却后干燥器中保存。

9.1.5 浓硫酸，优级纯。

9.1.6 碱性氧化铝,色谱层析用碱性氧化铝。将市售色谱填料在660℃中烘烤6 h,冷却后于干燥器中保存。

9.1.7 指示性多氯联苯的系列标准溶液,见附录A中的表A.6。

10 仪器

10.1 气相色谱仪,配电子捕获检测器(ECD)。

10.2 色谱柱:DB-5ms柱,30 m×0.25 mm×0.25 μm或等效色谱柱。

10.3 组织匀浆器。

10.4 绞肉机。

10.5 旋转蒸发仪。

10.6 氮气浓缩器。

10.7 超声波清洗器。

10.8 漩涡振荡器。

10.9 分析天平。

10.10 水浴振荡器。

10.11 离心机。

10.12 层析柱。

11 分析步骤

11.1 试样提取

11.1.1 固体试样:称取试样5.00 g～10.00 g,置具塞锥形瓶中,加入定量内标PCB198后,以适量正己烷:二氯甲烷(1:1,体积比)为提取溶液,于水浴振荡器上提取2 h,水浴温度为40℃,振荡速度为200 r/min。

11.1.2 液体试样(不包括油脂类样品):称取试样10.00 g,置具塞离心管中,加入定量内标PCB198和草酸钠0.5 g,加甲醇10 mL摇匀,加20 mL乙醚:正己烷(1:3,体积比)振荡提取20 min,以3 000 r/min离心5 min,取上清液过装有5 g无水硫酸钠的玻璃柱;残渣加20 mL乙醚:正己烷(1:3,体积比)重复以上过程,合并提取液。

11.1.3 将提取液转移到茄型瓶中,旋转蒸发浓缩至近干。如分析结果以脂肪计,则需要测定试样脂肪含量。

11.1.4 试样脂肪的测定:浓缩前准确称取茄型瓶质量,将溶剂浓缩至干后,再次准确称取茄型瓶及残渣质量,两次称重结果的差值即为试样的脂肪含量。

11.2 净化

11.2.1 硫酸净化

将浓缩的提取液转移至5 mL试管中,用正己烷洗涤茄型瓶3次～4次,洗液并入浓缩液中,用正己烷定容至刻度,并加入0.5 mL浓硫酸,振摇1 min,以3 000 r/min的转速离心5 min,使硫酸层和有机层分离。如果上层溶液仍然有颜色,表明脂肪未完全除去,再加入0.5 mL浓硫酸,重复操作,直至上层溶液呈无色。

11.2.2 碱性氧化铝柱净化

净化柱装填:玻璃柱底端加入少量玻璃棉后,从底部开始,依此装入2.5 g活化碱性氧化铝、2 g无水硫酸钠,用15 mL正己烷预淋洗。

净化:将11.2.1的浓缩液转移至层析柱上,用约5mL正己烷洗涤茄型瓶3次～4次,洗液一并转移至层析柱中。当液面降至无水硫酸钠层时,加入30 mL正己烷(2×15 mL)洗脱;当液面降至无水硫酸钠层时,用25 mL二氯甲烷:正己烷(5:95,体积比)洗脱。洗脱液旋转蒸发浓缩至近干。

11.3 试样溶液浓缩

将5.2.2试样溶液转移至进样瓶中，用少量正己烷洗茄型瓶3次～4次，洗液并入进样瓶中，在氮气流下浓缩至1 mL，待GC分析。

12 测定

12.1 色谱条件

12.1.1 色谱柱：DB-5柱，30 m×0.25 mm×0.25 μm或等效色谱柱。

12.1.2 进样口温度：290℃。

12.1.3 升温程序：开始温度90℃，保持0.5 min；以15℃/min升温至200℃，保持5 min；以2.5℃/min升温至250℃，保持2 min；以20℃/min升温至265℃，保持5 min。

12.1.4 载气：高纯氮气（纯度＞99.999%），柱前压67 kPa，相当于10 psi。

12.1.5 进样量：不分流进样1 μL。

12.1.6 色谱分析：以保留时间定性，以试样和标准的峰高或峰面积比较定量。

12.2 **PCBs的定性分析**

以保留时间或相对保留时间进行定性分析，要求PCBs色谱峰信噪比(S/N)大于3。

12.3 **PCBs的定量测定**

采用内标法，以相对响应因子(RRF)进行定量计算。

12.3.1 **RRF**

以校正标准溶液进样，按式(6)计算RRF值：

$$\mathrm{RRF} = \frac{A_n \times c_s}{A_s \times c_n} \quad \cdots\cdots (6)$$

式中：

RRF——目标化合物对定量内标的相对响应因子；

A_n——目标化合物的峰面积；

c_s——定量内标的浓度，单位为微克每升(μg/L)；

A_s——定量内标的峰面积；

c_n——目标化合物的浓度，单位为微克每升(μg/L)。

在系列标准溶液中，各目标化合物的RRF值相对标准偏差(RSD)应小于20%。

12.3.2 含量计算

按式(7)计算试样中PCBs的含量：

$$X_n = \frac{A_n \times m_s}{A_s \times \mathrm{RRF} \times m} \quad \cdots\cdots (7)$$

式中：

X_n——目标化合物的含量，单位为微克每千克(μg/kg)；

A_n——目标化合物的峰面积；

m_s——试样中加入定量内标的量，单位为纳克(ng)；

A_s——定量内标的峰面积；

RRF——目标化合物对定量内标的相对响应因子；

m——取样量，单位为克(g)。

12.3.3 检测限(DL)

本方法的检测限规定为具有3倍信噪比、相对保留时间符合要求的响应所对应的试样浓度。计算公式见式(8)：

$$\mathrm{DL} = \frac{3 \times N \times m_s}{H \times \mathrm{RRF} \times m} \quad \cdots\cdots (8)$$

式中：

DL——检测限，单位为微克每千克(μg/kg)；

N——噪声峰高；

m_s——加入定量内标的量，单位为纳克(ng)；

H——定量内标的峰高；

RRF——目标化合物对定量内标的相对响应因子；

m——试样量，单位为克(g)。

试样基质、取样量、进样量、色谱分离状况、电噪声水平以及仪器灵敏度均可能对试样检测限造成影响，因此噪声水平必须从实际试样谱图中获取。当某目标化合物的结果报告未检出时必须同时报告试样检测限。

13 精密度

在重复性条件下获得的两次独立测定结果绝对差值不得超过算术平均值的20%。

注：方法起草单位进行的方法精密度试验结果参见附录E中的表E.2。

附 录 A
（规范性附录）
指示性多氯联苯用标准溶液

表 A.1～表 A.6 规定了食品中多氯联苯含量测定时需要使用的时间窗口确定、定量内标、进样内标、标准系列、精密度和准确度检查的标准溶液。

表 A.1 GC-MS 方法中指示性多氯联苯的时间窗口确定标准溶液

化合物	氯原子数	浓度/(mg/L)	化合物	氯原子数	浓度/(mg/L)
Biphenyl	0	2.5±0.25	PCB126	5	2.5±0.25
PCB1	1	2.5±0.25	PCB155	6	2.5±0.25
PCB3	1	2.5±0.25	PCB169	6	2.5±0.25
PCB10	2	2.5±0.25	PCB188	7	2.5±0.25
PCB15	2	2.5±0.25	PCB189	7	2.5±0.25
PCB30	3	2.5±0.25	PCB194	8	2.5±0.25
PCB37	3	2.5±0.25	PCB202	8	2.5±0.25
PCB54	4	2.5±0.25	PCB206	9	2.5±0.25
PCB77	4	2.5±0.25	PCB208	9	2.5±0.25
PCB104	5	2.5±0.25	PCB209	10	2.5±0.25

表 A.2 GC-MS 方法中指示性多氯联苯定量内标的标准溶液

化合物	氯原子数	浓度/(mg/L)	化合物	氯原子数	浓度/(mg/L)
$^{13}C_{12}$-PCB28	3	2.0	$^{13}C_{12}$-PCB180	7	2.0
$^{13}C_{12}$-PCB52	4	2.0	$^{13}C_{12}$-PCB202	8	2.0
$^{13}C_{12}$-PCB118	5	2.0	$^{13}C_{12}$-PCB206	9	2.0
$^{13}C_{12}$-PCB153	6	2.0	$^{13}C_{12}$-PCB209	10	2.0

表 A.3 GC-MS 方法中指示性多氯联苯回收率内标的标准溶液

化合物	氯原子数	浓度/(mg/L)
$^{13}C_{12}$-PCB101	5	2.0
$^{13}C_{12}$-PCB194	8	2.0

表 A.4 GC-MS 方法中指示性多氯联苯校正标准溶液

目标化合物		浓度/(μg/L)					目标化合物		浓度/(μg/L)				
		CS1	CS2	CS3	CS4	CS5			CS1	CS2	CS3	CS4	CS5
天然化合物	PCB18	20	50	200	800	2 000	天然化合物	PCB138	20	50	200	800	2 000
	PCB28	20	50	200	800	2 000		PCB128	20	50	200	800	2 000
	PCB33	20	50	200	800	2 000		PCB187	20	50	200	800	2 000
	PCB52	20	50	200	800	2 000		PCB180	20	50	200	800	2 000
	PCB44	20	50	200	800	2 000		PCB170	20	50	200	800	2 000
	PCB70	20	50	200	800	2 000		PCB199	20	50	200	800	2 000
	PCB101	20	50	200	800	2 000		PCB195	20	50	200	800	2 000
	PCB118	20	50	200	800	2 000		PCB194	20	50	200	800	2 000
	PCB105	20	50	200	800	2 000		PCB206	20	50	200	800	2 000
	PCB153	20	50	200	800	2 000		PCB209	20	50	200	800	2 000
同位素标记的定量内标	$^{13}C_{12}$-PCB28	400	400	400	400	400	同位素标记的定量内标	$^{13}C_{12}$-PCB180	400	400	400	400	400
	$^{13}C_{12}$-PCB52	400	400	400	400	400		$^{13}C_{12}$-PCB202	400	400	400	400	400
	$^{13}C_{12}$-PCB118	400	400	400	400	400		$^{13}C_{12}$-PCB206	400	400	400	400	400
	$^{13}C_{12}$-PCB153	400	400	400	400	400		$^{13}C_{12}$-PCB209	400	400	400	400	400
同位素标记的回收率内标	$^{13}C_{12}$-PCB101	400	400	400	400	400	同位素标记的回收率内标	$^{13}C_{12}$-PCB194	400	400	400	400	400

表 A.5 GC-MS 方法中指示性多氯联苯精密度和准确度试验标准溶液

化合物	浓度/(μg/L)	化合物	浓度/(μg/L)
PCB18	100	PCB138	100
PCB28	100	PCB128	100
PCB33	100	PCB187	100
PCB52	100	PCB180	100
PCB44	100	PCB170	100
PCB70	100	PCB199	100
PCB101	100	PCB195	100
PCB118	100	PCB194	100
PCB105	100	PCB206	100
PCB153	100	PCB209	100

表 A.6 GC-ECD 方法中指示性多氯联苯的系列标准溶液

化合物	浓度/(μg/L)				
	CS1	CS2	CS3	CS4	CS5
PCB28	5	20	50	200	800
PCB52	5	20	50	200	800
PCB101	5	20	50	200	800
PCB118	5	20	50	200	800
PCB138	5	20	50	200	800
PCB153	5	20	50	200	800
PCB180	5	20	50	200	800
PCB198(定量内标)	50	50	50	50	50

附　录　B
（规范性附录）
特征离子及同位素丰度比

表B.1和表B.2分别规定了采用四极杆质谱仪和离子阱质谱仪测定食品中指示性多氯联苯的特征离子及同位素丰度比的要求。

表B.1　四极杆质谱仪选择离子监测(SIM)的特征离子及同位素丰度比

同族物	特征离子(m/z)	离子类型	理论丰度比	确证离子
T_3CB	256/258	M/M+2	1.03	188[a]　326[b]
T_4CB	290/292	M/M+2	0.78	222[a]　360[b]　326[c]
P_5CB	324/326	M/M+2	0.62	256[a]　396[b]　360[c]
H_6CB	358/360	M/M+2	0.52	290[a]　430[b]　394[c]
H_7CB	394/396	M+2/M+4	1.04	324[a]　464[b]　430[c]
O_8CB	428/430	M+2/M+4	0.89	358[a]　464[c]
N_9CB	462/464	M+2/M+4	0.78	394[a]
$D_{10}CB$	498/500	M+4/M+6	1.17	428[a]
$^{13}C_{12}$-T_3CB	270	M+2	1.03	—
$^{13}C_{12}$-T_4CB	304	M+2	0.78	—
$^{13}C_{12}$-P_5CB	338	M+2	0.62	—
$^{13}C_{12}$-H_6CB	372	M+2	0.52	—
$^{13}C_{12}$-H_7CB	406	M+2	1.04	—
$^{13}C_{12}$-O_8CB	442	M+4	0.89	—
$^{13}C_{12}$-N_9CB	476	M+4	0.78	—
$^{13}C_{12}$-$D_{10}CB$	510	M+4	1.17	—

a 存在的碎片离子。

b 不能存在的碎片离子。

c 这些离子为分子离子加一个氯的碎片离子(M+35)，出现这些离子表明可能存在来自相邻族PCBs的干扰。

表 B.2 串联离子阱质谱仪多重反应离子监测(MRM)的特征离子及同位素丰度比

同族化合物	母离子(m/z)	子离子(m/z)	理论丰度比
T_3CB	258	186/188	2.00
T_4CB	292	220/222	1.00
P_5CB	326	254/256	0.67
H_6CB	360	288/290	0.50
H_7CB	396	324/326	1.00
O_8CB	430	358/360	0.80
N_9CB	464	392/394	0.67
$D_{10}CB$	498	426/428	0.55
$^{13}C_{12}$-T_3CB	270	198/200	2.00
$^{13}C_{12}$-T_4CB	304	232/234	1.00
$^{13}C_{12}$-P_5CB	338	266/268	0.67
$^{13}C_{12}$-H_6CB	372	300/302	0.50
$^{13}C_{12}$-H_7CB	408	336/338	1.00
$^{13}C_{12}$-O_8CB	442	370/372	0.80
$^{13}C_{12}$-N_9CB	476	404/406	0.67
$^{13}C_{12}$-$D_{10}CB$	510	438/440	0.55

附 录 C
(资料性附录)
GC-MS 测定的 PCBs 质量色谱图和质谱图

图 C.1 和图 C.2 为采用四极杆质谱仪测定多氯联苯的 SIM 色谱图和质谱图，图 C.3 和图 C.4 为离子阱质谱仪测定多氯联苯的 MRM 色谱图和质谱图。

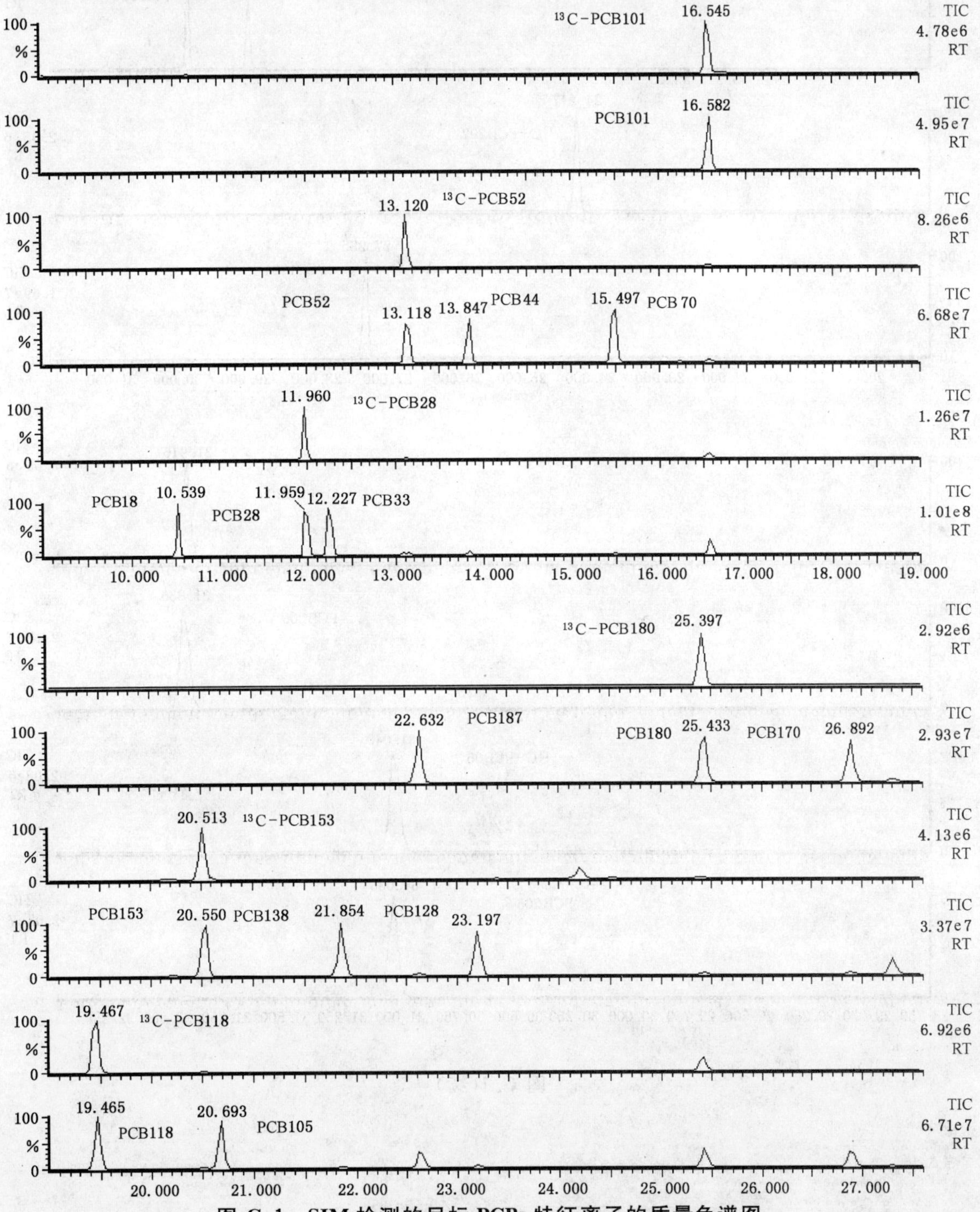

图 C.1 SIM 检测的目标 PCBs 特征离子的质量色谱图

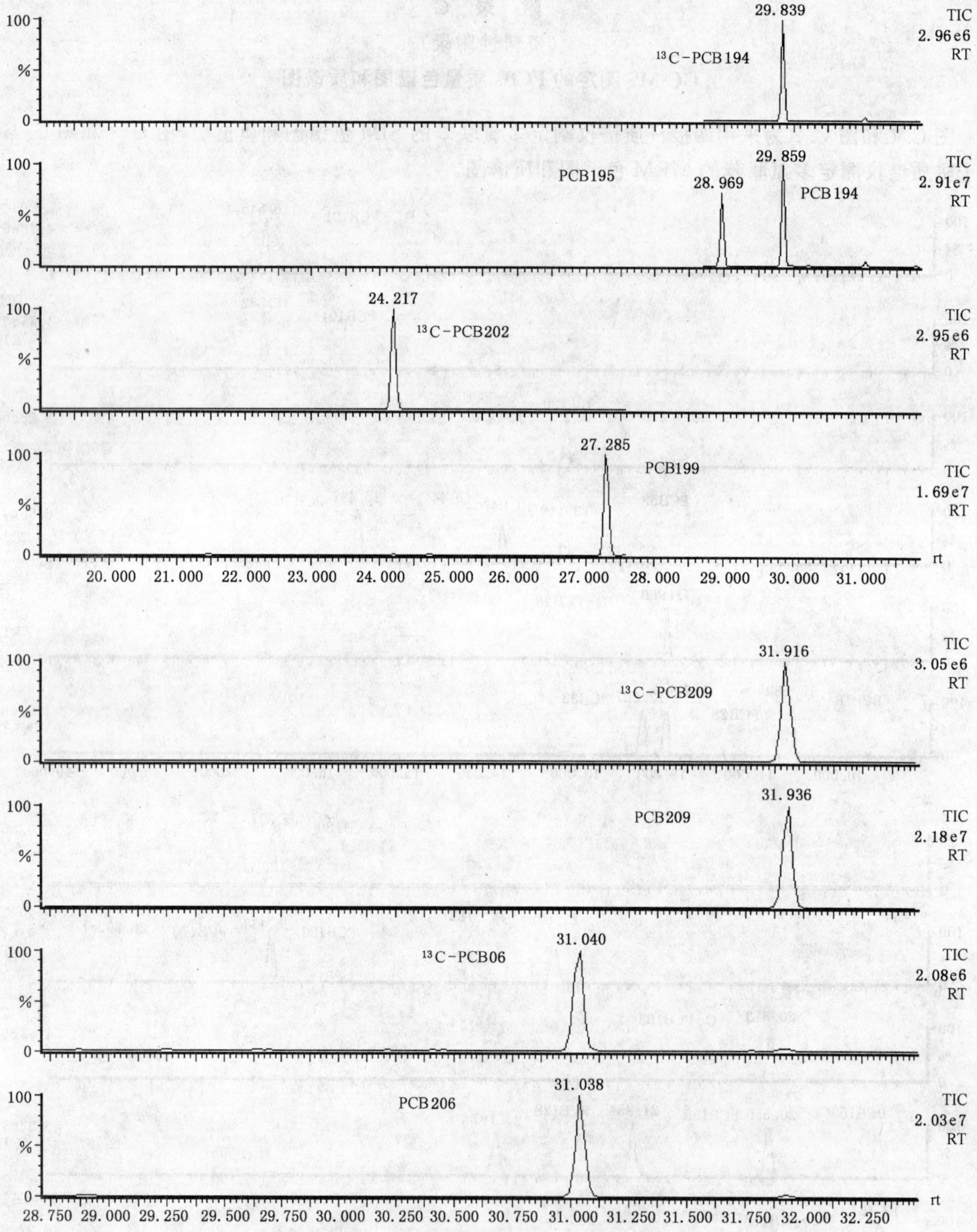
29.839
13C-PCB194
TIC
2.96e6
RT
29.859
PCB195
28.969
PCB194
TIC
2.91e7
RT
24.217
13C-PCB202
TIC
2.95e6
RT
27.285
PCB199
TIC
1.69e7
RT
100
%
0
rt
20.000 21.000 22.000 23.000 24.000 25.000 26.000 27.000 28.000 29.000 30.000 31.000
31.916
13C-PCB209
TIC
3.05e6
RT
31.936
PCB209
TIC
2.18e7
RT
31.040
13C-PCB06
TIC
2.08e6
RT
31.038
PCB206
TIC
2.03e7
RT
28.750 29.000 29.250 29.500 29.750 30.000 30.250 30.500 30.750 31.000 31.250 31.500 31.750 32.000 32.250

图 C.1(续)

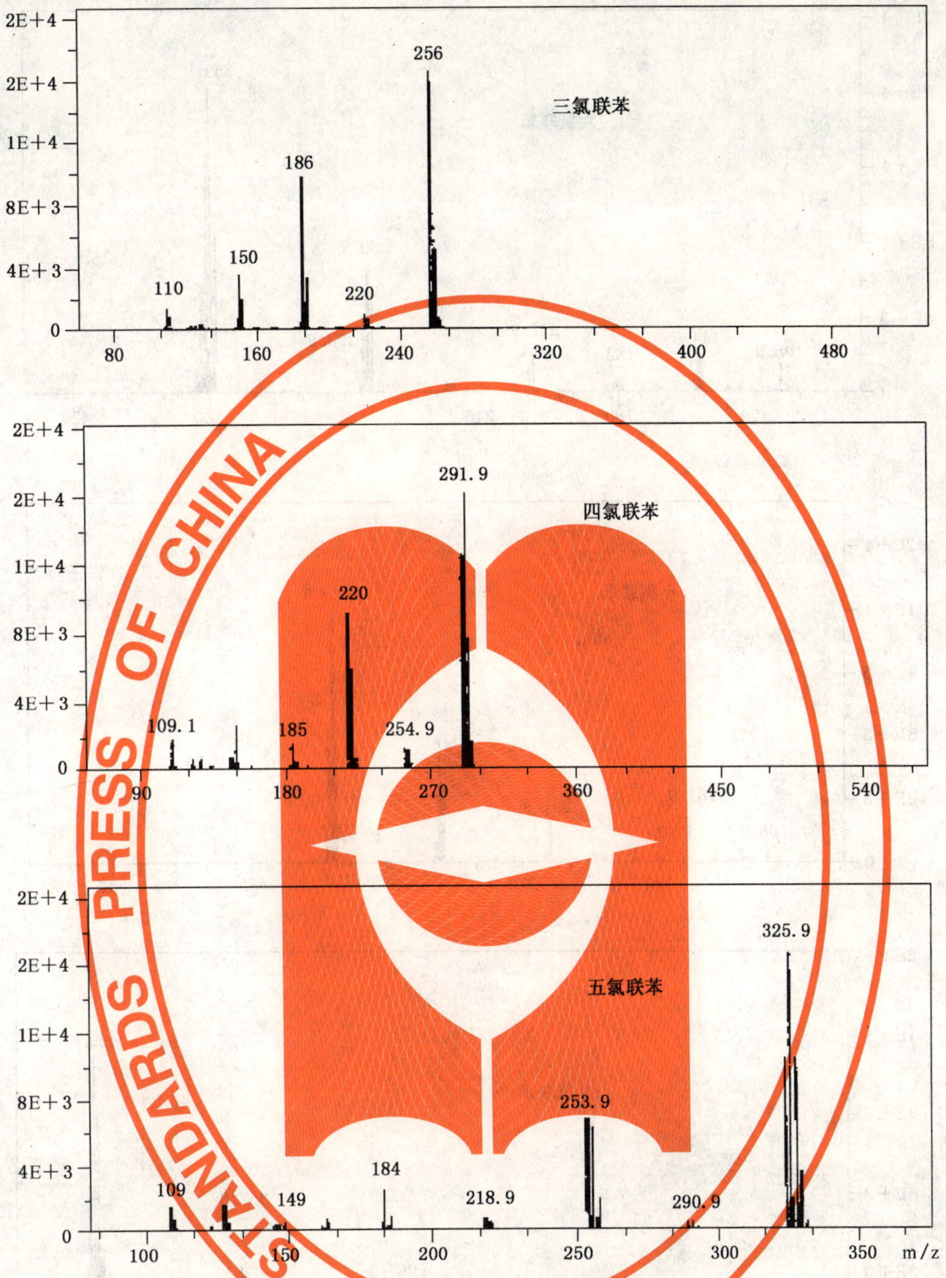

图 C.2 SIM 检测的各族 PCBs 质谱图

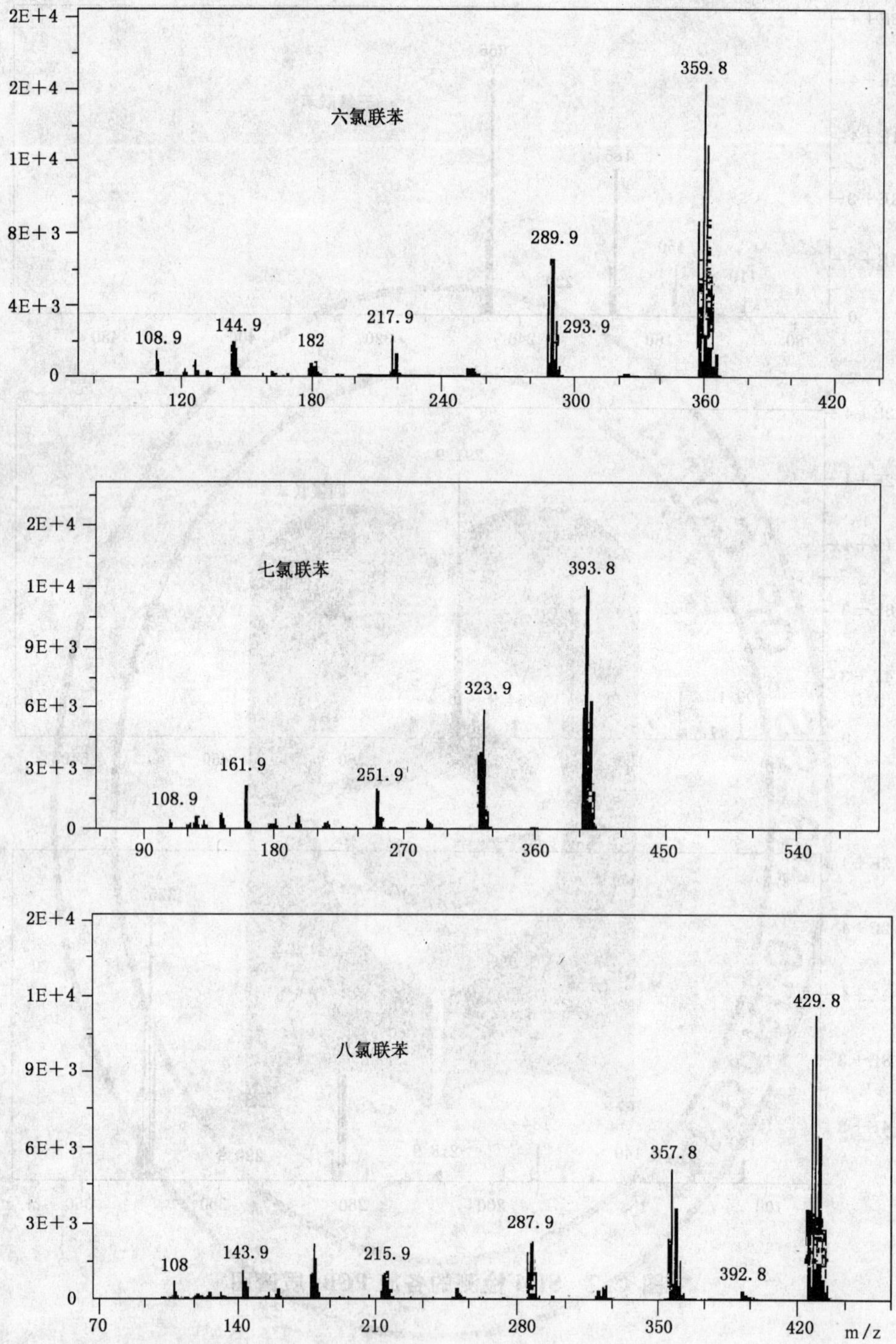
六氯联苯
359.8
289.9
293.9
108.9
144.9
182
217.9
七氯联苯
393.8
323.9
161.9
251.9
108.9
八氯联苯
429.8
357.8
287.9
108
143.9
215.9
392.8
m/z

图 C.2(续)

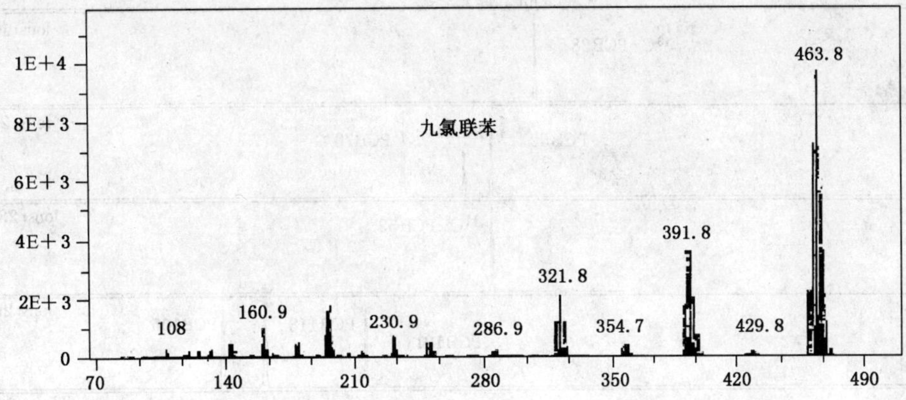

1E+4
8E+3
6E+3
4E+3
2E+3
0
九氯联苯
463.8
391.8
321.8
160.9
108
230.9
286.9
354.7
429.8
70
140
210
280
350
420
490

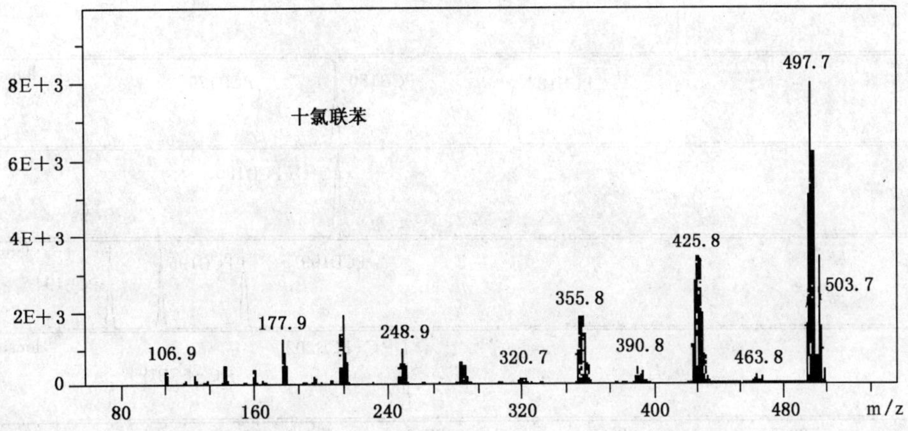

8E+3
6E+3
4E+3
2E+3
0
十氯联苯
497.7
503.7
425.8
355.8
177.9
248.9
106.9
320.7
390.8
463.8
80
160
240
320
400
480
m/z

图 C.2(续)

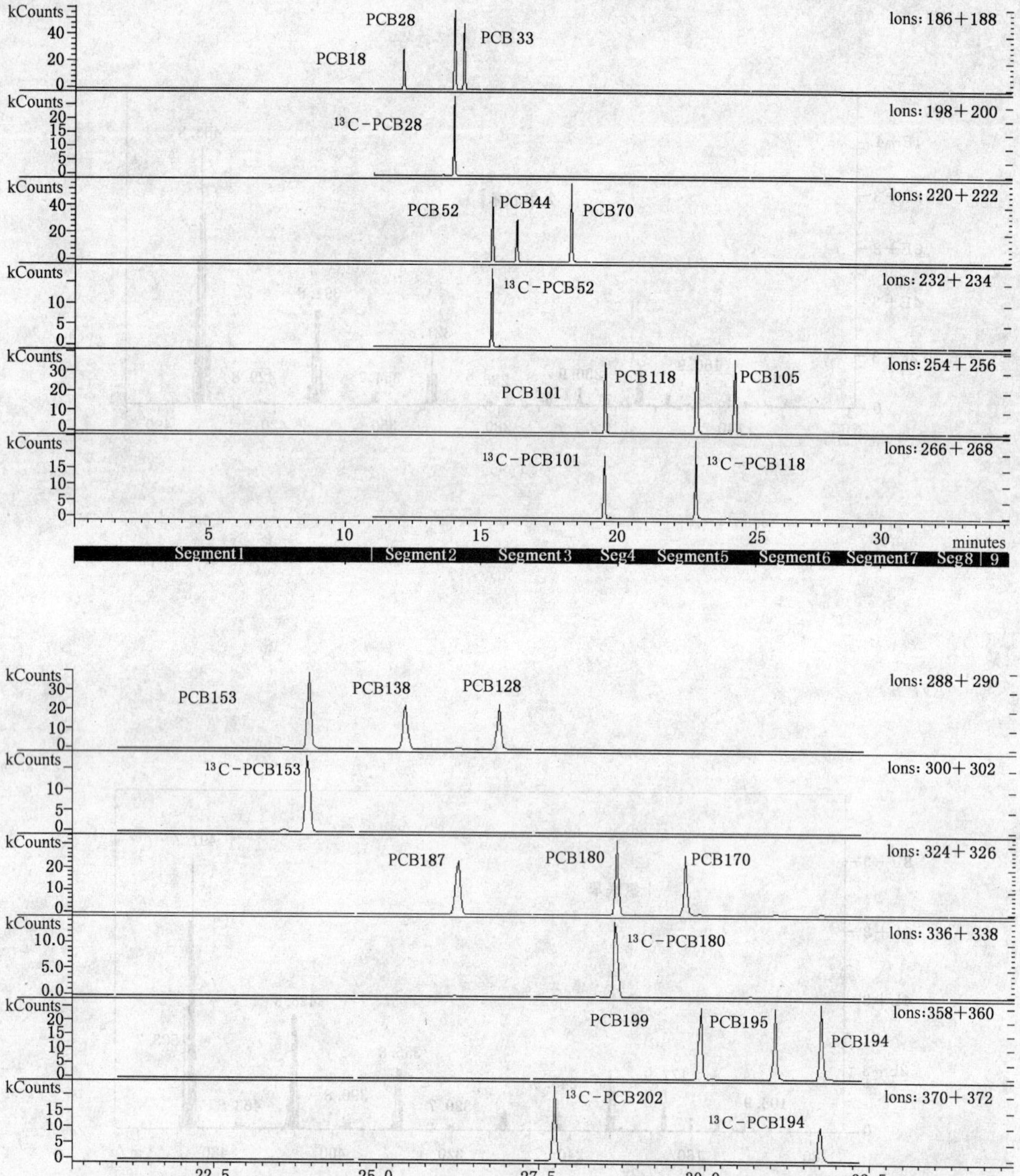

图 C.3 MRM 检测各目标 PCBs 子离子的重组离子流图

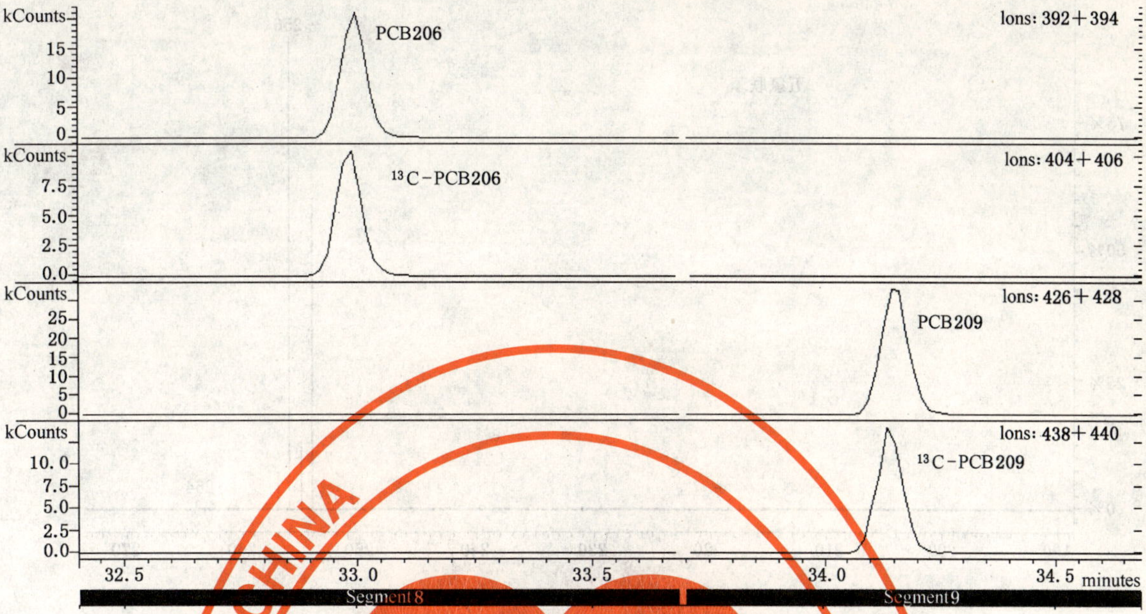

图 C.3(续)

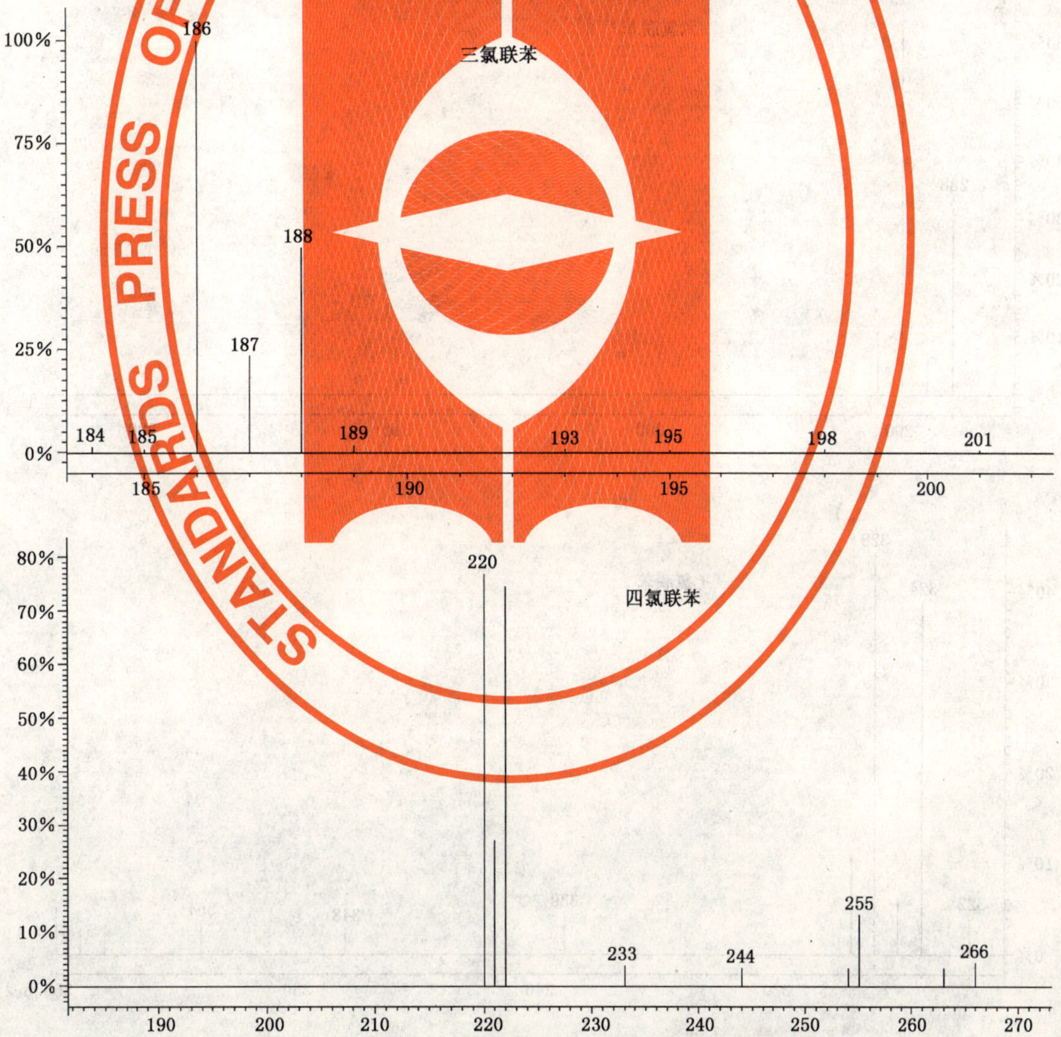

图 C.4 MRM 检测的各族 PCBs 子离子质谱图

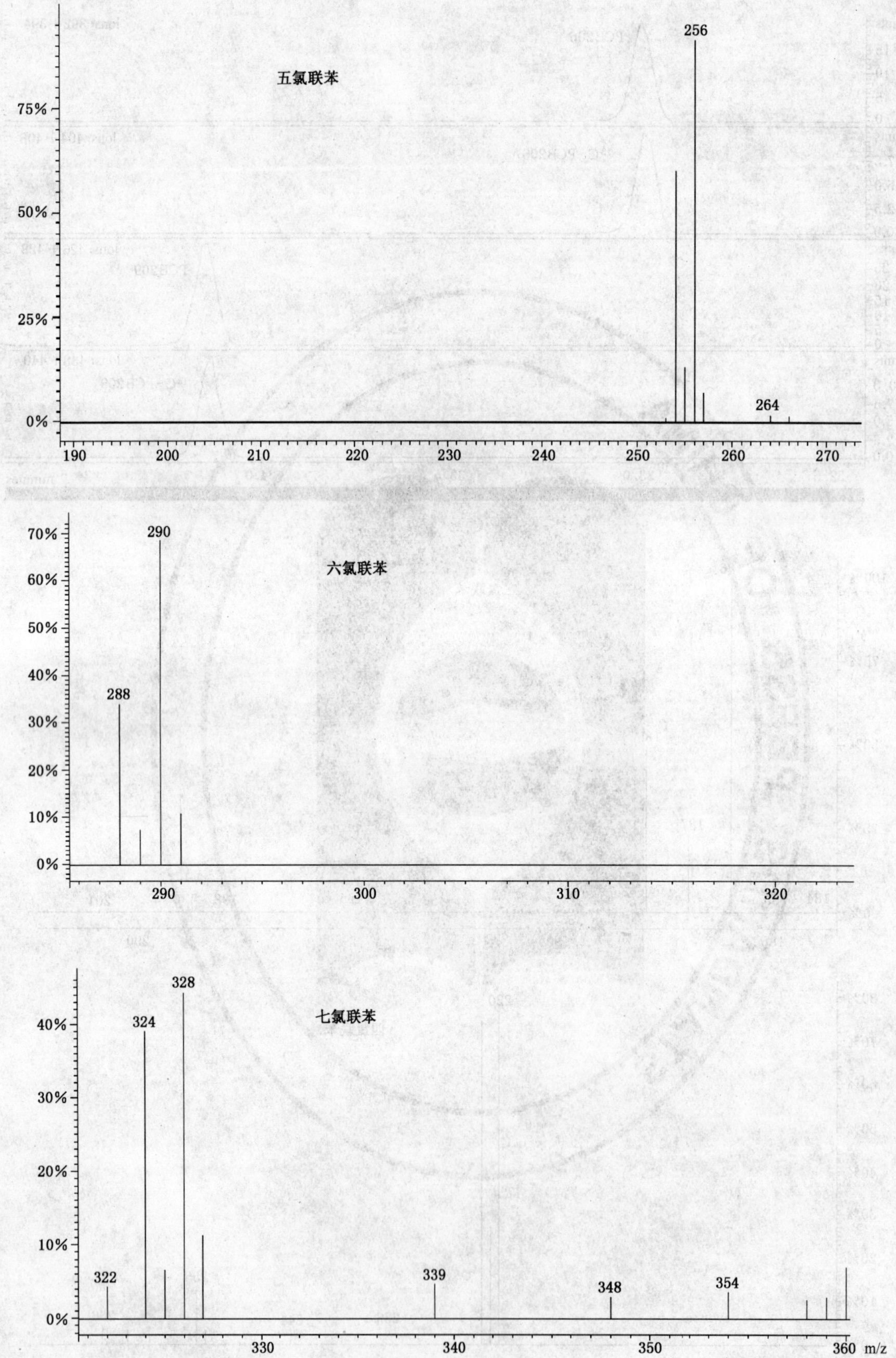

五氯联苯
75%
50%
25%
0%
256
264
190
200
210
220
230
240
250
260
270
六氯联苯
70%
60%
50%
40%
30%
20%
10%
0%
288
290
300
310
320
七氯联苯
40%
30%
20%
10%
0%
322
324
328
339
348
354
330
340
350
360
m/z

图 C.4(续)

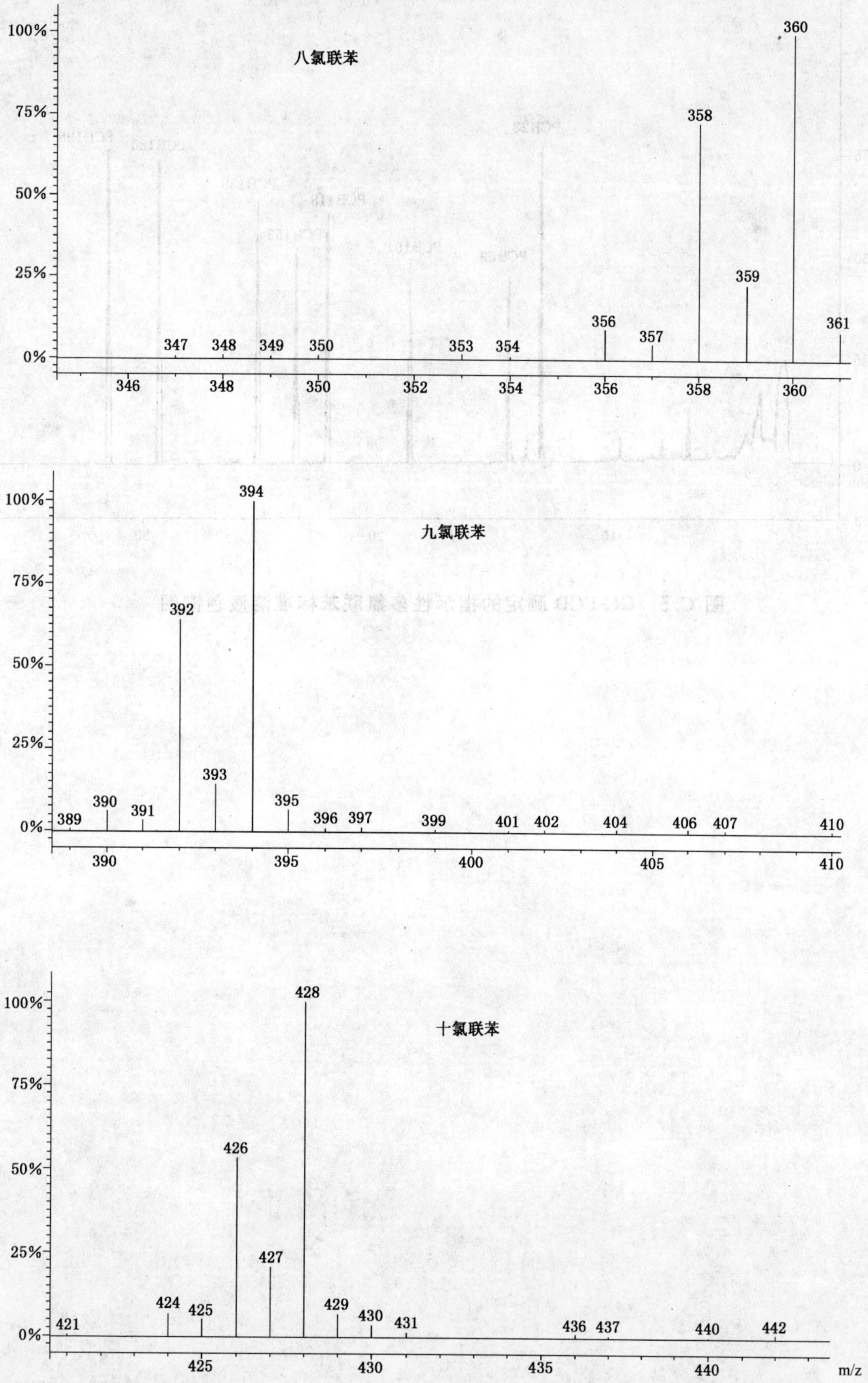
八氯联苯
100%
75%
50%
25%
0%
347 348 349 350 353 354 356 357 358 359 360 361
346 348 350 352 354 356 358 360
九氯联苯
389 390 391 392 393 394 395 396 397 399 401 402 404 406 407 410
390 395 400 405 410
十氯联苯
421 424 425 426 427 428 429 430 431 436 437 440 442
425 430 435 440
m/z

图 C.4(续)

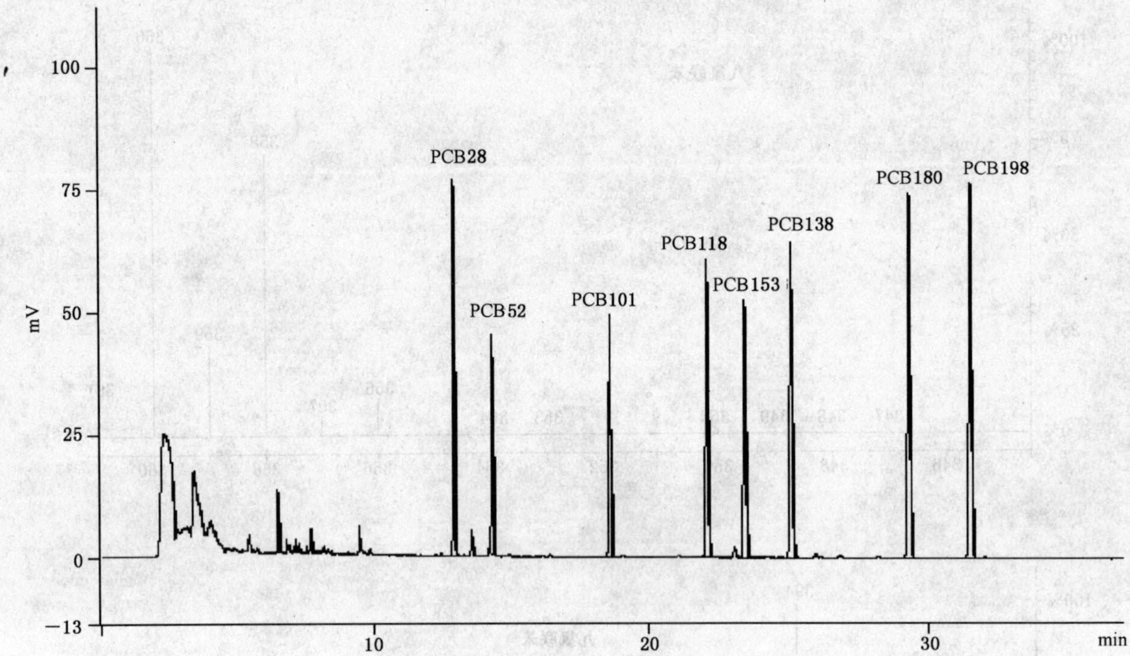

图 C.5　GC-ECD测定的指示性多氯联苯标准溶液色谱图

附 录 D
(资料性附录)
净化流程图

图 D.1 为净化柱示意图,图 D.2 为 GC-MS 测定流程图,图 D.3 为 GC-ECD 测定流程图。

图 D.1 GC-MS 方法的净化柱示意图

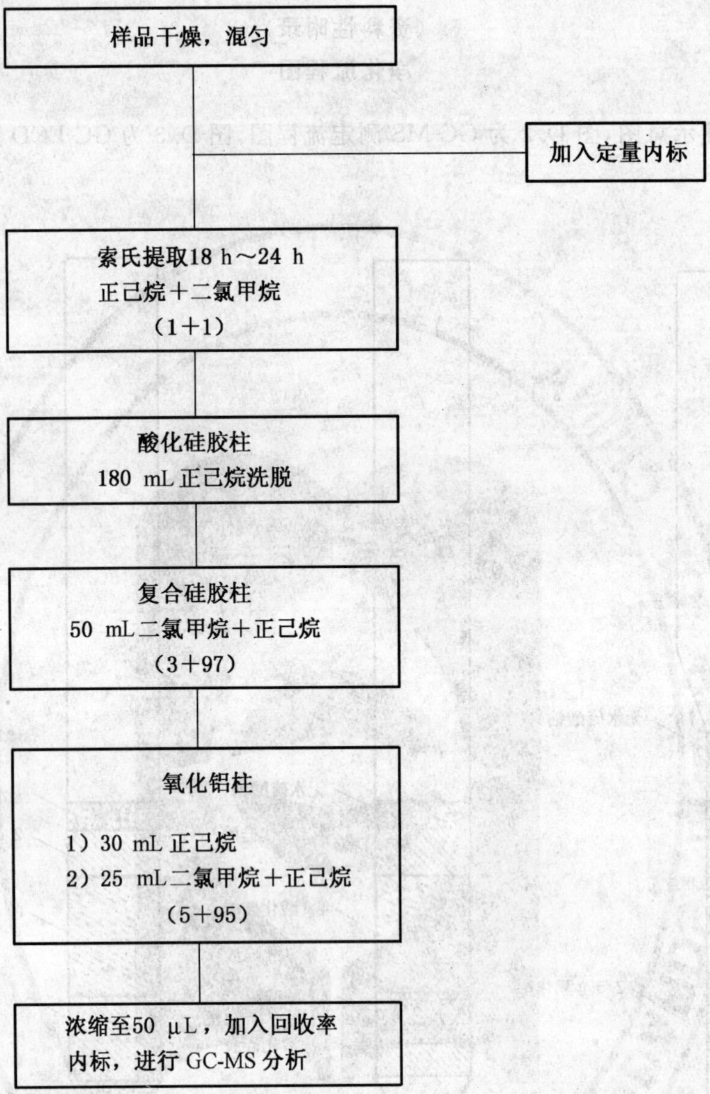

图 D.2　同位素稀释气相色谱-质谱联用仪测定食品中多氯联苯流程图

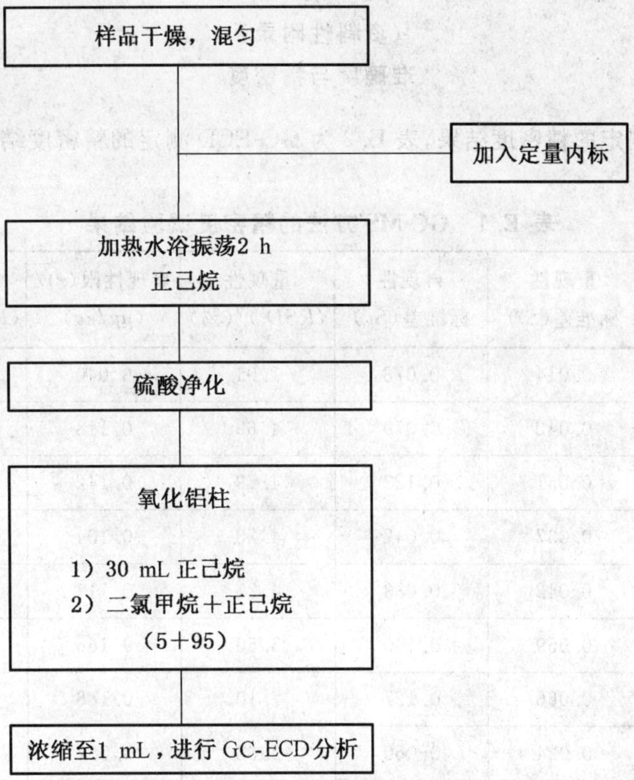

图 D.3　气相色谱-电子捕获检测器测定食品中多氯联苯流程图

附　录　E
（资料性附录）
准确度与精密度

表E.1为GC-MS测定的精密度结果，表E.2为GC-ECD测定的精密度结果。

表 E.1　GC-MS方法的精密度试验结果

化合物	均值/(μg/kg)	重现性标准差(S_r)	再现性标准差(S_R)	重现性(RSD_r)/(%)	重现性限(r)/(μg/kg)	再现性(RSD_R)/(%)	再现性限(R)/(μg/kg)
PCB18	0.742	0.014	0.073	1.91	0.040	9.8	0.20
PCB28	0.895	0.042	0.079	4.69	0.118	8.8	0.22
PCB33	1.059	0.051	0.122	4.79	0.142	11.5	0.34
PCB52	0.880	0.037	0.042	4.23	0.104	4.7	0.12
PCB44	0.993	0.042	0.083	4.21	0.117	8.4	0.23
PCB70	1.077	0.059	0.140	5.50	0.166	13.0	0.39
PCB101	0.933	0.066	0.127	7.10	0.186	13.6	0.35
PCB118	0.894	0.024	0.060	2.68	0.067	6.7	0.17
PCB105	0.895	0.035	0.047	3.89	0.097	5.2	0.13
PCB153	0.929	0.015	0.047	1.65	0.043	5.0	0.13
PCB138	0.959	0.019	0.052	2.00	0.054	5.4	0.15
PCB128	0.975	0.060	0.093	6.11	0.167	9.5	0.26
PCB187	1.008	0.061	0.122	6.01	0.170	12.1	0.34
PCB180	0.919	0.042	0.048	4.56	0.117	5.2	0.13
PCB170	0.949	0.039	0.062	4.07	0.108	6.6	0.17
PCB199	0.972	0.057	0.062	5.87	0.160	6.4	0.17
PCB195	0.951	0.052	0.063	5.43	0.144	6.7	0.18
PCB194	0.903	0.064	0.092	7.04	0.178	10.2	0.26
PCB206	0.935	0.041	0.034	4.4	0.115	3.6	0.09
PCB209	0.950	0.034	0.049	3.5	0.094	5.1	0.14

表 E.2　GC-ECD 测定的精密度试验结果

化合物	均值/(μg/kg)	重现性标准差(Sr)	再现性标准差(S_R)	重现性(RSD_r)	重现性限(r)/(μg/kg)	再现性(RSD_R)	再现性限(R)/(μg/kg)
PCB28	0.78	0.02	0.02	2.2%	0.05	2.5%	0.05
PCB52	0.86	0.10	0.08	11.2%	0.27	9.7%	0.23
PCB101	0.96	0.05	0.04	4.9%	0.13	4.0%	0.11
PCB118	1.14	0.02	0.02	1.7%	0.06	1.6%	0.05
PCB153	1.02	0.01	0.02	0.5%	0.01	1.7%	0.05
PCB138	0.98	0.01	0.02	1.1%	0.03	1.8%	0.05
PCB180	1.10	0.03	0.03	2.9%	0.09	2.7%	0.08

ICS 67.040
C 53

中华人民共和国国家标准

GB/T 5009.191—2006
代替 GB/T 5009.191—2003

食品中氯丙醇含量的测定

Determination of chloropropanols in foods

2006-09-14 发布　　2007-01-01 实施

中华人民共和国卫生部
中国国家标准化管理委员会　发布

前 言

本标准代替 GB/T 5009.191—2003《食品中 3-氯-1,2-丙二醇含量的测定》。

本标准与 GB/T 5009.191—2003 相比主要变化如下：

——修改了标准的名称，改为《食品中氯丙醇含量的测定》；

——将 GB/T 5009.191—2003 作为本标准的第一法；并增加第二法和第三法为氯丙醇多组分的测定，包括 3-氯-1,2-丙二醇(3-MCPD)、2-氯-1,3-丙二醇(2-MCPD)、1,3-二氯-2-丙醇(1,3-DCP)和 2,3-二氯-2-丙醇(2,3-DCP)

本标准第二法修改采用国际分析家学会(AOAC)的 AOAC 2000.01《采用稳定性同位素稀释的 GC-MS 方法测定食品及其配方成分中的 3-氯-1,2-丙二醇》(Determination of 3-monochloro-1,2-propane-diol in foods and food ingredients by GC-MS using stable isotope dilution technology)。与 AOAC 2000.01 方法的不同之处如下：

——除 3-氯-1,2-丙二醇(3-MCPD)外，增加了 2-氯-1,3-丙二醇(2-MCPD)、1,3-二氯-2-丙醇(1,3-DCP)和 2,3-二氯-2-丙醇(2,3-DCP)的测定；

——除采用五氘代-3-氯-1,2-丙二醇(d_5-3-MCPD)外，增加了五氘代-1，3-二氯-2-丙醇(d_5-1,3-DCP)为内标，即双同位素内标的稳定性同位素稀释技术；

——修改了基质固相分散萃取中洗脱溶剂正己烷与乙醚的比例；

——增加了离子阱质谱方法的测定条件。

本标准第三法为氯丙醇多组分含量测定的顶空固相微萃取的稳定性同位素稀释气相色谱-质谱方法。

本标准的附录 A 和附录 B 为资料性附录。

本标准由中华人民共和国卫生部提出并归口。

本标准负责起草单位：中国疾病预防控制中心营养与食品安全所。

本标准参加起草单位：福建省疾病预防控制中心、北京市疾病预防控制中心、沈阳市疾病预防控制中心、江苏省疾病预防控制中心、中国科学院生态环境研究中心。

本标准第一法主要起草人：吴永宁、赵云峰、赵京玲、涂晓明、马永建、赵舰、李敬光。

本标准第二法主要起草人：吴永宁、赵云峰、付武胜、邵兵、栾燕、马永建、江桂斌。

本标准第三法主要起草人：付武胜、吴永宁、苗虹、赵云峰、栾燕、马永建、邵兵。

本标准于 2003 年首次发布，本次为第一次修订。

引 言

氯丙醇(chloropropanols)是国际公认的食品污染物,包括单氯取代的3-氯-1,2-丙二醇(3-MCPD)和2-氯-1,3-丙二醇(2-MCPD)以及双氯取代的1,3-二氯-2-丙醇(1,3-DCP)和2,3-氯-1-丙醇(2,3-DCP),其主要污染来源于酸水解植物蛋白液(HVP)。氯丙醇不仅具有致癌作用,还有抑制精子活性的作用,国际食品法典食品添加剂与污染物委员会(CCFAC)将其列入制标议程。2001年6月,WHO/FAO食品添加剂联合专家委员会(JECFA)第57次会议对3-MCPD的危险性进行评估,根据最敏感的肾脏毒性,提出3-MCPD的暂定每日最大耐受摄入量(PMTDI)为2 μg(以每千克体重计),并认为摄入目前污染水平的酱油可能造成健康危害,且JECFA认为1,3-DCP为遗传毒性致癌物,目前不宜制定每日耐受量(TDI)。

鉴于氯丙醇的危害性,许多国家制定了限量标准来控制食品中氯丙醇的污染。欧盟EC466/2001指令规定酱油、HVP中3-MCDP不得超过20 μg/kg。有些国家除了规定3-MCPD限量外,还制定了其他氯丙醇组分的控制要求。德国和澳大利亚规定1,3-DCP应低于50 μg/kg。我国SB 10338—2000《酸水解植物蛋白调味液》规定HVP中3-MCPD的最大允许限量为1 000 μg/kg。

英国中央科学实验室(CSL)建立食品中3-氯-1,2-丙二醇含量测定的氘代同位素稀释的气相色谱-质谱方法,经过6个国家12个实验室的国际协同性试验,被国际分析家学会(AOAC)收载,方法编号AOAC 2000.01。我国经过验证后,修改采用AOAC 2000.01方法,提出食品中3-MCPD含量测定方法,已颁布为国家标准方法,编号为GB/T 5009.191—2003。

由于食品中可能同时存在多组分氯丙醇,为有效控制其含量,需要能够同时测定各组分氯丙醇的分析方法,而目前被广泛采用的AOAC 2000.01方法仅能检测3-MCDP,新发展的顶空GC-MS方法也仅能够测定1,3-DCP和2.3-DCP。本标准在AOAC 2000.01方法的基础上进行研制,采用五氘代-3-氯-1,2-丙二醇(d_5-3-MCPD)和五氘代-1,3-二氯-2-丙醇(d_5-1,3-DCP)双同位素内标,通过对提取、净化、仪器分析条件优化,建立了对氯丙醇进行多组分同时测定的分析技术,并根据试样制备过程,提出本标准的第二法和第三法。

食品中氯丙醇含量的测定

1 范围

本标准规定了食品中氯丙醇含量的测定方法。

本标准第一法适用于水解植物蛋白液、调味品、香肠、奶酪、鱼、面粉、淀粉、谷物和面包中3-氯-1,2-丙二醇(3-MCPD)含量的测定。第二法适用于酱油、食醋、鸡精、蚝油等调味品、水解植物蛋白液、香肠、方便面调味包等食品中单氯取代的3-氯-1,2-丙二醇(3-MCPD)和2-氯-1,3-丙二醇(2-MCPD)以及双氯取代的1,3-二氯-2-丙醇(1,3-DCP)和2,3-氯-1-丙醇(2,3-DCP)含量的测定。第三法适用于酱油、食醋、鸡精、水解植物蛋白液等食品、调味品中3-MCPD、1,3-DCP和2,3-DCP含量的测定。

本标准第一法的测定限为5 μg/kg,线性范围为0.005 ng~0.600 ng。第二法中氯丙醇各组分的检测限和定量限分别为2.0 μg/kg和5.0 μg/kg,线性范围为0.020 ng~0.500 ng。第三法中3-MCPD、1,3-DCP和2,3-DCP的定量限分别为10.0 μg/kg、5.0 μg/kg和3.0 μg/kg,3-MCPD的线性范围为20 μg/kg~1 375 μg/kg,1,3-DCP与2,3-DCP的线性范围均为2.5 μg/kg~90 μg/kg。

第一法 食品中3-氯-1,2丙二醇含量的测定

2 原理

本标准采用同位素稀释技术,以d_5-3-氯-1,2-丙二醇(d_5-3-MCPD)为内标定量。试样中加入内标溶液,以硅藻土(Extrelut™20)为吸附剂,采用柱层析分离,用正己烷-乙醚(9+1)洗脱样品中非极性的脂质组分,用乙醚洗脱样品中的3-MCPD,用七氟丁酰基咪唑(HFBI)溶液为衍生化试剂。采用选择离子监测(SIM)的质谱扫描模式进行定量分析,内标法定量。

3 试剂和材料

除非另有说明,在分析中仅使用确定为分析纯的试剂和蒸馏水或相当纯度的水。

3.1 2,2,4-三甲基戊烷。

3.2 乙醚。

3.3 正己烷。

3.4 氯化钠。

3.5 无水硫酸钠。

3.6 Extrelut™20[1),或相当的硅藻土。

3.7 七氟丁酰基咪唑。

3.8 3-氯-1,2-丙二醇标准品(3-MCPD),纯度>98%。

3.9 d_5-3-氯-1,2-丙二醇标准品(d_5-3-MCPD),纯度>98%。

3.10 饱和氯化钠溶液(5 mol/L):称取氯化钠290 g,加水溶解并稀释至1 000 mL。

3.11 正己烷-乙醚(9+1):量取乙醚100 mL,加正己烷900 mL,混匀。

3.12 3-MCPD标准储备液(1 000 mg/L):称取3-MCPD 25 mg(精确至0.01 mg),置25 mL量瓶中,加正己烷溶解,并稀释至刻度。

---

1) 给出这一信息是为了方便本标准的使用者,并不表示对该产品的认可。如果其他等效产品具有相同的效果,则可使用这些等效的产品。

3.13　3-MCPD 中间溶液(100 mg/L):准确移取 3-MCPD 储备液 10 mL,置 100 mL 量瓶中,加正己烷稀释至刻度。

3.14　3-MCPD 系列溶液:准确移取 3-MCPD 中间溶液适量,置 25 mL 量瓶中,加正己烷稀释至刻度(浓度为 0.00 mg/L、0.05 mg/L、0.10 mg/L、0.50 mg/L、1.00 mg/L、2.00 mg/L、6.00 mg/L)。

3.15　d_5-3-MCPD 储备液(1 000 mg/L):称取 d_5-3-MCPD 25 mg(精确至 0.01 mg),置 25 mL 量瓶中,加乙酸乙酯溶解,并稀释至刻度。

3.16　d_5-3-MCPD 内标溶液(10 mg/L):准确移取 d_5-3-MCPD 储备液 1 mL,置 100 mL 量瓶中,加乙酸乙酯稀释至刻度。

4　仪器

4.1　气相色谱-质谱联用仪(GC-MS)。

4.2　色谱柱:DB-5 ms 柱,30 m×0.25 mm×0.25 μm,或等效毛细管色谱柱。

4.3　玻璃层析柱:柱长 40 cm,柱内径 2 cm。

4.4　旋转蒸发器。

4.5　氮气蒸发器。

4.6　恒温箱或其他恒温加热器。

4.7　涡漩混合器。

4.8　气密针,1 mL。

5　分析步骤

5.1　试样制备

5.1.1　液状试样

称取试样 4.00 g,置 100 mL 烧杯中,加 d_5-3-MCPD 内标溶液(10 mg/L)50 μL,加饱和氯化钠溶液 6 g,超声 15 min。

5.1.2　汤料或固体与半固体植物水解蛋白

称取试样 4.00 g,置 100 mL 烧杯中,加 d_5-3-MCPD 内标溶液(10 mg/L)50 μL,加饱和氯化钠溶液 6 g,超声 15 min。

5.1.3　香肠或奶酪

称取试样 10.00 g,置 100 mL 烧杯中,加 d_5-3-MCPD 内标溶液(10 mg/L)50 μL,加饱和氯化钠溶液 30 g,混和均匀,离心(3 500 r/min)20 min,取上清液 10 g。

5.1.4　面粉或淀粉或谷物或面包

称取试样 5.00 g,置 100 mL 烧杯中,加 d_5-3-MCPD 内标溶液(10 mg/L)50 μL,加饱和氯化钠溶液 15 g,放置过夜。

5.2　试样提取

将一袋 Extrelut™20 柱填料分为两份,取其中一份加到试样溶液中,混匀;将另一份柱填料装入层析柱中(层析柱下端填以玻璃棉)。将试样与吸附剂的混合物装入层析柱中,上层加 1 cm 高度的无水硫酸钠。放置 15 min 后,用正己烷-乙醚(9+1)80 mL 洗脱非极性成分,并弃取。用乙醚 250 mL 洗脱 3-MCPD(流速约为 8 mL/min)。在收集的乙醚中加无水硫酸钠 15 g,放置 10 min 后过滤。滤液于 35℃温度下旋转蒸发至约 2 mL,定量转移至 5 mL 具塞试管中,用乙醚稀释至 4 mL。在乙醚中加少量无水硫酸钠,振摇,放置 15 min 以上。

5.3　衍生化

移取试样溶液 1 mL,置 5 mL 具塞试管中,并在室温下用氮气蒸发器吹至近干,立即加入 2,2,4-三甲基戊烷 1 mL。用气密针加入七氟丁酰基咪唑 0.05 mL,立即密塞。涡漩混合后,于 70℃保温20 min。

取出后，放至室温，加饱和氯化钠溶液 3 mL；涡漩混合 30 s，使两相分离。取有机相加无水硫酸钠约为 0.3 g 干燥。将溶液转移至自动进样的样品瓶中，供 GC-MS 测定。

5.4 空白试样制备

称取饱和氯化钠溶液(5 mol/L)10 mL，置于 100 mL 烧杯中，加 d_5-3-MCPD 内标溶液(10 mg/L) 50 μL，超声 15 min。以下步骤与试样提取及衍生化方法相同(5.2 和 5.3)。

5.5 标准系列溶液的制备

吸取标准系列溶液各 0.1 mL，加 d_5-3-MCPD 内标溶液(10 mg/L)10 μL，加 2,2,4-三甲基戊烷 0.9 mL，用气密针加入七氟丁酰基咪唑 0.05 mL，立即密塞。以下步骤与试样的衍生化方法相同(5.3)。

5.6 测定

5.6.1 色谱条件

色谱柱：DB-5 ms 柱，30 m×0.25 mm×0.25 μm。

进样口温度：230℃。

传输线温度：250℃。

程序温度：50℃保持 1 min，以 2℃/min 速度升至 90℃，再以 40℃/min 的速度升至 250℃，并保持 5 min。

载气：氦气，柱前压为 41.4 kPa，相当于 6 psi。

不分流进样，进样体积 1 μL。

5.6.2 质谱参数

电离模式：电子轰击源(EI)，能量为 70 eV。

离子源温度为 200℃。

分析器(电子倍增器)电压为 450 V。

溶剂延迟为 12 min，质谱采集时间为 12 min～18 min。

扫描方式：采用选择离子扫描(SIM)采集，3-MCPD 的特征离子为 m/z 253、275、289、291 和 453，d_5-3-MCPD 的特征离子为 m/z 257、294、296 和 456。选择不同的离子通道，以 m/z 253 作为 3-MCPD 定量离子，m/z 257 作为 d_5-3-MCPD 的定量离子，以 m/z 253、275、289、291 和 453 作为 3-MCPD 定性鉴别离子，考察各碎片离子与 m/z 453 离子的强度比，要求：四个离子(m/z 253、275、289 和 291)中至少两个离子的强度比不得超过标准溶液的相同离子强度比的±20%。

5.6.3 测定

量取试样溶液 1 μL 进样。3-MCPD 和 d_5-3-MCPD 的保留时间约为 16 min。记录 3-MCPD 和 d_5-3-MCPD的峰面积。计算 3-MCPD(m/z 253)和 d_5-3-MCPD(m/z 257)的峰面积比，以各系列标准溶液的进样量(ng)与对应的 3-MCPD(m/z 235)和 d_5-3-MCPD(m/z 257)的峰面积比绘制标准曲线。

5.7 结果计算

按内标法计算样品中 3-氯-1,2-丙二醇的含量。见式(1)：

$$X = \frac{A \times f}{m} \qquad \cdots\cdots (1)$$

式中：

X——试样中 3-氯-1,2-丙二醇含量，单位为微克每千克(或微克每升)[μg/kg(或 μg/L)]；

A——试样色谱峰与内标色谱峰的峰面积比值对应的 3-氯-1,2-丙二醇质量，单位为纳克(ng)；

f——试样溶液的稀释倍数；

m——试样的取样量，单位为克(g)或毫升(mL)。

计算结果表示到三位有效数位。

6 精密度

在重复性条件下获得的两次独立测定结果的绝对差值不得超过算术平均值的20%。

7 其他

图1为全扫描总离子流图，图2为质谱图，图3为选择性离子扫描质量色谱图，图4为选择离子扫描质谱图。

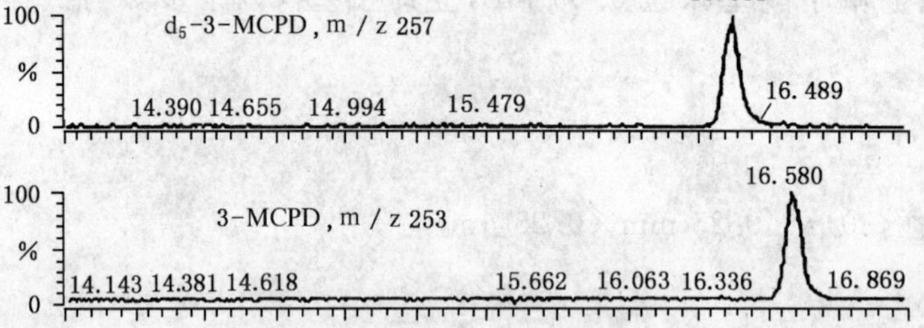

图1 3-氯-1,2-丙二醇及其氘代同位素的全扫描总离子流图

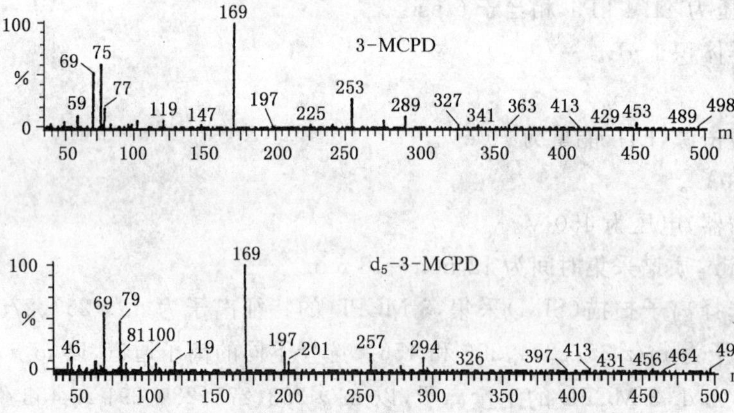

图2 3-氯-1,2-丙二醇及其氘代同位素的质谱图

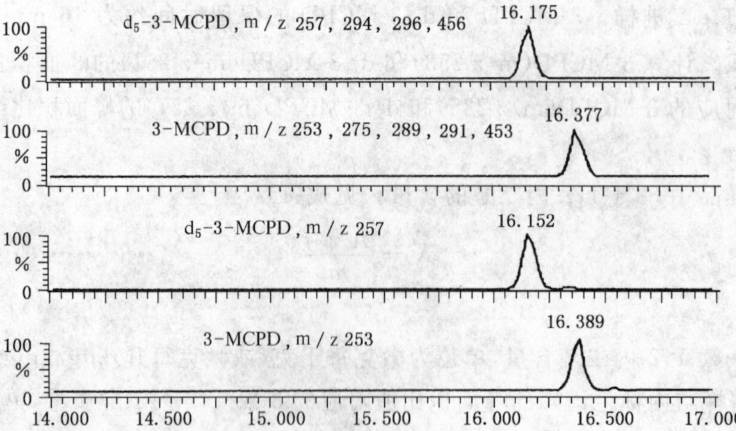

图3 3-氯-1,2-丙二醇及其氘代同位素的选择性离子扫描质量色谱图

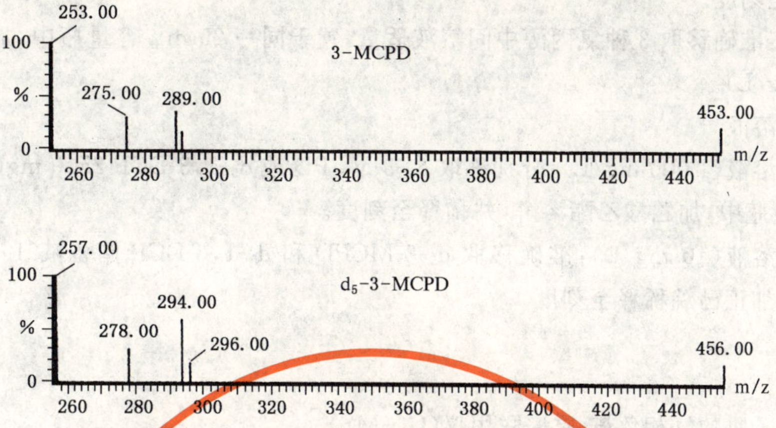

图 4　3-氯-1,2-丙二醇及其氘代同位素的选择离子扫描质谱图

第二法　食品中氯丙醇多组分含量的测定
基质固相分散萃取的气相色谱-质谱法

8　原理

采用稳定性同位素稀释技术，在试样中加入五氘代-1,3-二氯-2-丙醇(d_5-1,3-DCP)和五氘代-3-氯-1,2-丙二醇(d_5-3-MCPD)内标溶液，以硅藻土为吸附剂进行基质固相分散萃取分离，用正己烷洗脱试样中非极性的脂质组分，用乙醚洗脱试样中氯丙醇，用七氟丁酰基咪唑(HFBI)溶液为衍生化试剂，采用四极杆质谱仪的选择离子监测(SIM)或离子阱质谱仪的选择离子存储(SIS)质谱扫描模式进行分析，内标法定量。

9　试剂和材料

除非另有说明，所用试剂均为分析纯，水为蒸馏水。

9.1　2,2,4-三甲基戊烷，可用正己烷替代。

9.2　乙醚：经重蒸后使用。

9.3　正己烷：经重蒸后使用。

9.4　氯化钠。

9.5　无水硫酸钠。

9.6　硅藻土，如 Extrelut™ 20，或相当的硅藻土。

9.7　七氟丁酰基咪唑。

9.8　d_5-1,3-二氯-2-丙醇标准品(d_5-1,3-DCP)，纯度>98%。

9.9　1,3-二氯-2-丙醇标准品(1,3-DCP)，纯度>98%。

9.10　2,3-二氯-1-丙醇标准品(2,3-DCP)，纯度>97%。

9.11　d_5-3-氯-1,2-丙二醇标准品(d_5-3-MCPD)，纯度>98%。

9.12　3-氯-1,2-丙二醇标准品(3-MCPD)，纯度>98%。

9.13　饱和氯化钠溶液(5 mol/L)：称取氯化钠 290 g，加水溶解并稀释至 1 000 mL。

9.14　氯丙醇标准溶液

9.14.1　标准储备溶液(1 000 mg/L)：分别称取 3-MCPD、1,3-DCP 或 2,3-DCP 25.0 mg(精确至 0.1 mg)，置于 3 个 25 mL 容量瓶中，加乙酸乙酯溶解，并稀释至刻度。

9.14.2　中间溶液(100 mg/L)：分别准确移取 3 种氯丙醇储备溶液 1.00 mL，置于 3 支 10 mL 容量瓶中,加正己烷稀释至刻度。

9.14.3 使用溶液:准确移取3种氯丙醇中间溶液适量,置于同一25 mL容量瓶中,加正己烷稀释至刻度(浓度为2.00 mg/L)。

9.15 氯丙醇内标溶液

9.15.1 内标储备溶液(1 000 mg/L):分别称取d_5-3-MCPD或d_5-1,3-DCP 25.0 mg(精确至0.1 mg),置于2个25 mL量瓶中,加乙酸乙酯溶解,并稀释至刻度。

9.15.2 内标使用溶液(10 mg/L):准确移取d_5-3-MCPD和d_5-1,3-DCP储备液1.00 mL,置于同一100 mL容量瓶中,加正己烷稀释至刻度。

10 仪器

10.1 四极杆或离子阱的气相色谱-质谱联用仪(GC-MS)。

10.2 色谱柱:DB-5 ms柱,30 m×0.25 mm×0.25 μm,或等效毛细管色谱柱。

10.3 玻璃层析柱:柱长40 cm,柱内径2 cm。

10.4 旋转蒸发器。

10.5 氮气浓缩器。

10.6 恒温箱或其他恒稳加热器。

10.7 涡漩混合器。

10.8 气密针,1.0 mL。

11 分析步骤

11.1 试样提取

11.1.1 酱油等液状试样

称取试样4.00 g,置100 mL烧杯中,加10 mg/L内标使用液(9.15.2)20 μL,加饱和氯化钠溶液至10 g,超声15 min。

11.1.2 香肠等食物试样

称取匀浆试样2.00 g~5.00 g,置离心管中,加10 mg/L内标使用液(9.15.2)20 μL,加饱和氯化钠溶液至10 g,超声15 min后,离心(3 500 r/min)20 min,取上清液。

11.1.3 酸水解蛋白粉、固体汤料等粉末试样

称取试样1.00 g~2.00 g,置100 mL烧杯中,加10 mg/L内标使用液(9.15.2)20 μL,加饱和氯化钠溶液至10 g,超声15 min。

11.2 试样净化

称取10 g Extrelut™ 20硅藻土柱填料两份,取其中一份加到试样溶液中,搅拌均匀;将另一份柱填料装入层析柱中(层析柱下端填以玻璃棉)。将试样与吸附剂的混合物装入层析柱中,上层加1 cm高度的无水硫酸钠。放置15 min后,用正己烷40 mL洗脱非极性成分,并弃取正己烷淋洗液。用乙醚150 mL洗脱(流速约为8 mL/min),收集乙醚洗脱液。在收集的乙醚中加无水硫酸钠15 g,振摇,放置10 min后,过滤,滤液于35℃温度下旋转蒸发至约0.5 mL,转移至5 mL具塞试管中,用正己烷洗涤旋转蒸发瓶,合并洗涤液至试管中,并用正己烷稀释至刻度,此为试样提取液。

11.3 衍生化

将试样提取液(11.2)在室温下用氮气浓缩至1.0 mL。用气密针迅速加入七氟丁酰基咪唑衍生剂50 μL,立即密塞。涡旋充分混合后,于75℃下保温30 min。取出后,放至室温,加饱和氯化钠溶液3 mL;旋涡混合0.5 min,静置使两相分离。取上层正己烷加无水硫酸钠约0.3 g干燥,静置2 min~5 min。将正己烷溶液转移至试样瓶中,供GC-MS测定。

11.4 空白试样制备

称取饱和氯化钠溶液(5 mol/L)10 g,置于 100 mL 烧杯中,加 10 mg/L 内标使用溶液(9.15.2)20 μL,超声 15 min。以下步骤与试样净化、衍生化方法相同(11.2 和 11.3)。

11.5 标准系列溶液的制备

在预先准备的 5 个带塞试管中分别加入 0.5 mL 正己烷和 10 μL、30 μL、80 μL、150 μL、250 μL 标准系列溶液,然后分别加入 10 mg/L 氯丙醇内标使用溶液(9.15.2)20 μL,以正己烷稀释至 1.0 mL。用气密针加入七氟丁酰基咪唑 50 μL,立即密塞,振匀。以下步骤与试样的衍生化方法相同(11.3)。

11.6 测定

11.6.1 色谱条件

色谱柱:DB-5 ms 柱,30 m×0.25 mm×0.25 μm。

进样口温度:230℃。

色谱柱升温程序:50℃保持 1 min,以 2℃/min 速度升至 90℃,再以 40℃/min 的速度升至 250℃,并保持 5 min。

载气:氦气,柱前压为 41.4 kPa,相当于 6 psi。

不分流进样体积:1 μL。

11.6.2 质谱参数

11.6.2.1 四极杆质谱仪

电离模式:电子轰击源(EI),能量为 70 eV。

传输线温度:250℃。

离子源温度:200℃。

分析器(电子倍增器)电压:450 V。

溶剂延迟:5 min,质谱采集时间:5 min~12 min。

扫描方式:采用选择离子监测(SIM)采集,各氯丙醇及其内标的定性和定量离子见表 1。

11.6.2.2 离子阱质谱仪

离子化方式:EI、电子倍增器增益+150 V、灯丝电流:50 μA。

阱温度:220℃;传输线温度:250℃;歧盒(menifold)温度:48℃。

溶剂延迟:10 min;采用选择离子存储(SIS)采集,氯丙醇及其内标的定性、定量离子见表 1。

质谱采集条件如下:

	扫描时间段	质量数范围	扫描速率
片断 1(d_5-1,3-DCP,1,3-DCP):	10 min~12 min	m/z 70~285	0.53 s/次
片断 2(2,3-DCP):	12 min~13 min	m/z 70~260	0.51 s/次
片断 3(d_5-3-MCPD、3-MCPD、2-MCPD)	13 min~15 min	m/z 250~460	0.53 s/次

表 1 监测的氯丙醇及内标特征离子

检测要求	d_5-1,3-DCP	1,3-DCP	2,3-DCP	d_5-3-MCPD	3-MCPD	2-MCPD
定性离子,m/z	278、280、79、81	75、77、275、277	253、75、77、169	257、278、280、294、296、456	253、275、277、289、291、453	253、289、291
定量离子,m/z	278+280	275+277	75+77	257	253	253
定性要求	不作规定	75 为基峰,275 与 277 丰度比不得大于标准溶液相同离子丰度比的±20%。	不作规定	不作规定	监测离子中至少两个离子丰度比不得超过标准溶液的相同离子强度比的±20%。	253 为基峰,289 和 291 丰度比不得超过理论强度比的±20%;没有 453 离子。

选择性离子监测(SIM)或者选择性离子储存(SIS)监测定性质谱图和质量色谱图分别参见附录A中的图A.1、图A.2、图A.3和图A.4。

11.6.3 **测定**

吸取标准溶液和试样溶液1 μL进样，记录总离子流图以及氯丙醇及其内标的峰面积。

11.7 结果计算

3-MCPD：计算3-MCPD与d_5-3-MCPD的峰面积比，以各标准系列溶液中3-MCPD进样量与对应的3-MCPD与d_5-3-MCPD的峰面积比作线性回归，由回归方程计算3-MCPD的质量，按式(2)计算试样中3-MCPD和2-MCPD含量，且2-MCPD以3-MCPD为参考标准进行计算。

1,3-DCP和2,3-DCP：计算1,3-DCP或2,3-DCP与d_5-1,3-DCP的峰面积比，以各标准系列溶液的1,3-DCP或2,3-DCP进样量与对应的1,3-DCP或2,3-DCP与d_5-1,3-DCP的峰面积比作线性回归，由回归方程计算1,3-DCP和2,3-DCP的质量，按式(2)计算试样中1,3-DCP和2,3-DCP的含量。

$$X = \frac{A \times f}{m} \quad \cdots\cdots(2)$$

式中：

X——试样中目标氯丙醇组分的含量，单位为微克每千克(或μg每升)[(μg/kg或μg/L)]；

A——试样色谱峰与内标色谱峰的峰面积比值对应的目标氯丙醇组分的质量，单位为纳克(ng)；

f——试样溶液的稀释倍数；

m——加入内标时的取样量，单位为克(g)或毫升(mL)。

计算结果表示到三位有效数字。

12 精密度

在重复性条件下获得的两次独立测定结果绝对差值不得超过算术平均值的20%(参见附录B中的表B.1)。

第三法 食品中氯丙醇多组分含量的测定
顶空固相微萃取的气相色谱-质谱法

13 原理

采用同位素稀释技术，试样中加入五氘代-1,3-二氯-2-丙醇(d_5-1,3-DCP)、五氘代-3-氯-1,2-丙二醇(d_5-3-MCPD)内标溶液，在对甲苯磺酸存在下，以丙酮进行3-MCPD衍生后，以顶空固相微萃取富集后，采用选择离子监测(SIM)的质谱分析，以内标法定量。

14 试剂和材料

除非另有说明，所用试剂均为分析纯，水为超纯水。

14.1 对甲苯磺酸(TSA)。

14.2 丙酮(重蒸)。

14.3 正己烷(重蒸)。

14.4 氯化钠。

14.5 氢氧化钠。

14.6 盐酸。

14.7 衍生试剂：取一定量对甲苯磺酸，以丙酮配制成0.5 g/mL的溶液，新鲜制备。

14.8 d_5-1,3-二氯-2-丙醇标准品(d_5-1,3-DCP)，纯度>98%。

14.9 1,3-二氯-2-丙醇标准品(1,3-DCP)，纯度>98%。

14.10 2,3-二氯-1-丙醇标准品(2,3-DCP)，纯度>97%。

14.11　d_5-3-氯-1,2-丙二醇标准品(d_5-3-MCPD),纯度>98%。

14.12　3-氯-1,2-丙二醇标准品(3-MCPD),纯度>98%。

14.13　20%氯化钠溶液:称取氯化钠 200 g,加水溶解并稀释至 1 000 mL。

14.14　氯丙醇标准溶液:

14.14.1　标准储备溶液(1 000 mg/L):分别称取 3-MCPD、1,3-DCP、2,3-DCP 25.0 mg(精确至 0.1 mg),置于 3 个 25 mL 容量瓶中,加超纯水溶解,并稀释至刻度。

14.14.2　中间溶液(100 mg/L):分别准确移取 3 种氯丙醇储备液 1.00 mL,置于 3 个 10 mL 容量瓶中,加超纯水稀释至刻度。

14.14.3　使用溶液:准确移取 3 种氯丙醇中间溶液适量,置于同一个 25 mL 容量瓶中,加超纯水稀释至刻度,浓度为 2.00 mg/L。

14.15　氯丙醇内标溶液:

14.15.1　内标储备液(1 000 mg/L):分别称取 d_5-3-MCPD 、d_5-1,3-DCP 25.0 mg(精确至 0.1 mg),置于 2 个 25 mL 容量瓶中,加超纯水溶解,并稀释至刻度。

14.15.2　内标使用溶液(10 mg/L):准确移取 d_5-3-MCPD、d_5-1,3-DCP 储备液 1.00 mL,置于同一个 100 mL 容量瓶中,加超纯水稀释至刻度。

15　仪器

15.1　四极杆或离子阱气相色谱-质谱联用仪(GC-MS)。

15.2　色谱柱:CP-52 Carbowax 柱,30 m×0.25 mm×0.25 μm,或等效毛细管色谱柱。

15.3　SPME 萃取设备:SPME 手柄及 CAR/PDMS(75 μm)萃取纤维,15 mL 顶空萃取瓶,磁力搅拌和加热装置。

15.4　恒温箱或其他恒温加热器。

15.5　涡漩混合器。

16　分析步骤

16.1　标准系列制备

标准和内标的加入:备好 5 支 20 mL 压盖试样瓶,先加入 20%氯化钠(NaCl)溶液 4 mL,再分别准确加入氯丙醇混和标准溶液(14.14.3)20 μL、40 μL、80 μL、160 μL、300 μL 和 10 mg/L 内标使用液(14.15.2)20 μL,再补加 20%NaCl 溶液 4 mL,轻轻振摇,使溶液充分混匀。

衍生化[2]:在上述标准溶液中,分别加入 0.5 g/mL TSA-丙酮溶液 1.3 mL,涡旋混合 30 s 后,于 50℃保温箱中衍生 60 min,取出、冷却至室温,备用。

SPME 萃取、解吸:用 10 mol/mL 和 0.5 mol/mL 氢氧化钠(NaOH)溶液将衍生后溶液 pH 调节为 8.2～8.4 之间,加入 2 g NaCl,混匀后,放入磁力搅拌子,压紧带有聚四氟乙烯垫的瓶盖,插入萃取头,将萃取头纤维暴露在试样瓶顶部适当高度,以溶液不溅入萃取纤维为宜,磁力搅拌器转速调至适当,在 70℃恒温水浴下顶空吸附 45 min 后,取出萃取头,插入气相色谱仪进样口,在 240℃下解吸 5 min,进行质谱分析。

16.2　试样制备

16.2.1　液体试样

试样的准备和内标的加入:称取试样 8.00 g,置于 20 mL 试管中,准确加入 10 mg/L 内标使用液(14.15.2)40 μL,再补加 8 g 试样,用手轻轻振荡,使溶液充分混匀。

衍生化[2]:在试样管中,加入 0.5 g/mL TSA-丙酮溶液 2.6 mL,涡旋充分混合 30 s,于 50℃保温箱中衍生 60 min,取出、冷却至室温,备用。

---

2)　仅测 1,3-DCP 和 2,3-DCP 时可省略此步。

SPME 萃取、解吸：取出 1/2 的衍生溶液于 15 mL 顶空瓶中，并以 10 mol/mL 氢氧化钠(NaOH)溶液调节 pH 为 8.2～8.4 之间，以下同 16.1 中 SPME 萃取、解吸步骤。对于较为粘稠的试样，测定前先用 20%氯化钠(NaCl)稀释。

16.2.2 固体试样

试样提取和内标加入：称取 6.00 g 固体试样，置于 200 mL 试管中，加入 10 mL 20%NaCl 溶解，准确加入 10 mg/L 内标使用液(3.15.2)40 μL，摇匀，放置 2 h，中途振摇 2 次～3 次，以进行氯丙醇的提取。在 3 500 r/min 下离心 5 min，取上清液用于衍生。

衍生化和 SPME 萃取、解吸操作同液体试样(16.2.1)。

16.3 空白试样

称取饱和氯化钠溶液(5 mol/L)8 g，置于 20 mL 试管中，仅加入 10 mg/L 内标使用液(14.15.2) 40 μL。以下步骤与液体试样(16.2.1)操作步骤相同。

16.4 测定

16.4.1 色谱条件

色谱柱：CP-52 Carbowax 柱，30 m×0.25 mm×0.25 μm。

进样口温度：240℃。

色谱柱升温程序：65℃保持 1 min，以 10℃/min 速度升至 170℃，再以 40℃/min 的速度升至 235℃，并保持 5 min。

载气：氦气，柱前压为 55.2 kPa，相当于 8 psi。

不分流进样。

16.4.2 质谱参数

电离模式：电子轰击源(EI)，能量为 70 eV。

传输线温度：250℃。

离子源温度：250℃。

分析器(电子倍增器)电压：450 V。

溶剂延迟时间：3.5 min。

质谱采集时间：3.5 min～12 min。

扫描方式：采用选择离子监测(SIM)方式采集，各氯丙醇及其内标的特征离子和定量离子见表 2。

表 2 氯丙醇及内标的定性和定量离子

检测要求	d_5-3-MCPD	3-MCPD	d_5-1,3-DCP	1,3-DCP	2,3-DCP
定性离子	79、81、140、142	75、77、135、137	82、84	79、81	62、64
定量离子	140	135	84	79	62
定性要求	140 为基峰，140 与 142 丰度比低于标准溶液相同离子丰度比的±20%	135 为基峰，135 与 137 丰度比低于标准溶液相同离子丰度比的±20%	82 为基峰，82 与 84 丰度比低于标准溶液相同离子丰度比的±30%	79 为基峰，79 与 81 丰度比接近 3，且低于标准溶液相同离子丰度比的±30%	62 为基峰，62 与 64 丰度低于标准溶液相同离子丰度比的±30%

选择性离子监测(SIM)定性质谱图和质量色谱图分别参见附录 A 中的图 A.5、图 A.6。

16.4.3 测定

以顶空固相微萃取(HS-SPME)方式萃取，GC-MS 测定，记录各氯丙醇及其内标的峰面积。

16.5 结果计算

3-MCPD：计算 3-MCPD 与 d_5-3-MCPD 的峰面积比，以各标准系列溶液的浓度(μg/kg)与对应的 3-

MCPD 与 d_5-3-MCPD 的峰面积比作线性回归，由回归方程计算 3-MCPD 浓度，按式(3)计算试样含量。

1,3-DCP 和 2,3-DCP：计算 1,3-DCP 或 2,3-DCP 与 d_5-1,3-DCP 的峰面积比，以各标准系列溶液的进样量与对应的 1,3-DCP、2,3-DCP 与 d_5-1,3-DCP 的峰面积比作线性回归，由回归方程计算 1,3-DCP 和 2,3-DCP 的质量，按式(3)计算试样含量。

$$X = \frac{(A - A_0) \times f}{m} \qquad \cdots\cdots (3)$$

式中：

X——试样中氯丙醇的含量，单位为微克每千克(μg/kg)；

A——试样色谱峰与内标色谱峰的峰面积比值对应的目标氯丙醇组分的质量，单位为纳克(ng)；

A_0——空白试样中氯丙醇的质量，单位为纳克(ng)；

f——稀释倍数；

m——加入内标时的取样量，单位为克(g)。

计算结果表示到三位有效数位。

17 精密度

在重复性条件下获得的两次独立测定结果绝对差值不得超过算术平均值的 20%(参见附录 B 中的表 B.2)。

附　录　A
（资料性附录）
检测的质谱图和质量色谱图

在本标准推荐色谱-质谱条件下检测氯丙醇的质谱图和质量色谱图。图 A.1 为采用四极杆质谱仪测定的氯丙醇及其内标 HFBI 衍生物 SIM 质谱图、图 A.2 和图 A.3 为标准和样品溶液中氯丙醇及其内标 HFBI 衍生物 SIM 质量色谱图、图 A.4 为采用离子阱质谱仪测定的氯丙醇及其内标 HFBI 衍生物的选择离子储存(SIS)色谱图、图 A.5 为采用 HS-SPME-GC/MS 测定的标准溶液和加标酱油中氯丙醇及其内标的 SIM 质谱图、图 A.6 为采用 HS-SPME-GC/MS 测定的试样加标后氯丙醇的 SIM 色谱图。

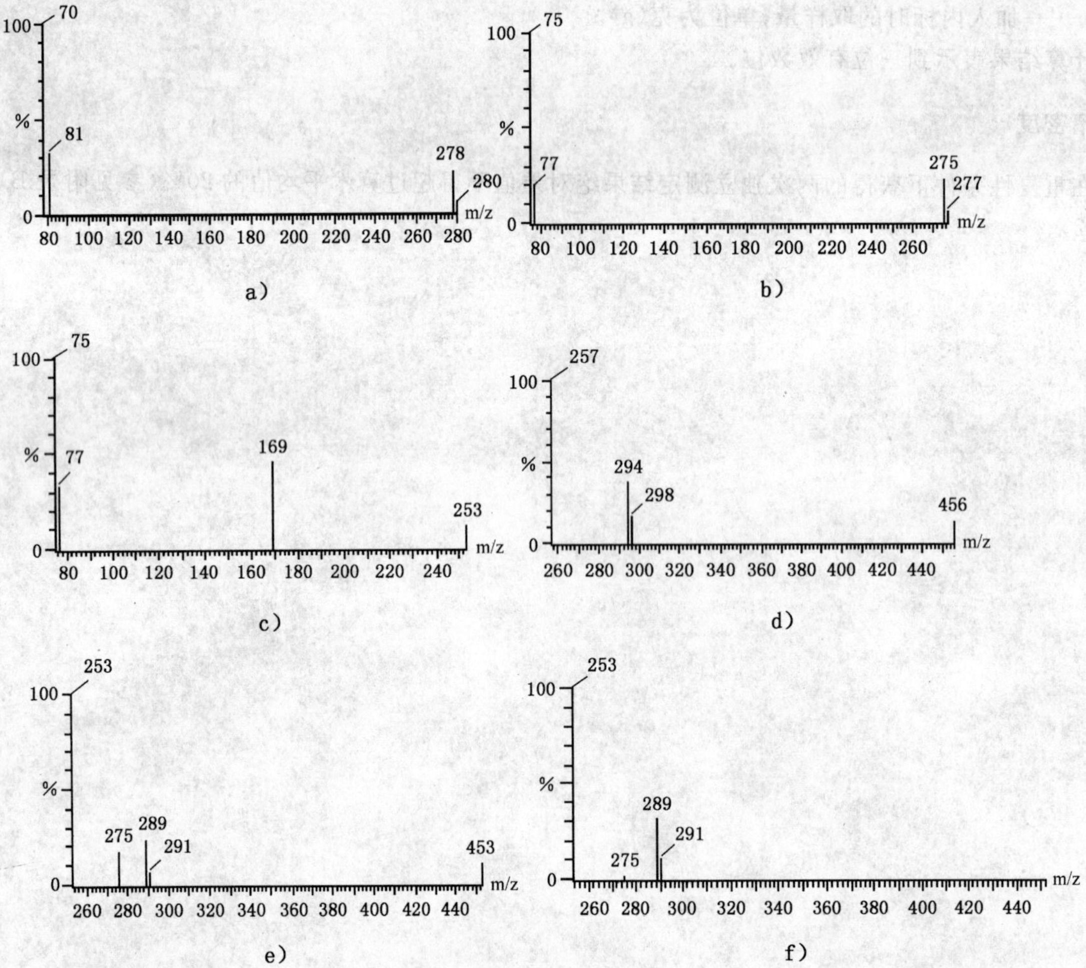

a)——d_5-1,3-DCP；

b)——1,3-DCP；

c)——2,3-DCP；

d)——d_5-3-MCPD；

e)——3-MCPD；

f)——2-MCPD。

图 A.1　四极杆质谱仪分析的氯丙醇及其内标 HFBI 衍生物 SIM 质谱图

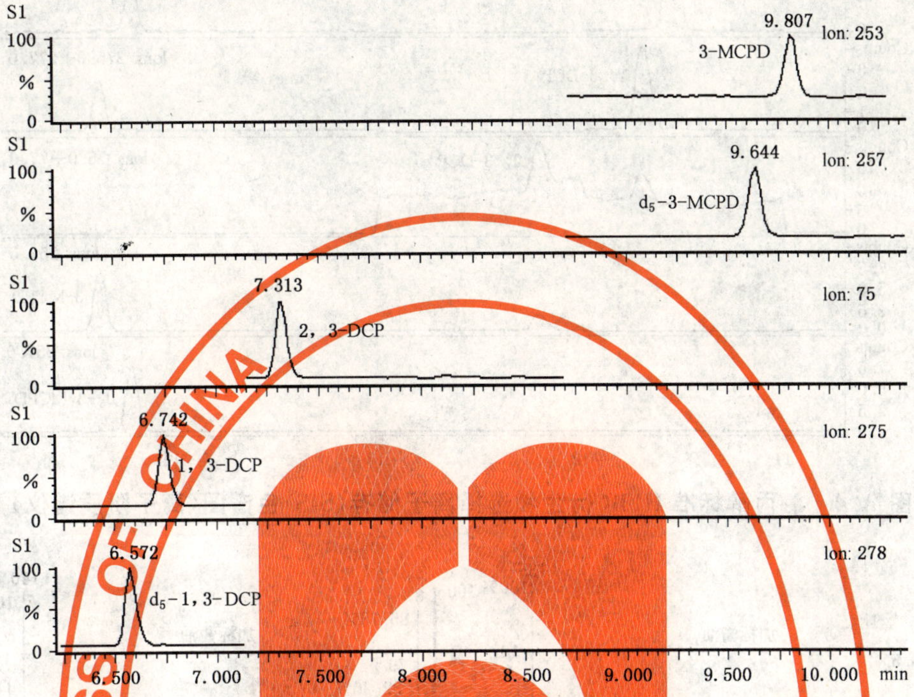

图 A.2　氯丙醇标准 HFBI 衍生物 SIM 质量色谱图(四极杆质谱仪)

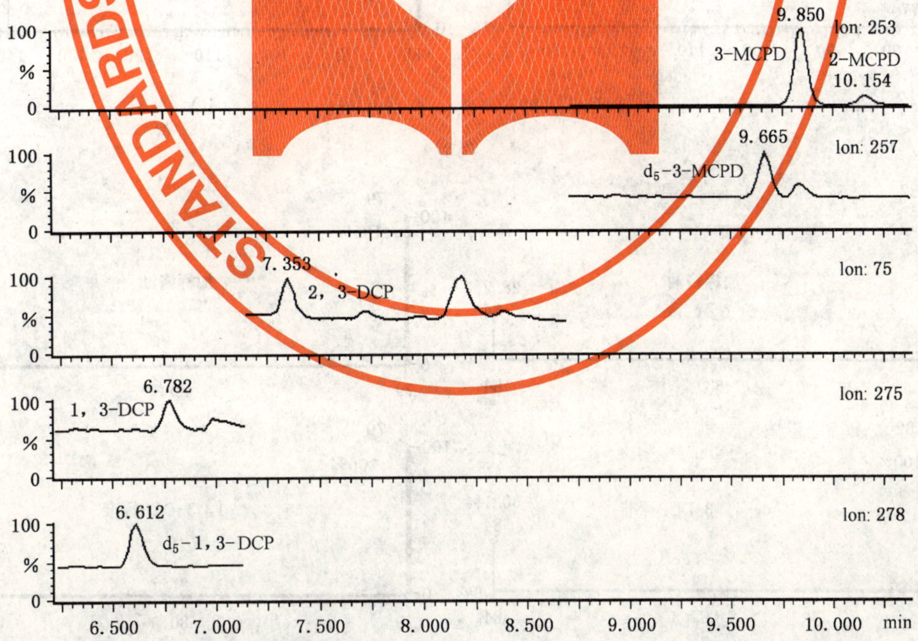

图 A.3　酱油样品中氯丙醇 HFBI 衍生物 SIM 质量色谱图(四极杆质谱仪)

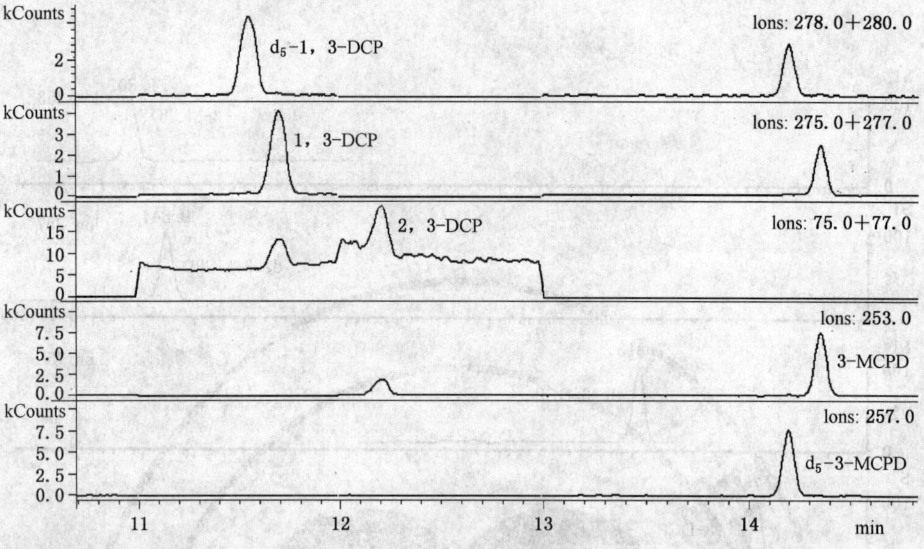

图 A.4　氯丙醇标准 HFBI 衍生物选择离子储存(SIS)色谱图(离子阱质谱仪)

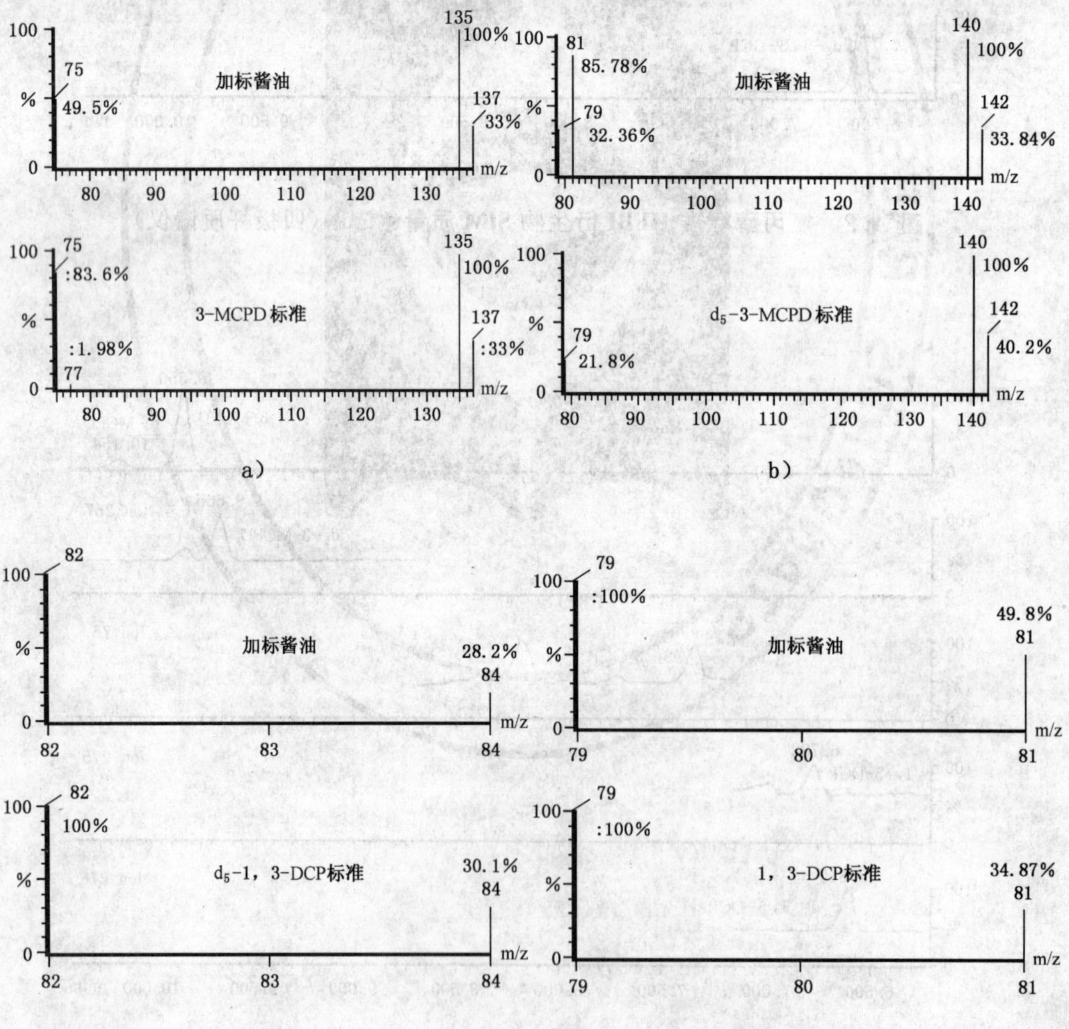

图 A.5　标准和加标酱油中氯丙醇及其内标的 SIM 质谱图(HS-SPME-GC/MS)

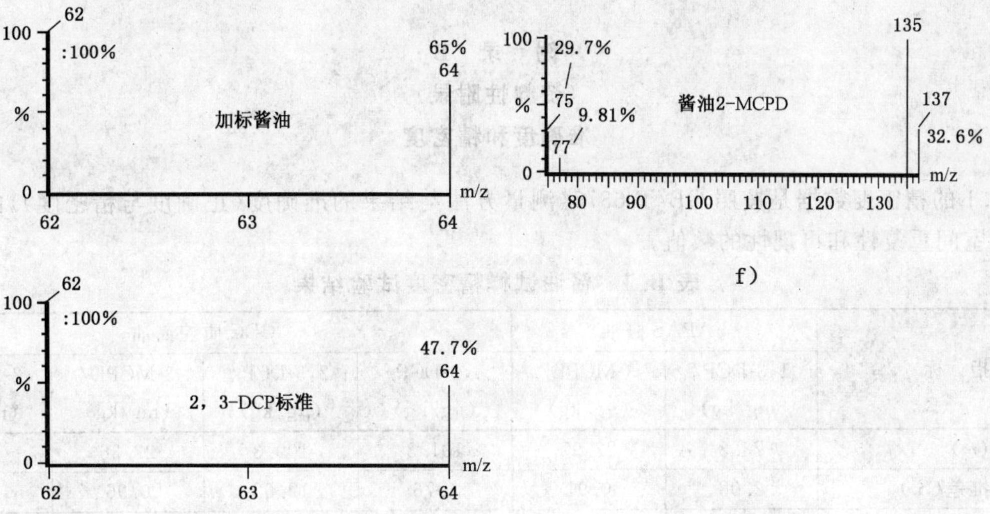

f）

e）

a)——3-MCPD；

b)——d_5-MCPD；

c)——d_5-1,3-DCP；

d)——1,3-DCP；

e)——2,3-DCP；

f)——2-MCPD。

图 A.5(续)

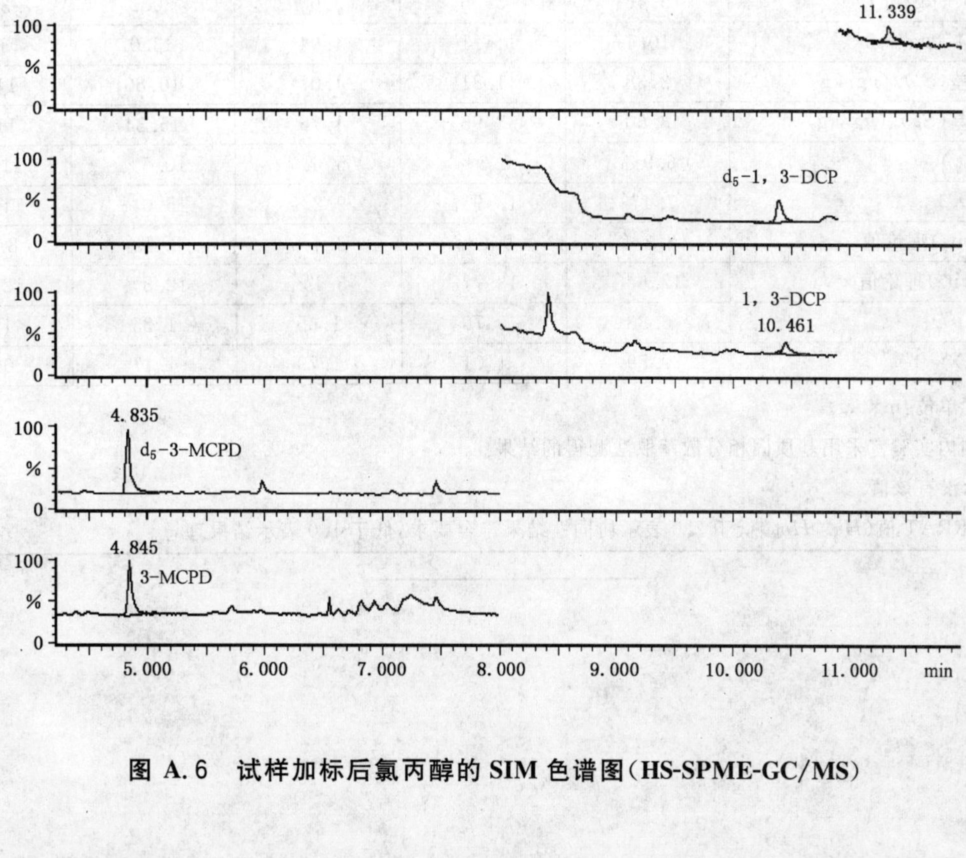

图 A.6 试样加标后氯丙醇的 SIM 色谱图(HS-SPME-GC/MS)

附 录 B
（资料性附录）
准确度和精密度

表 B.1 的精密度数据是按照 GB/T 6379《测量方法与结果的准确度(正确度与精密度)》的规定获得的实验室间重复性和再现性的数值。

表 B.1 酱油试样精密度试验结果

指 标	FAPAS 酱油		CDC 质控酱油			
	1,3-DCP/(μg/kg)	3-MCPD/(μg/kg)	1,3-DCP/(μg/kg)	2,3-DCP/(μg/kg)	3-MCPD/(mg/kg)	2-MCPD/(mg/kg)
估计均值(m)	23.3	22.97	101.3	109.3	22.36	2.36
重复性标准差(S_r)	2.08	0.91	4.76	12.62	0.96	0.19
再现性标准差(S_R)	2.08	1.09	10.32	15.46	1.39	0.28
重复性限(r)	5.82	2.55	13.3	35.3	2.69	0.532
再现性限(R)	5.83	3.05	28.9	43.3	3.88	0.784

表 B.2 的精密度数据是按照 GB/T 6379 的规定获得的实验室间重复性和再现性的数值。

表 B.2 实验室间协同性验证结果的重复性和再现性比较

统计项目	英国 FAPAS 酱油		CDC 质控酱油		
	3-MCPD	1,3-DCP	3-MCPD[a]	1,3-DCP	2,3-DCP
FAPAS 全球统计值/(μg/kg)	44.0	25.6	—[c]	—[c]	—[c]
MSPD-GC-MS 结果/(μg/kg)[b]	—[c]	—[c]	22.4[a]	101	109
均值(m)/(μg/kg)	48.8	28.5	19.2[a]	103	105
重复性限(r)/(μg/kg)	9.46	5.06	3.00[a]	30.2	33.1
再现性限(R)/(μg/kg)	10.1	11.1	4.94[a]	43.0	33.5
重复性标准差(S_r)/(μg/kg)	3.38	1.81	1.07[a]	10.80	11.81
再现性标准差(S_R)/(μg/kg)	3.60	3.95	1.76[a]	15.34	11.97
重复性(RSD_r)	6.9%	6.3%	5.6%	10.5%	11.2%
再现性(RSD_R)	7.4%	13.9%	9.2%	15.0%	11.4%
RSD_r(Horwitz)理论值	8.3%	9.0%	3.4%	8.4%	8.4%
RSD_R(Horwitz)理论值	12.6%	13.7%	5.1%	12.8%	12.8%
重复性(Ho_r)[d]	0.83	0.70	1.65	1.25	1.33
再现性(Ho_R)[d]	0.59	1.01	1.79	1.17	0.89

a 浓度单位：mg/kg。

b 为国内实验室采用基质固相分散萃取法测得的结果。

c 表示没有该值。

d HORRAT 值(Ho_r,Ho_R)低于 2.0 表示协同性结果符合要求，低于 1.0 表示结果理想。